袖珍给水排水工程施工手册

主　编　　刘灿生
副主编　　刘鹏远

中国建筑工业出版社

图书在版编目（CIP）数据

袖珍给水排水工程施工手册/刘灿生主编．—北京：中国建筑工业出版社，2005
ISBN 978-7-112-07482-2

Ⅰ．袖… Ⅱ．刘… Ⅲ．①给水工程—工程施工—技术手册②排水工程—工程施工—技术手册
Ⅳ．TU991-62

中国版本图书馆 CIP 数据核字（2005）第 065063 号

袖珍给水排水工程施工手册

主　编　刘灿生
副主编　刘鹏远

*

中国建筑工业出版社出版、发行（北京西郊百万庄）
各地新华书店、建筑书店经销
北京永峥排版公司制版
北京市兴顺印刷厂印刷

*

开本：787×960 毫米　1/32　印张：29¼　字数：560 千字
2005 年 10 月第一版　2008 年 6 月第二次印刷
印数：4001—5200 册　　定价：**45.00** 元
ISBN 978-7-112-07482-2
（13436）

本手册全面、系统地介绍了给水排水工程的施工方法，在原给水排水工施工手册基础上进行了大量的改动，内容突出一个“新”字。本手册共分 11 章，分别为常用资料，施工准备，土方及沟槽，基础施工，水池，取水泵房及水塔，管道工程，设备及电气，仪表及自控，给水、污水处理厂的试运行，建筑法规。

本手册适用于从事给水排水和环境保护专业的施工、安装、设计、运行管理人员以及大专院校师生。

* * *

责任编辑：田启铭
责任设计：崔兰萍
责任校对：李志瑛　张　虹

前　言

我国水资源供需矛盾突出，全国699个城市中有440个城市供水不足，全国有14个省、自治区、直辖市人均水资源拥有量低于国际公认的1750m^3的用水紧张线。目前，我国有2000多家自来水厂，日供水能力约为2.1亿m^3，已建成452座污水处理厂，城市年总排水量329亿m^3，全国污水集中处理量占总排水量的20.5%，国家计划到2005年污水处理量比例要求45%～60%，意味着两年内污水处理工程总量要翻一番以上，新增污水处理厂1000余座。近几年，我国环保产业产值仅约占GDP的0.9%，而发达国家一般占3%以上。随着环境污染的加剧和对环境质量要求的提高，水厂、污水厂、管道基础设施的建设将成为社会、经济发展的重要组成部分。

随着国内水务产业的发展、供水厂、污水厂、管道建设项目将会以高势头发展。不仅规模呈上升的趋势，而且质量要求越来越严格，管理越来越正规，对于工程设计、施工、管理人员的要求也会越来越高。因此，出版一本资料齐全、实用可靠、快捷方便的施工手册就显得尤为必要。

《给水排水工程施工手册》第二版自2002年发行已近三年了，第二版较第一版补充了较多的内容，篇幅和文字量较大，由于比较实用，所以受到读者的欢迎，第二版已重印十次。但由于《给水排水工程施工手册》第二版不便于携带，在现场施工中使用较为麻烦。同时随着行业的发展，又出现了许多新问题，因此出版一本便于施工现场作用，内容较新的袖珍手册十分必要。

本袖珍手册筛选的是给水排水工程施工、业务现场工作中最常用的材料、施工方法、施工安装、竣工验收、建筑法规等方面的数据和资料。主要是用于工程师现场解决具体问题，避免大型工具书不方便。手册力求资料丰富、快捷方便，实用可靠，采用新标准、新规范的数据。

相对于《给水排水工程施工手册》第二版，本袖珍手册增加了工程投资、可行性研究报告、招投标、工程资料管理，工程计价，城市污水处理厂建设等现代化管理的内容，并且增加了建筑法、合同法、安全生产管理条例、监理规程等政策法规的内容，有利于提高从业人员的管理水平和法律法规意识。

本手册共分 11 章，分别为常用资料，施工准备，土方及沟槽，基础施工、水池，取水泵房及水塔，管道工程，设备及电气，仪表及自控，给水、污水处理厂的试运行，建筑法规。

本手册由刘灿生主编，刘鹏远、朴芬淑、张新欣为副主编参与编写的有刘鹏远、张新欣、庄明强、朴芬淑、何莲、李亚强、刘骥远、费霞丽、赵东顺、贾淞、陈涛等人。由于编者的水平所限，不足之处在所难免，恳请读者不吝指出，以便再版时订正。

刘灿生

于哈尔滨工业大学

2005 年 5 月

目　录

第1章　常用资料

1.1　常用代号、术语

1.1.1　标准代号

1.1.1.1　常见国外标准代号（表1-1）

常见国外标准代号　　**表1-1**

代号	含　　义	代号	含　　义
ISO	国际标准　国际标准化组织发布的	SIS	瑞典国家标准
IEC	国际标准　国际电工委员会发布的	EN	欧洲标准化委员会标准
ANSI	美国国家标准	SNV	瑞士国家标准
BS	英国国家标准	CAN	加拿大国家标准
NF	法国国家标准	AS	澳大利亚国家标准
DIN	德国国家标准	ГОСТР	俄罗斯国家标准
JIS	日本工业标准		

1.1.1.2　常见国内标准代号（表 1-2）

常见国内标准代号　　　　**表 1-2**

代号	含　义	代号	含　义
GB	国家强制性标准	TJ	基本建设技术规范
GBJ	工程建设国家标准	JJG	国家计量检定规程
GB/T	国家推荐性标准	CECS	工程建设标准化协会标准
CJ	城镇建设行业标准	DL	电力行业标准
DZ	地质矿产行业标准	FZ	纺织行业标准
GA	公共安全行业标准	SH	石油化工行业标准
HG	化工行业标准	SJ	电子行业标准
HJ	环境保护行业标准	SL	水利行业标准
JB	机械行业标准	JC	建材行业标准
JGJ	建筑行业标准		

1.1.1.3　常用给水排水标准图编号（表 1-3）

1.1.1.4　常用施工规范、规程编号（表 1-4）

常用给水排水标准图编号　　表 1-3

图集名称	图号
圆形给水阀门井	S111
室内水表安装	S113
室外水表安装	S114
矩形给水阀门井及水表井	S115
室内消火栓	S116
室外消火栓	S117
管道支架及吊架	S119
管道和设备保温	S132
排气阀、排泥阀安装	S133
圆形排水检查井	S211
矩形排水检查井	S212
砖砌矩形化粪池	S213
钢筋混凝土矩形化粪池	S214
给水管道穿越铁路	S415、S461
钢筋混凝土及砖造大口井	S611～614
地面式深井泵房	S615～617
半地下式深井泵房	S618～623
深井泵房构件大样图集	S625
缆车式取水构筑物	S628～632
囤船式取水构筑物	S633～646
平底竖流式沉淀池	S711～713
锥底竖流式沉淀池	S714～716
机械搅拌澄清池	S774、S717～721
普通快滤池	S725～731
水力澄清池	S771
重力式无阀滤池	S775

续表

图　集　名　称	图　　号
排水设备附件安装	S221
管道基础及排水口	S222
钢制管道零件	S311
防水套管及管道穿墙、穿基础	S312
提拔阀门及阀门操纵杆	S314
水塔、水池浮漂水位尺	S318
水池通风帽和吸水喇叭口支座	S319
卫生设备安装	S322
投药设备	S323 ~ 324
水上底阀	S326
给水承插铸铁管道支墩	S328
预埋件通用图	HG21544-92
虹吸滤池	S732 ~ 737
压力滤池	S738 ~ 743
压力无阀滤池	S756 ~ 763
脉冲澄清池	CS772
圆形钢筋混凝土贮水池	S811 ~ 822
矩形钢筋混凝土贮水池	S823 ~ 833
现浇钢筋混凝土水塔	S843
预制、装配式水塔	YDS107
自闭式水锤消除器	CS142
自闭式水锤消除器井室及安装	CS149
地脚螺栓通用图	HG21545-92
污水处理用微孔曝气器	CJ/T3015193

常用施工规范、规程编号　　表 1-4

名　　　称	编　号
建筑地基基础设计规范	GB50007-2002
岩土工程勘察规范	GB50021-2001
土方和爆破工程施工及验收规范	GBJ201-83
建筑地基基础施工质量验收规范	GB50202-2002
砌体工程施工质量验收规范	GB50203-2002
混凝土结构工程施工质量验收规范	GB50204-2002
钢结构施工质量验收规范	GB50205-2002
木结构施工质量验收规范	GB50206-2002
地下防水工程质量验收规范	GB50208-2002
屋面工程质量验收规范	GB50207-2002
建筑地面工程施工质量验收规范	GB50209-2002
建筑防腐蚀工程施工及验收规范	GB50212-2002
工程测量规范	GB50026-93
机械设备安装工程施工及验收通用规范	GB50231-98
电气装置安装工程施工及验收规范	GB50254-50259-96
供水水文地质勘察规范	GB50027-2001
供水管井技术规范	GB50296-99
建筑安装工程质量验收统一标准	GB50300-2001
建筑电气安装工程施工质量验收规范	GB50303-2002
工业金属管道工程施工及验收规范	GB50235-97
给水排水管道工程施工及验收规范	GB50268-97

续表

名　　称	编　　号
压缩机、风机、泵安装工程施工及验收规范	GB50275-98
钢管脚手架扣件	GB15831-95
组合钢模板技术规范	GB50241-2001
现场设备、工业管道焊接工程施工及验收规范	GB50236-98
自动化仪表工程施工及验收规范	GB50093-2002
建设工程施工现场供电安全规范	GB50193-93
混凝土质量控制标准	GB50164-92
混凝土结构工程施工及验收规范	GB50204-92
混凝土结构试验方法标准	GB50152-92
塔式起重机可靠性试验方法	GB/T17806-99
采暖通风和空气调节设计规范	GBJ19-87
室外给水设计规范	GBJ13-86
室外排水设计规范	GBJ14-87
建筑给水排水设计规范	GBJ15-88
室外给水排水工程设施抗震鉴定标准	GBJ43-82
建筑工程质量检验评定标准	GBJ301-88
建筑采暖卫生与煤气工程质量检验评定标准	GBJ302-88
通风与空调工程质量检验评定标准	GBJ304-88
自动化仪表安装工程质量检验评定标准	GBJ131-90
给水排水构筑物施工及验收规范	GBJ141-90

续表

名　　　　称	编　　号
工业与民用建筑灌注桩基础设计与施工规程	JGJ4-80
高层建筑箱形与筏形基础技术规范	JGJ6-99
普通混凝土配合比设计规程	JGJ55-2000
早期推定混凝土强度试验方法	JGJ15-83
普通混凝土用砂质量标准及检验方法	JGJ52-92
普通混凝土用碎石或卵石质量标准及检验方法	JGJ53-92
钢筋焊接及验收规程	JGJ18-2003
冷拔钢丝预应力混凝土构件设计与施工规程	JGJ19-92
混凝土减水剂质量标准和试验方法	JGJ56-84
建筑机械使用安全技术规程	JGJ33-2001
供水水文地质钻探与凿井操作规程	CJJ13-87
土方与爆破工程施工操作规程	YSJ401-89
地基与基础工程施工操作规程	YSJ402-89
钢筋混凝土工程施工操作规程	YSJ403-89
结构安装工程施工操作规程	YSJ404-89
特种结构工程施工操作规程	YSJ405-89
砌筑工程施工操作规程	YSJ406-89
地面与楼面工程施工操作、规程	YSJ407-89
门窗安装工程施工操作规程	YSJ408-89
装饰工程施工操作规程	YSJ409-89

续表

名称	编号
屋面工程施工操作规程	YSJ410-89
防腐蚀工程操作规程	YSJ411-89
埋地给水钢管道水泥砂浆衬里技术标准	CECS10:89
室外硬聚氯乙烯给水管道工程设计规程	CECS17:90
室外硬聚氯乙烯给水管道工程施工验收规程	CECS18:90
混凝土排水管道工程闭气检验标准	CECS19:90
给水排水仪表自动化控制工程施工验收规程	CECS162:2004
建筑给水硬聚氯乙烯管道设计与施工验收规程	CECS41:92
衬里钢管用承插环松套钢制管法兰	HG20528-92
钢制立式圆筒形固定顶贮罐系列	HG21502.1-92
钢制立式圆筒形内浮顶贮罐系列	HG21502.2-92
土工试验规程	SL237-99

1.2 常用单位换算

1.2.1 习用非法定计量单位与法定计量单位的换算（表1-5）

1.2.2 单位换算

1.2.2.1 长度单位换算（表1-6）

可用非法定计量单位与法定计量单位的换算 **表 1-5**

量的名称	非法定计量单位		法定计量单位		换算关系
	名称	符号	名称	符号	
力	千克力	kgf	牛顿	N	$1kgf = 9.80665N$
力矩	千克力米	kgf·m	牛顿米	N·m	$1kgf \cdot m = 9.80665N \cdot m$
力偶矩、转矩	千克力每平方米	$kgf \cdot m^2$	牛顿二次方米	$N \cdot m^2$	$1kgf \cdot m^2 = 9.80665N \cdot m^2$
重力密度	千克力每立方米	kgf/m^3	牛顿每立方米	N/m^3	$1kgf/m^3 = 9.80665N \cdot m^3$
压强	千克力每平方米	kgf/m^2	帕斯卡	Pa	$1kgf/m^2 = 9.80665Pa$
	工程大气压	at	帕斯卡	Pa	$1at = 9.80665 \times 10^4 Pa$
	巴	bar	帕斯卡	Pa	$1bar = 10^5 Pa$
	毫米水柱	mmH_2O	帕斯卡	Pa	$1mmH_2O = 9.80665Pa$
	毫米汞柱	mmHg	帕斯卡	Pa	$1mmHg = 133.322Pa$
应力、强度	千克力每平方厘米	kgf/cm^2	帕斯卡	Pa	$1kgf/cm^2 = 9.80665 \times 10^4 Pa$
	千克力每平方毫米	kgf/mm^2	帕斯卡	Pa	$1kgf/mm^2 = 9.80665 \times 10^6 Pa$

续表

量的名称	非法定计量单位		法定计量单位		换算关系
	名称	符号	名称	符号	
弹性模量、剪切模量	千克力每平方厘米	kgf/cm^2	帕斯卡	Pa	$1kgf/cm^2 = 9.80665 \times 10^4 Pa$
[动力]黏度能量、功、功率	泊	P	帕斯卡秒	Pa·s	$1P = 0.1Pa \cdot s$
	千克力米	kgf·m	焦耳	J	$1kgf \cdot m = 9.80665J$
	千克力米每秒	kgf·m/s	瓦特	W	$1kgf \cdot m/s = 9.80665W$
	[米制]马力		瓦特	W	1[米制]马力 = 735.499W
热、热量	国际蒸汽表卡	cal	焦耳	J	$1cal = 4.1868J$
导热率	国际蒸汽表卡每秒厘米开尔文	$cal/(s \cdot cm \cdot K)$	瓦特每米开尔文	$W/(m \cdot K)$	$1cal/(s \cdot cm \cdot K) = 4.1868 \times 10^2 W/(m \cdot K)$
传热系数	国际蒸汽表卡每秒平方厘米开尔文	$cal/(s \cdot cm^2 \cdot K)$	瓦特每平方米开尔文	$W/(m^2 \cdot K)$	$1cal/(s \cdot cm^2 \cdot K) = 4.1868 \times 10^4 W/(m^2 \cdot K)$

长度单位换算　　表 1-6

单位	公制		市制		
	毫米(mm)	厘米(mm)	米(m)	公里(km)	市尺
1毫米(mm)	1	0.1	0.001		0.003
1厘米(cm)	10	1	0.01	0.00001	0.03
1米(m)	1000	100	1	0.001	3
1公里(km)	1000000	100000	1000	1	3000
1市尺	333.3333	33.3333	0.3333	0.0003	1
1日寸	30.3030	3.0303	0.0303		0.0909
1日尺	303.0303	30.3030	0.3030	0.0003	0.9091
1英寸(in)	25.4	2.54	0.0254		0.0762
1英尺(ft)	304.8	30.48	0.3048	0.0003	0.9144
1码(yd)	914.4	91.44	0.9144	0.0009	2.7432
1英里(mile)		160934	1609.34	1.6093	4828.02

单位	日制		英美制			
	日寸	日尺	英寸(in)	英尺(ft)	码(yd)	英里(mile)
1毫米(mm)	0.033	0.0033	0.03937	0.00328	0.00109	
1厘米(cm)	0.33	0.033	0.3937	0.0328	0.0109	
1米(m)	33.0033	3.3003	39.3701	3.2808	1.0936	0.0006
1公里(km)	33000	3300.33		3280.8398	1093.6132	0.6214
1市尺	11.0011	1.0999	13.1234	1.0936	0.3645	0.0002
1日寸	1	0.1	1.1930	0.0994	0.0331	
1日尺	10	1	11.9303	0.9942	0.3314	0.0002
1英寸(in)	0.8382	0.0838	1	0.0833	0.0278	
1英尺(ft)	10.0584	1.0058	12	1	0.3333	0.0002
1码(yd)	30.175	3.0175	36	3	1	0.00006
1英里(mile)	53108.22	5310.822	63360	5280	1760	1

注：1英尺(ft)＝0.3333码(yd)＝1.0058日尺。

1.2.2.2 面积单位换算（表 1-7）

面积单位换算 表 1-7

单位	公制		市制	日制		英美制			
	平方米(m^2)	公顷(ha)	市亩	日坪	日亩	平方英尺	平方码	英亩(acre)	美亩
1 平方米(m^2)	1	0.0001	0.0015	0.3025	0.01008	10.7639	1.19600	0.00025	0.00025
1 公顷(ha)	10000	1	15	3025.0	100.833	107639	11960	2.47106	2.47104
1 市亩	666.666	0.06667	1	201.667	6.72222	7175.9261	797.34	0.16441	0.16441
1 日坪	3.30579	0.00033	0.00496	1	0.03333	35.58319	3.95481	0.00082	0.00082
1 日亩	99.1736	0.00992	0.14876	30	1	1067.4956	118.64419	0.02451	0.02451
1 平方英尺(ft^2)	0.0929	0.000093	0.000139	0.0281	0.00094	1	0.11111	0.00002	0.00002
1 平方码(ya^2)	0.83612	0.00084	0.00125	0.25293	0.00843	8.99991	1	0.00021	0.00021
1 英亩(acre)	4046.85	0.40469	6.07029	1224.17	40.8057	43559.888	4840.0346	1	0.99999
1 美亩	4046.87	0.40469	6.07037	1224.18	40.806	43560.105	4840.0588	1.000005	1

1.2.2.3 体积、容积单位换算（表1-8）

体积、容积单位换算 **表1-8**

单位	公制			英美制			
	立方厘米（cm^3）	升（L）	立方米（m^3）	立方英寸（in^3）	立方英尺（ft^3）	蒲式耳（bu）	加仑（gal）（美液量）
1立方厘米（cm^3）	1	0.001	0.000001	0.061024	0.000035	0.000028	0.000264
1升（L）	1000	1	0.001	61.0237	0.035	0.0283	0.264
1立方米（m^3）	1000000	1000	1	61023.7	35.000525	28.29975	263.99165
1立方英寸（in^3）	16.387075	0.016387	0.000016	1	0.00058	0.000464	0.004326
1立方英尺（ft^3）	28571.428	28.571428	0.028571	1728	1	0.808571	7.542857
1蒲式耳（bu）	35335.689	35.335689	0.035336	2156.31440	1.236750	1	9.328619
1加仑（gal）（美液量）	3787.8787	3.787879	0.003788	231.160420	0.132576	0.107197	1

注：1加仑（gal）（干量）=277.274立方英寸（in^3）（英）=268.80立方英寸（in^3）（美）

1加仑（gal）（液量）=277.274立方英寸（in^3）（英）=231立方英寸（in^3）（美）

1蒲式耳（bu）=8加仑（gal）

1.2.2.4　重量单位换算(表 1-9)

重量单位换算　　　　**表 1-9**

克 (g)	公斤 (kg)	吨 (t)	盎司 (floz)	磅 (lb)	美(短)吨 (short ton)	英(长)吨 (long ton)
1	0.001		0.0353	0.0022		
1000	1	0.001	35.274	2.2046		
	1000	1	35274	2204.6	1.1023	0.9842
50	0.05		1.7637	0.1102		
500	0.5		17.637	1.1023		
	50	0.05	1763.7	110.23	0.0551	0.0492
28.35	0.0284		1	0.0625		
453.59	0.4536		16	1		
	907.19	0.9072		2000	1	0.8929
	1016	1.016		2240	1.12	1

1.2.2.5　流速单位换算（表 1-10）

流速单位换算　　　　**表 1-10**

米/秒 (m/s)	英尺/秒 (ft/s)	码/秒 (yd/s)	海里/小时 (n mile/h)
1	3.2808	1.0936	1.944
0.3048	1	0.3333	0.5925
0.9144	3	1	1.7775
0.2778	0.9144	0.3038	0.5400
0.4470	1.4667	0.4889	0.8689
0.5144	1.6881	0.5627	1

1.2.2.6　流量单位换算（表 1-11）

1.2.2.7　温度单位换算（表 1-12）

1.2.2.8　压强单位换算（表 1-13）

1.2.2.9　功率单位换算（表 1-14）

流量单位换算 **表 1-11**

升/秒 (L/s)	米³/时 (m^3/h)	英尺³/秒 (ft^3/s)	英尺³/分 (ft^3/min)	英尺³/时 (ft^3/h)	美加仑/秒 (gal/s)	英加仑/秒 (gal/s)
1	3.6	0.03531	2.119	127.13	0.2642	0.2201
0.2778	1	981×10^{-3}	0.587	35.31	0.0734	0.0611
28.326	101.9408	1	60	3600	7.4813	6.2279
0.472	1.7	0.0617	1	60	0.125	0.104
7.866×10^{-3}	0.0283	2.778×10^{-4}	0.0167	1	2.0833×10^{-3}	1.7333×10^{-3}
3.7863	13.6222	0.1337	8.01	480.6	1	0.8333
4.5435	16.3466	0.1607	9.62	577.2	1.2004	1

温度单位换算 **表 1-12**

已知温度 关系式 所求温度	摄氏温度（℃）	绝对温度（K）	华氏温度（F）	兰氏温度（°R）
摄氏温度 t(℃)	1	TK-273.15	5/9(t ℉-32)	5/9t °R-273.15
绝对温度 t(K)	t ℃ + 273.15	1	5/9(t °F + 459.67)	5/9t °R
华氏温度 t(℉)	9/5t ℃ + 32	9/5TK-459.67	1	t °R-459.67
兰氏温度 t(°R)	9/5t ℃ + 491.67	9/5TK	t °F + 459.67	1

注：1°F = (5/9)℃ = (5/9)K

压强单位换算 表 1-13

Pa	kPa	kgf/cm^2	标准大气压	mH_2O	mmHg
1	10^{-3}	0.102×10^{-4}	0.987×10^{-5}	0.101×10^{-3}	7.5×10^{-3}
10^3	1	0.102×10^{-1}	0.987×10^{-2}	0.101	7.5
9.8×10^4	98	1	0.968	10	735.6
101325	101.325	1.033	1	10.33	760
9806.55	9.80655	10^{-1}	0.968×10^{-1}	1	7.356
133.331	0.133332	1.36×10^{-3}	1.316×10^{-3}	1.36×10^{-2}	1

功率单位换算 **表 1-14**

瓦特①(W)	千瓦特(kW)	千克力·米/秒 (kgf·m/s)	米制马力(Ps)	英制马力(hp)
1	1×10^{-3}	0.101972	1.35962×10^{-4}	1.34102×10^{-4}
1×10^{-3}	1	0.101972×10^{-4}	1.35962	1.34102
9.80665	9.80665×10^{-4}	1	0.0133333	0.0131509
735.499	0.735499	75	1	0.986320
745.700	0.745700	76.0402	1.01387	1
1.35582	1.35582×10^{-4}	0.138255	1.84340×10^{-4}	1.81818×10^{-4}
4.1868	4.1868×10^{-4}	0.426935	5.69246×10^{-4}	5.61459×10^{-4}
1.163	1.163×10^{-4}	0.118593	1.58124×10^{-4}	1.55961×10^{-4}
0.293071	0.293071×10^{-4}	2.98849×10^{-2}	3.98466×10^{-4}	3.93015×10^{-4}
0.527530	0.527530×10^{-4}	0.053793	0.717240×10^{-4}	0.707428×10^{-4}

1.3 常用材料

1.3.1 建筑材料

1.3.1.1 水泥

常用水泥的性能

(1) 硅酸盐水泥

1) 硅酸盐水泥的物理性能指标（表1-15）

硅酸盐水泥的物理性能指标　　表1-15

性能	水泥细度008号筛余量(%)	凝结时间		体积安定性	烧失量(%)	燃料中MgO(%)	水泥中SO_3(%)
		初凝(min)	终凝(h)				
指标	<12	>45	<12	合格	转窑<5.0 立窑<7.0	<5.0	<3.5

2) 硅酸盐水泥的力学性能指标（表1-16）

硅酸盐水泥的力学性能指标　　表1-16

水泥强度等级	抗压强度（MPa）		抗折强度（MPa）		
	3d	28d	3d	7d	28d
32.5	18.0	42.5	3.4	4.6	6.4
32.5R	22.4	42.5	4.2	—	6.4
42.5	23.0	52.5	4.2	5.4	7.2
42.5R	27.5	52.5	5.0	—	7.2
52.5	29.0	62.5	5.0	6.2	8.0
52.5R	32.6	62.5	5.6	—	8.0
62.5R	37.7	72.5	6.3	—	8.8

注：强度等级后带R者为早强型，以下同。

(2) 普通硅酸盐水泥

1) 普通硅酸盐水泥物理性能指标（表 1-17）

普通硅酸盐水泥物理性能指标　　表 1-17

性能	水泥细度4900孔筛筛余量(%)	凝结时间		体积安定性	膨胀率(%)		透水性(试验0.8MPa)	水泥中 SO_3 (%)
		初凝(min)	终凝(h)		养护1d	养护28d		
指标	≤150	≥20	≤10	≤10合格	≥0.3	≤1.0	≥0.3不透水	≤1.05

2) 普通硅酸盐水泥的力学指标（表 1-18）

普通硅酸盐水泥的力学指标　　表 1-18

水泥强度等级	抗压强度（MPa）		抗折强度（MPa）		
	3d	28d	3d	7d	28d
32.5	16.0	42.5	3.4	4.6	6.4
32.5R	21.4	42.5	4.2	—	6.4
42.5	21.0	52.5	4.2	5.4	7.2
42.5R	26.5	52.5	5.0	—	7.2
52.5	27.0	62.5	5.0	6.2	8.0
52.5R	31.6	62.5	5.6	—	8.0
62.5R	36.7	72.5	6.3	—	8.8

(3) 矿渣硅酸盐水泥

矿渣硅酸盐水泥的物理指标（表 1-19）

矿渣硅酸盐水泥的物理指标　　表 1-19

性能	水泥细度008号筛余量(%)	凝结时间		体积安定性	烧失量(%)	燃料中MgO(%)	水泥中SO_3(%)
		初凝(min)	终凝(h)				
指标	≤15	≥45	≤12	≤12 合格	—	≤5.0	≤4.0

(4) 快硬硅酸盐水泥

1) 快硬硅酸盐水泥主要技术指标（表 1-20）

快硬硅酸盐水泥主要技术指标　　表 1-20

项　目	测　定	指　标
细　度	4900 孔/cm^2 方孔筛筛余	≤10%
凝结时间	初　凝 终　凝	≥45min ≤10h
体积安定性	用煮沸法试验安定性	合格
三氧化硫	水泥中 SO_3	≤4.0%
氧 化 镁	水泥热料中 MgO	≤5.0%

2) 自应力水泥质量标准（表 1-21）

自应力水泥质量标准　　表 1-21

性能 \ 水泥类别		硅酸盐自应力水泥	硝酸盐自应力水泥	硫铝酸盐自应力水泥
比表面积（cm^2/g）		≥3400	≥5600	≥3700
凝结时间	初凝	不早于 30min	不早于 30min	不早于 30min
	终凝	不迟于 8h	不迟于 3h	不迟于 4h

续表

性能 \ 水泥类别		硅酸盐自应力水泥	硝酸盐自应力水泥	硫铝酸盐自应力水泥
砂浆或混凝土自由膨胀率（%）		≯3	7d＜1.2 28d＜1.5	7d≤1.5 28d≤2.0
砂浆或混凝土自应力值（MPa）		分三个等级：2、3、4	7d＞3.5 28d＞4.5	＞4.5
膨胀稳定期（d）		28		
强度（MPa）	抗压强度	≥8.0	7d＞30 28d＞35	1d=25，3d=35， 7d=42.5，28d=52.5
	抗折强度			1d=4.2，3d=4.8 7d=5.4，28d=6.0
SO_3 含量（%）			15.5～17.0	

注：1. 硫铝酸盐自应力水泥的自应力值，自由膨胀率和强度用 1∶2 软练砂浆测定。2. 硫铝酸盐自应力水泥用 1∶2.5 砂浆测定

（5）常用水泥抗压压强增长速度（表 1-22）

常用水泥抗压压强增长速度　　表 1-22

水泥品种	抗压强度增长率（%）				
	3d	28d	90d	180d	360d
普通硅酸盐水泥	67～71	100	112～118	116～118	118～120
火山灰水泥	47～64	100	107～129	115～142	125～146
矿渣水泥	24～62	100	110～142	112～160	122～168

1.3.1.2 砂及卵石

1. 砂的细度模数分类（表 1-23）

砂的细度模数分类　　表 1-23

砂的种类	粗砂	中砂	细砂	特细砂
平均粒径（mm）	≥0.5	0.35～0.5	0.25～0.35	≤0.25
细度模数	3.7～3.1	3.0～2.3	2.2～1.6	1.5～0.7

注：细度模数为各标准筛的累计筛余率之和除以 100 所得之值。

2. 砂的质量要求

（1）砂中含泥量（表 1-24）

砂中含泥量　　表 1-24

混凝土强度等级	高于或等于 C30	低于 C30
含泥量，按重量计不大于（%）	3	5

注：1. 对有抗冻、抗渗或其他特殊要求的混凝土用砂，其含泥量不应大于 3%；2. 对 C10 或 C10 以下的混凝土用砂，其含泥量可酌情放宽；3. 含泥量即粒径小于 0.080mm 的尘屑、淤泥或黏土的总含量。

（2）砂中有害物质允许含量（表 1-25）

砂中有害物质允许含量　　表 1-25

项　目	质　量　指　标
云母含量，按重量计，不宜大于（%）	2

续表

项　　目	质　量　指　标
质轻物质，按重量计，不宜大于（%）	1
硫化物及硫酸盐含量，按重量计（折算成SO_3），不大于（%）	1
有机物质含量（用比色法试验）	颜色不应深于标准色，如深于标准色，则应配成砂浆，进行强度对比试验，予以复核

注：1. 对有抗冻、抗渗要求的混凝土，砂中云母含量不应大于1%。2. 砂中如含有颗粒状的硫酸盐或硫化物，则要求经专门检验，确认能满足混凝土耐久性要求时方能采用。

(3) 碎石或河卵石的质量要求

1) 针、片状颗粒的含量（表1-26）

针、片状颗粒的含量　　表1-26

混凝土强度等级	高于或等于C10	低于C10
针、片颗粒含量按重量计不大于(%)	15	25

注：1. 针、片状颗粒的定义是，凡颗粒的长度大于该颗粒所属粒级的平均粒径2.4倍者称为针状颗粒，厚度小于平均粒径0.4倍者称为片状颗粒，平均粒径是指该粒级上下限粒径的平均值。2. 对C10及C10以下的混凝土，其粗骨料中的针、片状颗粒含量可放宽到40%。

2) 含泥量（表1-27）

含泥量　　　　表 1-27

混凝土强度等级	高于或等于 C10	低于 C10
含泥量按重量计不大于(%)	1.0	2.0

注：1. 对有抗冻、抗渗或其他特殊要求的混凝土，其所有碎石或卵石的含泥量不应大于 1%；2. 如含泥基本上是非黏土质的石粉时，其总含量可由 1.0% 和 2.0% 分别提高到 1.5% 和 3.0%；3. 对 C10 和低于 C10 的混凝土所有碎石或卵石，其含泥量可酌情放宽。

3）有害物质允许含量（表 1-28）

有害物质允许含量　　　　表 1-28

项　　目	质 量 标 准
硫化物及硫酸盐含量（折合为 SO_3）按重量计不宜大于（%）	1
卵石中有机质含量（用比色法试验）	颜色不应深于标准色，如深于标准色，则应以混凝土进行强度对比试验，予以复核

注：碎石或卵石如含有颗粒状硫酸盐或硫化物，则要求专门检验，确认能满足混凝土耐久性要求时方能采用。

1.3.1.3　砖

常用砖的规格、重量和用途（表 1-29）

1.3.1.4　石材

石材的物理性能（表 1-30）

1.3.1.5　钢筋

1. 钢筋的基本性能

机械性能（表 1-31）

常用砖的规格、重量和用途 **表 1-29**

分　类	品　名	规格尺寸（mm）	重量（kg/块）	适　用　范　围
烧结砖	承重空心砖	KM_1 190×190×90 KP_1 240×115×90 KP_2 240×180×115	4.5 3.3～3.7 6.5～7.8	用于一般多层建筑的内外承重墙和高层建筑的内隔墙
硅酸盐砖	蒸压灰砂砖	240×115×53	3	MU15 以上的砖可用于基础及其他建筑部位，MU10 者可用于防潮层以上的墙体及有关建筑部位
	蒸压粉煤灰砖	240×115×53	2.2～2.5	可用于一般工业与民用建筑的墙体和基础；受冻融和干湿交替的部位必须使用强度等级≥MU10 的一等砖
	蒸压煤渣砖	240×115×53 216×105×43	2.4～2.5 1.7	用于多层房屋的承重墙及基础、烟囱、水塔等建筑部位

石材的物理性能 **表 1-30**

名　称	密度 (kg/m^3)	强度(MPa)		吸水率(%)	膨胀系数 (10^{-6}/℃)	耐用年限 (年)
		抗压	抗折			
花岗岩(豆渣石)	2500～2700	120～250	8.5～15	<1	5.6～7.34	75～200
石灰岩(青石)	1800～2600	20～140	1.8～20	2～6	6.75～6.77	20～40
砂石(表条石)	2200～2500	47～140	3.5～14	<10	9.02～11.2	20～200
大理岩(大理石)	2600～2700	70～110	6.0～16	<1	6.5～10.42	40～100

机械性能 表 1-31

强度等级	钢号		直径 (mm) σ_a (d_0)	屈服点 σ_b (MPa)	抗拉强度 σ_b (MPa)	伸长率（%）		冷弯	
	牌号	代号		不小于		δ_5	δ_{10}	角度	弯心直径
						不小于			
Ⅰ	Q235 钢	A_3，AJ_3，AD_3	6 ~ 40	240	380	25	21	180°	d_0
Ⅱ	20 锰硅	20MnSi	8 ~ 25 28 ~ 40	340 320	520 500	16		180°	$3d_0$
Ⅲ	25 锰硅	25MnSi	8 ~ 40	380	580	14		90°	$3d_0$
Ⅳ	40 硅 2 锰钒 45 硅锰钒 45 硅 2 锰钛	$40Si_2MnV$ 45SiMnV $45Si_2MnTi$	10 ~ 28	550	850	10	8	90°	$5d_0$
	Q275 钢	A_5 AJ_5 AD_5	10 ~ 40	280	500	19	15	180°	$3d_0$

续表

钢号		直径 (mm) σ_a (d_0)	屈服点 σ_b (MPa)	抗拉强度 σ_b (MPa)	伸长率（%）		冷弯	
牌号	代号				δ_5	δ_{10}	角度	弯心直径
			不小于		不小于			
35硅2锰钒 35硅锰钒 35硅2锰钛	$35Si_2MnV$ 35SiMnV $35Si_2MnTi$	10～28	500	750	12	10	90°	$4d_0$
40硅2锰	$40Si_2Mn$	6	1350	1500		6		
40硅2锰 46锰硅钒	$48Si_2Mn$ 46MSiV	8.2						

注：1. 直径大于25mm的钢筋作冷弯试验时，弯心直径应增加钢筋的一个直径。2. 工地现场仍用16锰钢筋，其机械性能同20锰硅。

2. 热轧钢筋强度级别（表 1-32）

热轧钢筋强度级别　　表 1-32

级别	屈服点/抗拉强度（MPa）	外　形
Ⅰ	235/370	光圆钢筋
Ⅱ	335/510	变形钢筋
Ⅲ	370/470	
Ⅳ	540/835	

注：Ⅰ级钢筋是普通碳素钢光圆直条钢筋或盘条钢筋。Ⅱ、Ⅲ和Ⅳ级钢筋是合金小于 5% 的低合金变形螺纹钢筋。低合金钢筋主要是镇静钢，其中 20 锰铌（20MnNb（b））Ⅱ级钢筋是半镇静钢钢筋，它比镇静钢钢筋可提高成材率 8%，而各项性能基本同于同类钢筋。

3. 冷拉钢筋的力学性能（表 1-33）

冷拉钢筋的力学性能　　表 1-33

钢筋级别	公称直径 d(mm)	屈服点（MPa）	抗拉强度（MPa）	伸长率（%）	冷　弯	
		不小于			弯曲角度	弯心直径
冷拉Ⅰ级	6～12	280	370	11	180°	3d
冷拉Ⅱ级	8～25	420	510	10	90°	3d
	28～40	420	490	10		4d
冷拉Ⅲ级	8～40	500	570	8	90°	5d
冷拉Ⅳ级	10～28	700	835	6	90°	5d

注：直径大于 25mm 的冷拉Ⅲ～Ⅳ级钢筋，冷弯弯心直径应增加 1d。

4. 钢筋规格尺寸

(1) 直条光面钢筋的直径、截面和重量（表1-34）

直条光面钢筋的直径、截面和重量 表1-34

公称直径 (mm)	允许偏差 (mm)	公称横截面积 (mm^2)	单位重量 (kg/m)	公称直径 (mm)	允许偏差 (mm)	公称横截面积 (mm^2)	单位重量 (kg/m)
8	±0.25	50.27	0.395	22	±0.36	380.1	2.98
10	±0.25	78.54	0.617	25	±0.30	490.9	3.85
12	±0.25	113.1	0.888	28	±0.30	615.8	4.83
14	±0.25	153.9	1.21	32	±0.40	804.2	6.31
16	±0.25	201.1	1.58	36	±0.40	1018	7.99
18	±0.25	254.5	2.00	40	±0.40	1257	9.87
20	±0.25	314.2	2.47	50	±0.40	1964	15.42

(2) 盘条钢筋的直径、重量及允许偏差（表1-35）

盘条钢筋的直径、重量及允许偏差 表1-35

直径 (mm)	允许偏差 (mm)	椭圆度	截面积 (mm^2)	单位重量 (kg/m)
6.5	±0.5	±0.25	33.18	0.261
8			50.27	0.395
10			78.54	0.617
12	±0.4	±0.20	113.1	0.888
14			153.9	1.21

(3) 热轧螺纹钢筋规格（表 1-36）

热轧螺纹钢筋规格　　表 1-36

直径（mm）	内径（mm）	外径（mm）	公称横截面积（cm^2）	单位重量（kg/m）
8	7.5	9.0	0.5027	0.395
10	9.3	11.3	9.7854	0.617
12	11	13.0	1.131	0.888
14	13	15.5	1.539	1.21
16	15	17.5	2.011	1.58
18	17	20.0	2.545	2.00
20	19	22.0	3.142	2.47
22	21	24.0	3.801	2.98
25	24	27.0	4.91	3.85
28	26.5	30.5	6.158	4.83
32	30.5	34.5	8.042	6.31
36	34.5	39.5	10.18	7.99
40	38.5	43.5	12.57	9.87
50	48	54	19.64	15.42

5. 角钢

(1) 热轧不等边角钢规格（表 1-37）

热轧不等边角钢规格　　表 1-37

角钢号数	尺寸（mm）				截面面积（cm^2）	单位重量（kg/m）	外表面积（m^2/m）
	B	*b*	*d*	*r*			
3.2/2	32	20	3	3.5	1.492	1.171	0.102
			4		1.939	1.522	0.101
5/3.2	50	32	3	5.5	2.431	1.908	0.161
			4		3.177	2.494	0.160

续表

角钢号数	尺寸（mm）				截面面积（cm^2）	单位重量（kg/m）	外表面积（m^2/m）
	B	*b*	*d*	*r*			
5.6/3.6	56	36	3	6	2.743	2.153	0.181
			4		3.590	2.818	0.181
			5		4.415	3.466	0.181
6.3/4	63	40	4	7	4.058	3.185	0.202
			5		4.993	3.920	0.202
			6		5.908	4.638	0.201
			7		6.802	5.339	0.201
7.5/5	75	50	5	8	7.125	4.803	0.245
			6		7.260	5.699	0.245
			8		9.467	7.431	0.244
			10		11.590	9.098	0.244
9/5.6	90	56	5	9	7.212	5.665	0.287
			6		8.557	6.717	0.286
			7		9.880	7.756	0.286
			8		11.183	8.770	0.286
10/6.3	100	63	6	10	9.617	7.550	0.320
			7		11.111	8.722	0.320
			8		12.584	9.878	0.319
			10		15.467	12.142	0.319
12.5/8	125	80	7	11	14.096	11.066	0.403
			8		15.989	12.551	0.403
			10		19.712	15.474	0.402
			12		23.351	18.330	0.402

续表

角钢号数	尺寸（mm）				截面面积 (cm^2)	单位重量 (kg/m)	外表面积 (m^2/m)
	B	*b*	*d*	*r*			
14/9	140	90	8 10 12 14	12	18.038 22.261 26.400 30.456	14.160 17.475 20.724 23.908	0.453 0.452 0.451 0.451
16/10	160	100	10 12 14 16	13	25.315 30.054 34.709 39.281	19.872 23.592 27.247 30.895	0.512 0.511 0.510 0.510
20/12.5	200	125	12 14 16 18	14	37.912 43.867 49.739 55.526	29.761 34.436 39.045 43.588	0.641 0.640 0.639 0.639

注：*B*—长边宽；*b*—短边宽；*d*—边厚；*r*—内圆弧半径。

（2）热轧等边角钢规格（表 1-38）

热轧等边角钢规格　　　　表 1-38

角钢号数	尺寸（mm）			截面面积 (cm^2)	单位重量 (kg/m)
	b	*d*	*r*		
2	20	3 4	3.5	1.132 1.459	0.889 1.145
2.5	25	3 4		1.432 1.859	1.124 1.459

续表

角钢号数	尺寸（mm）			截面面积（cm^2）	单位重量（kg/m）
	b	d	r		
3.0	30	3	4.5	1.749	1.373
		4		2.276	1.786
3.6	36	3		2.109	1.656
		4		2.756	2.163
		5		3.382	2.654
4	40	3	5	2.359	1.852
		4		3.086	2.422
		5		3.791	2.976
4.5	45	3		2.659	2.088
		4		3.486	2.736
		5		4.292	3.369
		6		5.076	3.985
5	50	3	5.5	2.971	2.332
		4		3.897	3.059
		5		4.803	3.770
		6		5.688	4.465
5.6	56	3	6	3.343	2.624
		4		4.390	3.446
		5		5.415	4.251
		8		8.367	6.568
6.3	63	4	7	4.978	3.907
		5		6.143	4.822
		6		7.288	5.721
		8		9.515	7.469
		10		11.657	9.151

续表

角钢号数	尺寸（mm）			截面面积（cm^2）	单位重量（kg/m）
	b	*d*	*r*		
7	70	4	8	5.570	4.372
		5		6.875	5.397
		6		8.160	6.406
		7		9.424	7.398
		8		10.667	8.373
7.5	75	5	9	7.367	5.818
		6		8.797	6.905
		7		10.160	7.976
		8		11.503	9.030
		10		14.126	11.089
8	80	5	9	7.912	6.211
		6		9.397	7.376
		7		10.860	8.525
		8		12.303	9.658
		10		15.126	11.874
9	90	6	10	10.637	8.350
		7		12.301	9.656
		8		13.944	10.946
		10		17.167	13.476
		12		20.306	15.940
10	100	6	12	11.932	19.366
		7		13.796	10.836
		8		15.638	12.276
		10		19.261	15.120
		12		22.800	17.898
		14		26.256	20.611
		16		29.627	23.257

续表

角钢号数	尺寸（mm）			截面面积（cm^2）	单位重量（kg/m）
	b	*d*	*r*		
11	110	7	12	15.196	11.928
		8		17.238	13.532
		10		24.261	16.690
		12		25.200	19.782
		14		29.056	22.890
12.5	125	8	14	19.750	15.504
		10		24.373	19.133
		12		28.912	22.696
		14		33.367	26.193
14	140	10	14	27.373	21.488
		12		32.512	25.522
		14		37.567	29.490
		16		42.539	33.393
16	160	10	16	31.502	24.729
		12		37.441	29.391
		14		43.296	33.987
		16		49.067	38.518
18	180	12	16	42.241	33.159
		14		48.896	38.383
		16		55.467	43.542
		18		61.955	48.634
20	200	14	18	54.642	42.894
		16		62.013	48.680
		18		69.301	54.401
		20		76.505	60.056
		24		90.661	71.168

注：*b*—边宽；*d*—边厚；*r* —内圆弧半径。

(3) 冷轧等边角钢规格（表 1-39）

冷轧等边角钢规格　　　　表 1-39

型号	尺寸（mm）		截面面积	单位重量
	b	d	(cm^2)	(kg/m)
2	20	2	0.734	0.572
2.5	25	2.5	1.147	0.894
3	30	2.5	1.397	1.089
3.5	35	2.5	1.647	1.284
4	40	2.5	1.897	1.479
4	40	3	2.252	1.750
5	50	2.5	2.397	1.869
5	50	3	2.852	2.224
6	60	2.5	2.897	2.259
6	60	3	3.452	2.692
7	70	3	4.052	3.160
7	70	4	5.336	4.162
8	80	3	4.652	3.628
8	80	4	6.136	4.786
10	100	3	5.852	4.564
10	100	4	7.736	6.034

注：b—边宽；d—边厚。

6. 热轧轻型槽钢

规格及理论重量（表 1-40）

规格及理论重量　　　　表 1-40

角钢号数	尺寸（mm）			截面面积	单位重量
	h	b	d	(cm^2)	(kg/m)
5	50	32	4.4	6.16	4.84
6.5	65	36	4.4	7.51	5.90

续表

角钢号数	尺寸（mm）			截面面积（cm^2）	单位重量（kg/m）
	h	*b*	*d*		
8	80	40	4.5	8.98	7.05
10	100	46	4.5	10.90	8.59
12	120	52	4.8	13.30	10.4
14	140	58	4.9	15.60	12.3
14*a*	140	62	4.9	17.00	13.3
16	160	64	5.0	18.10	14.2
16*a*	160	68	5.0	19.50	15.3
18	180	70	5.1	20.70	16.3
18*a*	180	74	5.1	22.20	17.4
20	200	76	5.2	23.4	18.4
20*a*	200	80	5.2	25.2	19.8
22	220	82	5.4	26.7	21.0
22*a*	220	87	5.4	28.8	22.6
24	240	90	5.6	30.6	24.0
24*a*	240	95	5.6	32.9	25.8
27	270	95	6.0	35.2	27.7
30	300	100	6.5	40.5	31.8

注：*h*—槽钢高度；*b*—腿厚；*d*—腰厚。

7. 热轧轻型Ⅰ字钢

尺寸规格及理论重量（表 1-41）

尺寸规格及理论重量　　表 1-41

型 号	尺寸（mm）			截面面积（cm^2）	单位重量（kg/m）
	h	*b*	*d*		
10	100	55	4.5	12.0	9.46
12	120	64	4.8	14.7	11.5
14	140	73	4.9	17.4	13.7

续表

型 号	尺寸（mm）			截面面积 (cm^2)	单位重量 (kg/m)
	h	*b*	*d*		
16	160	81	5.0	20.2	15
18	180	90	5.1	23.4	18.4
18*a*	180	100	5.1	25.4	19.9
20	200	100	5.2	26.8	21.0
20*a*	200	110	5.2	28.9	22.7
22	220	110	5.4	30.6	24.0
22*a*	220	120	5.4	32.8	25.8
24	240	115	5.6	34.8	27.5
24*a*	240	125	5.6	37.5	29.4
27	270	125	6.0	40.2	31.5
27*a*	270	135	6.0	43.2	33.9
30	300	135	6.5	46.5	36.5
30*a*	300	145	6.5	49.9	39.2
33	330	140	7.0	53.8	42.2
36	360	145	7.5	61.9	48.6
40	400	155	8.0	71.4	56.1
45	450	160	8.6	83.0	65.2
50	500	170	9.5	97.8	76.8
55	550	180	10.3	114	89.8
60	600	190	11.1	132	104
65	650	200	12	153	120
70	700	210	13	176	138
70*a*	700	210	15	202	158
70*b*	700	210	17.6	234	184

注：*h*—工字钢高度；*b*—腿高；*d*—腰厚。

8. 钢板

规格和单位重量（表1-42）

规格和单位重量　　表1-42

薄钢板				厚钢板			
厚度 (mm)	重量 (kg/m^2)	厚度 (mm)	重量 (kg/m^2)	厚度 (mm)	重量 (kg/m^2)	厚度 (mm)	重量 (kg/m^2)
0.35	2.748	1.25	9.813	4.0	31.4		
0.45	3.533	1.3	10.205	4.5	35.325	14.0	100.9
0.50	3.925	1.4	10.99	5.0	39.25	16.0	125.6
0.6	4.71	1.5	11.775	5.5	43.18	18.0	141.3
0.7	5.495	1.75	13.738	6.0	47.10	20.0	157.0
0.8	6.28	2.0	15.70	7.0	54.95	22.0	172.7
0.9	7.065	2.25	17.663	8.0	62.80	24.0	188.4
1.0	7.86	2.5	19.625	9.0	70.65	26.0	204.1
1.1	8.635	3.0	23.55	10.0	78.5	28.0	219.8
1.2	9.42	3.5	27.476	12.0	94.2	30.0	235.5

1.3.2　管材

1.3.2.1　钢管

1. 低压焊接钢管及镀锌钢管规格（表1-43）

2. 电焊钢管规格（表1-44）

3. 直缝焊接钢管参考规格（表1-45）

1.3.2.2　给水铸铁管

1. 给水铸铁管的规格

(1) 砂型离心铸铁管规格（表1-46）

(2) 连续铸铁管规格（表1-47）

(3) 球墨铸铁管规格（表1-48）

2. 铸铁管件规格（表1-49）

低压焊接钢管及镀锌钢管规格 **表 1-43**

DN		外径（mm）		普通钢管			加厚钢管		
				壁厚		单位重量（kg/m）	壁厚		单位重量（kg/m）
（mm）	（in）	外径	允许偏差	公称尺寸（mm）	允许偏差		公称尺寸（mm）	允许偏差	
6	1/8	10	±0.50% ~ ±1%	2.06	±12% ~ ±15%	0.39	2.5	±12% ~ ±15%	0.46
8	1/4	13.5		2.25		0.62	2.75		0.73
10	3/8	17.0		2.25		0.82	2.75		0.97
15	1/2	21.3		2.75		1.26	3.25		1.45
20	3/4	26.8		2.75		1.63	3.50		2.01
25	1	33.5		3.25		2.42	4.00		2.91
32	1¼	42.3		3.25		3.13	4.00		3.78
40	1½	48.0		3.50		3.84	4.25		4.58

续表

DN		外径（mm）		普通钢管			加厚钢管		
				壁厚		单位重量（kg/m）	壁厚		单位重量（kg/m）
（mm）	（in）	外径	允许偏差	公称尺寸（mm）	允许偏差		公称尺寸（mm）	允许偏差	
50	2	60.0	±0.50%～±1%	3.50	±12%～±15%	4.88	4.50	±12%～±15%	6.16
65	2½	75.5		3.75		6.64	4.50		7.88
80	3	88.5		4.00		8.34	4.75		9.81
100	4	114.0		4.00		10.85	5.00		13.44
125	5	140.0		4.50		15.04	5.50		18.24
150	6	165.0		4.50		17.81	5.50		21.63

电焊钢管规格 表 1-44

DN		外径（mm）	薄壁钢管		普通钢管		加厚钢管	
（mm）	（in）		公称壁厚（mm）	单位重量（kg/m）	公称壁厚（mm）	单位重量（kg/m）	公称壁厚（mm）	单位重量（kg/m）
10	3/8	17.0	1.8	0.6747	2.25	0.8184	2.75	0.9664
15	1/2	21.3	2.0	0.9519	2.75	1.2580	3.25	1.4466
20	3/4	26.8	2.35	1.4169	2.75	1.6310	3.50	2.0110
25	1	33.5	2.65	2.0160	3.25	2.4244	4.00	2.9099
32	1¼	42.3	2.65	2.5911	3.25	3.1297	4.00	3.7779
40	1½	48.0	2.90	3.2253	3.50	3.8408	4.25	4.5852
50	2	60.0	2.90	4.0834	3.50	4.8765	4.50	6.1588

续表

DN		外径（mm）	薄壁钢管		普通钢管		加厚钢管	
（mm）	（in）		公称壁厚（mm）	单位重量（kg/m）	公称壁厚（mm）	单位重量（kg/m）	公称壁厚（mm）	单位重量（kg/m）
65	$2\frac{1}{2}$	75.5	3.25	5.7905	3.75	6.6351	4.50	7.8789
80	3	88.5	3.25	6.8324	4.00	8.3351	4.75	9.8100
100	4	114.0	3.65	9.9325	4.00	10.8504	5.00	13.4397
125	5	140.0	—	—	4.50	15.0364	5.50	18.2422
150	6	165.0	—	—	4.50	17.8106	5.50	21.6330

表 1-45

直缝焊接钢管参考规格

DN (mm)	外径 (mm)	壁　厚 (mm)							
		4.5	6	7	8	9	10	12	14
		单位重量 (kg/m)							
150	159	17.15	22.64						
200	219		31.51		41.63				
225	245			41.09					
250	273		39.51		52.28				
300	325		47.20		62.54				
350	377		54.89		72.80	81.6			
400	426		62.14		82.46	92.6			
450	478		69.84		92.72				
500	530		77.53			115.6			
600	630		92.33			137.8	152.9		
700	720		105.6		140.5	157.8	175.8		

续表

DN（mm）	外径（mm）	壁　厚（mm）							
		4.5	6	7	8	9	10	12	14
		单位重量（kg/m）							
800	820		120.4		160.2	180.0	199.8	239.1	
900	920		135.2		179.9	202.0	224.4	268.7	
1000	1020		150.0			224.4	249.1	298.3	
1100	1120				219.4		273.7		
1200	1220				239.1		298.4	357.5	
1300	1320				258.8			387.1	
1400	1420				278.6			416.7	
1500	1520				298.3			446.3	
1600							397.1		554.5
1800							446.4		632.5

表 1-46

砂型离心铸铁管规格

DN (mm)	壁厚 (mm)		内径 (mm)		外径 (mm)	总重量（kg）			
						有效长度 5000mm		有效长度 6000mm	
	P级	G级	P级	G级		P级	G级	P级	G级
200	8.8	10.0	202.4	200	220.0	227.0	254.0		
250	9.5	10.8	252.6	250	271.6	303.0	340.0		
300	10.0	11.4	302.8	300	322.8	381.0	428.0	452.0	509.0
350	10.8	12.0	352.4	350	374.0			566.0	623.0
400	11.5	12.8	402.6	400	425.6			687.0	757.0
450	12.0	13.4	452.4	450	476.8			806.0	892.0
500	12.8	14.0	502.4	500	528.0			950.0	1030.0
600	14.2	15.6	602.4	599.6	630.8			1260.0	1370.0
700	15.5	17.0	702.0	698.8	733.0			1600.0	1750.0
800	16.8	18.5	802.6	799.0	838.0			1980.0	2160.0
900	18.2	20.0	902.6	899.0	939.0			2410.0	2630.0
1000	20.5	22.6	1000.0	955.8	1041.0			3020.0	3300.0

连续铸铁管规格

表 1-47

DN (mm)	外径 (mm)	壁厚（mm）			管子总重量（kg）								
					有效长度 4000mm			有效长度 5000mm			有效长度 6000mm		
		LA 级	A 级	B 级	LA 级	A 级	B 级	LA 级	A 级	B 级			
75	93.0	9.0	9.0	9.0	75.1	75.1	75.1	92.2	92.2	92.2			
100	118.0	9.0	9.0	9.0	97.1	97.1	97.1	119	119	119			
150	169.0	9.0	9.2	10.0	142	145	155	174	178	191	207	211	227
200	220.0	9.2	10.1	11.0	191	208	224	235	256	276	279	304	328
250	271.0	10.0	11.0	12.0	260	282	305	319	347	376	378	412	446
300	322.8	10.8	11.9	13.0	333	363	393	409	447	484	486	531	575
350	374.0	11.7	12.8	14.0	418	452	490	514	557	604	609	662	718
400	425.6	12.5	13.8	15.0	510	556	600	626	685	739	743	813	878
450	476.8	13.3	14.7	16.0	608	665	718	747	819	884	887	973	1050
500	528.0	14.2	15.6	17.0	722	785	848	887	966	1040	1050	1150	1240

续表

DN (mm)	外径 (mm)	壁厚(mm)			管子总重量(kg)								
					有效长度 4000mm			有效长度 5000mm			有效长度 6000mm		
		LA 级	A 级	B 级	LA 级	A 级	B 级	LA 级	A 级	B 级			
600	630.8	15.8	17.4	19.0	963	1050	1140	1180	1290	1400	1400	1530	1660
700	733.0	17.5	19.3	21.0	1240	1360	1460	1530	1670	1800	1810	1980	2140
800	836.0	19.2	21.1	23.0	1560	1700	1830	1910	2080	2250	2270	2470	2680
900	939.0	20.8	22.9	25.0	1900	2070	2240	2340	2550	2760	2770	3020	3280
1000	1041.0	22.5	24.8	27.0	2290	2500	2700	2810	3070	3320	3330	3640	3940
1100	1144.0	24.2	26.6	29.0	2720	2960	3190	3330	3630	3930	3950	4300	4660
1200	1246.0	25.8	28.4	31.0	3170	3450	3730	3880	4230	4580	4590	5010	5430

球墨铸铁管规格 表 1-48

DN (mm)	壁厚 (mm)	有效管长 (mm)	制造方法	重量 (kg)	
				直管每米重	每根管总重
500	8.5	6000	离心铸造	99.2	650
600	10			139	905
700	11			178	1160
800	12			222	1440
900	13			270	1760
1000	14.5		连续铸造	334	2180
1200	17			469	3060

铸铁管件规格 **表 1-49**

DN（mm）	*dN*（mm）	三承十字管	三盘十字管	四承十字管	四盘十字管	双承丁字管	双盘丁字管	三承丁字管	三盘丁字管	双承单盘丁字管	双承双盘丁字管
		重量（kg/个）									
75	75	35.8	27.2	36.5	25.1	27.4	21.7	28.1	19.5	25.5	22.4
100	75	43.9	33.6	42.7	29.6	34.5	28.0	34.2	24.0	31.4	27.7
	100	47.1	33.2	47.0	32.2	36.6	29.3	36.4	25.3	32.7	29.0
125	75	49.9	39.8	48.3	33.8	41.3	34.0	39.7	28.1	36.9	32.5
	100	54.1	42.3	52.6	36.4	43.4	35.3	41.9	29.4	38.2	33.8
	125	57.8	44.6	56.3	38.7	45.2	36.4	43.7	30.5	39.3	34.9
150	75	60.0	49.2	55.3	39.3	51.6	43.6	46.8	33.7	44.0	38.8
	100	64.1	51.6	59.4	41.8	53.6	44.8	48.9	34.9	45.2	40.1
	125	67.9	53.7	62.9	43.8	55.4	45.8	50.7	36.0	46.2	41.1
	150	73.1	57.6	68.4	47.8	58.1	47.8	53.4	37.9	49.2	43.1

续表

DN (mm)	dN (mm)	三承十字管	三盘十字管	四承十字管	四盘十字管	双承丁字管	双盘丁字管	三承丁字管	三盘丁字管	双承单盘丁字管	双承双盘丁字管
		重量（kg/个）									
200	100	77.5	62.7	74.2	52.1	66.5	55.5	63.4	44.9	59.7	52.3
	125	81.1	64.9	77.8	54.2	68.4	56.6	65.2	46.0	60.8	53.4
	150	94.4	76.7	90.1	65.0	78.2	65.7	73.9	54.0	68.8	61.4
	200	105	93.2	101	71.5	83.7	68.9	79.4	57.2	72.0	64.6
250	100	101.0	85.1	95.3	70.4	90.5	78.1	84.6	63.5	81.0	72.2
	125	105.0	87.0	98.7	72.4	92.2	79.1	86.3	64.5	81.9	73.2
	150	110.0	90.8	104.0	76.1	94.8	81.0	89.1	66.4	83.8	75.1
	200	129.0	106.0	122.0	89.5	109.0	92.5	101.0	76.6	94.0	85.3
	250	142.0	116.0	135.0	100.0	115.0	98.0	108.0	82.0	99.4	90.7

续表

DN (mm)	dN (mm)	三承十字管	三盘十字管	四承十字管	四盘十字管	双承丁字管	双盘丁字管	三承丁字管	三盘丁字管	双承单盘丁字管	双承双盘丁字管
		重量（kg/个）									
300	100	124.0	106.0	116.0	88.0	113.0	99.4	105.0	81.0	102.0	91.4
	125	127.0	108.0	119.0	89.9	115.0	100.0	107.0	82.0	103.0	92.3
	150	133.0	112.0	125.0	93.6	118.0	102.0	110.0	83.8	105.0	94.2
	200	161.0	136.0	153.0	117.0	141.0	123.0	132.0	104.0	124.0	114.0
	250	175.0	147.0	166.0	128.0	147.0	128.0	138.0	109.0	130.0	119.0
	300	189.0	158.0	180.0	138.0	154.0	134.0	145.0	114.0	135.0	125.0
350	100	158.0	138.0	147.0	115.0	147.0	131.0	136.0	108.0	132.0	120.0
	125	161.0	140.0	150.0	117.0	149.0	132.0	138.0	109.0	133.0	121.0
	150	166.0	144.0	155.0	121.0	151.0	134.0	140.0	111.0	135.0	123.0
	200	175.0	149.0	164.0	125.0	156.0	137.0	145.0	113.0	137.0	125.0
	250	215.0	185.0	201.0	160.0	187.0	166.0	174.0	141.0	165.0	153.0
	300	228.0	196.0	215.0	170.0	194.0	171.0	180.0	146.0	170.0	158.0
	350	247.0	211.0	233.0	185.0	203.0	179.0	190.0	154.0	178.0	166.0

续表

DN (mm)	dN (mm)	三承十字管	三盘十字管	四承十字管	四盘十字管	双承丁字管	双盘丁字管	三承丁字管	三盘丁字管	双承单盘丁字管	双承双盘丁字管
		重量（kg/个）									
400	100	192.0	170.0	179.0	142.0	181.0	163.0	168.0	134.0	164.0	149.0
	125	196.0	172.0	182.0	143.0	183.0	164.0	170.0	135.0	165.0	150.0
	150	201.0	176.0	188.0	147.0	196.0	166.0	172.0	137.0	167.0	152.0
	200	210.0	180.0	197.0	152.0	188.0	168.0	177.0	139.0	170.0	154.0
	250	263.0	230.0	248.0	200.0	210.0	210.0	219.0	180.0	211.0	195.0
	300	277.0	241.0	262.0	211.0	216.0	216.0	226.0	186.0	216.0	201.0
	350	295.0	256.0	280.0	226.0	223.0	223.0	235.0	193.0	223.0	208.0
	400	315.0	270.0	300.0	240.0	230.0	230.0	245.0	200.0	230.0	215.0
450	100	237.0	214.0	223.0	184.0	226.0	207.0	212.0	177.0	208.0	192.0
	125	241.0	216.0	226.0	186.0	228.0	208.0	213.0	178.0	209.0	193.0
	150	246.0	220.0	231.0	190.0	231.0	210.0	216.0	179.0	211.0	195.0
	200	255.0	225.0	240.0	194.0	235.0	212.0	220.0	182.0	213.0	197.0
	250	267.0	234.0	252.0	203.0	241.0	217.0	226.0	186.0	218.0	202.0

续表

DN (mm)	dN (mm)	三承十字管	三盘十字管	四承十字管	四盘十字管	双承丁字管	双盘丁字管	三承丁字管	三盘丁字管	双承单盘丁字管	双承双盘丁字管
		重量（kg/个）									
450	300	328.0	292.0	308.0	256.0	292.0	266.0	273.0	231.0	262.0	247.0
	350	346.0	306.0	326.0	271.0	301.0	274.0	282.0	238.0	270.0	254.0
	400	364.0	319.0	345.0	283.0	311.0	280.0	291.0	245.0	276.0	260.0
	450	387.0	340.0	367.0	305.0	322.0	291.0	302.0	255.0	287.0	271.0
500	100	277.0	253.0	259.0	218.0	265.0	245.0	248.0	210.0	244.0	227.0
	125	281.0	255.0	263.0	220.0	267.0	246.0	250.0	211.0	245.0	228.0
	150	286.0	259.0	269.0	225.0	270.0	248.0	252.0	213.0	247.0	230.0
	200	296.0	264.0	278.0	230.0	275.0	250.0	257.0	216.0	250.0	233.0
	250	307.0	272.0	289.0	238.0	280.0	254.0	263.0	220.0	254.0	237.0
	300	386.0	349.0	363.0	308.0	350.0	323.0	327.0	283.0	317.0	300.0
	350	404.0	363.0	381.0	323.0	359.0	330.0	336.0	290.0	324.0	307.0
	400	423.0	376.0	399.0	335.0	369.0	336.0	345.0	296.0	330.0	313.0
	450	444.0	396.0	421.0	356.0	380.0	347.0	356.0	307.0	340.0	323.0
	500	466.0	416.0	443.0	375.0	390.0	357.0	367.0	316.0	350.0	333.0

续表

DN (mm)	dN (mm)	三承十字管	三盘十字管	四承十字管	四盘十字管	双承丁字管	双盘丁字管	三承丁字管	三盘丁字管	双承单盘丁字管	双承双盘丁字管
		重量（kg/个）									
600	150	396.0	360.0	373.0	312.0	378.0	348.0	356.0	300.0	351.0	325.0
	200	406.0	366.0	384.0	318.0	384.0	351.0	361.0	303.0	354.0	328.0
	250	417.0	374.0	395.0	326.0	389.0	355.0	367.0	307.0	358.0	332.0
	300	427.0	381.0	405.0	333.0	394.0	358.0	372.0	310.0	361.0	336.0
	350	443.0	394.0	421.0	346.0	402.0	365.0	388.0	317.0	368.0	342.0
	400	546.0	490.0	518.0	437.0	491.0	450.0	463.0	397.0	448.0	423.0
	450	567.0	510.0	540.0	457.0	502.0	460.0	474.0	407.0	458.0	433.0
	500	588.0	528.0	560.0	475.0	512.0	469.0	484.0	416.0	467.0	442.0
	600	635.0	559.0	608.0	506.0	535.0	484.0	508.0	431.0	482.0	457.0
700	150	486.0	445.0	465.0	395.0	468.0	433.0	448.0	383.0	443.0	413.0
	200	496.0	451.0	475.0	401.0	473.0	436.0	453.0	386.0	446.0	416.0
	250	506.0	459.0	486.0	409.0	479.0	440.0	458.0	390.0	450.0	420.0
	300	518.0	467.0	497.0	417.0	484.0	444.0	464.0	394.0	454.0	424.0

续表

DN (mm)	dN (mm)	三承十字管	三盘十字管	四承十字管	四盘十字管	双承丁字管	双盘丁字管	三承丁字管	三盘丁字管	双承单盘丁字管	双承双盘丁字管
		重量（kg/个）									
700	350	531.0	477.0	511.0	427.0	491.0	449.0	471.0	399.0	459.0	429.0
	400	689.0	629.0	660.0	570.0	633.0	588.0	603.0	529.0	588.0	550.0
	450	711.0	650.0	681.0	590.0	644.0	598.0	614.0	539.0	599.0	560.0
	500	731.0	667.0	701.0	608.0	654.0	607.0	624.0	548.0	607.0	578.0
	600	776.0	695.0	746.0	635.0	676.0	621.0	647.0	562.0	621.0	591.0
	700	827.0	738.0	798.0	678.0	702.0	642.0	673.0	583.0	643.0	613.0
800	150	614.0	562.0	596.0	504.0	596.0	550.0	579.0	492.0	574.0	533.0
	200	624.0	568.0	606.0	509.0	601.0	553.0	584.0	494.0	576.0	535.0
	250	634.0	576.0	617.0	517.0	607.0	557.0	589.0	498.0	580.0	539.0
	300	646.0	585.0	629.0	526.0	613.0	561.0	595.0	503.0	585.0	544.0
	350	659.0	594.0	641.0	525.0	619.0	566.0	601.0	507.0	589.0	548.0
	400	674.0	603.0	656.0	544.0	636.0	570.0	609.0	512.0	594.0	553.0
	450	881.0	809.0	860.0	746.0	813.0	756.0	792.0	694.0	776.0	735.0

续表

DN (mm)	dN (mm)	三承十字管	三盘十字管	四承十字管	四盘十字管	双承丁字管	双盘丁字管	三承丁字管	三盘丁字管	双承单盘丁字管	双承双盘丁字管
		重量（kg/个）									
800	500	901.0	826.0	880.0	764.0	823.0	765.0	802.0	703.0	785.0	744.0
	600	945.0	852.0	923.0	790 0	845.0	778.0	823.0	716.0	798.0	757.0
	700	993.0	893.0	972.0	830.0	870.0	798.0	848.0	736.0	818.0	777.0
	800	1060.0	940.0	1040.0	878.0	904.0	822.0	883.0	760.0	842.0	801.0
900	200	749.0	686.0	743.0	631.0	726.0	670.0	721.0	616.0	713.0	665.0
	250	762.0	696.0	756.0	641.0	733.0	675.0	727.0	621.0	718.0	670.0
	300	772.0	702.0	766.0	648.0	737.0	678.0	732.0	624.0	721.0	673.0
	350	784.0	711.0	778.0	656.0	743.0	683.0	738.0	628.0	726.0	677.0
	400	946.0	867.0	922.0	795.0	893.0	829.0	869.0	757.0	854.0	805.0
	450	960.0	880.0	936.0	807.0	900.0	836.0	876.0	763.0	860.0	812.0
	500	976.0	894.0	954.0	821.0	908.0	843.0	885.0	770.0	868.0	819.0
	600	1020.0	917.0	993.0	844.0	928.0	854.0	904.0	781.0	879.0	830.0
	700	1230.0	1130.0	1220.0	1060.0	1110.0	1030.0	1100.0	969.0	1070.0	1020.0

续表

DN (mm)	dN (mm)	三承十字管	三盘十字管	四承十字管	四盘十字管	双承丁字管	双盘丁字管	三承丁字管	三盘丁字管	双承单盘丁字管	双承双盘丁字管
		重量（kg/个）									
900	800	1300.0	1170.0	1280.0	1110.0	1140.0	1050.0	1130.0	990.0	1090.0	1040.0
	900	1400.0	1250.0	1380.0	1190.0	1190.0	1090.0	1180.0	1030.0	1130.0	1080.0
1000	300	980	885	980	811	944	859	943	784	933	859
	350	993	895	993	820	950	864	950	789	938	863
	400	1000	900	1000	825	956	866	955	792	940	866
	450	1020	911	1020	836	962	872	961	797	946	872
	500	1200	1100	1210	1030	1130	1040	1140	972	1120	1050
	600	1240	1120	1240	1050	1150	1050	1150	982	1130	1060
	700	1280	1150	1280	1080	1170	1070	1170	997	1140	1070
	800	1540	1380	1550	1320	1380	1270	1390	1200	1350	1280
	900	1630	1460	1640	1400	1430	1300	1440	1240	1390	1310
	1000	1740	1520	1750	1450	1480	1330	1490	1270	1400	1340

续表

DN (mm)	$22\frac{1}{2}°$ 双弯头	$22\frac{1}{2}°$ 承插弯头	45°双承弯头	45°承插弯头	45°双承弯头	90°双承弯头	90°双盘弯头	90°承插弯头	承盘短管（短管甲）	插盘短管（短管乙）
	重量（kg/个）									
75	17.28	16.50	19.35	17.44	14.06	19.26	13.22	17.97	12.79	12.26
100	21.90	21.05	24.97	22.27	17.82	24.97	16.59	22.91	16.01	15.30
150	32.06	34.95	37.47	36.91	31.99	39.01	29.43	40.00	23.00	24.56
200	45.55	53.79	54.42	55.66	49.63	58.41	44.97	65.47	31.53	40.30
250	64.64	73.46	78.08	77.26	72.29	85.84	65.08	93.01	46.21	53.85
300	82.74	100.93	101.94	105.21	100.63	115.00	89.95	141.42	57.18	68.86
400	132.19	154.87	167.12	184.51	131.16	196.22	160.26	226.84	87.62	106.19
500	196.06	250.69	253.14	292.19	197.40	306.96	251.22	351.50	121.11	147.20
600	276.99	379.38	363.80	434.62	281.44	452.78	370.42	527.34	182.95	222.22
700	376.43	545.03	501.48	615.75	390.40	637.64	526.56	734.47	237.42	284.84
800	497.76		670.87		535.99	868.21	733.33		304.04	362.10
900	640.74		872.68		689.18	1146.80	963.30		370.65	437.86
1000	814.54		1116.87		881.39	1484.72	1249.24		460.89	526.71
1200	1233.30		1716.40			2330.63			707.44	820.32
1500	2091.71		2961.62			4118.90			1088.97	1229.40

1.3.2.3 钢筋混凝土输水管

1. 自应力钢筋混凝土输水管

（1）输水管型号（表 1-50）

输水管型号 表 1-50

预应力管名称	型号表示方法	*DN*（mm）	静水压力（MPa）
一阶段预应力混凝土输水管	YYG-600-Ⅱ YYG-表示一阶段 600-公称直径(mm) Ⅱ-压力级别	400～2000	0.4～1.2
三阶段预应力混凝土输水管	SYG-600-Ⅱ SYG-表示三阶段 600-公称直径(mm) Ⅱ-压力级别	400～2000	0.4～1.2

（2）压力级别（表 1-51）

压力级别 表 1-51

级　别	Ⅰ	Ⅱ	Ⅲ	Ⅳ	Ⅴ
静水压（MPa）	0.4	0.6	0.8	1.0	1.2

（3）性能（表 1-52）

性　　能 表 1-52

管道级别	工作压力 MPa	抗渗压力 MPa	抗裂压力(MPa) *DN*(mm) 400	500	600	700	800	900	1000
Ⅰ	0.4	0.6	0.95 (1.03)	1.02 (1.11)	1.05 (1.16)	1.11 1.24	1.14 (1.26)	1.15 (1.28)	1.19 (1.29)

续表

管道级别	工作压力 MPa	抗渗压力 MPa	抗裂压力(MPa)						
			DN(mm)						
			400	500	600	700	800	900	1000
Ⅱ	0.6	0.9	1.18 (1.28)	1.25 (1.34)	1.29 (1.39)	1.34 1.47	1.38 (1.49)	1.38 (1.51)	1.42 (1.52)
Ⅲ	0.8	1.2	1.41 (1.54)	1.49 (1.57)	1.52 (1.62)	1.57 (1.7)	1.61 (1.73)	1.61 (1.74)	1.65 (1.75)
Ⅳ	1.0	1.5	1.60 (1.70)	1.67 (1.76)	1.71 (1.81)	1.76 (1.89)	1.79 (1.92)	1.80 (1.93)	1.84 (1.94)
Ⅴ	1.2	1.8	1.80 (1.86)	1.86 (1.95)	1.89 (2.00)	1.94 (2.08)	1.98 (2.10)	1.98 (2.11)	2.02 (2.12)

注：1.抗裂压力（　）为一阶段预应力混凝土管，其余为三个阶段预应力混凝土管。2.管道在抗渗检验压力下，接头处不应滴水，管道表面不得冒汗、淌水、喷水，管子表面出现潮片，每片面积不超过40cm^2，每m^2不超过5处时，仍作为合格品。

（4）基本尺寸及参考重量（表1-53）

基本尺寸及参考重量　　　表1-53

型　　号	DN (mm)	有效长度 (mm)	管体长 (mm)	管体芯厚 (筒体壁厚) (mm)	保护厚度 (mm)	参考重量 (t/根)
SYG-400 (Ⅰ、Ⅱ、Ⅲ) (YYG-400) (Ⅳ、Ⅴ)	400	5000	5160	38 (50)	20 (15)	1.182 (0.997)

续表

型　　号	DN (mm)	有效长度 (mm)	管体长 (mm)	管体芯厚(筒体壁厚) (mm)	保护厚度 (mm)	参考重量 (t/根)
SYG-500 (Ⅰ、Ⅱ、Ⅲ) (YYG-500) (Ⅳ、Ⅴ)	500	5000	5160	38 (50)	20 (15)	1.464 (1.218)
SYG-600 (Ⅰ、Ⅱ、Ⅲ) (YYG-600) (Ⅳ、Ⅴ)	600	5000	5160	43 (55)	20 (15)	1.890 (1.587)
SYG-700 (Ⅰ、Ⅱ、Ⅲ) (YYG-700) (Ⅳ、Ⅴ)	700	5000	5160	43 (55)	20 (15)	2.228 (1.836)
SYG-800 (Ⅰ、Ⅱ、Ⅲ) (YYG-800) (Ⅳ、Ⅴ)	800	5000	5160	48 (60)	20 (15)	2.720 (2.286)
SYG-900 (Ⅰ、Ⅱ、Ⅲ) (YYG-900) (Ⅳ、Ⅴ)	900	5000	5160	54 (65)	20 (15)	3.289 (2.787)
SYG-1000 (Ⅰ、Ⅱ、Ⅲ) (YYG-1000) (Ⅳ、Ⅴ)	1000	5000	5160	59 (70)	20 (15)	3.835 (3.337)

续表

型　　号	DN（mm）	有效长度（mm）	管体长（mm）	管体芯厚（筒体壁厚）（mm）	保护厚度（mm）	参考重量（t/根）
SYG-1200（Ⅰ、Ⅱ、Ⅲ）（YYG-1200）（Ⅳ、Ⅴ）	1200	5000	5160	69（80）	20（15）	5.250（4.569）

注：1. 一阶段管道筒体壁厚包括保护层厚度和管芯厚度。2. 公称直径（*DN*）包括插口端向管内 200mm 处的尺寸。

2. 橡胶圈规格（表 1-54）

1.3.2.4　塑料给水管

1. 硬聚氯乙烯（UPVC）

（1）管材规格（表 1-55）

（2）管材质量要求（表 1-56）

2. 聚乙烯（PE）管

（1）规格及参考重量（表 1-57）

（2）性能指标（表 1-58）

3. 丙烯（PP）管

（1）规格及参考重量（表 1-59）

（2）管材性能指标（1-60）

1.3.2.5　排水管材

1. 排水铸铁管及管件

（1）普通排水铸铁管规格（表 1-61）

表 1-54

橡胶圈规格

DN（mm）	橡胶圈		管道公称内径（mm）	橡胶圈		管道公称内径（mm）	橡胶圈	
	环内径（mm）	断面直径（mm）		环内径（mm）	断面直径（mm）		环内径（mm）	断面直径（mm）
100	132	14	400	432	20	800	789	32
100	115	14	400	450	24	800	820	26
100	125	11	400	437	25	800	828	28
150	176	14	400	410	18	800	830	30
150	166	11.5	400	410	20	900	927	26
150	160	14	400	432	18	900	925	29
150	173	12	500	540	24	900	910	28
200	228	14	500	536	20	900	910	31
200	218	11.5	500	531	25	1000	1026	26
200	205	14	500	518	18	1000	1024	29

续表

DN (mm)	橡胶圈		管道公称内径 (mm)	橡胶圈		管道公称内径 (mm)	橡胶圈	
	环内径 (mm)	断面直径 (mm)		环内径 (mm)	断面直径 (mm)		环内径 (mm)	断面直径 (mm)
200	224	11	500	520	20	1000	1010	26
250	280	14	500	536	18	1200	1224	26
250	280	17	600	632	22	1200	1220	29
300	332	17	600	630	24	1200	1220	32
300	320	14	600	628	27	1400		
300	320	17	700	729	24	1400		
300	320	24	700	727	27	1400		
300	290	28	700	730	22	1600	1631	24
300	350	20	800	828	24			
350	385	17	800	828	29			

管材规格

表 1-55

公称外径	PN0.6MPa		PN0.8MPa		PN1.0MPa		PN1.25MPa		PN1.6MPa	
d_n	e_n	d_i	e_n	d_i	e_n	d_i	e_n	d_i	e_n	d_i
20									2.0	16.0
25									2.0	21.0
32							2.0	28.0	2.4	27.2
40					2.0	36.0	2.4	35.2	3.0	34.0
50			2.0	46.0	2.4	45.2	3.0	44.0	3.7	42.6
63	2.0	59.0	2.5	58.2	3.0	57.0	3.8	55.4	4.7	53.6
(75)	2.2	70.6	2.9	69.2	3.6	67.8	4.5	66.0	5.6	64.0
(90)	2.7	84.6	3.5	83.0	4.3	81.4	5.4	79.4	6.7	76.6
110	3.2	103.6	3.9	102.2	4.8	100.4	5.7	98.6	7.2	95.6
(125)	3.7	117.6	4.4	116.2	5.4	114.2	6.0	113.2	7.4	110.0
(140)	4.1	131.8	4.9	130.2	6.1	127.8	6.7	126.6	8.3	123.4
160	4.7	150.6	5.6	148.8	7.0	146.0	7.7	144.8	9.5	140.8

续表

公称外径 d_n	PN0.6MPa		PN0.8MPa		PN1.0MPa		PN1.25MPa		PN1.6MPa	
	e_n	d_i	e_n	d_i	e_n	d_i	e_n	d_i	e_n	d_i
(180)	5.3	169.4	6.3	167.4	7.8	164.4	8.6	162.8	10.7	158.6
200	5.9	188.2	7.3	185.4	8.7	182.6	9.6	181.0	11.9	176.2
225	6.6	211.8	7.9	209.2	9.8	205.4	10.8	203.6	13.4	198.2
(250)	7.3	235.4	8.8	232.4	10.9	228.2	11.9	226.2	14.8	220.4
(280)	8.2	263.6	9.8	260.4	12.2	255.6	13.4	253.4	16.6	246.8
315	9.2	296.6	11.0	293.0	13.7	287.6	15.0	285.0	18.7	277.6
(355)	9.4	336.2	12.5	330.0	14.8	325.4	16.9	323.2		
400	10.6	378.8	14.0	372.0	15.3	369.4	19.1	362.0		
(450)	12.0	426.0	15.8	418.4	17.2	415.8	21.5	507.2		
500	13.3	473.4	16.8	466.4	19.1	461.8	23.9	452.6		
(560)	14.9	530.2	17.2	525.6	21.4	517.2	26.7	506.6		
630	16.7	596.6	19.3	591.4	24.1	581.8	30.0	570.0		

注:括号内管径为非常用规格。

管材质量要求 表 1-56

指标名称	指 标
外观颜色	内、外壁应光滑、清洁，没有划伤和其他缺陷，不允许有气泡、裂口及明显的凹陷、杂质、分解变色线等，一般为灰色或蓝色
密 度 维卡软化温度	1350～1460kg/m^3 ≥80℃
密 度 弹性模量	1350～1460kg/m^3 3000MPa
扁平试验 耐丙酮性	无裂缝 不允许分层或碎裂
落锤冲击试验 同一截面的壁厚偏差	0℃下 10 次冲击均无破裂 ≤14%

规格及参考重量 表 1-57

外径 (mm)	外径公差 (mm)	壁厚及公差 (mm)	近似重量 (kg/m)
12	±0.3	1.5 +0.3	0.046
16	±0.3	2.0 +0.4	0.081
20	±0.4	2.0 +0.4	0.104
25	±0.4	2.0 +0.5	0.133
32	±0.5	2.5 +0.5	0.213
40	±0.6	3.0 +0.6	0.321
50	±0.6	4.0 +0.6	0.532
63	±0.8	5.0 +0.8	0.838

性能指标　　表 1-58

名　　称	指　　标
外观颜色	管道内外光滑、平整、清洁，颜色一般为本色或黑色
拉伸强度（kg/m）	≥80
断裂伸长率（%）	≥200
液压试验（2倍使用压力）	保持5min，无破裂、渗漏现象
使用压力（常温下）MPa	0.4

规格及参考重量　　表 1-59

公称外径及公差（mm）	Ⅰ型工作压力0.4MPa		Ⅱ型工作压力0.6MPa	
	壁厚及公差（mm）	近似重量（kg/m）	壁厚及公差（mm）	近似重量（kg/m）
50　±0.4	2.0　+0.4	0.3	2.6　+0.5	0.38
63　±0.5	2.3　+0.5	0.44	3.3　+0.6	0.61
75　±0.5	2.7　+0.5	0.61	3.9　+0.6	0.85
90　±0.7	3.2　+0.6	0.87	4.7　+0.7	1.23
110　±0.8	3.9　+0.6	1.27	5.7　+0.8	1.83
125　±1.0	4.4　+0.7	1.63	6.5　+0.8	2.33
140　±1.0	5.0　+0.7	2.06	7.3　+1.0	2.95
160　±1.2	5.7　+0.8	2.68	8.3　+1.1	3.81
180　±1.4	6.4　+0.9	3.39	9.4　+1.2	4.85
200　±1.5	7.1　+1.0	4.18	10.4　+1.3	5.97
225　±1.8	7.9　+1.0	5.20	11.7　+1.4	7.53
250　±1.8	8.3　+1.1	6.10	13.0　+1.5	9.28
280　±2.0	9.9　+1.2	8.09	14.5　+1.7	11.61
315　±2.5	11.1　+1.3	10.18	16.3　+1.9	14.68
355　±3.0	12.5　+1.5	12.94	18.4　+2.1	18.65

续表

公称外径及公差(mm)		Ⅰ型工作压力0.4MPa			Ⅱ型工作压力0.6MPa		
		壁厚及公差（mm）		近似重量（kg/m）	壁厚及公差（mm）		近似重量（kg/m）
400	±3.5	14.1	+1.7	16.45	20.7	+2.4	23.66
450	±4.0	15.8	+1.8	20.68			
500	±4.5	17.6	+2.0	25.59			

管材性能指标　　　　表1-60

指　标　名　称			指　标
轴向尺寸变化率（%）			$-2.0 \leqslant L \leqslant 2.0$
扁平试验			三段试样全部通过为合格
20℃液压试验（瞬时爆破环向应力）MPa			≥2.0
20℃落锤冲击能量（kg·m）		公称外径（mm）	
	Ⅰ型	50	3
		63	4
		75	5
		90	6
		110	7
	Ⅱ型	50	8
		63	
		75	
		90	
		110	

普通排水铸铁管规格　　　　表 1-61

DN (mm)	有效长度（mm）							
	500		1000		1500		2000	
	总重量（kg）							
	A 型	B 型	A 型	B 型	A 型	B 型	A 型	B 型
50	3.96	4.01	6.73	6.78	9.51	9.56	12.28	12.33
75	6.22	6.30	10.74	10.82	15.27	15.35	19.79	19.87
100	8.41	8.53	14.35	14.47	20.29	20.41	26.23	26.35
125	11.31	11.45	19.43	19.57	27.55	27.69	35.67	35.81
150	13.87	14.07	23.54	23.74	33.22	33.42	42.89	43.09
200	20.34	20.64	34.32	34.62	48.30	48.60	62.28	62.58

（2）普通排水铸铁管件规格（表 1-62）

普通排水铸铁管件规格　　　　表 1-62

DN (mm)	总重量（kg/个）					
	45°承插弯管		90°承插弯管		P 形存水弯管	
	A 型	B 型	A 型	B 型	A 型	B 型
50	1.98	2.03	2.10	2.15	2.70	2.75
75	3.23	3.31	3.54	3.62	4.80	4.88
100	4.79	4.91	5.35	5.47	7.40	7.52
125	6.76	6.90	7.76	7.90	11.08	11.22
150	8.93	9.13	10.38	10.58	14.95	15.15
200	14.61	14.91	17.46	17.76	26.00	26.30

续表

DN (mm)	总重量（kg/个）					
	S形存水弯管		套管		承插短管	
	A型	B型	A型	B型	A型	B型
50	3.05	3.10	1.27	1.37	3.59	3.67
75	5.59	5.67	1.85	2.02	5.26	5.38
100	8.70	8.82	2.74	2.96		
125	13.24	13.38	3.71	3.93	7.41	7.55
150	18.00	18.20	4.77	4.96		
200	31.71	32.01	7.80	8.45		

公称直径 (mm)		总重量（kg/个）					
		45°承插丁字管		90°承插丁字管		90°承插十字管	
DN	dN	A型	B型	A型	B型	A型	B型
50	50	3.65	3.75	3.40	3.50	4.60	4.75
75	50	5.31	5.44	4.85	4.98	6.06	6.24
	75	5.95	6.11	5.35	5.51	7.06	7.30
100	50	7.40	7.58	6.73	6.90	7.96	8.18
	75	8.11	8.31	7.23	7.43	8.96	9.26
	100	8.95	9.19	7.91	8.15	10.32	10.68
125	75	10.89	11.11	9.72	9.94	11.46	11.76
	100	11.74	12.00	10.38	10.64	12.78	13.16
	125	12.68	12.93	11.03	11.31	14.08	14.50
150	75	13.95	14.23	12.34	12.62	14.10	14.46
	100	14.85	15.17	13.01	13.33	15.44	15.88
	125	15.87	16.21	13.66	14.90	16.76	17.24
	150	16.98	17.38	14.54	15.40	18.50	19.10

续表

<table>
<tr><td colspan="2">公称直径（mm）</td><td colspan="6">总重量（kg/个）</td></tr>
<tr><td colspan="2"></td><td colspan="2">45°承插丁字管</td><td colspan="2">90°承插丁字管</td><td colspan="2">90°承插十字管</td></tr>
<tr><td>DN</td><td>dN</td><td>A 型</td><td>B 型</td><td>A 型</td><td>B 型</td><td>A 型</td><td>B 型</td></tr>
<tr><td rowspan="4">200</td><td>100</td><td>23.07</td><td>23.49</td><td>20.13</td><td>20.55</td><td>20.58</td><td>23.12</td></tr>
<tr><td>125</td><td>24.21</td><td>24.65</td><td>20.80</td><td>21.24</td><td>23.92</td><td>24.62</td></tr>
<tr><td>150</td><td>25.40</td><td>25.90</td><td>21.66</td><td>22.16</td><td>25.64</td><td>26.34</td></tr>
<tr><td>200</td><td>28.16</td><td>28.76</td><td>23.51</td><td>24.11</td><td>29.34</td><td>30.24</td></tr>
</table>

2. 钢筋混凝土排水管

(1) 外压试验指标（表 1-63）

外压试验指标　　表 1-63

<table>
<tr><td rowspan="3">类别</td><td rowspan="3">DN（mm）</td><td colspan="6">外压试验指标标（kg/m）</td></tr>
<tr><td colspan="3">轻型钢筋混凝土管</td><td colspan="3">重型钢筋混凝土管</td></tr>
<tr><td>安全荷载</td><td>裂缝荷载</td><td>破坏荷载</td><td>安全荷载</td><td>裂缝荷载</td><td>破坏荷载</td></tr>
<tr><td rowspan="6">Ⅰ</td><td>75</td><td>—</td><td>—</td><td>—</td><td>—</td><td>—</td><td>—</td></tr>
<tr><td>100</td><td>1900</td><td>2300</td><td>2700</td><td>—</td><td>—</td><td>—</td></tr>
<tr><td>150</td><td>1400</td><td>1700</td><td>2200</td><td>—</td><td>—</td><td>—</td></tr>
<tr><td>200</td><td>1200</td><td>1500</td><td>2000</td><td>—</td><td>—</td><td>—</td></tr>
<tr><td>250</td><td>1100</td><td>1300</td><td>1800</td><td>—</td><td>—</td><td>—</td></tr>
<tr><td>300</td><td>1100</td><td>1400</td><td>1800</td><td>3400</td><td>3600</td><td>4400</td></tr>
<tr><td rowspan="6">Ⅱ</td><td>350</td><td>1100</td><td>1500</td><td>2100</td><td>3400</td><td>3600</td><td>4400</td></tr>
<tr><td>400</td><td>1100</td><td>1800</td><td>2400</td><td>3400</td><td>3800</td><td>4900</td></tr>
<tr><td>450</td><td>1200</td><td>1900</td><td>2500</td><td>3400</td><td>4000</td><td>5200</td></tr>
<tr><td>500</td><td>1200</td><td>2000</td><td>2900</td><td>—</td><td>—</td><td>—</td></tr>
<tr><td>550</td><td>—</td><td>—</td><td>—</td><td>3400</td><td>4200</td><td>6100</td></tr>
<tr><td>600</td><td>1500</td><td>2100</td><td>3200</td><td>—</td><td>—</td><td>—</td></tr>
</table>

续表

类别	DN (mm)	外压试验指标（kg/m）					
		轻型钢筋混凝土管			重型钢筋混凝土管		
		安全荷载	裂缝荷载	破坏荷载	安全荷载	裂缝荷载	破坏荷载
Ⅲ	650	—	—	—	3400	4300	6300
	700	1500	2300	3800	—	—	—
	750	—	—	—	3600	5000	8200
	800	1800	2700	4400	—	—	—
	850	—	—	—	3600	5500	9100
	900	1900	2900	4800	—	—	—
	950	—	—	—	3600	6100	11200
	1000	2000	3300	5900	—	—	—
	1050	—	—	—	4000	6600	12100
	1100	2300	3500	6300	—	—	—
	1200	2400	3800	6900	—	—	—
Ⅳ	1300	—	—	—	4100	8100	13200
	1350	2600	4400	8000	—	—	—
	1500	3100	4900	9000	—	—	—
	1550	—	—	—	6700	10400	18700
	1650	3300	5400	9900	—	—	—
	1800	3800	6100	11000	—	—	—

（2）参考重量（表 1-64）

参考重量　　表 1-64

规　格（mm）			排水管参考重量（kg/根）		
DN	长度	壁厚	混凝土	轻型钢筋混凝土	重型钢筋混凝土
150	850	25	31.3		
	200	25		6.8	

续表

规格（mm）			排水管参考重量（kg/根）		
DN	长度	壁厚	混凝土	轻型钢筋混凝土	重型钢筋混凝土
200	1000	30	45		
	2000	27		95	
300	1000	30	84		430
	4000	40			
450	1200	45	220		
600	1000	51	273		
	4000	65			1310
700	1480	70		650	
800	1480	82.5		871	
	2000	80			1060
900	1480	86		1040	
1000	2000	95		1400 ~ 1700	1700
1200	2000	140			3030
1500	2000	135			3600

3. 硬聚氯乙烯排水管规格（表 1-65）

硬聚氯乙烯排水管规格　　　表 1-65

DN（mm）	长度（m）	参考重量（kg/m）
50	4 ~ 6	0.55
75	4 ~ 6	1.22
100	4 ~ 6	1.82
150	4 ~ 6	3.70

1.3.2.6　玻璃钢管

1. 承插直管规格（表 1-66）

承插直管规格　　**表 1-66**

规格 $DN\times$长度（mm×mm）	参考重量（kg）			
	工作压力 0.6MPa	工作压力 1MPa	工作压力 1.6MPa	工作压力 2.5MPa
50×4500	6.0	6.5	7.5	8.0
65×4500	7.5	9.0	10.0	10.5
80×4500	9.0	11.0	12.5	13.5
100×4500	11.5	13.5	15.5	16.5
150×4500	17.0	20.5	24.0	25.5
200×4200	23.5	29.0	34.5	38.9
250×4200	30.5	37.0	48.5	52.5
300×4300	36.5	52.5	66.0	72.5
350×4300	42.5	66.0	86.5	98.5
400×4300	52.5	75.5	109.5	134.5
450×4300	63.5	96.5	135.5	163.5
500×4300	75.5	114.5	168.0	201.5

2. 最小壁厚（表 1-67）

最小壁厚　　**表 1-67**

DN（mm）	最小壁厚（mm）	DN（mm）	最小壁厚（mm）
200	4.30	450	4.30
250	4.30	500	4.30
300	4.30	550	4.30
350	4.30	600	4.80
400	4.30	650	5.30

续表

DN（mm）	最小壁厚（mm）	DN（mm）	最小壁厚（mm）
700	5.80	1800	13.70
800	6.60	2000	15.00
900	7.10	2100	16.30
1000	7.60	2300	17.50
1100	8.10	2400	18.80
1150	8.60	2600	19.80
1200	9.40	2700	20.80
1300	9.90	2900	22.10
1400	10.70	3000	23.10
1500	11.70	3300	25.70
1600	12.70	3700	27.90

注：表中所列数据基于经常遇到场合和使用条件。其他情况用户可与生产厂协商，如载荷、土壤条件与管道性能的关系等。

1.3.3 常用水处理工艺材料

1.3.3.1 滤料

1. 常用滤料的质量要求（表 1-68）
2. 英砂滤料（表 1-69）
3. 常用无烟煤滤料（1-70）
4. 天然锰砂滤料（1-71）

1.3.3.2 蜂窝斜管

蜂窝斜管的规格及性能（表 1-72）

常用滤料的质量要求 **表 1-68**

指标项目	石英砂滤料	无烟煤滤料	砾石承托层	指 标 意 义
原料组成	应为硬的、耐用的密实颗粒，以含硅物质为主的天然石英砂筛分而成，或由石英石经机械破碎筛分而成	应为硬的，耐用的各种无烟煤颗粒所组成	应由粗粒料组成	滤料要有一定的机械强度
外　　形	大部分颗粒应接近球形或等边体	大部分颗粒接近等边体	大部分颗粒应接近球形或等边体,用卡尺测定颗粒最大长度和中点附近的最小厚度，以及其外接矩形棱柱最长轴超过最短轴 5 倍以上者按重量计 $\leqslant 2\%$	估计滤料的空隙率及表面积

续表

指标项目	石英砂滤料	无烟煤滤料	砾石承托层	指标意义
破碎率和磨损率之和	≤1.5%	≤3%		衡量滤料的机械强度
密度	≤2.55t/m³	1.4~1.6t/m³并做浮沉法测定浮上物≤8%	≤2.55t/m³	单位体积滤料颗粒的的质量
有机轻物质	≤0.5%颜色不得深于标准色		≤0.5%	指密度小于2.0的有机物质
盐酸可溶率	≤3.5%	≤3.5%	≤3.5%	在1:1盐酸溶液中,滤料的溶出物重量的百分率
含泥量	≤1%	≤4%	≤1%	在干燥试样中,粒径小于0.08mm颗粒的重量百分比

石英砂滤料　　　　表 1-69

名　称	粒径（mm）	粒径级配（mm）		
		D_{10}	D_{80}	K_{80}
石英矿破碎的石英砂	0.6～0.9	0.54	0.84	1.56
	0.5～1.2	0.65	1.09	1.68
	0.5～1.0	0.52	0.98	1.88
	0.6～1.3	0.65	1.09	1.68
	1～2	1.27	1.81	1.42
	2～4	2.52	2.74	1.09
天然石英砂	0.5～0.8	0.54	0.84	1.56
	0.5～1.2	0.65	1.09	1.68
	0.5～1	0.52	0.98	1.88
	0.6～1.3	0.65	1.09	1.68
	1～2	1.27	1.81	1.42
	2～4	2.52	2.74	1.09
石英海砂	0.5～1.0	0.6	1.05	≤0.8

常用无烟煤滤料　　　　表 1-70

名　称	粒径范围（mm）	密度（t/m^3）	孔隙率（%）
粒状无烟煤滤料	0.8～1.6 0.8～1.8 0.8～2.0 0.8～1.2 0.6～1.2	1.54	57.24

天然锰砂滤料　　表 1-71

品　名	密度 (kg/m^3)	堆积密度 (kg/m^3)	孔隙率	品　质
瓦房子锰砂	3200	1600	50%	机械强度稍差
湘潭锰砂	3400	1700	50%	1. MnO_2 含量为 50% 2. 质地较好
马山锰砂	3600	1800	50%	1. MnO_2 含量为 50% ~ 55% 2. 为良好的除铁、除锰滤料

蜂窝斜管的规格及性能　　表 1-72

类型	材型	规格			材质性能
		内切圆直径 (mm)	壁厚 (mm)	块体重量 (kg/m^3)	
全塑型斜蜂窝管	聚丙烯，乙、丙共聚塑料	25 30 32 35 40 40	0.45 ~ 0.5 0.45 ~ 0.5 0.47 ~ 0.5 0.5 ~ 0.6 0.6 ~ 0.7 0.6 ~ 0.7	38 33 31 32 33 36	相对密度 0.91 ~ 0.95 抗拉强度 ≥29MPa 耐温 -20 ~ +80℃ 直角撕裂强度 16.5MPa 外观色泽：乳白色半透明体
	聚氯乙烯	10 25 30	0.50	80 ~ 85 60 ~ 65 54 ~ 59	相对密度：1.35 ~ 1.45 使用温度 10 ~ 60℃ 抗拉强度 ≥45MPa

续表

类型	材型	规格			材质性能
		内切圆直径（mm）	壁厚（mm）	块体重量（kg/m^3）	
全塑型斜蜂窝管	聚氯乙烯	35 40 50 60	0.50	41～46 35～40 27～32 22～27	相对密度：1.35～1.45 使用温度 10～60℃ 抗拉强度≥45MPa
玻璃钢蜂窝管	酚醛树脂	25 36 52 80 100	0.20	26～29 19～22 16～19 13～16 9～12	

1.3.3.3 水处理填料

1. 硬性填料

(1) 鲍尔环塑料填料（表 1-73）

(2) 拉希瓷环填料（表 1-74）

(3) 阶梯环型填料（表 1-75）

(4) 多面空心球、矩鞍、花环型填料（表 1-76）

(5) SB 型组合填料（表 1-77）

2. 软性填料

A、B、C、D、E 型软性填料（表 1-78）

表 1-73

鲍尔环塑料填料

规格直径（mm）	实际尺寸 外径×高×壁厚（mm×mm×mm）	填料表面积（cm^2/个）	比表面积（m^2/m^3）	孔隙率（m^3/m^3）	堆积系数（个/m^3）	堆积密度（kg/m^3）	材　质
16	16×16×1.2			0.911	111840	141	聚丙烯塑料
25	25×25×1.2	194	194	0.87	53500	101	
38	38×38×1.4	97.6	155	0.89	15800	98	
50①	50×50×1.5	172	112	0.901	6500	74.8	
50②	50×50×1.5	152	92.7	0.90	6100	73.7	
76	76×76×2.6	382	73.2	0.92	1927	70.9	
74③	74×74×1.3	293.78	145.54	0.918	4957	74.7	ABS 塑料
25	25×25×1	190	194	0.879	53500	101	聚丙烯塑料，碳酸钙增强聚丙烯塑料
38	38×38×1.4	98	155	0.89	15800	98	
50①	50×50×1.5	162	106	0.90	7000	87.5	
76	76×76×2.5	385	67	0.92	1600	72	

①为井字形筋;②为米字形筋;③为蜂窝鲍尔环。

拉希瓷环填料 表 1-74

外形尺寸 外径×高×壁厚 (mm×mm×mm)	淋水密度 [$m^3/(h \cdot m^3)$]	工作表面积 (m^2/m^3)	瓷环数(个/m^3)		堆积密度(kg/m^3)
			无规则排列	规则排列	
25×25×3	60	204	53200	64000	532(无规则排列)
					928(规则排列)
50×50×3				8000	760(规则排列)

表 1-75

阶梯环型填料

规格直径 (mm)	实际尺寸 外径×高×壁厚 (mm×mm×mm)	填料表面积 (m^2/个)	比表面积 (m^2/m^3)	孔隙率 (m^3/m^3)	堆积系数 (个/m^3)	堆积密度 (kg/m^3)	材 质
16	16×8×1.2		327	0.884	322106	105	聚丙烯塑料
25	25×12.5×1.4	28	228	0.90	81500	97.8	
38	38×18×1.4	48.7	132.5	0.91	27200	57.5	
50	50×25×1.5	106.3	114.2	0.927	10740	54.8	
76	76×38×2.8	253	76.7	0.93	3044	63	
25	25×12×1		197	0.92	81500	97.8	聚丙烯塑料增强（化学纤维）聚丙烯塑料
50	50×25×1.5		118	0.93	9980	76.8	
76	76×38×2		79	0.95	3500	83.5	

表 1-76

多面空心球、矩鞍、花环型填料

填料名称	规格（mm）	实际尺寸（mm）	比表面积（m^2/m^3）	孔隙率（m^3/m^3）	堆积系数（个/m^3）	堆积密度（kg/m^3）	材　质
多面空心球	ϕ25	ϕ25	460	0.84	85000	145	聚丙烯塑料
	ϕ50	ϕ50	236	0.90	11500	105	
矩鞍型	16	16×1	461	0.806	365099	167	聚丙烯塑料
	25	25×1.2	288	0.847	97680	133	
	38	38					
	50	50					
	76	76×2.6	200	289	3700	28.25	
花环型	S 型 ϕ45	ϕ45×19×3×3（9 环）	185		32500	PE119 PP111 PVC206	聚乙烯（PE）
	M 型 73	ϕ72×27.5×3×4（12 环）	127		8000	PE102 PP102 PVC149	聚丙烯（PP）
	L 型 ϕ95	ϕ95×37×3×6（12 环）	102～94		3600～3900	PE95 PP88 PVC150	聚氯乙烯（PVC）

SB 型组合填料 表 1-77

参　　数	直　　径（mm）							
	150				200			
束间距离（mm）	40	60	70	80	50	60	80	90
片数（片/m^3 池子）	1111	741	635	556	500	417	313	278
单位重量（kg/m^3 池子）	9.2	6.4	5.7	5.1	9.5	8.2	6.3	5.5
成膜重量（kg/m^3 池子）	113～125	95～108	89～97	75～87	115～125	95～117	85～98	75～89
比表面积（m^2/m^3）	1236							
空隙率（%）	99							

表 1-78

A、B、C、D、E 型软性填料

参数	A_1	A_2	A_3	B_1	B_2	B_3	C_1	C_2	C_3	D_1	D_2	D_3	E_1	E_2	E_3
纤维束长度（mm）	40	40	100	60	60	120	80	80	160	120	120	200	160	160	220
纤维束含单丝量（根/束）	8100														
束间距离（mm）	20	20	30	30	30	40	40	40	60	60	60	80	80	80	90
安装距离（mm）	40	40	100	60	60	120	80	80	160	120	120	200	160	160	220
纤维束量（束/m^3）	31250	31250	3333	9267	9267	1725	3906	3906	650	1157	1157	313	488	488	325
单根填料长度（m/m^3）	625	625	100	278	278	69	156	156	39	69	69	25	39	39	20

续表

参　　数	A_1	A_2	A_3	B_1	B_2	B_3	C_1	C_2	C_3	D_1	D_2	D_3	E_1	E_2	E_3
理论比表面积（m^2/m^3）	22254			9891			5563			2472			1390		
空隙率	>99														
单位重量（kg/m^3）	20~23	50~52	16~18	10~11	17~19	9~10	5~6	7~9	4~5	2~3	3~4	2.5~3	1.4~2	1.8~2	1.5~2
成膜后基本重量（kg/m^3）	450			200			110			50			30		

1.4 常 用 数 据

1.4.1 建筑材料

1.4.1.1 常用建筑材料单位重量（表 1-79）

常用建筑材料单位重量　　　　表 1-79

名　　称	单位重量 (kg/m^3)	名　　称	单位重量 (kg/m^3)
粗干砂	1700	生石灰块	1100
细干砂	1400	熟石灰膏	1350
干卵石	1600～1800	铝	2770
黏土夹卵石（干）	1700～1800	紫铜	8940
砂夹卵石（干）	1500～1700	铅	11340
砂夹卵石（湿）	1800～1920	普通硅酸盐水泥	1200
碎石	1400～1500	矿渣水泥	1450
毛石	1700	水泥砂浆	2000
黏土	1350～1800	石灰水泥砂浆	1700
砂土（干、松）	1220	钢丝网水泥	2500
红松	600	硅酸盐砌块	1600～1700
白松	500	聚苯乙烯泡沫塑料	50
硬杂木	700	石棉板	1300
杉杆	600	石油沥青	900～1050
铸铁	7250	玛瑞脂	1280
木丝板	400～500	煤沥青	1340
刨花板	600	沥青混凝土	2000
钢材	7850	石砂大孔混凝土	1600～1900
生铁	6600～7400	水玻璃耐酸混凝土	2000～2350
水泥石灰焦渣砂浆	1400	汽油	709～788
石灰焦渣砂浆	1300	煤油	800～840
灰土（3:7）三合土（灰、砂、卵石）	1750	柴油	830～920

续表

名　称	单位重量（kg/m^3）	名　称	单位重量（kg/m^3）
膨胀珍珠岩砂浆	700～1500	机油	930～960
石棉水泥浆	1900	润滑油	740
石膏砂浆	1200	乳化沥青	980～1050
素混凝土	2200～2400	硬聚氯乙烯	1380～1600
矿渣混凝土	2000	玻璃钢	1700～1900
焦渣混凝土	1600～1700	玻璃	2500
钢纤维混凝土	2800～6500	电木	1250
石膏粉	900	石棉	2600
生石灰粉	1200		

1.4.1.2　常用建筑材料强度单位对照（表 1-80）

常用建筑材料强度单位对照　　表 1-80

种类	强度等级	指标含义（MPa）		
		抗压极限强度	五块组样抗压强度	28d 抗压强度
水泥	32.5			42.5
	42.5			52.5
	52.5			62.5
	62.5			72.5
砖、石	MU20		≥20	
	MU15		≥15	
	MU10		≥10	
	MU7.5		≥7.5	

续表

种类	强度等级	指标含义（MPa）		
		抗压极限强度	五块组样抗压强度	28d抗压强度
水泥砂浆	M0.4 M1 M5 M7.5 M10 M15	0.4 1.0 5.0 7.5 10.0 15.0		
混凝土	C8 C13 C18 C23 C28 C38 C48 C50			10 15 20 25 30 40 50 60

1.4.1.3　金属材料的密度、线膨胀系数和导热率（表1-81）

金属材料的密度、线膨胀系数和导热率

表1-81

名　称	密度（t/m^3）	线膨胀系数		导热率［W/（m·k）］
		$\alpha\cdot10^{-8}$/℃	测定温度（℃）	
不锈钢	7.9	16.6	20～100	16.3
铸　钢	7.83	11.5	20～100	50.6
灰铸铁	7～7.3	10.5	20～100	41.9
高硅铁	8.9～7.1			52.3

续表

名　称	密度 (t/m³)	线膨胀系数		导热率 [W/(m·k)]
		$\alpha \cdot 10^{-8}/℃$	测定温度 (℃)	
紫　铜	8.94	16.6	100	383.8
无锡青铜	7.5~7.55	16~20	20	41.9~58.6
黄　铜	8.5~8.6	20.6	25~300	108.9~117.2
铅	11.34	28	100	34.9
锡	7.2~7.75	23	20~100	66.3

1.4.1.4　非金属材料的密度、线膨胀系数及导热率（表1-82）

非金属材料的密度、线膨胀系数及导热率

表1-82

名　称	密度 (t/m³)	线膨胀系数 $\alpha \cdot 10^{-8}/℃$	导热率 [W/(m·k)]	适用温度 (℃)
耐酸陶瓷	2.1~2.3	5.3~6.4	1.1~1.45	≤150
玻　璃	2.5	5	0.865~0.896	≤150
石棉酚醛塑料	1.5~1.7	23	0.29	≤120
石墨酚醛塑料	1.4~1.6	17	0.7~1.05	≤120
夹布酚醛塑料	1.35~1.4	17~39	0.15~0.35	100~120
玻璃钢	1.7~1.9	7~10	0.288	-30~150
有机玻璃	1.18~1.19	60~130	0.14~0.198	-30~40
硬聚氯乙烯	1.38~1.43	60~80	0.143~0.16	-10~50
低压聚乙烯	0.94~0.96	100	0.43	-40~60
高压聚乙烯	0.92~0.93	220	0.30	-40~60
聚丙烯	0.9~0.91	110	0.138	0~150
聚苯乙烯	1.05~1.08			
聚四氟乙烯	2.1~2.3	174	0.23	-180~250

1.4.1.5 常用金属熔点（表 1-83）

常用金属熔点　　表 1-83

金　属	熔　点（℃）	
	金属本身	氧化物
铁	1535	1300~1500
低碳钢	1500~1530	1300~1500
高碳钢	1300~1400	1300~1500
铸　铁	1200	1300~1500
铜	1083	1236
黄　铜	850~900	1236
铅	657	2050

1.4.2 其他

1.4.2.1 标准筛常用网号、目数对照（表 1-84）

标准筛常用网号、目数对照　　表 1-84

网号（号）	目数（目）	孔/cm^2	网号（号）	目数（目）	孔/cm^2
5	4	2.56	1	18	51.84
4	5	4	0.95	20	64
3.22	6	5.76		22	77.44
2.5	8	10.24	0.7	24	92.16
2	10	16	0.71	26	108.16
	12	23.04	0.63	28	125.44
1.43	14	31.36	0.6	30	44
1.24	16	40.96	0.55	32	163.84

续表

网号（号）	目数（目）	孔/cm²	网号（号）	目数（目）	孔/cm²
0.525	34	85	0.14	110	1936
0.5	36	207	0.125	120	2304
0.425	38	231	0.12	130	2704
0.4	40	256		140	3136
0.375	42	282	0.1	150	3600
	44	310	0.088	160	
0.345	46	339	0.077	180	5184
	48	369		190	5776
0.325	50	400	0.076	200	6400
	55	484	0.065	230	8464
0.301	60	576		240	9216
0.28	65	676	0.06	250	10000
0.261	70	784	0.052	275	12100
0.25	75	900		280	12544
0.2	80	1024	0.045	300	14400
0.18	85		0.044	320	16384
0.17	90	1296	0.042	350	19600
0.15	100	1600	0.034	400	25600

注：1. 网号系指筛网的公称尺寸，单位为：毫米。例如：1号网，即指正方形网孔每边长1mm。2. 目数系指一英寸（in）长度上的孔眼数目，单位为：目/英寸（目/in）。例如1in（25.4mm）长度上有20孔眼，即为20目。3. 一般英美各国用目数表示，前苏联用网号表示。

1.4.2.2 常用线规号与线径（表1-85）

常用线规号与线径　　　　表 1-85

线规号码	中国线规 (CWG)	英国线规 (SWG)		美国线规 (AWG)	
	(mm)	(in)	(mm)	(in)	(mm)
1	7.10	0.300	7.620	0.2893	7.348
2	6.30	0.276	7.010	0.2576	6.544
3	5.60	0.252	6.401	0.2294	5.827
4	5.00	0.232	5.893	0.204	5.189
5	4.50	0.212	5.385	0.1819	4.621
6	4.00	0.192	4.877	0.1620	4.115
7	3.55	0.176	4.470	0.1443	3.665
8	3.15	0.160	4.064	0.1285	3.264
9	2.80	0.144	3.658	0.1144	2.906
10	2.50	0.128	3.251	0.1019	2.588
11	2.24	0.116	2.946	0.0907	2.305
12	2.00	0.104	2.642	0.0803	2.053
13	1.80	0.092	2.337	0.0720	1.828
14	1.60	0.082	2.032	0.0641	1.628
15	1.40	0.072	1.829	0.057	1.450
16	1.25	0.064	1.626	0.0508	1.291
17	1.12	0.056	1.422	0.0453	1.150
18	1.00	0.048	1.219	0.0403	1.024
19	0.90	0.0040	1.016	0.039	0.912
20	0.80	0.26	0.914	0.0320	0.812

线规号码	伯明翰线规 (BWG)		伯明翰规 (BG)	
	(in)	(mm)	(in)	(mm)
1	0.300	7.620	0.3532	8.971
2	0.284	7.214	0.3147	7.993

续表

线规号码	伯明翰线规 (BWG)		伯明翰规 (BG)	
	(in)	(mm)	(in)	(mm)
3	0.259	6.579	0.2804	7.123
4	0.238	6.045	0.2500	6.350
5	0.220	5.588	0.2225	5.652
6	0.203	5.156	0.1981	5.032
7	0.180	4.572	0.1764	4.481
8	0.165	4.191	0.1570	3.988
9	0.148	3.759	0.1398	3.551
10	0.134	3.404	0.1250	3.175
11	0.120	3.048	0.1113	2.827
12	0.109	2.769	0.0991	2.517
13	0.095	2.413	0.0882	2.240
14	0.0883	2.108	0.0785	1.994
15	0.072	1.829	0.0699	1.775
16	0.065	1.651	0.0625	1.588
17	0.058	1.471	0.0566	1.412
18	0.049	1.245	0.0495	1.257
19	0.042	1.067	0.0440	1.118
20	0.035	0.889	0.0392	0.0996

1.5 施工工具、机械和设备

1.5.1 混凝土施工机械

1.5.1.1 常用混凝土搅拌机

1. 齿圈传动锥形倾翻出料混凝土搅拌机（表 1-86）
2. 涡浆式混凝土搅拌机（表 1-87）

齿圈传动锥形倾翻出料混凝土搅拌机 **表 1-86**

型号	出料容量 (L)	骨料最大粒径 (mm)	料斗提升方式	配套电机			整机重量 (kg)
				用途	型号	功率 (kW)	
JFC100 (JF100)	100	60	手动上料	搅拌	Y100L1-4	2.2	500
JFC100			人工上料	搅拌	Y90S-4	1.1	250
JFC100 (JF100)					Y112M-6 X195	2.2 8.8	650
JFC200	200		翻斗钢丝绳提升	搅拌、提升 拌筒倾翻 水泵	Y112M-4 Y802-4 40DWB8-12A	4 0.75 0.55	1200 1300
JFC200 (JF200)				搅拌、提升 水泵 拌筒倾翻	Y112M 40DWB8-12A Y802-4	 0.55 0.75	
JFC250				搅拌、提升	Y112M-4	4	
				搅拌 出料	Y100L2-4 Y100L2-4		

表 1-87

涡浆式混凝土搅拌机

型号	出料容量（L）	骨料最大粒径（mm）	卸料方式	整机重量（kg）	配套电机		
					用途	型号	功率（kW）
JW250C	250	40	手动	2450	搅拌、提升 水泵	Y160M-4V1 40DWB8-12A	11 0.55
JW250	250	40		2400	搅拌、提升	Y160L-4	15
		40（碎石） 60（卵石）		2550	油泵 搅拌、提升	JW6324-T2 Y160L-4	0.25 15
		40		2200	搅拌、提升	Y160M-61-4	11
		40（碎石）			搅拌、提升	Y160M-4	
JW350	350	60（卵石）	气缸开门	3400	搅拌 上料 水泵	Y180M-4 Y132S-4 40DWB10-12A	18.5 5.5 0.55

续表

型号	出料容量(L)	骨料最大粒径(mm)	卸料方式	整机重量(kg)	配套电机		
					用途	型号	功率(kW)
JW500	500	80	气缸开门	4500	主机 卷扬 水泵 空压机	Y2001-4-B3 YEWJ132S-4-B5 50BWB18-8A Y90L-4	30 5.5 0.75 1.5
JW500A	500	80/60 (卵石/碎石)	1. 气缸开门 2. 电动开门	5200	搅拌 提升 电动开门 水泵 油泵 气缸开门	Y225M-6 YEJ132S-4 DF-300-50-Ⅱ 50DWB18-8A AY13-6	30 5.5 0.55 0.75 0.085 3.0
JW1000	1000	60		6500	搅拌	JO_3-280S-8-L4	55

1.5.1.2 混凝土振动器

1. 平板式振动器（表 1-88）

平板式振动器　　表 1-88

型　号	电　动　机			激振力 (N)	最大振幅 (mm)	振动频率 (次/min)
	功率 (kW)	电压 (V)	相数			
ZB5	0.5	380	3	4900		2800
2B5.5	0.55	380	3	5500	1.33	2850
ZB11	1.1	380	3	4214	(2.16)	2800
ZB5.5	0.55	380	3	4900		
Z815	1.5	380	3	5586		2800
ZS22	2.2	380	3	9800		2800

2. 电动软轴行星插入式混凝土振动器（表 1-89）

1.5.1.3 混凝土输运机械

混凝土输送泵（表 1-90）

1.5.2 电焊机

1.5.2.1 交流电焊机（表 1-91）

1.5.2.2 直流电焊机（表 1-92）

1.5.3 空压机（表 1-93）

1.5.4 施工用机泵

1. HB 型混流泵（表 1-94）
2. 作业面潜水泵（表 1-95）
3. RITZ 潜水电泵（表 1-96）
4. 软轴泵（表 1-97）
5. PWA 型（卧式）污水泵（表 1-98）
6. 泥浆泵（表 1-99）

电动软轴行星插入式混凝土振动器 **表 1-89**

型号	振动棒		空载最大振幅（mm）	空载振频率（Hz）	软轴直径（mm）	软管直径（mm）	整机重量（kg）
	直径（mm）	长度（mm）					
ZN25	25		0.5		8	24	20
ZN30	30		0.6	215			
ZN35	35	325.5	1.0	220	10	30	29
ZN35B	36	422	0.8	225	10	30	30
ZN35A	35	380	0.8	217	10	30	8
ZN42	42		0.9	183	10	30	25
ZN50	51	452	1.15	200	13	36	31
ZN50C	51	451	1.15	200	13	36	30
ZN50A	50	452	1.2	200	13	36	9.5
ZN60	58	500	1.25	200	13	36.46	34
ZN70	68	397	1.35	183	13	36	36
ZN70D	68	376.5	1.35	200	13	36	32
ZN70CH	70	459.5	1.2	183	13	36	35

混凝土输送泵 **表 1-90**

型号	理论输送量 (m^3/h)	最大输送压力 (MPa)	输送距离(m)		进料高度 (mm)	料斗容积 (m^3)	电机功率 (kW)	输送管径 (mm)	整机重量 (kg)
			水平	垂直					
HB8A	8		200	30			22		2960
HB8B									3260
HB30	30	5.7	150	50	1370	0.35	37	125	2700
			350	60	1300	0.3		150	4540
HB60	23 37 60		390	65	1290		55		5900
HBT20	10～20	4.5			1300	0.35	30	125 150	2400
HBT30	30	7.25			1220	0.40	50	125	2154
HBT40	40	5.6				0.40	45		2200
HBT50	20～50	4.7							4500
HBT60	15～58		620	115		0.35	55	125	5540

交流电焊机 **表 1-91**

型　号	额定容量 (kW)	初级电压 (V)	空载电压 (V)	工作电压 (V)	电流调节 (A)	负载持续率 (%)	重量 (kg)
SX3-300	22.1	380	66 ~ 78	32	40 ~ 360	60	175
	20.5		60 ~ 75	22 ~ 35	50 ~ 360		190
	20.5		65 ~ 80	22 ~ 34.5	60 ~ 360		167
BX3-500	34.6	380	68 ~ 79	40	60 ~ 600	60	235
	32		60 ~ 70	30	150 ~ 700		
	32.5		60 ~ 70	23 ~ 44	80 ~ 600		1900
BX3-300-2	18.5 23.4 30.9	200 或 380	70 ~ 78	32	40 ~ 400	100	183
						60	
						35	
BX3-300A	25	380	80 ~ 86	22 ~ 38	35 ~ 440	60	195
BX3-1-400	28	380	80 ~ 90	26	60 ~ 500	100	
	35.6					60	

表 1-92

直流电焊机

型　　号		AB-165	AB-500	AG-300	AG-500	AT-320
焊接电流调节范围（A）		40～200	120～600	35～375	60～600	45～320
空载电压范围（V）		40～75	60～90	55～75	55～75	60
工作电压（V）		25～30	40	25～30	25～40	30
额定暂载率（%）		60	65	60	60	50
转速（r/min）		2900	1450	2900	2900	1450
焊机总效率（%）		52	54	52	54	53
发电机功率（kW）	当额定暂载率时	5	20	9	20	9.6
	当暂载率为 100%时	3.9	16	6.9	15.4	7.5
焊接电流（A）	当额定暂载率时	165	500	300	500	320
	当暂载率为 100%时	130	400	230	385	250
电动机功率（kW）		5	26	10	26	14

续表

型　　号	AB-165	AB-500	AG-300	AG-500	AT-320
电源电压	三相220或380V				
电源电流（A）	21.3/12.3 或 12.3/7.1	88.2/50.9 或 50.9/29.4	36/20.8 或 20.8/12	89/51.5 或 51.5/20.7	47.8/27.6 或 27.6/15.95
电源频率（Hz）	50				
功率因数	0.87	0.88	0.86	0.96	0.87
外形尺寸 （长×宽×高）（mm×mm×mm）	775×420 ×700	1400×740 ×110	810×460 ×700	1055×600 ×810	1202×600 ×992
重量（kg）	200	920	235	415	560

注：暂载率为焊接时间与工作周期之比，工作周期为焊接时间与非焊接时间之和。

表 1-93

空 压 机

型 号	排气量 (m^3/min)	排气压力 (kPa)	电机型号	外形尺寸（长×宽×高）(mm×mm×mm)	主机重量 (kg)
2V-0.05/7	0.06	700	JO_2-12-4	880×380×560	73
2VF-2	0.18	700	JO_3-100S-4	1183×410×860	152
2V-0.3/7	0.30	700	JO_2-31-2	1050×485×845	150
2V-0.5/7	0.50	700	JO_2-41-2	1220×480×900	150
ZF-1/2	0.045	700	JY2134	865×315×725	72
2ZF-1	0.09	700	JO_3-802-4	865×315×725	86
Z-0.1/10	0.10	1000	JO_2-21-2	1080×500×650	350
Z-0.9/7	0.90	700	JO_2-51-4	1780×590×1420	800
2Z-1/7	1.0	700	JO_2-51-4	434×660×680	200
2ZA-1/8-G	1.0	800	JO_2-62-8	1020×530×1365	700
WZ-1.5/5	1.5	500	Y160M-4	1650×680×1350	700
Z-1.5/7	1.5	700	JO_2-61-4	1780×590×1460	850
Z-1.8/8	1.8	800	ZQD-15-1	1660×670×880	670
3W-0.4/10	0.4	1000	Y112M-2	350×500×425	25
3W-0.6/7	0.6	700	JO_2-42-4	1230×640×1720	355
3W-0.8/10	0.8	1000	JO_2-42-4	1050×600×780	285

HB 型混流泵　　表 1-94

型　号	流量 (m^3/h)	扬程 (m)	功率 (kW)	泵重 (kg)
6HB-25	132	6.6	3.5	64
8HN-35	355～230	4.92～7.1	7	122
10HB-30	490～294	5.0～7.77	10	165
12HB-40	600	4	8	200
12HBC2-40	680～940	8.0～5.0	22	200
14HB-40	1100～900	6.75～9.4	28	330
16HB-50	1075～1765	14.6～8.55	45	

作业面潜水泵　　表 1-95

型　号	流量 (m^3/h)	扬程 (m)	功率 (kW)	泵重 (kg)
QY-35	80.0～120	2.0～6.0	2.2	45
QY-15	15.0～32.0	10.0～20.0	2.2	50
QY-25	10.0～22.0	20.0～30.0	2.2	55
YQX-11	11.0	10	0.75	13
JB2（1/2）-14-H	40	15	4	65
QSG1300-1000	850～100	85～100		
B6-32	142～75	10～18	7.5	

RITZ 潜水电泵　　表 1-96

型号	级数	流量 (m^3/h)	扬程 (m)	功率 (kW)	泵　重	
					一级泵	增加一级
6110	10	80	217	64	118	36
6615	8	160	204	114	57	16
6710	10	71	328	84	220	60
6726	13	570	498			
6736	11	1380	314	1460	2850	410

软　轴　泵　　表 1-97

型　号	扬程 (m)	流量 (m^3/h)	功率 (kW)	泵重
ZB1（1/4）	5～6	10	1.1	40.5
40WR	11	15	1.1	30
RⅡ1（1/2）B	11.5	10	1.1	32
RB40-20	20	8	1.1	
RB65-10	10	20	1.1	

PWA 型（卧式）污水泵　　　表 1-98

型号	流量 (m^3/h)	扬程 (m)	功率 (kW)	允许吸上真空高度 (m)	泵重 (kg)
3/2PWA	36～43	9.8～48.5	22～5.5	5.5	
4PWA	108～101	26～10	30～7.5		

泥　浆　泵　　　表 1-99

型　　号	流量 (m^3/h)	扬程 (m)	功率 (kW)	泵重 (kg)
2PN	30～58	22～17	10	150～250
4PN	100～200	41～37	55	1000
8PN	450～600	65～62	215	4000

7. 潜污泵（表 1-100）

潜　污　泵　　　表 1-100

型　　号	流量 (m^3/h)	扬程 (m)	功率 (kW)	泵重 (kg)
80WQ	21.6～39	12.7～10.7	5.5	200
WQ20-15	20	15	2.2	42
30～10	30	10	2.2	54

第2章 施工准备

2.1 施工前准备工作

2.1.1 建立施工管理机构

1. 建立业主组织管理机构

污水处理工程一般是全部由政府投资或由政府组织企业投资的项目。在项目建议书批准后，就可组建业主班子，其人数和主要负责人由政府指定。下设部门由业主班子决定。业主的职责与任务如下：

(1) 负责筹集建设资金，提出污水处理厂的建设规模、工艺方案、厂址选择、落实建设资金。

(2) 审定工程设计、设备、施工工程和监理的招标方案，确定中标单位。

(3) 审定工程设计和项目概算。

(4) 审定施工组织设计和总工期。

(5) 审定项目总进度计划和年度投资计划、年度建设计划。

(6) 指导协调工程建设中的重大问题。

(7) 建立质量管理体系，并上报认证。

(8) 业主需决定的其他重要事项。

2. 建立施工项目部

现场项目管理部是建筑施工企业对施工项目进行管理的机构。施工项目管理的对象是施工项目，施工项目管理的主体是施工企业，或其授权的项目部。为了实现项目目标，采取有效方法对施工全过程包括投标签约、施工准备、施工、验收交工、结算和用后服务等阶段，以及各生产要素所进行的决策、计划、组织、控制、协调、教育和激励。其主要内容有：建立施工项目管理组织；制定管理规划；按合同规定实施各项目标控制；对施工项目的生产要素进行优化配置；同时由于施工项目生产活动的单件性、人员流动性、施工环节多、程序复杂、工期长、涉及相关部门多、环境复杂多变等特点，在施工项目管理中还要建立科学化、信息化的动态控制体系，强化组织协调工作。

3. 建立监理项目部

业主授权工程监理单位对工程建设的质量、工期、造价控制进行综合性的监督管理，具体职责任务，在合同中明文规定。

工程监理单位的主要职责和任务有如下几方面：

(1) 参与项目可行性研究报告的评估；审查设计图纸的设计质量和概、预算；审查施工单位提交的施工组织设计、施工技术方案、施工进度计划等，并提出修改意见。

(2) 参与组织建设项目设计、施工、设备的招标工作，编制招标文件，审查投标单位的资质、信誉、参加评标工作并提出决算意见。

(3) 对勘察设计、施工过程进行投资、质量、进度控制和监督管理。

(4) 根据承包合同中的工期，审阅、核签施工单位的月、季、年进度报表，核查工程质量，验收分项工程，检查工程预算执行情况，签付工程付款凭证。

(5) 审核、确认施工中的设计变更。

（6）检查试运行条件，参与组织竣工验收工作。

（7）调解合同争议，质量争议，协助处理工作变更、索赔及违约事宜。

（8）业主委托的其他事项。

2.1.2 开工前的准备工作

在工程正式开工前所进行的一切施工准备，其目的是为工程正式开工创造必要的施工条件。它既包括全场性的施工准备，又包括单项工程施工条件的准备。工程开工后，每个施工阶段正式开始之前也要进行施工准备如曝气池的施工，通常分为地下工程、主体结构工程和设备安装工程等施工阶段，每个阶段的施工内容不同，其所需物资技术条件、组织要求和现场布置等方面也不同。因此，必须做好相应的施工准备。

1. 技术准备

（1）认真做好扩大初步设计方案的核查工作。任务确定以后，应提前与设计单位结合，掌握扩大初步设计方案编制情况，使方案的设计在质量、功能、工艺技术等方面均能适应建材、建设的发展水平，为施工扫除障碍。

（2）核查施工图纸是否完整和齐全、施工图纸是否符合国家有关工程设计和施工的方针及政策、施工图纸与其说明书在内容上是否一致、施工图纸及其各组成部分间有无矛盾和错误。

（3）核查建筑图与其相关的结构图，在尺寸、坐标、标高和说明方面是否一致，技术要求是否明确。

（4）熟悉污水处理工艺流程和技术要求，掌握相互关系；核查设备安装图纸与其相配合的土建图纸，坐标和标高尺寸是否一致，土建施工的质量标准能否满足设备安装的工艺要求。

(5) 核查基础设计或地基处理方案同建造地点的工程地质和水文地质条件是否一致；弄清建筑物与地下构筑物、管线间的相互关系。

(6) 掌握拟建工程的建筑和结构的形式和特点，需要采取哪些新技术；复核主要承重结构或构件的强度、刚度和稳定性能否满足施工要求；对于内容复杂、施工难度大和技术要求高的分部（项）工程，要审查现有施工技术和管理水平能否满足工程质量和工期要求；建筑设备及加工定货有何特殊要求等。

熟悉和审查施工图纸主要是为编制施工组织设计提供各项依据，通常按图纸自审、会审和现场签证等三个阶段进行。图纸自审由施工单位主持，并写出图纸自审记录；图纸会审由业主主持，设计和施工单位共同参加，形成“图纸会审纪要”，由业主正式行文，三方共同会签并盖公章，作为指导施工和工程结算的依据；图纸现场签证是在工程施工中，遵循技术核定和设计变更签证制度，对所发现的问题进行现场签证，作为指导施工、竣工验收和结算的依据。

2. 原始资料调查分析

自然条件调查分析包括污水处理厂所在地区的气象、场地的地形、工程地质和水文地质、施工现场地上和地下障碍物状况、周围民宅的坚固程度及其居民的健康状况等项调查；为编制施工现场的“四通一平”计划提供依据。如地上建筑物的拆除，高压输电线路的搬迁、地下构筑物的拆除和各种管线的搬迁等项工作。

技术经济条件调查分析包括地方建筑生产企业、地方资源、交通运输、水电及其他能源、主要设备、国拨材料和特种物资，以及它们的生产能力等项调查。

3. 编制施工图预算和施工预算

施工图预算应按照施工图纸所确定的工程量、施工组织设计拟定的施工方法、建筑工程预算定额和有关费用定额，由施工单位编制。

4. 编制施工组织设计

拟建工程应根据工程规模、结构特点和建设单位要求，编制指导该工程施工全过程的施工组织设计。

5. 物资准备

(1) 物资准备工作内容

1) 建筑材料准备　根据施工预算的材料分析和施工进度计划的要求，编制建筑材料需要量计划，为施工备料、确定仓库和堆场面积以及组织运输提供依据。

2) 构（配）件和制品加工准备　按照设计所提出的构（配）件和制品加工要求，编制相应计划，为组织运输和确定堆场面积提供依据。

3) 建筑施工机具准备　根据施工方案和进度计划的要求，编制施工机具需要量计划，为组织运输和确定机具停放场地提供依据。

4) 工艺设备准备　按照污水处理品工艺流程及其工艺布置图的要求，编制工艺设备需要量计划，为组织运输和确定堆场面积提供依据。

(2) 物资准备工作程序

1) 编制各种物资需要量计划

2) 签订物资供应合同

3) 确定物资运输方案和计划

4) 组织物资按计划进场和保管

6. 劳动组织准备

(1) 建立施工项目现场指挥机构

确定施工项目领导机构的人选和名额;遵循合理分工与密切协作因事设职与因职选人的原则,建立有施工管理经验、有开拓精神和工作效率高的施工管理领导机构。组织精干的管理人员、根据采用的施工组织方式,确定合理的劳动组织,建立相应的专业或混合工作队组。

(2) 协调施工单位，组织施工队伍进场

按照开工日期和计划,组织管理人员和施工人员进场,安排职工生活,并进行安全、防火和文明施工等教育。

(3) 做好入场教育工作

为落实施工计划，应按管理系统逐级进行布置。布置内容通常包括：工程施工进度和月、旬计划；各项安全技术措施；质量保证措施；质量标准和验收规范要求；以及设计变更和技术核定事项等，都应详细布置；同时健全各项规章制度，加强遵纪守法教育。

7. 施工现场准备

(1) 施工现场控制网测量

根据给定永久性坐标和高程,按照总平面图要求,进行施工场地控制网测量,设置场区永久性控制测量标桩。

(2) 做好“四通一平”，认真设置消火栓

确保施工现场水通、电通、道路畅通、通讯畅通和场地平整；按消防要求，设置足够数量的消火栓。

(3) 建造施工设施

按照施工平面图和施工设施需要量计划，合理建造各项施工设施。

(4) 组织施工机具进场

根据施工机具需要量，按施工平面图要求，组织

施工机械、设备和工具进场，按规定地点和方式存放，并应进行相应的保养和试运转等项工作。

（5）组织建筑材料进场

根据建筑材料、构（配）件和制品需要量计划，组织进场，按规定地点和方式储存或堆放。

（6）拟定有关项目试验、试制计划

建筑材料进场后，应进行各项材料的检验，对于新技术项目，应拟定相应试制和试验计划，并均应在开工前实施。

（7）做好季节性施工准备

按照施工组织设计要求，认真落实冬施、雨施和高温季节施工项目的施工设施和技术组织措施。

8. 施工场外协调

根据各项资源需要量计划,同建材加工和设备制造部门取得联系,签订供货合同,保证按时供应。

2.2 施工临时设施

2.2.1 施工现场的外业调查

1. 施工场所自然条件（表 2-1）

施工场所自然条件　　表 2-1

调查项目	调 查 内 容	调查目的
气温	1. 年平均、最高、最低、最冷、最热月的平均温度 2. ≤ -3℃，0℃，5℃的天数与起止日期	1. 防暑降温 2. 冬季施工 3. 估计混凝土、灰浆强度的增长

续表

调查项目	调查内容	调查目的
降雨	1. 雨季起止时间 2. 全年降雨量，最大日降雨量 3. 全雪、暴日数及雷击情况	1. 雨季施工 2. 工地排水、防洪 3. 防雷
地形	1. 工程地形图 2. 控制桩与水准点的位置	1. 布置施工总平面 2. 施工测量
地质	1. 地质剖面图、各层土的类别与厚度 2. 最大冰冻深度 3. 地下障碍物、防空洞、洞穴、古墓等	1. 基础施工 2. 障碍物清除计划
地震	烈度大小	1. 对地基影响 2. 施工措施
地下水	1. 最高与最低地下水位及时间 2. 周围地下水水井开发情况 3. 水量、水质	1. 基础施工方案选择 2. 降低地下水 3. 临时给水 4. 取水工程施工
地面水	1. 临近河湖的距离 2. 洪水、平水与枯水期及时间，其水位、流量与航道深度 3. 水质	1. 临时给水 2. 取水工程施工 3. 航运组织

2. 社会劳动力与生活供应条件（表 2-2）

社会劳动力与生活供应条件　　表 2-2

调查项目	调 查 内 容
社会劳动力	1. 当地可以利用的劳动力数量、技术水平及其来源 2. 当地劳动力的工资价格
房屋设施	1. 应在工地居住人数与住房占有的面积 2. 可供工程使用的房数及其他情况 3. 现有房屋较为适宜的用途
服务条件	1. 当地供应生活用品、食品、蔬菜的能力与条件 2. 邻近医疗单位至工地距离及可能服务的情况

3. 道路、用水、用电及其他条件（表 2-3）

道路、用水、用电及其他条件　　表 2-3

调查项目	调　查　内　容
公　　路	1. 将主要材料运至工地所经过公路的等级、路面完好程度、允许最大载重量 2. 当地运输能力、效率、运费、装卸费
航　　运	1. 有无可利用航道 2. 工地至航运河流距离，道路情况 3. 洪水、平水、枯水期通航船只的吨位，取得船只的可能性 4. 航运费、码头装卸费

续表

调查项目	调　查　内　容
施工用水及排水	1. 临时施工用水的方式、接管地点、管径、管材、埋深、水量、水压、水质与供水可靠性等 2. 施工排水（含雨水排除）的去向、距离、管坡、有无洪水影响等
施工用电	1. 电源位置、引进可能性、允许供电容量、电压、导线截面、保障率、电费、接线地点、至工地距离、地形地物情况 2. 是否具备柴油发电条件（包括油价、油源） 3. 永久电源现状

2.2.2 施工用水量估算

1. 工地施工用水量

$$Q = Q_1 + Q_2 = (q_1 MK_1/1000) + (q_2 NK_2/1000)\ (m^3/d)$$

式中 Q——工地施工用水量（m^3/d）；

Q_1——工程用水量（m^3/d）；

Q_2——生活用水量（m^3/d）；

q_1——施工用水定额（参见表 2-4）；

M——日可能完成的最多工程量；

K_1——现场用水变化系数（表 2-5）；

q_2——生活用水量定额［L/（人·d）］（表 2-6）；

N——福利区居住人口（人）；

K_2——生活用水变化系数（表 2-5）。

消防用水量采用 10～15L/s。

2. 临时用水估算定额（表 2-4）

临时用水估算定额　　　　表 2-4

用　水　项　目	耗　水　量 q_1（L/m³）
浇筑混凝土全部用水	1700～2400
搅拌普通混凝土	250
搅拌轻质混凝土	300～350
搅拌热混凝土	300～350
混凝土蒸汽养护	500～700
模板湿润	10～15
人工冲洗石子	1000
机械冲洗石子	600
洗　　砂	1000
砌砖工程全部用水	150～250
砌石工程全部用水	50～80
搅拌砂浆	300
浇硅酸盐砌块	300～350
楼地面抹砂浆	190L/m²
浇　　砖	200～250L/千块
给水管道工程	100 L/m
排水管道工程	1130 L/m

3. 用水量变化系数（表 2-5）

用水量变化系数　　　　表 2-5

用水量变化系数	用水对象	系数值
K_1	现场施工用水	1.50
	附属生产企业用水	1.25
K_2	生活区生活用水	2.00～2.50

4. 生活用水参考定额（表 2-6）

生活用水参考定额　　　表 2-6

用水对象	单　　位	耗水量 q_2（L/m^3）
福利区全部生活用水	L/（人·d）	100~120
食　　堂	L/（人·次）	15~20
沐　浴　室	L/（人·次）	50~60
洗　衣　房	L/kg 干衣服	50~60
理　发　室	L/（人·次）	15~30
施工现场生活用水	L/（人·班）	25~30

2.2.3　施工用电量估算

1. 施工用电总容量

$$W = 1.10\left[(K_C \cdot \Sigma P_j)/(\eta \cdot \cos\varphi)\right](kW)$$

式中　ΣP_j——一次可能投入的最多施工机械用电量额定容量的总和；

K_C——利用系数（采用 0.50~0.75）；

η——每台电动机平均效率（采用 0.86）；

$\cos\varphi$——电动机功率因数（采用 0.75~0.93）。

2. 临时用电估算定额（表 2-7）

临时用电估算定额　　　表 2-7

照明场所	用　户　性　质	用电需用量（W/m^2）
露天场地照明	人工挖土工程	0.7~0.8
	机械挖土工程	1.0
	砌砖工程	1.2~1.5
	石工工程	0.8

续表

照明场所	用户性质	用电需用量（W/m^2）
露天场地照明	打衬工程	0.6
	铆焊工程	2.0
	混凝土浇筑、拌合、破石与过筛	2.0～2.5
	制造与装配金属结构	2.4～3.5
	露天堆场	0.5
	机械停放场	1.5～2.5
	主要人行道与车行道	5kW/km
	警卫照明	2.0
室内照明	居住房屋、宿舍及住宅	5.0
	厨房食堂、普通办公室	10.0
	厕所	3.0
	浴室、洗脸间	5.0
	钢筋加工车间、金属构件车间、机械修理	13.0
	细木车间	6.0
	锯木厂	3.0～5.0
	锅炉房	3.0
	理发室	10.0
	医务所	6.0
	招待所	5.0
	其他文化福利	3.0

2.2.4 临时道路的设置

1. 施工现场最小道路宽度（表 2-8）

施工现场最小道路宽度　　　表 2-8

车辆种类及其要求	道路宽度（m）
汽车单行道	≥3
汽车双行道	≥6
平板拖车单行道	≥4
平板拖车双行道	≥8

2. 道路最大纵坡（表 2-9）

道路最大纵坡　　　表 2-9

道 路 种 类	纵　坡
土路	≤4%
土路特殊段	≤6%
加骨料路面	≤6%
加骨料路面特殊段	≤8%

3. 施工现场道路最小转弯半径（表 2-10）

施工现场道路最小转弯半径　　　表 2-10

车 辆 种 类		路面内侧最小曲线半径（m）			载重（t）
		无拖车	带一辆拖车	带两辆拖车	
小客车、三轮汽车		6			
一般二轴载重汽车	单车道	9	12	15	4
	双车道	7	12	15	5
三轴载重汽车、重型载重汽车		12	15	18	12、15
超重型载重汽车		15	18	21	40

2.3 给排水工程用工、用料指标

2.3.1 给水工程用工、用料参考指标

1. 取水工程用工、用料综合指标（表 2-11）

2. 净水工程用工用料综合指标（表 2-12）

3. 输水工程用工用料综合指标（表 2-13）

4. 配水工程用工用料综合指标（表 2-14）

5. 矩形钢筋混凝土蓄水池工料参考指标（表 2-15）

2.3.2 污水处理工程建设规模及用工、用料参考指标

2.3.2.1 城市污水处理工程建设规模

1. 城市污水处理工程建设规模类别和污水处理级别划分应符合下列规定：

（1）建设规模类别（以污水处理量计）：

Ⅰ类：50～100 万 m^3/d；　Ⅱ类：20～50 万 m^3/d；

Ⅲ类：10～20 万 m^3/d；　Ⅳ类：5～10 万 m^3/d；

Ⅴ类：1～5 万 m^3/d。

注：以上规模分类含下限值，不含上限值。

（2）污水处理级别：

一级处理（包括强化一级处理）：以沉淀为主体的处理工艺；

二级处理：以生物处理为主体的处理工艺；

深度处理：进一步去除二级处理不能完全去除的污染物的处理工艺。

2. 城市污水处理工程各系统主要建设内容如下：

（1）污水管渠系统：主要包括收集污水的管渠及其附属设施。

取水工程用工、用料综合指标 **表 2-11**

取水工程工料指标类型	水量设计规模（万 m^3/d）	主要工料（1m^3/d 水量的指标）					
		人工（工日）	钢材（kg）	水泥（kg）	木材（m^3）	金属管（kg）	非金属管（kg）
地表水简单取水工程	10 以上	0.66～0.95	0.71～1.00	6～10	0.001～0.002	3.0～4.5	—
	2～10	0.99～1.37	0.91～1.30	9～13	0.002～0.003	4.3～6.0	—
	1～2	1.18～1.84	1.10～1.80	11～17	0.003～0.004	5.2～8.1	—
	1 以下	1.27～2.27	1.20～2.20	12～21	0.003～0.005	5.5～10.1	—
地表水复杂取水工程	10 以上	0.5～0.8	2.1～3.5	11～18	0.002～0.004	2.0～3.2	—
	2～10	0.6～1.2	2.7～4.9	14～25	0.003～0.005	2.5～4.5	—
	1～2	0.9～1.3	4.1～5.9	21～30	0.004～0.006	3.8～5.3	—
	1 以下	1.1～1.6	4.7～6.9	24～35	0.005～0.007	4.3～6.2	—

续表

取水工程工料指标类型	水量设计规模（万 m^3/d）	主要工料（$1m^3/d$ 水量的指标）					
		人工（工日）	钢材（kg）	水泥（kg）	木材（m^3）	金属管（kg）	非金属管（kg）
地下水深层取水工程	10 以上	0.5~0.7	0.2~0.3	5~6	0.002~0.003	4.7~6.8	—
	2~10	0.6~0.8	0.2~0.3	6~7	0.003~0.004	6.2~7.8	—
	1~2	0.7~0.9	0.3~0.4	7~8	0.003~0.004	7.0~9.2	—
	1 以下	0.8~1.1	0.3~0.5	7~10	0.003~0.005	7.8~11.0	—
地下水浅层取水工程	10 以上	1.0~2.1	1.2~2.3	5~10	0.002~0.004	2.3~3.8	9~18
	2~10	1.8~2.4	2.0~2.6	9~11	0.003~0.004	3.2~4.2	16~21
	1~2	2.1~2.9	2.3~3.2	10~13	0.004~0.005	3.8~5.0	18~25
	1 以下	2.6~4.7	2.9~5.2	12~22	0.005~0.009	4.5~8.0	23~41

注：1. 在地表水水源中，指标上限适用于：水源地与水厂分设，水源地有变、配电间及其他附属建筑，水位变化较大，取水泵房为地下式或深井式等情况。2. 在地下水水源中，指标上限适用于：地下水储量较少、地下水位较低，地层情况较差；或浅层水的地质条件较为复杂等情况。3. 深层水取水构筑物是按管井计算的；浅层取水构筑物按渗渠、大口井综合考虑；井间联络管按金属管与非金属管综合考虑。

净水工程用工用料综合指标 **表 2-12**

取水工程工料指标类型	水量设计规模（万 m^3/d）	主要工料（$1m^3/d$ 水量的指标）					
		人工（工日）	钢材（kg）	水泥（kg）	木材（m^3）	金属管（kg）	非金属管（kg）
地表水简单取水工程	10 以上	1.2~1.9	6.4~10.2	21~33	0.002~0.003	7.8~12.5	2~4
	2~10	1.4~2.1	7.7~11.5	25~37	0.002~0.004	9.5~14.0	3~4
	2 以下	1.9~2.6	10.3~14.3	33~45	0.003~0.005	12.5~17.0	4~5
地表水过滤净化工程	10 以上	1.1~1.4	8.8~11.0	37~46	0.008~0.010	6.4~8.0	3~4
	2~10	1.3~1.7	9.9~13.3	41~55	0.009~0.012	7.4~9.8	4~5
	1~2	1.4~2.0	11.0~15.5	46~64	0.011~0.012	8.1~11.4	4~6
	0.5~1	1.7~2.3	13.3~17.7	55~73	0.013~0.017	9.8~13.0	5~6
	0.5 以下	2.0~2.6	15.5~19.8	64~83	0.015~0.019	11.4~14.7	6~7

注：指标上限适用于：原水水质较差，处理比较困难；地质条件较差；结构及建筑标准较宽；或工艺标准较高，有部分自控装置。

输水工程用工用料综合指标 **表 2-13**

水量设计规模（万 m^3/d）	主要工料（$1m^3$/（d·km）的指标）				
	人工（工日）	钢材（kg）	水泥（kg）	金属管（kg）	非金属管（kg）
10 以上	0.1 ~ 0.2	0.05 ~ 0.08	0.3 ~ 0.4	2.9 ~ 3.9	4 ~ 6
5 ~ 10	0.1 ~ 0.2	0.07 ~ 0.11	0.4 ~ 0.6	2.4 ~ 5.4	5 ~ 8
2 ~ 5	0.2 ~ 0.3	0.08 ~ 0.12	0.4 ~ 0.7	3.9 ~ 6.3	6 ~ 9
1 ~ 2	0.3 ~ 0.4	0.13 ~ 0.17	0.7 ~ 0.9	6.3 ~ 8.3	9 ~ 12
1 以下	0.4 ~ 0.6	0.17 ~ 0.25	0.9 ~ 1.3	8.3 ~ 12.2	12 ~ 17

注：1. 指标上限适用于：输水距离过短、地形起伏大、穿越障碍复杂、地质条件不良等情况。2. 输水工程系按金属管与非金属管综合计算，如设计采用一种管道时，主要工料指标应作调整。

配水工程用工用料综合指标 **表 2-14**

取水工程工料指标类型	水量设计规模（万 m^3/d）	人工（工日）	钢材（kg）	水泥（kg）	金属管（kg）	非金属管（kg）
配水管道［$m^3/(d \cdot km)$］	10 以上	0.2～0.3	0.02～0.03	0.1～0.2	2.2～3.8	2～3
	5～10	0.2～0.4	0.02～0.04	0.2～0.3	3.2～5.4	3～4
	2～5	0.3～0.4	0.03～0.04	0.2～0.3	3.8～5.9	3～5
	1～2	0.4～0.6	0.04～0.06	0.3～0.4	5.4～8.1	4～6
	1 以下	0.6～0.8	0.06～0.08	0.4～0.6	8.1～10.1	6～8
配水厂（m^3/d）	10 以上	0.6～0.8	5.1～7.0	11～20	2.7～3.7	0.6～0.8
	2～10	0.6～0.8	5.8～7.7	24～32	3.0～4.0	0.8～0.9
	1～2	0.7～0.9	6.6～8.9	27～35	3.5～4.4	0.9～1
	1 以下	0.8～1.1	7.7～10.1	32～42	4.0～5.4	1～2

注：1. 配水管道上限适用于：地质条件不良，地形起伏大，穿越障碍复杂、管网较短等。2. 配水管道系统按金属管与非金属管综合分析。3. 配水厂指生活用水配水厂（包括地下水、经简单处理的净水厂）。

矩形钢筋混凝土蓄水池工料参考指标　　表 2-15

主要工料	单　位	1000m³ 以下	1000～5000m³	5000m³ 以上
		容积指标（100m³）		
人工	工日	245～792	226～447	190～420
水泥	t	12～14	6～9	4.5～7.5
钢材	t	4～5	1.8～2.1	1.1～1.6
木材	m^3	5～7	2.0～2.5	1.5～2.2
砖	千块	4～6	1.2～3.0	0.7～1.0
砂	m^3	23～25	12～15	10～14
碎石	m^3	35～37	18～23	15～22
金属管及配件	t	0.47～0.78	0.27～0.52	0.17～0.33
手动闸门	t	0.05～0.12	0.04～0.10	0.02～0.05

(2) 泵站：主要包括泵房及设备、变配电、控制系统、通信及主要的生产管理与生活设施。

(3) 污水厂：包括污水处理和污泥生产设施、辅助生产配套设施、生产管理与生活设施。

(4) 出水排放系统：包括排放管渠及附属设施、排放品和水质自动监测设施。

3. 污水厂宜包括下列生产设施

(1) 一级处理污水厂：包括污水一级处理和污泥处理设施。

污水一级处理一般包括除渣、污水提升、沉砂、沉淀、消毒及出水排放设施。强化一级处理时可增加投药等设施。污泥处理一般可包括污泥储存和提升、污泥浓缩、污泥厌氧消化系统、污泥脱水和污泥处置等设施。

(2) 二级处理污水厂：包括污水二级处理和污泥处理设施。

污水二级处理根据工艺的特点，可全部或部分包括污水一级处理所列项目及生物处理系统设施。污泥处理厂可与一级污水厂的内容相同，污泥的稳定可采用厌氧消化、好氧消化和堆肥等方法进行处理。

(3) 污水深度处理厂宜由以下单元技术优化组合而成：絮凝、沉淀（澄清）、过滤、活性炭吸附、离子交换、反渗透、电渗析、氨吹脱、臭氧氧化、消毒等。

(4) 其他。水质和（或）水量变化大的小型污水厂，可设置调节水质（或）水量的设施。并可设置进厂水水质自动检测设施。

一、二级处理的污水厂有条件时，应设置污水、污泥资源化工程设施。污水资源化应根据使用目的，采用适当的深度处理；污泥资源化主要是污泥消化产生的污泥气的利用，以及符合卫生标准的污泥的综合利用。资源化工程设施的内容应根据其目标合理确定。

4. 污水厂辅助生产配套设施宜包括变配电、生产控制系统、计量、给排水、维修、交通运输(含车库)、化验及试验、仓库、照明、管配件堆棚、消防和通信等设施。

5. 污水厂生产管理与生活设施可包括办公室、食堂、锅炉房、浴室、值班宿舍、绿化、安全保卫等设施。

6. 城市污水处理工程项目的建设内容，应坚持专业化协作和社会化服务的原则，根据生产需要和依托条件合理确定，应尽量减少项目建设内容。改、扩建工程应充分利用原有设施的能力。

7. 污水一级处理常规工艺单元包括除渣、沉砂、沉淀和出水消毒：碳化一级处理工艺单元包括一级处理工艺单元和投药系统等设施。污水二级处理可根据工艺特点，全部或部分包括污水一级处理的工艺单元以及生物处理设施和根据工艺要求配套的供氧、污泥回流、二沉等工艺单元；当除磷要求较高时，可包括化学除磷的投药等设施。污水深度处理主要包括絮凝、沉淀、过滤等工艺单元。

2.3.2.2　城市污水处理工程用工、用料参考指标

1. 污水管道用工用料综合指标（表 2-16）

2. 雨水管（渠）用工用料综合指标（表 2-17）

3. 排水泵站用工用量综合指标（表 2-18）

4. 污水处理厂用工用料综合指标（表 2-19）

5. 污水厂附属设施用房的建筑面积指标(表 2-20)。

6. 污水厂处理生产管理及辅助生产区用地面积宜控制在总用地面积的 8% ~ 20%。单位水量的建设用地指标 [m^2/（m^3·d)] 不应超过表 2-21。

表 2-16

污水管道用工用料综合指标

指标类型	水量设计规模（万 m^3/d）	人工（工日）	主要工料［输水 m^3/（d·m）的指标］				
			钢材（m^3）	水泥（kg）	木材（m^3）	金属管（kg）	非金属管（kg）
污水管道综合指标	10 以上	0.2～0.3	0.3～0.4	2～2	0.0003～0.0004	2～4	12～18
	5～10	0.3～0.4	0.4～0.5	2～3	0.0004～0.0005	3～4	17～23
	2～5	0.4～0.5	0.5～0.7	3～4	0.0005～0.0006	4～6	23～30
	0.6～2	0.5～0.7	0.7～1.0	4～5	0.0006～0.0009	5～8	28～42
	0.2～0.6	0.6～0.9	0.8～1.1	4～7	0.0007～0.0011	6～10	33～50
	0.2 以下	0.8～1.2	1.1～1.5	6～9	0.0010～0.0014	9～13	47～67
污水干管综合指标	10 以上	0.2～0.3	0.2～0.4	1～2	0.0002～0.0004	2～3	10～17
	5～10	0.2～0.4	0.3～0.5	2～3	0.0003～0.0005	3～4	13～23
	2～5	0.4～0.5	0.5～0.6	3～4	0.0005～0.0006	4～5	23～28
	2 以下	0.5～0.9	0.6～1.1	4～7	0.0006～0.0011	5～10	28～50

注:污水管道适用于整个系统的污水管道工程,包括干管与支管;污水干管适用于主干管的污水管道工程。

雨水管（渠）用工用料综合指标 表 2-17

综合指标类型	设计规模汇水面积（ha）	人工（工日）	主要材料			
			钢材（kg）	水泥（kg）	木材（m^3）	非金属管（kg）
雨水管、渠综合指标（ha/km）	100～200	74～99	76～101	2700～3600	0.21～0.29	2666～3555
	50～100	89～124	91～126	3240～4600	0.26～0.36	3199～4443
雨水干管、渠综合指标（ha/km）	100～200	119～173	121～176	4320～6300	0.34～0.50	4266～6221
	50～100	148～223	151～237	5400～8100	0.43～0.64	5332～7998
雨水明渠综合指标（ha/km）	200～400	31～40	—	520～672	0.070～0.090	29～38
	100～200	38～46	—	638～772	0.086～0.104	36～43
	50～100	42～50	—	706～840	0.095～0.113	39～47

注：1. 雨水管、渠综合指标适用于整个系统的雨水管、渠道工程；雨水干管、渠综合指标适用于主干管、渠道工程；雨水明渠综合指标按土明渠与砖明渠综合考虑。2. 雨水管、渠与雨水干管、渠综合指标按管道与渠道综合考虑，以管道为主。3. 雨、污水合流渠道可参考本指标使用。

排水泵站用工用料综合指标 **表 2-18**

综合指标类型	设计规模 (L/s)	人工 (人日)	主要工料（1L/s 的指标）				
			钢材 (kg)	水泥 (kg)	木材 (m^3)	金属管 (kg)	非金属管 (kg)
雨水泵站综合指标	500～8000	2.2～3.7	27～45	102～170	0.03～0.05	7.2～12.0	
	200～500	3.3～5.5	41～68	153～255	0.05～0.08	10.8～18.1	
	100 以内	5.2～6.5	63～79	238～297	0.07～0.09	16.9～21.1	
污水泵站综合指标	600 以上	4.5～11.1	63～156	192～481	0.05～0.13	18～46	10～24
	300～600	8.9～19.3	125～271	385～834	0.10～0.22	37～80	19～42
	100～300	14.8～29.7	209～417	641～1282	0.17～0.34	62～123	32～64
	100 以内	26.7～38.6	375～542	1154～1667	0.31～0.45	110～160	58～84

注：1. 流量与指标的（L/s）单位，均按最大时流量计算。2. 指标上限适用于：地质条件差，进水管较深；结构与建筑标准较高。3. 采用简易临时性泵房时，指标可适当降低。4. 雨、污水合流泵站可参考雨水泵站指标。

污水处理厂用工用料综合指标

表 2-19

综合指标类型	设计规模（万 m^3/d）	人工（人日）	主要工料（1L/s 的指标）				
			钢材（kg）	水泥（kg）	木材（m^3）	金属管（kg）	非金属管（kg）
一级处理综合指标	10 以上 5 ~ 10 2 ~ 5 0.6 以下	3 ~ 4 4 ~ 5 5 ~ 6 6 ~ 7 7 ~ 9	9 ~ 12 12 ~ 14 14 ~ 17 17 ~ 18 18 ~ 28	64 ~ 83 83 ~ 96 96 ~ 116 116 ~ 128 128 ~ 193	0.008 ~ 0.011 0.011 ~ 0.012 0.012 ~ 0.015 0.015 ~ 0.016 0.016 ~ 0.024	4 ~ 6 6 ~ 6 6 ~ 8 8 ~ 9 9 ~ 12	8 ~ 11 11 ~ 12 12 ~ 15 15 ~ 15 15 ~ 25
二级处理综合指标（一）	10 以上 5 ~ 10 2 ~ 5 0.6 ~ 2 01 ~ 0.6 0.1 以下	3 ~ 3 3 ~ 3 3 ~ 4 4 ~ 5 5 ~ 6 6 ~ 8	17 ~ 20 19 ~ 23 21 ~ 26 26 ~ 32 32 ~ 37 37 ~ 53	110 ~ 131 124 ~ 152 138 ~ 173 173 ~ 207 207 ~ 242 242 ~ 345	0.008 ~ 0.010 0.009 ~ 0.011 0.010 ~ 0.013 0.013 ~ 0.016 0.016 ~ 0.018 0.018 ~ 0.026	9 ~ 11 10 ~ 13 12 ~ 15 15 ~ 17 17 ~ 20 20 ~ 29	13 ~ 15 14 ~ 18 16 ~ 20 20 ~ 24 24 ~ 28 28 ~ 40

续表

综合指标类型	设计规模（万 m^3/d）	人工（人日）	主要工料（1L/s 的指标）				
			钢材（kg）	水泥（kg）	木材（m^3）	金属管（kg）	非金属管（kg）
二级处理综合指标（二）	10 以上	3~4	24~30	139~714	0.014~0.017	12~15	6~7
	5~10	4~5	30~39	174~223	0.017~0.022	15~19	8~10
	2~5	5~6	36~48	209~279	0.021~0.028	17~23	9~12
	0.6~2	7~8	52~58	300~334	0.030~0.033	25~28	13~14
	0.1~0.6	7~9	54~67	314~383	0.031~0.038	26~32	14~17
	0.1 以下	8~13	65~97	376~558	0.037~0.055	31~46	16~24

注：1. 一级处理流程大体为泵房、沉砂、沉淀及污泥浓缩、干化处理等；构筑物大部分为钢筋混凝土结构。2. 二级处理（一）的流程大体为泵房、沉砂、初次沉淀、曝气、二次沉淀及污泥浓缩、干化处理等；构筑物大部分为钢筋混凝土结构。3. 二级处理（二）的流程大体为泵房、沉砂、初次沉淀、曝气、二次沉淀、消毒及污泥提升、消化、脱水及沼气利用等；构筑物大部分为钢筋混凝土结构。4. 本指标系按一般工程设计条件考虑，对于有地震设防，软土地基特殊处理，寒冷地区加盖保温、沼气发电装置的工程以及自动化条件高的工程，应用本指标时，需结合具体情况予以调整。

污水厂附属设施用房的建筑面积指标 **表 2-20**

规模		Ⅰ类	Ⅱ类	Ⅲ类	Ⅳ类	Ⅴ类
一级污水厂	辅助生产用房	1420～1645	1155～1420	950～1155	680～950	485～680
	管理用房	1320～1835	1025～1320	815～1025	510～815	385～510
	生活设施用房	890～1035	685～890	545～685	390～545	285～390
	合计	3630～4515	2865～3630	2310～2865	1580～2310	1155～1580
二级污水厂	辅助生产用房	1835～2200	1510～1835	1185～1510	940～1185	495～940
	管理用房	1762～2490	1095～1765	870～1095	695～870	410～695
	生活设施用房	1000～1295	850～1000	610～850	535～610	320～535
	合计	4600～5985	3455～4600	2665～3455	2170～2265	1225～2170

注：1. 辅助生产用房主要包括维修、仓库、车库、化验、控制室、管配件堆棚等。2. 管理用房主要包括生产管理、行政管理办公室以及传达室等。3. 生活设施用房主要包括食堂、浴室、锅炉房、自行车棚、值班宿舍等。4. 有深度处理的污水厂可根据污水回用规模和工艺特点，适当增加附属设施的建筑面积，一般不应超过相应规模二级污水厂附属设施建筑面积的5%～15%。

单位水量的建设用地指标　　　表 2-21

建设规模	一级污水厂	二级污水厂	深度处理
Ⅰ类	—	0.50～0.40	—
Ⅱ类	0.30～0.20	0.60～0.50	0.20～0.15
Ⅲ类	0.40～0.30	0.70～0.60	0.25～0.20
Ⅳ类	0.45～0.40	0.85～0.70	0.35～0.25
Ⅴ类	0.55～0.45	1.20～0.85	0.40～0.35

注：1. 建设规模大的取下限，规模小的取上限。2. 表中深度处理用地指标是在污水二级处理的基础上增加的用地；深度处理工艺提升泵房、絮凝、沉淀（澄清）、过滤、消毒、送水泵房等常规流程考虑；当二级污水厂出水满足特定回用要求或仅需某几个净化单元时，深度处理用地应根据实际情况降低。

7. 污水泵站的建设用地指标（m^2）（表 2-22）。

污水泵站的建设用地指标（m^2）　表 2-22

建设规模	Ⅰ类	Ⅱ类	Ⅲ类	Ⅳ类	Ⅴ类
指标	2700～4700	2000～2700	1500～2000	1000～1500	550～1000

注：1. 表中指标为泵站围墙以内，包括整个流程中的构筑物和附属建筑物、附属设施等的用地面积。2. 小于Ⅴ类规模的泵站用地面积按Ⅴ类规模的指标控制。

8. 污水厂建设工期定额（月）（表 2-23）

2.3.3　土建工程工料估算

1. 各种结构每立方米混凝土用料参考比例(表 2-24)
2. 每 100m^2 模板安装耗料量（表 2-25）
3. 每 100 延米木脚手架用料参考定额（表 2-26）

表 2-23

污水厂建设工期定额（月）

项　目	建设规模	工期（月）			合计（月）
		前期工作	设　计	施　工	
一级污水厂	Ⅰ类	5~9	11~15	22~34	38~58
	Ⅱ类	5~9	9~13	19~23	33~45
	Ⅲ类	3~7	7~11	15~19	25~37
	Ⅳ类	3~7	6~10	11~15	20~32
	Ⅴ类	3~7	5~9	7~11	15~27
二级污水厂	Ⅰ类	6~10	14~18	32~36	52~64
	Ⅱ类	6~10	12~16	24~32	46~58
	Ⅲ类	4~8	10~14	24~28	38~50
	Ⅳ类	4~8	9~13	18~24	31~45
	Ⅴ类	4~8	8~12	12~18	24~38

续表

项　目	建设规模	工期（月）			合计（月）
		前期工作	设　计	施　工	
污水深度处理	Ⅰ类	—	—	—	—
	Ⅱ类	1	3～5	5～8	9～14
	Ⅲ类	1	2～4	4～7	7～12
	Ⅳ类	1	2～4	3～6	6～11
	Ⅴ类	1	2～4	2～5	5～10

注：1. 表中前期工作包括项目建议书、可行性研究报告；设计阶段包括初步设计和施工图设计。2. 表中深度处理建设工期是指污水深度处理与二级处理作为同一项目时需增加的工期。3. 污水泵站、污水管道的建设不另增加工期，应与城市污水处理工程项目的污水厂同步建设。4. 本建设工期定额不包括因审批拖延、返工、资金不到位、停工待料及自然灾害等影响而延误的工期。5. 本建设工期定额上限一般适用于工程地质条件复杂、技术要求高、施工条件较差、规模大等情况；下限一般适用于工程地质条件较好、技术要求一般、施工条件较好、规模小等情况。

各种结构每立方米混凝土用料参考比例

表 2-24

结构种类	模板（m^2）	钢筋（kg）	混凝土（m^3）	结构种类	模板（m^2）	钢筋（kg）	混凝土（m^3）
设备基础	3.2	27	1.015	单梁，连系梁	8.1	113	1.014
毛石混凝土带形基础	4.4	—	0.758	圈　梁	6.85	55	1.014
钢筋混凝土带形基础	4.4	56	1.011	肋形板	12	84.5	1.011
无筋柱基础	1.9	—	1.020	平板（厚 8cm）	12	60	1.011
有筋柱基础	1.9	22.5	1.014	无梁板	4.4	67.5	1.011
基础梁	8.1	8.2	1.014	楼梯（m^2）	2.3	11	0.197
墙厚 20cm	11.3	61	1.015	雨篷（m^2）	1.4	14	0.157
挡土墙（厚 50cm）	4.79	37.8	1.015	阳台（m^2）	1.2	11	1.150
6m 高以内的柱	10	124	1.015	台阶（m^2）	1.4	—	0.130
6m 高以上的柱	8.33	165.4	1.015	栏板（延米）	1.86	4	0.075

每 100m² 模板安装耗料量 **表 2-25**

结构名称		材料名称				
		木材（m^3）	钉子（kg）	铁丝（kg）	模箍（副）	桁架（个）
基础	普通支模法	0.025	0.12	0.08	—	—
	无顶支模法	0.012	0.05	0.24	—	—
柱	普通支模法	0.032	0.12	0.52	—	—
	模箍支模法	0.004	—	—	0.64	—
梁	普通支模法	0.066	0.24	0.18	—	—
	桁架支模法	0.033	0.18	0.18	—	0.13
平板	普通支模法	0.056	0.09	—	—	—
	桁架支模法	0.022	0.07	—	—	0.16
肋形楼板	普通支模法	0.048	0.12	—	—	—
	桁架支模法	0.026	0.10	—	—	0.10
墙	支撑支模法	0.032	0.12	—	—	—
	拉结支模法	0.022	0.08	0.24	—	—

每 100 延米木脚手架用料参考定额 **表 2-26**

材料名称	单位	规格	脚手架高度（步）												
			1	2	3	4	5	6	7	8	9	10	11	12	13
脚手杆	根	6m 长	12	15	21	26	32	38	44	50	57	64	71	78	121
脚手杆	根	2m 长	17	17	21	24	30	36	40	45	59	59	59	63	69
脚手板	块	50mm×300mm×4000mm	11.5	11.5	11.5	11.5	11.5	11.5	11.5	11.5	11.5	11.5	11.5	11.5	11.5
扎绑绳	kg	ϕ12	17	17	33	42	59	76	83	91	105	116	128	139	148
铁丝	kg	8 号	—	—	—	—	—	—	—	—	—	32.32	37.07	39.69	42.68

2.4 工程建设投资的构成

2.4.1 工程建设投资构成及计算方法（表 2-27）

2.4.2 建筑安装工程费用的具体构成（表 2-28）

2.5 建设工程可行性研究编制要点

2.5.1 建设程序与可行性研究的关系

1. 编报和审批项目建议书。上报项目建议书时须附初步可行性研究报告和投资方的意向性意见。

2. 上报和审批设计任务书。上报设计任务书时须附可行性研究报告。

3. 上报和审批初步设计文件。初步设计文件必须按批准的设计任务书或可行性研究报告的内容编制。

4. 上报和审批开工报告。其内容应包括项目设计任务书或可行性研究报告和初步设计的批准文件。

5. 竣工验收。

2.5.2 可行性研究的阶段划分与内容

1. 初步可行性研究。其主要内容应包括：

(1) 建设项目提出的必要性和依据。

(2) 市场预测：包括国内外供需情况的现状和发展趋势预测；销售预测和价格分析。

(3) 建设规模和产品方案设想。包括对建设规模的分析、产品方案是否符合行业发展规划、技术政策、产业政策和产品结构的要求。

(4) 建设地点。包括自然条件和社会条件；环境影响的初步评价；地点是否符合地区布局的要求。

工程建设投资构成及计算方法 表 2-27

	费用项目	参考计算方法
建筑安装工程投资（一）	直接工程费	Σ(实物工程量×概预算定额基价+其他直接费)
	间接费	(直接工程费×取费定额)或(人工费×取费定额)
	计划利润	[(直接工程费+间接费)×计划利润率]或(人工费×计划利润率)
	税金	(直接工程费+间接费+计划利润)×规定的税率
设备、工器具投资（二）	设备购置费（包括备品备件）	设备原价×（1+设备运杂费率）
	工器具及生产家具购置费	设备购置费×费率
工程建设其他投资（三）	土地使用费	按有关规定计算
	建设单位管理费	[（一）+（二）]×费率或按规定的金额计算
	研究试验费	按批准的计划编制
	生产准备费	按有关定额计算
	办公和生活家具购置费	按有关定额计算

续表

	费用项目	参考计算方法
工程建设其他投资（三）	联合试运转费	[（一）+（二）]×费率或按规定的金额计算
	勘察设计费	按有关规定计算
	引进技术和设备进口项目的其他费用	按有关规定计算
	供电贴费	按有关规定计算
	施工机构迁移费	按有关规定计算
	临时设施费	按有关规定计算
	工程监理费	按有关规定计算
	工程保险费	按有关规定计算
	财务费用	按有关规定计算
	经营项目铺底流动资金	按有关规定计算
（四）	预备费	[（一）+（二）+（三）]×费率
	其中：价差预备费	按规定计算
（五）	固定资产投资方向调节税	Σ（各单位工程投资额×税率）

建筑安装工程费用的具体构成 表 2-28

	费用项目		参考计算方法
直接工程费（一）	直接费	人工费	Σ(人工工日概预算定额×日工资单价×实物工程量)
		材料费	Σ(材料概预算定额×材料预算价格×实物工程量)
		施工机械使用费	Σ(机械概预算定额×机械台班预算价格×实物工程量)
	其他直接费		土建工程：（人工费+材料费+机械使用费）×取费率 安装工程：人工费×取费率
	现场经费	临时设施费 现场管理费	
间接费（二）	企业管理费 财务费用 其他费用		土建工程：直接工程费×取费率 安装工程：人工费×取费率
盈利	计划利润（三）		土建工程：（直接工程费+间接费）×计划利润率 安装工程：人工费×计划利润率
	税金（含营业税、城市建设税、教育费附加）（四）		（直接工程费+间接费+计划利润）×税率

(5) 资源供给的可能性和可靠性。

(6) 主要技术工艺设想。需要引进技术和进口设备的，须提出国别、厂商的设想；主要单项工程与辅助、配套工程的总体部署设想。

(7) 外部协作条件。包括原材料、燃料、电力、水源的供应可能和公用设施、运输条件等配合情况。

(8) 投资估算和资金筹措方案。包括投资的依据和来源；利用外资的可能性；资金偿还措施。建成后所需流动资金的估算额。

(9) 建设工期预计。

(10) 经济效益和社会效益的初步评价。包括企业财务和国民经济评价的初步评价、内部收益率、投资回收期和贷款偿还期等测算。

2. 可行性研究。一般项目应包括：

(1) 项目建设的必要性和依据的进一步论证。

(2) 市场的进一步预测。

(3) 建设规模和产品方案等的技术经济比较和分析。

(4) 建设地址的比较和选择，提出专题报告。

(5) 资源开采、利用条件的论证。

(6) 项目的构成；建筑标准；主要工艺技术和设备选型方案的比较；需引进技术、进口设备的国别和厂商的方案；主要设备的国内外分交方案。

(7) 建设项目总图布置方案的初步选择和土建工程量估算。公用、辅助设施和厂内外交通运输方式的比较和选择。

(8) 环境质量评价。环境保护和三废治理的初步方案。环境影响报告书（表）需经有关机关批准。

(9) 原料、辅助材料、燃料、电力、水源的种类、数量、来源以及运输条件等落实情况，公用设施的数量、供应方式和落实情况。

（10）建设项目总投资的估算。投资来源、筹措方式和贷款的偿还方式。生产流动资金的测算。

（11）建设实施进度安排。

（12）企业组织、劳动定员情况。

（13）项目的经济效益和社会效益分析，项目内部收益率、投资利税率、投资回收期和贷款偿还期等指标的计算。

（14）附图

3. 项目评估和决策。其主要任务是对拟建项目的可行性研究报告提出评价意见，对最终决策项目投资是否可行，确定最佳投资方案。项目评估是在可行性研究的基础上进行的，其内容包括：

（1）全面审核可行性研究报告中反映的各种情况是否属实。

（2）分析项目可行性研究报告中各项指标计算是否正确，包括各种参数、基础数据、定额费率的选择。

（3）从企业、国家和社会等方面综合分析和判断工程项目的经济效益和社会效果。

（4）分析和判断项目可行性研究的可靠性、真实性和客观性，对项目做出取舍的最终投资决策，最后写出项目评估报告。

2.6 工程招投标要点

2.6.1 招标必备的条件

1. 具有经过审批机关批准的设计任务书。

2. 具有开展设计必需的可靠基础资料。

3. 成立了专门的招标小组或办公室，并由指定负责人。

2.6.2 招标程序

1. 招标单位编制招标文件。

2. 招标单位发布招标广告或发出招标通知书。

3. 投标单位购买或领取招标文件。

4. 投标单位报送申请书。

5. 招标单位对投标单位进行资格审查，也可委托咨询公司进行审查。

6. 招标单位组织投标单位踏勘工程现场，解答招标文件中的问题。

7. 投标单位编制投标书。

8. 投标单位按规定时间密封报送投标书。

9. 招标单位当众开标，组织评标，确定中标单位，发出中标通知书。

10. 招标单位与中标单位签订合同。

2.6.3 招标文件内容

1. 投标须知。

2. 经过批准的设计任务书及有关文件的复印件。

3. 项目说明书，包括对工程内容、设计范围和深度、图纸内容、张数和图幅、建设周期和设计进度等的要求。

4. 合同主要条件和要求。

5. 设计资料提供内容、方式和时间、设计文件的审查方式。

6. 组织现场踏勘和进行招标文件说明的时间和地点。

7. 投标起止日期。

2.6.4 投标书内容

1. 方案设计综合说明书。

2. 方案设计内容及图纸。

3. 建设工期。

4. 主要施工技术要求和施工组织方案。

5. 工程投资估算和经济分析。

6. 设计进度和收费。

2.6.5 中标的依据

1. 设计方案的优劣。

2. 投入产出、经济效益的好坏。

3. 设计进度的快慢。

4. 设计资历和社会信誉。

2.7 投资估算方法

2.7.1 投资估算的作用

1. 满足建设项目建议书和可行性研究的需要。

2. 满足建设项目设计任务书的需要。

3. 满足工程设计招投标或方案设计（在初步设计以前或只做方案设计后直接做施工图设计者）的需要。

4. 满足限额设计，对各设计专业实行按投资解决控制，在一定范围内确定设计方案和标准的需要。

2.7.2 投资估算的编制内容

视工程规模的大小而定。整体性民用建设项目应包括红线以内的准备工作（如征地拆迁、平整场地等）、主体工程、附属建筑、室外工程等，以及红线以外的市政基础设施建设（摊销）费、办公及生活用具购置费、建设单位管理费等其他费用在内的自筹建至竣工验收的全部投资。单项工程或几个单项工程组成的新建或扩建工程，除项目本身投资外，也应包括准备工作费及其他费用。

2.7.3 投资估算的编制依据

1. 设计任务书或设计方案。

2. 工程项目、单项工程、单位工程投资估算指标或类似工程经济指标。

3. 概算指标。

4. 设计参数。

5. 概、预算定额及其单价。

6. 材料、设备预算价格及市场价格。

7. 间接费、其他费用取费标准。

8. 调价系数及材料差价。

9. 现场情况（如地形、地址、交通、水、电等条件）等。

2.8 施工组织

2.8.1 目标控制（表2-29）

目标控制 **表2-29**

控制目标	控制任务	常用方法
进度控制	1. 使施工顺序合理，衔接关系适当，均衡有节奏施工 2. 实现计划工期（合同工期）要求	横道图法 网络图法 S形曲线法 香蕉曲线法

续表

控制目标	控制任务	常用方法
质量控制	1. 使分部分项工程达到质量检验评定标准的要求 2. 实现施工组织设计中保证施工质量的技术组织措施和质量等级，保证合同质量目标等级的实现	检查对比法 数理统计法 方针目标管理法
成本控制	1. 实现施工组织设计的降低成本措施 2. 降低每个分项工程的直接成本 3. 实现项目经理部盈利目标 4. 实现公司利润目标和合同造价	价值工程法 偏差控制法 估算法
安全控制	1. 实现施工组织设计的安全规划和措施 2. 控制劳动者、劳动手段和劳动对象，使人的行为安全 3. 物的状态安全 4. 控制环境，消除环境危险源	安全检查表法 因果分析图法 故障树分析法 事件树分析法

2.8.2 施工现场材料管理（表 2-30）

施工现场材料管理　　表 2-30

材料管理环节	内　容
材料消耗定额	1. 应以材料施工定额为基础，向基层施工队、班组发放材料，进行材料核算 2. 要经常考核和分析材料消耗定额的执行情况，着重于定额与实际用料的差异，非工艺损耗的构成等，及时反映定额达到的水平和节约用料的先进经验，不断提高定额管理水平 3. 应根据实际执行情况积累和提供修订和补充材料定额的数据
材料进场验收	1. 根据现场平面布置图，认真做好材料的堆放和临时仓库的搭设。要求做到方便施工、避免或减少场内二次运输 2. 在材料进场时，根据进料计划、送料凭证、质量保证书或产品合格证，进行数量、质量的把关验收 3. 材料的验收工作，要按质量验收规范和计量检测规定进行 4. 验收要求严格，实行验品种、验规格、验质量、验数量的“四验”制度 5. 验收时要做好记录，办理验收手续 6. 对不符合计划要求或质量不合格的材料，应拒绝验收
材料储存与保管	1. 进库的材料需验收后入库，并建立台账 2. 现场堆放的材料，必须有必要的防火、防盗、防雨、防变质、防损坏措施

续表

材料管理环节	内　容
材料储存与保管	3. 现场材料要按平面布置图定位放置、保管处置得当、合乎堆放保管制度 4. 对材料要做到日清、月结、定期盘点、账物相符
材料领发	1. 严格限额领发料制度，坚持节约预扣，余料退库。收发料具要及时入账上卡，手续齐全 2. 施工设施用料，以设施用料计划进行总控制，实行限额发料 3. 超限额用料时，须事先办理手续，填限额领料单，注明消耗原因，经批准后，方可领发材料 4. 建立领发料台账，记录领发状况和节超状况
材料使用监督	1. 组织原材料集中加工，扩大成品供应。要求根据现场条件，将混凝土、钢筋、木材、石灰、玻璃、油漆、砂、石等不同程度地集中加工处理 2. 坚持按分部工程或按层数分阶段进行材料使用分析和核算，以便及时发现问题，防止材料超用 3. 现场材料管理责任者应对现场材料使用进行分工监督、检查 4. 是否认真执行领发料手续，记录好材料使用台账 5. 是否按施工场地平面图堆料，按要求的防护措施保护材料

续表

材料管理环节	内　　容
材料使用监督	6. 是否按规定进行用料交底和工序交接 7. 是否严格执行材料配合比，合理用料 8. 是否做到工完场清，要求“谁做谁清，随做随清，操作环境清，工完场地清” 9. 每次检查都要做到情况有记录，原因有分析，明确责任，及时处理
材料回收	1. 回收和利用废旧材料，要求实行交旧（废）领新、包装回收、修旧利废 2. 施工班组必须回收余料，及时办理退料手续，在领料单中登记扣除 3. 余料要造表上报，按供应部门的安排办理调拨和退料 4. 设施用料、包装物及容器等，在使用周期结束后组织回收 5. 建立回收台账，处理好经济关系
周转材料现场管理	1. 按工程量、施工方案编报需用计划 2. 各种周转材料均应按规格分别整齐码放，垛间留有通道 3. 露天堆放的周转材料应有规定限制高度，并有防水等防护措施 4. 零配件要装入容器保管，按合同发放，按退库验收标准回收，作好记录 5. 建立维修制度 6. 周转材料需报废时，应按规定进行报废处理

2.8.3 技术管理（表 2-31）

技术管理　　表 2-31

主要技术工作	摘　　要
图纸会审	1. 会审图纸有建设单位或其委托的监理单位、设计单位和施工单位三方代表参加 2. 由监理单位（或建设单位）主持，先由设计单位介绍设计意图和图纸、设计特点、对施工的要求。然后，由施工单位提出图纸中存在的问题和对设计单位的要求，通过三方讨论与协商，解决存在的问题，写出会议纪要，交给设计人员，设计人员将纪要中提出的问题通过书面的形式进行解释或提出设计变更通知书 3. 图纸审查的内容包括： （1）是否是无证设计或越级设计，图纸是否经设计单位正式签署 （2）地质勘探资料是否齐全 （3）设计图纸与说明是否齐全 （4）地震烈度设防是否符合当地要求 （5）几个单位共同设计的，相互之间有无矛盾；专业之间平、立、剖面图和工艺图之间是否有矛盾；标高是否有遗漏 （6）总平面与施工图的几何尺寸、平面位置、标高等是否一致 （7）防火要求是否满足 （8）各专业图纸是否有差错及矛盾；表示方法是否清楚，是否符合制图标准；预埋件是否表示清楚；是否有钢筋明细表，钢筋锚

续表

主要技术工作	摘　　　要
图纸会审	固长度与抗震要求等 (9) 施工图中所列各种标准图册施工单位是否具备，如无，如何取得 (10) 建筑材料来源是否有保证 (11) 地基处理方法是否合理，是否存在不能施工、不便于施工，容易导致质量、安全或经费等方面的问题 (12) 工艺管道、电气线路、运输道路与建筑物之间有无矛盾，管线之间的关系是否合理 (13) 施工安全是否有保证
技术交底	1. 技术交底必须满足施工规范、规程、工艺标准、质量检验评定标准和建设单位的合理要求 2. 整个工程施工、各分部分项工程、特殊和隐蔽工程、易发生质量事故与工伤事故的工程部位均须认真作技术交底 3. 技术交底必须以书面形式进行，经过检查与审核，有签发人、审核人、接受人的签字 4. 所有的技术交底资料，都要列入工程技术档案 由设计单位的设计人员向施工项目技术负责人交底的内容： (1) 设计文件依据：上级批文、规划准备条件、人防要求、建设单位的具体要求及合同

续表

主要技术工作	摘　　要
技术交底	(2) 建设项目所处规划位置、地形、地貌、气象、水文地质、工程地质、地震烈度等 (3) 施工图设计依据：包括初步设计文件，市政、规划、公用部门和其他有关部门(如绿化、环卫、环保等）的要求，主要设计规范，甲方供应及市场上供应的材料、设备情况等 (4) 设计意图：包括设计思想，设计方案比较情况等 (5) 施工时应注意事项：包括基础施工要求、主体结构设计采用新结构、新工艺和新材料等对施工提出的要求 5. 施工项目技术负责人向下级技术负责人交底的内容： (1) 工程概况一般性交底 (2) 工程特点及设计意图 (3) 施工方案 (4) 施工准备要求 (5) 施工注意事项，包括地基处理、主体结构施工、设备和工艺管道安装工程的注意事项及工期、质量、安全等 6. 应按工程分部、分项进行交底，内容包括：设计图纸具体要求；施工方案实施的具体技术措施及施工方法；土建与其他专业交叉作业的协作关系及注意事项；各工种之间协作与工序交接质量检查；设计要求；规范、

续表

主要技术工作	摘　　要
技术交底	规程、工艺标准；施工质量标准及检验方法；隐蔽工程记录、验收时间及标准；成品保护项目、办法与制度、施工安全技术措施 7. 工长向班组长交底，主要利用下达施工任务书的时候进行分项工程操作交底
技术措施计划	1. 依据施工组织设计和施工方案编制，总公司编制年度技术措施纲要、分公司编制年度和季度技术措施计划，项目经理部编制月度技术措施作业计划，并计算其经济效果 2. 技术措施计划与施工计划同时下达至工长及有关班组执行 3. 项目技术负责人应汇总当月的技术措施计划执行情况上报 4. 技术措施计划的主要内容： (1) 加快施工进度方面的技术措施 (2) 保证和提高工程质量的技术措施 (3) 节约劳动力、原材料、动力、燃料的措施 (4) 推广新技术、新工艺、新结构、新材料的措施 (5) 提高机械化水平、改进机械设备的管理以提高完好率和利用率的措施 (6) 改进施工工艺和操作技术以提高劳动生产率的措施 (7) 保证安全施工的措施

续表

主要技术工作	摘　　要
技术复核制度	为避免发生重大差错，在分项工程正式施工前，应按标准规定对重要项目进行复查、校核，主要复查项目内容如下： (1) 构筑物位置　测量定位的标准轴线桩、水平桩、轴线标高 (2) 基础（含设备基础）　土质、位置、标高、尺寸 (3) 模板　尺寸、位置、标高、预埋件、预留孔、牢固程度、模板内部的清理工作、湿润情况 (4) 钢筋混凝土　现浇混凝土的配合比，现场材料的质量和水泥品种强度等级，预制构件的安装位置、标高、型号、搭接长度、焊缝长度、吊装构件的强度 (5) 砖砌体　墙身轴线、皮数杆、砂浆配合比 (6) 大样图　钢筋混凝土柱、屋架、吊车梁及特殊屋面等大样图的形状、尺寸、预制和安装位置 (7) 管道、管材、直径、配件、轴线位置、标高和坡度 (8) 电气、变电、配电位置、高低压进出口方向、电缆沟位置、标高、送电方向 (9) 设备、仪器仪表的完好程度、数量规格以及根据工程需要指定的复核项目
其他	安全技术公害防治等

2.8.4 竣工验收

1. 初步验收与总验收的关系（表 2-32）

初步验收与总验收的关系　表 2-32

项目	初步验收	总验收
验收对象	单项工程	建设项目
验收时间	单项工程建成	建设项目全部建成
验收目的	施工单位向建设单位移交建筑安装工程	建设单位向使用单位（投资者：国家、企业、个人）移交固定资产
验收基础	所包括各单位工程全部竣工合格	所包括单项工程全部竣工验收合格
验收组织	验收小组 组长：建设单位负责人 组员：施工单位、设计单位、管理和使用单位、质量监督站等单位的代表	验收委员会 主任委员：建设项目批准机关代表 委员：地方政府代表、建设单位、监理单位、施工单位、设计单位代表；质检部门、银行、卫生、消防、环保等部门代表 重要大型建设项目应报国家计委组成验收委员会
两者的联系	1. 建设项目工程较简单、规模较小时，可适当简化手续，将两阶段验收合并为一次验收	

续表

项目	初步验收	总　验　收
两者的联系	2. 单项工程竣工验收是建设项目验收的基础，只有全部单项工程均竣工验收合格，方可进行建设项目的竣工验收 3. 在建设项目竣工验收时，对于已经验收的单项工程，可以抽查，不必再办验收手续，其验收单作为附件在总验收中加以说明	

2. 竣工验收及交工工作的主要内容（表 2-33）

竣工验收及交工工作的主要内容　表 2-33

工作阶段	工　作　内　容
竣工准备	施工单位： 1. 准备竣工验收资料，整理自项目开工以来积累、保管的资料，编目、建档，要求准确完整，作为竣工验收的依据 2. 完成收尾工作。基层施工队，按正式验收标准自检，合格后封闭保护，发现问题及时修补，限期完成；拆除暂设，清理现场 3. 自验。项目经理组织生产、技术、质量、合同、预算、施工等人员自验，发现问题及时整改 4. 预验。公司一级组织预验，解决全部遗留问题 5. 向建设单位（监理）提交《竣工验收申请报告》
初　验	建设单位（监理工程师）

续表

工作阶段	工 作 内 容
预验收	1. 审查《竣工验收申请报告》 2. 由监理单位组织有关单位预验收，发现问题，通知施工单位限期修理返工 3. 向有关单位发出《竣工验收通知单》
正式验收	1. 由建设单位主持竣工验收工作 2. 按竣工验收标准实地逐项检查 3. 现场验收会议：施工单位介绍施工及预验情况，出示竣工资料；监理工程师通报工程监理情况，发表竣工验收意见；建设单位提出现场检查出现问题，限期处理意见；验收委员们讨论；监理工程师宣布竣工验收结果；质检管理部门宣布竣工质量等级 4. 建设单位、监理单位、承包单位，三方在《竣工验收签证书》上签字 5. 施工单位向建设单位发送《建筑安装工程保修单》
工程竣工交　　接	1. 按不同投资渠道（国家、企业、个人）移交竣工项目所有权 2. 对竣工的中、小型建设项目、单项工程，在监理工程师协助下，由承建单位向建设单位（或投资者）办理移交手续 3. 对竣工的大型建设，在建设单位接收竣工项目并投入使用 1 年后，国家有关部委组成验收小组，全面检查项目质量和使用情况后验收。由建设单位向国家办理项目移交手续 4. 施工单位向建设单位逐项办理工程移交手

续表

工作阶段	工　作　内　容
工程竣工交　　接	续和其他固定资产移交手续，并移交工程技术档案资料 5. 施工单位编制项目竣工结算书，并经监理工程师审核签字、生效，至此，除保修工作外，施工单位与建设单位双方的经济关系和法律责任予以解除 6. 监理工程师在项目竣工结算基础上，为建设单位审核竣工决算书，上报主管部门，经银行审查签认，予以核销，至此工程项目全部建设过程完成

2.9　给水排水工程资料管理

2.9.1　基建文件管理

1. 基建文件必须按有关行政主管部门的规定和要求进行申报、审批，并保证开工、竣工手续及文件完整、齐全。

2. 工程竣工验收应由建设单位组织勘察、设计、监督、施工、监理、管理等有关单位进行，并形成相应竣工验收文件。

3. 工程竣工验收合格后，建设单位应负责工程竣工备案工作。按照当地关于竣工备案的有关规定，提交完整的竣工备案文件报当地市建设委员会竣工备案管理部门备案。

2.9.2 工程资料分类及编号

1. 分类原则

(1) 工程资料按照本规程规定的管理职责和资料性质进行分类。

(2) 施工资料分类应根据类别和专业系统划分。

(3) 施工过程中工程资料的分类、理整除执行本规程规定外，同时应执行国家、地方及行业现行的法规、规范、标准及有关规定。

2. 工程资料分类表（表2-34）

工程资料分类表 **表2-34**

类别编号	资料名称	资料来源	保存单位			
			施工单位	监理单位	建设单位	城建档案馆
A类	基建文件				√	√
A1	决策立项文件				√	√
A1-1	投资项目建议书	建设单位			√	√
A1-2	对项目建议书的批复文件	建设主管部门			√	√
A1-3	环境影响评价审批报告书	市环保局			√	√
A1-4	可行性研究报告	工程咨询单位			√	√
A1-5	对可行性研究报告的批复文件	有关主管部门			√	√
A1-6	关于立项的会议纪要、领导批示	会议组织单位			√	√

续表

类别编号	资料名称	资料来源	保存单位			
			施工单位	监理单位	建设单位	城建档案馆
A1-7	专家对项目的有关建议文件	建设单位			√	√
A1-8	项目评估研究资料	建设单位			√	√
A1-9	计划部门批准的立项文件	建设单位		√	√	√
A2	建设规划用地、征地、拆迁文件					
A2-1	土地使用报告预审文件 国有土地使用证	市国土主管部门			√	√
A2-2	拆迁安置意见及批复文件	政府有关部门			√	√
A2-3	规划意见书及附图	市规划委			√	√
A2-4	建设用地规划许可证、附件及附图	市规划委				
A2-5	其他文件：掘路占路审批文件、移伐树木审批文件、工程项目统计登记文件、向人防备案（施工图）文件、非政府投资项目备案文件	政府有关部门		√	√	√
A3	勘察、测绘、设计文件					
A3-1	工程地质勘察报告	勘察单位		√	√	√

续表

类别编号	资料名称	资料来源	保存单位			
			施工单位	监理单位	建设单位	城建档案馆
A3-2	水文地质勘察报告	勘察单位		√	√	√
A3-3	测量交线、交桩通知书	市规划委		√	√	√
A3-4	验收合格文件（验线）	市规划委		√	√	√
A3-5	审定设计批复文件及附图	市规划委			√	√
A3-6	审定设计方案通知书	市规划委			√	√
A3-7	初步设计文件	设计单位			√	√
A3-8	施工图设计文件	设计单位			√	√
A3-9	初步设计审核文件	政府有关部门		√	√	√
A3-10	对设计文件的审查意见	设计咨询单位			√	√
A4	工程招投标及承包合同文件					
A4-1	招投标文件				√	
A4-1-1	勘察招投标文件	建设、勘察单位			√	
A4-1-2	设计招投标文件	建设、设计单位			√	
A4-1-3	拆迁招投标文件	建设、拆迁单位			√	
A4-1-4	施工招投标文件	建设、施工单位	√		√	
A4-1-5	监理招投标文件	建设、中标单位			√	
A4-1-6	设备、材料招投标文件		√		√	
A4-2	合同文件					

续表

类别编号	资料名称	资料来源	保存单位			
			施工单位	监理单位	建设单位	城建档案馆
A4-2-1	勘察合同	建设、勘察单位			√	
A4-2-2	设计合同	建设、设计单位			√	
A4-2-3	拆迁合同	建设、拆迁单位			√	
A4-2-4	施工合同	建设、拆迁单位	√	√	√	
A4-2-5	监理合同	建设、监理单位		√	√	
A4-2-6	材料设备采购合同	建设、中标单位	√		√	
A5	工程开工文件					
A5-1	年度施工任务批准文件	市建委			√	√
A5-2	修改工程施工图纸通知书	市规划委			√	√
A5-3	建设工程规划许可证、附件及附图	市规划委	√	√	√	√
A5-4	固定资产投资许可证	建设单位			√	√
A5-5	建设工程施工许可或开工审批手续	市建委	√	√	√	√
A5-6	工程质量监督注册登记表	质量监督机构	√	√	√	√
A6	商务文件					
A6-1	工程投资估算材料	造价咨询单位			√	
A6-2	工程设计概算	造价咨询单位			√	
A6-3	施工图预算	造价咨询单位	√	√	√	

续表

类别编号	资料名称	资料来源	保存单位			
			施工单位	监理单位	建设单位	城建档案馆
A6-4	施工预算	施工单位	√	√	√	
A6-5	工程决算	建设（监理）、施工单位	√	√	√	√
A6-6	交付使用固定资产清单	建设单位			√	√
A7	工程竣工备案文件					
A7-1	建设工程竣工档案预验收意见	城建档案馆			√	√
A7-2	工程竣工验收备案表	建设单位	√	√	√	√
A7-3	工程竣工验收报告	建设单位			√	√
A7-4	勘察、设计单位质量检查报告	相关单位			√	√
A7-5	规划、消防、环保、技术监督、人防等部门出具的认可文件或准许使用文件	主管部门	√	√	√	√
A7-6	工程质量保修书	建设、施工单位	√		√	
A7-7	厂站、设备使用说明书	施工单位	√		√	
A8	其他文件		√		√	
A8-1	物资质量证明文件	建设单位	√	√	√	
A8-2	工程竣工总结(大型工程)	建设单位	√	√	√	√

续表

类别编号	资料名称	资料来源	保存单位			
			施工单位	监理单位	建设单位	城建档案馆
A8-3	沉降观测记录（由建设单位委托长期进行的工程沉降观测记录）	观测单位			√	
A8-4	工程开工前的原貌、主要施工过程、竣工新貌照片	建设单位			√	√
A8-5	工程开工、施工、竣工的录音录像资料	建设单位			√	√
A8-6	建设工程概况	建设单位				
A8-6-1	工程概况表：城市管（隧）道工程	建设单位				√
A8-6-3	工程概况表：市政公用厂(场)、站工程	建设单位				√
B类	监理资料					
B1	监理管理资料					
B1-1	监理规划、监理实施细则	监理单位		√	√	√
B1-2	监理月报	监理单位		√	√	
B1-3	监理会议纪要（涉及工程质量的内容）	监理单位		√	√	
B1-4	工程项目监理日志	监理单位		√		

续表

类别编号	资料名称	资料来源	保存单位			
			施工单位	监理单位	建设单位	城建档案馆
B1-5	监理工作总结(专题、阶段、竣工总结)	监理单位		√	√	√
B2	施工监理资料					
B2-1	工程技术文件报审表	"监规" A1	√	√	√	
B2-2	施工测量放线报验表	"监规" A2	√	√	√	
B2-3	施工进度计划报审表	"监规" A3	√	√	√	
B2-4	工程物资进场报验表	"监规" A4	√	√	√	
B2-5	工程动工报审表	"监规" A5	√	√		
B2-6	分包单位资质报审表	"监规" A6	√	√	√	
B2-7	分项/分部工程施工报验表(注:"分项/分部"等同"工序/部位"	"监规" A7	√	√		
B2-8	单位工程竣工预验收报验表	"监规" A8	√	√	√	
B2-9	( )月工、料、机动态表	"监规" A9	√	√		
B2-10	工程复工报审表	"监规" A10	√	√	√	
B2-11	( ) 月工程进度款报审表	"监规" A11	√	√	√	
B2-12	工程变更费用报审表	"监规" A12	√	√	√	

续表

类别编号	资料名称	资料来源	保存单位			
			施工单位	监理单位	建设单位	城建档案馆
B2-13	费用索赔申请表	“监规”A13	√	√	√	
B2-14	工程款支付申请表	“监规”A14	√	√	√	
B2-15	工程延期申请表	“监规”A15	√	√	√	
B2-16	监理通知回复单	“监规”A16	√	√		
B2-17	监理通知	“监规”B1	√	√	√	
B2-18	监理抽检记录	“监规”B2	√	√	√	
B2-19	不合格项处置记录	“监规”B3	√	√	√	
B2-20	工程暂停令	“监规”B4	√	√	√	
B2-21	工程延期审批表	“监规”B5	√	√	√	
B2-22	费用索赔审批表	“监规”B6	√	√	√	
B2-23	工程款支付证书	“监规”B7	√	√	√	
B3	竣工验收监理资料					
B3-1	单位工程竣工预验收报验表	“监规”A8	√	√	√	
B3-2	竣工移交证书	“监规”B8	√	√	√	√
B3-3	工程质量评估报告	监理单位		√	√	√
B4	其他资料					
B4-1	工作联系单	“监规”C1	√	√	√	

续表

类别编号	资料名称	资料来源	保存单位			
			施工单位	监理单位	建设单位	城建档案馆
B4-2	工程变更单	“监规”C2	√	√	√	
C类	施工资料					
C1	施工管理资料					
C1-1	工程概况表	施工单位	√			
C1-2	项目大事记	施工单位	√		√	√
C1-3	施工日志	施工单位	√			
C1-4	工程质量事故资料					
C1-4-1	工程质量事故记录	施工单位	√	√	√	√
C1-4-2	工程质量事故调（勘）查记录	调查单位	√	√	√	√
C1-4-3	工程质量事故处理记录	事故处理单位	√	√	√	√
C2	施工技术文件					
C2-1	施工组织设计（项目管理规划）	施工单位	√			
C2-2	施工组织设计审批表	施工单位	√			
C2-3	图纸审查记录	施工单位	√			
C2-4	设计交底记录	建设单位	√	√	√	√
C2-5	技术交底记录	交底单位	√			

续表

类别编号	资料名称	资料来源	保存单位			
			施工单位	监理单位	建设单位	城建档案馆
C2-6	工程洽商记录	洽商提出方	√	√	√	√
C2-7	工程设计变更、洽商一览表	施工单位	√	√	√	
C2-8	安全交底记录	施工单位	√			
C3	施工物资资料					
C3-1	工程物资选样式送审表	施工单位	√	√	√	
C3-2	主要设备、原材料、构配件质量证明文件及复试报告汇总表	施工单位	√		√	√
C3-3	产品合格证					
C3-3-1	半成品钢筋出厂合格证	供应单位	√		√	
C3-3-2	预拌混凝土出厂合格证	供应单位	√		√	
C3-3-3	预制钢筋混凝土梁、板墩、桩、柱出厂合格证	供应单位	√		√	
C3-3-4	钢构件出厂合格证	供应单位	√		√	
C3-4	设备、材料进场检验及复验					
C3-4-1	设备、配（备）件开箱检验记录	施工单位	√			

续表

类别编号	资料名称	资料来源	保存单位			
			施工单位	监理单位	建设单位	城建档案馆
C3-4-2	材料、配件检验记录汇总表	施工单位	√			
C3-4-3	预制混凝土构件、管材进场抽检记录	施工单位	√		√	
C3-4-4	材料试验报告（通用）	试验单位	√		√	√
C3-4-5	水泥试验报告	试验单位	√		√	√
C3-4-6	砌筑块（砖）试验报告	试验单位	√		√	√
C3-4-7	砂试验报告	试验单位	√		√	√
C3-4-8	碎（卵）石试验报告	试验单位	√		√	√
C3-4-11	外掺剂试验报告	试验单位	√		√	
C3-4-12	钢材试验报告	试验单位	√		√	√
C3-4-17	防水涂料试验报告	试验单位	√		√	√
C3-4-18	防水卷材试验报告	试验单位	√		√	√
C3-4-19	环氧煤沥青涂料性能试验报告	试验单位	√		√	
C3-4-20	橡胶止水带检验报告	试验单位	√		√	√
C3-4-21	伸缩缝密封填料试验报告	试验单位	√		√	
C3-4-22	锚具检验报告	试验单位	√		√	

续表

类别编号	资料名称	资料来源	保存单位			
			施工单位	监理单位	建设单位	城建档案馆
C3-4-23	阀门试验记录	施工单位	√		√	
C3-4-24	金属波纹管质量检验报告	试验单位	√		√	
C3-4-25	有见证取样和送检见证人备案书	建设单位	√	√	√	
C3-4-26	见证记录	监理单位	√	√	√	
C3-4-27	有见证试验汇总表	施工单位	√	√	√	√
C4	施工测量监测记录					
C4-1	工程定位测量记录	施工单位	√			√
C4-2	测量复核记录	施工单位	√		√	√
C4-3	沉降观测记录	观测单位	√		√	
C4-4	初期支护净空测量记录	施工单位	√		√	
C4-6	结构收敛观测成果记录	施工单位	√			
C4-7	地基位移观测记录	施工单位	√			
C4-8	拱顶下沉观测成果表	施工单位	√			
C5	施工记录					
C5-1	通用记录					
C5-1-1	施工通用记录	施工单位	√			
C5-1-2	隐蔽工程检查记录	施工单位	√		√	√
C5-1-3	中间检查交接记录	移交单位	√			

续表

类别编号	资料名称	资料来源	保存单位			
			施工单位	监理单位	建设单位	城建档案馆
C5-2	基础/主体结构工程通用施工记录					
C5-2-1	地基处理记录	施工单位	√		√	√
C5-2-2	地基钎探记录	施工单位	√		√	√
C5-2-3	地下连续墙挖槽施工记录	施工单位	√		√	
C5-2-4	地下连续墙护壁泥浆质量检查记录	施工单位	√		√	
C5-2-5	地下连续墙混凝土浇筑记录	施工单位	√		√	
C5-2-6	沉井（泵站）工程施工记录	施工单位	√		√	
C5-2-7	桩基础施工记录（通用）	施工单位	√		√	
C5-2-8	钻孔桩钻进记录（冲击钻）	施工单位	√			
C5-2-9	钻孔桩钻进记录（旋转钻）	施工单位	√			
C5-2-10	钻孔桩混凝土灌筑前检查记录	施工单位	√			
C5-2-11	钻孔桩水下混凝土浇筑记录	施工单位	√		√	
C5-2-12	沉入桩检查记录	施工单位	√		√	
C5-2-13	土层锚杆成孔记录	专业施工单位	√		√	√

续表

类别编号	资料名称	资料来源	保存单位			
			施工单位	监理单位	建设单位	城建档案馆
C5-2-14	土层锚杆注浆记录	专业施工单位	√		√	√
C5-2-15	土层锚杆张拉锁定记录	专业施工单位	√		√	√
C5-2-16	砂浆配合比申请单、通知单	施工单位	√			
C5-2-17	混凝土配合比申请单、通知单	施工单位	√			
C5-2-18	喷射混凝土地配合比申请单、通知单	施工单位	√			
C5-2-19	混凝土浇筑申请书	施工单位	√			
C5-2-20	混凝土开盘鉴定	施工单位	√			
C5-2-21	混凝土浇筑记录	施工单位	√			
C5-2-22	混凝土养护测温记录	施工单位	√			
C5-2-23	预应力筋张拉数据记录	施工单位	√		√	√
C5-2-24	预应力筋张拉记录（一）	施工单位	√		√	√
C5-2-25	预应力筋张拉记录（二）	施工单位	√		√	√
C5-2-26	预应力张拉孔道压浆记录	施工单位	√		√	√
C5-2-27	构件吊装施工记录	施工单位	√			
C5-2-28	圆形钢盘混凝土构筑物缠绕钢丝应力测定记录	施工单位	√		√	√

续表

类别编号	资料名称	资料来源	保存单位			
			施工单位	监理单位	建设单位	城建档案馆
C5-2-29	网架安装检查记录	专业施工单位	√		√	
C5-2-30	防水工程施工记录	施工单位	√			
C5-2-31	桩检测报告	专业检测单位	√		√	√
C5-4	管（隧）道工程施工记录					
C5-4-1	焊工资格备案表	施工单位	√	√	√	
C5-4-2	焊缝综合质量记录	施工单位	√		√	√
C5-4-3	焊缝排位记录及示意图	施工单位	√		√	√
C5-4-4	聚乙烯管道连接记录	施工单位	√		√	
C5-4-5	聚乙烯管道焊接工作汇总表	施工单位	√		√	√
C5-4-6	钢管变形检查记录	施工单位	√		√	
C5-4-7	管架（固、支、吊、滑等）安装调整记录	施工单位	√		√	
C5-4-9	防腐层施工质量检查记录	施工单位	√		√	√
C5-4-10	牺牲阳极埋设记录	施工单位	√		√	√
C5-4-11	顶管施工记录	施工单位	√			
C5-4-17	隧道支护施工记录	施工单位	√			
C5-4-18	注浆检查记录	施工单位	√		√	
C5-5	厂(场)、站工程施工记录					

续表

类别编号	资料名称	资料来源	保存单位			
			施工单位	监理单位	建设单位	城建档案馆
C5-5-1	设备基础检查验收记录	安装单位	√		√	√
C5-5-2	钢制平台/钢架制作安装检查记录	施工单位	√		√	
C5-5-3	设备安装检查记录（通用）	施工单位	√		√	
C5-5-4	设备联轴器对中检查记录	施工单位	√			
C5-5-5	容器安装检查记录	施工单位	√		√	
C5-5-6	安全附件安装检查记录	施工单位	√		√	
C5-5-7	锅炉安装（整装）施工记录	安装单位	√		√	
C5-5-8	锅炉安装（散装）施工记录	安装单位	√		√	
C5-5-9	软化水处理设备安装调试记录	施工单位	√		√	
C5-5-10	燃烧器及燃料管路安装记录	施工单位	√			
C5-5-11	管道/设备保温施工检查记录	施工单位	√		√	
C5-5-12	净水厂水处理工艺系统调试记录	施工单位	√		√	

续表

类别编号	资料名称	资料来源	保存单位			
			施工单位	监理单位	建设单位	城建档案馆
C5-5-13	加药、加氯工艺系统调试记录	施工单位	√		√	
C5-5-14	离心水泵综合效率试验记录	施工单位	√		√	
C5-5-15	水处理工艺管线验收记录	施工单位	√		√	
C5-5-16	污泥处理工艺系统调试记录	施工单位	√		√	
C5-5-17	自控系统调试记录	施工单位	√		√	
C5-5-18	自控设备单台安装记录	施工单位	√		√	
C5-5-19	污水处理工艺系统调试记录	施工单位	√		√	
C5-5-20	污泥消化工艺系统调试记录	施工单位	√		√	
C5-6	电气安装工程施工记录					
C5-6-1	电缆敷设检查记录	施工单位	√		√	
C5-6-2	电气照明装置安装检查记录	施工单位	√		√	
C5-6-3	电线（缆）钢导管安装检查记录	施工单位	√		√	

续表

类别编号	资料名称	资料来源	保存单位			
			施工单位	监理单位	建设单位	城建档案馆
C5-6-4	成套开关柜（盘）安装检查记录	施工单位	√			
C5-6-5	盘、柜安装及二次接线检查记录	施工单位	√		√	
C5-6-6	避雷装置安装检查记录	施工单位	√		√	
C5-6-7	起重机电气安装检查记录	施工单位	√		√	
C5-6-8	电机安装检查记录	施工单位	√		√	
C5-6-9	变压器安装检查记录	施工单位	√		√	
C5-6-10	高压隔离开关、负荷开关及熔断器安装检查记录	施工单位	√		√	
C5-6-11	电缆头（中间接头）制作记录	施工单位	√		√	
C5-6-12	厂区供水设备、供电系统调试记录表式	施工单位	√		√	
C6	施工试验记录					
C6-1	施工试验记录（通用）	施工单位	√		√	
C6-2	基础/主体结构工程通用施工试验记录		√		√	
C6-2-1	土壤（无机料）最大干密度与最佳含水量试验报告	试验单位	√		√	

续表

类别编号	资料名称	资料来源	保存单位			
			施工单位	监理单位	建设单位	城建档案馆
C6-2-2	土壤压实度试验记录（环刀法）	试验单位	√		√	
C6-2-3	砌筑砂浆抗压强度试验报告	试验单位	√		√	
C6-2-4	混凝土抗压强度试验报告	试验单位	√		√	
C6-2-5	混凝土抗折强度试验报告	试验单位	√		√	
C6-2-7	混凝土抗渗试验报告	试验单位	√		√	
C6-2-8	混凝土抗冻试验报告	施工单位	√		√	√
C6-2-9	砌筑砂浆试块强度统计、评定记录	施工单位	√		√	√
C6-2-10	钢筋连接试验报告	试验单位	√		√	√
C6-2-11	射线检测报告	检测单位	√		√	√
C6-2-12	射线检测报告（底片评定记录）	检测单位	√		√	
C6-2-13	超声波检测报告	检测单位	√		√	√
C6-2-14	超声波检测报告（缺陷记录）		√		√	
C6-4	管（隧）道工程试验记录					
C6-4-1	给水管道水压试验记录	施工单位	√		√	√
C6-4-2	给水、供热管网冲洗记录	施工单位	√		√	
C6-4-3	供热管道水压试验记录	施工单位	√		√	√

续表

类别编号	资料名称	资料来源	保存单位			
			施工单位	监理单位	建设单位	城建档案馆
C6-4-4	供热管网（场站）度运行记录	施工单位	√		√	√
C6-4-5	补偿器冷拉记录	施工单位	√		√	
C6-4-11	管道系统吹洗（脱脂）记录	施工单位	√		√	
C6-4-12	阴极保护系统验收测试记录	测试单位	√		√	√
C6-4-13	污水管道闭水试验记录	施工单位	√		√	√
C6-5	厂(场)、站工程试验记录					
C6-5-1	调试记录（通用）	调试单位	√		√	√
C6-5-2	设备单机试运行记录（通用）	施工单位	√		√	√
C6-5-3	设备强度/严密性试验记录	施工单位	√		√	√
C6-5-4	起重机试运转试验记录	施工单位	√		√	√
C6-5-5	设备负荷联动（系统）试运行记录	施工单位	√		√	√
C6-5-6	安全阀调试记录	施工单位	√		√	
C6-5-7	水池满水试验记录	施工单位	√		√	√
C6-5-8	消化池气密性试验记录	施工单位	√		√	√

续表

类别编号	资料名称	资料来源	保存单位			
			施工单位	监理单位	建设单位	城建档案馆
C6-5-9	曝气均匀性试验记录	施工单位	√		√	√
C6-5-10	防水工程试水记录	施工单位	√		√	
C6-6	电气工程施工试验记录					
C6-6-1	电气绝缘电阻测试记录	施工单位	√		√	√
C6-6-2	电气照明全负荷试运行记录	施工单位	√		√	√
C6-6-3	电机试运行记录	施工单位	√		√	√
C6-6-4	电气接地装置隐检/测试记录	施工单位	√		√	√
C6-6-5	变压器试运行检查记录	施工单位	√		√	√
C7	施工验收资料					
C7-1	基础/主体结构工程验收记录	施工单位	√	√	√	√
C7-2	部位验收记录（通用）	施工单位	√	√	√	√
C7-3	工程竣工验收鉴定书	建设单位	√	√	√	√
C7-4	工程竣工报告	施工单位	√	√	√	√
C7-5	竣工测量委托书	施工单位	√			
C7-6	竣工测量报告	竣工测量单位	√		√	√
C7-7	单位工程质量控制资料核查表	施工单位	√	√	√	√

续表

类别编号	资料名称	资料来源	保存单位			
			施工单位	监理单位	建设单位	城建档案馆
C8	质量评定资料					
C8-1	单位工程质量评定表	施工单位	√		√	√
C8-2	工程部位质量评定表	施工单位	√		√	
C8-3	工序质量评定表	施工单位	√		√	
D类	竣工图					
E类	工程资料、档案封面和目录					
E1类	工程资料总目录卷					
E1-1	工程资料总目录汇总	建设单位	√		√	
E1-2	工程资料总目录表	建设单位	√		√	
E2	工程资料封面和目录及备考					
E2-1	工程资料案卷封面	建设单位	√		√	
E2-2	工程资料卷内目录	建设单位	√			
E2-3	工程资料卷内备考表	建设单位	√	√	√	
E3	城市建设档案封面和目录及备考					
E3-1	城市建设档案案卷封面	编制单位			√	√
E3-2	城建档案卷宗内目录	编制单位			√	√

续表

类别编号	资料名称	资料来源	保存单位			
			施工单位	监理单位	建设单位	城建档案馆
E3-3	城建档案案卷审核人备考表	编制单位			√	√
E4	工程资料档案移交书					
E4-1	工程资料移交书	移交单位		√		
E4-2	城市建设档案移交书	移交单位			√	√
E4-3	城市建设档案缩微品移交书	移交单位			√	√
E4-4	城市建设档案移交目录	移交单位			√	√
E4-5	需建档案缩微品移交目录	移交单位			√	√

2.10 施工组织设计

2.10.1 工程概况编制内容

1. 工程特点：占地面积、结构特征、渗、抗冻、抗震的要求，管线铺设和设备安装的难易程度，工作量，主要工程实物量及交付使用期限等。

2. 施工方法的选择

(1) 工程量大的在单位工程中占重要地位的分部(项) 工程；

（2）施工技术复杂或采用新技术、新工艺及对工程质量起关键作用的分部（项）工程；

（3）不熟悉的特殊结构工程或由专业施工单位施工的特殊专业工程等。

2.10.2　施工组织总设计

2.10.2.1　编制依据

1. 基础文件

（1）建设项目可行性研究报告或计划任务书批准文件；

（2）建设项目规划红线范围和用地批准文件；

（3）设计图纸和说明书；

（4）建设项目总概算或修正总概算；

（5）建设项目施工招标文件和工程承包合同文件。

2. 有关上级的指示，国家现行的工程建设政策、法规和规范、验收标准等

3. 建设地区的调查资料

4. 类型相近项目的经验资料等

2.10.2.2　编制内容

施工部署和施工方案的拟定

（1）明确任务分工及组织安排

明确建设项目的施工机械，划分各参与施工的各单位任务，建立施工现场统一的组织领导部门及其职能部门，确定综合的、专业化的施工组织，划分施工阶段，明确各单位分期分批的主攻项目和穿插配合的项目等。

（2）确定建设项目的开展程序

在确定开展程序时，主要应考虑以下几点：

1）在满足项目建设的要求下，组织分期分批施

工，既可使一些项目尽快建成，又能使组织施工在全局上取得连续性和均衡性，并可减少暂设工程数量，有利于降低工程成本。

在按交工系统组织施工时，应同时安排好与之配套的生产辅助和附属项目的施工，以保证生产系统能按期交付投入生产。

2）确定开展程序，应注意首先安排下列项目：按生产工艺要求，须先期投产或起主导作用的工程项目；运输系统、动力系统；工程量大且施工通信难度大、施工周期长的项目；适当安排部分拟建的次要零星项目（如检修车间、仓库、办公楼、食堂、住宅等），既可供施工期间使用，也可作为均衡施工任务的“调节工程”。

3）安排项目的开展程序，需考虑到季节性的影响。

（3）拟定主要项目的施工方案

根据施工图纸、项目承包合同和施工部署要求，分别选择主要构筑物确定其施工方案，主要内容包括：施工工艺与方法、施工程序、施工机械和施工进度。

（4）“三通一平”规划

2.11 建筑安装工程计价程序

2.11.1 工料单价法计价程序

工料单价法是以分部分项工程量乘以单价后的合计为直接工程费，直接工程费以人工、材料、机械的消耗量及其相应价格确定。直接工程费汇总后另加间接费、利润、税金生成工程发包、承包价，其计算程序分为三种：

1. 以直接费为计算基础（表 2-35）

以直接费为计算基础　　表 2-35

序号	费用项目	计算方法	备注
(1)	直接工程费	按预算表	
(2)	措施费	按规定标准计算	
(3)	小　计	(1)+(2)	
(4)	间接费	(3)×相应费率	
(5)	利　润	((3)+(4))×相应利润率	
(6)	合　计	(3)+(4)+(5)	
(7)	含税造价	(3)×(1+相应税率)	

2. 以人工费和机械费为计算基础（表 2-36）

以人工费和机械费为计算基础　　表 2-36

序号	费用项目	计算方法	备注
(1)	直接工程费	按预算表	
(2)	其中人工费和机械费	按预算表	
(3)	措施费	按规定标准计算	
(4)	其中人工费和机械费	按规定标准计算	
(5)	小　计	(1)+(3)	
(6)	人工费和机械费小计	(2)+(4)	
(7)	间接费	(6)×相应费率	
(8)	利　润	(6)×相应利润率	
(9)	合　计	(5)+(7)+(8)	
(10)	含税造价	(9)×(1+相应税率)	

3. 以人工费为计算基础（表 2-37）

以人工费为计算基础　　表 2-37

序号	费用项目	计算方法	备注
(1)	直接工程费	按预算表	
(2)	直接工程费中人工费	按预算表	
(3)	措　施　费	按规定标准计算	
(4)	措施费中人工费	按规定标准计算	
(5)	小　　计	(1)+(3)	
(6)	人工费小计	(2)+(4)	
(7)	间　接　费	(6)×相应费率	
(8)	利　　润	(6)×相应利润率	
(9)	合　　计	(5)+(7)+(8)	
(10)	含税造价	(9)×(1+相应税率)	

2.11.2 综合单价法计价程序

综合单价法是分部分项工程单价为全费用单价，全费用单价经综合计算后生成，其内容包括直接工程费、间接费、利润和税金（措施费也可按此方法生成全费用价格）。

各分项工程量乘以综合单价的合价汇总后，生成工程发承包价。

由于各分部分项工程中的人工、材料、机械含量的比例不同，各分项工程可根据其材料费占人工费、材料费、机械费合计的比例（以字母“C”代表该项比值）在以下三种计算程序中选择一种计算其综合单价。

1. 当 $C > C_0$（C_0 为本地区原费用定额测算所选

典型工程材料费占人工费、材料费、和机械费合计的比例）时，可采用以人工费、材料费、机械费合计为基数计算该分项的间接费和利润。以直接费为计算基础的计算方法（表2-38）。

以直接费为计算基础的计算方法　表2-38

序号	费用项目	计算方法	备注
(1)	分项直接工程费	人工费 + 材料费 + 机械费	
(2)	间　接　费	(1) × 相应费率	
(3)	利　　润	((1) + (2)) × 相应利润率	
(4)	合　　计	(1) + (2) + (3)	
(5)	含税造价	(4) × (1 + 相应税率)	

2. 当 $C < C_0$ 值的下限时，可采用以人工费和机械费合计为基数计算该分项的间接费和利润。以人工费和机械费为计算基础的计算方法（表2-39）。

以人工费和机械费为计算基础的计算方法

表2-39

序号	费用项目	计算方法	备注
(1)	分项直接工程费	人工费 + 材料费 + 机械费	
(2)	其中人工费和机械费	人工费 + 机械费	
(3)	间　接　费	(2) × 相应费率	
(4)	利　　润	(2) × 相应利润率	
(5)	合　　计	(1) + (3) + (4)	
(6)	含税造价	(5) × (1 + 相应税率)	

3. 如该分项的直接费仅为人工费，无材料费和机械费时，可采用以人工费为基数计算该分项的间接费

和利润。以人工费为计算基础的计算方法（表2-40）。

以人工费为计算基础的计算方法　表2-40

序号	费用项目	计算方法	备注
(1)	分项直接工程费	人工费+材料费+机械费	
(2)	直接工程费中人工费	人　工　费	
(3)	间　接　费	(2)×相应费率	
(4)	利　　润	(2)×相应利润率	
(5)	合　　计	(1)+(3)+(4)	
(6)	含税造价	(5)×(1+相应税率)	

排水降水费＝Σ排水降水机械台班费×排水降水周期＋排水降水使用材料费、人工费

2.11.3　间接费

1. 间接费的计算方法按取费基数的不同分为以下三种：

(1) 以直接费为计算基础

间接费＝直接费合计×间接费费率（%）

(2) 以人工费和机械费合计为计算基础

间接费＝人工费和机械费合计×间接费费率（%）

间接费费率(%)＝规费费率(%)＋企业管理费费率(%)

(3) 以人工费为计算基础

间接费＝人工费合计×间接费费率（%）

1) 规费费率

根据本地区典型工程发包、承包价的分析资料综合取定规费计算中所需数据：

①每万元发承包价中人工费含量和机械费含量。

②人工费占直接费的比例。

③每万元发承包价中所含规费缴纳标准的各项基数。

规费费率的计算公式

2）以直接费为计算基础

$$\text{规费费率（\%）}=\frac{\sum\text{规费缴纳标准}\times\text{每万元发承包价计算基数}}{\text{每万元发承包价中的人工费含量}}\times\text{人工费占直接费的比例（\%）}$$

3）以人工费和机械费合计为计算基础

$$\text{规费费率（\%）}=\frac{\sum\text{规费缴纳标准}\times\text{每万元发承包价计算基数}}{\text{每万元发承包价中的人工费含量和机械费含量}}\times 100\%$$

4）以人工费为计算基础

$$\text{规费费率（\%）}=\frac{\sum\text{规费缴纳标准}\times\text{每万元发承包价计算基数}}{\text{每万元发承包价中的人工费含量}}\times 100\%$$

2. 企业管理费费率

企业管理费费率计算公式

1）以直接费为计算基础

$$\text{企业管理费费率（\%）}=\frac{\text{生产工人年平均管理费}}{\text{年有效施工天数}\times\text{人工单价}}\times\text{人工费占直接费比例（\%）}$$

2）以人工费和机械费合计为计算基础

$$\text{企业管理费费率（\%）}=\frac{\text{生产工人年平均管理费}}{\text{年有效施工天数}\times(\text{人工单价}+\text{每一工日机械使用费})}\times 100\%$$

3）以人工费为计算基础

$$\text{企业管理费费率（\%）}=\frac{\text{生产工人年平均管理费}}{\text{年有效施工天数}\times\text{人工单价}}\times 100\%$$

2.11.4 税金

1. 税金计算公式

$$税金 = (税前造价 + 利润) \times 税率(\%)$$

2. 税率

(1) 纳税地点在市区的企业

$$税率(\%) = \frac{1}{1-3\%-(3\% \times 7\%)-(3\% \times 3\%)}-1$$

(2) 纳税地点在县城、镇的企业

$$税率(\%) = \frac{1}{1-3\%-(3\% \times 5\%)-(3\% \times 3\%)}-1$$

(3) 纳税地点不在市区、县城、镇的企业

$$税率(\%) = \frac{1}{1-3\%-(3\% \times 1\%)-(3\% \times 3\%)}-1$$

2.12 施工测量

2.12.1 建筑物主轴线测设

1. 通过原有建筑物测设主轴线（表 2-41）

通过原有建筑物测设主轴线　　表 2-41

测设方法	测设步骤	示意图
延长直线法	1. 用线绳延长 *DA* 与 *CB* 得 *E*、*F* 两点，即 *EF*∥*AB* 2. 于 *E* 点处设置经纬仪，作 *EF* 延长线 *G′H′* 3. 在 *G′* 与 *H′* 设置经纬仪分别作垂线，即得主轴线 *GH*	D C A B G H E F G′ H′

续表

测设方法	测设步骤	示 意 图
直角坐标法	1. 用上述测设方法测出 G' 点 2. 在 G' 点处架设经纬仪，并作垂线，测得主轴线 GH	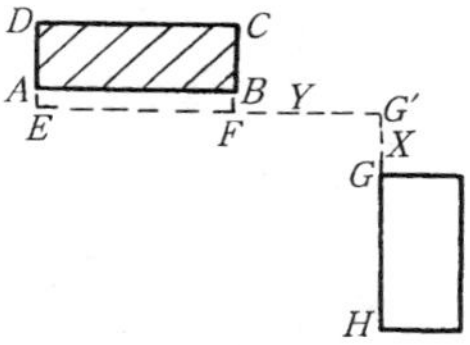
平等线法	1. 定出道路中心线 $G'H'$ 2. 在 G'，H' 架设经纬仪，并作垂线得主轴线 GH	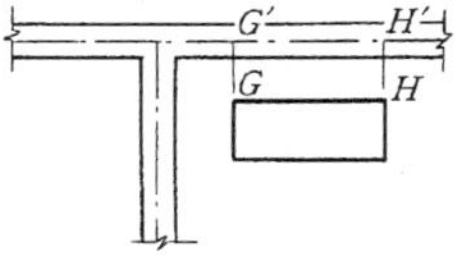

2. 按坐标网与建筑红线测设主轴线（表 2-42）

按坐标网与建筑红线测设主轴线　表 2-42

测设方法	测设步骤	示 意 图
坐标网法	1. 在 E 点架设经纬仪，照准 F 2. 在 EF 视线上自 E 点量取 A 点与 E 点横坐标之差(430 - 400 = 30m)得 G 点 3. 沿视线自点 F 量取 B 点与 F 点横坐标（750 - 600 = 150m）得 F 点	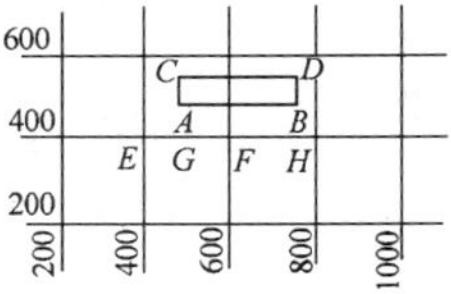

续表

<table>
<tr><th>测设方法</th><th>测设步骤</th><th>示　意　图</th></tr>
<tr><td>坐标网法</td><td>4. 在 G 点架设经纬仪后视 F 点，用测回法反时针方向测设 90°角，在视线上量取 A 与 C 点纵坐标之差（500 - 400 = 100m）得 A 点，在此方向上量取 AC 宽 36m 得 C 点
5. 在 H 点架设经纬仪，用相同方法可得 B 点与 D 点</td><td><table>
<tr><th>坐标 / 点</th><th>X（m）</th><th>Y（m）</th></tr>
<tr><td>A</td><td>500.000</td><td>430.000</td></tr>
<tr><td>B</td><td>500.000</td><td>750.000</td></tr>
<tr><td>C</td><td>536.000</td><td>430.000</td></tr>
<tr><td>D</td><td>536.000</td><td>750.000</td></tr>
</table></td></tr>
<tr><td>建筑红线测法</td><td>1. 由建筑红线采用直角坐标高推移平等线，即可测出主轴线 OA、OB
2. 在 O 点架设经纬仪，检查∠AOB 是否等于 90°，并实量检核 OA 与 OB 的长度值</td><td></td></tr>
</table>

2.12.2 管道施工测量

1. 按导线确定管道中心位置

(1) 直角坐标法（图 2-1）

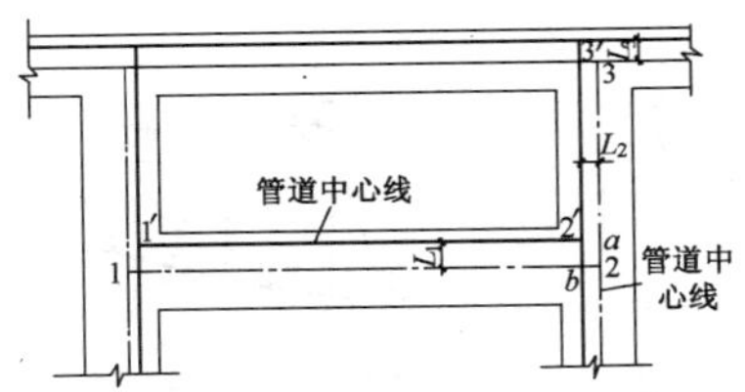

图 2-1 直角坐标法确定管道中心线

施工现场在管线附近有与管线平行或垂直的道路中线折点 1、2、3 点的坐标位置，即可采用直角坐标法放出管道中心线折点 1′、2′、3′点的位置。

直角坐标法适用于以下两个条件：

1) 管道附近有控制点和控制线。

2) 控制线与管道平行或垂直。

(2) 极坐标法（图 2-2）

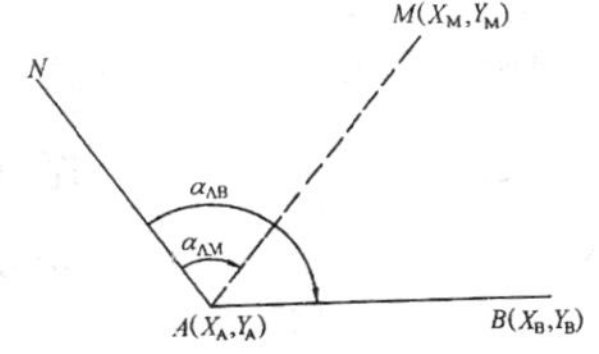

图 2-2 用极坐标法确定管道中心线

图 4-2 中的 *A*、*B* 是地面上已知的两个控制点，*AB*

边的坐标方位角 α_{AB} 已知，即可采极坐标法放出坐标为 X_M、Y_M 的 M 点的位置。

2. 管线纵断面水准测量

水准测量作业程序（图 2-3）

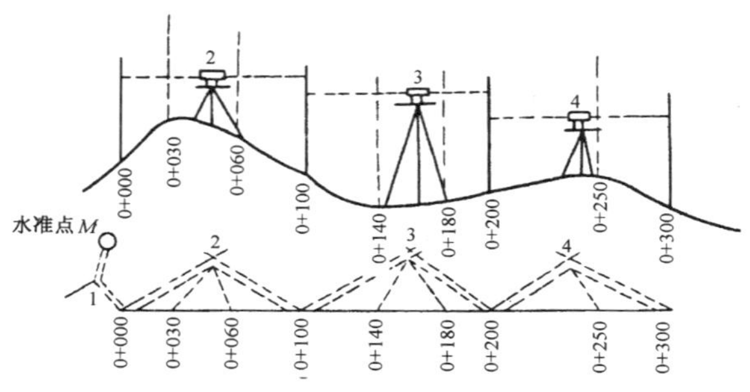

图 2-3 水准测量作业程序图

2.12.3 施工测量允许偏差

1. 水准点闭合差 ±12L（mm）。式中 L 为水准点之间的水平距离，单位为 km。

2. 导线方位角闭合差：±40″n，n 为测站数。

3. 直接丈量测距的允许偏差（表 2-43）

直接丈量测距的允许偏差　　表 2-43

固定测桩间距（m）	允许偏差
<200	1/5000
200～500	1/10000
>500	1/20000

4. 工程测量允许偏差（表 2-44）

工程测量允许偏差　　表 2-44

<table>
<tr><th colspan="2">工　程　项　目</th><th>允许偏差（mm）</th></tr>
<tr><td colspan="2">基槽底标高</td><td>±10</td></tr>
<tr><td colspan="2">室内填土标高</td><td>±20</td></tr>
<tr><td colspan="2">墙边线对轴线位移</td><td>±10</td></tr>
<tr><td colspan="2">楼面标高</td><td>±10</td></tr>
<tr><td colspan="2">现浇环形基础底标高</td><td>±3</td></tr>
<tr><td colspan="2">基础轴线中心位移</td><td>±10</td></tr>
<tr><td colspan="2">钢筋混凝土柱子安装中心线对轴线位移</td><td>±5</td></tr>
<tr><td rowspan="3">柱子安装倾斜量</td><td>5m 以下</td><td>±5</td></tr>
<tr><td>5m 以上</td><td>±10</td></tr>
<tr><td>10m 以上</td><td>柱高的 1/1000，得不大于 25</td></tr>
<tr><td colspan="2">管道中心线对轴线位移</td><td>±30</td></tr>
<tr><td colspan="2">管道标高（排水管）</td><td>±3</td></tr>
</table>

第3章　土方及沟槽

3.1　挖　　方

3.1.1　基坑开挖边坡

1. 永久性构筑物挖方的边坡坡度值（表3-1）

永久性构筑物挖方的边坡坡度值　　表3-1

土　的　性　质	边坡坡度
天然湿度，层理均匀，不易膨胀的黏土、粉质黏土、砂质粉土和砂土内挖方深度不超过3m	1:1～1:1.25
土质同上，深度为3～12m	1:1.25～1:1.50
干燥地区土质结构未经破坏的干燥黄土及类黄土（深度不超过12m）	1:0.10～1:1.25
在碎石土与泥灰岩土的挖方，深度不超过12m	1:0.50～1:1.50
在风化岩内挖方，按岩石性质、风化程度、层理特性与深度确定	1:0.20～1:1.50
在微风化岩土内挖方，岩石无裂缝，且无倾向挖方坡膨胀岩层	1:0.10
在未风化的完整岩石内的挖方	直立的

2. 使用时间较长、高10m以内的临时性挖方边坡坡度值（表3-2）

3. 岩边坡度容许坡度值（表3-3）

4. 深度在5m内的基坑边坡的最陡坡度（表3-4）

使用时间较长、高 10m 以内的临时性挖方边坡坡度值

表 3-2

土的种类		边坡坡度
砂土（不包括细砂、粉砂）		1:1～1:1.25
一般黏性土	坚硬	1:0.75～1:1.00
	硬塑	1:1.00～1:1.15
碎石类土	充填坚硬、硬塑黏性土	1:0.50～1.00
	充填砂土	1:1.00～1:1.50

岩边坡度容许坡度值　　表 3-3

岩石类别	风化程度	允许坡度值	
		坡高 8m 以内	坡高 8～15m
硬质岩石	微风化 中等风化 强风化	1:0.10～1:0.20 1:0.20～1:0.35 1:0.35～1:0.5	1:0.10～1:0.35 1:0.35～1:0.50 1:0.50:10.75
软质岩石	微风化 中等风化 强风化	1:0.35～1:0.50 1:0.50～1:0.75 1:0.75～1:1.00	1:0.50～1:0.75 1:0.75～1:1.00 1:1.00～1:1.25

深度在 5m 内的基坑边坡的最陡坡度　表 3-4

土的类别	边坡坡度		
	坡顶无荷载	坡顶有静载	坡顶有动载
中密砂土	1:1.00	1:1.25	1:1.50
中密碎石类土（充填物为砂土）	1:0.75	1:1.00	1:1.25
硬塑粉土	1:0.57	1:0.75	1:1.00

续表

土的类别	边坡坡度		
	坡顶无荷载	坡顶有静载	坡顶有动载
中密碎石类土(充填物为黏性土)	1:0.50	1:0.67	1:0.75
硬塑粉质黏土、黏土	1:0.33	1:0.50	1:0.67
老黄土	1:1.10	1:0.25	1:0.33
软土（经井点降水后）	1:1.00	—	—

注：1. 静载指堆土或材料等，动载指机械挖土或汽车运输作业等。静载或动载距挖方边缘的距离应保证边坡和直立，壁的稳定，堆土或材料应距挖方边缘 0.8m 以外，高度不超过 1.5m。

2. 当有成熟施工经验时，可不受本表限制。

3.1.2 机械开挖

1. 开挖机械对土质的适应情况（表 3-5）

开挖机械对土质的适应情况　　表 3-5

开挖机械	砂土	壤土及黏土	砂砾石	风化岩石	爆破块石
正铲挖掘机	✓	✓	✓	✓	✓
拉铲挖掘机	✓	○	✓	○	×
铲运机	✓	○	×	✓	×
推土机	✓	○	✓	✓	✓
装载机	✓	○	✓	○	○
斗轮挖掘机	✓	✓	○	✓	×

注：表中✓—有效；○—可用；×—不适宜。

2. 挖运机械所适应的土方量（表 3-6）

挖运机械所适应的土方量　　表 3-6

机械名称	计算单位	年产量		全年作业天数 (d)
		单位	指标	
单斗挖掘机	每方斗容的挖土量	10^4m^3	5.5~11.0	150~200
铲运机	每方斗容在运距 300m	10^4m^3	6~12	150~200
推土机	每马力推土量	m^3	160~320	150~200
倾卸汽车	每吨载重量的运输量	10^4m^3	1.2~2.8	200~250

3.1.3 石方爆破开挖

1. 爆破方法的选择（表 3-7）

爆破方法的选择　　表 3-7

开挖方式	适用条件
薄层分层开挖（一般深度>4m）	1. 一般使用浅孔爆破法，适用于小工程开挖深度大于>4m 的施工 2. 只需中、小型机械，钻孔、爆破简单，不受地形条件限制，但效率低
厚层分层开挖（一般深度>4m）	1. 常使用深孔爆破法，用于大型工程 2. 施工机械化程度高
全断面开挖（一般深度>4m）	1. 常使用扬弃爆破，定向爆破或扇形孔爆破 2. 给排水工程使用较少

续表

<table>
<tr><th colspan="2">开挖方式</th><th>适用条件</th></tr>
<tr><td rowspan="2">浅层开挖
（深度<4m）</td><td>预留保护层</td><td>1. 使用浅孔小炮爆破
2. 用途广泛，简单易行，容易控制
3. 用工多，占地、工期比较长</td></tr>
<tr><td>不留保护层</td><td>1. 直接开挖到轮廓线，减少开挖层次，缩短工期
2. 施工工艺复杂，钻孔精度高</td></tr>
</table>

2. 浅孔爆破法

(1) 炮孔布置原则及主要钻爆参数

1) 炮孔方向最好不和最小抵抗线方向重合，因为炮孔堵塞物弱于岩石，爆炸产生的气体容易从这里冲击，致使爆破效果大为降低。

2) 要充分利用有利地形，减小爆破阻力，以提高爆破效率。

3) 根据岩石的层面、节理、裂隙等情况进行布孔，一般应将炮孔与层面、节理等垂直或斜交；但当裂隙较宽时，不要穿过，以免漏气。

(2) 装药、堵塞与起爆

1) 装药长度 L_1 一般相当于孔深的 1/3~1/2，在任何情况下都不应超过 2/3。

2) 装药时如发现炮孔内有水，应将水吸干；如水较多不能吸干时，则需使用防水药包。

3) 堵塞最好用含水量 20% 的黏土与砂（1:3~1:8）的混合材料。堵塞长度一般为孔深的 1/2~2/3。堵塞材料应捣实。但不得碰坏起爆线路。

3.1.4 挖方注意事项

1. 应根据土方平衡计算，按土方运距最短及各工程项目的施工顺序做好调配，减少重复搬运。

2. 挖方时，应注意附近构筑物、道路、管线等下沉和变形，必要时采取防护措施。

3. 施工中，应经常测量和校核其平面位置、标高和边坡坡度是否符合设计要求。

4. 挖方宜从上到下分层分段依次进行，随时作成一定坡度，以利泄水，周围弃土时，应采取防止水流入挖方场地措施。

5. 地下水水位较高地区，应做好地面排水和降低地下水工作，地下水位应降至基底以下 0.5～1.0m 后，方可开挖。

6. 滑坡地段挖方应符合的规定（表 3-8）

滑坡地段挖方应符合的规定　　表 3-8

项　　目	要 求 规 定
施工前应熟悉的资料内容	工程地质，现场地形，滑坡迹象
雨期施工	不宜
挖方施工顺序	先整治后开挖，严禁先切除坡脚
挖方上部的自然植被和排水系统	不应破坏
地面和地下排水设施	应准备
滑坡体上部	严禁弃土和堆放材料
爆破施工	防止震动影响边坡稳定
机械开挖	边坡坡度应适当减缓

3.1.5 水下土石方开挖

1. 开挖方法选择（表 3-9）

开挖方法选择　　　　表 3-9

开挖方法		适用范围
挖泥船开挖	吸扬式	适用于挖砂、砂土、淤泥等，且沟槽要求严格
	链斗式	适用开挖砂、砂土、卵石加砂和淤泥等，且沟槽要求严格
	抓斗式	宜于抓取黏土、淤泥、砾石和卵石等，土方量不大的施工作业
空气吸泥开挖		具有构造简单、操作方便、应用广泛 $\phi100\sim\phi150$ 的吸泥机，除土量可达 $15m^3/h$ $\phi250$ 的吸泥机可开挖夹有大粒径的卵石
爆破法开挖		钻孔爆破宜于深层大面积工程 裸露爆破宜于浅层或小面积工程

2. 水下沟槽开挖的规定及质量标准

(1) 沟槽底宽应根据管道结构的宽度、开挖方法和水底泥土流动性确定。成槽后，管道中心线距边坡下角处每侧开挖宽度应符合下式规定：

$$\frac{B}{2}\geqslant\frac{D_1}{2}+b+500$$

式中　B——管道沟槽底部的开挖宽度（mm）；

D_1——管外径（mm）；

b——管道保护层及沉管附加物等宽度（mm）。

（2）沟槽边坡应根据土质情况、水流速度、方向、沟槽深度及开挖方法确定，并满足管道下沉就位时的要求。

沟槽成型应保证质量，这是顺利沉管就位的关键。在开挖沟槽中除对管道中心线、沟槽底宽和边坡控制外，还应控制槽底的平整度。为了确保管道顺利下沉就位，沟槽应满足倒就位及在下沉时的施工要求。

（3）开挖的槽的泥土应抛在与河相交沟槽断面的下游。回填后，多余的土应外运，不得堆积在河道内。

（4）岩石沟槽开挖前，必要时应进行试爆。爆破时，应有专人指挥，并制订操作安全及保护施工机械设备的措施。

（5）沟槽挖好后，应测量槽底高程和沟槽横断面，其测量间距应根据沟槽开挖方法及地质情况等确定，在全管段沟槽范围内不得小于设计断面。

（6）水下开挖沟槽的允许偏差（表3-10）

水下开挖沟槽的允许偏差　　表3-10

项　　目	允许偏差	
	土	石
槽底高程（mm）	0 -300	0 -500
槽底中心线每侧宽度	不小于设计规定	
沟槽边坡	不陡于设计规定	

测定位桩上应设置基础高程标志，由潜水员下水检验和整平。

(7) 沟槽挖至槽底或基础施工完成后，经检验合格应及时铺设管道。要求在沟槽施工完成时与管道的运输、沉管的准备工作配合妥当，如沟槽施工完成后不能及时铺设管道，将会造成沟槽冲淤，导致增加清槽工作。

3. 水下石方爆破（表 3-11）

水下石方爆破　　表 3-11

爆破方法	主要技术条件	适用范围
分层浅眼爆破	1. 炮眼深度 = 1.1 ×（一次爆破厚度） 2. 炮眼间距 = 0.8 ~ 1（炮眼深度）	一般常用
裸露爆破	1. 药包行距 =（2.7 ~ 3）需要松动的岩层深度 2. 每行中药包的间距 =（3 ~ 3.5）需要松动的岩层深度	爆破厚度较小（一般小于 1m），且水深大于 1.5m 时，宜用于风化岩

4. 水下基坑要求（表 3-12）

水下基坑要求　　表 3-12

项目		允许要求
坑底边长	一般	比取水头部基础大出 0.3 ~ 0.6m
	浮运沉度	比取水头部基础大出 0.75m 以上

3.2 填　　方

3.2.1 填方要求（表 3-13）

填方要求　　　　**表 3-13**

土　料　类　别	适于填方范围
碎石类土、砂土、爆破石渣	表层以下填方
含水量符合压实要求的黏性土	各层填方
碎块草皮和有机质大于 8%的土	仅用于无压实要求的填方
淤泥和淤泥质土	一般不宜作填方
盐渍土（不含盐晶、盐块）	可　　用

3.2.2 填方边坡

1. 永久性填方边坡的高度限值（表 3-14）

永久性填方边坡的高度限值　　　　**表 3-14**

土　的　种　类	填方高度（m）	边坡坡度
黏土类土、黄土、类黄土	6	1:1.50
粉质黏土、泥灰岩土	6～7	1:1.50
中砂和粗砂	10	1:1.50
砾石和碎石土	10～12	1:1.50
易风化的岩土	12	1:1.50
轻微风化、尺寸在 25cm 内的石料	6 以内 6～12	1:1.33 1:1.50

续表

土的种类	填方高度(m)	边坡坡度
轻微风化、尺寸大于25cm的石料，边坡用最大石块、分排整齐铺砌	12以内	1:1.50～1:0.75
轻微风化、尺寸大于40cm的石料，其边坡分排整齐	5以内 5～10 >10	1:0.50 1:0.65 1:1.00

注：1. 当填方高度超过本表规定限值时，其边坡可做成折线形，填方下部的边坡坡度应为1:1.75～1:2.00。

2. 凡永久性填方，土的种类未列入本表者，其边坡坡度不得大于φ，φ为土的自然倾斜角。

2. 黄土或类黄土填筑重要填方的边坡坡度(表3-15)

黄土或类黄土填筑重要填方的边坡坡度

表3-15

填土高度（m）	自地面起高度（m）	边坡坡度
6～9	0～3 3～9	1:1.57 1:1.50
9～12	0～3 3～6 6～12	1:2.00 1:1.75 1:1.50

3. 压实填土地基承载力和边坡坡度值（表3-16）

压实填土地基承载力和边坡坡度值 **表 3-16**

填土类别	压实系数 λ_c	承载量标准值 f_k（kPa）	边坡坡度允许值（高度比）	
			坡高在 8m 以内	坡高 8～15m
碎石、卵石	0.94～0.97	200～300	1:1.50～1:1.25	1:1.75～1:1.50
砂夹石（其中碎石、卵石占全重 30%～50%）		200～250	1:1.50～1:1.25	1:1.75～1:1.50
土夹石（其中碎石、卵石占全重 30%～50%）		150～200	1:1.50～1:1.25	1:2.00～1:1.50
黏性土（$10 < I_p < 14$）		130～180	1:1.75～1:1.50	1:2.25～1:1.75

注：I_P——塑性指数。

3.2.3 填土压实

1. 填土的压实系数 λ_c（密实度）要求（表 3-17）

填土的压实系数 λ_c（密实度）要求 表 3-17

结构类型	填 土 部 位	压实系数 λ_c
砌体承重结构和框架结构	在地基主要持力层范围内 在地基主要持力层范围以下	>0.96 0.93~0.96
简支结构和框架结构	在地基主要持力层范围内 在地基主要持力层范围以下	0.94~0.97 0.91~0.93
一般工程	基础四周或两侧一般回填土 室内地坪、管道地沟回填土 一般堆放物件场地回填土	0.90 0.90 0.85

注：压实系数 λ_c 为土的控制干密度 ρ_d 和 ρ_{dmax} 的比值。控制含水量为 $\omega_{op}\pm2$。

2. 填方每层的铺土和压实遍数（表 3-18）

填方每层的铺土和压实遍数 表 3-18

压实机具	每层铺土厚度（mm）	每层压实遍数（遍）
平 辗	200~300	6~8
羊 足 辗	200~350	8~16
蛙式打夯机	200~250	3~4
人工打夯	≤200	3~4

3. 土壤最佳含水量（表 3-19）

4. 黏性土填料施工含水量控制范围（表 3-20）

土壤最佳含水量　　　　表 3-19

土壤种类	最佳含水量（%）（重量比）	土颗粒最大密度（kg/m^3）
砂　土	8～12	1800～1880
粉　土	16～22	1610～1800
砂质粉土	9～15	1850～2080
粉质黏土	12～25	1850～1950
粉质黏土	16～20	1670～1790
重粉质黏土	18～21	1650～1740
黏　土	19～23	1580～1700

黏性土填料施工含水量控制范围　表 3-20

压实系数为 0.9 时	一般	使用振动辗时
施工含水量与最优含水量之差	-4～+2%	-6～+2%

3.3　沟槽施工

3.3.1　定位与测量

3.3.1.1　埋地管线与建筑物水平最小净距（表 3-21）

3.3.1.2　埋地管交叉最小垂直距离（表 3-22）

3.3.1.3　埋地管道最小埋深（表 3-23）

3.3.2　沟槽断面尺寸

1. 管沟底部每侧工作面宽度（表 3-24）

2. 刚性接口工作坑尺寸（表 3-25）

表 3-21

埋地管线与建筑物水平最小净距

相邻线名称		给水管线(mm)				雨水管下水管	污水管
		$d\leqslant 200$	$d=300$	$d=400$	$d=500$		
给水管线	$d\leqslant 200$	0.5(1)	0.5(1.2)	0.6(1.3)	0.8(1.5)	1~1.5	1.5
	$d=300$	0.5(1.2)	0.5(1.2)	0.7(1.3)	0.8(1.8)	1~1.5	3
	$d=400$	0.6(1.3)	0.7(1.2)	0.7(1.3)	0.8(1.8)	1.5	3
	$d=500$	0.8(1.5)	0.8(1.8)	0.8	0.8(1.8)	1.5	3
雨水管、下水管		1~1.5	1~1.5	1.5	1.5	—	1.5
污水管		1.5	3	3	3	1.5	—
热力管		1~1.5	1~1.5	1.5	1.5	1.5	1.5
压缩空气管		1~1.5	1~1.5	1~1.5	1~1.5	1~1.5	1~1.5
煤气管	低压	1	1	1	1	1	1
	中压	1.5	1.5	1.5	1.5	1.5	1.5
	高压	2	2	2	2	2	2

续表

相邻线名称	给水管线（mm）				雨水管下水管	污水管
	$d\leqslant 200$	$d=300$	$d=400$	$d=500$		
通讯电缆	0.5	0.5	0.5	0.5	0.5	0.5
电力电缆	0.5	0.5	0.5	0.5	0.5	0.5
管架基础	2	2	2	2	2	2
照明及弱电电柱	1	1	1	1	1	1
高压线塔（柱）基础	2.5	2.5	3	3	2.5	2.5
建筑物	3	3	3	3	3	3
道路	1.5	1.5	1.5	1.5	1.5	1.5
铁路	1.5	1.5	1.5	1.5	1.5	1.5
铁路道路边沟边缘	0.5~1	0.5~1	0.5~1	0.5~1	0.5~1	0.5~1

埋地管交叉最小垂直距离 **表 3-22**

名　　称	上水管	污水管	雨水管	热力管沟	煤气管	压缩空气管	电力电缆	电讯电缆
上水管	0.1	0.4	0.15	0.1	0.15	0.1	0.5	0.5
污水管	0.4	0.15	0.15	0.1	0.15	0.1	0.5	0.5
雨水管	0.15	0.15	0.1	0.1	0.15	0.1	0.5	0.5
热力管沟	0.1	0.1	0.15	—	0.15	0.1	0.5	0.5
煤气管	0.15	0.15	0.1	0.15	0.15	0.15	0.5	0.5
压缩空气管	0.1	0.1	0.5	0.1	0.5	0.5	0.5	0.5
电力电缆	0.5	0.5	0.5	0.5	0.5	0.5	—	0.5
电讯电缆	0.5	0.5		0.5			0.5	

埋地管道最小埋深　　表 3-23

名　　称		埋设深度（由地面至管顶或沟顶）（m）
上水管		冰冻线以下 0.3，但不小于 0.7
下水管	管径≤300mm	冰冻线以下 0.3，但不小于 0.7
	管径≥400mm	冰冻线以下 0.5，但不小于 0.7

管沟底部每侧工作面宽度　　表 3-24

管道结构宽度（mm）	每侧工作面宽度（mm）	
	非金属管道	金属管道
200～500	400	300
600～1000	500	400
1100～1500	600	600
1600～2500	800	800

注：1. 管道结构宽度：无管座按管身外皮计；有管座按管座外皮计；砖砌或混凝土管沟按管沟外皮计。

2. 沟底需增设排水沟时，工作面宽度可适当增加。

3. 有外防水的砖沟或混凝土沟时，每侧工作面宽度宜取800mm。

3. 柔性接口工作坑尺寸（表 3-26）

3.3.3　沟槽的开挖

挖土要点

1. 挖土要点

(1) 在城镇街道施工，挖土沟槽两侧应设路障等明显标志，夜间应设红灯，以防止行人或车辆造成事故，并设法保护与沟槽相交的电杆、标桩及其他管道、构筑物等设施。

刚性接口工作坑尺寸 表 3-25

部位 \ DN（mm）	75～100	150～200	250	300～700	≥800
坑宽（m）	DN+0.70	DN+0.80	DN+0.8	DN+1.20	DN+1.40
坑深（m）	0.3	0.3	0.3	0.4	0.5
坑长（前）（m）	0.8	0.8	0.9	1.0	1.0
坑长（后）（m）	0.2	0.2	0.2	0.3	0.4

柔性接口工作坑尺寸 **表 3-26**

接口方式	接口采取封口措施		接口不采用封口措施
接口工作坑尺寸	$DN \leqslant 300mm$	坑宽 = D + 0.3m 坑深 = 0.15m 坑长 = 承口锥形长度 + 0.3m	坑宽 = D + 0.2m 坑深 = 0.12m 坑长 = 承口锥形长度 + 0.3m
	$DN > 300mm$	坑宽 = D + 0.5m 坑深 = 0.2m 坑长 = 承口锥形长度 + 0.4m	

(2) 管沟开挖应确保沟底土层不被扰动，当无地下水时，挖至设计标高以上 5 ~ 10cm 可停挖；遇地下水时，可挖至设计标高以上 10 ~ 15cm，待到下管之前平整沟底。

(3) 沟底遇大颗粒石块，应将其开挖至沟底设计标高以下 0.2m，再用粗砂或软土夯实至沟底设计标高。

(4) 挖土超挖在 15cm 以内且无地下水时，可用原土回填夯实，密实度为 95%；沟底遇地下水时，采用砂夹石回填。

(5) 在湿陷性黄土地区开挖沟槽，尽量不在雨季施工，且在沟底以上预留 3 ~ 6cm 土层预以夯实。

(6) 当沟边有电杆时，应加固支撑（图 3-1）。

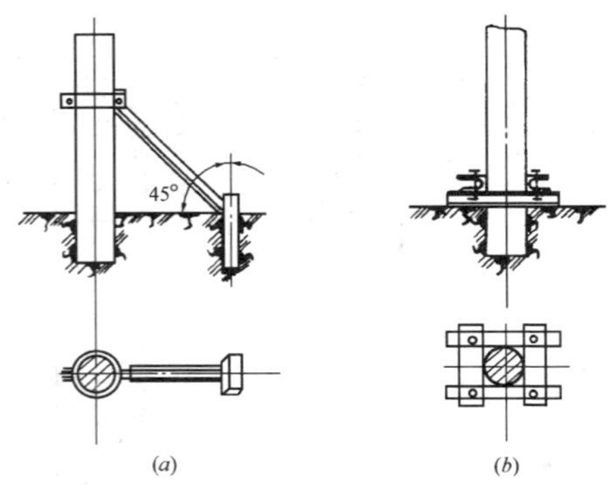

图 3-1 电杆加固支撑方法

(7) 当挖土遇到管道时，应采取保护措施（图 3-2）。

(8) 当沟槽位于旧坟墓区、沼泽地带时，要防止有害气体中毒。应确保气体无害后，才能下沟槽工作。

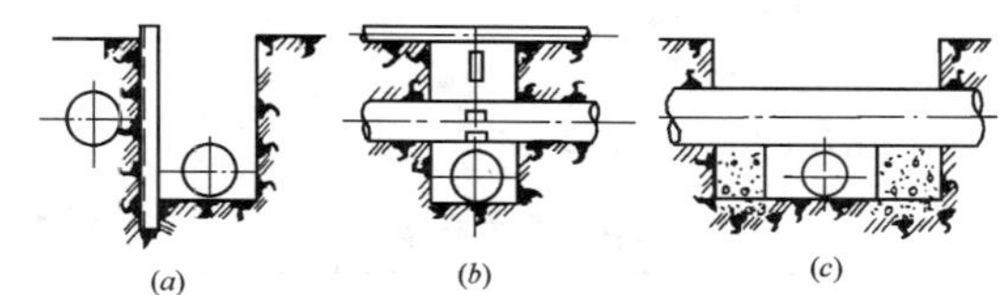

图 3-2　管道保护措施

(9) 采用机械挖掘时，要求挖掘沟槽平直，管沟中心线要符合设计的要求。单斗挖掘机要采用倒退方式工作，沿所画的沟槽线挖掘。采用机械开挖管沟时，为了不破坏基底土的结构，应在基底标高以上预留一层用人工清理。

(10) 在软土地区开挖管沟时，施工前必须做好地面排水和降低地下水位工作，地下水位应降至基底以下 0.5~1.0m 后，方可开挖。

(11) 管沟的开挖过程中，应作好原始记录，如发现基底土质与设计不符时，应研究处理，并做出隐蔽工程记录。

2. 堆土要点

(1) 尽量堆土于沟槽一侧，堆土线距边线不小于 0.5~1.0m，对湿陷性黄土地区，沟边宽度留大一些，并作土埂，以防雨水流入沟内。

(2) 在电杆、变压器附近堆土时，其堆土高度要考虑到距电线的安全距离。堆土不宜靠紧建筑物外墙，如靠外墙堆土，其高度不得超过 1.5m，防止土堆的侧压力将墙推倒。

(3) 堆土不得压埋任何管线的井盖、雨水排出口和测量标志等，并不得阻碍交通。

3.3.4 沟槽回填

填方的技术要求

1. 沟槽填方要求（表3-27）

沟槽填方要求 **表3-27**

<table>
<tr><th>填 方 部 位</th><th colspan="2">密 实 度 要 求</th></tr>
<tr><td>胸腔部分填方</td><td colspan="2">密实度应达95%</td></tr>
<tr><td>管顶以上0.5m厚度内填方</td><td colspan="2">密实度应达85%</td></tr>
<tr><td rowspan="2">管顶以上0.5m至地面部分填方</td><td>当年修路时</td><td>密实度应达95%</td></tr>
<tr><td>当年不修路时</td><td>密实度应达90%</td></tr>
</table>

2. 沟槽填方要点（表3-28）

沟槽填方要点 **表3-28**

回填部位	回 填 要 点
胸腔部分回填	1. 管两侧应同时回填，以防管线产生位移 2. 只能采用人工夯实，每次填方厚15cm，用尖头铁锤夯打3遍，做到夯夯相连 3. 夯填中不得掺有碎砖、瓦砾等杂物，直径大于10cm的土块
管顶以上回填	1. 对管顶以上50～80cm以内的复土采用小铁锤夯打 2. 管顶以上80cm以上，可采用蛙式夯打
管顶以下回填	采用脚踏实后，用木夯或小铁锤轻轻夯打

3.4 施 工 排 水

3.4.1 施工排水方法（表 3-29）

施工排水方法 **表 3-29**

种　　类		土的渗透系数（m/d）	降低水位深度（m）
明　排　水		最简单普遍应用的一种方法，除细砂土外适用各种土质	
轻型井点	单层轻型井点	0.1～80	3～5
	多层轻型井点	0.1～80	6～12
电渗井点		<0.1	5～6
管井井点		20～200	3～5
喷射井点		0.1～50	8～20
深 井 泵		10～250	>15
简易井点			<6

3.4.2 明沟排水

1. 明沟排水常用方法及施工要求（表 3-30）
2. 基坑排水沟常用截面（表 3-31）

3.4.3 轻型井点排水

1. 轻型井点配用设备及性能（表 3-32）
2. 真空泵型轻型井点技术性能（表 3-33）
3. 射注泵技术性能（表 3-34）
4. 轻型井点布置（表 3-35）
5. 井点管埋设要点（表 3-36）

明沟排水常用方法及施工要求　　表 3-30

排水方法	施工要求	适用条件
常用明沟与集水井排水	在基坑周围的一侧或两侧，或在基坑中心设置排水边沟，每隔 30～40m 设一个集水井，用水泵将水抽出基坑外 挖土时，集水井低于排水边沟 1m 左右，或深于水泵吸水管上阀门的高度，井壁须作临时简易加固措施，随挖土随加深排水沟与集水井	适用于一般基础及中等面积的基础群与建筑物基坑（槽）的排水
分层明沟排水	在基坑边坡上设置 2～3 层明沟，分层排除上部土壤中地下水	适用于基坑（槽）深度较大，地下水位较高，与多层土中上部有透水性较强的土的条件下
深沟排水	在场区的（外部一侧或两侧）适当地点；挖纵长深沟作为干沟，在场区四周设置边沟，中部挖小支沟与干沟，边沟连通，将水流引至干沟泄出。干沟沟底应较最深基坑低 1～2m	适用于设备基础群与大面积场区施工降低地下水位

表 3-31

基坑排水沟常用截面

基坑面积 (m^2)	截面参数	粉质黏土			黏土			备注
		地下水位以下深度（m）						
		4	4~8	8~12	4	4~8	8~12	
10000以上	a	1.0	1.2	1.5	0.6	0.8	1.0	截面为梯形 a—上底宽 b—高 c—下底宽
	b	1.0	1.5	1.5	06	0.8	1.0	
	c	0.4	0.4	0.5	0.3	0.3	0.4	
5000~10000	a	0.8	1.0	1.2	0.5	0.7	0.9	
	b	0.8	1.0	1.2	0.5	0.7	0.9	
	c	0.3	0.4	0.4	0.3	0.3	0.3	
5000以下	a	0.5	0.7	0.9	0.4	0.5	0.6	
	b	0.5	0.7	0.9	0.4	0.5	0.6	
	c	0.3	0.3	0.3	0.2	0.3	0.3	

轻型井点配用设备及性能　　　表 3-32

系统设备	数量	性　　能
离心式水泵	2 台	B 型或 BA 型；生产率 $20m^3/h$；扬程 25m，抽吸真空高度 7m，吸口直径 50mm，电动机功率 2.8kW，转速 2900r/min
往复式真空泵	1 台	V_5 型（W_8 型）或 V_6 型；生产率 $4.4m^3/min$；真空度 100kPa，电动机功率 5.4kW，转速 1450r/min
水泵机组规格	1 套	井点管 100 根，集水总管直径75～100mm，每节长 1.6～4.0m，每套 20 节；总管上接管间距 0.8m，接头弯管 100 根；冲射管用冲管 1 根；机组外形尺寸为 2600mm × 1300mm × 1600mm，机组重 1500kg

真空泵型轻型井点技术性能　　　表 3-33

轻型井点类型	配用功率（kW）	井点根数（根）	总管长度（m）
干式真空泵轻型井点	18.5～22	80～100	96～120
射流泵轻型井点	7.5	30～50	40～60
隔膜泵轻型井点	3	50	60

射注泵技术性能 表 3-34

项目	型号			
	QJD—45	QJD—60	QJD—90	JS—45
抽吸深度（m）	9.6	9.6	9.6	10.26
排水量（m^3/h）	45	60	90	45
工作水压力（MPa）	0.25	≥0.25	≥0.25	>0.25
电机功率（kW）	7.5	7.5	7.5	7.5
外形尺寸（mm）（长×宽×高）	1500×1010×850	2227×600×850	1900×1680×1030	1450×960×760

轻型井点布置 **表 3-35**

布置方式	布置地点	适用条件	布置原则
单排线状井点	布置在地下水流上游一侧	基坑或沟槽宽度小于6m，降深不超过5m时	1. 井点管距坑壁不得小于1.0～1.5m，间距为0.8～1.6m 2. 滤管必须埋在含水层内，较所挖基坑底或沟槽底低0.9～1.2m 3. 为充分利用水泵的抽升能力，集水总管标高宜尽量接近地下水位线，且沿抽水水流方向有0.0025～0.005的上升坡度 4. 当一级轻型井点不能满足降水深度要求时，可采用明沟排水与井点相结合的方法，将总管安装在原有地下水位以上，以增加降水深度，或采用二级轻型井点
双排线状井点	布置在基坑或沟槽两侧	基坑或沟槽宽度大于6m，或土质不良，渗透系数较大时	
环形井点	沿基坑周边布置成封闭状	基坑面积较大时	

井点管埋设要点 表 3-36

埋设方法	井点管埋设作业要点
射水法	先在地面上挖一小坑，将射水式井点管插入之后，下设射水球阀，上接可旋动节管与高压胶管、水泵等，利用高压水在井管下端冲刷土体，使井点管下沉。下沉时，临时转动管道以增加下沉速度并应保持垂直。射水压力采用 0.392 ~ 0.588MPa。当井点管下沉达到设计深度之后取下软管，再连接集水总管，抽水时，封阀可自由关闭
冲孔或钻孔法	采用直径为 50 ~ 70mm 的冲水管或套管式高压水冲枪冲孔，或用机械、人工钻孔后再沉放井点管，冲孔水压采用 0.588 ~ 1.176MPa，为加速冲孔速度，可在冲管两旁设置两根空气管，将压缩空气接入
套管法	采用水冲法或振动水冲法将直径 150 ~ 200mm 的套管沉至规定深度，在孔底填埋一层砂砾，将井点管居中插入，在套管与井点管之间，分层填入粗砂，并逐渐将套管拔出

3.4.4　喷射井点排水

1. 喷射井点的设备

分为喷水井点与喷气井点两种。由喷射井管、高压水泵或空压机与管路系统组成。高压水泵采用流量为 50 ~ 80m^3/h 的多级高压泵，每套大约可带动 20 ~ 30 根井管。

2. 喷射井点的使用

使用时，为防止损坏喷射器，应预先对井管冲洗，开泵时压力宜小于 0.294MPa，以后慢慢开足，如发现井管周围翻砂、冒水，应立即关闭井管检修。

3.4.5　管井井点排水

1. 管井井点系统设备

主要包括滤水井管、吸水管与抽水机械等设备。井管过滤部分采用钢筋焊接骨架外包孔眼 1 ~ 2mm 的滤网，长 2 ~ 3m；井管采用直径为 200m 以上的钢管或混凝土等管材；吸水管采用直径为 50 ~ 100mm 的钢管或胶皮管；采用 4 ~ 8 英吋的离心泵作为抽水机械。

2. 管井的布置

管井可以沿基坑或沟槽的一侧或两侧作直线形布置，也可沿基坑外围四周呈环状布设。井中心距基坑边缘的距离为：采用冲击式钻孔用泥浆护壁时为 0.5 ~ 1.5m；采用套管法时不小于 3m。基坑埋设最大深度采用 5 ~ 10m；降水深度为 3 ~ 5m。

一般情况下，每根滤水井管单独配一台水泵，可另设集水总管，将相邻吸水管连接，共用一台泵。

3. 井管埋设

采用泥浆护壁套管钻孔法埋设滤水井管，井孔直径比滤水井管外径大 200mm 以上。井管下沉之前，应予清孔并保持滤网畅通，再将滤水管居中插入，用圆木堵住管口，井管与土壁之间采用 3 ~ 15mm 的砾石作过滤层，地面以下 0.5m 以内用黏土填充夯实。

第4章　基础施工

4.1　地基加固及处理

4.1.1　常用地基加固方法及施工要点

1. 灰土垫层地基加固(表4-1)
2. 碎石三合土地基加固(表4-2)
3. 砂垫层地基加固(表4-3)
4. 重锤夯实地基加固(表4-4)
5. 加夯地基加固(表4-5)
6. 灰土挤密桩地基加固(表4-6)
7. 砂桩砂井地基加固(表4-7)
8. 振冲地基加固(表4-8)
9. 深层搅拌地基加固(表4-9)
10. 施喷地基加固(表4-10)

表 4-1

灰土垫层地基加固

材料要求	施工要点	质量标准	适用范围
1. 灰土的土料,可采用基槽挖出的土。凡有机质含量不大的黏性土都可用作灰土的土料。表面耕植土不宜采用。土料应过筛,粒径不宜大于15mm 2. 用作灰土的熟石灰应过筛,粒径不宜大于5mm,并不得夹有未熟化的生石灰块和含有过多的水分	1. 施工前应验槽,将积水、淤泥清除干净,待干燥后再铺灰土 2. 灰土施工时,应适当控制其含水量,以用手紧握土料成团,两指轻捏能碎为宜。如土料水分过多或不足时可以晾干或洒水湿润。灰土应拌合均匀,颜色一致,拌好后应及时铺好夯实。铺土应分层进行 3. 每层灰土的夯打遍数,应根据设计要求的干密度在现场试验确定。一般夯打(或碾压)不少于4遍 4. 灰土分段施工时,不得在墙角、柱墩及承重窗间墙下接缝,上下相邻两层灰土的接缝间距不得小于0.5m,接缝处的灰土应充分夯实。当灰土垫层地基高度不同时,应作成阶梯形,每阶宽度不少于0.5m 5. 在地下水位以下的基槽、坑内施工时,应采取排水措施,使在无水状态下施工。入槽的灰土,不得隔日夯打。夯实后的灰土3d内不得受水浸泡 6. 灰土打完后,应及时进行基础施工,并及时回填土,否则要做临时遮盖,防止日晒雨淋。刚打完毕或尚未夯实的灰土,如遭受雨淋浸泡,则应将积水及松软灰土除去并补填夯实,受浸湿的灰土,应在晾干后再使用	可用环刀取样,测定其干密度。质量标准可按压实系数 λ_c(即施工时实际达到的干密度 ρ_d 与其最大干密度 ρ_{dmax} 之比)鉴定,一般为 0.93 ~ 0.95	1. 适于深2m内的黏性土地基加固,并可兼作辅助防水层,但不宜用于地下水位以下的地基加固 2. 具有一定水稳性和抗渗性,施工简单,取材方便,费用较低等特点

碎石三合土地基加固 **表 4-2**

材料要求	施　工　要　点	质量标准	适用范围
1. 石灰：用未粉化的块灰，临时加水化开或滤成石灰膏使用 2. 砂：用中砂、粗砂或泥砂，不得含草根、贝壳等有机杂物 3. 碎砖：用一般废断砖打碎，粒径为 20～60mm，不得夹有杂物 4. 常用体积配合比为 1:2:4 或 1:3:6（石灰:砂或黏土:碎砖）	1. 施工前应验槽，清除积水、污泥，并夯两遍 2. 用人工配制，材料按体积配合比，倒在拌板上浇水拌匀，或将石灰与砂用水在池内调成浓浆，将碎砖、倒在拌板上浇浆拌匀拌透 3. 铺设厚度第一层为 220mm，以后每层为 200mm，每层均夯打至 150mm 4. 夯实用人力夯或机械夯，作到夯实均匀，表面平整（偏差不大于 20mm）。夯打时，如三合土太干，可补浇灰浆，并随浇随打。铺好的三合土不得隔日夯打 5. 铺到设计标高后，在最后一遍夯打时，须加浇浓浆一层，待表面略晾干后，再在上面铺薄层砂子或炉渣，进行最后整平夯实。如刚打完的三合土，突然遇雨水冲刷或积水过多，表面灰浆被冲坏时，可在排除积水后，在新浇灰浆夯打坚实		1. 适于深 1.2m 内的民用建筑地基的加固 2. 具有一定强度、承载力，施工简便，可就地取材，利用废料，造价低廉等特点

砂垫层地基加固 **表 4-3**

材料要求	施工要点	质量标准	适用范围
砂垫层和砂石垫层所用材料,宜采用颗粒级配良好、质地坚硬的中砂、粗砂、砾砂、碎(卵)石、石屑或其他工业废粒料。在缺少中、粗砂和砾砂地区,也可采用细砂,但宜同时掺入一定数量的碎石或卵石,其掺量按设计规定(含石量不应大于50%)。所用砂石料,不得含有草根、垃圾等有机杂物。兼起排水固结作用时,含泥量不宜超过3%。碎石或卵石最大粒径不宜大于50mm	1. 施工前应验槽,先将浮土清除,基槽(坑)的边坡必须稳定,防止塌土。槽底和两侧如有孔洞、沟、井和墓穴等,应在未做垫层前加以处理 2. 人工级配的砂、石材料,应按级配拌合均匀,再行铺填捣实 3. 砂垫层和砂石垫层的底面宜铺设在同一标高上,如深度不同时,施工应按先深后浅的程序进行。土面应挖成台阶或斜坡搭接,搭接处应注意捣实 4. 分段施工时,接头处应作成斜坡,每层错开0.5~1.0m,并应充分捣实 5. 采用碎石垫层时,为防止基坑底面的表层软土发生局部破坏,应在基坑底部及四侧先铺一层砂,然后再铺碎石垫层 6. 垫层应分层铺填,分层夯(压)实。分层厚度可用样桩控制。捣实砂层应注意不要扰动基坑底部和四侧的土,以免影响和降低地基强度。每铺好一层垫层,经密实度检验合格后方可进行上一层施工	1. 在捣实后的砂垫层中,用容积不小于200cm³的环刀取样,测定其干密度,以不小于通过试验所确定的该砂料在中密状态时的干密度数值为合格。如系砂石垫层,可在垫层中设置纯砂检查点,在同样施工条件下取样检查 2. 中砂在中密状态的干密度,一般为1.55~1.60g/cm³	1. 适用于处理厚度2.5m以内软弱、透水性强的黏性土地基,但不宜用于加固湿陷性黄土地基及透水性极低的黏性土地基 2. 砂垫层和砂石垫层,可提高基础下地基强度、承载力,本身压缩性小,下沉快,同时可起排水作用,加速下部土层的固结和沉降

重锤夯实地基加固 **表 4-4**

材料要求	施　工　要　点	质量标准	适用范围
	1. 夯实前应进行试夯，选定夯锤重量、底面直径及落距，确定最后下沉量及相应的夯击遍数和总下沉量。最后下沉量指最后 2 击平均每击上面的沉落值，对黏性土和湿陷性黄土取 10～20mm，对砂土取 5～10mm。落距一般采用 2.5～4.5m，夯击遍数由试验确定，层数不少于 2 层，夯击遍数比试夯确定的遍数增加 1～2 遍，一般为 8～12 遍 2. 夯实前槽、坑底面应高出设计标高，预留土层的厚度，可为试夯时的总下沉量再加 50～100mm 3. 夯实时，地基土含水量应控制在最优含水量范围内。简易测定方法是以手捏紧后，松手不散，易变形而不挤出水，抛在地上即呈碎裂为宜；如表层含水量过大，可采取铺撒干土、碎砖、碎石生石灰等；如过低应适当洒水 4. 大面积基坑或条形基槽内夯实时，应一夯挨一夯顺序进行，在一次循环中间同一夯位应连夯两下，下一循环的夯位，应与前一循环错开 1/2 锤底直径，落锤应平衡夯位应准确。在独立柱基夯打时，采用先周边后中间或先外后里的跳打法 5. 基底标高不同时，应按先深后浅的程序逐层挖土夯实，夯打作到落距正确，落锤平稳，夯位准确，基坑的夯实密度应比基坑每边宽 0.2～0.3m 6. 重锤夯实分层填土地基时，每层的虚铺厚度以相当于锤底直径为宜，夯实完后，应将基坑（槽）表面修整至设计标高	重锤夯实地基试夯的密实度和夯实深度必须达到设计要求。重锤夯实地基的最后下沉量和总下沉量必须符合设计要求及有关规定。夯击检查点数，独立基础每个不少于 1 处，基槽每 $30m^2$ 不少于 1 处，整片地基每 $50m^2$ 不少于 1 处。检查后如质量不合格，应进行补夯，直至合格为止	地下水位 0.8m 以上稍湿的黏性土、砂土、湿陷性黄土、杂填土以及分层填土地基的加固处理。但夯击对邻近建筑物有影响时，或地下水位高于有效夯实深度时，不宜采用。重锤表面夯实的加固深度一般为 1.2～2.0m。湿陷性黄土地基经重锤表面夯实后，透水性有显著降低，地基强度可提高 30%

加夯地基加固 表 4-5

材料要求	施工要点	质量标准	适用范围
	1. 施工前场地应进行地质勘探，通过现场试验确定强夯施工技术参数（试夯分区尺寸不小于 20m×20m） 2. 强夯前应平整场地，周围做好排水沟，按夯点布置测量放线确定夯位。地下水位较高时应在表面铺 0.5～2.0m 厚中（粗）砂或砂石垫层。以防设备下陷和便于消散强夯产生的孔隙水压，或降低地下水位后再强夯 3. 强夯应分段进行，顺序从边缘向中央。对厂房柱基亦可一排一排夯，吊车直线行驶，从一边向另一边进行，每夯完一遍，用推土机整平场地，放线定位，即可接着进行下一遍夯击 4. 夯击时，落锤应保持平稳，夯位应准确，夯击坑内积水应及时排除。坑底土含水量过大时，可铺砂石后再进行夯击。离建筑物小于 10m 时，应挖防振沟	夯击前后应对地基土进行原位测试，包括室内土分析试验、野外标准贯入、静力（轻便）触探、旁压仪（或野外荷载试验）测定有关数据，以确定地基的影响深度。检查点数，每个建筑物的地基不少于 3 处，检测深度和位置按设计要求确定，同时现场测定每遍夯击点后的地基平均变形值，以检验强夯效果	适于加固软弱土、碎石土、砂土、黏性土、湿陷性黄土、高填土及杂填土等地基，也可用于防止粉土及粉砂的液化，对于淤泥与饱和软黏土，如采取一定措施也可以采用。但当强夯所产生的振动对周围建筑物和设备有一定影响时，不得采用，必需时应采取防振措施。 强夯施工设备简单，适用土质范围广，加固效果好（一般地基强度可提高 2～5 倍，压缩性可降低 2～10 倍，加固影响深度可达 6～10m）；工效高，施工速度快（一台设备每月可加固 5000～10000m^2 地基）；节约原材料，节省投资，与预制桩基相比，可节省投资 50%～75%，与砂桩相比，可节省投资 40%～50%

灰土挤密桩地基加固 **表 4-6**

材料要求	施　工　要　点	质量标准	适用范围
	1. 施工前应在现场进行成孔、夯填工艺和挤密效果试验，以确定分层填料厚度、夯击次数和夯实后干密度等要求 2. 桩的成孔方法，可选用沉管法、爆扩法、冲击法或洛阳铲成孔法等，一般多采用 0.6 或 1.8t 柴油打桩机将与桩同直径钢管打入土中，拔管成孔。桩管顶设桩帽，下端作成锥形约成 60°角，桩尖可以上下活动，以减少拔管阻力，避免坍孔 3. 桩施工顺序应先外排后里排，间排内应间隔 1～2 孔，以免因振动挤压造成相临孔缩孔或坍孔。成孔后应清底夯实、夯平，并立即夯填灰土 4. 桩孔应分层回填夯实，每次回填厚度为 350～400mm。人工夯实用重 25kg 带长柄的混凝土锤；机械夯实用简易夯实机，一般落锤高不小于 2m，每层夯击不少于 10 锤。桩顶高出设计标高 150mm，挖土时，将高出部分铲除	桩成孔质量，应按桩数 5% 抽查。成孔垂直度应小于 1.5%，中心位移不大于 50mm，桩径偏差不大于 -20mm，（沉管法为 ±50mm，冲击法为 +100mm、-50mm），桩深度：沉管法为 -100mm（爆扩法、冲击法为 -300mm） 桩夯填的质量，采用随机抽样，检查数量不少于桩数的 2%，同时每台班至少抽查一根	适于处理地下水位以上的新填土、杂填土、湿陷性黄土以及含水率较大的饮弱地基 处理后，持力层范围内土变形减少，承载力可提高 1～2.5 倍，并可消除填土及湿陷性黄土的湿陷性，同时施工及机具简单，可节省大量挖方，降低造价

砂桩砂井地基加固 **表 4-7**

材料要求	施工要点	质量标准	适用范围
砂用天然级配的中、粗砂、粒径 0.3～3.0mm 为宜，含泥量不大于 5%	1. 打砂桩、砂井可用振动沉桩机，振动力以 30～70kN 为宜，亦可用汽锤、落锤、柴油打桩机，另配一台起重机拔管，施工工艺与混凝土灌注桩基本相同 2. 打砂桩、砂井，先打入外径为柱(井)直径，下端装有自由脱落的混凝土桩靴或带活瓣式桩靴的桩管活瓣，用草圈或铁圈约束，使呈圆锥形，当将桩管沉入到要求深度后，即吊起桩锤在桩管中灌入砂子，然后再利用桩架上的卷扬机及振动箱或汽锤的上下锤击，将桩管徐徐拔出，拔管速度控制在 1～1.5m/min，使砂子借助振动留于桩孔中形成密实的砂桩(井)，亦可二次打入桩管灌砂形成扩大砂桩 3. 打砂桩顺序应从外围或两侧向中间进行，砂井间距较大可逐排进行。打桩后基坑表层会产生松动或隆起，应进行压实或在开挖基坑时，预留 0.5～1.0m 厚的土层，打完桩后再挖除 4. 灌砂的含水量应加控制，对饱和水的土层，砂可采用饱和状态；对非饱和土或杂填土或能形成直立孔的土层，含水量采用 7%～9%	砂桩应保持连续，不断桩、不缩颈，成桩后采用标准贯入或轻便触探检查，以不小于设计要求的数值为合格。桩的垂直度应 $\leq L/100$，用目测桩架和桩管垂直度检验。平面位移 $\leq d/2$，桩长符合设计要求	砂桩用于加固饱和软土地基、砂土地基和杂填土地基。其作用是挤密周围的软弱或松散土层，使之与桩共同组成基础的持力层以提高地基的强度（80%～100%）和迅速排除固结水速地基下沉，同时可防止砂土地基的地震液化，费用仅为预制钢筋混凝土桩的 1/6～1/10 砂井适于加固饱和软黏土，其作用为加速饱和软黏土的排水固结，使沉降及早完成和稳定，下沉速度加快 2～2.5 倍，同时可提高地基的抗剪强度和承载力，防止基土滑动破坏

振冲地基加固 **表 4-8**

材料要求	施工要点	质量标准	适用范围
骨料采用坚硬、不受侵蚀影响的砾石、碎石、卵石、粗砂或矿渣等，粒径5~50较合适，含泥量不宜大于10%，不得含杂质土块	1. 振冲试验 施工前应先在现场进行振冲试验，以确定其施工参数，如振冲孔间距、达到土体密实度时的密实电流值、成孔速度、留振时间、填料量等 2. 制桩 碎石桩成桩施工过程包括定位、成孔、清孔和振密等 (1) 定位。振冲前，应按设计图定出冲孔中心位置并编号 (2) 成孔。振冲器用履带式起重机或卷扬机悬吊，对准桩位，打开下喷水口，启动振冲器。水压可用 400~600N/mm^2，水量可用 200~400L/min。此时，振冲器以其自身重量和在振动喷水作用下，以 1~2m/min 的速度徐徐沉入土中，每沉入 0.5~1.0m，宜留振 5~10s 进行扩孔，待孔内泥浆溢出时再继续沉入，直达设计深度为止。在黏性土中应重复成孔 1~2 次，使孔内泥浆变稀，然后将振冲器提出孔口，形成直径 0.8~1.2m 的孔洞 (3) 清孔。当下沉达设计深度时，振冲器应在孔底适当留振并关闭下喷口，打开上喷水口减少射水压力，以便排除泥浆进行清孔	1. 振冲法加固土体，用密实电流、填料量和留振时间来控制。用 ZCQ-30 振冲器加固黏性土地基的密实电流为 50~55A，砂性土为 45~50A；直径 0.8m 时，每米桩体填料量为 0.6~0.7m^3，土质差时填料量应多些 2. 桩位偏差不得大于 0.2d（d 为桩孔直径）	适于加固松散砂土地基，对黏性土和人工填土地基，经试验证明加固有效时，方可使用；对于粗砂土地基可利用振冲器的振动和水冲过程，使砂土结构重新排列挤密，而不必另加砂石填料（称振冲挤密法）

续表

材料要求	施工要点	质量标准	适用范围
骨料采用坚硬、不受侵蚀影响的砾石、碎石、卵石、粗砂或矿渣等，粒径5~50mm较合适，含泥量不宜大于10%，不得含杂质土块	(4) 振密。将振冲器提出孔口，向孔内倒入一批填料，约1m堆高，将振冲器下降至填料中进行振密，待密实电流达到规定的数值，将振动器提出孔口。如此自下而上反复进行至直至孔口，成桩操作即告完成 3. 排泥 在施工场地上应事先开设排泥水沟系统，将成桩过程中产生的泥水集中引入沉淀池。定期将沉淀池底部的厚泥浆挖出，运送至预先安排的存放地点。沉淀池上部较清的水可重复使用 4. 成桩顺序 桩的施工顺序一般采用“由里向外”或“一边推向另一边”的方式，因为这种方式有利于挤走部分软土。对抗剪强度很低的软黏土地基，为减少制桩时对原土的扰动，宜用间隔打的方式施工 5. 振冲地基表面的处理 振冲地基表面0.1~1.0m的范围内密实度较差，一般应予挖除，否则应加填碎石进行夯实或压路碾压密实	3. 桩位完成半个月（砂土）或一个月（黏性土）后，方可进行荷载试验或动力触探试验来检验桩的施工质量。如在地震区进行抗液化加固地基，尚应进行现场孔隙水压力试验	振冲法可节省三材，施工简单，加固期短，可因地制宜，就地取材，用碎石、砂子、卵石、矿渣等填料，费用低廉是一种快速、经济加固地基的方法

深层搅拌地基加固 **表 4-9**

材料要求	施工要点	质量标准	适用范围
深层法加固软土的水泥用量一般为加固体重的 7%~15%，每加固 $1m^3$ 土，掺入水泥约 110~160kg。如用水泥砂浆作固化剂，其配合比为 1:1~2（水泥:黄砂）增强流动性可掺入水泥重量 0.2%~0.25% 的木质磺酸钙，1% 的硫酸钠和 2% 的石膏，水灰比 0.43~0.50	1. 定位：起重机（或用塔架）悬吊深层搅拌机到达指定桩位，对中。当地面起伏不平时，应使起吊设备保持水平 2. 预搅下沉：待深层搅拌机的冷却水循环正常后，启动搅拌机电机，放松起重机钢丝绳，使搅拌机沿导向架搅拌切土下沉，下沉速度可由电机的电流监测表控制。工作电流不应大于 70A。如果下沉速度太慢，可从输浆系统补给清水以利钻进 3. 制备水泥浆：待深层搅拌机下沉到一定深度时，即开始按设计确定的配合比拌制水泥浆，在压浆前将水泥浆倒入集料斗中 4. 喷浆、搅拌和提升：深层搅拌机下沉到达设计深度后，开启灰浆泵将水泥浆压入地基中，并且边喷浆、边旋转，同时严格按照设计确定的提升速度提升深层搅拌机	施工前应标定深层搅拌机械的灰浆泵输浆量，灰浆经输浆管到达搅拌机喷浆口的时间和起吊设备提升速度等施工参数，并根据设计要求通过成桩试验，确定搅拌桩的配合比和施工工艺。施工过程中，应严格按规定的施工参数进行。随时检查施工记录，对每根桩进行质量评定	适于加固较深、较厚的软黏土地基；对超软土效果更为显著 具有加固工程中无振动、无噪声、对环境无污染，对土体无侧向挤压、对邻近建筑物影响很小，以及提高地基强度（当水泥掺量为 8% 和 10% 时，加固体强度分别为 $0.2N/mm^2$ 和 $0.64N/mm^2$，而天然地基强度仅 $0.06N/mm^2$）等特点

续表

材料要求	施工要点	质量标准	适用范围
深层法加固软土的水泥用量一般为加固体重的 7% ~ 15%，每加固 $1m^3$ 土，掺入水泥约 110 ~ 160kg。如用水泥砂浆作固化剂，其配合比为 1:1 ~ 2（水泥:黄砂）增强流动性可掺入水泥重量 0.2% ~ 0.25% 的木质磺酸钙，1% 的硫酸钠和 2% 的石膏，水灰比 0.43 ~ 0.50	5. 重复上、下搅拌：深层搅拌机提升至设计加固深度的顶面标高时，集料斗中的水泥浆应正好排空。为使软土和水泥浆搅拌均匀，可再次将搅拌机边旋转边沉入土中，至设计加固深度后再将搅拌机提升出地面 6. 清洗：向集料斗中注入适量清水，开启灰浆泵，清洗全部管路中残存的水泥浆，直至基本干净，并将粘附在搅拌头的软土清洗干净 7. 移位：重复上述 1 ~ 6 步骤，进行下一根桩的施工 考虑到搅拌桩顶部与上部结构的基础或承台接触部分受力较大，因此通常还可对桩顶 1.0 ~ 1.5m 范围内再增加一次输浆，以提高其强度	搅拌桩应在成桩后 7d 内用钻机钻取桩身加固土样，观察搅拌均匀程度，同时根据轻便触探击数用对比法判断桩身强度。检查桩的数量应不少于已完成桩数的 2%。对桩身强度有怀疑的桩、场地复杂或施工有问题的桩、或对相邻桩搭接要求严格的工程，尚应分别考虑取芯，单桩载荷试验或开挖检验	

施喷地基加固 **表 4-10**

材料要求	施　工　要　点	质量标准	适用范围
水泥用新鲜无结块的42.5级普通水泥，一般泥浆水灰比为1:1～1.5:1，为消除离析，一般再加入水泥用量3%的陶土，0.09%的碱	1. 钻机就位。使钻杆对准孔位中心，并使钻杆轴线垂直对准钻孔中心位置，其倾斜度不得大于1.5% 2. 钻孔。钻孔方法视地基的地质情况、旋喷深度、机具设备等条件而定。通常，单管旋喷多用70型或76型旋转振动钻机，钻进深度可达30m以上，适用于标准贯入度小于40的砂类土和黏性土，当遇到比较坚硬的地层时，宜用地质钻机钻孔 3. 插管。使用70型、76型振动钻机钻孔时，插管与钻孔两道工序合二为一。使用地质钻机钻孔完毕，必须拔出岩芯管，再将旋喷管插入到预定深度。在插管过程中，为防止泥砂堵塞喷嘴，可边射水、边插管，水压力一般不超过1.0N/mm²。如压力过高，则易将孔壁射塌 4. 喷射。喷射使用的参数根据试验确定。当浆液初凝时间超过20h时，应及时停止使用该水泥浆（正常时，水灰比1:1，初凝时间为15h左右） 5. 安放钢筋笼。当设计为加筋旋喷桩时，要放钢筋笼。较长、较重的钢筋笼可用卷扬机吊放。当旋喷桩喷射完毕，钻机向前移动，让出桩孔位置，向下插放钢筋笼，随时校正中心位置，直至准确放至设计标高 6. 冲洗。施工完毕，应把注浆管等机具设备冲洗干净，管内、机内不得残存水泥浆。通常在管内注水，在地面喷射，以便于把浆液洗净	将旋喷桩挖出直接检验质量，或用钻机在旋喷桩上垂直钻孔取芯样检查内部桩体的均匀程度，或用标准贯入、平板荷载试验测定单桩承载力	适于砂土、黏性土、淤泥、湿陷性黄土及人工填土等的地基加固。由于它能利用小直径钻孔旋转成比孔大8～10倍的大直径固结体，可用于任何软弱土层，可控制加固范围，可旋喷成各种形状桩体，并适于已有建筑物的地基加固，而不扰动附近土体，同时具有施工设备简单、轻便、噪音和振动小，施工速度快，机械化程度高，成本低用途广等优点

4.1.2 特殊地基的处理(表 4-11)

特殊地基的处理 表 4-11

特殊地基名称	处理方法
冲　沟	对边坡上不深的冲沟,可用好土或三七灰土逐层回填夯实,或用浆砌块石填砌至坡面一边,并在坡顶作排水沟及反水坡,以阻截地表雨水冲刷坡面,对地面冲沟用土分层夯填
落水洞	将落水洞上部及塌陷地段挖开,清除松软土,用好土分层填土、夯实,面层用黏土夯填,并使之比周围地面略高,同时作好地表水的截流防渗漏,将地表径流引到附近排水沟中,不使下渗
窑洞(土洞)	对住人窑洞一般采取人工分层回填至离顶1.8m左右,再从里向外分段回填至洞口2m处夯至洞顶,洞顶不好回填部分用块石堆砌填实;对废弃窑洞,多埋设在地下,在摸清部位后,用好土进行分层回填夯实处理
天然古河古湖泊	对年代久远的古河、古湖泊，已被密实的沉积物填满，且无被水冲蚀的可能性，土的承载力不低于相接天然土的，可不处理；对年代近的古河、古湖泊，如沉积物填充密实亦可不处理；如为松软、含水量大的土，应挖除用好土分层夯实；作地基部位用灰土分层夯实，与河、湖边坡接触部位做成阶梯形接槎，台阶宽不小于1m，接槎处应仔细夯实，回填应按先深后浅的顺序进行
人工古河古湖泊	老填土现成的古河道、古湖泊，已被填充填积物填塞密实，承载力不低于相接天然土的，可不处理；新填土而成的，要将松软填土挖除，视情况同素土或灰土分层回填、夯实，或采用加固地基的措施

续表

特殊地基名称	处　理　方　法
流砂地基	1. 安排在全年最低水位季节施工，使基坑内动水水压减小 2. 采取水下挖土（不抽水或少抽水），使坑内水压与坑外地下水压相平衡或缩小水头差 3. 采用井点降水，使水位降至基坑底0.5m以下，使动水压力的方向朝下，坑底土面保持无水状态 4. 沿基坑外围四周打板桩，深入坑底下面一定深度，增加地下水从坑外流入坑内的渗流路线和渗水量，减小动水压力 5. 往坑底抛大石块，增加土的压重和减小动水压力，同时组织快速施工 6. 当基坑面积较小也可采取在四周设钢板护筒，随着挖土不断加深，钢板护筒随着下沉，直到穿过流砂层
橡皮土地基	1. 暂停一段时间施工，使“橡皮土”含水量逐渐降低，或将土层翻起进行晾槽 2. 如地基已成“橡皮土”，可采取在上面铺一层碎石或碎砖后进行夯击，将表土层挤紧 3. 橡皮土较严密可将土层翻起并粉碎均匀，掺加石灰粉以吸收水分水化，同时改变原土结构成为灰土，使之具有一定强度和水稳性 4. 当为荷载大的房屋地基，采取打石桩，将毛石（块度为200~300mm）依次打入土中，或垂直打入M10砖，纵距260mm，横距300mm，直至打不下去为止，最后在上面铺满厚50mm，碎石后再夯实 5. 采取换土，挖去“橡皮土”重新填好土或级配砂石夯实

续表

特殊地基名称	处　理　方　法
滑坡地基	1. 地表排水和护坡 许多滑坡事故都与地表水的影响有直接关系。一般滑坡都发生在雨季。所以做好地表排水工程是整治滑坡的基本措施。主要做法如下： (1) 在滑坡体外设置一条或多条环形截水沟，拦截山洪、雨水及其他地表水 (2) 在滑坡体上设置树枝状排水沟系统。主沟应与滑坡移动方向大体一致，支沟应与滑动方向成30°~45°角 (3) 如坡面土质松散或具有大量裂缝时，应进行平整夯填，防止地表水下渗 (4) 在滑坡面植树、种草皮、浆砌片石等保护坡面 2. 地下排水 多年来，地下排水在我国铁路工程滑坡整治中应用比较广泛，其主要做法有： (1) 设置盲沟（或称渗沟）：盲沟有支撑盲沟和截水盲沟两种 支撑盲沟的主要作用为支撑滑坡体，并疏导滑坡体内的地下水。一般深2m，底部设在滑动面以下的稳定地层中，排水坡度2%~4%。底部用浆砌片石。内部堆砌坚硬的片石，沟顶用黏土夯填 截水盲沟的主要作用是拦截滑坡体外丰富的深层地下水。盲沟背水面的沟壁应设置黏土或浆砌块石隔水层，防止地下水通过沟壁渗入滑体，盲沟的迎水面沟壁应设置粗砂反滤层，沟底用砌块石筑成凹槽形，并埋入不透水层内

续表

特殊地基名称	处　理　方　法
滑坡地基	(2) 盲洞：当地下水埋深超过 15m 时，作深层盲沟就不经济了，应采用盲洞。但盲洞工程需要的机具材料多，施工比较复杂，只有在施工力量比较强，有特殊要求时才宜选用 (3) 垂直孔群排水：是借助于垂直钻孔群穿过滑坡体内滑动带的隔水层，将滑坡体内储存的地下水排至下伏透水层的办法 3. 阻滑结构 (1) 抗滑挡土墙：是建筑工程阻滑结构中应用最广泛的一种，一般采用石砌重力式挡土墙或混凝土重力挡土墙 抗滑挡土墙设计中的土压力，主要根据滑坡推力计算求得 (2) 抗滑桩：当滑坡推力较大时，使用重压式挡土墙困难又不经济。而采用抗滑桩能承受较大的滑坡推力，且可分级支挡 4. 卸土减重 滑坡卸土减重的目的在于减少滑坡体上部主滑部分的土重，放在滑体的前缘以降低滑体的下滑力。但这种方法只有当滑床上陡下缓，滑坡后壁及两侧岩体比较稳定时，才能使用 5. 反压 上述方法虽就已滑动坡体而言，但同样适用于未产生滑动的坡体，包括切坡、开挖深基坑等。排水与支挡是防止滑坡发生的重要而有效的方法
膨胀土地基	1. 提前整平场地，使经雨水预湿，减少挖填方湿度过大的差别，使含水量得到新的平衡，大部分膨胀力得到释放

续表

特殊地基名称	处　理　方　法
膨胀土地基	2. 尽量保持原自然边坡、场地的稳定条件，避免大挖大填。基础适当埋深或用墩式基础、桩基础，以增加基础附加荷载，减小膨胀土层厚度，减轻升降幅度。但成孔时切忌向孔内灌水，成孔后，宜当天浇筑混凝土 3. 临坡建筑，不宜在坡脚挖土施工，避免改变坡体平衡，使建筑物产生水平膨胀位移 4. 采取换土处理，将膨胀土层部分或全部挖去，用灰土、土石混合物或砂砾回填夯实，或用人工垫层，如砂、砂砾作缓冲层，厚度不小于900mm 5. 在建筑物周围作好地表渗、排水沟等。散水坡适当加宽（可做成1.2~1.5m），其下做砂或炉渣垫层，并设隔水层。室内下水道设防漏、防湿措施，使地基土尽量保持原有天然湿度和天然结构 6. 加强结构刚度，如设置地箍、地梁，在两端和内外墙连续处设置水平钢筋加连接等 7. 做好保湿防水措施，加强施工用水管理，作好现场施工临时排水，避免基坑（槽）浸泡和建筑物附近积水。基坑（槽）挖好，及时分段快速施工完成，及时回填覆盖夯实，减少基坑（槽）暴露时间，避免曝晒处理方法：对已发生胀缩裂缝的建筑物应迅速修复，断沟漏水，堵住局部渗漏，加宽排水坡，做渗排水沟，以加快稳定。对裂缝进行修补加固，如加柱墩，抽砖加扒钉、配筋，压、喷浆，拆除部分砖墙重新砌筑等。在墙外加砌砖垛和加拉杆，使内外墙连成整体，防止墙体局部倾斜

4.1.3 局部异常地基处理（表 4-12）

局部异常地基处理　　表 4-12

异部异常地基	处　理　方　法
松土坑	当坑的范围较小，可将坑中松软虚土挖除，使坑底及四周均见天然土为止，然后采用与坑边的天然土层压缩性相近的材料回填。例如，当天然土为第四纪砂土时，用砂或级配砂石回填，回填时应分层夯实，或用平板振捣器振实，每层厚度不大于 200mm。如天然土为较密实的黏性土，则用 3:7 灰土分层回填夯实；如为中密的可塑的黏性土或新近沉积黏性土，则可用 1:9 或 2:8 灰土分层回填夯实 当坑的范围较大或因其他条件限制，基槽不能开挖太宽，槽壁挖不到天然土层时，则应将该范围内的基槽适当加宽，加宽的部位应按下述条件决定：当用砂土或砂石回填时，基槽每边均应按 $l_1:h_1=1:1$ 坡度放宽；当用 1:9 或 2:8 灰土回填时，按 $l_1:h_1=0.5:1$ 坡度放宽；当用 3:7 灰土回填时，如坑的长度不大（长度≤2m，且为具有较大刚度的条形基础时），基槽可不放宽，但需将灰土与松土壁接触处紧密夯实 如坑在槽内所占的范围较大（长度在 5m 以上），且坑底土质与一般槽底天然土质相同，也可将基础落深，做 1:2 踏步与两端相接，踏步数根据坑深而定，但每步高不大于 0.5m，长不小于 1.0m

续表

异部异常地基	处　理　方　法
松土坑	在独立基础下，如松土坑的深度较浅时，可将松土坑内松土全部挖除，将柱基落深；如松土坑较深时，可将一定深度范围内的松土挖除，然后用与坑边的天然土压缩性相近的材料回填。至于换土的具体深度，应视柱基荷载和松土的密实程度而定 在以上几种情况中，如遇到地下水位较高，或坑内积水无法夯实时，亦可用砂石或混凝土代替灰土。寒冷地区冬期施工时，槽底换土不能使用冻土，因为冻土不易夯实，且解冻后强度会显著降低，体积收缩，会造成较大的不均匀沉降 对于较深的松土坑（如坑深大于槽宽或大于1.5m时），槽底处理后，还应适当考虑是否需要加强上部结构的强度，以抵抗由于可能发生的不均匀沉降而引起的塌陷。全国各地常用的加强办法是：大灰土基础上1~2皮砖处（或混凝土基础内）、防潮层下1~2皮砖处及首层顶板处各配置3~4根ϕ6mm~ϕ8mm钢筋
砖井或土井	当砖井在基槽中间，井内填土已较密实，则应将井的砖圈拆除至槽底以下1m（或更多些），在此拆除范围内用2:8或3:7灰土分层夯实至槽底，如井的直径大于1.5m时，则应适当考虑加强上部结构的强度，如在墙内配筋或做地基梁跨越砖井 若井在基础的转角处，除采用上述拆除回填办法处理外，还应对基础加强处理：

续表

异部异常地基	处　理　方　法
砖井或土井	(1) 若井在基础的转角处，而基础压在井上部分不多，并且在井上部分所损失的承压面积，可由其余基槽承担而不引起过多的沉降时，则可采用从基础中挑梁的办法解决 (2) 当井位于墙的转角处，而基础压在井上的面积较大，且采用挑梁办法较困难或不经济时，则可将基础沿墙长方向向外延长出去，使延长部分落在老土上。落在老土上的基础总面积，应等于井圈范围内原有基础的面积（即 $A_1 + A_2 = A$），然后在基础墙内再采用配筋或钢筋混凝土梁来加强 如井已回填，但不密实，甚至还是软土时，可用大块石将下面软土挤紧，再选用上述办法回填处理。若井内不能夯填密实时，则要在井的砖圈上加钢筋混凝土盖封口，上部再加填处理
局部范围内硬土	当柱基或部分基槽下，有较其他部分过于坚硬的土质时，例如：基岩、旧墙基、老灰土、化粪池、大树根、砖窑底、压实的路面等，均应尽可能挖除，以防建筑物由于局部落于较硬物上造成不均匀沉降，而使上部建筑物开裂 硬土（或硬物）挖除后，视具体情况回填土砂混合物或落深基础

4.2 基　础

4.2.1 常用基础的构造要求（表 4-13）

常用基础的构造要求　　表 4-13

<table>
<tr><th>基础</th><th>项　目</th><th colspan="4">内　容　与　要　求</th></tr>
<tr><td rowspan="9">刚性基础</td><td>材　料</td><td colspan="4">混凝土、毛石混凝土。混凝土强度等级可根据具体条件确定，一般应大于或等于 C10</td></tr>
<tr><td>截面形式</td><td colspan="4">可根据实际需要有矩形、阶梯形、锥形等</td></tr>
<tr><td>柱脚高度</td><td colspan="4">刚性基础的柱脚高度 H_0 应大于或等于柱脚宽度 b_1（$b_1 \geqslant 300$mm），且应大于或等于 $20d$（d 为柱中纵向受力钢筋直径）</td></tr>
<tr><td>基础底面的宽度</td><td colspan="4">基础底面的宽度应符合下式要求：
$$b \leqslant b_0 + 2H_0 \mathrm{tg}\alpha$$
式中　b——基础底面宽度；
b_0——基础顶面的砌体宽度；
H_0——基础高度；
$\mathrm{tg}\alpha$——基础台阶宽高比的允许值</td></tr>
<tr><td rowspan="5">基础台阶宽高比允许值</td><td rowspan="2">混凝土强度等级</td><td colspan="3">台阶宽高比允许值</td></tr>
<tr><td>$p \leqslant 100$</td><td>$100 < p \leqslant 200$</td><td>$200 < p \leqslant 300$</td></tr>
<tr><td>C7.5</td><td>1:1.00</td><td>1:1.25</td><td>1:1.50</td></tr>
<tr><td>C10</td><td>1:1.00</td><td>1:1.00</td><td>1:1.00</td></tr>
<tr><td>C7.5～C10 毛石混凝土（掺入毛石 20%～25%）</td><td>1:1.00</td><td>1:1.25</td><td>1:1.50</td></tr>
</table>

续表

基础	项　目	内　容　与　要　求
基础板式	锥形基础边缘高度 h	不宜小于200mm
	阶梯形基础的每阶高度 h_1	宜为300~500mm
	垫层厚度	宜为50~100mm，一般取用100mm
	底板受力钢筋的最小直径与间距	底板受力钢筋的最小直径小于8mm，间距不宜大于200mm
	钢筋保护层厚度	当有垫层时钢筋保护层的厚度不宜小于35mm，无垫层时不宜小于70mm
	垫层混凝土强度等级	一般取用C10
	基础混凝土强度等级	不宜低于C15
	基础插筋	对于现浇柱基础，如与柱不同时浇筑，其插筋的数目和直径与柱内纵向受力钢筋相同。插筋的锚固长度及与柱的纵向受力钢筋的搭接长度，应符合有关规定

续表

基础	项目	内容与要求
筏形基础	基础形式	基础平面应大致对称，尽量减少基础所受的偏心力矩，且基础一般为等厚
	基础垫层混凝土强度等级	基础一般宜采用 C10 混凝土垫层 100mm 厚，每边伸出基础底板不小于 100mm，一般取 100mm
	基础混凝土强度等级	基础混凝土强度等级不宜低于 C 20
	底板厚度	基础底板的厚度不宜小于 200mm
	梁截面	梁截面按计算确定，高出底面的顶面，一般不小于 300mm，梁宽不小于 250mm
	钢筋	钢筋宜采用Ⅰ、Ⅱ级钢筋
	钢筋保护层厚度	钢筋保护层厚度不宜小于 35mm
箱形基础	平面布置	为避免基础出现过度倾斜，箱形基础在平面布置上尽可能对称，以减少荷载的偏心距，偏心距一般不宜大于 0.1ρ，ρ 为基础底板面积抵抗矩对基础底面积之比
	高度	箱形基础高度一般取建筑物高度的 1/12～1/8，同时不宜小于其长度的 1/8

续表

基础	项　目	内　容　与　要　求
箱形基础	底、顶板厚度	底、顶板的厚度应满足柱或墙冲切验算要求，根据实际受力情况通过计算确定。底板厚度一般取隔墙间距的 1/10～1/8，约为 300～1000mm，顶板厚度约为 200～400mm，内墙厚度不宜小于 200mm，外墙厚度不应小于 250mm
	混凝土强度等级	基础混凝土强度等级不应低于 C20
	抗渗等级	抗渗等级不宜低于 0.6N/mm²
	墙体	为保护箱形基础的整体刚度，对其墙体的数量应有一定的限制，即平均每平方米基础面积上墙体长度不得小于 400mm，或墙体水平截面积不得小于基础面积的 1/10，其中纵墙配置量不得小于墙体总配置量的 3/5

注：1. p 为基础底面处的平均压力（kN/m^2）；

2. 当基础由不同材料叠合组成时，应对接触部分作抗压验算；

3. 对混凝土基础，当基础底面处的平均压力超过 $300kN/m^2$ 时，尚应按下式进行抗剪验算：

$$V \leqslant 0.07 f_c A$$

式中　V——剪力设计值；

f_c——混凝土轴心抗压强度设计值；

A——基础台阶高度变化处的剪切断面面积。

4.2.2　桩基础位置的允许偏差（表 4-14）

桩基础位置的允许偏差　　表 4-14

桩基础	项　　目	允许偏差（mm）	检验方法
预制桩（钢桩）	单排或双排桩条形桩基 （1）锤直于条形桩基纵轴方向 （2）平行于条形桩基纵轴方向	 100 150	用经纬仪或拉线和尺量检查
	桩数为 1～3 根桩基中的桩	100	
	桩数为 4～16 根桩基中的桩	1/3 桩径或 1/3 边长	
	桩数大于 16 根桩基中的桩 （1）最外边的桩 （2）中间桩	 1/3 桩径或 1/3 边长 1/2 桩径或 1/2 边长	

续表

桩基础	项目				允许偏差（mm）	检验方法
混凝土和钢筋混凝土灌筑桩	钢筋笼	主筋间距			±10	尺量检查
		箍筋间距			±20	
		直径			±10	
		长度			±50	
	桩的位置偏移	混浆护壁成孔、干成孔、爆扩成孔灌筑桩	垂直于桩基中心线	1～2根桩	d/6且不大于200	拉线和尺量检查
				单排桩		
				群桩基础的边桩		
			沿桩基中心线	条形基础的桩	d/4且不大于300	
				群桩基础的中间桩		
		套管成孔灌筑桩	1～2根或单排桩		70	
			3～20根桩基的桩		d/2	
			桩数多于20根	边缘桩	d/2	
				中间桩	d	
	垂直度				H/100	吊线和尺量检查

续表

桩基础	项　　目		允许偏差（mm）	检验方法
人工挖孔灌筑桩	桩孔位中心线		±10mm	
	桩孔径		±10mm	指有护壁混凝土
	桩的垂直度		3*L*/1000	*L* 为挖孔桩长
	护壁混凝土		±30mm	
	孔底虚土			不允许
	钢筋笼	主筋间距中心线	±10mm	用尺量检查
		箍筋间距或螺旋筋间距	±20mm	
		钢筋笼直径	±10mm	
		钢筋笼长度	±50mm	

注：由于降水、基坑开挖和送桩深度超过 2m 等原因产生的位移偏差不在此表内。

第5章　水　　池

5.1　水工混凝土

5.1.1　水工混凝土组成材料的要求

5.1.1.1　水工混凝土常用水泥主要性能及适用范围（表5-1）

5.1.1.2　骨料

1. 粗骨料

(1) 粗骨料质量技术要求（表5-2）

(2) 粗骨料级配选择参考值（表5-3）

2. 细骨料

(1) 细骨料质量技术要求（表5-4）

(2) 天然砂级配范围（表5-5）

5.1.1.3　减水剂

1. 普通型减水剂（表5-6）

2. 高效减水剂（表5-7）

3. 早强减水剂（表5-8）

4. 缓凝减水剂（表5-9）

5.1.1.4　水工混凝土常用引气剂（表5-10）

5.1.2　水工混凝土配合比及其性能

5.1.2.1　水灰比及对应性能

1. 水灰比及抗渗等级（表5-11）

2. 抗冻等级允许的最大水灰比（表5-12）

水工混凝土常用水泥主要性能及适用范围　　表 5-1

性能及应用	水泥品种							
	硅酸盐水泥	普通硅酸盐水泥	矿渣硅酸盐水泥	火山灰质硅酸盐水泥	粉煤灰硅酸盐水泥	硅酸盐大坝水泥	普通硅酸盐大坝水泥	矿渣硅酸盐大坝水泥
密度（g/cm^3）	3.2	3.1~3.2	2.9~3.1	2.7~3.1	2.7~3.0	3.2	3.1~3.2	2.9~3.1
模结时间	快	较快	较慢			快	较快	较慢
水化热	高		低			中等	较低	较低
抗溶出性侵蚀	差		好			差		好
强度	早期强度高，与同等级普通水泥相比7d前强度高3%~7%	早期强度高，7d强度约为28d的60%~70%	早期强度低，后期强度增进率较高			早期强度高	早期强度较高	早期强度低，后期强度增长率较高
抗硫酸盐侵蚀	差		较强	当SiO_2多时较强 当Al_2O_3多时较差	好	好	好	较强
抗冻性	好		较差			好	好	较差

续表

性能及应用	水泥品种							
	硅酸盐水泥	普通硅酸盐水泥	矿渣硅酸盐水泥	火山灰质硅酸盐水泥	粉煤灰硅酸盐水泥	硅酸盐大坝水泥	普通硅酸盐大坝水泥	矿渣硅酸盐大坝水泥
干缩	小		大		较小	小	小	较小
保水性	较好		差	好		较好	较好	差
需水性	小		较小①			小	小	较大
适用范畴	预应力钢筋混凝土的地上，地下和水中结构，其中包括受反复冻融作用的结构及抗冲耐磨要求的混凝土工程		有耐热要求的混凝土结构和大体积内部混凝土	大体积混凝土、水工混凝土	大体积内部混凝土、水工混凝土及泵送混凝土	大坝抗冲、耐磨部位的混凝土及水位变化区，有耐磨性要求部位的混凝土		大坝及其他体积结构部混凝土和水下、地下部位混凝土
不宜应用部位	大体积内部混凝土以及环境水中有硫酸盐和软水侵蚀的外部混凝土		在不采取技术措施情况下，不宜用于有抗冻融要求的外部混凝土			大体积内部混凝土慎用		在不采取技术措施情况下，不宜用于有抗冻融要求的外部混凝土

①当粉煤灰质量好时，粉煤灰硅酸盐水泥需水性较小。

粗骨料质量技术要求　　表 5-2

项　　目	指　　标	说　　明
含泥量（%）	*D*20、*D*40 粒级：< 1 *D*80、*D*120、*D*150 粒级：< 0.5	各粒级均不含有黏土团块
坚固性（%）	< 5 < 12	有抗冻要求的混凝土 无抗冻要求的混凝土
硫酸盐及硫化物（按 SO_3^{-2} 计）含量（%）	< 0.5	
有机物含量	浅于标准色	如深于标准色，应进行混凝土对比试验
表观密度（g/cm^3）	> 2.55	
吸水量（%）	< 2.5	
针、片状颗粒含量（%）	< 15	碎石经试验验证可放宽至 25%

粗骨料级配选择参考值 **表 5-3**

粗骨粒最大粒径（mm）	粗骨料分级（mm）				总计（%）
	5～20	20～40	40～80	80～120	
	各级石子比例（%）				
40	45～60	45～55	—	—	100
80	25～35	25～35	35～50	—	100
120	15～25	15～25	25～35	30～45	100
150	15～25	15～25	25～35	30～45	100

细骨料质量技术要求 表 5-4

项目	指标	说明
天然砂中含泥量（%）	<3	含泥量指粒径小于 0.08mm 的细屑、淤泥
其中黏土含量（%）	<1	指黏土总量，不含有黏土团粒
人工砂中石粉含量（%）	6~12	指小于 0.15mm 的颗粒
坚固性（%）	<10	指浸 Na_2SO_4 溶液 5 次循环后质量损失
云母含量（%）	<20	
表观密度（g/cm^3）	≥2.50	
轻物质含量（%）	<1	表观密度小于 $2.0g/cm^3$ 的物质
硫化物及硫酸盐（按 SO_4^{2-} 计）含量（%）	<1	
有机物质含量（%）	浅于标准色	如深于标准色，应配成砂浆进行强度对比

天然砂级配范围 **表 5-5**

筛孔尺寸（mm）	累计筛余（%）		
	细　砂	中　砂	粗　砂
5	0	0 ~ 8	8 ~ 15
2.5	3 ~ 10	10 ~ 25	25 ~ 40
1.25	5 ~ 30	30 ~ 50	50 ~ 70
0.63	30 ~ 50	50 ~ 67	67 ~ 88
0.315	55 ~ 70	70 ~ 83	83 ~ 95
0.16	85 ~ 90	90 ~ 94	94 ~ 97

注：累计筛余量运行稍超出表列数值，但几种粒径的累计筛余量之和不得超出 5%。

普通型减水剂 **表 5-6**

类　别	产品名称	主要成分	掺量 （按水泥量%计）	研制、生产单位
木质素类	M 型	木质素磺酸钙	0.2～0.5	全国 M 型减水剂协作组 吉林开山屯化纤厂
	JM-1 型	碱木素	0.3（以固体计）	四川省建筑科学研究院 四川省建十二公司外加剂厂 成都木综厂
	WN-1 型	碱木素	0.2～0.3	福建省建筑科研所 漳平市造纸厂
	MY 型	木质素磺酸钠	0.3～0.5	交通部四航局 广州造纸厂

续表

类　　别	产品名称	主要成分	掺量（按水泥量%计）	研制、生产单位
木质素类	棉浆	碱木素	0.25	铁道兵科学技术研究所 保定造纸厂
	TRB	栲胶、磺化酸焦油	0.2～0.75	中国林科院林产化工研究所 黑龙江省交通科研所
腐殖酸类	长城牌	磺化腐殖酸钠	0.2～0.3	北京市建材工业科研所 延庆市腐殖酸厂
	天山Ⅰ型	磺化腐殖酸钠	0.2～0.3	新疆建科所 新疆梧桐化工厂

高效减水剂 **表 5-7**

名称	主要成分	掺量（按水泥量%计）	研制、生产单位
NNO	甲基钠磺酸钠	0.5~0.75	交通部协作组、天津合成材料厂，吉林市第四化工厂
JN	多萘磺酸盐	0.5	冶金部冶建研究总院、江苏镇江焦化厂
HN	萘磺酸盐	0.5	浙江水力水电研究所、杭州市建筑涂料厂
MF	萘磺酸盐	0.5~0.7	建材院、北京建研所、江都染料化工厂
建 1	萘磺酸盐	0.3~0.7	建材院、北京建研所、上海染涂所、江都染化厂、北京焦化厂
NF	萘磺酸盐	0.5	清华大学、准矿合成材料厂、大连红卫化工厂
FDN	萘磺酸盐	0.2~1.0	武汉冶建研所、湛江外加剂厂，铁道部铁道建设研究所

续表

名　称	主要成分	掺　量 （按水泥量%计）	研制、生产单位
FE	萘磺酸盐		北京四泽有机化工厂
TQN	萘磺酸盐	0.5～0.8	桥中桥梁外加剂厂
FDN-S	萘磺酸盐	0.2～1.0	武汉建研所，湛江外加剂厂
FFT	萘磺酸盐缩合物+ 氧化羧酸碱金属物	0.2～1.0	武汉建研所，湛江外加剂厂
SN-IV	多萘磺酸盐	0.5～1.0 1.5～2.5	上海五四农场助剂厂，上海建研所
UNF-2 UNF-5A	萘磺酸盐	0.3～0.7 0.3～0.7	天津建科所，天津自强化工厂
磺化洗油 减水剂（Cu）	聚烷基芳基磺酸钠	0.75～1.5 1.5～3.0	上海建研所，上海五四农场助剂厂

续表

名　　称	主要成分	掺　　量 （按水泥量%计）	研制、生产单位
HF-S	β-萘磺酸甲醛缩合物钠盐		沈阳铁路局工程处，沈阳铁路工程试验室
DH-3	萘磺酸甲醛缩合物钠盐	0.5	河北省水利工程局外加剂厂
NHJ	β-萘磺酸甲醛缩合物钠盐	0.5~1.0	铁道部第三工程局科技所
AF	蒽系	0.5~1.0	建材院、北京建研所、北京焦化厂、江都减水剂厂
CRS	古玛龙-茚树脂	0.8~1.0	交通部二航局科研所、武汉四新助剂厂
水溶性树脂 SM（227）	磺化三聚氰胺甲醛树脂	0.5~1.0	苏州水泥水混凝土制品研究院、上海新华树脂厂

早强减水剂　　表 5-8

名称	主要成分	一般掺量（按水泥量%计）	研制、生产单位
UNF-4	萘系减水剂＋硫酸钠	1.5～2.5	天津建研所，天津自强化工厂
NSZ-1	萘系减水剂＋硫酸钠	1.0～1.5	江苏省建材所，如东第三化工厂
NNOF	萘系减水剂＋硫酸钠	0.75～1.0	青岛市建委混凝土外加剂协作组，大连红卫化工厂
MSF	木质素磺酸钙＋硫酸钠＋三乙醇胺＋粉煤灰	5	黑龙江低温所，黑龙江建发混凝土外加剂厂
MZS JZS	碱木素减水剂＋硫酸钠糖钙＋硫酸钠	2.5 2.5	四川省建筑科学研究院，四川省邛崃县外加剂厂
NC	糖钙＋硫酸钠＋铁砂	2～4	山东建科所，天津固生化工厂，济南磷肥厂

续表

名称	主要成分	一般掺量（按水泥量%计）	研制、生产单位
	碱木素减水剂	2.0	上海建研所，上海洋泾化工厂
3F	硫酸钠 + 粉煤灰		
H	木质素磺酸钙 + 矾泥 + 硫酸钠	3.0	同济大学，上海市第二建材公司建材厂
FSJ	萘系减水剂 + 矾泥 + 硫酸钠	5～6	十七冶建筑公司，十七冶企业公司综合厂
NH_3		2～3	天津合成材料厂
HZ-1		2.5	吉林省德惠县沿土外加剂厂
CA 复合	多羟基复合物 + 硫化物	2～3	山西万荣县莱河城南化工厂
CMN		2～4	青岛市应用化学建材厂

缓凝减水剂 表 5-9

名　　称	主要成分	掺　　量（按水泥量%计）	研制、生产单位
3FG-2	甘蔗糖蜜酒精废液	0.2	南京水科所，广西大化木电站指挥部
ST	糖　　蜜	0.2～0.3	上海建科所，浙江瑞安糖厂
TF	糖　　蜜	0.2（以固体计）	南京水科所，广西大化水电站指挥部
PT	糖钙结合物	0.1～0.2	浙江建德市新安江新建路 19 号

水工混凝土常用引气剂　　**表 5-10**

种　类	掺量（按水泥量%计）	含气量（%）	说　明
松香热聚物及松香皂	0.01～0.04	3～8	每增加1%的含气量，强度降低5%
烷基酚及环氧乙烷缩合物（O乳化剂）	0.05	4	减水7%，强度降低15%左右
高级脂肪醇衍生物（801）	0.03	5	减水7%左右
木质素磺酸盐	0.3～0.5	—	减水10%～15%
CON-1	0.01	8.0	水利水电十二局科研所产品
BLY引气减水剂	0.25～0.3	4	

水灰比及抗渗等级　　　　表 5-11

混凝土抗渗等级	水　灰　比
S_4	<0.75
S_6	0.60~0.65
S_8	0.55~0.60
S_{12}	0.50~0.55

注：未掺外加剂和掺合料。

抗冻等级允许的最大水灰比　　　　表 5-12

混凝土抗冻等级（28d）	混凝土种类	
	普通混凝土	引气混凝土
F50	0.55	0.60
F100	—	0.55
F150	—	0.50

注：有抗冻要求的混凝土，建议优先采用引气剂和普通硅酸盐水泥配制的混凝土。

3. 水灰比最大允许值（表 5-13）

水灰比最大允许值　　　　表 5-13

水工混凝土所在部位	寒冷地区	温暖地区
池外、池体	0.55	0.60
基础	0.55	0.60
受水流冲刷部位	0.50	0.50

5.1.2.2　选择砂率和用水量

1. 混凝土试拌用水量参考表（表 5-14）

表 5-14

混凝土试拌用水量参考表

石子最大粒径（mm）	未掺外加剂的混凝土			掺外加剂的混凝土	
	空气含量近似值（%）	砂率（%）	用水量（L/m^3）	引气混凝土的含气量（%）	用水量（L/m^3）
20	2	38	172	5.5	单掺引气剂或一般减水剂，可减水 6%～10%；引气剂和一般减水剂联合掺用或单掺高效减水剂，可减少 15%～20%
40	1.2	32	150	4.5	
80	0.5	28	129	3.5	
120	0.4	25	117	3.0	
150	0.3	24	110	3.0	

注：水灰比 0.55，卵石、砂子细度模数 2.7，坍落度 60mm。

2. 混凝土砂率和用水量调整值（表 5-15）

混凝土砂率和用水量调整值　　表 5-15

条件变化	调整值	
	砂率（%）	每 m^3 用水量（L）
改为碎石	3～5	9～15
采用需水性大的火山灰质掺合料或火山灰水泥	—	10～20
坍落度±10mm	—	±2～3
砂率每±1%	—	±1.5
砂的细度模数每±0.1	±0.5	—
水灰比每±0.05	±1.0	—
含气量每±1%	±0.5～1.0	±2%～3%

5.1.3 混凝土抗渗性的评定方法

1. 水工混凝土抗渗性评定方法（表 5-16）

水工混凝土抗渗性评定方法　　表 5-16

混凝土抗渗性评定方法	特点
抗渗等级	该法具有简单、直观的优点，但不适用于抗渗等级高的混凝土
渗透参数	可评抗渗等级高的混凝土
测定渗透距离计算渗透系数	在现有抗渗设备上，可评抗渗等级高的混凝土

2. 混凝土抗渗等级与渗透系数之关系（表 5-17）

混凝土抗渗等级与渗透系数之关系　表 5-17

抗渗等级	渗透系数 K（cm/s）	抗渗等级	渗透系数 K（cm/s）
P1	0.319×10^{-7}	P10	0.177×10^{-6}
P2	0.196×10^{-7}	P12	0.129×10^{-8}
P4	0.738×10^{-8}	P16	0.767×10^{-9}
P6	0.419×10^{-8}	P30	0.236×10^{-9}
P8	0.216×10^{-8}		

3. 水工混凝土抗渗等级的最小允许值（表 5-18）

水工混凝土抗渗等级的最小允许值　表 5-18

结构类型及应用条件			抗渗等级
混凝土及钢筋混凝土结构构件（其背水面能自由渗水者）	水力梯度	$i<10$	P4
		$i=10\sim30$	P6
		$i>30$	P8

注：1. 承受侵蚀水作用的建筑物，其抗渗等级不得低于 P4。2. 埋设在地层中的混凝土或钢筋混凝土结构构件（如基础防渗层等）可根据防渗要求，参照表中的规定选择其抗渗等级。3. 对背水面能自由渗水的混凝土及钢筋混凝土结构构件，当水头小于 10m 时，其抗渗等级可根据表中第 3 项降低一级。4. 采用大于 P8 的抗渗等级，应提出论证。

5.1.4　水工混凝土施工

5.1.4.1　混凝土搅拌

1. 搅拌混凝土时，必须严格遵守混凝土配料单进行配料，严禁随意更改。

2. 水泥、砂石及混合材料均应以质量计，水及外加剂溶液可折算成体积，配料允许偏差（表5-19）

配料允许偏差　　表5-19

材料名称	允许偏差（%）
水泥、混合材料	±1
砂、石	±2
水、外加剂溶液	±1

3. 应随时根据气候条件测定砂，石骨料的含水率以调整混凝土的加水量。同时，应采取措施保证砂的含水率应控制在6%以内。

4. 使用外加剂时，应将外加剂溶液均匀配入拌合用水中。外加剂中的水量，包含在拌合用水量之内。

5. 必须将混凝土各组分拌合均匀，拌合程序和拌合时间应通过试验确定，最小拌合时间（min）见表5-20。

最小拌合时间　　表5-20

搅拌机容量（L）	骨料最大粒径（mm）	坍落度（mm）		
		20～50	50～80	>80
1000	80	—	2.5	2.0
1600	150（或120）	2.5	2.0	2.0
2400	150	2.5	2.0	2.0
5000	150	2.5	2.0	2.5

5.1.4.2 混凝土浇筑成型工艺

1. 浇筑前准备工作

(1) 岩基上的杂物、泥土及松动岩石均应清除：岩基应冲洗干净并排净积水，如有承压力，须与设计单位共同研究，经处理后才能浇筑混凝土。清洗后的岩基在浇筑混凝土前应保持洁净和湿润。

(2) 浇筑混凝土前，应详细检查：地基处理情况、混凝土浇筑准备工作、模板、钢筋、预埋件及止水设施等是否符合设计要求。

2. 混凝土运输

(1) 水工混凝土拌合物的运输要求与一般混凝土相同。运输时间不宜超过表5-21的规定。

水工混凝土运输时间　　表5-21

气温（℃）	混凝土拌合物允许运输时间（min）
20～30	30
10～20	45
5～10	60

注：表中参数考虑外加剂、掺合料及其他特殊施工的影响。

(2) 为避免因日晒、雨淋、受冻影响混凝土的质量，必要时应将运输工具加以遮盖或采取保温措施，所有的运输设备都应保证混凝土拌合物自由下降高度不大于2m，否则应采取缓降措施。

(3) 水工混凝土常采用泵送。混凝土输送泵分活塞式和风动式，其水平运距可达200～300m，垂直运距可达30～40m。进泵混凝土的坍落度宜在80～140mm之间，最大骨料粒径应小于泵管管径的1/3。

3. 混凝土浇筑

(1) 新老混凝土施工缝处，在浇筑第一层混凝土前应先铺2～3cm厚水泥砂浆，砂浆水灰比要比混凝土的小，一次铺敷砂浆的面积要与混凝土的浇筑强度相适应，铺设工艺应保证新混凝土与基岩或老混凝土结合良好。

(2) 混凝土应按一定的厚度、顺序、方向分层浇筑。混凝土的浇筑层厚度应根据拌合能力、运输距离、气温及振捣器的性能等因素来确定，浇筑层最大允许厚度见表5-22。

浇筑层最大允许厚度　　　　表5-22

振动器类型		浇筑层最大允许厚度
插入式振动器	电动、风动振动器 软轴振动器	振动器工作长度的0.8倍 振动器工作长度的1.25倍
表面振动器	在无筋和单层钢筋结构中 在双层钢筋结构中	250mm 120mm

(3) 浇入仓内的混凝土应随浇随平仓，不得堆积，在倾斜面上浇筑混凝土时，应从低处开始浇筑，浇筑面应保持水平。浇筑混凝土时，严禁在仓内加水。发现混凝土和易性较差时，须采取加强振捣等措施，以保证混凝土质量。

(4) 混凝土应连续浇筑。中止且超过允许间歇时间，应按施工缝处理；浇筑混凝土允许间歇时间见表5-23。

(5) 混凝土施工缝处理规定

混凝土浇筑允许间歇　　　表 5-23

混凝土浇筑温度（℃）	允许间歇时间（min）	
	普通硅酸盐水泥	矿渣及火山灰质硅酸盐水泥
20～30	90	120
10～20	125	180
5～10	195	—

1）消除混凝土施工缝表面乳皮的处理方法（表 5-24）

消除混凝土施工缝表面乳皮的处理方法

表 5-24

处 理 方 法	生产效率（m^2/台班）	优 缺 点
人工凿毛	6～8	劳动强度大，工效低
风铲、风钻、风镐机械凿毛	50～80	操作灵活，效率高
低压水冲毛	60～150	效率高、冲毛时间难以掌握
高压水冲毛	1200～2600	混凝土损耗最少，效率高
风砂枪及水风砂枪冲毛	800	工效高，主要缺点是要清理遗留的石渣和砂子

2）技术间歇时间已浇好的混凝土，在强度尚未达到 2.5MPa 前，不得进行上层混凝土浇筑的准备工作。

3）砂浆垫层，混凝土表面应用压力水、风砂或刷毛机等加工成毛面并清洗干净，清除积水，先铺一层 2～3cm的水泥砂浆，方可浇筑混凝土。

4）泌水处理，混凝土浇筑期间，如表面泌水较多，应将泌水及时排除。严禁在模板上开孔赶水，带走灰浆。

5）浇筑混凝土时，宜经常清除粘附在模板、网筛和预埋件表面的砂浆。

4．混凝土振捣

（1）混凝土宜使用振动器捣固。每一位置的振动时间，以混凝土不再显著下沉、不出现气泡、并开始泛浆时为准。

（2）振动器前后两次插入混凝土中的间距，应不超过振动器有效半径1.5倍。

（3）振动器宜垂直插入混凝土中，按顺序依次振动，如略带倾斜，则倾斜方向保持一致，以免漏振。

（4）浇筑块的第一层混凝土以及两罐混凝土卸料后的接触处，应加强平仓振动以防漏振。

（5）振动上层混凝土时，应将振动器插入下层混凝土5cm左右以加强与下层混凝土的结合。

（6）振动器距模板的垂直距离，不应小于振动器有效半径1/2，并不得触动钢筋及预埋件。

（7）在浇筑仓内无法使用振动器的部位，如止水片、止浆片等周围，应辅以人工捣固，使其密实。

（8）结构物设计顶面的混凝土浇筑完毕后，应使其平整，其高程应符合设计要求。

（9）浇筑低流态混凝土时，应使用相应的平仓设备、振动器组等，混凝土必须振捣密实。

5.1.4.3　混凝土养护工艺

1．混凝土浇筑完毕后，应及时洒水养护，以保持混凝土表面经常湿润。

2．混凝土浇筑完毕后，早期应避免太阳光暴晒，混凝土表面宜加覆盖。

3. 一般应在混凝土浇筑完毕后 12 ~ 18h 内即开始养护，但在炎热、干燥气候条件下，应提前养护。

4. 水工混凝土的养护时间（表 5-25）

水工混凝土的养护时间　　表 5-25

混凝土用水泥的种类	养护时间（d）
硅酸盐水泥和普通硅酸盐水泥	14
矿渣硅酸盐水泥、火山灰质硅酸盐水泥、粉煤灰硅酸盐水泥、硅酸盐大坝水泥	21

5. 养护方法

多为人工洒水养护，对不便于洒水和覆盖草袋浇水的地方，也可用薄膜养护剂对混凝土进行保护养护。有温控要求的混凝土，其养护应按有关规定执行。养护工作应有专人负责，作好记录。

5.1.5　水工混凝土工程验收

5.1.5.1　水工混凝土原材料质量检测（表 5-26）

5.1.5.2　混凝土检测

1. 混凝土检测内容（表 5-27）

2. 混凝土检测数量控制

现场混凝土检验以抗压强度为主，同一强度等级混凝土试件的数量应符合下列要求：

（1）非大体积混凝土：每 $100m^3$ 成型，28d 龄期试件 3 个；每 200 m^3 成型，设计龄期试件 3 个。

（2）对应抗拉强度：每 $200m^3$ 成型，28d 龄期试件 3 个。

水工混凝土原材料质量检测 **表 5-26**

名　　称	检 测 项 目	取 样 地 点	抽 样 次 数	检 验 目 的
水泥	水泥强度等级、凝结时间、安定性。必要时应增加稠度、细度、比密度和水化热	水泥库	每一浇筑块 1 次或 400t 水泥取 1 次	1. 验证水泥活性 2. 预报混凝土强度
水	总含盐量，SO_4^{2-} 含量、Cl^- 含量、pH 值		每季度取 1 次	验证拌制和养护水是否符合《水工混凝土施工规范》
混合材料	活性、细度、需水量、烧失量	混合材料库	每 100 ~ 200t 水泥抽 1 次	了解混合材料质量

续表

名称		检测项目	取样地点	抽样次数	检验目的
石子	砂	细度模数 *MK* 表面含水率 含泥量	拌合厂，筛分厂 拌合厂，筛分厂 拌合厂，筛分厂	每班 1 次 每 1～2h1 次 必要时	生产控制、调整配合比 调整混凝土加水量 了解砂子质量
	大、中、小石 中、小石 小石	超粒径 表面含水率 黏土、淤泥、细屑含量	拌合厂，筛分厂 拌合厂，筛分厂 拌合厂，筛分厂	每班 1 次 每 1～2h1 次 必要时	生产控制、调整配合比 调整混凝土加水量
外加剂		外加剂溶液浓度	拌合厂，筛分厂	每班 1 次	调整加水量

混凝土检测内容 表 5-27

名　　称	检测项目	取样地点	抽样次数	检　测　目　的
混凝土拌合物	坍落度	拌合机机口仓面	每班 2～4 次	检测混凝土的和易性
	水灰比	拌合机机口	每班 2 次	控制质量
	含气量	拌合机机口	每 1～2h1 次	调整剂量
	温度	拌合机机口	根据需要	冬夏季施工及温度控制
硬化混凝土	抗压强度	拌合机机口	每 2～4h1 次 每 $150m^3$ 1 次	验收混凝土强度 评定混凝土施工控制水平

(3) 每一浇筑块混凝土数量不足以上规定数字时，也应取样成型一组试件。

(4) 3个试件应取自同一次混凝土。

5.2 现浇钢筋混凝土水池

5.2.1 水池的模板工程

1. 支模板施工要点

(1) 池壁模板可先安装一侧，绑完钢筋后，分层安装另一侧模板，或采用一次安装到顶，但分层预留操作窗口的施工方法，模板安装要求（表5-28）

(2) 在安装池壁最下一层模板时，应在适当的位置预留清扫杂物用的窗口。在浇筑混凝土前，应将模板内部清扫干净，再将窗口封闭。

(3) 池壁整体式内模施工，拆模时，先拆内模。

(4) 模板应平整，且拼缝严密不漏浆，固定模板的螺栓（或铁丝）不宜穿过水池混凝土结构，以避免沿穿孔缝隙渗水。

(5) 当必须采用对拉螺栓固定模板时，应在螺栓上加焊止水环，止水环直径一般为8～10cm。

2. 整体现浇混凝土模板安装的允许偏差（表5-29）

5.2.2 水池钢筋

1. 钢筋绑扎要点。

(1) 钢筋绑扎牢固，以防浇捣混凝土时绑扣松散、钢筋移位，造成露筋。

(2) 留设保护层，应以相同配比的细石混凝土或水泥砂浆制成垫块垫起钢筋，严禁以钢筋垫钢筋或将钢筋用铁钉、铁丝直接固定在模板上。

模板安装要求 **表 5-28**

分层按装模板层高			预留孔洞和预埋管分层的部位	安装一层模板或窗口模板的时间（d）	
	每层层高	窗口的层高			
直壁模板	≤1.5m	≤1.5m	设在孔口或管口外径 1/4～1/3 高度处	气温＜25℃	≤3
斜壁模板	分层高度适当减小			气温≥25℃	≥2.5

整体现浇混凝土模板安装的允许偏差 **表 5-29**

项目		允许偏差（mm）
轴线位置	底板	10
	池壁、柱、梁	5
高程		±5
平面尺寸（混凝土底板和池体的长、宽或直径）	$L \leqslant 20m$	±10
	$20m < L \leqslant 50m$	$\pm L/2000$
	$50m < L \leqslant 250m$	±25

续表

项目		允许偏差（mm）
中心位置	预埋件、预埋管	3
	预留洞	5
混凝土结构截面尺寸	池壁、柱梁、顶板	±3
	洞、槽、沟净空，变形缝宽度	±5
垂直度（池壁、柱）	$H \leqslant 5m$	5
	$5m < H \leqslant 20m$	$H/1000$
表面平整度（用 2m 直尺检查）		5
相邻两表面高低差		2

注：1. L 为混凝土底板和池体的长、宽或直径。

2. H 为池壁、柱的高度。

(3) 若采用铁马凳架设钢筋时，在不能去掉的情况下，应在铁马凳上加焊止水环，防止水沿铁马凳渗入混凝土结构。

(4) 当钢筋排列稠密，以致影响混凝土正常浇筑时，应与设计人员商量采用适当措施保证浇筑质量。

2. 池壁开洞的钢筋布置

(1) 当水池池壁预埋管及预留孔洞的尺寸小于300mm时，可将受力钢筋绕过预埋管件或孔洞，不必加固。

(2) 当水池池壁预埋管尺寸在300～1000mm之间，应沿预埋管或孔洞每边配置加强钢筋，其钢筋截面积不小于在洞口宽度内被切断的受力钢筋面积的1/2，且不小于2ϕ10。

(3) 当水池池壁预埋管及预留孔洞的尺寸大于1000mm时，宜在预留孔或预埋管四周加设小梁。

3. 钢筋位置的允许偏差（表5-30）。

钢筋位置的允许偏差　　表5-30

项　　目		允许偏差（mm）
受力钢筋的间距		±10
受力钢筋的排距		±5
钢筋弯起点位置		20
箍筋、横向钢筋间距	绑扎骨架	±20
	焊接骨架	±10
焊接预埋件	中心线位置	3
	水平高差	+3

续表

项目		允许偏差（mm）
受力钢筋的保护层	基础	±10
	柱、梁	±5
	板、墙	±3

5.2.3 混凝土的浇筑

1. 混凝土浇筑注意事项

（1）浇筑前应清理模板内杂物，并以水湿润模板。

（2）水池的混凝土强度不得小于C20，且不得采用氯盐作为防冻、早硬的掺合料。水池的抗掺，须以混凝土本身的密实性来实现，混凝土抗渗标号宜符合表5-31的要求。抗渗等级 P_i 为龄期28d的混凝土试件，施加 1×10^{-1} MPa水压后保证不渗水。混凝土抗渗等级的试验有困难时，抗渗要求应符合：水灰比不应大于0.55；水泥宜采用普通硅酸盐水泥；骨料应选择良好级配，严格控制水泥用量，当采用32.5级水泥时，水泥用量不宜超过360kg/m^3，预应力混凝土的水泥用量可提高50kg/m^{3}作为控制值。

表 5-31

作用水头与混凝土厚度之比	抗渗等级（S_i）
<10	$P4$
10~30	$P6$
>30	$P8$

(3) 浇筑混凝土的自落高度不得超过 1.5m，否则应使用溜槽等工具浇筑。

(4) 浇筑应连续进行，分层浇筑，每层厚度不宜超过 30～40cm，相邻两层浇筑时间不得超过 2h，如超过时应留置施工缝。

(5) 在绑扎钢筋时，应详细检查钢筋的直径、间距、位置、搭接长度、上下层钢筋的间距、保护层及埋件的位置和数量，均应符合设计要求。上下层钢筋均用铁马凳加以固定，使之在浇捣过程中不发生变位。

(6) 柱基模板是悬空架设，下面用临时小方木撑在垫层上，边浇混凝土，边取出小木撑。

(7) 底板应连续浇筑，不留施工缝。当设计有变形缝时，宜按变形缝分层浇筑。施工缝应做成垂直的结合面，并注意结合面附近混凝土的密实情况。施工间歇时间不得超过混凝土的初凝时间。如混凝土中产生初凝或离析，应在进行二次搅拌。底板厚度在 20cm 以内，可采用平板振动器振捣，当板的厚度较厚，则采用插入式振动器。

(8) 池壁为现浇混凝土时，底板与池壁连接处的施工缝可留在基础上口 20cm 处。如设计要求有止水钢板，在浇捣混凝土之前，应将止水钢板安放固定。

(9) 混凝土浇捣后，其强度未达 1.2N/mm^2 时禁止振动，安装或搬动东西，并注意对混凝土的养护。

(10) 在新混凝土浇捣前，须用钢丝刷将原有混凝土表面的疏松面刷去，然后用水冲洗干净，并使原有混凝土充分湿润，在浇捣新混凝土之前，先铺一层 1cm 厚 1:2 水泥砂浆。

2. 混凝土的浇捣

（1）钢筋混凝土水池池壁，浇捣混凝土时，操作人员可进入模内振捣，或开门子板，将插入式振动器放入振捣。并应用串筒将混凝土灌入，分层浇捣。

（2）每一点的振捣延续时间，应使混凝土表面呈现浮浆和不再沉落为度。

（3）插入式振捣器振捣时间的移动间距不宜大于作用半径的1.5倍，振捣器距离模板不宜大于作用半径的1/2，并尽量避免碰撞钢筋、模板、预埋管件等。振捣器应插入下层混凝土5cm左右。

（4）在结构中若有密集的管道，预埋件或钢筋稠密处，不易使混凝土捣实时，应改用相同抗渗等级的细石混凝土进行浇筑和铺以人工插捣。遇到预埋大管径套管或大面积金属板时，可以在管底或金属板上预先留浇筑振捣孔，以利浇捣和排气，浇筑后进行补焊。

（5）矩形池壁拆模后,应将外露的止水螺栓头割去。

3. 水池的施工，防止变形裂缝的产生措施。

（1）应采用32.5级矿渣硅酸盐水泥，并尽量减小水灰比，使水灰比≤0.55。

（2）设置“后浇缝”。后浇缝宽度取1.0～1.2m，两侧混凝土断面做成企口，后浇缝钢筋不断开，后浇缝必须贯通整个水池，即池底、池壁、顶板全部设缝。所以一般在池壁浇筑混凝土后1.5～3个月，且气温低于池壁浇筑的温度时，方可浇灌后浇缝混凝土，后浇缝应采用微膨胀混凝土浇筑。

（3）混凝土的浇筑和振捣。在确定混凝土的浇灌方案时，应尽量减少施工次数。水池的主体部分宜分2～3次施工。浇筑混凝土时宜先低处后高处，先中部后两端连续进行，避免出现冷缝。应确保足够的振动时间，使混凝土中多余的气体和水分排出，对混凝土表面出现的泌水应及时排干，池底表面在混凝土终凝前应压实抹光，从而得到强度高、抗裂性好、内实外光的混凝土。

(4) 混凝土养护。应保持 14d。

(5) 加设滑动层和压缩层。考虑到较长的水池受地基和桩基的约束，可在水池的垫层上表面和底板下表面间贴一毡一油作为滑动层。在承台梁两侧和池内水沟的里侧设置 1～3cm 厚的聚苯乙烯硬质泡沫塑料压缩层，以减少地基对水池侧面的阻力。

5.2.4 施工缝的处理

1. 底板混凝土应连续浇筑，不得留施工缝。池壁一般只允许留设水平施工缝，其位置不应留在剪力与弯矩最大处或底板与侧壁交接处，一般宜留在高出底板上表面不小于 200mm 的池壁上。池壁设有孔洞时，施工缝距孔洞边缘不宜小于 300mm。如必须留设垂直施工缝时，应留在结构的变形缝处。

水池施工缝设置要求（表 5-32）

水池施工缝设置要求　　　　表 5-32

施工缝设置位置		要　求
池底，池顶		不宜留施工缝
池壁	与底板连接无腋角时，距底板	≥20cm
	与底板连接有腋角时，距腋角上	≥20cm
	与顶板连接，留在顶板下	≥20cm

2. 施工缝的形式（图 5-1），（表 5-33）

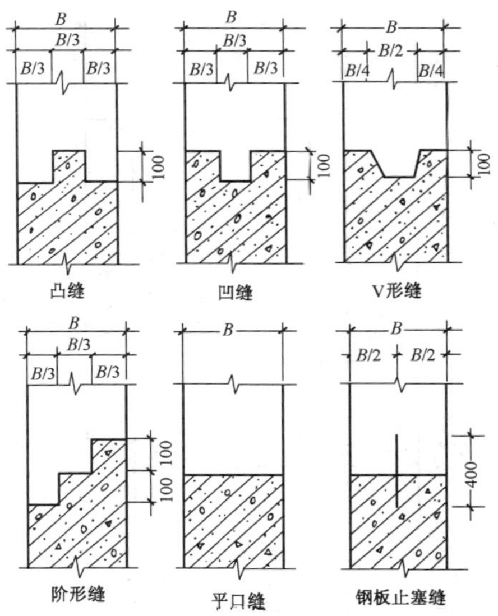

图 5-1　施工缝的形式

3. 施工缝处理方法

（1）对缝表面进行凿毛处理，清除浮粒和杂物。

（2）继续浇筑前用水冲洗并保持湿润，铺上20～25mm厚的水泥砂浆，其材料和灰砂比应与混凝土相同。

（3）在施工时，要尽量缩短施工缝上、下两段混凝土的浇灌间隙时间，继续浇灌混凝土。

（4）捣实后再继续浇筑。

5.2.5　穿池壁管、件的防水处理

1. 预埋铁件和穿壁螺栓的防水作法（表 5-34）

2. 穿越池壁、池底管的常用作法（表 5-35）

施工缝的形式　　表 5-33

型式		优点	缺点	备注
平口缝		施工简单	界面结合差	
企口缝	凸缝	接缝表面容易清理	支模费时	
	凹缝	施工简便，界面结合较好	清理困难，易积杂物	较常用
	V形缝	渗水线路延长	支模麻烦	较常用
	阶形缝	渗水线路延长	支模麻烦	
钢板止水缝		防水效果可靠	耗费钢材	

预埋铁件和穿壁螺栓的防水作法 **表 5-34**

	图示	作法要点
预埋铁件	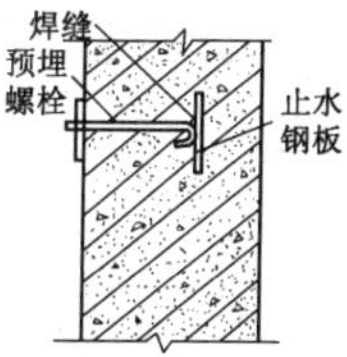 焊缝 预埋螺栓 止水钢板	1. 预埋铁件上焊一止水钢板 2. 施工时注意将铁及止水钢板周围的混凝土浇捣密实，保证质量 3. 预埋铁件较多较密时，可采用多个预埋件共用一块止水钢板的作法
穿墙螺栓		1. 如固定模板用的螺必须穿过防水混凝土结构时，应采取止水措施，一般采用在螺栓或套管上加焊止水环，止水环必须满焊，环数应符合设计要求 2. 固定设备用的锚栓等预埋件，应在浇筑混凝土前埋入。如必须在混凝土中预留锚孔时，预留孔底部须保留至少 150mm 厚的混凝土 3. 当预留孔底部的厚度小于 150mm 时，应采取局部加固措施

穿越池壁、池底管的常用作法 **表 5-35**

	图　　示	作　法　要　点
防水套管施工	(a)	1. 预埋套管应加止水环，钢套管外的止水环应满焊严密 2. 池壁混凝土浇灌到距套管下面 20 ~ 30mm 时，将套管下混凝土捣实，振平 3. 对套管两侧呈三角形均匀，对称的浇灌混凝土，此时振捣棒要倾斜，并辅以人工插捣，此处一定要捣密实 4. 将混凝土继续填平至套管上皮 30 ~ 50mm，不得在套管穿越池壁处停工或接头 5. 管道穿越预埋套管后，用石棉水泥以打口形式或膨胀水泥等封闭充填其空间

续表

	图示	作法要点
管道直埋施工	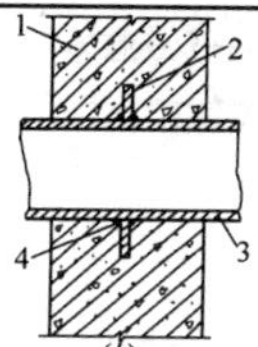 1 2 3 4 (b)	1. 混凝土浇捣过程及注意事项同上 2. 管道的位置、高程及管道的角度要求要相当精确，因为固埋后，没有活动的余地
预留孔洞后装管施工	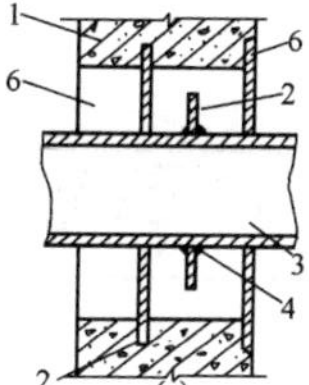 1 6 6 2 3 4 2 (c)	1. 施工时，在管道通过位置留出带有止水环的孔洞 2. 在孔洞里装管道方法 (1) 石棉水泥打口方法：像管道接口一样，首先用油麻缠绕在管道上，打入孔洞内，打实后用石棉水泥填塞，然后打口（详见管道石棉水泥接口）。注意孔洞不宜留得过大 (2) 将管道焊上止水环后，放入孔洞内从两面浇筑混凝土，并捣实

续表

	图示	作法要点
油毡防水层	（略）	1. 将双面焊存螺栓的短管套管浇筑在混凝土池壁内 2. 在池壁一侧用短管上的螺栓和夹板将数层油毡纸固定于池壁边，然后用水泥砂浆做一层保护层 3. 将管道穿过短管套管，塞进填料，用压紧环紧

注：表图中：1—池壁；2—止水环；3—管道；4—焊缝；5—套管；6—钢板；7—填料

5.2.6 水池变形缝的处理

1. 矩形水池的伸缩缝间距（表 5-36）

2. 伸缩缝宜做成贯通式将基础断开，缝宽不宜小于 2cm。

3. 当构筑物或管道的地基土有显著变化或构筑物的竖向布置高差较大时，应设置沉降缝。沉降缝应在构筑物或管道的同一剖面上贯通，缝宽不应小于 3cm。

4. 当伸缩缝、沉降缝处采用橡胶或塑料止水带时，厚度小于 25cm 的构件宜在设缝端部处局部加厚截面并增设构造。采用埋入式橡胶或塑料止水带的变形缝时，止水带的位置应准确，圆环中心应在变形缝的中心线上。止水带应固定，浇筑混凝土前须清洗干净，不得留有泥土杂物（见图 5-2）

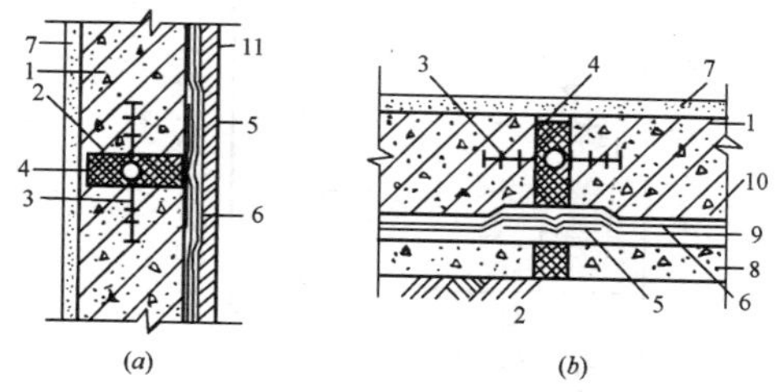

图 5-2　采用埋入式橡胶或塑料止水带的变形缝示意图
1—防水结构；2—填缝材料；3—止水带；
4—填缝油膏；5—油毡防水层；7—水泥砂浆面层；
8—混凝土垫层；9—水泥砂浆找平层；
10—水泥砂浆保护层；11—保护墙

5. 止水带的质量应符合下列要求

(1) 金属止水带应平整、尺寸准确，其表面的铁

矩形水池的伸缩缝间距 **表 5-36**

结构类别 \ 工作类别 \ 地基类别			岩基（mm）		土基（mm）	
			露天	地下式或有保温措施	露天	地下式或有保温措施
现浇混凝土		5	8	8	15	
钢筋混凝土	装配整体式	20	30	30	40	
	现　浇	15	20	20	30	

注：地下式或设有保温措施的构筑物和管段，由于施工条件因素，外露时间较长时，宜按露天条件设置伸缩缝。

锈、油污应清除干净，不得有砂眼、钉孔；

接头应按其厚度分别采用折叠咬接或搭接；搭接长度不得小于 20mm，咬接或搭接必须采用双面焊接；金属止水带在伸缩缝中的部分应涂防锈和防腐涂料。

(2) 塑料或橡胶止水带的形状、尺寸及其材质的物理性能均应符合设计要求，且无裂纹、无气泡。

接头应采用热接，不得采用叠接；接缝应平整牢固，不得有裂口、脱胶现象。T 形接头、十字接头和 Y 形接头，应在工厂加工成型。

(3) 止水带安装应牢固，位置准确，与变形缝垂直；其中心线应与变形缝中心线对正，不得在止水带上穿孔或用铁钉固定就位。

6. 构筑物各部位构件内，钢筋的混凝土保护层的最小厚度 L 从钢筋的外缘算起，保护层最小厚度见表 5-37。

5.2.7 现浇钢筋混凝土水池的养护

1. 混凝土浇筑完毕后，应及时覆盖和洒水湿润，养护期不少于 14d。

2. 不宜采用电热法和蒸汽养护。必须采用蒸汽养护时，宜于低压饱和蒸汽均匀加热，最高气温不宜大于 30℃，升温速度不宜大于 10℃/h；降温速度不宜小于 5℃/h。

3. 采用池内加热养护时，池内温度不得低于 5℃，且不宜高于 15℃，并应洒水养护，保持湿润，池壁外侧应覆盖保温。

4. 冬季施工时，应注意防止结冰，特别是预留孔洞处容易受冻部位应加强保温措施。

5.2.8 评定水池混凝土质量

1. 制作试块组数（表 5-38）

保护层最小厚度 **表 5-37**

构件类别	工 作 条 件	钢 筋 类 别	保护层厚度（mm）
墙、板	与水、土接触或高湿度	受力钢筋	25
	与污水接触或受水气影响	受力钢筋	30
梁、柱	与水、土接触或高湿度	受力钢筋	30
		箍筋或构造钢筋	20
	与污水接触或受水气影响	受力钢筋	35
		箍筋或构造钢筋	25
基础、底板	有垫层的下层筋	受力钢筋	35
	无垫层的下层筋	受力钢筋	70

表 5-38

制作试块组数

试块种类	位置和要求	试块制作
强度试块	标准养护与结构同条件养护	每工作班不少于一组试块，每拌制 $100m^3$ 混凝土不少于一组，每组 3 块，按拆模、施加预应力和施工期间临时荷载等试验需要的数量留置
抗渗试块	池底板 池　壁 池顶板	不少于 1 组，每组 6 块
抗冻试块	冻融循环 25 与 50 次	留 3 组，每组 3 块
	冻融循环 100 次以上	留 5 组，每组 3 块

2. 试块的评定（表 5-39）

试块的评定　　表 5-39

项　　目		指　　标
抗压试块的强度	同批试块强度平均值	≥1.05R
	同批强度最小值	≥0.9R
抗渗试块的抗渗强度		不得低于设计抗渗强度
抗冻试块	抗压极限强度下降	≤25%
	重量损失	≤5%

3. 现浇钢筋混凝土水池施工允许偏差（表 5-40）

现浇钢筋混凝土水池施工允许偏差　表 5-40

项　　目		允许偏差（mm）
轴线位置	底　　板	15
	池壁、柱、梁	8
	垫层、底板、池壁、柱、梁	±10
平面尺寸（底板和池体的长宽或直径）	$L<20m$	±20
	$20m<L<50m$	±$L/1000$
	$50m<L<205m$	±50
截面尺寸	池壁、柱、梁、顶板	+10 -5
	洞、槽、沟净空	±10
垂直度	$H<5m$	8

续表

项　　目		允许偏差(mm)
垂直度	5m < H < 20m	1.5H/1000
表面平整度（用2m直尺检查）		10
中心位置	预埋件、预埋管	5
	预留洞	10

5.3 装配式钢筋混凝土水池

5.3.1 装配式水池施工

1. 装配式钢筋混凝土水池的施工方法

（1）池底板施工　应事先按要求在池底垫层上弹出池底板与L形壁板的接头位置线，并按线支企口形的边模。连接用的钢筋要预留好。

（2）L形壁板吊装　一般采用15t履带起重机将壁板就位，用钢管扣件固定，经校正后楔平底面，并支撑牢固。

（3）壁板与底板接头处理　先将壁板伸出的钢筋与底板预留出的钢筋焊牢，冲洗干净后用微膨胀混凝土灌筑并振捣密实。在混凝土初凝后，终凝前再仔细抹压一次，湿养14d。在壁板外侧与C10混凝土垫层交角处，每块板应设置两圆锥形木楔，用C20细石混凝土包封，如图5-3。混凝土缝初凝后拔出木楔，待强度达到70%以上，用小型隔膜泵压浆灌满壁板底部与池底垫层间的空隙。压力灌浆的配合比为：水泥:水:铝粉＝100∶45∶0.05。

(4) 壁板侧面板缝处理先焊接或绑扎壁板侧面的锚固筋。内外模板用M10mm双头螺栓固定，螺栓中间焊50mm×50mm×5mm的钢板止水片，浇筑接头亦用微膨胀混凝土。拆模后割去螺栓外露部分，并用水泥砂浆嵌补严密。

2. 装配式圆形水池底板施工

1）弹线

在垫层混凝土强度达到1.2MPa后，先核对圆形水池中心位置，弹出十字线，校对集水坑、排污管、槽杯口的里外弧线，控制杯口吊斗位置，杯口里侧吊绑弧线及加筋区域弧线。对方形水池要在池底垫层上弹出池底板与L形壁板接头位置线。

2）钢筋绑扎

按加筋区域弹线布筋，先布弧形筋，再布放射筋，然后再布弧线筋，绑扎成整体。分别垫起保护层（σ＝35mm）高度，布好铁马凳。

3）模板安置

模板采用木模，以保证拼装接头的严密，注意吊模的支设，除上、下部位靠铁马凳外，左、右位置均在池底预埋角钢作支撑固定连接。角钢根部的混凝土欠缺处，以砂浆加厚作防漏处理，安装杯槽、杯口模板前应复测验证，杯槽口模板必须安装牢固。

4）浇筑混凝土

浇筑混凝土由中心向四周扩张采用连续作业，接茬时间控制在2h之内，池壁杯槽、杯口部分，可交替两个茬口施工，由两个作业组相背连续操作，一次完成，不留施工缝。

5）环槽杯口内壁，杯口应与底板的混凝土同时浇筑，不应留置施工缝，环槽杯口外壁宜后浇。

3. 预制构件的制作

（1）水池壁板可在预制场或现场平面浇筑，用平板式振捣器振捣，提高混凝土的密实度。

（2）壁板厚度不应小于120mm，两侧应做齿槽，壁板外表面宜作成圆弧形。壁板可采用木模制作，采用无机脱模剂。

（3）壁板间的接缝宽度，不宜超过板宽的1/10，缝内浇筑细石混凝土或膨胀性混凝土，其强度应比壁板混凝土提高C5强度。

4. 杯槽、杯口的施工

杯槽高度宜尽量降低，杯槽内安装壁板后、壁板里、外侧的填料应在施加预应力后进行，环槽环口、环口施工允许偏差（表5-41）

表5-41

项　　目	允许偏差（mm）
轴线位置	8
底面高程	±5
底宽、顶宽	+10 -5
壁厚	±10

5.3.2 构件的安装

1. 吊装及准备工作（表5-42）

吊装及准备工作　　表 5-42

项目			要求
准备工作	环槽杯口、杯口		1. 将槽两侧凿毛、清理干净 2. 测好杯底标高，将不平处凿除
	环槽上口弹出壁板安放线		根据设计及预制壁板尺寸进行排列
	每块壁板		两侧凿毛
吊装	准备工作	构件吊装混凝土强度	≥70%设计强度
		构件堆放	1. 就近堆放，堆放场地平整夯实，有排水措施 2. 堆放应按设计受力条件支垫并保持稳定 3. 构件上的标志和吊环应向外
		构件检查	1. 复查合格后方可使用；有裂缝的构件应进行鉴定 2. 柱、梁、壁板应标注中心线

续表

项目		要求
顺序	池内	柱 $\xrightarrow{\text{(校正)}}$ 灌柱杯口 $\longrightarrow$ 曲梁 $\xrightarrow{\text{(焊接)}}$ 扇形板
	池壁	壁板 $\xrightarrow{\text{(校正固定)}}$ 灌环槽杯口 $\longrightarrow$ 最外一圆扇形板（内侧部分）
安装	构件安装就位后	应采取临时固定措施，曲梁应在梁的跨中临时支撑，待上部二期混凝土达到设计强度的70%以上时，方可拆除支撑
	安装的构件	须在轴线位置及高程进行校正后焊接或浇筑接头混凝土

2. 网架结构吊装方法

(1) 地面拼装法

1) 就地拼装、整体顶升

网架在地面拼装，支点设在柱子的位置上，不必错开，然后用千斤顶将网架顶升到设计标高。

顶升过程如下：网架在地面拼装好，组装提升架。顶升前，U形卡板在下横梁处将提升杆卡住，再降下千斤顶。如此循环，就可将网架提升到设计标高处。

2) 就地拼装、整体提升

网架在地面进行全部拼装，再利用升板机或滑模提升机具，将网架提升到设计标高。

3) 就地拼装，整体吊装，高空移位

在地面拼装时，将网架支座错开支承柱的位置。然后用起重机械将网架抬起，超过柱顶后，再将网架移位，使网架支座移至柱顶后就位。

4) 地面拼装，整体提升，利用滑道整体移位。

(2) 高空拼装方法

地面制成杆件，高空散装。

(3) 网架安装注意事项

1) 严格控制测量放线尺寸。从土建基础放线到构件制作、拼装、安装都使用已校验好的统一钢尺。

2) 严格控制临时支点的沉降变形不能超过 ±2mm；对于空中拼装用脚手架及平台还要保持稳定。

3) 地面定位时，将上弦、下弦和腹杆以不同颜色按图在地面上放足尺大样，注明编号、规格。

4) 网架提升中要防止应力集中，使杆件变形，必要时应临时加固。

5）编制合理的上弦、下弦和腹杆的安放顺序和焊接顺序。一般情况下，杆件安放顺序和焊接顺序一样，先点焊，在同一块体上先焊下弦，后焊上弦。要求焊缝饱满、焊脚齐整、不咬肉。

6）网架在提升时，严格控制支座标高，所有支座最高与最低标高相差，不能超过±8mm。

3. 就位和临时固定

垂直吊装就位和临时固定的操作要点

1）在板吊至杯口上空后，应各自站好位置，稳住板脚并将其插入杯口。

2）当脚接近杯底时（约离杯底3～5cm），刹住车，插入8个楔子（每个柱面垫两个）。此时应目测板的两个面垂直度，并通过起重机操作（回转、起落吊杆或跑车），使板身大致垂直。

3）用撬杆撬动或用大锤敲打楔子，使板身中线对准杯底中线。对线时，应先对准两个小面，然后平移板对准大面。

4）落钩，将板放到杯底，并复查对线。此时必须注意将板脚确实落底。否则，架空的板在校正时容易倾倒。

4. 接缝施工主要形式有：

（1）环槽杯口浇捣混凝土（图5-3）

（2）壁板间竖缝支模（图5-4）

（3）壁板接缝形式（图5-5）

（4）接缝施工要求和注意事项

1）池壁环槽杯口的灌缝。先灌外杯口混凝土，后灌内杯口。在灌缝前应将槽杯清洗干净。采用细石混凝土灌填，并保持湿度养护一周以上。

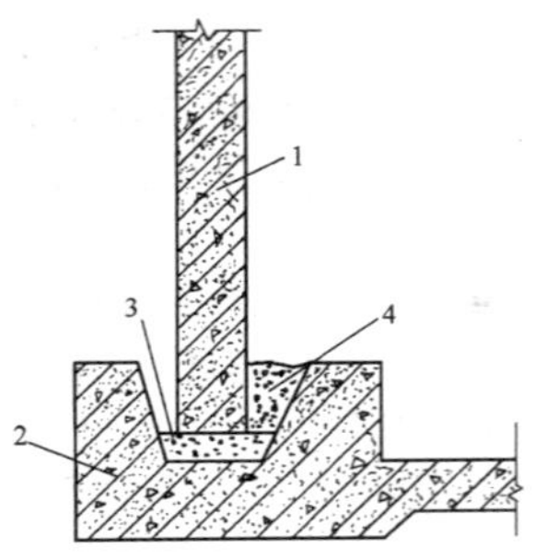

图 5-3 环槽杯口浇捣混凝土

1—壁板；2—环槽；3—水泥砂浆找平；4—C30 细石混凝土

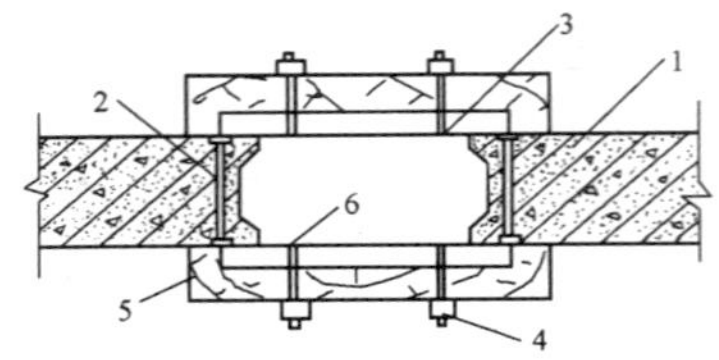

图 5-4 壁板间竖缝支模

1—壁板；2—预埋铁件；3—连接板；

4—ϕ12 螺栓；5—50mm 厚模；6—连接板上套丝孔

2）壁板接缝。壁板接缝的内模宜一次安装到顶；外模应分段随浇随支，分段支模高度不宜超过 1.5m。接缝混凝土强度应比壁板提高一级，宜采用微膨胀混凝土，水灰比应小于 0.5，混凝土如有离析现象，应进行二次拌合。混凝土分层浇筑厚度不宜超过 250mm，并应采用机械振捣，配合人工捣固。接缝填浇宜选在气温较高，壁板缝稍有胀宽时进行。

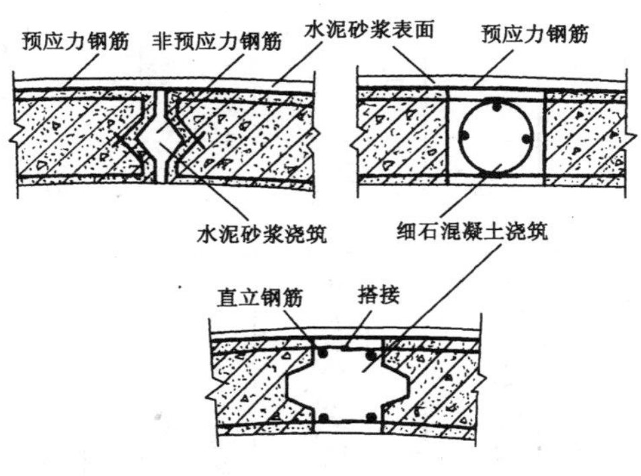

图 5-5　壁板接缝形式

5.4　装配式预应力混凝土水池

5.4.1　施工方法（表 5-43）

施工方法　　表 5-43

施工方法	优缺点
绕丝法	施工速度快、质量好，但需专用设备
电热张拉法	设备简单，操作方便，施工速度快，质量较好
径向张拉法	工具设备简单，操作方便，施工费低，较绕丝法、电热张拉法低 12%～23%

5.4.2　预应力混凝土张拉设备、工具与材料（表 5-44）

5.4.3　施工要点

1. 先张法施工要点（表 5-45）

预应力混凝土张拉设备、工具与材料 **表 5-44**

张拉方法	设备、工具、材料名称	规格性能	单位	数量
先张法	台座	槽式或墩式，单线 60～100m，双线 30～50m	座	1
	张拉架	钢制	套	1
	液压千斤顶或螺杆张拉机或卷扬机、捯链、平衡重锤	YL60 型、YC60 型千斤顶配套油泵为 ZB4/500 型电动油泵	台	2
	重高压油泵	常用 ZB4/500 型（745mm × 494mm × 997mm）	台	2
	油压表	39.2MPa 或 49MPa	块	4
	吊车		台	1
	夹具		套	12～22

续表

张拉方法	设备、工具、材料名称	规格性能	单位	数量
后张法	冷拉台座		座	1
	成孔胶管或钢管	ϕ50～65（mm）	节	6～12
	液压千斤顶	YL60型、YC60型千斤顶配套油泵为ZB4/500型电动油泵	台	2
	高压油泵	常用ZB4/500型（745mm×494mm×997mm）	台	2
	油压表	39.2MPa或49MPa	块	4
	灰浆泵	压力1.47MPa，输送量3m^3/h	台	1
	灰浆搅拌机	200L	台	1
电热张拉法	低压变压器或电焊机	75～100kVA	台	2
	交流电压表	0～450V	块	1

续表

张拉方法	设备、工具、材料名称	规格性能	单位	数量
电热张拉法	钳式电流表	0～1000A	块	1
	万能表		块	1
	铁壳开关	500V，100～200A	个	3
	可逆式电磁开关	500V，300A	套	1
	手提式变形仪（或拉伸机）		套（台）	1
	百分表		块	6
	电夹具	钳式或杠杆式或夹板式，5mm 紫铜板制	个	2～6
	二次导线	250～1000mm²，$L=50$m	根	3
	秒表		块	1
	测温笔或半导体测温计		盒（支）	1

先张法施工要点　　表 5-45

项目	施　工　要　点
气温	在气温低于 0℃的环境下，不宜制作预应力混凝土构件
模板	(1) 模板要求不变形、不漏浆、装拆方便 (2) 作为支承张拉力的模外张拉的侧板或底板，应有足够的刚度 (3) 用地坪台面作底板时，安装模板应避开伸缩缝；如必须跨压伸缩缝时，宜用薄钢板或油毡纸垫铺，以备放张时滑动 (4) 槽形板胎模的圆角要光滑，端部横肋斜度应大于 1:1.5 (5) 大型屋面板不宜采用反模（即肋向上）的方法浇筑
钢筋	(1) 铺放预应力筋时，应采取防止隔离剂玷污预应力筋的措施 (2) 在张拉至 9% σ_{con}时，可进行预埋件、钢箍等的校正工作
设备	(1) 已磨蚀较大的锚夹具，应即更换，不宜勉强使用 (2) 张拉前应进行一次检查，钢丝绳无破损，千斤顶无泄漏，滑轮组润滑良好 (3) 用横梁成组张拉时注意力点均匀对称；注意横梁、千斤顶、拉力架等的稳定

续表

项目	施　工　要　点
张拉	(1) 张拉后的预应力筋与设计位置的偏差不得大于5mm，且不得大于构件截面最短边长的4% (2) 应将张拉参数（张拉力、油压表值、伸长值等）标在牌上，供操作人员掌握 (3) 当同时张拉多根预应力筋时，应预先调整初应力，使其相互之间的应力一致，并在张拉至5%～10%时检查，在钢筋或张拉杆上记上标志，作为伸长值的起点，以供检查 (4) 分批张拉时，先张拉靠近台座截面重心部位的筋，避免台座偏心受力过大 (5) 如对冷拔低碳钢丝作折线张拉时，应在两端张拉，并在钢丝弯折处装设定位滚筒，减少摩擦损失
锚定	(1) 张拉完成后，持荷2～3min。待预应力值稳定后，方可锚定 (2) 顶塞圆锥形锚塞、齿板、夹片时，不宜突然用力过猛撞击；拧螺母时，注意压力表维持在控制张拉力的读数上 (3) 进行预应力值的检查 (4) 张拉工艺的各项数值，应按规定填写记录
浇筑	(1) 按照操作要点进行操作 (2) 如用人工操作，必须反铲下料；如用翻斗车、吊斗下料，应注意辅料均匀；如构件上面有构造网片的，不宜用翻斗车、吊头直接下料，避免压弯网片 (3) 根据构件种类，采用适当的振捣设备

续表

项目	施　工　要　点
浇筑	梁柱宜用插入式振捣器；大梁宜用附着式振捣器；小梁、板肋宜用剑式振动器；板类宜用平板式振动器；短线模外张拉的构件，宜用振动台 (4) 振捣工作要求边角密实饱满，特别是两端必须密实饱满 (5) 振捣时，振捣棒严禁触动预应力筋 (6) 每一条长线台座的构件，宜在一个台班内全部完成
养护	(1) 必须在初凝前覆盖，保湿养护 (2) 混凝土强度设计值小于 1.2N/mm^2 时，不准踩踢该生产线的预应力筋

预应力筋张放的原则（表 5-46）

预应力筋张放的原则　　表 5-46

项　目	内　　容
混凝土强度	(1) 放张预应力筋时，混凝土强度必须符合设计要求；当设计无专门要求时，不得低于设计的混凝土强度标准值的 75% (2) 混凝土强度，应以同条件养护的试块为准
放张的顺序	(1). 预应力筋的放张顺序，应符合设计要求；当设计无专门要求时，应符合下列规定： 1) 对承受轴心预压力的构件（如压杆、桩等），所有预压应力筋应同时放张。

续表

项　目	内　　　容
放张的顺序	2）对承受偏心预压力的构件，应先同时放张预压力较小区域的预应力筋，再同时放张预压力较大区域的预应力筋 3）当不能按上述规定放张时，应分阶段、对称、相互交错地放张 （2）长线台座预应力冷拔低碳钢丝的放张应先从中间开始，后向两端进行
断筋方法	（1）放张后预应力筋的切断顺序，宜由放张端开始，逐次切向另一端 （2）钢丝及小钢筋，可用断线钳剪断；不得用反复弯曲方法扭断 （3）钢筋可在放张后再用乙炔割断 （4）任何钢筋、钢丝均不得用电弧烧断

2. 后张法构件制作要点（表 5-47）

后张法构件制作要点　　　表 5-47

项　目	制　作　要　点
构件（块体）制作	（1）整体式预应力构件，如吊车梁、托架，一般在预制厂生产。跨度在 24m 以下的屋架、屋面梁，多采取现场平卧重叠生产，重叠不宜超过四层 （2）现场布置应考虑混凝土浇捣、抽芯管、穿筋、张拉、吊装等工序操作方便，留出必要的操作场地

续表

项　目	制　作　要　点
构件（块体）制作	(3) 块体拼装式构件，如24m以上屋架，多在预制场生产，制成两榀块体，运到现场拼装成整体 (4) 预应力构件（块体）混凝土宜一次浇筑，不留施工缝，屋架先浇上弦和腹杆，然后从下弦中间向两边浇筑或从下弦两端向中间合拢，使其在水泥初凝时间内完成
构件预留孔道轴芯方法	(1) 预留孔道的尺寸与位置应正确，孔道应平顺，端部的预埋钢板应垂直于孔道中心线 (2) 构件预留孔道的直径、长度、形状由设计确定，如无规定时，孔道直径应比预应力筋直径、钢筋对焊接头处外径，或需穿过孔道的锚具或连接器的外径大10～15mm。对钢丝或钢绞线孔道的直径应比预应力束外径或锚具外径大5～10mm，且孔道面积应大于预应力筋的两倍。孔道之间净距和孔道至构件边缘的净距均不应小于25mm (3) 当铺设已穿有预应力筋的波纹管或其他金属管道时，严禁电火花损伤管道内的钢丝或钢绞线 (4) 孔道成形后，应立即逐孔检查，发现堵塞，应及时疏通 (5) 孔道可采用预埋波纹管、钢管抽芯、胶管抽芯等方法成形。钢管应平直光滑，胶管宜充压力水或采取其他措施以增强刚度，波纹管应密封良好并有一定的轴向刚度，接头应严密，不得漏浆

续表

项　目	制　　作　　要　　点
同上	固定各种成孔管道用的钢筋井字架间距不宜大于 1 m；波纹管不宜大于 0.8m；胶管不宜大于 0.5m；曲线孔道宜加密 灌浆孔间距：预埋波纹管不宜大于 30m；抽芯成形孔道不宜大于 12m；曲线孔道的曲线波谷部位，宜设置泌水管 （6）钢管抽芯法要求管表面平直圆滑，使用前除锈、刷油，钢管在构件中用钢筋井字架固定位置，与钢筋骨架扎牢。两根管接头处用厚 0.5mm，长 300～400mm 套管连接。混凝土浇筑后，每隔 10～15min 转管一次，在混凝土初凝后，终凝前抽管，常温下抽管时间约在混凝土浇筑后 3～5h。抽管要平直、稳妥、均速，次序为先上后下，一般用人工或用小型卷扬机拉拔 （7）胶管抽芯法：帆布橡胶管采用有 5～7 层帆布夹层，壁厚 6～7mm 的普通橡胶管，用前一端密封，另一端接上阀门充水或充气，短构件留孔，可用一根胶管对弯后穿入两个平行孔道；长构件留孔，可用长 400～500mm 薄钢板套管连接，内径比胶管外径大 2～3mm，固定胶管亦用井字架，间距 500mm。曲线孔道宜加密。加压到 0.5～0.8N/mm^2 使胶管外径增大 3mm。抽管时将阀门松下，先曲后直。当缺乏充水、充气设备时，短构件也可用ϕ4～ϕ6 钢筋（丝）穿入管内塞满，端头放水（或放气）降压，待胶管断面回缩自行脱离，即可抽出。

续表

项　目	制　作　要　点
构件预留孔道轴芯方法	(8) 预埋管法：波纹管用厚 0.25mm、内径 30～130mm 管，每根长 4～6m，连接采用大一号同型波纹管，长 200mm，用密封胶带或塑料热塑管封口严密，波纹管用钢筋卡子每隔 600mm 焊在箍筋上固定。振捣混凝土时，应避免振动波纹管 (9) 在构件两端及跨中应设置灌浆孔，其孔距不宜大于 12m。曲线孔道的曲线波谷部位，宜设泌水孔

后张法张拉方法要求（表 5-48）

后张法张拉方法要求　　表 5-48

项　目	内　容
预应力筋张拉操作	(1) 预应力筋张拉时，结构的混凝土强度应符合设计要求，当设计无具体要求时，不应低于设计强度标准值的 75% (2) 预应力筋的张拉顺序应符合设计要求，当设计无具体要求时，可采用分批、分阶段对称张拉。采用分批张拉时，应计算分批张拉的预应力损失值，分别加到先张拉预应力筋的张拉控制应力值内，或采用同一张拉值逐根复张补足

续表

项　目	内　　容
同上	（3）预应力筋张拉端的设置,应符合设计要求;当设计无具体要求时,应符合下列规定: 1）抽芯成形孔道：对曲线预应力筋和长度大于 24m 的直线预应力筋，应在两端张拉；对长度不大于 24m 的直线预应力筋，可在一端张拉 2）预埋波纹管孔道:对曲线预应力筋和长度大于 30m 的直线预应力筋,宜在两端张拉;对长度不大于 30m 的直线预应力筋可在一端张拉。当同一截面中有多根一端张拉的预应力筋时,张拉端宜分别设置在结构的两端;当两端同时张拉同一根预应力筋时,宜先在一端锚固,再在另一端补足张拉力后进行锚固 （4）整体构件可平卧或直立张拉；分段制作的构件张拉前应进行拼装，先用拼装架将构件直立稳住，纵轴线对准，其直线偏差不得大于 3mm，立缝宽度偏差不得超过 + 10mm 或 - 5mm。在两端及拼接处用垫木支承，相邻块体孔道用一般 100 ~ 150mm 长薄钢管连接，张拉前先焊接预拉部分的连接板（如屋架的上弦，拼缝后灌浆），张拉后再焊接预压部分的连接板。接缝处砂浆（或细石混凝土）应密实，强度达到块体设计强度等级的 40%，且不低于 C15 时方可进行张拉 （5）张拉前应计算预应力筋的张拉力及相应的伸长值。预应力筋的实际伸长值尚应扣除混凝土构件在张拉过程中的弹性压缩值和锚具与垫板之间的压缩值

续表

项　目	内　　　容
同上	(6) 穿筋时，成束的预应力筋要将一头打齐，顺序编号并套上穿束器，穿入孔道使露出所需长度为止，穿入构件要防止扭结和错向 (7) 安装张拉设备时，对直线预应力筋，应使张拉力的作用线与孔道中心线重合；对曲线预应力筋，应使张拉力的作用线与孔道中心线末端的切线重合 (8) 预应力张拉次序，应采取分批、分阶段、对称地进行，避免构件受过大的偏心压力。采用分批张拉时，应计算分批张拉的预应力损失值，分别加到先张拉钢筋的张拉控制应力值内，或采用同一张拉值，再逐根复张补足，或统一提高张拉力，即在张拉力中增加弹性压缩损失平均值 (9) 平卧重叠浇筑的构件，宜先上后下逐层进行张拉。为了减少上下层之间因摩阻引起的预应力损失，可逐层加大张拉力。底层张拉力，对钢丝、钢绞线、热处理钢筋，不宜比顶层张拉力大5%；对冷Ⅱ、Ⅲ、Ⅳ级钢筋，不宜比顶层张拉力大9%，且不得超过表的规定。当隔离层效果较好时，可采用同一张拉值 (10) 预应力筋锚固后的外露长度，不宜小于30mm，锚具应用封端混凝土保护，当需长期外露时，应采取防止锈蚀的措施

续表

项　目	内　　　容
孔道灌浆	（1）预应力筋张拉完毕后，应尽快进行灌浆，以防锈蚀。灌浆材料应采用强度不低于32.5级普通硅酸盐水泥配制的水泥浆；对空隙大的孔道，可采用砂浆灌浆。水泥浆及砂浆强度，均不应小于20N/mm^2。灌浆用水泥浆的水灰比宜为0.4左右，搅拌后3h泌水率宜控制在2%，最大不得超过3%，当需要增加孔道灌浆的密实性时，水泥浆中可掺入对预应力筋无腐蚀作用的外加剂。如掺入水泥重量0.5%的经脱脂处理的铝粉，或掺加0.25%的木质素磺酸钙或0.25% FON，或0.5% NNO减水剂，可使水泥浆减水10%～15%，泌水小，收缩微小，早期强度提高。灰浆必须过滤，并在灌浆时不断搅拌，以防沉淀、析水 （2）灌浆前孔道应湿润、洁净；灌浆顺序宜先灌注下层孔道；灌浆应缓慢均匀地进行，不得中断，并应排气通顺；在灌满孔道并封闭排气孔后，宜再继续加压至0.5～0.6N/mm^2，稍后再封闭灌浆孔。不掺外加剂的水泥浆，可采用二次灌浆法 （3）用连接器连接的多跨连接预应力筋的孔道灌浆，应张拉完一跨随即灌注一跨，不得在各跨全部张拉完毕后，一次连续灌浆 （4）灌浆用设备常用灰浆搅拌机、灌浆泵、贮浆桶、过滤器、橡胶管和喷浆嘴等。橡胶管宜用带5～7层帆布夹层的厚胶管

续表

项　目	内　　　容
同上	(5) 灌浆用水泥浆强度不应低于 M20 级，灌浆后应做三组灰浆试块，以便检查强度，当灰浆强度不小于 $15N/mm^2$ 时，方可移动构件

5.4.4　预应力混凝土结构的允许偏差和检验方法(表 5-49)

5.4.5　绕丝法

1. 预应力绕丝的准备工作

(1) 从上到下检查池体半径、壁板垂直度，容许误差在 10mm 以内，将外壁清理干净，壁缝填灌混凝土毛刺应铲平，高低不平的凸缝应凿成弧形。

(2) 检查钢丝的质量和卡具的质量。

(3) 绕丝机在地面组装后，安装大链条。大链条在离底 500mm 高处沿水平线绕池一周，穿过绕丝机，调整后，空车试运行并将绕丝机提到池顶。

2. 预应力绕丝的注意事项

(1) 绕丝方向由上向下进行，第一圈距池顶的距离应按设计规定或依绕丝机设备能力确定，且不宜大于 500mm。

(2) 每根钢丝开始打的正卡具是越拉越紧的，末端打同一种卡具，但方向相反，绕丝机前进时，末端卡具松开，钢丝绕过池一周后，开始张拉打紧。

(3) 一般张拉应力为高强钢丝抗拉强度的 65%，控制在 ± 1kN 误差范围内，要始终保持绕丝机拉力不小

预应力混凝土结构的允许偏差和检验方法 **表 5-49**

项目			允许偏差（mm）	检验方法
截面尺寸	长度	块体	±5	尺量检查
		薄腹梁、桁架	+15 −10	
	宽度		±5	
	高度		±5	
侧向弯曲			构件长度的 1/1000，且不大于 20	拉线和尺量检查
保护层厚度			+10 −5	尺量检查
块体对角线			10	尺量两个对角线
块体表面平整度			5	用直尺和楔形塞尺检查
预应力筋预留孔道位置偏移			5	尺量检查
预埋钢板	中心线位置偏移		10	用直尺和楔形塞尺检查

续表

项目		允许偏差（mm）	检验方法
预埋钢板	上表面平整度	5	用直尺和楔形塞尺检查
	构件两端锚固支承面平整度	2	
预埋螺栓	中心线位置偏移	5	尺量检查
	外露长度	+10 −5	
预埋管预留孔中心线位置偏移		5	
预留洞中心线位置偏移		15	
块体拼装	纵轴线位置偏移	3	拉线和尺量检查
	立缝宽度	+10、−5 但最小宽度不小于10	尺量检查
采用钢丝束镦头锚具钢丝下料长度相对差值		钢丝下料长度的1/5000，且不大于5	尺量检查

于20kN，当超张拉在23～24kN之内时，就要不断的调整大弹簧。

(4) 应力测定点从上到下宜在一条竖直线上便于进行应力分析。可在一根槽钢旁选好位置，打卡具、测应力同时进行。

3. 钢丝接头应采用前接头法。将一根钢丝在牵制器前剩下3m左右时停止，卸去空盘换上重盘，将接头在牵制器前接好，将后钢丝盘反向转动，使钢丝仍然绷紧。接好后，使接头缓缓通过牵制器，在应力盘上绕好。同时调整应力盘上钢丝接头，以防压叠或挤出，直到钢丝接头走出应力盘，再继续开车。

钢丝接头应采用18～20号钢丝密排绑扎牢固，其搭接长度不应小于250mm。

4. 施加应力时，每绕一圈钢丝应测定一次钢丝应力，并作记录。

5. 池壁两端不能用绕丝机缠绕的部位，应在顶端和底端附近部位加密或改用电热法张拉。

5.4.6 电热张拉法

1. 张拉前的安装

(1) 水池的壁板、柱、梁、板一般采用综合吊装法进行安装。安装时必须分出锚固肋板的位置，并对有锚固肋的预制壁板，应按设计要求严格准确就位。

(2) 当环槽杯口，壁板接缝浇灌的混凝土强度达到设计强度的70%时，方可进行电热张拉。

(3) 电热张拉前，应根据电工、热工等参数计算伸长值，并应取一环作试张拉，进行验证。采用电热张拉时，预应力钢筋的弹性模量应由试验确定。电热张拉可采用螺丝端杆，墩粗头插U形垫板，帮条锚具U

形垫板或其他锚具。

2. 电热张拉前的准备工作

(1) 钢筋下料

1) 冷拉：预应力钢筋一般采用 ϕ18 钢筋，冷拉控制应力不超过 530MPa。将伸长率相近的钢筋对焊成整根，并对全部接头进行应力试验。

2) 下料：每根钢筋长度

$$L = \sqrt{\frac{\pi(D - \phi) + h}{n}}$$

式中 D——水池外径；

ϕ——钢筋直径；

h——锚固肋高度；

n——每池周钢筋根数，采用 2～8 根。

(2) 预应力伸长值（表 5-50）

预应力伸长值 **表 5-50**

伸长值	计算公式	备注
基本伸长值	$\Delta L_1 = (\sigma_{con} + 30) \times L$	σ_{con}—预应力张拉控制应力 $\sum\lambda_1$—锚具变形（cm） $\sum\lambda_2$—垫板缝隙（cm） L—电热前钢筋总长（cm）
附加伸长值	$\Delta L_2 = \sum\lambda_1 - \sum\lambda_2$	
总伸长值	$\Delta L = \Delta L_1 + \Delta L_2$	

(3) 施工一般要求电热参数（表 5-51）

施工一般要求电热参数　　表 5-51

项　　目	参　　数
升温（℃）	200～300
升温时间（min）	5～7
电压（V）	35～65
电流（A）	400～700
Ⅲ级钢电流密度（A/cm^2）	>150

(4) 电热张拉注意事项

1) 张拉顺序，宜由池壁顶端，逐圈向下张拉，先下后上再中间，即是张拉池下部 1～2 环，再张拉池顶一环，然后从两端向中间对称进行张拉，把最大环张力的预应力钢筋安排在最后张拉，以尽量减少部分预应力损失。

2) 与锚固肋相交处的钢筋应有良好的绝缘处理（一般采用酚醛纸板），端杆螺栓接电源处应除锈并保持接触紧密。

3) 通电前，钢筋应测定初应力，张拉端应刻划伸长标记。

4) 在张拉过程中及断电后 5min 内，应采用木锤连续敲打各段钢筋，使钢筋产生弹跳以帮助钢筋舒展伸长，调整应力。

5.4.7 径向张拉法

1. 预应力钢筋的准备

(1) 应校验钢筋成分和机械性能是否合格。

(2) 对焊接头应在冷拉前进行，接头强度不低于钢材本身，冷弯 90°合格。

（3）螺丝端杆可用同级冷拉钢筋制作，如果用45号钢，热处理后强度不低于700MPa，伸长率大于14%。

（4）套筒用不低于Q235钢材质的热轧无缝管制作，螺丝端杆与预应力钢筋对焊接长，用带丝扣的套筒连接。螺杆与套筒精度应符合标准，分层配合良好，配套供应施工过程中采取措施保护丝扣免遭损坏。

（5）环筋分段长度，应视冷拉设备和运输条件考虑，一般每环分为2~4段，长约20~40m。

2. 径向张拉施工要点

（1）预应力筋按指定位置安装，尽力挤紧连接套筒，再沿圆周每隔一定距离用简单的张拉将钢筋拉离池壁约计算值的一半，填上垫块，最后用测力张拉器逐点调整张力达到设计要求，再用可调撑顶住。为了使各点离壁的间隙基本一致，张拉时宜同时用多个张拉器均匀地同时张拉。

（2）逐环张拉点数，视水池直径大小，张拉器能力和池壁局部应力等因素而定，点与点的距离一般不大于1.5m，预制板以一板一点为宜。

（3）张拉时，径张系数一般取控制应力的10%，即粗钢筋≤120MPa，高强钢丝束≤150MPa，以提高预应力效果。

（4）张拉点应避开对焊接头，距离不少于10倍钢筋直径，不进行超张拉。

3. 施工测试

（1）池壁径向力的测定：将撑杆制成电阻传感器，用静态电阻应变仪测定。

（2）预应力钢筋内力测定：将套筒制成电阻传感器；用电阻仪测定。钢筋建立起的环拉力N与径面力

S 的比值 $\beta = N/S$ 应低于计算值。

(3) 池壁变形的测定：在池壁上沿高度布若干点，用百分仪测定。施加预应力后，测径向内缩值，装满水后，测径向外张值。当径向压缩值大于外张值时，则壁板始终处于受压状态，预应力效果良好。

5.4.8 喷水泥砂浆保护层

1. 喷水泥砂浆要求（表 5-52）

喷水泥砂浆要求　　表 5-52

砂			配合比	
粒径（mm）	刚度模数	含水率（%）	灰砂比	水灰比
≤5	2.3~3.7	1.5~0.33	0.3~0.5	0.25~0.35

2. 喷浆作业注意事项

(1) 喷浆施工应在水池满水试验合格后的满水条件下进行，应尽快进行钢丝保护层的喷浆，以免钢丝暴露在大气中发生锈蚀。

(2) 砂浆应拌合均匀，随拌随喷，存放时间不得超过 2h。

(3) 喷浆前，必须对受喷面进行除污、去油、清洗处理。

(4) 喷浆罐内压力宜为 0.5MPa，供水压力应相适应。输料管长度不宜小于 10m，管径不宜小于 25mm。

(5) 应沿池壁的圆周方向自池身上端开始；喷口至受喷池面的距离应以回弹物较少，喷层密实确定。每次喷浆厚度为 15~20mm，共喷三遍，总的保护层厚度不小于 40mm。

(6) 喷枪应与喷射面保持垂直，当受到障碍物时，其入射角不宜大于 15°，喷浆应连环旋射，出浆量应稳定且连续，不得滞射和扫射，且保持层厚和密实。

(7) 喷浆宜在气温高于 15℃时进行，当有大风、冰冻、降雨或低温时，不得进行。

(8) 喷浆凝结后，应加遮盖湿润养护 14d 以上。

5.4.9 绕丝预应力圆形水池施工参考允许偏差（表 5-53）

绕丝预应力圆形水池施工参考允许偏差

表 5-53

项目		允许偏差（mm）
底板	局部凸凹度（用 2m 靠尺检查）	5
	柱基杯口轴线位置	±5
环槽	槽口宽度（上口与下口）	-10
	中心线	±5
	槽底标高	-5
柱	长度	+10，-5
	侧向弯曲（H 为柱总长度）	H/750 且不大于 20
	安装倾斜度（$H>7m$）	10
	（$H<7m$）	8
圆弧梁	圆弧半径	±5
	安装轴线	±10
盖顶预制板		±10
	板对角线差	±5
	表面高低差	+3，-5
	板宽	+5，-3
	板肋高，板厚	+4，-2

续表

项　　　　目		允许偏差（mm）
壁板	宽度 长度 厚度 安装轴线偏差：环向 径向 垂直度（*H* 为壁板高度） 安装曲面的不平度(壁板间的偏差)	±5 +10，-5 +3 ±10 ±5 *H*/750 且不大于 20 +3，-5
预应力绕丝	钢丝应力 钢丝间距	+5%，-3% +10，-5
预埋件	中心位移 与混凝土表面的偏差 圆板中心螺栓位移 螺栓露明长度	10 5 5 +10，-5
水池安装总要求	水池半径的最大误差（$R<30$m） （*R* 为水池半径）（$R>30$m） 表面要求	+20，-10 +25，-15 圆周应是平滑曲线

5.5 水处理构筑物施工

5.5.1 水力絮凝池的施工要点

1）水力絮凝池的施工应依据设计图纸遵循现浇钢筋混凝水池施工规范进行。

2）当有预留孔洞或预埋管时，宜在孔口或管外径

1/4～1/3 高度分层；孔径或管外径小于200mm时，可不受此限制。分层模板及窗口模板应事先做好连接装置，使之能迅速安装，间歇浇筑时间隔时间不得大于2.5～3.0h。

3）水量较小的往复式隔板絮凝池，因隔板间距较小，施工困难，可采用预制钢筋混凝土构件现场组装。

4）孔室絮凝池四角应倒角形成圆弧状，以利形成旋流。

5）折板（波形板）絮凝池的折板和波形板安装时，应充分注意板的固定，以免初始运转时进水在相邻板间产生水位差，损坏折板。

6）网格絮凝池的网格（栅条）应预制；池体浇筑时应预埋固定部件，亦可用射钉枪现场固定连接部件。

7）旋流絮凝池的进、出水管必须沿切线方向设置，施工时必须校验合格后，才能开始浇筑。

5.5.2 沉砂、沉淀池

1. 池体施工的一般要求

(1) 严禁扰动槽底土壤，如发生超挖，严禁用土回填，池底土基不得受水浸泡或受冻。水池底板位于地下水位以下时，施工前应验算施工阶段的抗浮稳定性，当不能满足抗浮要求时，必须采取抗浮措施。

(2) 预埋在水池底板以下的管道及预埋件，应经验收合格后再进行下一道工序的施工。池壁处的预留孔洞及预埋件，在浇混凝土前应复查其位置和尺寸。在孔洞处的钢筋应尽量绕过，避免截断。

(3) 平流式沉淀池的底板施工要注意底板的平整度和坡度，坡向排泥槽（斗）方向。

(4) 竖流式沉淀池及澄清池内的导流筒的施工要特别注意架设的钢筋成型正确。为了减少变形，施工时可用临时支撑固定。

(5) 集水槽孔眼施工时，可依图纸要求预留长方形孔洞，待试水时根据水面找平后再埋设塑料短管。或者用水准仪监视逐个加装埋设塑料短管、保证集水孔眼在同一水平面上。池子运转后，若发生不均匀沉降则可凿掉孔口周围混合砂浆，重新调整孔口的高度。

(6) 在斜管沉淀池上，安装焊接出水槽，应当在装填料管（特别是塑料斜管）之前或者充水淹没斜管之后，以防在斜管上方焊接时，由于焊接火花和残渣，引起斜管的燃烧和火灾。

2. 进、出水系统的结构特点及施工要点（表 5-54）

3. 堰（孔）口高程检验

(1) 预制穿孔管、多口三角槽验收合格。

(2) 对堰口安装高程用水准仪检测，检测点数可按水池尺寸大小取 6～10 个部位检测。检测部分可沿四周堰口均匀分布，测出高程最大偏差值。

(3) 进出口薄壁堰、穿孔槽的孔口允许偏差（表 5-55）

4. 排泥系统

(1) 排泥方法及特点（表 5-56）

(2) 水力排泥施工要点

1) 排泥斗的斜面坡度要满足沉泥下滑的要求。一般，给水用排泥斗斜面坡角为 45°，污水处理用排泥斗斜面与水平面夹角大于 55°，且斜面施工要光滑。

2) 水力排泥阀应为快开阀门，安装应牢固、启闭快速灵活。

进、出水系统的结构特点及施工要点 **表 5-54**

<table>
<tr><th>形　　式</th><th>结　构　特　点</th><th>施　工　要　点</th></tr>
<tr><td>进水穿孔槽</td><td rowspan="3">进水入口处均采用整流措施来保证进水的均布，一般采用穿孔墙整流。由下部进水的斜管沉淀池可采用斜管导流，周边进水多采用薄壁堰和穿孔槽的形式</td><td rowspan="3">穿孔墙施工时要注意墙孔孔径要一致，孔口分布要均匀，尽量将孔口内壁作得光滑
薄壁堰和穿孔槽施工时，要注意同一池内的堰口要水平，穿孔槽的孔口要尽量在同一水平面内</td></tr>
<tr><td>进水穿孔墙</td></tr>
<tr><td>进水薄壁堰</td></tr>
<tr><td>出水穿孔管</td><td rowspan="4">为使集水均匀，集水支渠可分布在整个集水区内，多口三角堰，穿孔管应用红丹打底沥青漆二度防腐，并严禁涂料堵塞孔眼</td><td rowspan="4">出水的均匀性更为重要，因此，施工中要更应予以注意。无论采用穿孔管（槽）、多口三角堰、薄壁堰、还是淹没式出水，都要求装置水平且池内所有出水管的孔口都在同一水平面上
穿孔管（槽）以及多口三角堰加工时，就要严格控制，保证布孔均匀且孔口连线及三角堰顶点连线与管或槽轴心线平等</td></tr>
<tr><td>出水多口三角堰</td></tr>
<tr><td>出水薄壁堰</td></tr>
<tr><td>淹没式出水口</td></tr>
</table>

进出口薄壁堰、穿孔槽的孔口允许偏差

表 5-55

同一水池各堰顶，穿孔槽孔眼底缘	穿孔槽孔眼或穿孔堰孔眼
水平度允许偏差（mm）	间距允许偏差（mm）
±2	±5

3）施工中要有防止穿孔管或排泥管堵塞的措施和防腐措施。

(3) 机械排泥施工要点

1）卷扬机安装位置要准确，其设备基础的允许偏差要求（表 5-57）

2）导向滑轮在水下时，应设清水润滑管引入轮轴，防止污泥渗入。

3）钢丝绳张紧装置安装时，将张拉轮放在钢丝绳最松处，运转时逐渐拉紧。

4）轨道铺设的平整度对吸泥机的正常运转有很大影响。铺设前须先平整基础，一般可用垫块调整其标高和位置至合乎要求后，再用水泥砂浆填充固实。轨道安装过程中，需注意考虑施工时的气温与实际运行的水温温差造成的变形的影响。

5）悬挂式橡胶电缆应悬挂在张紧钢丝绳上的串联滑轮或滑块上。

(4) 刮泥机安装检验项目（表 5-58）

(5) 机械排泥装置安装允许偏差

池底预埋导轨的安装允许偏差（表 5-59）

5. 沉淀池主要的施工环节及要求

(1) 土基坑允许偏差（表 5-60）

排泥方法及特点 表 5-56

排泥方法			施工要点	构造特点
多斗重力排泥			斗底斜壁的抹面要平滑，预埋排泥管件的管口在施工时要用草袋或水泥袋堵住，防止施工过程中杂物进入	斗底斜壁与水平之夹角一般为45°，一般采用大、小泥斗结合布置。池子前段用小泥斗，后段用大泥斗。泥斗排泥阀多采用快开阀门
穿孔管排泥			穿孔排泥管可预埋或后装接。预埋时要有防止施工杂物堵塞孔眼的措施	穿孔管一般用铸铁管，穿孔管的布置一般有纵向和横向两种。穿孔管孔眼向下与垂线成45°交叉排列。穿孔管排泥阀门一般采用快开式
机械排泥	桁架式	虹吸式	虹吸排泥管的施工中要注意其系统的严密性，必须保证虹吸管不漏气	设有桁架行车及驱动机构，池底处行车下部的刮板处，设若干根虹吸管引出至池外的排泥槽内。行车移动，池底的泥由刮板刮下，经虹吸管排出
		泵吸式	注意吸泥泵吸水管的严密性和防止吸水管顶部积气	设有桁架行车及驱动机构，刮泥板处设吸口，桁架行车上设吸泥泵，将池底的泥吸出

续表

排泥方法			施工要点	构造特点
同上	牵引式刮泥	卷扬机传动式	卷扬机的安装应符合机械设备安装工程施工及验收规范；在施工中要特别注意牵引钢丝绳结牢和导向轮装置的位置正确及导向轮对称中心线与主导轮中心线尽量重合	由慢动卷扬机通过钢丝绳牵动刮泥桁车，通过刮泥机将泥刮入排泥槽，用混流泵将泥排出，亦可用排泥阀或穿孔管从排泥槽内排出
		悬挂式		将刮泥桁车沿池底运动的滚轮的轨道提高，离开泥浆区，则成为悬挂式
	中心悬挂式		施工中注意中心柱中心支架的垂直度和中心转盘的水平度。还应注意刮板安装应按设计要求与底面保持一定的距离，而且要安装牢固，周边驱动式机械排泥还应注意周边轨道的水平度	底部设桁架行车刮泥板，垂直中心处设驱动机构，通过立轴，向刮板运动，将泥刮向中心排泥井，然后通过排泥管将泥由排泥井中排出
	周边驱动式			大致与中心悬挂式刮泥机相同，只是驱动装置设在周边（用于圆形池）

卷扬机安装基础允许偏差 表 5-57

项	目		允许偏差（mm）
基　础	位置（纵、横轴线）		±20
基　础	各不同平面标高		+0 −20
基　础	平面外形尺寸 凸台上平面外形尺寸 凹穴尺寸		±20 −20 +20
基　础	平面的不水平度	每　米	5
基　础	平面的不水平度	全　长	10
基　础	竖向偏差	每　米	5
基　础	竖向偏差	全　长	20
预埋地脚螺栓	位　置	标高（顶部）	+20 −0

续表

项目			允许偏差（mm）
预埋地脚螺栓	位　　置	中心距（在根部和顶部测量）	±2
	螺栓孔	中心位置	±10
		深　　度	+20 −10
		孔壁垂直度	10
	活动地脚螺栓锚板	标　　高	+20 −0
		中心位置	±15
		不水平度（带槽的锚板）	5
		不水平度（带螺纹孔的锚板）	2

刮泥机安装检验项目　　表 5-58

<table>
<tr><th colspan="3">检验项目</th><th>目的</th><th>检验方法</th></tr>
<tr><td rowspan="3">刮泥机走轮钢轨检验</td><td colspan="2">钢轨平面、侧面的直线度、两端面的垂直度</td><td>铺设前检查其弯曲、歪扭等变形情况，保证铺设的钢轨符合允许偏差要求</td><td>用经纬仪的竖线检测钢轨一侧边缘和端面中心线的偏移量，用直尺量测，取其最大的偏移值</td></tr>
<tr><td>直线平行轨道</td><td>轴线位移
两轴线间距
轨顶高程
接头间隙
接头错位</td><td rowspan="2">钢轨安装检验，保证铺设的钢轨符合允许偏差要求</td><td>用经纬仪辅以钢尺量测</td></tr>
<tr><td>圆形轨道</td><td>轨顶高程
轴线位置
两轨间距
接头间隙
接头错位</td><td>通过圆形轨道的圆心，用钢尺严格测两条轨道半径</td></tr>
</table>

续表

检验项目		目的	检验方法
刮泥机转动轴检验	安装位置	检验安装位置和轴的垂直度	用经纬仪定出转动轴的位置，用十字线交点来控制测定转动轴位置偏差程度
	转动轴垂直度		用经纬仪的竖丝对准轴上部中心线，用钢尺量出轴下部中心线与竖丝的间距来推算

池底预埋导轨的安装允许偏差　表 5-59

项目		允许偏差（mm）
水平度（mm/m）		≤2
全长不平整度（mm）		<1/1000
轨距	当轨距≤10m 时	±3
	当轨距>10m 时	±5
轨顶标高		±5
轨道弯曲		±3
两根轨道坡度		0.1%（轨长）
轨道接头	接头高差	1~3
	接头空隙（不包括温差影响）	

土基坑允许偏差 **表 5-60**

项目	允许偏差(mm)	检查频率		检验方法
		范围	点数	
高程	±10	每5m	1	用水准仪测平桩作方格网，挂线用尺量
坡度	0.2%	每一方格	1	用坡度尺量测
平整度	10	每方格	1	用2m直尺量测
轴线位移	20	每个池	2	用经纬仪测量纵横各1点
基底半径	30 0	每5m	1	依据轴线桩用尺量

(2) 模板安装必须牢固，拼缝严密，不得漏浆。垫层模板允许偏差（表 5-61）

(3) 混凝土配合比必须符合规定。垫层混凝土浇筑允许偏差（表 5-62）

(4) 稳流筒内壁管安装要求。弯头、管件安装位置应正确，埋设平正、牢固、直立。管件接头填料密实、饱满，不得低于承口 5mm。安装允许偏差（表 5-63）

(5) 沉淀池稳流筒混凝土浇筑。混凝土配合比必须符合规定，外加剂掺量必须准确。构筑物不得有露筋、蜂窝等现象。混凝土浇筑允许偏差（表 5-64）

(6) 沉淀池底板钢筋加工允许偏差（表 5-65）

(7) 沉淀池底板钢筋安装允许偏差（表 5-66）

(8) 沉淀池底板模板安装允许偏差（表 5-67）

(9) 沉淀池底板混凝土浇筑（表 5-68）

(10) 沉淀池杯口模板安装。模板安装支撑必须牢固，在施工荷载作用下不得有松动、跑模、下沉等现象。模板拼缝必须严密，不得漏浆，模内必须洁净，安装必须符合组合模板的规范要求。杯口模板安装允许偏差（表 5-69）

(11) 沉淀池杯口混凝土浇筑允许偏差（表 5-70）

(12) 沉淀池底板后浇缝混凝土浇筑允许偏差（表 5-71）

(13) 沉淀池预制壁板模板安装，必须支撑牢固，在施工荷载作用下不得有松动、跑模、下沉等现象。模板拼装必须严密不得漏浆，模内必须洁净。凡有弧度的构件模板其弧度必须符合规定。不得后抹弧面。预制壁板模板安装允许偏差（表 5-72）

垫层模板允许偏差 **表 5-61**

项　　目	允许偏差（mm）	检查频率		检验方法
		范围	点数	
高　　程	±10	每 5m	1	水准仪测量
轴线和轴心位移	15	每个池体	2	经纬仪测量
模内尺寸（半径）	+10　-20	每 5m	1	依据轴线用标准尺量测
相邻两板表面高低差	3	每个接头	1	用尺量

垫层混凝土浇筑允许偏差 **表 5-62**

项目		允许偏差（mm）	检查频率		检验方法
			范围	点数	
高程		±10	每5m	1	作方格网用水准仪测量
平整度		8	每一方格	1	用2m直尺量测
断面尺寸	长宽	±20	每5m	1	依据轴线用标准尺量测
	半径				
Δ混凝土抗压强度		按GBJ107—87标准			标准养护
麻面		1%	每侧	1	用尺量后计算
接茬处平整度		8	每5m	1	用2m直尺测量

安装允许偏差 **表 5-63**

项　　目	允许偏差（mm）	检查频率		检验方法
		范围	点数	
弯头中心线垂直	3	每个	2	用经纬仪测量纵横各 1 点
管件中心线垂直（全高）	5	每个	2	用经纬仪测量纵横各 1 点
弯头、管件高程	±10	每个	2	用水准仪测量各 1 点
接　　口	按设计规定	每个口	1	用尺量

混凝土浇筑允许偏差 **表 5-64**

项目	允许偏差（mm）	检查频率		检验方法
		范围	点数	
Δ筒身中心线的垂直度	0.15% H 且不大于 15	每个	2	用经纬仪测量纵横各 1 点
筒壁厚度	±20	每个	4	用尺量
筒壁直径	±15	每个	2	用尺量
Δ筒身内外表面局部凹凸不平	±5	每个	4	用 2m 直尺量测
筒壁预埋高程与位置	±10	每个	2	用水准仪和经纬仪测量每孔各 1 点
Δ预留弯头管中心线	10	每个	2	用经纬仪测量纵横各 1 点
Δ混凝土抗压强度	按 GBJ107-87 标准			标准养护
Δ混凝土抗渗性能	不小于设计规定	一组	6 块	标准养护

沉淀池底板钢筋加工允许偏差　　表 5-65

项目		允许偏差（mm）	检查频率		检验方法
			范围	点数	
冷拉率		不大于设计规定	每种规格每台班	5 根	用尺量
受力钢筋成型长度		±5	每种规格每台班	5 根	用尺量
弯起钢筋	弯起点位置	$2d$，最大不大于 40	每种规格每台班	5 根	用漏斗样板量取
	弯起高度	0，－10			
箍筋（宽、高）		0，－5	每种规格每台班	5 根	用尺量
对焊接头处轴向偏移		$0.1d$，且不大于 3	每种规格每台班	5 根	拉小线量测
搭接焊接头处轴线偏差		$0.5d$	每种规格每台班	5 根	拉小线量测

注：d 为钢筋直径。

沉淀池底板钢筋安装允许偏差 表 5-66

项　目	允许偏差（mm）	检查频率		检　验　方　法
		范围	点数	
顺高度方向配置两排以上受力钢筋时钢筋排距	±5	每分格	5	用尺量
受力钢筋间距	±10	每分格	5	用尺量
杯口预埋筋纵横位置	±5	每根	1	上、下加横筋焊接固定，用标准尺量测，每10根1点
杯口箍筋间距	±10	每分格	5	用尺量
保护层厚度	±5	每分格	5	用尺量

沉淀池底板模板安装允许偏差　　表 5-67

项　　目	允许偏差（mm）	检 查 频 率		检 验 方 法
		范围	点数	
相邻两板表面高低差	±1	杯口墙与各分格	4	用尺量
表面平整度	3	杯口墙与各分格	4	用 2m 直尺测量
垂 直 度	0.1% H 且不大于 2	杯口墙与各分格	4	用经纬仪或重线量测
横内尺寸	+3，-5	杯口墙与各分格	各 3	用尺量，长、宽、高各 1 点
轴线位移	5	杯口墙与各分格	各 2	用经纬仪测量纵横各 1 点
预埋件、预留孔位移	5	每件、孔	1	用尺量

注：H 为模板高度

沉淀池底板混凝土浇筑 **表 5-68**

项　　目	允许偏差 (mm)	检查频率		检 验 方 法
		范围	点数	
Δ混凝土抗冻性能	不小于设计规定	五组	15 块	标准养护
Δ混凝土抗渗性能	不小于设计规定	一组	6 块	标准养护
Δ混凝土抗压强度	按 GBJ107-87 标准			标准养护
轴线位移	5	每个池	4	用经纬仪测量纵横各 2 点
高　　程	±10	第 5m	1	做方格网每 5m 用水准仪测量 1 点不得有倒坡
尺　　寸	±10	分格与整体	3	用尺量，长、宽各 1 点，高每 5m 计 1 点
麻　　面	1%	每 1 侧面	1	麻面面积与每 1 侧面总面积之比

杯口模板安装允许偏差　　表 5-69

项　　目	允许偏差（mm）	检查频率		检验方法
		范围	点数	
Δ轴线位移	3	每道墙每 5m	1	用经纬仪测量
模内尺寸	0，－3	每道墙每 5m	2	按轴线标志用尺量，宽、高各 1 点
长　　度	5	每道墙	1	按轴线标志用尺量
Δ对角线	5	每个	4	用尺量
杯底高程	－20，0	每个	1	用水准仪测量

沉淀池杯口混凝土浇筑允许偏差 **表 5-70**

项　　目	允许偏差（mm）	检查频率		检验方法
		范围	点数	
Δ混凝土抗冻性能	不小于设计规定	五组	15 块	标准养护
Δ混凝土抗渗性能	不小于设计规定	一组	6 块	标准养护
Δ混凝土抗压强度	按 GBJ107-87 标准			标准养护
Δ杯口尺寸	+5，-8	每 5m	4	按轴线标志用尺，宽、高各 1 点
长　　度	±8	每道墙	1	按轴线标志用尺量
Δ对角线	2″	每边角	4	用经纬仪测量分角重复 4 次
Δ高程	0，-10	每 5m		用水准仪测量
平整度	3	每 5m	3	用 2m 直尺量测
壁　　厚	±10	每 5m	1	用尺量

沉淀池底板后浇缝混凝土浇筑允许偏差 表 5-71

项　目	允许偏差（mm）	检查频率		检验方法
		范围	点数	
△混凝土抗冻性能	不小于设计规定	五组	15 块	标准养护
△混凝土抗渗性能	不小于设计规定	一组	6 块	标准养护
△混凝土抗压强度	按 GBJ107-87 标准			标准养护
△混凝土自应力值	不小于设计规定	每台班	3 块	标养 1 组
高　程	±10	每 5m	1	不得有倒坡，用水准仪测量

预制壁板模板安装允许偏差 **表 5-72**

项目		允许偏差(mm)	检查频率		检验方法
			范围	点数	
断面尺寸	长度	0，-5	每个构件	2	用尺量
	宽度	±5		2	
	高度	±2	每个构件	2	
	对角线	10	每个构件	2	
榫槽	断面	0，-3	每个构件	2	用尺量
	长度	0，-3		2	
内底弧度		2	每个构件	4	用弧形板塞尺量测
模底平整度		2	每个构件	4	3m 靠尺塞尺量测
预留孔洞及预埋件位置		3	每个构件	1	用尺量
砌砖模标高（相对）		3	每侧	3	水平仪

（14）沉淀池预制壁板钢筋安装允许偏差（表5-73）

（15）沉淀池预制壁板混凝土浇筑允许偏差（表5-74）

（16）沉淀池预制壁板吊装允许偏差（表5-75）

（17）沉淀池预制壁板间后浇缝钢筋焊接允许偏差（表5-76）

（18）沉淀池预制壁板预应力绕丝张拉允许偏差（表5-77）

（19）沉淀池预制壁板外壁砂浆喷涂允许偏差（表5-78）

（20）沉淀池预制集水槽模板安装偏差（表5-79）

（21）沉淀池预制集水槽钢筋安装允许偏差（表5-80）

（22）沉淀池预制集水槽混凝土浇筑允许偏差（表5-81）

（23）沉淀池预制集水槽吊装允许偏差（表5-82）

（24）沉淀池池顶混凝土浇筑允许偏差（表5-83）

5.5.3 滤池

1. 滤池土建施工的要求

1）池壁等处的预留孔洞及预埋件的位置和尺寸必须依图施工，在浇混凝土前进行复查验收，在孔洞处的钢筋应尽量绕过，避免截断。

2）水池混凝土最好能一次浇筑完成，当施工条件限制必须留施工缝时，可在底板以上50cm左右的池壁处设置施工缝。施工缝必须凿毛刷洗干净，铺水泥浆厚1～2cm，再浇筑上部混凝土。

3）结构混凝土的强度、抗渗和严密性应符合设计与规范要求。结构平面尺寸允许偏差≤±20mm。构筑

沉淀池预制壁板钢筋安装允许偏差 表 5-73

项目	允许偏差（mm）	检查频率		检验方法
		范围	点数	
顺高度方向配置两排以上受力钢筋时钢筋排距	±5	每个构件	4	用尺量
钢筋间距	±10	每个构件	4	用尺量
保护层	±3	每个构件	5	用尺量
预埋件位置	±5	每个构件	2	用尺量

沉淀池预制壁板混凝土浇筑允许偏差 表 5-74

项目	允许偏差（mm）	检查频率		检验方法
		范围	点数	
Δ混凝土抗冻性能	不小于设计规定	五组	15块	标准养护
Δ混凝土抗渗性能	不小于设计规定	一组	6块	标准养护
Δ混凝土抗压强度	按GBJ107—87标准			标准养护

续表

项目		允许偏差（mm）	检查频率		检验方法
			范围	点数	
长度		±5	每块	2	用尺量
横截面尺寸	宽	-8	每块	2	用尺量测
	高	±5			
	肋宽	+4，-2			
	厚	+4，-2			
板对角线差		10	每块	2	
直顺度（或曲线的曲度）		L/1000且不大于20	每块	3	用塞尺量测弧度板侧曲度
表面平整度		5	每2m	3	用2m直尺量测
预埋件	中心线位置	5	每个	1	用尺量测
	螺栓位置	5			
	螺栓明露长度	+10，-5			
顶留孔洞中心线位置		5	每个	1	用尺量测

注：L 为构件长度。

沉淀池预制壁板吊装允许偏差 **表 5-75**

项目		允许偏差（mm）	检查频率		检验方法
			范围	点数	
杯形基础	中心线和轴线位移	10	每块板	1	用经纬仪测量，划墨线
	杯底安装高程	0，－10		1	用水准仪测量
Δ壁板垂直度	5m 以下	5	每块板	1	用经纬仪测量
	5m 以上	8			
Δ壁板中心线对定位轴线位移		2	每块板	1	用经纬仪测量
Δ壁板对定位中线的半径		±7	每块板	3	用钢尺量
Δ壁板顶高程		8，0	每块板	1	用水准仪测量

沉淀池预制壁板间后浇缝钢筋焊接允许偏差 表 5-76

项目		允许偏差（mm）	检查频率		检验方法
			范围	点数	
接头处钢筋轴线的曲折		4度	每个接头	1	用尺量
接头处钢筋轴线的偏移		$0.1d$ 且不大于10	每个接头	1	用尺量
焊缝高度		$-0.05d$	每个接头	1	用尺量
焊缝宽度		$-0.1d$	每个接头	1	用尺量
焊缝长度		$-0.3d$	每个接头	1	用尺量
咬肉深度		$0.05d$ 且不大于1	每个接头	1	用尺量
焊缝表面上气孔及夹渣	在 $2d$ 长度上	不多于2个	每个接头	1	用尺量
	直径	不大于3	每个接头	1	用尺量

沉淀池预制壁板预应力绕丝张拉允许偏差 表 5-77

项目		允许偏差(mm)	检查频率		检验方法
			范围	点数	
张拉应力	为高强钢丝拉断强度的65%	±0.1t	每根	1	用应变仪测定
超张拉控制为85%拉断强度		±0.1t	每根	1	用应变仪测定
钢丝间距		按设计规定	每米	1	用尺量
钢丝接头		按设计规定	每根	1	用尺量

沉淀池预制壁板外壁砂浆喷涂允许偏差 表 5-78

项目	允许偏差(mm)	检查频率		检验方法
		范围	点数	
Δ砂浆强度	平均值不低于设计强度等级			
喷涂厚度	不小于设计规定	每块板	2	随喷涂用尺量测
外保护层	按设计规定	整个池	10	随施工作检验记录

沉淀池预制集水槽模板安装偏差 表 5-79

项目		允许偏差（mm）	检查频率		检验方法
			范围	点数	
断面尺寸	长度	5，0	每节	2	用尺量
	宽度	0，－15		2	
	高度	0，－15	每节	2	
	对角线	15		2	
内底拱坡		0，－5	每节	2	用弧形板量测
模底平整度		2	每节	2	用 2m 直尺量测
预埋件位置		3	每节	2	用尺量

沉淀池预制集水槽钢筋安装允许偏差 **表 5-80**

项　目	允许偏差（mm）	检查频率		检验方法
		范围	点数	
沿高度方向配置两排以上受力钢筋时钢筋排距	±5	每槽	4	用尺量
受力钢筋间距	±10	每槽	4	用尺量
钢筋间距	±20	每槽	4	用尺量
保护层厚度	±3	每槽	4	用尺量
预埋件位置	5	每件	1	用尺量

表 5-81

沉淀池预制集水槽混凝土浇筑允许偏差

项目		允许偏差（mm）	检查频率		检验方法
			范围	点数	
Δ混凝土抗渗性能		不小于设计规定	一组	6块	标准养护
Δ混凝土抗压强度		按 GBJ107-87 标准			标准养护
槽内底平整度		3	每节	1	用2m直尺量测
截面尺寸	长度	±10	每节	2	用尺量测
	宽度	±10			
	高度	±10			
	对角线	15			
板对角线差		5	每件	1	
顶留孔洞中心线位置		±2	每5m	1	用水准仪测量

沉淀池预制集水槽吊装允许偏差　　表 5-82

项　　目	允许偏差（mm）	检查频率		检验方法
		范围	点数	
轴线位移	5	每节	1	用经纬仪测量
高　　程	±5	每节	1	用水准仪测量
预埋件安装位置	5	每件	1	用尺量
槽壁板安装	±5	每节	1	用尺量
出水口高程	±5	一件	2	用水准仪测量

沉淀池池顶混凝土浇筑允许偏差 **表 5-83**

项目	允许偏差（mm）	检查频率		检验方法
		范围	点数	
△混凝土抗冻性能	不小于设计规定	五组	15 块	标准养护
△混凝土抗渗性能	不小于设计规定	一组	6 块	标准养护
△混凝土抗压强度	按 GBJ107-87 标准			标准养护
轴线位移	5	每个池	4	用经纬仪测量纵横各 2 点
高程	±5	每 5m	2	用水准仪测量
盖梁顶平整度（表面处理后）	3	每 3m	3	用 1m 直尺量测
断面尺寸	±5	每 10m 长	1	用直尺量宽、高
麻面	<1%	每一侧面	1	麻面面积与每侧总面积之比

物均匀布水的薄壁堰、穿孔槽或孔口的高程与中心位置的允许偏差应符合设计要求，其水平度偏差≤±2mm，其孔口中心距离允许偏差≤±5mm。反冲洗排水槽的施工要特别注意，不仅要保证同一滤池内的排水槽面水平，而且要保证与其他滤池的排水槽面处于同一水平面上。

4）预留管中心位置与高程允许偏差≤5mm，预留孔洞中心位置10mm。

5）预制滤板的允许偏差：平面尺寸≤±3mm；厚度≤+4mm、≤-2mm。滤孔直径、间距应符合设计要求。

6）与滤料接触的池壁部分应做拉毛等粗糙处理。

2. 工艺管道安装

1）进水、排水、虹吸及配水系统等工艺管道的管材、接口及其防腐作法应符合设计与规范要求。虹吸管接口应严密不漏气。

2）管道安装的允许偏差要求：

中心位置≤5mm；高程≤±5mm；

虹吸管的进、出口高程允许偏差≤±10mm。

其他有高程要求的管道和装置不应大于设计要求或≤±10mm。

3. 配水系统的施工

（1）穿孔管式大阻力配水系统。支管孔眼直径一般取9~12mm。钻孔时应注意孔眼设于支管两侧，与垂线呈45°角交错排列。支管与干管的连接一定要接牢。支管终端要用木方垫牢固定，铺设承托层时要注意匀铺轻放，不得将支管砸坏。

（2）滤板的安装。

1）应认真检查配水系统构件的质量（结构强度，缝隙宽度，构件尺寸等）。滤板安装前，上部结构施工及装修应全部完成，并将滤池作彻底的清扫、清洗，以避免交叉施工而堵塞，损坏滤孔或滤头。

2）滤板下的支撑柱（梁）及滤板锚栓作法应严格按设计要求施工。

柱、梁及滤板安装的允许偏差要求：轴线≤8mm；锚栓位置≤5mm；高程≤±5mm；平整度≤5mm（3m尺）；板错台≤2mm。

3）滤板板缝填塞密实，所用填料应符合设计要求。板间锚栓、垫板材料应符合防腐要求。

4）滤板安装后，应对其高程、平整度、板间错台、板缝密封以及锚栓固定、防腐等项指标，进行细致全面的检查验收。经检查验收合格后再进行下一道工序。

5）滤头安装按有关要求进行。

4. 承托层的装填。

承托层的组成由下向上其承托层粒经为16~32，8~16,4~8，2~4mm。其厚度为100mm。其装填要点：

(1) 依据设计对承托层不同粒径所装填的厚度，在滤池池壁周划上相应的高度线。

(2) 砾石承托层要由粗到细分别逐级铺装。铺装时，要严格掌握厚度及均匀性并防止把已铺好的托承层搞乱。

5. 滤料的装填

(1) 滤料在装填前应作筛分试验，检查滤料粒径级配是否符合设计要求。

(2) 若滤料级配不符合要求，应进行筛分。

（3）向滤池慢慢放入水，使水位至排水槽，将合格的滤料投入滤池。达到预计数量后，开启排空阀门排水，然后将滤料大致刮平。

（4）对滤池进行3次以上的冲洗，每次冲洗结束时都要逐渐降低冲洗强度，以完成有效的水力分级。并且每次反冲洗后，都应将滤料表层5~10mm厚的细粉和杂质刮除。

（5）反冲洗后，若滤料厚度没有达到设计要求，应再填加。

6. V形滤池

（1）施工顺序

1）池底板；

2）侧墙及隔墙（与沟、槽有连接的部位在侧墙、隔墙上预留插筋，浇筑二期混凝土）；

3）池顶平台；

4）“V”形槽、排水、进水沟等二期钢筋混凝土（将根据情况，分2~3次浇筑）；

5）滤池上部结构整修及清理；

6）安装滤板下支撑梁；

7）安装滤板、填板缝、装滤头；

8）滤料铺设（试运行，反冲洗后刮砂）；

9）设备安装、试运行。

（2）池体及V形槽的土建施工

1）池壁模板一次支齐，混凝土浇到走道板以下20~40cm，施工缝处理后，再浇走道板混凝土。V形槽、排水槽在池壁内预埋水平筋，待池壁拆模、施工缝凿毛后再继续施工。

2）滤池的V形槽的槽边要水平，其施工要求与普通快滤池的排水槽面要求相同。

3）同一V形槽的表冲孔的中心连线要水平，而且与池内的另一V形槽的孔在同一水平面上。孔径相同，孔洞轴线要水平，且垂直于进水槽进水方向。

4）V形槽孔的施工可按如下步骤进行：V形槽在滤池池体混凝土浇筑时一次完成，在V形槽的表冲孔位置预留孔洞，孔洞直径比设计孔径大30mm。V形槽也可分两次浇筑完成，第一次浇到表冲管底面；第二次浇至V形槽顶面。V形槽采用特制钢模。钢模上留有表冲管的孔洞，钢模下端设可进行微调高程的支撑，以便控制表冲管和堰口的高程。V形槽底面高程即表冲管的底面高程，控制好V形槽底面混凝土的高程（≤±2mm），即决定了表冲管的底面高程。因此在浇筑混凝土前，要对模板顶进行高程校测，在浇筑与表面接近时，更要控制其表面高程和平整度，以保证表冲管的精确度。按V形槽孔设计孔径和槽壁厚加工硬聚氯乙烯塑料或钢管短管，其管径与设计孔径相同，长度与槽壁厚相同，短管个数为孔口个数。将短管装入V形槽的各个孔口，用石棉灰水泥或用膨胀水泥砂浆填塞固定，固定前应用水准仪校正短管安装在同一水平线上，且要调整每根短管均与V形槽壁板垂直。冲洗水槽的两条上缘都要在同一水平面上，在水泥砂浆抹面时，既要保证冲洗水槽上缘水平又要保证其刃角均匀且满足设计要求。因此，在抹面施工过程中应采用水准仪监测，随时修正。

（3）滤板的制作与安装

1）滤板模板采用钢制专用模板按设计位置设置滤头锁母螺栓和固定螺母，在预制时将滤头锁母固定浇筑在滤板混凝土内。待滤板混凝土强度达到30%时，将螺栓拧出。

2）滤板混凝土采用低流动性混凝土，用附着式振动器振捣。振捣后表面压实。使滤头锁母的螺栓头部露出。

3）滤板内钢筋用砂浆垫块绑扎固定。浇筑后养护时间不少于14d。

4）滤板预制允许偏差要求：平面尺寸：≤±2mm；板厚：-2～+3mm；板对角：≤±5mm；滤头孔中心位置：≤±3mm；平整度：≤2mm。

5）滤板安装前，应检查板的尺寸；检查放线位置及高程控制线。

6）按允许偏差要求安装。高程偏差不超过±5mm，平整度不超过3mm的要求，长平尺及塞尺检查量测。

7）吊装滤板时，为保护混凝土棱角，所用吊索要加胶套管或专用夹具。

8）滤板立缝填料前，应清理干净，当采用密封胶填缝时，板缝应用热风烘干板缝。所填密封胶也应加热，以保证密封胶与板缝的粘接牢固。

9）滤板安装的允许偏差要求：

高程：≤5mm；平整度（3m直尺）：≤3mm；板间错台：≤2mm；滤板下锚栓位置：≤±5mm。

（4）滤头安装

1）预制滤池配水系统滤板时，应将滤帽的螺母牢固地固定在滤板上。

2）当使用混凝土滤板时，应制作一块带滤帽孔洞的滤板模具，保证安装滤帽下部的圆锥形孔洞均匀，合乎设计要求。

3）V形滤池的滤板安装是难度较大的一个工序。首先要用水准仪及钢尺检查每格池子平面尺寸、垂直度（包括池壁之间，池壁与底板之间）、预留孔洞标高、底板标高等，然后按要求将每格池子的滤板面标高弹墨线于池壁。

4）安装滤板时，用水准仪测量每块滤板的四个角，各个滤池之间滤板标高误差为±4mm，每一个池内，所有滤板的标高误差不得大于±2.5mm，可用塑料板、不锈钢片垫平，再用水准仪复查一次。

5）滤板之间缝隙均匀，且符合图纸尺寸，不得妨碍滤头安装，在安放每格池子的最后一块滤板之前，每格池子均应彻底打扫干净，不得有砂粒杂物等，以防堵塞滤头。合格后用密封胶将滤板浇筑灌缝。

6）将装有滤帽螺母的滤板在滤池内安装、固定后，将滤池帽小心地拧上固紧。

（5）安装滤帽时，宜从一侧开始向另一侧装，也可以两侧同时开始向中心装，但认真检查，不得遗漏。

（6）滤帽装完后要进行安装质量检查，合格后，马上装填滤料。

1）滤头及滤柄要检查。安装时逐个紧固。做到不松动、无裂缝、滤头完整。

2）坚持先上后下的施工程序；在滤池四周护网，以防杂物坠落。

7. 无阀滤池

（1）土建施工要点

1）池体结构应按水工混凝土的要求施工，以保证混凝土的防水抗渗能力达到设计要求。

2）池体平面尺寸与高程，按设计图纸尺寸和高程要求施工。

3）滤池结构内预埋穿墙管、人孔等，应在结构施工时一次埋入。

4）无阀滤池结构混凝土分4次浇筑。第一次完成池底板；第二次浇伞形板以下的池壁和顶板；第三次浇上半部池壁和顶板部分；最后完成顶板上的配水槽混凝土。

5）池壁、伞形盖、水箱壁应连续浇捣，因条件限制不能连续施工时，则当池壁浇筑距伞形盖20cm左右时，停止浇捣，支伞形盖的模板及上部冲洗水箱壁模板，然后浇捣池壁和伞形盖以及冲洗水箱壁。

6）伞形盖的施工时，必须采取措施保证其严密性，防止渗漏使原水与清水相混及影响反冲洗的形成。

7）滤池竖向三角连通渠的内壁应光滑平整，所用模板及其固定骨架应便于拆除。拆除后的三角连通渠内，不应留有残余模板碎块。

8）预制滤池配水系统单体时，要注意其单体最大边尺寸必须满足滤池人孔尺寸，以免无法通过人孔运进滤池安装。

9）无阀滤池的各个分配水箱的堰的标高必须一致，在施工过程中应用水准仪监视，经常校测。

配水槽的堰顶高程应符合设计规定要求，且其误差不大于±2mm的标准。

（2）管道安装要点

1）无阀滤池池壁、伞形盖上的管件均应在混凝土浇筑时预埋。

2）虹吸上升管和下降管均应焊接严密，不得漏气。

3）虹吸破坏管、吸气管以及它们与虹吸上升管交接处的连接要严密，不得漏气。

4）进水U形管或气水分离器的底标高，要保证严格按设计施工，不得上移。

5）破坏斗的安装标高，应严格按设计施工，不得偏高或偏低。

5.5.4 清水池

1. 矩形现浇钢筋混凝土清水池

（1）施工缝的设置与施工程序。水池底板一次浇筑完成。底板与池壁的施工缝在池壁下八字以上15～20cm处，底板与柱的施工缝设在底板表面。水池池壁竖向一次浇到顶板八字以下15～30cm处，该处设施工缝。柱基、柱身及柱帽分两次浇筑。第一次浇到柱基以上10～15cm，第二次连同柱帽一起浇至池顶板下皮。

（2）垫层

1）基坑开挖。检查验收后，引各部轴线控制桩与垫层模板外缘线。

2）垫层混凝土的表面控制。

垫层混凝土表面高程与平整度影响上部结构的质量，为使垫层混凝土表面高程控制在偏差±10mm内，首先要在垫层平面的中间，支设临时高程控制板，将垫层分为若干条。并在分条浇筑垫层过程中，及时将表面整平。浇完一条垫层后，即拆除临时侧模，并继续浇下一条垫层，如此直到全部完成。

（3）底板钢筋混凝土。

水池底板混凝土一次连续浇筑完成，清水池的变形缝板要分层浇筑（不要连续浇筑，以免变形缝移位）。

要注意底板各部轴线位置及高程符合标准要求；钢筋位置（特别是底板内的预埋池壁、柱插筋）；混凝土的强度及抗渗等级要符合标准要求，清水池的变形缝防水要符合要求。

1）测量放线。用经纬仪将水池的池壁、柱及进出水口的轴线投至垫层上。

2）底板模板安装。先装底板外侧模板，池壁下八字吊模应在底板钢筋工序后进行。

3）底板钢筋安装。

①按照各部主轴线施放钢筋位置线（弹黑线），池壁及柱筋放外皮控制线。按照已测的垫层表面标高，标注正负误差值。

②当底板筋直径为 $\phi16$ 或更大时，排架的间距不宜超过 80～100cm。当主筋直径为 $\phi12$ 或更小时，排架间距宜控制在 60cm 以内。排架作法可利用底板的上下层的内层筋，用立筋焊接成预制排架，以支撑和固定上下层底板筋。

③池壁及柱筋保护层的允许偏差的要求分别为 ±3mm、±5mm。为达到这一要求，首先要固定好上下层底板筋，使其稳固不变形；其次是调整好底板上下层池壁、柱基部钢筋的位置，使池壁、柱预埋筋装准其位置。

④底板筋垫块的位置要与排架（板凳）的立筋位置相对应。

4）底板混凝土浇筑

①水池底板混凝土的原材料及配合比应符合设计与有关规范要求。

底板混凝土的坍落度宜选用 50～70mm；采用掺用

外加剂的泵送混凝土时，其坍落度不宜大于150mm。

②混凝土浇筑应连续进行，浇筑段间歇时间，当气温小于25℃时，不应超过3h，气温大于或等于25℃时，不应超过2.5h。

③池壁八字吊模部分的浇筑应在底板浇筑30min后进行，防止吊模下部底板面造成蜂窝麻面。池壁腋角进行二次振捣，八字吊模的根部混凝土表面也应压实整平。

④在浇筑底板混凝土时，用杠尺对混凝土表面整平。

(4) 池壁钢筋混凝土

1) 施工程序

清除池壁钢筋上水泥浆→施工缝凿毛→拆除池壁八字吊模→绑扎池壁钢筋→验收钢筋→安装池壁模板→验收→准备工作→浇筑池壁混凝土→养护→拆除池壁侧模→继续养护

2) 池壁钢筋

池壁钢筋绑扎要控制好钢筋的搭接长度与搭接位置，竖向钢筋顶部的高度和池壁内外层钢筋的净距尺寸，并保证整体钢筋网的稳固。

3) 池壁模板

正常厚度的池壁（池壁厚度：池壁高度约为1:12），池壁模板可一次支到顶板腋角以下20~30cm左右。特殊的薄壁水池可分段支模连续浇筑。

采用钢模板时，用钢管作水平龙骨，竖向圆孔梁作立梁，内外模板采用工具式钢螺栓拉杆，用斜撑将整体模板固定在水池底板的埋件上。在浇筑混凝土后6~12h拧出重复使用。

4）池壁混凝土浇筑。混凝土浇筑平台与池壁模板连成一体时，应保证池壁模板的整体稳固，避免模板振动变形而影响混凝土的硬化。非泵送混凝土的坍落度不大于80mm；掺加剂的泵送混凝土的坍落度不宜大于150mm。

①浇筑前施工缝应先铺15~20mm厚与混凝土配合比相同的水泥砂浆。池壁混凝土应分层连续浇筑完成，每层混凝土的浇筑厚度不应超过40cm，沿池壁高度均匀摊铺；每层水平高差不超过40cm。

②池壁转角、进出水口、洞口是配筋较密，难操作的部位，应划分浇筑长度。插入式振捣器的移动间距不大于30cm，振捣棒要插入到下一层混凝土内5~10cm，使下一层未凝固的混凝土受到二次振捣。

③用溜筒灌筑混凝土的落下高度不大于2m。浇筑混凝土时，应将混凝土直接运送到浇筑部位，避免混凝土横向流动。

④池壁混凝土浇到顶部应停1h，待混凝土下沉收缩后再作二次振捣，以消除因沉降而产生的顶部裂缝。

5）柱钢筋混凝土

①柱的施工程序是：柱轴线及边线放线→施工缝凿毛与清刷→绑扎柱根钢筋→安装柱根模板→验收→浇筑混凝土→养护→柱根顶部凿毛→绑扎柱身钢筋→安装柱身模板→绑扎柱帽钢筋→验收→浇筑混凝土→养护→柱顶凿毛

②柱模板采用钢模或木模

柱身混凝土浇筑应一次到顶，浇前施工缝应充分湿润，应铺垫与混凝土配比相同的水泥砂浆。混凝土坍落度不宜大于80mm，分层（不超过40cm）浇筑与振捣。为使混凝土沉实，浇到柱帽底部时应暂停，后作振捣，待全部浇完后，再作二次振捣。

6）顶板钢筋混凝土

①水池顶板的施工程序

拆除池壁及柱模板→清理池底→放线（柱轴线、测池顶各部高程控制线）→支搭池顶支架及模板→池壁顶部混凝土施工缝凿毛清理→绑扎顶板钢筋→支搭池壁与顶板腋角的外模板→验收→混凝土准备→浇顶板混凝土→养护→拆除模板。

②顶板钢筋作法是用双层钢筋的内层筋作为架立水平筋。排架立筋的间距一般取 60～80cm（为普通钢筋网的间距的整倍数）。钢筋保护层的垫块位置应与排架的立筋位置相对应。绑扎后的钢筋直径、接头作法、间距，特别是保护层厚度（允许偏差±3mm）应认真检查与调整。

③顶板混凝土的浇筑顺序，应在较短的一侧开始分条浇筑。先浇低处。分条宽度应根据混凝土的供应量与接茬的间歇时间决定。

7）防裂缝措施

①选择当天较低温度时浇筑混凝土（指常温施工）分层均匀浇捣，控制好浇筑速度，池壁混凝土的浇筑速度不宜超过 1.25m/h。

②池壁、柱及顶板与池壁的支搭处，要采取二次振捣（浇筑后约 1h 重复振捣）。

③加强养护（覆盖与洒水）。养护时间不少于 14d，并减少结构的暴露时间。

④减少混凝土固有的收缩与温差，在底板池壁及顶板的中间设置后浇带。即预留 1m 宽的池体结构混凝

土暂不浇筑（钢筋继续通过），经过30～40h的凝结后，再补齐。后浇带的间距应根据当地温差、湿度以及结构的暴露情况决定，其施工缝在浇混凝土前应充分湿润，涂刷水泥浆，后浇带混凝土宜掺用UEA3%～5%微膨胀剂，坍落度与配合比应与原混凝土相同。浇筑时应分层振捣，注意加强二次振捣。

2. 单元组合式钢筋混凝土

（1）水池施工顺序

测量放线→施工降水→土方开挖→基底处理→分单元筑垫层→分单元打底板→分区完成池壁、柱、顶板→池内清理→安装变形缝填料→进出水管道安装→满水试验→回填土。

（2）施工要点

1）采用单元组合体，可以组合成不同容量与不同平面的整体水池，各单元均为独立施工段，将水池分为若干作业区进行工作。

2）垫层。变形缝要按设计要求预留；垫层模板高程用水准仪测定，表面用杠尺找平、抹子压实；浇后的混凝土表面，用水准仪复测高程并标注误差值。

3）水池底板

①水池底板

柱、池壁轴线的偏差不超过5mm；高程偏差（模板±5mm，混凝土±10mm）；平整度允许偏差≤10mm；止水带与变形缝位置±5mm；钢筋保护层及预埋筋位置的允许偏差（柱±5mm，池壁±3mm，底板±10mm）。

混凝土密实、抗渗及抗压强度符合标准要求，表面平整光洁、密实。

②底板模板

底板侧模板采用基础专用钢模；钢模上顶预留有变形缝的嵌缝槽，下端设有调整螺栓，以便调整模板顶面标高。

③变形缝止水带

设止水带是清水池防水的关键。止水带原材料、现场安装、接头硫化粘接、施工保护与检验是至关重要的。

④选用新型的橡胶止水带，以增强在结构混凝土内的嵌固与抗变形能力。

⑤清水池的止水带加工定制的长度及形式，应根据设缝的位置、平面尺寸、池壁高度及顶板的布局一并考虑，止水带的接头不应设在转弯处，应设在每单元的 1/2 底边处。

⑥止水带认真检查验收，止水带接头采用现场电热硫化粘接方法，所用接头生胶与硫化温度、时间应符合要求，严禁搭接和粘接。

⑦止水带的中心应对正变形缝中心（允许偏差 ±5mm），嵌固在底板混凝土中的止水带翼缘应稍高于中心孔位置，以利于排除气泡。

⑧变形缝宽 30mm 可用聚苯乙烯作为缝板材料。

⑨底板钢筋的关键是如何使用钢筋各部位（底板筋、柱、墙预埋筋）的保护层与其他质量指标符合标准要求。

⑩底板混凝土浇筑前，应检查：侧模板的轴线位置、侧模顶面高程；钢筋预埋筋的位置；止水带的固定情况；止水带和模板内是否洗干净。为控制大面积底板中心部分的高程和平整度，要在底板三分点的部位，在钢筋上安装两条高程控制轨，在混凝土表面平

整与掌握其高程。高程控制轨经水准仪检测并作好调整。底板混凝土浇筑应从底板的一侧开始，每侧混凝土的厚度，不宜超过25cm，应分层浇捣。止水带部分第一次浇筑的厚度，应略高于止水带，以利于排出止水带下部的气泡与捣固密实。上层混凝土应作二次振捣，底板变形缝的角部要用木抹、钢抹加强表面成活，其他大部分的混凝土表面的初步整平，经木抹、钢抹抹平后，用电动抹光机压实抹光。浇筑后的混凝土应及时养护，第二天在底板蓄水养护。

4）池壁与中隔墙

变截面的池壁与中隔墙的每一浇筑段长为15m，每段的钢筋一次绑扎到顶，混凝土连续浇筑到顶。池壁与中隔墙的关键为池壁与底板施工缝的处理；池壁与池壁（单元缝）间的止水带的固定，与周围混凝土的严密性；墙体模板的侧度、稳定性；池壁保护层厚度及位置是否达标，池壁墙体防水混凝土的密实；混凝土的养护。

施工程序：池壁与底板施工缝的凿毛处理→调整和清理钢筋的灰浆→搭设脚手架→绑扎池壁钢筋→验收池壁钢筋与清理施工缝→安装模板，安装止水带及缝板→浇筑前总验收及准备工作→浇筑混凝土→养护与拆模。

5）柱

①柱施工的关键与质量要求：

- 模板装拆的稳定性与操作安全；
- 轴线位置偏差小于8mm；
- 垂直度偏差小于8mm；
- 柱截面尺寸偏差±5mm；

• 柱平整偏差小于 8mm（用 2m 直尺）；

• 柱帽顶标高偏差 + 5mm、 - 10mm。

• 外观质量：柱八字，棱角清晰，接缝严密，不漏浆，表面光洁，无裂缝，强度达到要求。

②施工程序

放柱网轴线与柱基边线→施工缝凿毛→清除柱筋上的灰浆→调整与绑扎→柱根（柱基）支模板→柱根（柱基）混凝土→绑扎柱筋→安装模板→验收后浇混凝土→养护与拆模。

6）水池顶板。水池顶板平面尺寸为以 15m × 15m 的无梁楼盖板。单元间变形缝设止水带，其施工方法与底板钢筋混凝土作法基本相同。

①水池底板施工的关键与质量要求。水池无梁楼盖顶板的关键为变形缝间的防水，应作到不渗不漏；混凝土的密实性与板结构的钢筋保护层厚度的保证。

②顶板的施工程序：按“单元”架设模板支架→测量与调整支架高程→铺装顶板底模、侧模，安装止水带和缝板→绑扎钢筋→验收与准备→浇顶板混凝土→养护→拆模。

3. 水池结构施工

（1）水池构造。装配式圆形预应力混凝土水池，采用整体式现浇钢筋混凝土底板，装配式池壁板、柱及预制顶盖系统。池壁板外绕环向预应力碳素钢丝，并喷以水泥砂浆保护层。柱下端嵌入柱杯口内，填细石混凝土，柱顶与顶盖杯梁的节点处为装配整体式接头。池壁板下端与底板环形槽接点处为弹性铰接构造，池壁板顶端节点为先搁置连接，待预应力绕丝后改为现浇连接。

(2) 底板

1) 测量放线。放出水池中心控制桩、进出水口轴线、放出底板、池壁杯槽、柱杯口以及进出水口的钢筋位置线；弹出底板上杯槽、杯口的预埋插筋的外缘控制线。

2) 模板。底板外模板可采用宽度不超过 1m 的钢模板，按外切圆位置支搭。柱杯口及壁板环槽可用木模板或适宜宽度的钢模板支搭。底板与杯口、环形杯槽的混凝土施工缝留在底板的表面，杯口模板待底板施工处理后再安装。

3) 底板钢筋绑扎

①钢筋绑扎前应对垫层表面标高和所放的钢筋位置线按图纸逐项确认，无误后开始钢筋的安装绑扎。注意底板钢筋绑扎时大面积底板钢筋的保护层控制与壁板、柱的杯槽口预埋筋位置。

②所有预埋插筋（壁板杯槽、柱杯口）要按关键控制线的弹线位置绑扎后，用点焊固定。

4) 底板混凝土浇筑

①底板混凝土要确保混凝土连续浇筑，施工缝间歇时间不超过初凝时间；保护好底板钢筋。根据浇筑次序保证施工缝间歇不超过规定的允许时间。宜采用泵送混凝土和吊斗运输的浇筑方法，将混凝土直接运送到浇筑地点。应避免用手推车运输的方法。吊斗运输的混凝土坍落度选用 30～50mm，泵送混凝土坍落度不宜超过 120mm，采用插入式振捣器振捣。

②杯槽、杯口

杯槽、杯口作为二期混凝土浇筑。底板混凝土强度达到 2.5N/mm^2 时开始凿毛。杯槽与杯口位置是保证壁板、柱安装尺寸精度的关键。因此对杯槽、杯口的放线位置要认真仔细量测校对。支搭侧模前对预埋钢筋进行整理和清除沾污的水泥浆，为防止模板移位，可利用预埋筋固定。杯槽、杯口混凝土用插入式振捣器捣实，表面应抹平、压实、压光。外杯槽混凝土也要拍实、抹平。

（3）构件安装

1）吊装顺序

杯口、杯槽测量放线、剔凿、修补；构件放线、弹线、量测、剔凿修补；柱吊装、调整、灌缝、养护；曲梁安装、焊接、接头钢筋绑扎及二期混凝土浇筑与养护；内圈顶板安装、焊接及二期钢筋混凝土；壁板吊装、外圈扇形板安装。壁板缝二期混凝土准备。

2）柱吊装

①吊装前将柱移放到吊装位置附近；采用双吊索一点绑扎垂直吊法。绑扎部位应垫以木板，以防损坏柱棱角和吊索。

②就位与临时固定：当将柱起吊插入杯口后，使柱中心对准杯口中心并保持垂直后落实，杯口内每侧插入1~2个硬木楔。

③校正：柱身上部加设木箍，柱每侧用撑杆作临时固定，将柱脚的中心对准柱杯口的中心线，然后将楔子打紧。柱的垂直校正：用两台经纬仪设在与柱的两垂直面方向观测。用临时支撑将柱调正后，将撑杆下脚固定。并再次将柱脚木楔打紧。

④最后固定：将柱脚杯口清理干净并用水湿润后，填以C30细石混凝土到木楔底。待混凝土达到25%强度时，拆除木楔后再浇杯口上部细石混凝土。上部混

凝土强度达到40%时，可拆除柱的临时支撑。

3）曲梁吊装

①放线准备：先将曲梁在柱顶的中心线及搭接位置，由池中心和柱中心用钢尺量出划线。

②搭设柱脚手架或活动挂架。

③吊装时，所拴吊索应使曲梁保持水平起吊。吊装就位并调整曲梁位置，对准中心线和搭接长度，保持水平状态后，在曲梁跨中加设可调的临时撑杆。在不摘吊索的情况下，立即将曲梁两端埋铁与柱顶埋铁焊牢。撤掉吊钩后应继续将焊缝按要求全部焊好。曲梁接头二期混凝土部位应凿毛，预留筋应焊接。

4）内环顶板的吊装

吊装顶板预制板前，应将板位置控制线逐一量出，并划在曲梁顶面上。为使预制板支座下严密，在曲梁支座处坐浆。安装时随时注意调整板顶高，使板面平整，以减小错台。

安装后的顶板与曲梁的接头处，按设计要求作二期混凝土。二期接头应按施工缝作法凿毛、湿润、加强对混凝土的捣实与洒水养护。

5）壁板与外圈顶板的安装。要注意壁板的椭圆度与垂直度。

①预制柱未吊装前，预先将壁板的吊装位置控制线量出。将壁板位置逐块量出，划在内环槽上。

②壁板环槽内经凿剔修补后（高程误差不超过±5mm），铺油毡两层作为滑动层。

③壁板吊装时，按每块板的位置线就位，用经纬仪测量，并调整垂直度。调整后用撑杆将壁板顶端与内环顶板的吊钩绑牢。将外环顶板吊装就位，与壁板

预埋铁焊接。外环板与内环板用钢筋连接焊牢，以保持环形预制壁板的稳定。

(4) 壁板竖缝的处理

1) 壁板缝侧面全部凿毛，露出新茬。

2) 消除对壁板振动的影响，在全部顶板安装完之后再作板缝。

3) 板缝混凝土应避开冬季施工。混凝土的浇筑时间可在白天进行。

4) 浇板缝混凝土前应充分浸润板缝混凝土接茬部分。采用掺微膨胀剂的豆石混凝土浇筑。水灰比不应超过 0.5，坍落度不大于 80mm。模板一侧（内）一次支齐，外侧分层浇捣、分层支模（每层高度不超过 100cm）。要坚持对混凝土的二次振捣，应避免过振后骨料下沉与表面泌水。

5) 浇筑后应及时覆盖养护。为使其有较好养护条件，在壁板上部安装淋水管，保持不间断的水养护不少于 14d。

6) 内壁板缝加抹防水五层做法，作为辅助的防水加强层。可采用凿毛或涂刷界面剂的做法，以增强板缝的抗渗能力。

(5) 环槽缝的施工操作顺序

几种环槽的连接构造形式的外环槽填料均应在预应力绕丝后进行。内环槽的下层填料在绕丝前进行，其余填料也放在绕丝后进行。

内外填料前，缝隙内杂物及积水应清除干净。外环槽二期混凝土在预应力绕丝后浇筑。

5.5.5 消化池

5.5.5.1 消化池的一般施工要求

1. 消化池结构特点（表 5-84）

消化池结构特点　　表 5-84

项　目	形　　式	结　构　特　点
池体	龟甲形 圆柱形 椭圆形	一般采用钢筋混凝土结构，其气室部分应不漏气，需敷设耐腐蚀的涂料或衬里，池体应有保温措施，位于地下水位下的池底，宜采用隔水层
池顶	固定式 浮动式	常为弧形穹顶，或为截圆锥形。池顶中部装集气罩。池顶至少设两个人孔。池顶下沿设溢流管
管道布置	污泥管 排上清液管 取样管	污泥管包括进泥管、出泥管、循环搅拌管 污泥管最小管径 *DN*150；溢流管最小管径 *DN*200；取样管一般设置在池顶，最少为两个。所有的管道均应做防腐处理
混合搅拌	沼气搅拌 泵搅拌 机械搅拌 联合搅拌	使池内泥温和浓度均匀，防止污泥分层和形成浮渣

2. 消化池的施工

（1）池体施工注意事项

1）消化池池体施工要点与现浇钢筋混凝土水池施

工相同。

2）底板施工要点

①在岩石地基上浇筑混凝土底板之前，应检查基石有无断裂层，如发现有断裂层，应采取压力灌浆将裂缝灌满。

②在软土地基上浇筑混凝土底板之前，应铺设一层砂垫层或天然级配的砾砂层，加固软土地基。

③底板混凝土一般宜用不低于C20的密实混凝土浇筑。具体施工要点与水池相同。

3）池壁施工要点

①池壁与池底交接处宜一次连续浇筑施工。

②其消化池气室内壁应作防腐衬里，其下沿应深入到最低泥位0.5m以下。

③预埋管件应采用铸铁管件并均应采用耐腐蚀螺栓。

④固定盖池顶，无论是弧形穹顶，还是伞形盖形式均应与池壁整体浇筑。

⑤浮动式池顶宜采用钢结构，钢制顶盖应严密不漏气，顶盖放在池壁密封水槽里应能上下自由活动、无障碍。试运行时，应在密封水槽内注水，以封密池盖与池壁的连接部位，使池内不漏气。

(2) 消化池经满水试验合格，必须进行气密性试验。气密性试验压力宜为消化池工作压力的1.5倍；24h的气压降不超过试验压力的20%。

5.5.5.2 圆柱形消化池施工

1. 池体混凝土施工

圆柱形消化池的池壁高度大（12～18m），多采用整体现浇施工。其支模方法有：满堂支模法及滑升模板法。前者模板与支架用量大，后者宜在池壁高度≥15m 时采用。

为防止施工接缝处理不当而漏水，底板要求连续浇成整体，不设置施工缝；池壁（包括上环梁）也要求连续浇筑混凝土，不宜设置施工缝。底板与池壁之间、池壁与顶板之间的施工缝内，加设环形镀锌铁皮止水带，带厚 4mm、宽 300mm。池顶混凝土连续浇筑，不设置施工缝。

2. 池体预应力施工

大型污泥消化池的池壁，均施加后张预应力。污水水位较高，液面波及顶盖，造成顶盖局部受拉时还应在顶盖受拉区施加后张无粘结预应力。

近几年，国内污泥消化池设计中出现了 3 种后张预应力工艺：绕丝预应力、有粘结预应力和无粘结预应力。具体哪种预应力好，要根据污泥消化池的内径大小、水位高低，综合考虑设计、施工、材料、锚具供应等选定，以收到良好的技术经济效果。

1）绕丝预应力工艺

预应力钢丝用绕丝机连续缠绕于池壁的外表面，预应力钢丝的端头用楔形锚具锚固在沿池壁四周特别的锚固槽内。绕丝完毕后喷涂 50mm 厚的水泥砂浆作保护层。

绕丝预应力是圆形混凝土池、筒、罐施加预应力的常用手段。其优点是预应力钢丝布置在池壁的外表面，可减少壁内配筋的拥挤，便于浇筑池壁混凝土；此外，还可减少锚具，避免摩擦损失，节省钢材，因此，技术经济指标较好。当绕丝预应力的钢丝间距过密，其净距小于 5mm 时，会造成喷浆不实，日久影响池的安全使用。因此，绕丝预应力宜用于内径小于25m、水位低于15m的圆柱形消化池。

2）后张有粘结预应力工艺

污泥消化池采用后张有粘结预应力工艺。池壁预应力筋采用 $7 \times 7\phi_s 5$mm 钢丝束（也可用钢绞线），采用分段张拉，张拉角度120°，每座池设有6根锚固肋。施工时两端同时张拉，用XM型多根夹片锚具锚固。其施工过程为：在绑扎普通钢筋时预埋金属波纹管→浇筑混凝土→穿钢丝束→混凝土达到设计强度后，张拉钢丝束→管道压力灌浆。

后张有粘结预应力工艺的优点：通过孔道压浆，使预应力筋与孔道壁粘结牢靠，可减轻锚具负担；但施工工序复杂，且孔道摩擦损失大，因此，该工艺不常采用，宜用于大直径和高水位的圆柱形消化池。

3）后张无粘结预应力工艺

圆柱形消化池采用后张无粘结预应力工艺。无粘结预应力筋可采用 $7\phi_s 5$mm 钢丝束、$\phi_j 12.7$mm 与 $\phi_j 15.2$mm 普通钢绞线及低松弛钢绞线等，其中以1860级 $\phi_j 15.2$mm 低松弛钢绞线综合经济效果最佳。

无粘结预应力筋成束铺设，单根张拉。其张拉端锚固体系有两种作法：群锚体系与单锚体系。采用群锚体系，灌浆仅起保护作用，因为无粘结筋表面油脂无法清理干净；而单锚体系，构造简单、施工方便、成本较低。

单根无粘结筋采用YCN-23型前卡式千斤顶张拉。同束无粘结筋应先张拉池壁内侧的预应力筋，后拉外侧的预应力筋。每根预应力筋用两台千斤顶在两端同时张拉。同一圈内对称的两根预应力筋也应同时张拉，共需4台千斤顶同时工作。

当池壁有4根锚固肋时，采用自上而下分二批对称张拉的顺序。即自上而下先张拉 *A*、*C* 肋各束预应力筋，然后再自上而下张拉 *B*、*D* 肋。池壁张拉完毕后再张拉环梁。

无粘结预应力工艺，由于施工简便，尤其在承担拉应力的环向预应力筋中采用较广，但对锚具要求严格。

5.5.5.3 蛋形消化池施工

1. 蛋形消化池构造（图5-6）

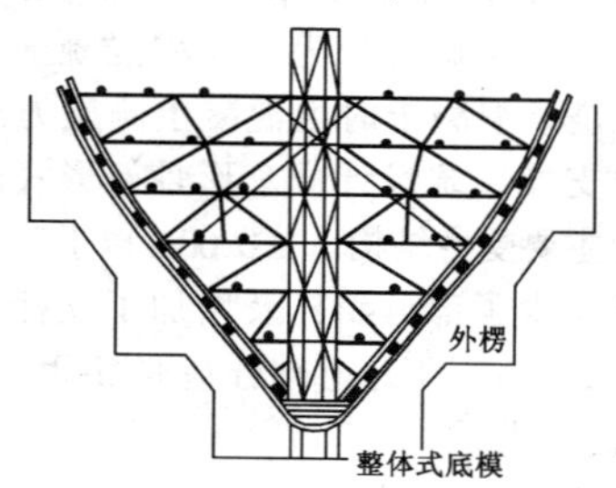

图5-6 蛋形消化池构造

2. 蛋形消化池施工

模板工程

1）施工方案

①池体下部分，直接利用毛石护坡作外模。

②池体以上外模及全部内模，均以现场现有的定型组合钢模板和 ϕ48mm × 3.5mm 焊接脚手钢管为主，另根据池体三维变曲面的要求，增加部分异形钢模板及配件、连接件。模板的内外楞采用弧形钢管，系由

脚手钢管按一定曲率弯制而成。

2）模板设计

以单池容积 10536m^3 为例，整个消化池模板按混凝土施工缝划分：基础为 6 段，壳体为 18 段。每段模板设计，通过计算及现场放样、排板最后确定。当池体半径 < 3130mm 时，选用 1P1015 + 1P1015；当池体半径 ≥3130mm 时，选用 1P3015 + 2P1015 作为配板基本单元。另外还设计制作 T 型异形钢模板，以满足池壁的曲率变化要求。

模板的支撑系统设在池内，采用 ϕ48mm × 3.5mm 脚手钢管搭设。基础部分为大体积混凝土，内模系统主要承受在浇筑混凝土时由混凝土侧压力产生的向上的浮力，故支撑系统设计成伞形骨架形式，池中央多边形井架为主要受力结构。±0.00m 以上壳体部分的支撑系统，除减少了部分斜杆及增加了立杆外，平面结构形式与 ±0.00m 以下基础部分基本相同。

3）模板安装

模板按施工段的划分，分段支设。在池体最大直径处以下先安内模，后安外模；最大直径处以上先安外模，后安内模。模板首先依托在钢筋骨架上，然后通过对拉螺栓（或钩头螺栓）、扣件与支撑系统连成一体。

支撑系统的各杆件随内外模板安装同步搭设。搭设时，径向杆对准池体圆心，竖向杆保持竖直。

在模板安装初步就位后，进行标高和半径的检测。微量偏差通过在骨架径向横杆上设置的微调螺栓进行调整。池中心用激光定向仪控制。

4）钢筋工程

结构钢筋绑扎成型后，需着重解决两个问题：钢筋绑扎成型的依托和控制钢筋绑扎成型后的尺寸。

①基础部分：由于混凝土量比较大，配筋稀，施工中采用 50mm × 5mm 构成支架作为钢筋成型的依据。基础 3 个台阶的角钢支托数量分别为 9 榀、22 榀及 32 榀。施工中控制支架水平和竖向角钢端部的节点的水平位置和标高，作为控制池体半径和曲率的控制点。

②壳体部分：钢筋板架主要由 ϕ20mm 钢筋构成，见图 5-7，共 64 榀。支架每次成型高度为 750mm，由长 750mm 的垂直短筋控制其标高，由水平短筋控制壳体的截面厚度及壳体半径。

池体混凝土在现场拌制后用泵送至浇筑点。

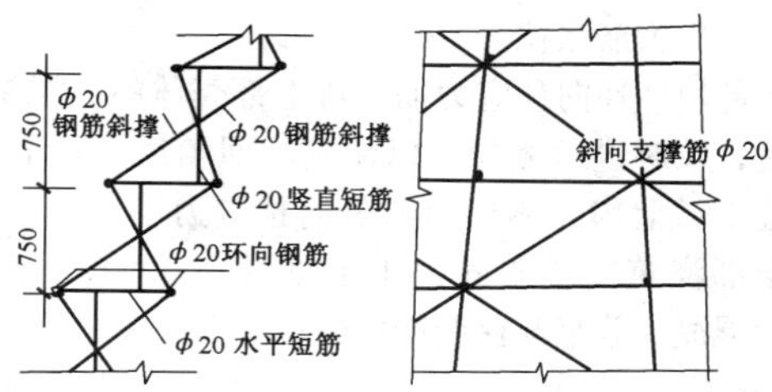

图 5-7　壳体部分钢筋支架

5）双向预应力施工

①预应力筋孔道留设

该工程环向与竖向预应力筋孔道均采用金属波纹管留设。环向波纹管待上一层钢筋骨架点焊成型后由张拉口穿入。竖向波纹管每次安装 6m 左右，上口加盖以避免异物落入。波纹管用 ϕ6.5mm 钢筋支托与结构筋每隔 1m 牢固绑扎在一起。浇筑混凝土过程中，边浇筑边用清孔球通孔。

②钢绞线束穿入孔道

该工程环向、竖向均采用整束穿束方案。穿束前头，对每束钢绞线逐根编号，理顺后，用18号钢丝每隔1m编织、合拢、捆扎。

环向束采用人工穿束，辅以搭吊配合。

竖向束由人孔送入池内，采用由下向上的方法穿束。用1t慢速卷扬机作牵引动力，直接将卷扬机钢丝绳或钢绞线用穿线帽连接，牵引到达出孔所限定的位置后，再用捯链调整钢绞线至所需的张拉长度，靠孔道摩擦力使钢绞线不下滑，然后拆除钢丝绳，安装锚具。

③预应力筋张拉

下部块体环向预应力筋，待上部壳体施工1.5m高度以后，及时进行张拉，以便基坑回填后进行上部壳体的施工。上部壳体环向与竖向预应力筋，待池体混凝土全部浇筑完毕并养护1个月后，方可进行张拉，以减少混凝土收缩与徐变产生的预应力损失。

张拉控制应力$\sigma_{con}=0.8fptk$，超规范最高限值。为满足设计要求，考虑两个问题：a. 钢绞线-锚具组装件锚固性能能否满足设计要求；b. 如何确保曲线孔道中每根钢绞线受力均匀。试验表明，低松弛钢绞线与锚具能满足设计控制应力要求。为克服曲线孔道内各根钢绞线初始松紧程度不一致的问题，采取单根调整初应力、成束张拉的方法。

张拉顺序：先张拉环向，后张拉竖向。竖向束采取轮流大对称张拉，即每处依次张拉4束后，再移至另一相对方向依次张拉4束。环向束自下而上顺序张拉，每道采用3点同步张拉。环向束张拉时进行分层（每10圈为一层），张拉次序为V1→V5→V9，然后旋转30°，张拉V2→V5→V10，按此依次进行，完成该层后，再张拉上一层。池体环向预应力3点同步张拉法。

④孔道灌浆

采用42.5级普通硅酸盐水泥，水灰比0.42，掺入12%～14%微膨胀剂和0.8%YNB-3泵送剂。流动度控制在12～18cm，3h泌水率小于3%。

5.5.5.4　消化池施工要求及允许偏差

1. 消化池池壁倒模模板安装允许偏差（表5-85）

2. 消化池池壁钢筋安装允许偏差（表5-86）

3. 消化池池壁混凝土浇筑允许偏差（表5-87）

4. 消化池池壁预埋件不得漏缺、碰、错，安装牢固，管口封闭不渗水。安装预埋件、预留孔件时将钢筋损坏应按图复位。允许偏差（表5-88）

5. 消化池池顶钢筋安装允许偏差（表5-89）

6. 模板安装支撑必须牢固，在施工荷载作用下，不得有松动、跑模、下沉等现象，模板拼装必须严密，不得漏浆，模内必须洁净。消化池池顶模板安装允许偏差（表5-90）

7. 消化池梁、顶板混凝土浇筑允许偏差（表5-91）

8. 消化池砖砌结构，砌体砂浆必须密实饱满，水平灰缝的砂浆饱满度不得低于80%。组砌方法应正确，不得有通缝，转角处和交接处的斜槎和直槎通顺、密实，直缝应加拉接条。清水墙应清洁美观，勾缝密实，深浅一致，横竖缝交接处应平整。砖砌结构允许偏差（表5-92）。

9. 消化池水泵安装，底脚螺栓必须埋设牢固，螺

消化池池壁倒模模板安装允许偏差 表 5-85

项目		允许偏差（mm）	检查频率		检验方法
			范围	点数	
模板轴线与设计位置		±8	每步	4	用经纬仪测量纵横轴各2点
池壁断面尺寸		±3	每步	10	用尺量
模板垂直度		2/步	每步	10	挂垂线量测
模板平整度		3	每步	10	用1.5m直尺量测
相邻两板面高低差		1	每步	10	用尺量
模板上表面高程		±2	每个池	10	用水准仪测量
池壁半径		±5	每步	10	用尺量
预留预埋中心位置	预埋件（管）	3	每个	1	用尺量
	预留洞	5	每个	1	用尺量
相邻两表面高低差		2	每一接缝	2	用尺量

消化池池壁钢筋安装允许偏差 表 5-86

项　目	允许偏差（mm）	检查频率		检验方法
		范围	点数	
沿高度方向配置两排以上受力钢筋时钢筋排距	±5	每步	10	用尺量
受力钢筋间距	±10	每步	10	用尺量
钢筋间距	±20	每步	10	用尺量
钢筋长度	±15	每个池	10	用尺量
保护层厚度	±3	每步	10	用尺量
轴线与钢筋轴线位移	±8	每步	10	用尺量

消化池池壁混凝土浇筑允许偏差 **表 5-87**

项　　目	允许偏差（mm）	检查频率		检验方法
		范围	点数	
△混凝土抗压强度	按 GBJ107—87 标准			标准养护
△混凝土抗渗性能	不小于设计规定	一组	6 块	标准养护
△混凝土抗冻性能	不小于设计规定	五组	15 块	标准养护
垂直度	$1.5H/1000$ 且不大于 30	每座	2	用垂线测量或经纬仪
壁　　厚	+10，－3	每座	2	用尺量
内外表面平整度	10	每 5m	10	用弧长为 2m 的弧形尺检查

注：H 为圆筒池身高度。

消化池池壁预埋件允许偏差 **表 5-88**

项目	允许偏差(mm)	检查频率		检验方法
		范围	点数	
高程	±10	每个件孔	1	用水准仪测量
位置	±5		1	按图用尺量测
防腐处理	不得有漏空	每个埋件	1	观查检查
预埋沉降观测点	按设计规定			有水准仪测量绘制图表定期复测

消化池池顶钢筋安装允许偏差 **表 5-89**

项目	允许偏差(mm)	检查频率		检验方法
		范围	点数	
沿高度方向配置两排以上受力钢筋时钢筋排距	±5	每座	5	用尺量
受力钢筋间距	±10	每座	5	用尺量
环筋间距	±20	每座	5	用尺量
保护层厚度	±3	每座	5	用尺量
轴线与钢筋位移	±8	每座	5	用尺量

消化池池顶模板安装允许偏差 **表 5-90**

项目		允许偏差（mm）	检查频率		检验方法
			范围	点数	
相邻两板表面高低差	刨光	2	每个构筑物	4	用尺量
表面平整度刨光		3		4	用 2m 直尺量测
模内尺寸		+3，-8		3	用尺量长宽高各计 1 点
轴线位移		8		2	用经纬仪测量纵横各计 1 点
预埋件预留孔位置		10		1	用尺量

消化池梁、顶板混凝土浇筑允许偏差 **表 5-91**

项　　目	允许偏差（mm）	检查频率		检　验　方　法
		范围	点数	
△混凝土抗压强度	按 GBJ107—87 标准			标准养护
△混凝土抗冻性能	不小于设计规定	5 组	15 块	标准养护
轴线位移	10	每个梁板	2	用经纬仪测量纵横向 1 点
断面尺寸	+10，-3		2	用尺量宽、高各计 1 点
顶面支撑面高程	±5		2	用水准仪测量
梁侧向弯曲	1/1000L	每个梁	1	沿构件全长拉线量测
平 整 度	5	每个梁板	1	用弧长 2m 的弧形尺检查
麻　　面	1%	每个侧面	1	麻面面积与每 1 侧面总面积之比

砖砌结构允许偏差 **表 5-92**

项目		允许偏差（mm）	检查频率		检验方法
			范围	点数	
轴线位移		10	每层	4	用经纬仪测量纵横各 2 点
高程		±15	每层	2	用水准仪测量
垂直度	每层	5	每 5m	2	用经纬仪或垂线测量
	全高	20			
清水墙、柱表面平整度		5	每 5m	1	用 2m 直尺量测
混水墙、柱表面平整度		8	每 5m	1	用 2m 直尺量测
清水墙水平缝平直度		7	每 10m	1	挂线用尺量
混水墙水平缝平直度		10	每 10m	1	挂线用尺量
水平缝厚度		±8	每 10 行	1	与皮数杆比较用尺量
游丁走缝		20	每层	1	垂线用尺量
砂浆饱满度		不小于 80%	每步架 3 处	每处 3 处	用百格网测取平均值

纹露出部分不得锈蚀。泵座与基座应接触严密，多台水泵并列时各种高程必须符合设计规定，水泵轴不得有弯曲，电动机应与水泵轴向相符。水泵安装允许偏差（表5-93）。

10. 消化池铸铁管及管件安装允许偏差（表5-94）

11. 消化池穿墙套管密封，密封口必须严密，表面要平整光滑。填料配合比要准确。穿墙套管密封允许偏差（表5-95）。

5.5.5.5　消化池的气密性试验

1. 主要试验设备

1）压力计：可采用U形管水压计或其他类型的压力计，刻度精确至mm水柱，用于测量消化池内的气压。

2）温度计：用以测量消化池内的温度，刻度精确至1℃。

3）大气压力计：用以测量大气压值，刻度精确到10Pa。

4）空气压缩机一台

2. 测读气压

1）池内充气至试验压力并稳定后，测读池内气压值（初读数），间隔24h，测读末读数。

2）同时测池内温度和大气压力,并统一压力单位。

3. 池内气压降按下式计算

$$\Delta P = (P_{d1} + P_{a1}) - (P_{d2} - P_{a2})\frac{273 + t_1}{273 + t_2}$$

式中　ΔP——池内气压降（Pa）;

P_{d1}，P_{d2}——池内气压初读数和末读数（Pa）;

P_{a1}，P_{a2}——测量 P_{d1}，P_{d2}时相应大气压力（Pa）;

水泵安装允许偏差 表 5-93

项目		允许偏差（mm）	检查频率		检验方法
			范围	点数	
基座水平度		2	每台	4	用水准仪测量
底脚螺栓位置		±2	每只	1	用尺量
Δ泵体水平度		每米 0.1	每台	2	用水准仪测量
联轴器同心度	轴向倾斜	每米 0.8	每台	2	用水准仪百分表或测微螺钉量测
	径向位移	每米 0.1		2	

消化池铸铁管及管件安装允许偏差 **表 5-94**

项目	允许偏差（mm）	检查频率		检验方法
		范围	点数	
△管道高程	±10	每节	2	用水准仪测量
中线位移	10	每节	2	用尺量
立管垂直度	0.2% H 且不大于 10	每节	2	用垂线量测

穿墙套管密封允许偏差 **表 5-95**

项目	允许偏差（mm）	检查频率		检验方法
		范围	点数	
试水	不允许渗漏	每个	1	与池整体试水同时进行
内墙壁平整度	5	每个	1	用 1m 直尺量测

注：试水水头高度不应小于 2m。

t_1，t_2——测量 P_{d1}，P_{d2}时相应池内温度（℃）。

4. 污泥消化池气密性试验记录样例（表 5-96）

污泥消化池气密性试验记录样例　表 5-96

污泥消化池气密性试验记录

工程名称________________　建设单位________________

池　　号________________　施工单位________________

气室顶面直径（m）		顶面面积（m^2）	
气室底面直径（m）		底面面积（m^2）	
充气高度（m）		气室体积（m^3）	
测读记录	初读数	末读数	两次读数差
测读时间 (年、月、日、时、分)			
池内气压 p_d（Pa）			
大气压力 p_a（Pa）			
池内气温 t（℃）			
池内水位 E（mm）			
压力降占试验压力（%）			
参加单位及人员	建设单位	设计单位	施工单位

5.6　水池满水试验

5.6.1　试验条件及准备工作

1. 试验条件

(1) 池体的混凝土或砖石砌体的砂浆已达到设计

强度。

(2) 现浇钢筋混凝土水池的防水层、防腐层施工以前以及回填土以前。

(3) 装配式预应力混凝土水池施加预应力以后，保护层喷涂以前。

(4) 一般在基坑回填以前。

2. 试验前的准备工作

(1) 将池内清理干净，修补池内外的缺欠，临时封堵预留孔洞、预埋管口及进、出水口等，并检查进水及排水阀门，不得渗漏。

(2) 设置水位观测标尺，标定水位测计，准备现场测定蒸发量的设备。

(3) 充水的水源应采用清水。

5.6.2 水池满水试验要点

1. 充水

(1) 充水宜分3次进行：第1次充水高度为设计水深的1/3；第2次充水为设计水深的2/3；第3次充水至设计水深。对大、中型水池，可先充水至池壁底部的施工缝以上，检查底板无明显渗漏时，再继续充水至上述第一次充水深度。

(2) 充水水位上升速度不宜超过2m/h。相邻两次充水的间隔时间，不应小于24h。

(3) 每次充水宜测读24h的水位下降值，计算渗水量，在充水过程中和充水后，应对水池作外观检查。当发现渗水量过大时，应停止充水。

2. 水位观测

(1) 充水时的水位可用水位标尺测定。

(2) 充水至设计水深进行渗水量测定时，应采用水位测针和千分表测定水位。水位测针的读数精度应达 0.1mm，试水时，千分表安装示意见图 5-8。

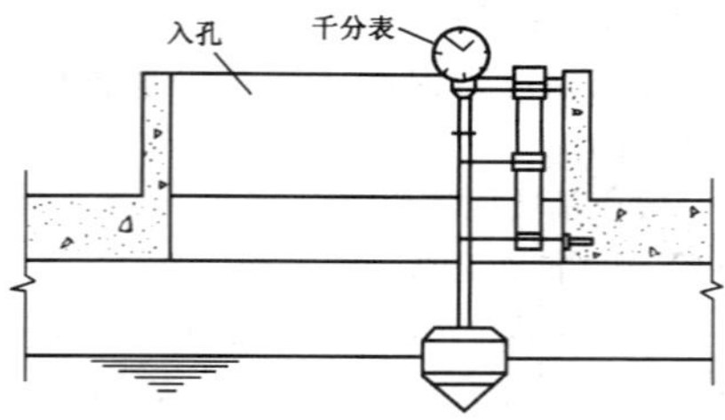

图 5-8　千分表安装示意图

（3）充水至设计水深后至开始进行渗水量测定的间隔时间不小于 24h。

（4）测读水位的初读数与末读数之间的间隔时间，应为 24h。

（5）连续测定的时间可依实际情况而定，如第 1 天测定的渗水量符合标准，应再测定 1 天；如第 1 天测定的渗水量超过允许标准，而以后的渗水量逐渐减少，可继续延长观测时间。

3. 蒸发量测定

（1）现场测定蒸发量的设备，可采用直径约为 50cm、高约 30cm 的敞口钢板水箱，并设有测定水位的千分表。水箱应检验，不得渗漏。

（2）水箱应固定在水池上，水箱中充水深度可在 20cm 左右。

（3）测定水池中水位的同时，测定水箱中的水位。

4. 水池的渗水量按下列计算：

$$q = A_1/A_2\ [E_1 - E_2] - (e_1 - e_2)]$$

式中　q——渗水量 [L/（m^2·d)]；

A_1、A_2——水池的水面面积，浸湿总面积（m^2）；

E_1、E_2——水池中水位测针的初读数，初读后24h的末读数（mm）；

e_1、e_2——测读 E_1、E_2 时水箱中水位测针的读数（mm）；

注：当连续观测时，前次的 E_2、e_2，即为下次的 E_1 及 e_1；雨天时，不宜做满水试验渗水量的测定。

5. 水池满水试验记录格式见表5-97

水池满水试验记录格式　　　　**表5-97**

工程名称____________　　建设单位____________

水池名称____________　　施工单位____________

水池结构	钢筋混凝土 砖砌体	允许渗水量 [L/（m^2·d)]	
水池平面尺寸（m）		水面面积 A_1（m^2）	
水深（m）		湿润面积 A_2（m^2）	
测读记录	初读	末读	两次读数差
测读时间 (年、月、日、时、分)			
水池水位 E（mm）			
蒸发水箱水位 e（mm）			
大气温度（℃）			
水温（℃）			
实际渗水量	（m^3/d）	[L/（m^2·d)]	占允许量的百分率
参加单位和人员	建设单位	设计单位	施工单位

第6章　取水、泵房及水塔

6.1　取水头部施工

6.1.1　施工通则

6.1.1.1　取水头部结构型式及施工方法选择（表6-1）

取水头部结构型式及施工方法选择　表6-1

施工方法		水下法	吊装法	栈台法	浮沉法	筑岛法	围堰法
作业条件	容许流速(m/s)	0.8～1.0	1.2～1.5	1.5	1.5	1.5～3.0	1.5～3.0
	容许水深(m)	不限	不限	脚手架≤3.0	≥2.0	≤3～5	≤3～5
	岸线远近	皆可	视设备而定	较近	较远	较近	较近
	其他	底砂流不严重	风力不超过五级波高不超过0.5m			河床为非岩质、非淤泥	河床不透水或弱透水
主要特点		直接作业，缩时省工，潜水设备，务庆齐作，水深无碍，流速受限	抱杆吊装，离岸要近，浮吊起重，吃水需深，机械配套，效率才高	竹木脚手，筏子驳船，皆可搭台，操作灵便，沉桩灌筑，浅水常用	利用浮力，减重就位，岸远水深，勘为相宜，流急浪高，艰难处理	砂砾河床，沉井灌筑，傍岸筑岛，有效便当，作业面窄，工期稍长	干式施工，质量较佳，设备简单，但费工料，拆堰难净，易留后患

续表

施工方法			水下法	吊装法	栈台法	浮沉法	筑岛法	围堰法
头部结构型式	1	墩式	○	△	△	×	×	○
	2	箱　式	○	○	△	○	×	○
	3	沉船式	△	×	×	○	×	×
	4	沉井式	○	△	×	○	○	×
	5	气压沉箱式	○	×	×	×	○	×
	6	桩架式 打入桩	×	○	○	×	△	×
	7	桩架式 钻孔桩	△	×	○	×	○	×
	8	悬臂式	×	○	△	×	×	○

注：○——常用；△——可用或配合作用；×——不用。

6.1.1.2　取水头部制作

1. 墩型头（表 6-2）

墩　型　头　　　　**表 6-2**

部位	施工条件及方法		施　工　注　意　事　项
基底	岩石地基	干式施工	墩体可直接做在岩面上
		水下施工	墩腔周围内、外侧各 0.15 ~ 0.2m 宽的条带应将片石、碎石整平
	砂土地基	干式施工	铺 10cm 厚的低强度等级混凝土或砂浆垫层
		水下施工	宜作抛石基床

续表

部位	施工条件及方法	施　工　注　意　事　项
墩体	干式施工	1. 现浇混凝土强度 C15，体积较大时，可掺填 25%的毛石 2. 浆砌石墩，料石强度等级不低于 MU30，水泥砂浆不低于 M7.5
	水下施工	1. 多用预制墩腔吊装就位，然后灌筑 C15 ~ C20 水下混凝土 2. 也有采用预制混凝土方块或麻袋混凝土吊入水中砌墩
墩腔	钢 墩 腔	1. 用 3 ~ 6mm 钢板焊成，当体积较大时，腔内应设纵横支撑和对角支撑，确保整体刚度 2. 墩腔内、外壁应刷防腐漆
	钢筋混凝土墩腔	1. 多用 C20 混凝土 2. 腔壁厚度应能承受混凝土初凝前的侧压力

2. 箱型头部（表 6-3）

箱 型 头 部　　　表 6-3

部位	施工方法	施　工　注　意　事　项
箱体	干式施工	1. 可采用不低于 C15 的现浇钢筋混凝土结构 2. 也可采用砖石或混合结构
	水下施工	1. 一般采用 C20 预制钢筋混凝土结构，必要时再进行水下二次浇筑或抛石、砂等填料压重

续表

部位	施工方法	施 工 注 意 事 项
箱体	水下施工	2. 吊装视吊装能力及水域条件，箱体可采用整体预制吊装；上、下分节水下拼装；柱、板件下水组装；浮运沉箱

3. 桩架式头部

(1) 常用桩型（表6-4）

常 用 桩 型　　　表 6-4

<table>
<tr><th>桩型</th><th colspan="3">材　料</th><th>桩　径（cm）</th><th>长度（m）</th></tr>
<tr><td rowspan="4">预制打入桩</td><td rowspan="3">钢筋混凝土预制桩混凝土C25～C40钢：Ⅰ级，Ⅱ级</td><td rowspan="2">方桩</td><td>实心</td><td>20×20，25×25，
30×30，35×35，
40×40，45×45，</td><td rowspan="2">10～24</td></tr>
<tr><td>空心</td><td>45×45（空心27×27）
50×50（空心30×30）</td></tr>
<tr><td colspan="2">管　桩</td><td>$D=40$，55，$t=8$
（各分上、中、下三节）</td><td>节长4、6、8、10、12</td></tr>
<tr><td colspan="3">钢桩——钢管、钢轨、工字钢等
木桩——松、杉、橡等坚梃木料</td><td>$D=10\sim40$（钢管）
$D=20\sim26$</td><td><15
6～16</td></tr>
<tr><td>钻孔灌注桩</td><td colspan="3">钢筋混凝土灌筑桩（混凝土、不低于C20钢，Ⅰ级）</td><td>$D=40\sim120$</td><td>不限</td></tr>
</table>

续表

桩型	材　料	桩　径（cm）	长度（m）
钻孔灌注桩	钢管插孔桩（D较大时，常在管内充填混凝土）	$D=10\sim40$	<15

（2）桩间联接（表6-5）

桩间联接　　表6-5

部　位	联接形式	施工方法
水位以上部分	钢筋混凝土系梁	采用破头现浇
	钢系杆	采用预埋件上焊接或螺栓连接
水位以下部分	钢系杆	采用预埋件上焊接或螺栓连接

4．悬壁式头部（表6-6）

悬壁式头部　　表6-6

类型	岩槽嵌固	墩嵌固	壁嵌固
图示	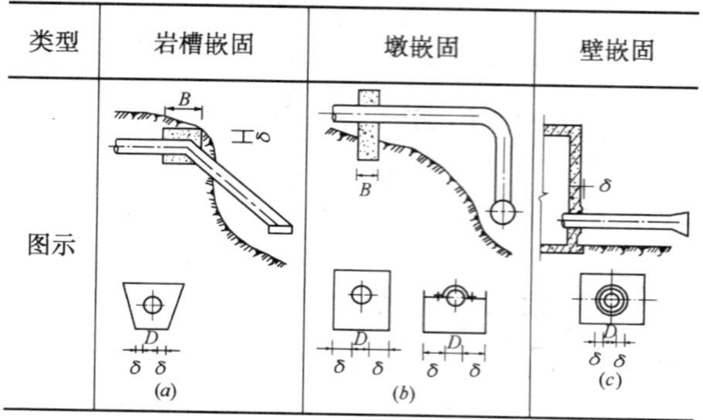		

续表

类型	岩槽嵌固	墩嵌固	壁嵌固
构造及施工要点	1. 用 C15 混凝土或浆砌块石将管周围岩槽嵌紧 2. $B \geqslant 2.5D$,且 $B \geqslant 0.6$m, $\delta \geqslant 0.3$m 3. 当岩槽的混凝土强度达到 70% 以上时方可拆除取水管的支撑	1. 用 C15 混凝土墩 2. $B \geqslant D$,且 $B \geqslant 0.6$m, $\delta \geqslant 0.3$m 3. 可采用半墩加抱箍 4. 必要应设地锚拉住取水管口	1. 多用于 $D \leqslant 400$mm 时 2. 在管与壁交接处,应以壁同强度等级混凝土局部加厚,并设加强钢筋或嵌固环,施工时注意管底部混凝土的捣实 3. $\delta \geqslant 0.3$mm

5. 预制取水头部的允许偏差

(1) 预制箱式钢筋混凝土取水头部允许偏差(表 6-7)

预制箱式钢筋混凝土取水头部允许偏差　　表 6-7

项　　目		允许偏差 (mm)
长、宽(直径)高度		±20
厚　　度		-5
表面平整度(用 2m 直尺检查)		10
中心位置	预埋件、预埋管	5
	预留孔	10

(2) 箱式和管式钢结构取水头部制作的允许偏差（表 6-8）

箱式和管式钢结构取水头部制作的允许偏差

表 6-8

项目		允许偏差（mm）	
		箱式	管式
椭圆度		D/200，且不大于 20	D/200，且不大于 10
周长	D < 1600	±8	±8
	D > 1600	±12	±12
长、宽（多边形边长）、高度		1/200，且不大于 20	
端面垂直度		4	2
中心位置	进水管	10	10
	进水孔	20	20

注：D 为直径（mm）。

6. 预制取水头部的要求

(1) 取水头部的混凝土浇筑分三段进行：第一段为底板，第二段为 2/3 壁高，第三段为 1/3 壁高及顶板浇制，均应符合水工构筑物的质量标准。

(2) 在沉箱浮运前应用木板及橡胶圈临时封闭好取水窗口，使其不漏水。

(3) 沉箱下部应设有垫座，下水时将垫座顺滑道滑入水中后与沉箱分开。

(4) 拖运前，应对沉箱进行满水试验，如结构本身渗水，可采用一般防水涂料修补。封板边缘漏水，可采用桐油石灰麻丝填塞，外涂水玻璃与油—10 号沥青及其他有效的堵漏措施。

6.1.2 围堰法

6.1.2.1 围堰类型的选用（表6-9）

围堰类型的选用 **表6-9**

围堰类型	适用条件		
	河　床	最大水深（m）	最大流速（m/s）
土围堰 草土围堰		2 3	0.5 1.5
草捆土围堰 草(麻)袋围堰 堆石土围堰 石笼土围堰	不透水	5 3.5 4 5	3 2 3 4
木板桩围堰 钢板桩围堰	可透水	5 -	3 3

6.1.2.2 土、草捆土、草（麻）袋等围堰的施工要求（表6-10）

6.1.2.3 围堰施工注意事项

1. 围堰的基本要求

（1）围堰的结构和施工，应保证其可靠的稳定性、坚固性和不透水性。

（2）防止围堰基础与围堰本身的土壤发生管涌现象。

（3）施工的围堰和基槽边界之间，应当留有足够的距离，以满足施工排水与运输的需要。

（4）决定堰顶高程时，应考虑波浪、壅高和围堰的沉陷，围堰的超高一般在0.5~1.0m以上。

土、草捆土、草（麻）袋等围堰的施工要求 **表 6-10**

堰型	断面尺寸			堰顶高出施工期最高水位（m）	材料规格	
	堰顶宽（m）	边坡坡度			土	其他
		堰内	堰外			
土围堰	≥1.5	1:1～1:3	＞1:2	0.5～0.7	采用松散黏性土、不含石块、垃圾等杂物、不得使用冻土	用草皮、树枝、碎石护坡
草土围堰	1～2	1:1～1:3	＞1:2	0.5～0.7		草可用稻草、麦秸和杂草
草捆土围堰	(2.5～3)水深	1:0.2～1:0.5	1:0.5～1:1	1.0～1.5		草捆长：150～180cm 直径：40～50cm 草捆拉绳为麻绳，直径为 2cm
草（麻）袋围堰	1～2	1:0.2～1:0.5	1:0.5～1:1	0.5～0.7		草（麻）袋装土 2/3，袋口缝合，不得漏土
堆石土围堰	≥1.5	1:0.5～1:1	1:0.2～1:0.5	0.5～0.7		使用就地河沟中的大块碎石、卵石
石笼土围堰	≥1.5	1:1.5	1:1	0.5～0.7		竹笼常用直径 0.4～0.6m，长 1.5～6.0m，内装碎石

(5) 围堰的构造应当简单，能迅速进行施工、修理和拆除并符合就地取材的原则。

(6) 围堰布置时，应采取防止水流冲刷围堰的措施。

(7) 在通航河道上的围堰布置要满足航行的条件，特别是航行对河道水流流速的要求。

2. 围堰施工要点

(1) 土围堰和草（麻）袋围堰

1) 土围堰是直接将土抛入水中填筑，水下部分不可能立刻加以压实，因而渗透曲线位置很高，为了避免背水面滑坡，常用堆石或草袋填筑排水棱体。

2) 装土草（麻）袋围堰的草袋装土仅装满2/3，以便叠筑稳固。

(2) 堆石土围堰是在河流流速稍大情况下填筑起来的，填筑时要考虑拆除措施。

(3) 草土围堰

1) 为了防止滑坡和渗漏，围堰堰身转弯处要特别仔细施工。应保持围堰头与围堰中心线相垂直，压草时，外围多压草捆，内围少压。

2) 压草层数随水深增加，当水深在1.5~6m的范围内，压草的层数变化在2~10层之间。

3) 压草原则是使草绳的位置与方向能有效地抵抗外力作用，使草捆稳定并连系牢固。

4) 铺土应均匀，土层厚为30~40cm，利用土重，慢慢将草捆压至水底。

5) 当堰身高于水面后，必须夯实。打夯地点要离开前面围堰头2m，以免将草绳打断，发生脱节事故。

6.1.2.4 板桩围堰施工

1. 钢板桩围堰的施工要求（表 6-11）

钢板桩围堰的施工要求　　　表 6-11

<table>
<tr><th rowspan="3">围堰类型</th><th colspan="3">断面尺寸</th><th rowspan="3">堰顶高出施工期最高水位数量（m）</th><th rowspan="3">材料要求</th></tr>
<tr><th rowspan="2">堰顶宽（m）</th><th colspan="2">边坡坡度</th></tr>
<tr><th>堰内</th><th>堰外</th></tr>
<tr><td>木板桩围堰</td><td>0.5～1.5</td><td>1:0.5</td><td rowspan="2">1:0</td><td>0.5～0.7</td><td rowspan="2">板桩有无支撑、单支撑、多支撑等形式；板桩端部应有吊孔；板桩组拼时，应在锁口内填充防水混合料</td></tr>
<tr><td>钢板桩围堰</td><td>0.5～1.5</td><td>1:0</td><td>0.5～0.7</td></tr>
</table>

2. 插打板桩的规定

(1) 插打前，在锁口内应涂防水混合料。

(2) 吊装钢板桩，吊点位置不得低于桩顶以下 1/3 桩长。

(3) 钢板桩可采用锤击、震动和射水等方法下沉，但在黏土中不宜用射水。锤击时应设桩帽。

(4) 应设导向设备保证插打质量、最初插打的钢板桩，应详细检查其平面位置和垂直度。

(5) 接长的钢板桩，其相邻两钢板桩的接头位置，应上下错开。

(6) 拔出钢板桩前，应向堰内灌水使其与堰外水位相同。拔桩应由下游开始。

3. 插打钢板桩允许偏差（表 6-12）

插打钢板桩允许偏差　　表 6-12

项　　目		允许偏差（mm）
轴线位置	陆上打桩 水上打桩	100 200
顶部高程	陆上打桩 水上打桩	±100 ±200
垂　直　部		桩长/100，且不大于 100

6.1.2.5　钢板桩围堰施工取水构筑物

采用板桩围堰是常用的围堰结构形式，有单排板桩围堰及双排板桩围堰挡水。在深达 14m 的江心，采用长达 30m 的钢板桩围堰、钢围囹支撑。

插打管柱与钢板桩围堰

（1）打管柱桩　打桩工作系由吊船与履带式起重机进行。

（2）打钢板桩　钢板长度达 30m，插入覆盖层深为 8～13m。施工时采用的主要打桩设备为起重量 30t 的吊车打汽锤以及高压射水管等。

为便于施工，钢板桩每三块拼成一组，成组插打。板桩的中间锁口用棉花、石灰及桐油嵌缝；板桩的两边锁口涂混合油料（黄油、沥青、黄土粉、木屑，其比为 1.2∶1.2∶1.5∶0.57）。它的下端，靠封底水下混凝土的一面长为 12m 处，涂以隔离层。隔离层系用油－30 沥青加 20%苯配制而成，共涂刷两遍。

为使钢板桩达到围囹要求的弧度，拼装加工好的钢板桩用弧度夹子夹妥。

6.1.2.6 围堰施工取水头部

1. 坑基

(1) 坑基应将围堰内河床上的淤积、树根及其他杂物清理干净。

(2) 在取水头部基础外围挖一环形排水沟，排水沟深于取水头部基础 0.3 ~ 0.5m，排水沟与 2 ~ 3 个集水坑连通，在施工过程中用泵将集水坑内的水排出。

(3) 其他与干式土方施工相同

2. 混凝土浇筑

(1) 应详细了解河流的枯水季节的时间和水位变化情况。认真编制施工计划和方案，预测施工时间。

(2) 综合上述预计施工时间和枯水期时间，来确定施工期，保证施工在枯水期完成。

6.1.3 浮式沉井法

6.1.3.1 浮式沉井的类型和构造

1. 不带气筒的沉井

(1) 不带气筒的浮式沉井适用于水不太深 (5 ~ 9m)，流速不大，河床较平缓，冲刷较小的河流。

(2) 可在岸边制造，通过滑道拖拉下水，浮运至墩位处，再接高井筒下沉。

(3) 一种用钢丝网水泥薄壁制造的浮运沉井，形如无底空桶，双层井壁由若干横隔板作联系及支撑，形成若干个有浮力的空腔。

1) 空腔尺寸由浮运稳定要求的吃水深度、内外井筒壁受力大小以及操作人员作业方便的程度决定。

2) 横隔板都是由数层钢丝网均匀铺设在板两侧，再抹以水泥砂浆，使之充满整个网隙之间，以 1 ~ 3mm

厚为保护层，薄壁总厚约3cm。

3）薄壁不会因砂浆凝固收缩而开裂，并具有一定的韧性抗压拉强度，能满足井筒构造可靠度的要求。

2. 带钢气筒的沉井

由双壁底节，单壁钢壳，钢气筒组成。

（1）底节　由内、外壁板、刃脚斜板，竖直隔板、底板和各种支撑杆件组成。双层壁板和底板的作用是防水，隔板将井筒分成多格并起底节内部支撑作用，底节井孔为悬浮下沉中安放钢气筒及落入河床后吸泥出土之用，底节高度常为5m。

（2）单壁钢壳　由钢板、竖向肋骨角钢组成，钢壳可分几层制造，每层层高为3~6m，每层分几个构件单元，在接高时拼焊。水平圆环用角钢焊成桁架结构支撑在壁内侧或外侧。此外，还均匀布置四根导向钢轨在悬浮中起导向作用。

（3）气筒　由底座、筒身和顶盖组成。底座是一块中间留有圆孔、形状大小与方形井孔相同，并切去四角的底板，上与筒身焊接，下与底节顶部焊接，切去的四角由有加劲支撑的斜面封口板焊接密封形成一个向下的敞口；筒身由身板和焊在板外侧的若干道加劲环组成；顶盖一般为锥形，由盖板、加颈角钢环和带阀门的进气管组成。

（4）井筒填料　以填混凝土为主，在井孔间可设置水平连通管以便平衡各井孔水位，并在井顶部设置桩槽，以便插入钢板桩。

6.1.3.2　浮式沉井的制造

1. 制造方法

（1）岸上制造　预制场地要选择便于铺设滑道及

拖拉下水处，一般在桥位上游处。

(2) 河边木排上预制　涨水时可自浮于水中，拖至墩位处下沉。

(3) 河边的船坞（或筑砂岛）预制　制造完毕后冲除砂岛浮运或用吊机起吊水中浮运。

(4) 水中搭架　水深大于4m时，可在墩位水中搭架制造。

(5) 水中立桩搭架（工作平台）　若水较深，可在水中打桩搭架，在桩支架上设工作台制造。

(6) 船上制造　水很深，打桩立架较困难，可用大吨位船上安设支架制作沉井。

2. 浮式沉井的制作工艺要点

(1) 刃脚的制造　制作刃脚与其他施工形式的井筒相似。

(2) 架设井筒骨架　井筒骨架作为钢筋（网）的支撑即留置于沉井基础内作受力骨架。可按井壁竖截面形状制作，由主要竖向钢筋和若干内外箍组成。

(3) 铺设井筒钢筋网　在其上固定钢筋和钢丝网。内外壁和刃脚的铺网可同时进行，本着先内后外，先铺纵筋，后铺横筋的顺序作业。刃脚可由斜向立面开始，一圈圈地铺设，井壁部分应从上而下铺设。

(4) 网铺好后，即可抹灰填缝。抹灰由下而上，先把灰浆从井腔内向外用力挤压，直至透过钢丝网。灌筑录脚与井壁、隔板与井壁的接触处，应密实且整体性好，不能有渗漏和连接不牢现象。

6.1.3.3　拖拉下水浮运

1. 准备工作

(1) 常规准备同其他施工活动。

(2) 浮运前对井筒作水密性试验，对损坏处，渗漏处修整处理。

(3) 对浮运的水域调查，查明浮运区水下有无沉船、暗礁等影响运输的障碍和水流，水深。

(4) 沉井处的河床地质土层情况，若有高低不平或承载力不足处应予以处理。

(5) 对拖运、定位、锚碇、潜水作业和沉井排水，灌水等设备的全面检查。

(6) 掌握浮运的水文、气象和航运资料。

2. 浮运就位　井筒拖拉下水要有足够长的滑道使之滑至水中一定位置后，才可脱离而浮于水面。滑道的坡度根据地形条件选择，常为15%左右。浮运最好在白天无风或小风时进行，在河两岸适当处布置主缆绳与必要的缆风绳，用拖轮和绞车拖拉。拖拉时，可在井筒两侧设置导向船各一艘，用万能杆件拼成两片梁使导向船与井筒连成整体，上设起吊塔架和吊机。浮运时，井筒应露出水面，但其高度不应超过1m。井筒要在各种设备密切配合下才能准确就位。锚碇要设在墩位上游的某处。井筒下沉时，要逐步放松主绳，让其在水下漂至基础设计位置。若落床遇到洪水时，要注意洪水涨落对锚碇的影响。井筒定位后，从入土到落至稳定深度为悬浮过程，在此期间应向井孔与井壁腔格内迅速对称，均衡地灌水，使井筒尽快落至河床基底。落床后应注意水流的冲刷情况，必要时应有防冲刷措施。

6.1.4　浮运法

6.1.4.1　施工组织设计内容（表6-13）

施工组织设计内容　　　　表 6-13

序号	施工设计内容	目　　的
1	取水头部施工平面位置及纵、横断面图	定位，基坑开挖，土方量计算
2	取水头部制作	制作取水头部
3	取水头部的基坑开挖	安装取水头部的沉箱
4	水上打桩	
5	取水头部的下水措施	安全且最方便的使取水头部下水
6	取水头部的浮运措施	安全且方便浮运到位
7	取水头部的下沉、定位及固定措施	准确牢固就位
8	混凝土预制构筑下水组装	

6.1.4.2　取水头部的下水

1. 取水头部下水方法（表 6-14）

取水头部下水方法　　　　表 6-14

下水方法	说　　明
利用河流天然水位	在低水位时预制沉箱，当河流高水位时，由于水位抬高而浮起沉箱
修建伸入河流水中的倾斜滑道	将取水头部沿滑道下滑至可将其浮运的深水中，滑道坡度宜为 1:3～1:6
浮船浮运	在特制的浮船上制作取水头部，浮船将取水头部运至与基础中心线上游处，向浮船灌水，使浮船下沉后，再沉取水头部

2. 滑道法下水

（1）滑道的设置

1）预制取水头部的地置位于下水河段附近。

2）将取水头部至下水河段处地面挖成 1∶3～1∶6 的斜面，夯实，保证斜面斜率的一致。

3）铺设枕木，并在枕木上铺设多根钢轨，钢轨应相互平行，且钢轨上表面均在一个平面上。钢轨上端起始于取水头部制作平台，下端设在水中。

4）铺轨滑运平面布置图（图 6-1）

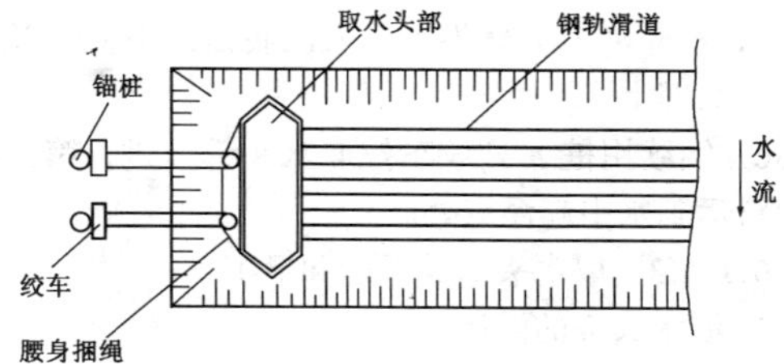

图 6-1 铺轨滑运平面布置

（2）滑道法下水示意图（图 6-2）

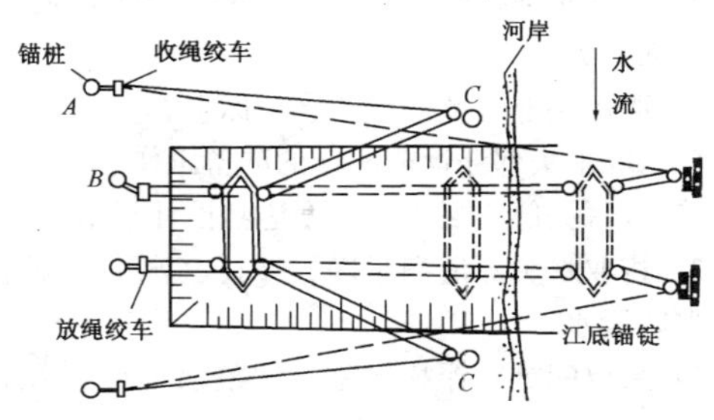

图 6-2 取水头部移运下水的平面图

(3) 滑道下水注意事项

1) 拖拽缆绳绑扎牢固，下滑机具安装完毕且运转正常。

2) 由桩 *A* 处绞车下拉，桩 *B* 处绞车缓缓放绳，使取水头部下滑。

3) 下滑速度一般控制在 15～30m/min，应连续、稳定缓缓下滑，防止突然加速和停止。

4) 第一次由预制场地滑运到下水处河边附近与 *C*-*C* 桩和导向滑轮成一条线处。

5) 松开桩 *C* 处缆绳，穿入江底锚锭 *D* 处滑轮，接在取水头部上。

6) 继续用桩 *A* 处绞车拉取水头部前进，第二次由河边滑运到水中起浮点处。

6.1.4.3　取水头部的浮运和下沉

1. 取水头部的浮运

(1) 浮运前应设置的测量标志

1) 取水头部中心线及其进水管口中心的测量标志，下沉后，测量标志仍应露出水面。

2) 取水头部各角设吃水深度标尺（下沉后主尖仍露出水面）。

3) 取水头部基坑定位的水上标志。

(2) 取水头部浮运前应作的准备工作

1) 取水头部的混凝土强度达到设计规定。

2) 将取水头部清扫干净，并让其水下孔洞全部封闭，严防漏水。

3) 采取配重或浮托措施，调整取水头部下水后的吃水平衡。

4) 浮运拖轮、导向船及测量定位人员均做好准备工作。

(3) 下滑入水

(4) 起浮浮运（图 6-3）

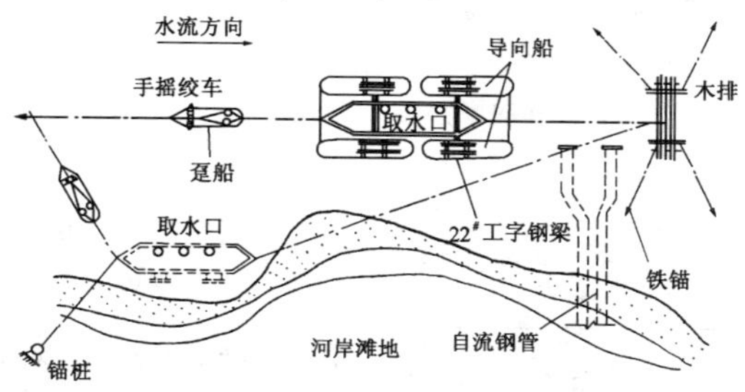

图 6-3 取水头部浮运过程——起浮

2. 取水头部的下沉

(1) 沉放操作（表 6-15）

沉放操作 表 6-15

工序	技术要求	施工控制要点
转向	浮运到基坑上游约 2m 处，如果构件中心线与基坑中心线不在同一方向直线上，则需转向，拉环缆转动铰，部分缆松，部分缆紧，可分 3 次转向到同基坑中心成同一方向上	水平锚拉控制：头部上游的主牵引船、主缆牵引线、施工区域内设的若干个钢质锚拉墩，各配卷扬机和四轮滑车一副，并确定钢缆规格和拉力
平移	如果构件中心线与基坑中心线在一个方向，而不在一条直线上时的	水平锚拉控制：同上。缆绳的收松受力均匀

续表

工序	技术要求	施工控制要点
平移	平移，可变换平移钢缆，拆除转动铰，构件则向下游方向平移若干距离	
就位	平移到坑位水面，同时安装下游限位墩，卡箍、拉杆等	限拉控制：采用经纬仪3点交叉强制定位
沉放	斜拉钢缆,克服干舷高度,灌水若干吨,满足下沉力要求,灌水若干吨,构件下沉到设计标高,中途随时调整构件,保证平稳地下沉到位	下沉垂直控制：两岸或两侧墩位上各设一对斜钢缆，确定垂直方向总拉力，控制值 $F=np$，其中，n—缆绳数；p—单缆拉力，作为灌水施加下沉的力
调整	水下拆除限位墩、拉杆、卡箍、松提垂直控制绳，也可用顶升装置，如气袋起重器充气等将沉箱提起。水平锚拉调整位置，下落到准确位置，一般由潜水员水下作业	顶升、微调控制：若干箱底部附设高压气袋若干只，充气后，气袋的总顶升力可使沉箱位置纠偏调整到位，结合缆绳锚拉调整，不再需潜水员水下作业
收缆固定	水下拆、收垂直控制缆绳和水平锚拉缆绳，就位固定，灌筑水下混凝土，抛石基坑四周固定头部	安装限位控制：头部进坑就位后，安装锁定装置，经纬仪3点定面（气袋放气就位）

（2）沉放的时间控制

封港时间。从系缆准备、转向注水沉放至收缆结束。作为时间的总体控制，对有受潮位影响的河流，则以避开半日潮中最大落潮流量和最大涨潮流量。其注水沉放时间应放在落潮点后的短时内，此时航道流速、流量最小，为最佳时间选择；相应的转向、平移、就位、调整、收缆工作均在涨潮落潮流中进行和完成。

（3）取水头部沉放条件

1）预制构件验收合格。

2）拆除构件拖航临时保护用的扩木、护板等，潜水员水下切割预埋螺栓和固定拖运浮筒的预埋件、支墩等。

3）精确测量构件底面外形轮廓尺寸和基坑坐标、标高，比较两者关系，若有问题，及时采取预控措施。沉放前3天检查后，在沉放前1天要重新复测，确保安装要求。

4）按照施工组织设计要求完成上、下游航道施工挖泥工作，尤其是上游必须挖至设计标高值。构件到位前，需复测挖泥范围和标高是否满足要求。

5）沉放前备好注水、灌浆、接管工作所需的材料，同时做好预埋螺栓修整工作。

6）要设测量标杆，保证一定的强度和刚度，以满足沉放测量控制精度要求。沉放期间着重控制好基坑下游边线和构件下游外侧棱边应在一条直线上。

7）为缩短沉放时间，构件可提前一天预灌水若干吨，使构件干舷高度降到一定值。

8）所有操作人员必须提前进行岗位培训，集中配备性能良好的对讲机若干部，确保通讯联系清晰畅通。

(4) 取水头部沉放施工定位控制

1) 取水头部被浮运到预定位置后，采用经纬仪三点交叉定位法将取水头部定位（图 6-4）

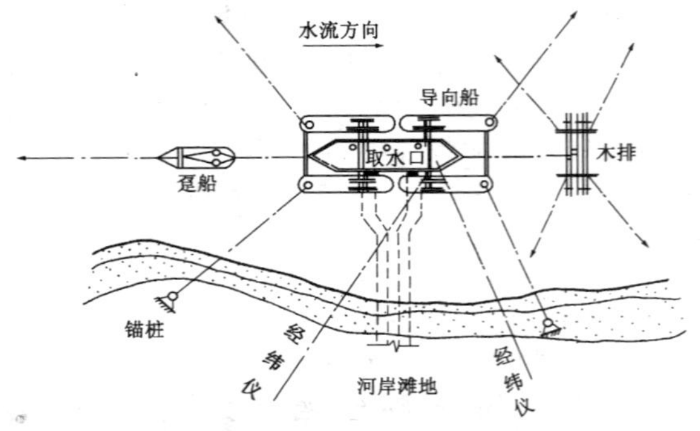

图 6-4　取水头部浮运过程——定位

2）下沉时应缓缓向沉箱内注水，同时均匀放松导向船上两个绞车，使取水头部均匀沉降，且由潜水员检查就位情况，及时调整。

3）取水头部下沉定位的允许偏差应符合表 6-16 的规定。

取水头部下沉定位允许偏差　　表 6-16

项　　目	允许偏差（mm）
轴线位置	150
顶面高程	±100
扭　　转	1°

4）取水头部定位后，由潜水员拆除孔窗上的封板，亦可采用反钩拆除封板的方法（图 6-5）

5）取水头部定位后，应进行测量检查及潜水员水下检查下沉位置是否正确，合格后应及时用锚头固定浇灌水下混凝土及在基坑四周抛石固定，且水面上应设安全标志。

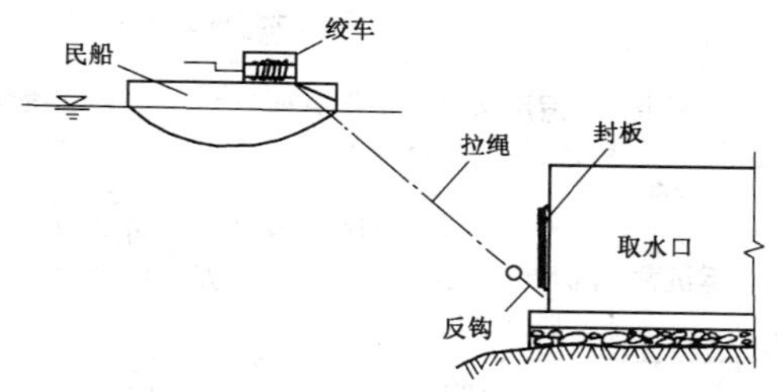

图 6-5　水下用反钩拆除板

6.2　泵　　房

6.2.1　泵房的施工

6.2.1.1 泵房施工方法的选择（表 6-17）

泵房施工方法的选择　　表 6-17

施工方法	选择参考条件
常规施工	适用于一般的送水泵房、加压泵房、深井泵房及其他在干式施工地点的泵房施工
围堰法	常用于地表水取水泵房的施工，泵房位置被水淹没 1.5～5.0m 左右
SMWI 法	常适用于地下水位较高，不便于排水施工及施工现场条件差，可能影响周围建筑物时，采用此种方法

续表

施工方法		选择参考条件
沉井施工方法	人工筑岛	适用于水深为5m之内的泵房施工，人工筑岛四周可采用构筑围堰或其他防护措施
	不用围堰的土岛	适用于泵房在水深小于1.5m，水流速度<1.5m/s的地点施工
	浮运沉井	当水深>5m时的泵房施工中可采用。浮运沉井由预制钢筋混凝土刃脚、井壁和浮运板三部分组成
	一般	当地下水位较高，不易排水施工的地点，施工深度较大的排水泵房、地表水取水泵房、此种方法很常用

6.2.2 泵房的常规施工

1. 常规施工泵房的种类（表6-18）

常规施工泵房的种类　　表6-18

形式分类	地面式、半地下式、地下式
结构分类	砖石砌体、砖混、现浇钢筋混凝土
用途分类	供水泵房、深井泵房、加压泵房、地下水位深的排水泵房、建在岸上，或干涸季节施工的取水泵房

2. 泵房常规施工注意事项

(1) 泵房的地下和水下部分均应按防水处理施工，其内壁、隔水墙不得渗水，穿墙管均应采用预制防水套管在土建施工中预埋就位。但不宜于马上安装管线，待泵房不再明显沉降后安装或者在套管内安装了管线，但管道上皮与套管间预留较大的沉降空隙，待泵房沉降平稳后再作防水填塞，填塞宜采用柔性防水材料，防止泵房沉降，压断管道。

（2）泵房地面施工必须按设计严格作出坡向，以保证泵房地面水流向排水渠或排水井，防止出现向电缆沟、管沟里淌水及地面积水的现象。

（3）水泵和电机基础与底板混凝土不同时浇筑时，其接触面除应按施工缝处理外，底板应预埋插筋。

3. 泵房特殊部位的施工

（1）大型轴流泵进、出口变径流道的施工注意事项

1）大型轴流泵进、出口变径流道一般采用现浇钢筋混凝土，在泵房土建施工同时进行。

2）在支模和预制变径流道的胎模时，除预留出抹灰量外尚应富余一定的量，保证混凝土浇筑及抹灰后，其变径流道的截面面积不小于设计规定。

3）在安装胎模时，要防止混凝土浇筑后，胎膜无法取出。

4）变径流道内壁抹灰，宜从上到下进行，抹灰要求密实，连续且表面光滑。

（2）平板闸闸槽施工注意事项

1）平板闸闸槽安装位置应准确，其安装允许偏差（表 6-19）

平板闸闸槽安装允许偏差　　表 6-19

项　目	允许偏差（mm）
轴线位置	5
垂直度	$H/1000$ 且≤20

续表

项　　目		允许偏差（mm）
两闸槽间净距 闸槽扭曲（自身及两槽相对）		±5 2
底　槛	高　　程 水 平 度 平 整 度	±10 3 2

注：H——闸槽高度（mm）

2）闸槽定位，埋件全部固定完毕后，应再进行一次校核和检查，合格后，应及时浇筑混凝土。

（3）混凝土螺旋泵槽的施工注意事项

1）螺旋泵槽的施工，一般不采用胎膜成型，常采用螺旋型泵转动成型法。

2）当螺旋泵基础及槽壁（槽壁宽较螺旋泵槽宽大50～100mm）混凝土浇筑后，养生达到或大于设计程度的70%时，进行螺旋泵的安装。

3）校正安装的螺旋泵的位置，角度达到设计要求后，进行螺旋泵的空运行，一切正常后，开始进行螺旋泵槽的成型施工。

4）拆下螺旋泵的连轴叶片，清理干净基础表面后，沿螺旋泵槽位置匀摊一层细石混凝土，其厚度能达到接触螺旋泵的叶片。

5）重新装上螺旋泵叶片，通电后使其转动，叶片将细石混凝土刮刷成泵槽型。

6）经检查泵槽细石混凝土摊铺均匀，没有遗漏，成型良好后，将螺旋泵叶片取下，对槽面进行人工压实抹光。

7）压实抹光时要注意槽面与螺旋叶片外缘间的空隙应一致，且不得小于 5mm。

6.2.3 现浇钢筋混凝土施工

6.2.3.1 模板

1. 整体式结构模板允许偏差（表 6-20）

整体式结构模板允许偏差　　表 6-20

序号	项目		允许偏差（mm）	检验频率		检验方法
				范围	点数	
1	相邻两板表面高低差	刨光模板钢模	±2	每个构筑物（或构件）	4	用钢尺量
		不刨光模板	±4			
2	表面平整度	刨光模板钢模	±3		4	用 2m 直尺检验
		不刨光模板	±5			
3	垂直度	墙、柱	0.1% *H* 且不大于 6		2	用垂线或经纬仪检验
4	模内尺寸	基　础	±10 －20		3	用尺量，长宽高各计 1 点
		梁、板 墙、柱	＋3 －8			
5	轴线位移	基　础	15		4	用经纬仪测量纵、横各计 2 点
		墙	10			
		梁　柱	8			
6	预留孔位移		10	每孔	1	用尺量
7	预埋件位移		5	每件	1	用尺量

2. 小型预制构件模板允许偏差（表 6-21）

小型预制构件模板允许偏差　　表 6-21

<table>
<tr><th rowspan="2">序号</th><th colspan="2" rowspan="2">项　目</th><th rowspan="2">允许偏差（mm）</th><th colspan="2">检验频率</th><th rowspan="2">检验方法</th></tr>
<tr><th>范围</th><th>点数</th></tr>
<tr><td>1</td><td colspan="2">断面尺寸</td><td>±5</td><td rowspan="7">每件（每一类型构件抽查10%且不少于5件）</td><td>2</td><td>用尺量，宽、高各计1点</td></tr>
<tr><td>2</td><td colspan="2">长　度</td><td>0~5</td><td>1</td><td>用尺量</td></tr>
<tr><td rowspan="2">3</td><td rowspan="2">榫头</td><td>断面尺寸</td><td>0~3</td><td>2</td><td>用尺量，宽、高各计1点</td></tr>
<tr><td>长　度</td><td>0~3</td><td>1</td><td>用尺量</td></tr>
<tr><td rowspan="2">4</td><td rowspan="2">榫槽</td><td>断面尺寸</td><td>+30</td><td>2</td><td>用尺量，宽、高各计1点</td></tr>
<tr><td>深　度</td><td>+30</td><td>1</td><td>用尺量</td></tr>
</table>

6.2.3.2　钢筋

1. 钢筋加工允许偏差（表 6-22）

钢筋加工允许偏差　　表 6-22

<table>
<tr><th rowspan="2">序号</th><th colspan="2" rowspan="2">项　目</th><th rowspan="2">允许偏差（mm）</th><th colspan="2">检验频率</th><th rowspan="2">检验方法</th></tr>
<tr><th>范围</th><th>点数</th></tr>
<tr><td>1</td><td colspan="2">冷拉率</td><td>不大于设计规定</td><td rowspan="4">每根（每一类型抽查10%且不</td><td>1</td><td>用尺量</td></tr>
<tr><td>2</td><td colspan="2">受力钢筋成型长度</td><td>+5，-10</td><td>1</td><td>用尺量</td></tr>
<tr><td rowspan="2">3</td><td rowspan="2">弯起钢筋</td><td>弯起位置</td><td>±20</td><td rowspan="2">1</td><td rowspan="2">用尺量</td></tr>
<tr><td>弯起高度</td><td>0~10</td></tr>
</table>

续表

序号	项目	允许偏差（mm）	检验频率		检验方法
			范围	点数	
4	箍筋（宽、高）	0－5	少于5根）	2	用尺量，宽、高各计1点

2. 钢筋焊接允许偏差（表6-23）

钢筋焊接允许偏差　　表6-23

序号	项目		允许偏差
1	绑条对称焊接接产砂中心的纵向偏移		≯0.5d
2	钢模、钢模对焊接头中心的纵向偏移		0.1d
3	接头处钢筋轴线的曲折		≯4°
4	接头处钢筋轴线的偏移		≯0.1d且不大于3mm
5	焊缝高度		≮0.05d
6	焊缝宽度		≮0.1d
7	焊缝长度		≮0.5d
8	咬肉深度		≯0.5d且不大于1mm
9	焊缝表面上气孔及夹渣	在2d长度上	不多于2个
		直　径	不大于3mm

3. 钢筋网片和骨架成型允许偏差（表 6-24）

钢筋网片和骨架成型允许偏差　　表 6-24

<table>
<tr><th rowspan="2">序号</th><th rowspan="2">项　　目</th><th rowspan="2">允许偏差（mm）</th><th colspan="2">检验频率</th><th rowspan="2">检验方法</th></tr>
<tr><th>范围</th><th>点数</th></tr>
<tr><td>1</td><td>网的长宽</td><td>±10</td><td rowspan="3">每片网或骨架</td><td>2</td><td>用尺量长宽各计 1 点</td></tr>
<tr><td>2</td><td>骨架的长、宽、高</td><td>0，－10</td><td>3</td><td>用尺量长宽高各计 1 点</td></tr>
<tr><td>3</td><td>网眼尺寸及骨架箍筋间距</td><td>±10</td><td>3</td><td>用尺量</td></tr>
</table>

注：用直钢筋制成的网和平面骨加棋 尺寸系指最外边的两根钢筋中心线之间的距离；当钢筋末端有弯钩或弯曲时，系指弯钩或弯曲处切线间的距离。

4. 钢筋安装允许偏差（表 6-25）

钢筋安装允许偏差　　表 6-25

<table>
<tr><th rowspan="2">序号</th><th colspan="2" rowspan="2">项　　目</th><th rowspan="2">允许偏差（mm）</th><th colspan="2">检验频率</th><th rowspan="2">检验方法</th></tr>
<tr><th>范围</th><th>点数</th></tr>
<tr><td>1</td><td colspan="2">顺高度方向配置两排以上受力钢筋的排距</td><td>±5</td><td rowspan="8">每个构件或构筑物</td><td>2</td><td>用尺量</td></tr>
<tr><td rowspan="3">2</td><td rowspan="3">受力钢筋间距</td><td>梁、柱</td><td>±10</td><td>2</td><td rowspan="4">在任意一个断面量取每根钢筋间距最大偏差值计 1 点</td></tr>
<tr><td>板、墙</td><td>±10</td><td>2</td></tr>
<tr><td>基　础</td><td>±20</td><td>4</td></tr>
<tr><td>3</td><td colspan="2">箍筋间距</td><td>±20</td><td>4</td></tr>
<tr><td rowspan="3">4</td><td rowspan="3">保护层厚度</td><td>梁、柱</td><td>±5</td><td rowspan="3">5</td><td rowspan="3">用尺量</td></tr>
<tr><td>板、墙</td><td>±3</td></tr>
<tr><td>基　础</td><td>±10</td></tr>
</table>

6.2.3.3　现浇混凝土结构

现浇混凝土结构允许偏差（表 6-26）

现浇混凝土结构允许偏差　　表 6-26

<table>
<tr><th rowspan="2">序号</th><th rowspan="2" colspan="2">项　目</th><th rowspan="2">允许偏差（mm）</th><th colspan="2">检验频率</th><th rowspan="2">检验方法</th></tr>
<tr><th>范围</th><th>点数</th></tr>
<tr><td>1</td><td colspan="2">△混凝土抗压强度</td><td colspan="2">按 GBJ107-87 标准</td><td></td><td>标准养护</td></tr>
<tr><td>2</td><td colspan="2">△混凝土抗渗性能</td><td>不小于设计规定</td><td>每台班 2 组</td><td>12 块</td><td>标准养护</td></tr>
<tr><td>3</td><td colspan="2">轴线位移</td><td>20</td><td>每座</td><td>4</td><td>用经纬仪测量</td></tr>
<tr><td>4</td><td colspan="2">各部底板高程</td><td>± 20</td><td>每座</td><td>4</td><td>用水准仪测量</td></tr>
<tr><td>5</td><td>尺寸</td><td>长、宽直径</td><td>< 0.5% 且不大于 50mm</td><td>每座</td><td>2</td><td>用尺量</td></tr>
<tr><td rowspan="3">6</td><td rowspan="3">构筑物厚度</td><td>< 200mm</td><td>± 5</td><td rowspan="3">每座</td><td rowspan="3">4</td><td rowspan="3">用尺量</td></tr>
<tr><td>200 ~ 600mm</td><td>± 10</td></tr>
<tr><td>> 600mm</td><td>± 15</td></tr>
<tr><td>7</td><td colspan="2">墙面垂直度</td><td>≯0.15% H</td><td>每座</td><td>4</td><td>用垂线量测</td></tr>
<tr><td>8</td><td colspan="2">麻面面积</td><td>≤1%</td><td>每侧</td><td>1</td><td>用尺量计算麻面面积与总面积的比值</td></tr>
<tr><td>9</td><td colspan="2">预埋件位置</td><td>± 5</td><td>每件</td><td>1</td><td>用尺量</td></tr>
<tr><td>10</td><td colspan="2">预留孔位移</td><td>± 10</td><td>每件</td><td>1</td><td>用尺量</td></tr>
</table>

注：*H* 为墙的高度。本表同时适用于沉井预制阶段的质量检验。

6.2.3.4　构件安装

构件安装允许偏差（表6-27）

构件安装允许偏差　　　　表6-27

<table>
<tr><th rowspan="2">序号</th><th rowspan="2" colspan="2">项　目</th><th rowspan="2">允许偏差（mm）</th><th colspan="2">检验频率</th><th rowspan="2">检验方法</th></tr>
<tr><th>范围</th><th>点数</th></tr>
<tr><td>1</td><td colspan="2">平面位置</td><td>10</td><td rowspan="6">每一个构件</td><td>1</td><td>用经纬仪测量</td></tr>
<tr><td>2</td><td colspan="2">相邻两构件支点处顶面高差</td><td>±10</td><td>2</td><td>用尺量</td></tr>
<tr><td>3</td><td colspan="2">焊缝长度</td><td>不小于设计规定</td><td colspan="2">抽查焊缝10%每处计1点</td></tr>
<tr><td rowspan="3">4</td><td rowspan="3">行车梁</td><td>中线偏差</td><td>5</td><td>1</td><td>用垂线或经纬仪测量</td></tr>
<tr><td>顶面高程</td><td>0，-5</td><td>1</td><td>用水准仪测量</td></tr>
<tr><td>相邻两梁端顶面高差</td><td>≯3</td><td>1</td><td>用尺量</td></tr>
</table>

6.2.4　现浇钢筋混凝土及砖石砌筑泵房施工允许偏差（表6-28）

现浇钢筋混凝土及砖石砌筑泵房施工允许偏差　　表6-28

<table>
<tr><th rowspan="3" colspan="2">项　目</th><th colspan="4">允许偏差（mm）</th></tr>
<tr><th rowspan="2">混凝土</th><th rowspan="2">砖砌体</th><th colspan="2">石砌体</th></tr>
<tr><th>毛料石</th><th>粗、细料石</th></tr>
<tr><td rowspan="2">轴线位置</td><td>混凝土底板、砖石墙基</td><td>15</td><td>10</td><td>20</td><td>15</td></tr>
<tr><td>墙、柱、梁</td><td>8</td><td>10</td><td>15</td><td>10</td></tr>
<tr><td rowspan="2">高　程</td><td>垫层、底板、墙、柱、梁</td><td>±10</td><td>±15</td><td>±15</td><td>±15</td></tr>
<tr><td>吊装的支承面</td><td>-5</td><td>—</td><td>—</td><td>—</td></tr>
</table>

续表

项目		允许偏差（mm）			
		混凝土	砖砌体	石砌体	
				毛料石	粗、细料石
平面尺寸（长宽或直径）	$L \leqslant 20m$	±20	±20	±20	±20
平面尺寸（长宽或直径）	$20m < L \leqslant 50m$	$\pm L/1000$	$\pm L/1000$	$\pm L/1000$	$\pm L/1000$
平面尺寸（长宽或直径）	$50m < L \leqslant 250m$	±50	±50	±50	±50
截面尺寸	墙、柱、梁、顶板	±10 −5	—	±20 −10	±10 −5
截面尺寸	洞、槽、沟净空	±10	±20	±20	±20
垂直度	$H \leqslant 5m$	8	8	10	10
垂直度	$5m < H \leqslant 20m$	$1.5H/1000$	$1.5H/1000$	$2H/1000$	$2H/1000$
垂直度	$H > 20m$	30	—	—	—
表面平整度（用 2m 直尺检查）	平面 垫层、底板、顶板	10	—	—	—
表面平整度（用 2m 直尺检查）	平面 墙、柱、梁	8	清水 5 浊水 8	20	清水 10 浊水 15
中心位置	预埋件、预埋管	5	5	5	5
中心位置	预留洞	10	10	10	10

注：1. L 为泵房的长、宽或直径；2. H 为墙、柱等的高度。

6.3 泵房沉井施工

6.3.1 沉井施工准备工作

6.3.1.1 筑岛法

筑岛法：当沉井在小于 5m 深的浅水地段下沉，可填筑人工岛。人工筑岛要求（表 6-29）

人工筑岛要求　　　　表 6-29

<table>
<tr><th></th><th>图示</th><th>筑岛条件</th><th>筑岛要点</th></tr>
<tr><td>无围堰的人工筑岛</td><td> 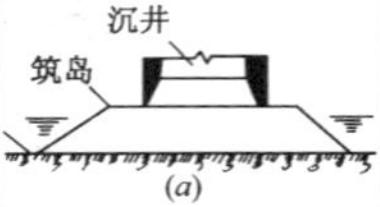沉井
筑岛
(a)</td><td>1. 筑岛材料宜用低压缩性的中砂、粗砂和砾石，不得用细砂、淤泥、泥炭和大块砾石，筑岛基地有淤泥应清除换填。
2. 土岛要高出水面 0.5m 以上，护道宽大于 2m，外侧坡不陡于 1:2</td><td><table><tr><td></td><td>允许流速 (m/s)</td></tr><tr><td>细砂</td><td>0.3</td></tr><tr><td>粗砂</td><td>0.8</td></tr><tr><td>中砂砾</td><td>1.2</td></tr><tr><td>粗砂砾</td><td>1.3</td></tr></table></td></tr>
<tr><td>有围堰的人工筑岛</td><td>沉井
围堰
筑岛
(b)</td><td>1. 当筑岛土料与流速情况超过下表（水深在 3～4m 以上）时应加围堰<table><tr><td rowspan="2">土料种类</td><td colspan="2">容许流速 (m/s)</td></tr><tr><td>土岛表面处</td><td>平均</td></tr><tr><td>粗砂（粒径 1.0～2.5mm）</td><td>0.65</td><td>0.8</td></tr><tr><td>中等砾石（粒径 25～40mm）</td><td>1.0</td><td>1.2</td></tr><tr><td>粗砾石（粒径 40～75mm）</td><td>1.2</td><td>1.5</td></tr></table>2. 围堰可用草袋及其他方法</td><td>1. 筑岛材料同上
2. 围堰四周应留护道，护道宽不得小于 2m
3. 筑岛用的钢板桩其水平荷载应用在围堰内侧，筑岛外侧应再设外箍或钢丝绳加固</td></tr>
</table>

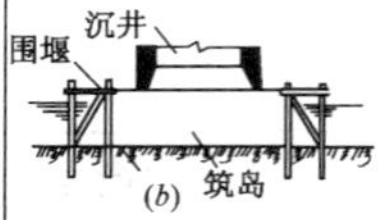

6.3.1.2　基坑开挖

1. 沉井基坑开挖注意事项

（1）沉井基坑开挖深度标高应高于地下水位 0.5m 以上。

（2）基坑底部设排水沟，四角设集水坑，集水坑应比排水沟底至少低 0.5m。

（3）基坑平面尺寸应比沉井大 2～3m，当基坑深度较大时，应按挖方边坡坡度确定开槽尺寸，四周设不小于 2m 的护道和地面排水沟，以防雨水等淌入。

2. 基坑允许偏差（表 6-30）

基坑允许偏差　　　　表 6-30

<table>
<tr><th colspan="2" rowspan="2">项　目</th><th rowspan="2">允许偏差</th><th colspan="2">检查频率</th><th rowspan="2">检验方法</th></tr>
<tr><th>范围</th><th>点数</th></tr>
<tr><td colspan="2">轴线位移</td><td>50mm</td><td rowspan="5">每座</td><td>4</td><td>用经纬仪测量纵横向各计 2 点</td></tr>
<tr><td rowspan="2">基底高程</td><td>土方</td><td>± 30mm</td><td rowspan="2">5</td><td rowspan="2">用水准仪测量</td></tr>
<tr><td>石方</td><td>± 100mm</td></tr>
<tr><td colspan="2">基坑尺寸</td><td>不小于规定</td><td>4</td><td>用尺量，每边各 1 点</td></tr>
<tr><td colspan="2">基坑边坡</td><td>不陡于规定</td><td>4</td><td>用坡度尺检验，每边各计 1 点</td></tr>
</table>

3. 砂垫层的铺设

（1）当地基承载力不够时，刃脚下应铺垫木，垫木下铺砂垫层；当地基承载较大，沉井重量较小时，可不设砂垫层，直接铺垫木。

（2）砂垫层厚度 h 为 50～200cm 之间，可根据下式确定：

$$P \geqslant \frac{G_0}{l+2h_s\tan\alpha}+Y_s h_s$$

式中 P——地基土的承载力（kN/m^2）；

G_0——沉井单位长度重量（kN/m）；

l——承垫木的长度（m）；

h_s——砂垫层的厚度（m）；

α——砂垫层的压力扩散角，可取 $\tan\alpha=0.5\sim0.6$；

Y_s——砂的重力密度（kN/m^3），一般取 $Y_s=18kN/m^3$。

砂垫层铺设的宽度为：

$$B \geqslant b+2l$$

式中 B——砂垫层底面的宽度（m）；

b——沉井刃脚踏面的宽度（m）；

l——承垫木的长度（m）。

（3）将级配较好的中、粗砂放入周边刃脚的基础槽内，分层洒水夯实，控制干密度为≥1.56kg/m^3。

（4）重量较轻的沉井、地层状况较好，采用土胎模或砖模时，其砂垫层可不设。

6.3.2 沉井的构造与制作

6.3.2.1 沉井的构造

1. 井壁 是沉井的主要部分。可做成垂直面、斜面或台阶形，井节应根据沉井全高、基础土质、施工条件等划分，一般不高于5m。若过高或通过土质密实的地层时，可做成台阶面，但台阶要设在分节处。矩形沉井的井壁四周应做成圆角或钝角以免撞伤。井壁应严密不漏水，混凝土强度等级不应低于C13。

2. 刃脚　在井壁的最下端、形如楔状刃底宽度一般为 10～20cm。斜面与水平面的夹角应大于 45°；若在深度大、坚硬物多的紧密土层中下沉时，应以角钢或型钢加强刃脚底面。刃高由壁厚决定，一般不低于 1m。在倾斜度不大的岩面沉井，可根据岩面高低差变化情况做成与岩面倾斜相适应的高刃低脚。刃脚混凝土强度等级不能低于 C18。

3. 隔墙　用以加强沉井整体沉井整体刚度；它将沉井隔开分成若干个取土孔；便于井下除土和纠正井的倾斜和偏移。刃脚底面也比外壁刃脚高出 0.5m 以上。在墙下部可设置过人孔扶梯，以便上下井台。

4. 井孔　是挖土排水的工作和通道。每孔宽度和直径不得小于 3m。平面布置要以沉井中轴线对称，这样便于沉井均匀下沉和校正。

5. 凹槽　设置在井壁内下部近刃脚处，高约 1m，深为 0.15～0.25m，用以加强封底混凝土与井筒的连接。井孔全部填充的混凝土沉井可不设凹槽。

6. 井底和顶盖　不排水下沉时，当井沉至设计标高后，需将井底部封闭，切断井外水源，抽干井内积水，并填充混凝土或抛填片石。另一种是为了减轻井重，在孔内下填实或仅填砂砾，井底要承受土和水的压力，因而要求底板有一定厚度，并应高出刃脚顶面至少 0.5m。不填充的空心沉井需用钢筋混凝土顶盖，其厚为 1.0～2.0m，钢筋按计算及构造需要配置。实心沉井可用素混凝土盖板，但强度等级不得低于 C20。

7. 防水墙　沉井基础设防水墙，以防水淹没井顶，并使墙与井壁顶部连接。

6.3.2.2　钢筋混凝土沉井的制作

1. 刃脚制作　先在支垫上放出大样，安上刃脚侧面的角钢，按样立内、外模板及撑架，绑扎钢筋，然后浇筑混凝土。

（1）刃脚的踏面底宽宜为 150 ~ 300mm，刃脚斜面与水平面的夹角宜为 50° ~ 60°，当遇到坚硬土层时，刃脚的踏面底宽和斜面与水平面的夹角均宜取 150mm 和 60 °，并宜在刃脚的踏面外缘端部设置钢板护角。

（2）刃脚的竖向配筋应设置在环向钢筋的外侧，并应锚入刃脚根部以上，锚入长度不应少于 1.5m，其里、外层钢筋应设置连系拉筋，刃脚底端的环向钢筋或水平向钢筋应加强。

（3）刃脚支模施工要点（表 6-31）

刃脚支模施工要点　　表 6-31

支模方法	图　示	施工要点及注意事项
垫木支架		1. 适用于较大较重的沉井、在较软弱的地基上制作 2. 垫木顶面为同一水平面，其高差在 10mm 之内。垫木间空隙用填砂夯实。垫木埋深为其厚高的 1/2。垫木长度的中心与刃脚中心线重合 3. 垫木应垂直于井壁（直边部分）或对准圆心铺设

续表

支模方法	图　　示	施工要点及注意事项
垫木支架	同　　上	4. 矩形沉井常设4组支架，其位置设在长边两端0.15*L*（*L*—长边边长），在其中间支设一般垫架，垫架应垂直井壁铺设
砖座支架		1. 适用于直径（或边长）小于8m的较轻沉井，土层较好时使用 2. 砖座支架沿周长分为6～8段，中间留20mm空隙，以便拆除 3. 其底模和斜面部分可采用砂浆砌筑；每隔适当距离砌成垂直缝。砖模表面可采用水泥砂浆抹面，并应涂一层隔离剂
土模施工	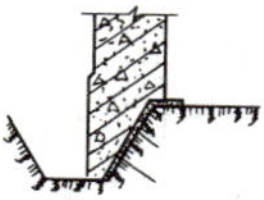	1. 适用于土质好、重量较轻的小型沉井的施工 2. 地基挖槽至标高后，制作土模，其内壁用1:3水泥砂浆抹平

(4) 在砂卵石地层也可采用高低刃脚型式，其踏面各处不同的平面上，可用砖胎膜支垫，按刃脚高差的形状将地层开挖成图 6-6 所示的基槽形式，并在槽内砌砖胎，用以支承刃脚，通过胎膜将井筒重量传给地基。开槽时，将胎膜下口宽挖成 1.6m，距井筒外缘净宽 0.6m，内侧与刃脚斜面平行，外侧以砂卵石能站立为准，尽量保留原土。砖胎制作时，为了方便拆除，仅以 M10 混合砂浆浆砌，槽底以 5 片砖为基座、刃脚内外侧砌筑 37 砖（墙）。为了使内外井壁光滑，砖壁与井筒接触面用 1:3 的水泥砂浆抹面压光涂刷一层隔离剂，胎模与土的空隙部分用砂卵石回填夯实。

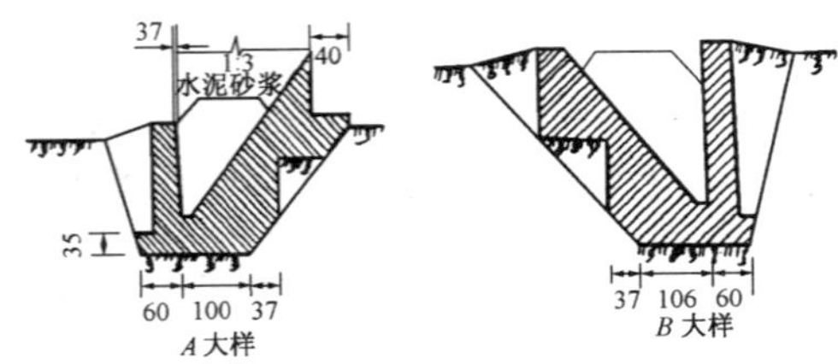

图 6-6　刃脚的砖胎模

2. 井壁的制作

(1) 支模施工要点

1) 在基坑中制作时，基坑应比沉井宽 2 ~ 3m 四周设排水沟，集水井，使地下水位降至基坑底面的 0.5m，同时防止地表水向基坑流入，以免土体塌方。

2) 当泵房井壁高度大于 12m 时，宜分段制作，在底段井筒下沉后继续加高井壁。一般底段井筒高度小于 8 ~ 12m。

3）泵房壁模板采用钢组合式定型模板或木定型模板组装而成。采用木模时，外模朝混凝土一面应刨光，内外模均采用竖向分节支设，每节高1.5～2.0m。用ϕ12～ϕ16mm对拉螺栓拉槽钢固定。有抗渗要求的，在螺栓中间设止水板。内外模分开支立，先内后外，内外模之间用对拉螺栓紧固和用连接螺栓固定或把模板稍向左右各伸长10cm使之相互交错连接。外模支完后均匀布置3道钢丝绳围堰，用手拉葫芦收紧，并将卡扣卡住。井筒接高时，利用第一节段模板的最上排对拉螺栓孔插入钢筋作接高节段模支承。其余工序与灌筑第一节井筒相同。待钢筋绑扎完后，即安装骨架，组织井壁灌筑。

4）沉井钢筋可用吊车垂直安装就位，用人工绑扎或焊接连接，接头错开1/4。

5）对高度大的泵房壁也可采用滑模施工。

6）第二段及其以上的各段模板不应支撑于地面上，以免因自重增加产生新的沉降，使新浇灌的混凝土造成裂缝。

7）当分段井筒沉至一定深度（地上0.5～1.0m）时，第一节混凝土达到设计强度的70%时应停止下沉并开始做另一节井筒灌筑工作。井筒应保持竖直并防止偏斜，灌筑要对称，接头沉井节段间竖向中轴线应相互重合，被接长的井筒应有足够的稳定性和重量使井继续下沉，节段间的接缝要仔细处理。钢筋混凝土井筒常使预埋件连接，接高的井筒一般不宜少于3m。

（2）脚手架要求

1）沉井与脚手架不允许有连接处。

2）小横杆一端与模板距离保持20～25cm。

3）大横杆一端与模板距离保持距30～40cm。

4）脚手在转角处必须连接成整体。

5）每两步架要设立一排抛撑，每3根立柱要设立一根抛撑。

6）沉井壁与脚手之间距离，超过50cm以上，要设立安全网。

7）沉井外脚手同内脚手在最高处要连成整体。

（3）混凝土浇筑形式

1）沿沉井周围搭设脚手平台，用15m皮带运输机将混凝土送到脚手平台上，用手推车沿沉井通过串桶导管均匀地浇筑。

2）用翻斗汽车运送混凝土，塔式或胶带式起重机吊混凝土吊斗，通过串桶导管沿井壁作均匀浇筑。

3）用混凝土运输搅拌车运送混凝土，混凝土泵车沿沉井周围进行分布均匀浇筑。

（4）浇筑混凝土注意事项

1）应将沉井分为若干段，同时对称均匀分层浇筑，每层厚30cm，以免造成地基不均匀下沉或产生倾斜。

2）混凝土宜一次连续浇筑完成。井筒第一节混凝土强度达到70%时方可浇筑第二节井筒。

3）井壁有抗渗要求时，上下节井壁的接缝应设置水平凸缝，接缝处凿毛并冲洗处理后，再继续浇筑下一节井筒，并浇筑前先浇一层减半石子混凝土。

4）前一节井筒下沉应为后一节混凝土浇筑工作预留0.5～1.0m高度，以便操作。

5）混凝土可采用自然养护。为加快拆模下沉，冬季可用防雨帆布或塑料薄膜等布置于模板外侧，使之成密闭气罩，通蒸汽加热养护或采用抗冻早强混凝土浇筑。

（5）沉井制作的允许偏差（表6-32）

沉井制作的允许偏差　　表6-32

项目		允许偏差
平面尺寸	长、宽（L） 曲线部分半径（R） 两对角线差	±0.5%L，且≤100mm ±0.5%R，且≤50mm 对角线长的1%
井壁厚度		±15mm

（6）刃脚垫架的拆除和井壁孔洞处理

1）大型沉井泵房混凝土达到设计强度的100%，且小型沉井泵房达到70%时，方可拆除刃脚垫架。

2）抽除刃脚下的垫架（垫木或砖垫座）应分区、分组、依次、对称、同步进行。

3）圆形沉井泵房抽出垫架的次序：先对称抽除一般垫架，后拆除定位垫架。

4）矩形沉井泵房抽出垫架的次序：先抽内隔墙下垫架，然后分组对称地抽除外墙两短边下的垫架，再后抽除长边下一般垫架，最后同时抽除定位垫架。

5）抽除的方法是将垫木底部的土挖去，利用绞车或拖拉机将相对垫木抽出。每抽出一根垫土，应用砂、石将刃脚处充填密实，刃脚外也应用砂、石夯实一段。抽除时，应注意观测下沉是否均匀。

6）井壁上较大的孔洞在制作时应预埋钢框，螺栓，用钢板，方木封闭，中间填加（与该位置混凝土等重量的）砂石及配重，对进水窗则采用内侧用钢板封闭，沉井施工完毕再拆除封闭钢板。

6.3.3 沉井的下沉

6.3.3.1 沉井下沉方法

下沉方法的选择（表 6-33）

下沉方法的选择 **表 6-33**

	适用范围	优缺点
排水下沉	1. 适用于渗水量不大（$\leq 1m^3/min$）的地层 2. 稳定黏性土（黏土、粉质黏土及各种岩质土）或在砂砾层中渗水量虽较大，但排水并不困难 3. 沉井工程规模较大时	施工方便、易纠偏和清除障碍物；可直接检验地基保证施工质量；设施简单（仅用离心泵、抓泥斗等工具）；缺点是需设安全措施（以防涌水翻砂、坠物伤人）
不排水施工	1. 适用于严重的流砂地层，和渗水量大的砂砾层中，地下水无法排除或大量排水会影响附近建筑物安全 2. 泵房与大口井合建，以保证井的涌水量	

6.3.3.2 排水下沉

1. 排水挖土下沉常用的排水方法（表 6-34）

排水挖土下沉常用的排水方法　　表 6-34

排水方法	图　　示	施工要点
明沟集水井排水	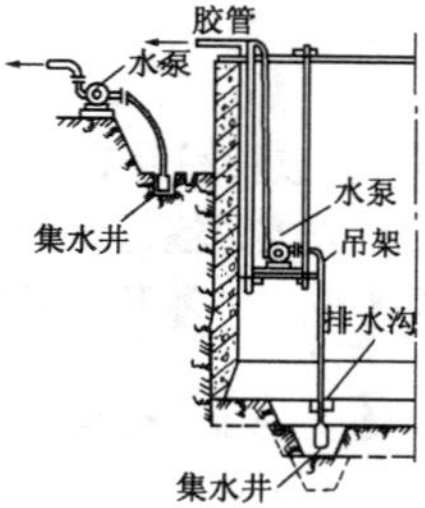 胶管 水泵 集水井 水泵 吊架 排水沟 集水井	1. 在离刃脚 2m 左右处挖一圈排水明沟，设 3～4 个集水井，深度比地下水深 1～1.5m，沟与井底深度随沉井挖土而不断加深 2. 在井内或井壁上设水泵，将水抽出井外排走 3. 一般在井壁上预埋铁件，焊钢制平台安设水泵或设木吊架安水泵，水泵吸程控制在 5m 之内 4. 井内渗水量很少时，可设潜水泵排水
井点排水	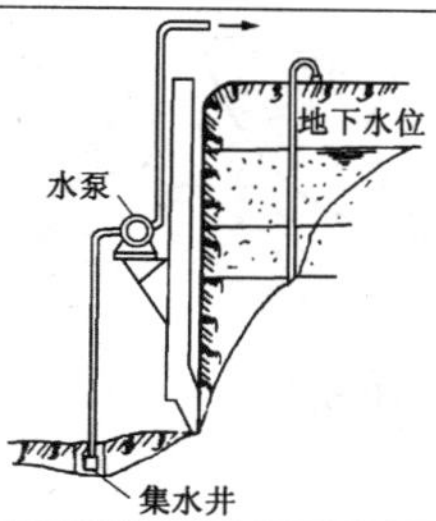 地下水位 水泵 集水井	1. 在沉井周围设置轻型井点，喷射井点以降低地下水水位，使井内保持挖干土 2. 轻型井点等排水详见本手册土方及沟槽施工排水章节
井点与明沟排水相结合		1. 在沉井上部周围用井点截抽水，井壁下部挖明沟和集水井排水 2. 井壁内水泵和明沟、集水井的设置同明沟集水井排水

2. 下沉挖土

开始沉井时，应按下述步骤施工：挖去刃底斜面30cm以上的覆盖层，同时拆除该部分刃内侧支垫；拆去刃外侧高度平均为1m左右的砖模，用砂、卵石及时回填；继续挖除刃脚踏面以上的土层及内侧砖模，直至显出砖底模，用跳槽法挖取砖底模，次序如图6-7所示：(*a*) 1、5区，(*b*) 3、7区，(*c*) 2、6区，(*d*) 4、8区。但需留出*A*、*B*、*C*、*D*四点（各点长约为1m），在按顺序对称折模时，应及时回填和夯实；逐层拆除*A*、*B*、*C*、*D*等支点处砖模，使沉井平壁后，才开始下沉。

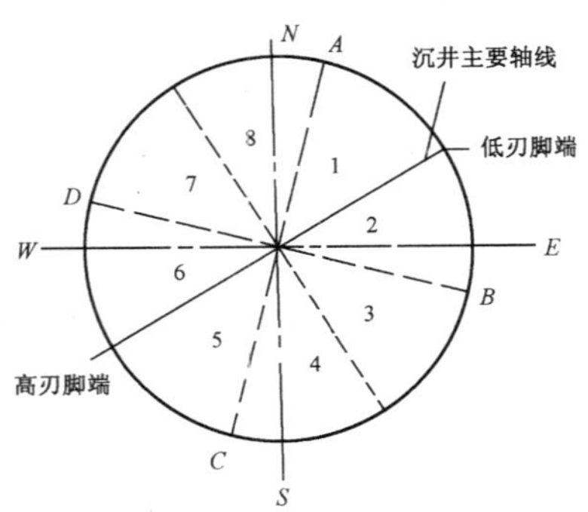

图6-7 沉井开挖布置

其下沉挖土方法（表6-35）

3. 下沉时，要及时掌握土层情况，做好下沉测量记录。随时分析和检验土的阻力与井筒重量的关系。特别是初沉和终沉阶段更应增加观测次数。必要时要连续观测。

沉井若遇到倾斜岩层时，应将刃脚大部分嵌入岩

下沉挖土方法 **表 6-35**

土的种类	挖土图示	挖土说明
普通土层	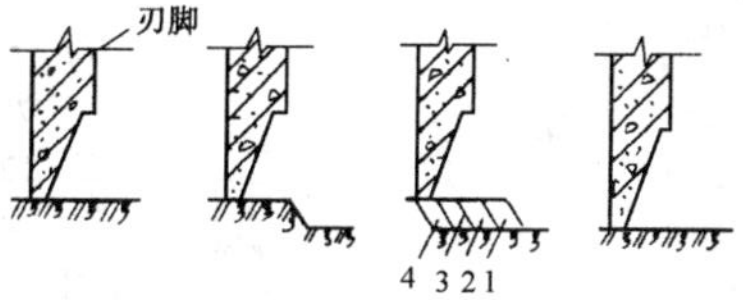 刃脚 4 3 2 1	1. 由井中央挖向四周，每层挖土厚 0.4～0.5m，在刃脚处留 1～1.5m 台阶 2. 沿井壁，每 2～3m 一段向刃脚方向逐层全面对称，均匀的削落台阶，每次削 5～10cm 3. 当土层经不住刃脚的挤压破裂，沉井便在自重作用下均匀破土下沉
砂夹卵石层或硬土层	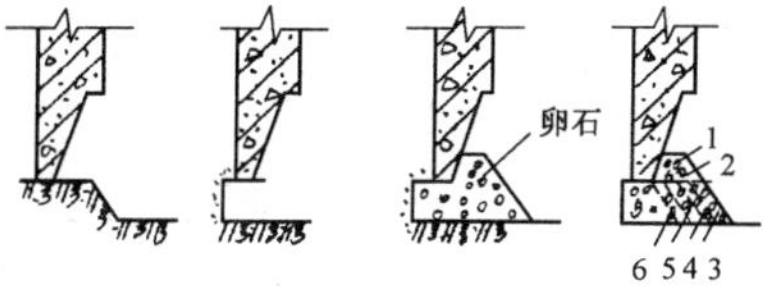 卵石 1 2 6 5 4 3	1. 先按普通土层挖土方法挖，图示中注的数字表示挖土顺序 2. 若不下沉，则可分对称段挖空刃脚，并挖至刃脚外 10cm 3. 每段挖完后用小卵石填塞夯实 4. 待全部挖空、填实后，再分层依次削掉小卵石，可使用壁均匀减少承压面而平衡下沉

续表

土的种类	挖　土　图　示	挖　土　说　明
岩　层		1. 风化或软质岩层，可用风镐和风铲依据普通土层方法挖 2. 较硬岩层，可在刃脚处打斜炮孔，进行松动爆炸，炮孔深 1.3m，以 1m×1m 网格交错排列，使伸出刃脚外 15～30cm 以便使开挖宽度超过刃口 5～10cm 3. 分段进行，每挖一段，用小卵石回填夯实一段 4. 全部挖完后，分层削掉小卵石 5. 开始 5m 之内的下沉，要特别注意垂直度

层，其余不到岩层部分应作处理。

(1) 抽水时刃脚土不会向内坍塌，可将井筒范围内的土挖净后封底；

(2) 井内涌水量大时，井外土易向内坍塌，可不排水，由潜水土下井，清除井内碴物，以麻袋装混凝土堵塞缺口排水除碴，最后封底；

(3) 若刃脚距岩层 1m 以上时，井外为砂或砂类卵石类土，可在井外打眼插入铁管，压入水泥浆加固井外土，然后排水、除碴、封底；

(4) 井底岩层倾斜面可凿成台阶或榫槽。

6.3.3.3 不排水开挖下沉

不排水开挖沉井。水下开挖法，其主要用抓土斗和吸泥机作业。吸泥机适用于砂、黏土和砂夹卵石等地层，在黏性土或较紧密土层中使用时常配合高压射水，把土冲碎后再吸泥。开挖时应配备水泵，不断注水，使井内水位高出井位高出井外水位以防翻砂。吸泥应均匀、并要防止局部吸泥过深而坍塌、或造成井筒偏斜。

不排水挖土下沉法（表 6-36）

不排水挖土下沉法　　表 6-36

	图　示	施工要点
抓斗挖土		1. 用吊车抓斗挖掘井底中央部分的土，使之形成锅底 2. 在砂或砾石类土中，一般当锅底比刃脚低 1~1.5m 时，沉

续表

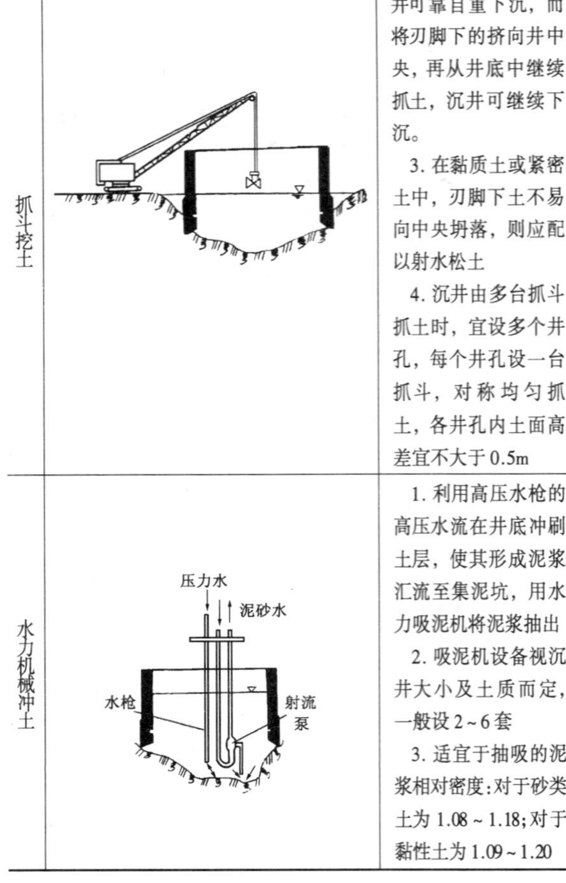

	图　示	施工要点
抓斗挖土		井可靠自重下沉，而将刃脚下的挤向井中央，再从井底中继续抓土，沉井可继续下沉。 3. 在黏质土或紧密土中，刃脚下土不易向中央坍落，则应配以射水松土 4. 沉井由多台抓斗抓土时，宜设多个井孔，每个井孔设一台抓斗，对称均匀抓土，各井孔内土面高差宜不大于0.5m
水力机械冲土		1. 利用高压水枪的高压水流在井底冲刷土层，使其形成泥浆汇流至集泥坑，用水力吸泥机将泥浆抽出 2. 吸泥机设备视沉井大小及土质而定，一般设2~6套 3. 适宜于抽吸的泥浆相对密度：对于砂类土为1.08~1.18；对于黏性土为1.09~1.20

续表

	图　示	施工要点
水力机械冲土	同　上	4. 吸入泥浆量与高压水流量相近 5. 冲黏性土时，宜使喷嘴接近90°角度冲刷立面，将立面底部冲成缺口使之塌落。取土顺序为先中央后四周，并沿刃脚留出土台，最后对称分层冲挖，不得冲空刃脚下的土层

6.3.3.4　测量控制

在沉井过程中应设几个下沉观测点，发现沉井偏斜时，或井项中心位移时，立即予以纠正。

1. 沉井在下沉过程的监测方法简介（表6-37）

沉井在下沉过程的监测方法简介　表6-37

监测方法	监测项目	说　明
垂球法	井筒倾斜	在井筒内壁四个对称点是悬挂垂球，当井筒发生倾斜时，垂球线偏离井壁上的垂直标志线
标尺测定法	水平位移、井筒倾斜	在井筒外壁4条直线上绘出高程标记,并对准高程标记

续表

监测方法	监测项目	说　明
标尺测定法	水平位移、井筒倾斜	设置水平标尺,观测时移动水平标尺使其一端与井壁接触,读出水平移动数与下沉高程数,由相应两次读数之差可求水平位移与井筒倾斜值
水准测量法	井筒倾斜	在井筒四周设置高程标志,通过水准仪观测各点的下沉高度

2. 监测要点

(1) 在挖土时，随时观测垂直度，当四面标高不一致时，应及时纠正。

(2) 沉井下沉时应加强位置、垂直度和标高（沉降值）的观测，每班至少测量两次（于班中及每次下沉后检查一次），并做好记录。

(3) 如有倾斜、位移和扭转，应及时纠正，使偏差控制在允许范围以内。

6.3.3.5　沉井下沉常遇到问题、预防措施及处理方法（表 6-38）

沉井下沉常遇到问题、预防措施及处理方法

表 6-38

常遇问题	原因分析	预防措施及处理方法
遇倾斜岩层(沉井下沉到设计深度后遇倾斜岩层,造成封底困难)	地质构造不均,沉井刃脚部分落在岩层上,部分落在较软土层上,封底后	应使沉井大部分落在岩层上,其余到岩层部分,如土层稳定不向内崩坍可进行封底工作;若井外土易向内坍,则可不排水,而潜水工一面挖土,一面

续表

常遇问题	原因分析	预防措施及处理方法
	易造成沉井下沉不均，产生倾斜	以装有水泥砂浆或混凝土的麻袋堵塞缺口，堵完后再清除浮渣，进行封底。井底岩层的倾斜面，应适当做成台阶
流砂（井外土、砂涌入井内的现象）	1. 井内锅底开挖过深，井外松散土涌入井内 2. 井内表面排水后，井外地下水动水压力把土压入井内 3. 爆破处理障碍物，井外土受振进入井内	1. 采用排水法下沉，井内外水头差宜控制在1.5~2.0m 2. 挖土避免在刃脚下掏挖，以防流砂大量涌入，中间挖土也不宜挖成锅底形 3. 穿过流砂层应快速，最好加荷，使沉井刃脚切入土层 4. 采用土井或井点降低地下水位，防止井内流淤，土井宜安置在井外，井点则可设置在井外或井内 5. 采用不排水法下沉沉井，保持井内水位高于井外水位，以避免流砂涌入
沉井下沉过快（沉井下沉速度超过挖土速度，出现异常情况）	1. 遇软弱土层,土的耐压强度小使下沉速度超过挖土速度 2. 长期抽水或因砂的流动，使井壁与土间摩擦力减小 3. 沉井外部土液化	1. 可用木垛在定位垫架处给以支承、并重新调整挖土；在刃脚下不挖或部分不挖土 2. 将排水法下沉改为不排水法下沉，增加浮力 3. 在沉井外壁间填粗糙材料，或将井筒外的土夯实，加大摩阻力；如沉井外部的土液化发生虚坑时，可填碎石处理 4. 减少每一节筒身高度，减轻沉井重量

续表

常遇问题	原因分析	预防措施及处理方法
沉井倾斜(沉井垂直度出现歪斜超过允许限度)	1. 沉井刃脚下的土软硬不均 2. 没有对称地抽除垫木或没有及时回填夯实；井外四周的回填土夯实不均 3. 没有均匀挖土使井内土面高差悬殊 4. 刃脚下掏空过多，沉井突然下沉，易于产生倾斜 5. 刃脚一侧被障碍物搁住，未及时发现和处理 6. 排水开挖时井内涌砂 7. 井外弃土或堆物，井上附加荷重分布不均造成对井壁的偏压	1. 加强沉井过程中的观测和资料分析，发现倾斜及时纠正 2. 分区、依次、对称、同步地抽除垫土，及时用砂或砂砾回填夯实 3. 在刃脚高的一侧加强取土，低的一侧少挖土或不挖土，待正位后再均匀分层取土 4. 在刃脚较低的一侧适当回填砂石或石块，延缓下沉速度 5. 不排水下沉，在靠近刃脚低的一侧适当回填砂石；在井外射水或开挖、增加偏心压载以及施加水平外力等措施

续表

常遇问题	原因分析	预防措施及处理方法
沉井偏移(沉井轴线产生位移)	1. 井筒制作场地高低不平，土层软硬不匀，地质条件不良 2. 抽垫的方法不妥，回填不及 3. 刃脚制作质量差，不平、不垂直，井壁制造有问题，其中线与刃脚不在一条直线上 4. 开挖土不对称不均匀，在沉井时有突沉井和停沉的现象 5. 井筒的正面和侧面的阻力不对称 6. 盲目排水迫沉或井内补水不及时等 7. 测量定位差错	1. 对初沉的偏斜可用在高侧多挖土，低侧少挖土的办法纠正 2. 终沉或其他阶段的偏斜，可用井外射水或喷气破坏高一侧土层进行纠偏 3. 有意使沉井向偏移的相反方向倾斜，当几次倾斜纠正后，即可恢复到正确位置。或有意使沉井向偏位的一方倾斜，然后沿倾斜方向下沉，直至刃脚处中心线与设计中线位置相吻合或接近时，再将倾斜纠正 4. 加强测量的检查复核工作

续表

常遇问题	原因分析	预防措施及处理方法
遇障碍物	沉井下沉局部遇孤石、大块卵石、地下沟道、管线、钢筋、树根等造成沉井搁置、悬空	1. 遇较小孤石，可将四周土掏空后取出；较大孤石或大块石，地下沟道等可用风动工具或用松动爆破方法破碎成小块取出，炮孔距刃脚不少于50cm，其方向须与刃脚斜面平行，药量不得超过200g，并设钢板防护，不得裸露爆破；钢管、钢筋、树根等可用氧气焊烧断后取出 2. 不排水下沉，爆破孤石，除打眼爆破外，亦可用射水管在孤石下面掏洞装药破碎取出
遇硬质土层	遇厚薄不等的黄砂胶结层，质地坚硬，开挖困难	1. 排水下沉时，以人力用铁铲打入土中向上撬动、取出，或用铁镐开挖，必要时打炮孔爆破成碎块 2. 不排水下沉时，用重型抓斗、射水管和水中爆破联合作业。先在井内用抓斗挖2m深锅底坑，由潜水工用射水管在坑底向四角方向距刃脚边2m冲4个400mm深的炮孔，各放200g炸药进行爆破，余留部分用射水管冲掉，再用抓斗抓出

续表

常遇问题	原因分析	预防措施及处理方法
沉井被搁置或悬挂，下沉极慢或不下沉	1. 井壁与土壁间的摩擦阻力过大 2. 沉井自重不够，下沉系数过小沉井下沉困难 3. 开挖面深度不够，或偏斜，正面阻力大； 4. 遇到障碍物或坚硬岩层和土层 5. 井壁无减阻措施或泥浆套、空气帘等遭受破坏 6. 井筒在软黏性土层中因故停沉时间太长，侧摩擦力恢复增大等	1. 增大开挖范围及深度，提高井筒或加载助沉 2. 继续浇筑混凝土增加重量；在井顶均匀加铁块或其他荷重 3. 挖除刃脚下的土在井内继续进行第二层锅形破土；用小型药包爆破震动，但刃脚下挖空宜小，药量不宜大于0.1kg，刃脚应用草垫等防护；对刃脚下局部未能挖除的土体用机具破除 4. 不排水下沉改为排水下沉，以减少浮力 5. 在井壁外设置射水管冲刷井周围土，减少阻力，射水管亦可埋于井壁混凝土内。此法仅适用于砂及砂类土 6. 修复泥浆套、空气帘等减阻设施或辅以射水、射风下沉等，在井壁与土层间灌入触变泥浆或黄土，降低摩擦阻力，泥浆槽距刃脚高度不宜小于3m 7. 清除障碍物

6.3.3.6　沉井下沉完毕允许偏差（表6-39）

沉井下沉完毕允许偏差　　表6-39

项　　目	允许偏差（mm）
沉井刃脚平均标高与设计高差	≤100

续表

<table>
<tr><th colspan="2">项　　目</th><th>允许偏差（mm）</th></tr>
<tr><td rowspan="2">沉井水平偏移</td><td>下沉总深度为 H＞10m</td><td>≤H/100</td></tr>
<tr><td>下沉总深度为＜10m</td><td>≤100</td></tr>
<tr><td rowspan="2">沉井四周任何两对称点处的刃脚踏面标高</td><td>二对称点间水平距离为 L＞10m</td><td>≤L/100 且≤300</td></tr>
<tr><td>二对称点间水平距离＜10m</td><td>≤100</td></tr>
<tr><td>底面中心与顶面中心在纵横方向偏差</td><td>下沉总深度为 H</td><td>2% H</td></tr>
<tr><td colspan="2">沉井倾斜度</td><td>1/50</td></tr>
<tr><td colspan="2">矩形沉井平面扭角偏差</td><td>10%</td></tr>
</table>

6.3.4　封底

6.3.4.1　封底方法及技术要求（表 6-40）

封底方法及技术要求　　　　表 6-40

施工方法	技　术　要　求
排水封底（干封底）	1. 沉井下沉至设计标高，不再继续下沉 2. 排干沉井内存水并除净浮泥 3. 应待底板混凝土强度达到允计值方可停水，将其排水井封闭设计规定，且沉井满足抗浮要求时
不排水封底（湿封底）	1. 井内水位不低于井外水位 2. 整理沉井基底，清理浮泥，超挖部分应先用30cm左右石块压平井底再铺砂，然后按设计铺设垫层。混凝土凿毛处应清洗干净 3. 水下混凝土的浇筑一般采用导管法 4. 当水下封底混凝土达到设计规定，且沉井满足抗浮要求时，方可从沉井内抽水

6.3.4.2　排水封底施工要点

1. 将混凝土接触面冲刷干净或打毛，对井底进行修整使之成锅底形，由刃脚向中心挖排水沟，填以卵石作成滤水暗沟，在中部设2~3个深1~2m的集水井，井间用盲沟相通，插入ϕ600~ϕ800mm穿孔钢管或混凝土管，四周填以卵石，使井底水流汇集在集水井中用泵排出，保持地下水位低于基底面0.3m以下。

2. 封底一般先浇一层厚0.5~1.5m的混凝土垫层。达到50%设计强度后绑钢筋，钢筋两端伸入刃脚或凹槽内，浇筑上层底板混凝土。

3. 混凝土浇筑应连续进行，由四周向中央推进。可分层浇筑，每层厚30~50cm，并用振捣器捣实，当井内有隔墙时，应前后左右对称地逐格浇筑。

4. 混凝土采用自然养护，养护期应继续抽水。

5. 待板混凝土强度达到70%后，对集水井逐个停止抽水，逐个封堵。封堵的方法是将集水井中水抽干，在套管内迅速用干硬性高强度混凝土进行堵塞并捣实。然后上法兰，用螺栓拧紧或焊固。上部用混凝土垫实捣平。

6. 封底后应作抗浮稳定验算，荷载组合应包括结构自重和地下水的浮力。

7. 沉井下沉后先封底再浇筑钢筋混凝土底板时，封底混凝土的强度计算荷载可按施工期间的最高地下水位计算。

6.3.4.3　不排水封底（水下混凝土封底导管法）

1. 在地下水位高、水量不足、易产生塌方和管涌的砂土、淤泥质土等地质条件下，进行沉井施工时，可用水下封底。当井筒下沉至设计标高后，观测8h，总下沉量不超过 10mm 即可进行封底施工。

水下封底混凝土应一次浇筑完，当中内有隔墙，底梁时应预先隔断，分格浇筑。水下封底的要点见表 6-41

水下封底的要点　　表 6-41

项目	技　术　要　点
准备工作	1. 清理基底浮泥及其他杂物，超挖及软土基础应铺以碎石垫层 2. 混凝土凿毛处应洗刷干净
导管要求	1. *DN*200～300mm 的钢管制作，内壁应光滑，管段接头应密封良好并便于拆装 2. 每根导管上端装有数节 1.0m 长的短管;导管中设球塞及隔板等隔水。采用球塞时,导管下端距井底的距离应比球塞直径大 5～10cm;采用隔板或扇形活门时,其距离不宜大于 10cm 由计算确定,导管有效作用
导管数量	半径可取 3～4m。其布置应使各导管的浇筑面积互相交叉
浇筑	1. 每根导管浇筑前，应备有足够的混凝土量，使开始浇筑时，能一次将导管底埋住 2. 浇筑顺序应从低处开始，各周围扩大 3. 当井内有隔墙对应分格浇筑 4. 每根导管的混凝土应连续浇筑，且导管埋入混凝土的深度不宜小于 1.0m 5. 各导管间混凝土浇筑面的平均上升速度不应小于 0.25m/h，坡度不应小于 1.5；相邻导管间混凝土上升速度宜相近，终浇时混凝土面应略高于设计高程 6. 水下封底混凝土强度达到设计规定，且沉井能满足抗浮要求时方可将井内水抽除

2. 水下混凝土浇筑

水下不分散混凝土在运输过程中不泌水，也很少分层，可采用各种运输方法。

混凝土拌合物尽快浇筑，若静停时间超过 0.5h，应进行二次搅拌后再浇筑。

水下不分散混凝土施工应注意以下事项：

1）采用泵压法时，宜将出料口埋入混凝土中。在连续供料的条件下允许有 0.5m 的水中落差。在絮凝剂掺量为2.5%以上，且连续供料的条件下可短时进行2m落差移动泵管。

2）吊罐法采用的吊罐，其容积应不少于 $1m^3$。

用开底吊罐从沉井的一侧沿箭头 A 示方向逐罐浇筑（图 6-8），随时用探测工具（图 6-9）试探，以保证浇筑厚度均匀，个别浇筑高处，可探测捣平。全部浇筑完毕，在混凝土初凝前可沿井四壁捣插，以增加混凝土与井壁接触密实。

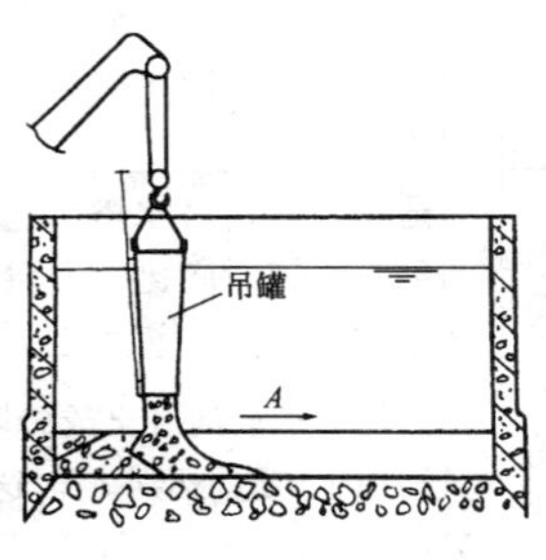

图 6-8　吊罐法浇筑封底混凝土

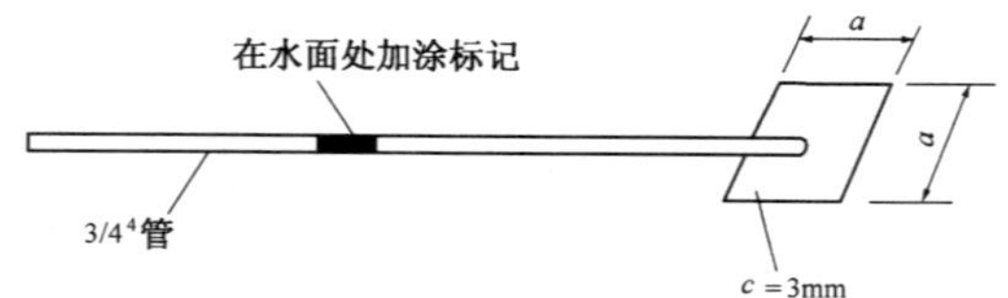

图 6-9　探测工具示意图

6.4　水 塔 施 工

6.4.1　塔身

6.4.1.1　塔身施工方法

1. 塔身施工方法及适用条件（表 6-42）

塔身施工方法及适用条件　　　表 6-42

序号	施工方法	适用条件及优缺点
1	外脚手架法	适用于砖或钢筋混凝土水塔塔身的建造。需大量架杆，架子绑扎量大，影响施工进度，但操作简单，安全可靠，现已不常用
2	里脚手架法	适用于砖筒身水塔的建造，施工安全可靠，水箱封底比较方便，比外脚手架法节省脚手杆，应用较为普遍
3	钢筋三角架脚手法	适用于钢筋混凝土或砖塔身的施工，尤其适用于建造小型水塔。这种方法设备比较简单，节省脚手架杆，能保证施工进度
4	无脚手架法	适用于小型砖塔身水塔的建造。设备简单易行

续表

序号	施工方法	适用条件及优缺点
5	提升式吊篮脚手法	适用于建筑砖塔身，具有施工方便、工人操作安全平稳、施工用地少等优点
6	提模法	适用于钢筋混凝土塔身的建造。能加快施工进度，提高工效，操作比较安全，设备比较容易解决
7	滑模法	适用于钢筋混凝土塔身的建造，是较为先进的施工方法，具有施工速度快、工效高等特点
8	装配法	适用于钢筋混凝土塔身的施工，塔身圆筒可预制，减少现场施工的时间

2. 外脚手架法施工

(1) 外脚手架的塔设（表 6-43）

外脚手架的塔设　　　表 6-43

搭设形式	外脚手架布置平面示意	每边立杆（根）		搭设基本要求
		里排	外排	
正方形	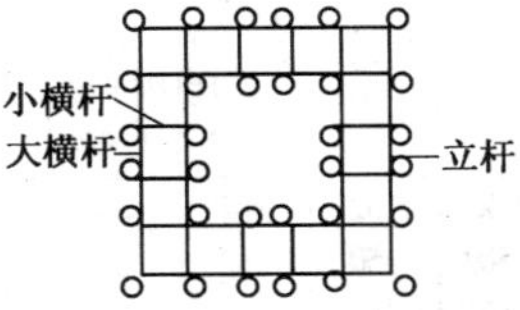	6	8～10	1. 立杆至少埋入地下 0.5m，无法挖坑时，应加绑扫地杆 2. 搭设脚手架时，应注意水塔大门方向，

续表

搭设形式	外脚手架布置平面示意	每边立杆（根）		搭设基本要求
		里排	外排	
				不影响塔内进、出料 3. 水塔四周应拉安全网
六角形加挑脚手	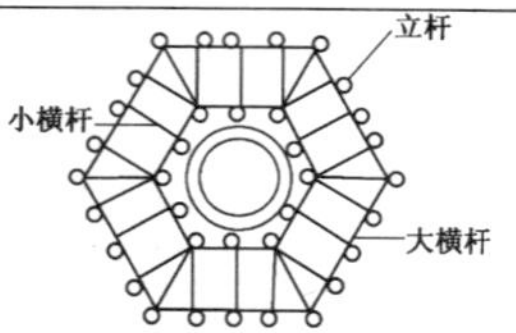	3～4	5～6	
六角形放里立杆	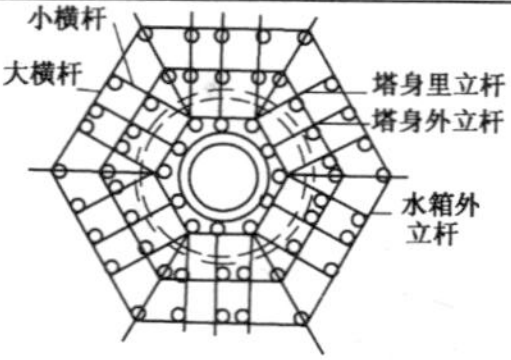	3～4	5～6	

（2）搭设外脚手架需要材料（表 6-44）

搭设外脚手架需要材料　　　表 6-44

塔身直径（m）	水塔高度（m）	需用脚手杆、脚手板的规格、数量						
		$l=8m$ 杉杆（根）	$l=6m$ 杉杆（根）	$l=5m$ 杉杆（根）	$l=4m$ 杉杆（根）	$l=2m$ 小横杆（根）	$l=3m$ 脚手板（块）	$l=4m$ 脚手板（块）
3～4	16	54	168	132	132	144	30	30
	20	54	216	150	150	162	30	30
	24	54	264	168	168	180	30	30
	28	54	312	186	186	198	30	30

续表

塔身直径（m）	水塔高度（m）	需用脚手杆、脚手板的规格、数量						
		$l=8m$ 杉杆（根）	$l=6m$ 杉杆（根）	$l=5m$ 杉杆（根）	$l=4m$ 杉杆（根）	$l=2m$ 小横杆（根）	$l=3m$ 脚手板（块）	$l=4m$ 脚手板（块）
4～5	20	54	222	156	162	162	35	35
	24	54	270	174	180	180	35	35
	28	54	318	192	298	198	35	35
5～6	20	104	372	144	60	204	40	40
	24	104	456	168	72	222	40	40
	28	104	540	192	84	234	40	40

3. 里脚手架法施工

（1）里脚手架的布置形式（表 6-45）

里脚手架的布置形式　　表 6-45

布置形式	施工方法	简图	说明
上料架设在塔内，筒身、水箱分别搭里脚手架	里脚手架及起重架分别支在已做完的钢筋混凝土地面及水箱底板上。水箱里脚手架上可设上料吊杆	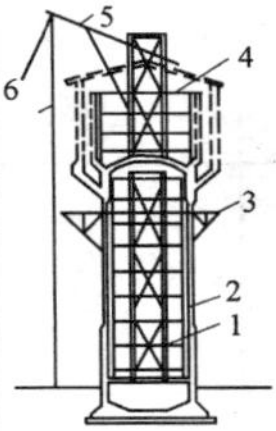	1. 筒壁井形上料架 2. 筒壁里脚手架 3. 三角托架 4. 水箱里脚手架 5. 上料吊杆 6. 钢丝绳
上料架设在塔外、筒	筒身及水箱分别搭设里脚手架，筒身、水		1. 筒壁里脚手架 2. 三角托架 3. 水箱里脚手架

续表

布置形式	施工方法	简图	说明
身、水箱分别搭里脚手架	箱底施工完后，再在水箱里搭设里脚手架，进行水箱壁及护壁施工。上料架搭在塔外，可搭单井架或双井架运送材料		4. 上料井架 5. 缆风绳 6. 跳板

（2）搭里脚手架需用材料（表 6-46）

搭里脚手架需用材料　　表 6-46

塔身直径（m）	水塔高度（m）	需用脚手杆、脚手板的规格、数量							
		$l=8m$ 杉杆（根）	$l=6m$ 杉杆（根）	$l=5m$ 杉杆（根）	$l=4m$ 杉杆（根）	$l=3m$ 小横杆（根）	$l=2m$ 脚手板（块）	$l=3m$ 脚手板（块）	三角托架（个/m^3）
3~4	20	16	36	32	6	96	148	30	8/2.24
	24	20	44	36	24	108	172	30	8/2.24
	28	24	52	40	32	158	200	30	8/2.24
4~6	20	54	222	156	162	162	35	35	
	24	54	270	174	180	180	35	35	
	28	54	318	192	298	198	35	35	

注：本表包括上料架用料在内，当上料架搭设在塔身内时，表中 $l=8m$ 的杆应将长度适当缩短，以便从塔内拆出。

4. 钢筋三角架脚手法施工

钢筋三角架脚手的施工布置及施工要求（表6-47）

钢筋三角架脚手的施工布置及施工要求

表 6-47

塔身	布置示意图	施工要求
钢筋混凝土	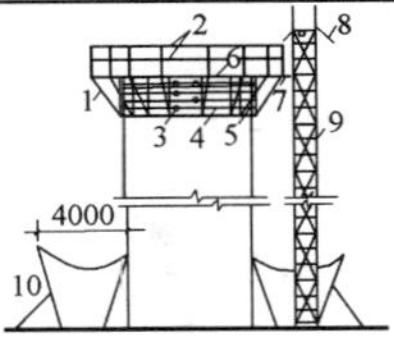 1—钢筋三角架；2—栏杆；3—紧绳环；4—ϕ9 钢丝绳；5—外模板；6—平台脚手架；7—跳板；8—上料架缆绳；9—上料架；10—安全网	1. 工序：检查工具及设备→支内模、钉支撑→校正内模→绑扎钢筋→校正钢筋位置→支外模→捆钢丝绳→校正丝绳→挂三角架→放脚手板→浇筑混凝土 2. 带鼻模板的挂鼻为插钢筋三角架用，立外模时，注意带鼻模板的安装位置应无误 3. 内外模之间加 8 号铁丝连接，在模板上端沿圆周方向每隔 1m 加一块保持内外间距的木块 4. 钢丝绳用于绑扎外模板，每节模板需捆 5 道
砖	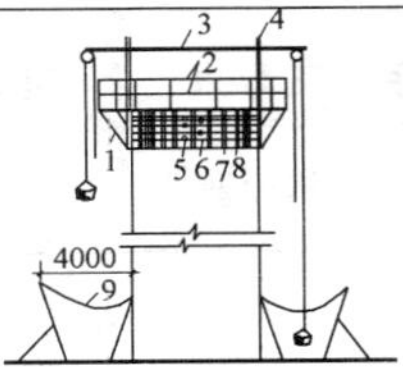 1—钢筋三角架；2—栏杆；3—横杆；4—ϕ38 钢	1. 工序：检查工具→放方垫木→捆钢丝绳→挂三角架→放脚手板→砌砖 2. 由地面砌砖 1.4m 高时，在外壁先松绕一道钢丝绳，将方垫木插入钢丝绳与砖壁间，紧好钢丝绳（每步捆五道钢丝绳），再将钢筋三角架

续表

塔身	布置示意图	施工要求
同上	管支架；5—紧绳环；6—ϕ9 钢丝绳；7—50mm×50mm×1200mm方垫土；8—带鼻垫木；9—安全网	挂到带鼻垫木上，铺脚手板砌砖

5. 无脚手架施工方法

1）用活动套两组（每组4根），当塔身砌1.4m高，将一组活动套管放在塔身的墙体上，放上脚手板作为操作台，继续上砌。

2）待砖砌到适当高度，把第二组活动套管装上，再将下面的脚手板移上来，然后拆除下面第一组插管，以备更上一层使用。

3）活动套管安入墙内约10cm为宜，不要过紧或过松，以保证安全及拆除方便。

6. 提升式吊篮脚手施工要求（表6-48）

提升式吊篮脚手施工要求　　表6-48

施工顺序	搭设要求
基础施工→搭外圈脚手架→塔身砌砖高4m→设置塔架垫木	砌砖靠外脚手架进行

续表

施工顺序	搭设要求
→搭设塔架到需要高度	先安好底座，按分段（每段 2m）竖立角钢，并以水平支撑连接牢固。当砌筑高度超过外脚手架（4m）后，用 ϕ6 钢筋与筒壁固定，一次架设到需要高度，拉好缆绳
→安装套架及吊篮	利用外脚手架在塔架上安好提升架，在提升架下端安置挑梁槽钢及拉杆，再安放吊篮吊杆，铺设操作平台，要注意脚手板的固定和搭接。安装栏杆及安全网，铺设接料平台
→挂倒链提升吊篮	每次提升 1.2m 为宜
→筒身砌筑→环梁支模浇筑混凝土→池壁及护壁施工	正常土建施工
→降低塔架→封顶→落吊篮→拆除部分塔架	塔架及吊篮拆除程序为：操作平台→吊杆→接料平台→8 号槽钢挑梁→吊篮拉绳→塔架拆除
→水箱池底支模及浇筑混凝土→拆除模板→拆塔架	水箱池底的浇筑用料由池顶设临时拔杆运入

7. 提模施工

(1) 施工方法要点

1) 在筒身内架设好提升架，在架上挂好吊盘做操作平台。

2) 内、外模板各由四扇金属板组成，内模随吊盘上升而提升，外模由四个3t捯链提升。

3）筒身、下环梁、池壁施工完后，再施工水箱底。

（2）施工顺序

挖基础土方→打提升架基础→支提升架→塔身基础施工→安装吊盘及钢模→筒身提模法施工→环梁支木模浇筑混凝土→砌护壁及水箱壁提模施工→封顶→拆上部提升架→封底→拆下部提升架→落吊盘、安装管路等。

8．滑模施工

（1）施工方法

1）滑模设备的安装顺序

组装骨架→安装内模及部分操作平台→液压系统的组装和试验→基层钢筋绑扎→安装外模及其他操作平台、对中装置→当滑到一定高度安装吊篮、安全网及喷水装置。

2）滑模安装允许偏差（表6-49）

滑模安装允许偏差　　　　表6-49

内　　容		允许偏差（mm）
模板中心线不必要上应结构中心线		3
围圈位置的横向偏差（水平、垂直）		3
滑升架垂直偏差	平面内	3
	平面外	2
滑升架安放千斤顶横梁水平偏差	平面内	2
	平面外	1

续表

内　　容		允许偏差（mm）
考虑倾斜度后的模板尺寸	上口	－1
	下口	＋2
千斤顶安置位置偏差	滑升架平面内	5
	滑升架平面外	5
圆模直径、方模边长		5
相邻两块模板平面平整		1

3）部件制作允许偏差（表6-50）

部件制作允许偏差　　表6-50

名　称	内　　容	允许偏差（mm）
横板	表面凹凸度 长　度 宽　度 侧面平直度 联接孔位置	1 2 －2 2 0.5
围圈	长　度 弯曲长度≤3m （当长度＞3m） 联结孔位置	5 2 4 0.5

续表

名　称	内　　容	允许偏差（mm）
滑升架	高　　度 宽　　度 围圈支托位置 联接孔位置	3 3 2 0.5
支承杆	弯　　曲 直　　径 螺纹接头中心	2/1000l（杆长） 0.5 0.25

4）滑模组装操作要点（表 6-51）

滑模组装操作要点　　　　表 6-51

项　　目	操　作　要　点
组装的准备及组装架的搭设	1. 组装前应对各部件的质量、规格和数量，进行详细检查校对并编号 2. 组装架的搭设高度，应比内、外钢圈或辐射梁的安装标高略低，便于安装时垫平找齐
内、外钢圈辐射梁滑升架的安装	1. 内外钢圈及辐射梁安装前，应先在组装加平台上放出位置线 2. 各构件安装位置应准确，并保持水平 3. 滑升架应同时保持垂直
模板的安装	1. 内外模板安装顺序一般为：内模→绑扎钢筋→外模 2. 模板各部件安装顺序：固定围圈调整

续表

项　　目	操 作 要 点
	装置→固定围圈→固定模板→活动围圈顶紧装置→活动围圈→活动模板及收分模板
随升井架吊笼及拔杆的安装	1. 随升井架垂直偏差应不大1/200，井架中心应与筒身圆心一致 2. 井架安装后随之安装斜撑、滑轮座、柔性滑道、吊笼及拔杆等 3. 拔杆一般安装在平台内钢圈近侧，底板应大一些，能将荷载分布在四根以上的辐射梁上。拔杆位置应避开吊笼的出料口，并应使永久性爬梯在拔杆半径范围之内
平台铺板吊架的安装	1. 铺板按平台尺寸配制为定型板，安装时按编号铺设于辐射梁之间 2. 吊架铺板应环向搭接铺设，便于随吊架内移高速其周长，如在吊架下层铺板上安装养生水管，为使水管的周长也随收分而缩短，在整个圆周上设8～10处胶管接头，收分时效地胶管弯曲即可 3. 内、外吊架安装好后，随之安装外侧围栏及悬挂安全网

5）塔身滑模工序（表6-52）

6）模板滑升操作要点

①滑升前先放下吊笼，放松导索，检查支承杆有无脱空现象，结构钢筋与操作平台有无挂连之处，然后滑升。

塔身滑模工序 **表 6-52**

工序名称	质量标准	安全要求	控制办法
1. 对上工序复核 (1)地下室复核 (2)顶杆复核 2. 滑模机具检查 (1)模板 (2)围圈 (3)提升架 (4)支承杆	复核内容： 1. 门窗、铁梯、排溢、送配水管盒及预埋件位置 2. 滑模架支撑台浇筑情况 3. 顶杆平面位置允许偏差 ± 1cm 4. 顶杆接头数在同一平面上≤25% 表面凹凸度：± 1mm　联结孔位置：± 0.5mm 长　度：± 2mm　高　度：± 3mm 宽　度：－ 2mm　宽　度：± 3mm 侧面平直度：± 2mm　围圈支托位置：± 2mm 联结孔位置:0.5mm　联结孔位置：± 0.5mm 长　度：± 5mm　弯　曲:2/1000*L* 长　度：≤3 为 ± 2mm　直　径:0.5mm 弯曲长度：> 3m 为 ± 4mm　螺纹接头中心:0.25mm		工地技术人员亲自复核并记录

续表

工序名称	质　量　标　准	安全要求	控制办法
(5) 各种滑轮	动作灵活，磨损适度		
(6) 卷扬机	1. 各部件灵活可行，机件磨损在允许限度之内 2. 有钢丝绳防跳槽装置		
(7) 钢丝绳	不断丝、无扭曲，直径符合受力要求		
(8) 吊笼	1. 安全可靠，有防护栏杆 2. 有可靠的防护保险装置	滑模前吊笼安全卡应进行试验	检查工程师到现场检验
(9) 信号装置 (10) 电动机及其他	1. 信号简单明了 2. 动作可靠，有保护装置		滑模时应有足够的千斤顶、卡头及其他易损件以备用

续表

工序名称	质量标准	安全要求	控制办法
3. 滑模机具安装	1. 模板及相应结构轴线位置：±3mm 2. 围圈位置偏差（水平垂直方向）：±3mm 3. 提升架垂直偏差：平面内±3mm，平面外±2mm 4. 千斤顶横梁水面偏差：平面内±2mm，平面外－1mm 5. 考虑倾斜后模板尺寸上口－1mm，下口＋2mm 6. 千斤顶安装位置偏差：平面内±5mm，平面外±5mm 7. 围模直径方模边长±5 8. 相邻两块模板平面平整	1. 安装前要对各构件尺寸进行校核，发现变形应修理。主要部件修理要用冷处理。中心立柱、天梁等不允许割断焊接，不允许随意改小螺栓或用拉焊代替螺栓连接	机具安装过程中，技术人员逐项进行检查，安装完毕应进行试运转。首先进行充油排气，而后加压重复5次进行全面检查

续表

工序名称	质量标准	安全要求	控制办法
4. 滑模前安全质量检查	1. 按第三条要求逐项检查 2. 各电器设备绝缘良好 3. 地拢固定牢固可靠		提前 2 ~ 3d 通知检查工程师，检查签证后才允许下道工序施工
5. 滑模作业 (1) 控制柜	1. 提升偏差不宜超过 10mm 2. 每次提升间隔不宜超 1.5h，在钢筋较密时可加大混凝土坍落度或加入混凝土缓凝剂，减小浇筑高度，缩短提升间隔时间	1. 滑模作业，严格执行换班交接制度，交待滑升进度、滑升设备的完好情况及下班应注意事项等，并填入工程日志簿内 2. 和卷扬机司机要有明确的联系信号，每次提升前都应联系，并及时纠偏 3. 注意电气机具安全，并有防雨措施	1. 通过电铃和卷扬司机联系 2. 定时和吊中人员联系纠偏 3. 工地试验人员对出模混凝土进行监督

续表

工序名称	质量标准	安全要求	控制办法
同　上	3. 在正常气温下，每班提升高度应控制在4m左右	4. 滑升作业时，各千斤顶应有专人负责看守，发现异常（倾斜、卡阻、支承杆弯曲等）应立即通知停机，发现千斤顶偏斜，应及时予以垫平，严禁滑模架倾斜 5. 控制柜司机负责检查天梁及天梁滑车 6. 统一指挥	4. 走道丝安设自锁装置。当走道丝过紧，卷扬机自动断开 5. 设置备用发电机以备停电

续表

工序名称	质量标准	安全要求	控制办法
6. 浇筑平台立柱	滑模完毕立即浇筑平台，按钢筋混凝土施工规范施工	1. 滑模完毕将预留顶杆相互焊接加强滑模架的稳定性 2. 切断电源	工地检查人到现场检查
7. 焊接铁梯平台	符合钢结构设计规范	1. 工作人员要戴安全带 2. 上下呼应，防止掉物伤人	
8. 拆除滑模架	1. 拆卸完好，轻拿轻放，清除浮灰，随即保养 2. 拆卸顺序：内模支架→千斤以外的电路系统元件→外模吊栏、平台→滑模架 3. 维修清整好滑模机具	1. 严禁往下抛掷构件 2. 工作人员应携带安全带 3. 顶部滑车的吊笼要安设可靠，要固定于支筒上	1. 拆架时现场领工员亲临指挥 2. 检查人员对拆除机具经检查完好后签字移交

②模板滑升前先在底层浇筑 80cm 高混凝土，停歇 50～60min，才能起滑模板 3～6cm，观察下部混凝土出模时的凝结硬度，并浇筑混凝土 30cm 高，根据下部混凝土硬度，确定其停歇时间（一般为 30min）。再滑起模板 3～6cm，同时，再将混凝土灌满模板（也为 30cm），这样，完成了起滑过程。

③每次正常滑升高度为 250～300mm，在绑扎钢筋以后，浇筑混凝土之前进行。

④提升的时间和进度，是保证滑出模板的混凝土不流淌、不坍落、表面光滑的关键。

⑤施工中，外模板下围圈下部，用 ϕ10～ϕ20mm 钢丝绳和 1t 倒链将模板捆紧，是防止混凝土漏浆的有效措施。

⑥塔身的进人孔过渡平台与下部筒身连续施工，上部进人孔妨碍筒身作业，宜采用支模现浇。当模板顶滑升到过渡平台标高时，利用上支承钢梁的预留孔，插入横木支托住内模骨架，然后去除与之连接螺栓，将外模再滑升 40cm，并将螺旋布筋装置的转盘以上部件拆除，以油毡作隔离层，支好一段带人孔的筒身模板，就可以继续浇筑混凝土。

（2）滑模的纠偏及预防偏斜的措施

1）作平台上的荷重尽量布置均匀。

2）滑模有向先浇筑混凝土的方向倾斜的现象，改变混凝土浇筑顺序，能逐步纠正过来。严格控制各千斤顶的升差，保持操作平台水平，勤检查、勤调整。

3）调整平台高差，把偏斜一边的千斤顶起高一定程度，使平台有意反方向滑升，把垂直偏差调整过来。

4）在千斤顶下加垫楔形铁片，使操作平台在继续滑升过程向反向斜倾，以调正垂直偏差。当偏斜角纠正后，应恢复正规安装。

5）若因荷重不均造成倾斜，应采取重新调整操作平台上荷重位置的方法。

6）沿圆周等间布置4对千斤顶，将一对千斤顶置于槽钢挑梁上，使滑升架由一双千斤顶来承担。通过调整两个千斤顶的不同提升高度，来纠正操作平台和模板的扭转。

7）当操作平台和模板发生顺时针扭转时，先将顺时针扭转方向一侧的千斤顶升高一些，然后使全部千斤顶滑升一次，如此重复模板滑升数次，即可纠正过来。

9. 塔身装配法施工方法

由预制厂将加工完毕的分段塔身运至现场，用起重机或吊车将分段塔身拼装连接。当预制钢筋混凝土塔身采用上、下预埋扁钢环对接时，其圆度应一致。钢环应用临时拉、撑控制圆度，上、下口调平并找正位置后再与钢筋焊接。

6.4.1.2　塔身的质量要求

1. 钢筋混凝土圆筒塔身施工允许偏差（表6-53）

钢筋混凝土圆筒塔身施工允许偏差　表6-53

项　　目	允许偏差（mm）
中心垂直度	1.5H/1000 且不大于30
壁　厚	+10 −3

续表

项　　目	允许偏差（mm）
塔身直径	±20
内外表面平整度(用弧长为2m弧形尺检查)	10
预埋管、预埋件中心位置	5
预留孔中心位置	10

注：*H* 为圆筒塔身高度（mm）。

2. 钢筋混凝土框架塔身

(1) 现浇钢筋混凝土框架塔身施工要点（表6-54）

现浇钢筋混凝土框架塔身施工要点　表6-54

项　　目	施　工　要　点
支撑前	核对框架基础预埋竖向钢筋的规格、基面的轴线和高程
对框架的稳定措施	控制其垂直度或倾斜度
每节模板高度	≤1.5m

(2) 钢筋混凝土框架塔身施工允许偏差（表6-55）

钢筋混凝土框架塔身施工允许偏差　表6-55

项　　目	允许偏差（mm）
中心垂直度	1.5*H*/1000， 且不大于30
柱间距和对角线差	*L*/500
框架节点距塔身中心的距离	±5

续表

项　　目	允许偏差（mm）
每节柱顶水平高差	5
预埋件中心位置	5

注：H 为框架塔身高度（mm）；
L 为柱间距或对角线长（mm）。

3. 砖石砌体塔身

(1) 施工要点

1）砌筑水塔的砖石强度等级应符合设计要求。凡外形尺寸、强度、抗冻性、烧制水平、裂缝等不符合国家标准一等砖的要求时，不得使用。砌筑在筒身外表面的砖，应选用没有裂缝，至少有一端是棱角完整的，使用前要浇水润湿。

2）砌筑砖筒身时，灰缝必须用水泥砂浆填充饱满，外部砖缝均应勾缝，内部砖缝均应刮平。砖的砌筑方法一般采用顶砌法，当水塔筒身直径较大时，也可采用顺砖和顶砖交错砌筑。当砌体厚度大于 $2\frac{1}{2}$ 砖厚时，方可使用半截砖，但其数量不应多于 30%。对于较薄的筒身，只是在正常错缝时才允许使用半截砖，但小于$\frac{1}{2}$砖厚的碎砖块，不得用以砌筑水塔塔身。

3）筒身采用刮浆法和挤浆法砌筑，砂浆强度等级应符合设计规定。

4）砖缝：垂直环缝应交错$\frac{1}{2}$砖，放射状缝应交错砖，砌体垂直缝宽度为 8～12mm，水平缝厚度为 8～

10mm。在 $5m^2$ 的砌体表面上取 10 处检查，只允许其中有 5 处砖缝宽度增大至多 5mm。

5）水塔筒身的垂直度，应每隔 5m 高，用线锤或激光垂直仪检查一次。同时检查筒身水平截面尺寸。

6）砌筑筒身时，应按设计要求将各种预埋件砌入，不宜预留孔洞后进行补装。

砖石堆在架子平台上不宜过多，应随砌随运，打砖时应注意面向筒身，以免落下伤人。

（2）砖石砌体塔身施工允许偏差（表 6-56）

砖石砌体塔身施工允许偏差　　表 6-56

项　　目		允许偏差（mm）	
		钢架塔身	钢圆筒塔身
中心垂直度（H-塔身高度）		1.5H/1000	2H/1000
壁厚			+20 -10
塔身直径	$D<5m$	$\pm D/100$	$\pm D/100$
	$D>5m$	±50	±50
内外表面平整度（用长弧长 2m 的弧形尺检查）		20	25
预埋管、预埋件中心位置		5	5
预留洞中心位置		10	10

6.4.2 水柜的施工

6.4.2.1　现浇钢筋混凝土水柜

1. 施工中的注意事项

（1）水柜底的混凝土施工应连续进行，特别是不得在管道穿越池底处停工或接头。水柜的混凝土施工缝宜留在中环梁内。

（2）水柜底与壁接茬要认真处理，详见本手册“水池”章节。

（3）水柜底与水柜壁的抹灰应连续操作，一次完成。水柜底抹灰用小型平板振捣器振捣，使之密实。

（4）水柜壁抹灰后需养护，待水泥砂浆达到设计强度后，再进行水柜顶的施工。

（5）正锥壳顶盖模板的支撑点应与倒锥壳模板的支撑点相对应。

（6）注意管道穿越池底、池壁特殊部位的处理，详见本手册“水池”章节。

2. 一般装配式水柜的作法

（1）一般装配式水柜为现场就地预制，预制地点应靠近水塔在起重设备能够直接起吊的范围内。

（2）施工场地平整、夯实后，先支水柜下部钢筋混凝土环梁的木模板，涂以隔离剂后绑扎钢筋、埋设吊环、浇筑环梁混凝土。在吊环位置处的混凝土宜凹下一点，以便水柜吊装完后，割断吊环用水泥砂浆抹平。

（3）在环梁内回填土、夯实，并按水柜底球壳部分尺寸做成土胎模后抹水泥砂浆一层；支底模板。

（4）在进入孔竖圆形里模，水柜壁四周每 2m 竖一根加强肋支撑人孔里模，以保证抹水泥砂浆时不变形。

（5）放置水柜底、水柜壁的钢丝网及钢筋，并将人孔爬梯的预埋件固定好。

（6）水柜抹灰：水柜底与水柜壁抹灰连续操作。

水柜底抹灰用小型平板振捣器振捣，使之密实。水柜壁用手工抹灰，用力将壁内砂浆挤出，内外都抹平。

（7）水柜壁抹灰后，要加强养护，待水泥砂浆达到强度后，再进行水柜的施工。水柜顶施工时，先在水柜内沿内壁支立柱，用5m×5m的方木作格栅，钉成水柜顶的伞形骨架。然后在骨架上铺钢丝网，再由上往下抹灰，砂浆挤出钢丝网下，两面抹光。做池顶时，要根据吊绳的角度，在池顶上预留吊绳孔。

3. 钢筋混凝土倒锥壳、圆筒水柜施工允许偏差（表6-57）

钢筋混凝土倒锥壳、圆筒水柜施工允许偏差

表6-57

项　　目	允许偏差（mm）
轴线位置（对塔身轴线）	10
水柜直径	±20
壁　　厚	+1 -3
表面平整度(用弧长2m的弧形尺检查)	10
预埋管、预埋件中心位置	5
预留孔中心位置	10

6.4.2.2　钢丝网水泥倒锥壳水柜

1. 钢丝网水泥倒锥壳水柜施工要点

（1）模板安装允许偏差

1）钢丝网水泥倒锥壳水柜整体现浇模板安装允许偏差（表6-58）

钢丝网水泥倒锥壳水柜整体现浇模板安装允许偏差

表 6-58

项　　目	允许偏差（mm）
轴线位置（对塔身轴线）	5
高　　度	±5
平面尺寸	±5
表面平整度（用弧长 2m 的弧形尺检查）	3

2）钢丝网水泥倒锥壳水柜预制构件安装允许偏差（表 6-59）

钢丝网水泥倒锥壳水柜预制构件安装允许偏差

表 6-59

项　　目	允许偏差（mm）
长　　度	±3
宽　　度	±2
厚　　度	±1
预留孔洞中心位置	2
表面平整度（用 2 直尺检查）	3

（2）筋网绑扎

1）筋网绑扎要求（表 6-60）

筋网绑扎要求　　　　表 6-60

筋网表面要　　求	低碳冷拔钢丝连接		钢丝网搭接长度（mm）		扎结点间距（mm）	
	要求	搭接长度	环向	竖向	一般	网边
除锈、洁净无油污	不能焊接	≤250mm	≥100	≥50	≤100	≤50

2）绑扎完成后应进行全面检查，补扎漏点和对不平处进行修整，严禁在网面上走动和抛掷物件。

3）钢丝网水泥砂浆的配合与拌制要求（表6-61）

钢丝网水泥砂浆的配合与拌制要求 表6-61

项　目	要　　求
水灰比	0.32～0.40
灰砂比	1:1.5～1:1.7
机械拌合时间	≥3min
使用砂浆	从拌好至用完，不宜超过1h，初凝后的砂浆不得使用
抹压砂浆	不得加水稀释或撒干水泥吸水

4）砂浆灌筑

①抹压砂浆前，应将网层内清理干净，钢丝网水泥砂浆采用机械振动时，应根据构件形状选用适宜的振动器。砂浆应振至不再有明显下沉，无气泡逸出，表面出现稀浆时为止。

②现浇钢丝网水泥砂浆倒锥壳水柜可采用喷浆法或手工施浆。其施工顺序应自下而上，由中间向两边（或一边）环圈进行。

③采用喷浆法施工时，喷枪移动速度应均匀，不得滞射和扫射。喷嘴应与喷射面保持近于垂直，当受障碍物影响时，其入射角不宜大于15°。喷嘴与喷射面的距离应控制在回弹物较少、喷浆层密实时为宜。

④手工施浆时，应使砂浆压入网内，避免中间夹空。无模施工时，应在对面设专人检查，待每个网孔均充满砂浆并呈突出时，方可加抹保护层砂浆。砂浆接茬及与环

梁交角处应细致操作，交角处宜抹成圆角。水泥砂浆的抹压应一次连续进行；当不能一次成活时，接头处应在砂浆终凝前拉毛，接茬前应把该处浮渣清除，用水洗干净。

⑤钢丝网保护层均应在施浆同时做好，若设计无规定厚度时可采用 3～5mm。待砂浆的游离水析出后，应进行压光，消除气泡，提高密实度。压光宜进行 3 遍，最后一遍应在接近终凝时完成。

⑥应在现场制作标准试块 3 组（每组 3 块），其中一组作标准养护，用以检验强度等级；两组随壳体养护，用以检验脱模、出厂或吊装时的水泥砂浆强度。

⑦水泥砂浆强度达到设计强度的 70%时方可脱模。

2. 倒锥壳水柜预制拼装及就地浇筑工序作业（表 6-62）

倒锥壳水柜预制拼装及就地浇筑工序作业

表 6-62

工序名称	质量标准	安全要求	控制方法
成品预制	1. 水柜下环梁上的吊杆预留孔，应与塔顶吊装台上、下圈梁上的吊杆孔位置分布一致 2. 下环内壁与塔身外壁的间隙应符合设计尺寸 3. 水柜壁板，每块伸出的拼装缝筋环长度，应按设计要求，其间距需用	1. 壁板成品，经过养护，达到设计强度的 70% 后才能脱模、吊装 2. 存放壁板成品，应侧放，放置场地需坚实牢固	1. 预制场质量检验员负责检查钢筋、钢丝网绑扎、模型制作及水泥砂浆施工操作 2. 出厂成品需有编号及出厂合格证

续表

工序名称	质　量　标　准	安全要求	控制方法
成品预制	模板控制、避免拼装时，环筋“顶牛” 4. 壁版钢丝网水泥成品制造，应符合设计和施工验收规范	3. 成品放置期间，需覆盖养护	3. 每座水柜成品应按规范规定抽做砂浆试件
水柜拼装	1. 下环梁三角缝，应清刷干净并宜用薄钢板衬垫控制，上面缝口必须临时封闭，防止污物落入缝隙，以保证最后浇筑沥青玛瑞脂防水层质量 2. 吊装前先检查成品质量（有无裂纹），然后对号放置 3. 成品全部拼装，并经调整就位后再固定穿插钢筋，要求两根穿插筋各靠紧预留拼接环筋，并用短钢筋在接缝每隔 0.5m 处与穿筋焊接，以控制穿筋位置和固定接缝宽度	1. 吊装支立成品时吊绳与板（助梁）边接触处应设衬垫板，梁腹支撑点亦必须加垫木板，防止损伤成品 2. 吊装时严禁猛起猛落 3. 吊环应焊结牢固，凡利用预埋件作起吊挂物时，要进行结构受力检查 4. 预埋件作起吊挂物时，要进行结构受力检查	1. 工地技术负责人作全面检查并作好记录 2. 工长进行认真自检 3. 为防止水柜下沉，要在水柜下环梁沿进行特殊的地基处理 4. 环梁立模前要进行找平

续表

工序名称	质　量　标　准	安全要求	控制方法
现浇水柜	1. 下环梁上的吊杆预留孔及下环梁内壁与支筒外壁的间隙的施工要求同拼装水柜 2. 不论采用木模或钢模施工，模板拼缝必须严密、无漏浆现象，脚手架支撑坚实牢固，防止模型走动 3. 壳体钢筋严禁踩踏，必须有防止措施，内模应有防止向上滑动的措施 4. 混凝土浇筑，应遵守有关规范、规程，保证配合比正确、振捣密实、无蜂窝麻面出现 5. 水柜防水层及表面装饰工程的要求同拼装水柜 6. 为使塔身不因浇筑水柜而污染，浇筑时应有防护措施	1. 水柜浇筑施工场地需设专人统一指挥，负责安全 2. 走道板铺设牢固，外边设防护栏杆 3. 卷扬机、搅拌机、振动器、秤称等施工机具需先检修良好 4. 拆下的模板脚手架等不准下摔，应吊放下，分类放置并经维修保养后进库	1. 各工班负责对本工种所作项目认真自检 2. 工地技术负责人作全面检查并作好记录 3. 检查工程师，检查钢筋布置，模型尺寸及混凝土配合比等 4. 试验员控制混凝土配合比并抽做试件

续表

工序名称	质　量　标　准	安全要求	控制方法
同上	7. 所有预埋件位置放置准确，并防止浇筑时走动或填死		

3. 钢丝网水泥倒锥壳水柜的施工质量要求（表6-63）

钢丝网水泥倒锥壳水柜的施工质量要求

表 6-63

项　　目	质　量　要　求
水柜轴线对塔身中心偏差	≤10mm
壳体裂缝宽度	≤0.05mm
表面平整度（用弧长 2m 的弧形尺检查）	≤5mm
壳体外观	不得有空鼓、缺角、露丝、网和气泡

6.4.2.3　水柜满水试验要求（表 6-64）

水柜满水试验要求 **表 6-64**

试验条件		充水			观测时间		外观检查
水柜强度	保温水柜	次数	充水深度	静止时间	钢丝网水泥水柜	钢筋混凝土水柜	
达到设计强度后	做保温层之前	3	每次1/3H（水柜深度）	>3h	>72h	>48h	水柜及配管穿越部分均不得渗透

6.4.3 水柜的吊装

6.4.3.1 水柜吊装方法分类（表 6-65）

水柜吊装方法分类 **表 6-65**

提升方法	提升原理及主要设备	操作方法	适用范围和优缺点
千斤顶提升法	利用 YQ-50 千斤顶，接通油路后，将支架上钢圈顶升一个行程，带动丝杆及吊杆上升，从而使水箱提升	千斤顶完成一个行程后，拧紧下钢圈上的丝杆螺母，使水箱固定在新的高度，然后回油再进行下一个行程，反复循环至水箱上升到设计高度	适用于较大的水箱，操作比较平稳、安全，便于施工，但速度相对较慢

续表

提升方法	提升原理及主要设备	操作方法	适用范围和优缺点
提升机提升法	一般采用电动穿心式提升机。提升机驱动丝杆上升，到一定高度后，倒换丝杆和吊杆，并陆续提升到设计高度就位固定	将提升机安设在筒身顶端支架上，经检查无问题后，开动提升机，丝杆逐渐上升，通过吊杆把水箱逐步提升	一般用于较小水箱的施工；但设备安装、使用较为麻烦
倒置穿心千斤顶提升法	这是一种新的施工方法，利用滑模使用的HQ-35千斤顶，倒置装在拢杆上，接通油路后，倒置千斤固定，吊杆上升，带动水箱上升	可将一个或几个千斤顶串连倒置在筒身顶架上，接通油路后，吊杆上升一个行程，再重复上述过程，使水箱提升到需要高度	适用于大型水箱的提升，一套设备，可以两用，操作方便，安全可靠，速度较快

续表

提升方法	提升原理及主要设备	操作方法	适用范围和优缺点
卷扬机提升法	在筒顶安装吊架，悬挂滑轮组，通过滑轮组用钢丝绳与水箱下环梁的吊孔固定，利用JJM100KN慢速卷扬机将水箱提升到需要高度固定	钢丝绳一端固定在下环梁吊孔上，另一端通过滑轮固定在铁扁担上，开动卷扬机后，动滑轮组往下移动，钢丝绳由铁扁担通过吊架滑轮将水箱提升	适用于重量较小的水箱，机具设备容易解决，起吊速度快，但应力不易掌握平衡，需有经验的起重工指挥

6.4.3.2 倒锥壳水柜提升工序

1. 倒锥壳水柜提升工序（表6-66）

倒锥壳水柜提升工序　　表6-66

施工阶段划分	工序划分	控制工期
施工准备	1. 对上工序复核	1d
	2. 检查提升架	1d
	3. 提升架安装水柜试提升，检查各单位受力安全情况	4d
	4. 水柜提升	平均6m/12h
	5. 支撑架焊接、水柜就位	
	6. 环托梁立模	1d

续表

施工阶段划分	工　序　划　分	控制工期
施工	7. 弯扎钢筋 8. 浇筑混凝土 9. 养生（拆模后用氯-偏共聚乳液养生液养护） 10. 拆除提升架	2d 2d 1d 4d 2d

2. 水柜节点作业要求（表 6-67）

水柜节点作业要求　　表 6-67

工序名称	质量标准	安全要求	控制办法
1. 上工序复核	1. 孔洞位置和水塔塔身顶安装千斤顶位置对应布置 2. 打去下环梁和塔身间的木楔 3. 塔身外壁和下环梁内壁间距 50mm	1. 按高空作业操作规范施工 2. 严禁用大量灌水法清除环梁内侧填砂，以防地基下沉	从塔顶千斤顶预埋件位置往下吊中，以确定环梁预留孔位置
2. 提升机具检查 （1）提升架	1. 钢架、三角架等无变形、开裂，尺寸符合设计要求 2. 外吊篮铁件无裂伤，安全网可靠	逐项检查记录签字后方可安装提升	

续表

工序名称	质量标准	安全要求	控制办法
（2）油泵及油管、千斤顶	无变形、扭丝、外伤等缺陷，进油回油可靠，工作压力符合规定		
（3）丝杆、吊杆、接头	1. 无变形、外伤、严重锈蚀 2. 丝口完好		提升杆定期进行拉力试验和探伤
（4）卷扬机钢丝绳	1. 各种件灵活可靠，机件磨损在规定限度之内 2. 钢丝绳无断丝、扭曲现象	滑轮、滑车直径应与钢丝绳直径符合参数要求	钢丝绳损伤情况超过规定者坚决更换新钢丝绳
3. 提升机具安装顺序	井字架→牛腿→下钢圈→千斤顶→上钢圈→吊杆		
（1）提升架	1. 安装尺寸正确，各瓯位螺栓紧固无缺孔 2. 钢三角架和塔身顶预埋板焊接牢固不允许点焊	1. 安装人员应带安装带，戴安全帽 2. 所用工具材料要放置稳妥以免坠落伤人、砸坏塔头	1. 工地检查人员逐项检查、工程师检查签认后可提升 2. 油泵、油管安装前应进行泵压检验
（2）油泵（管）千斤顶	油泵进油、回油正常无杂音、油管及千斤顶不漏油		

续表

工序名称	质量标准	安全要求	控制办法
（3）螺杆吊杆	吊杆安装应将接头相应错开，使换杆人员操作方便及水柜就位时有活动余地	3. 外吊篮杆挂设要可靠、平衡，钢丝绳和铁栏杆接触处要用软物垫起防止磨损	3. 塔头离地0.2m左右后要静置12h，作静载试验 4. 工地应备足够的备用千斤顶
（4）吊篮	1. 各部位牢固，安全网可靠，脚手板铺满，无探头，无损伤，结巴板 2. 安装要水平，各吊绳均匀受力		
4. 水柜提升 （1）油泵司机	1. 负责操作油泵 2. 均匀提升，随时纠偏	1. 严禁为加快提升速度而将两台油泵并联或串联使用 2. 随时注意油泵管、压力表接头情况。防止爆裂失压	1. 指挥人员随时进行检查 2. 塔顶设指挥人员一人，全面负责，检查提升作业的安全质量 3. 提升前应对吊杆受力进行验算
（2）拧螺栓人员	用力、速度协调一致，随千斤顶上升及时拧紧螺栓，螺栓距下钢圈距离不能大于10mm		

续表

工序名称	质量标准	安全要求	控制办法
（3）换吊杆	及时换接吊杆，配合塔上人员拧紧吊杆，将换下之吊杆运到地面	1. 每组吊杆必须保证有3根受力 2. 防止吊杆间碰撞。及时拧紧螺母，使各杆受力均匀 3. 提完吊杆后应及时拧紧螺母，使各杆受力均匀 4. 不准穿高跟硬底鞋作业 5. 为防止吊杆及杂物滚落，塔头栏杆处应设挡板	
（4）卷扬机司机	1. 负责上下垂直运动，严格按操作规程执行 2. 兼管提下的吊杆保养装箱	集中精力坚守岗位	

续表

<table>
<tr><th>工序名称</th><th>质量标准</th><th>安全要求</th><th>控制办法</th></tr>
<tr><td>5. 支撑架焊接水柜就位</td><td>1. 水柜就位要严格保证水平，下环梁处高差≤5mm
2. 支撑架焊接按钢结构焊接规范</td><td>1. 水柜提升到位后要立即就位。并用木楔调平固定
2. 就位后应连续进行环托梁作业，吊杆应在环托梁浇筑后强度达到70%以后才能拆除</td><td>实测三角支架水平度，决定各支架垫起之高度，保证水柜放置水平。垫平塔身预留孔底</td></tr>
<tr><td>6. 环托梁立模</td><td>按钢筋混凝土施工规范执行</td><td rowspan="2">1. 高空作业程序执行
2. 吊篮上脚手板要牢固可靠要满铺，安全网要牢固可靠</td><td rowspan="2">环托梁外模应做成喇叭口并高于内模 0.1 ~ 0.2m使混凝土浇筑密实</td></tr>
<tr><td>7. 环托梁弯扎钢筋</td><td>1. 环托梁钢筋要和塔身顶留筋焊接牢固
2. 按钢筋混凝土施工规范施工</td></tr>
<tr><td>8. 环托梁混凝土浇筑</td><td>按混凝土施工规范施工</td><td>1. 吊篮上接灰人员要挂安全带
2. 工作人员均戴安全帽</td><td>1. 塔身内外均应放置振动棒振动
2. 混凝土浇筑用记名挂牌制</td></tr>
</table>

续表

工序名称	质量标准	安全要求	控制办法
9. 养生	加强养生，保持混凝土面湿润	养生人员至少上下两人照应	
10. 提升架拆除	拆卸完好，轻拿轻放，随即保养，分类堆放整齐	严禁往下抛掷构件	拆除时领工员现场指挥，检查人员检验收签字后方可移交

3. 预制倒锥壳水柜的装配技术要求（表 6-68）

预制倒锥壳水柜的装配技术要求　表 6-68

项目		技术要求
准备工作	定位	1. 应在下环梁企口面上测定每块壳体构件安装中心，并检查其高程 2. 根据水塔中心线设装配控制桩，以控制构件起立高度及其顶部距水柜中心距离
	构件接缝处预处理	表面凿毛，连接钢环应调整平顺，接缝处应冲洗干净并接茬面湿润
构件吊装		吊绳与构件接触处应设木垫板，平稳起吊

续表

项目		技术要求
构件装配	装配	1. 按一个方向顺序进行 2. 构件下端与下环梁拼接的三角缝，宜用薄板衬垫；三角缝的上面缝口应临时封堵，构件的临时支撑点应加垫木板
	固定	1. 构件全部调整就位后，可固定穿筋 2. 插入预留钢筋环内的两根穿筋，应各与预留环靠紧，并用短钢筋在接缝中每隔 0.5m 处与穿筋焊接
	中环梁浇筑	1. 中环梁支模前，检查已安装固定的倒锥壳壳体顶部高程，按实测高程作为安装模板控制水平的依据 2. 混凝土浇筑前,应先埋设预埋件和预埋钢筋,并控制其位置
	壳体接缝施工	1. 宜在中环梁混凝土浇筑后进行； 2. 接缝宜由下向上浇筑、振动、抹实，并由其中一缝向两边方向进行
	顶盖装配	1. 安装和固定上环梁底模后，才进行顶盖装配 2. 在接缝插入穿筋前须将塔顶栏杆安装好

6.4.3.3　整体吊装单支筒全钢水塔的施工要点（表 6-69）

整体吊装单支筒全钢水塔的施工要点　表 6-69

序号	项　目	要　求
1	吊机定位及试吊	1. 主牵引地锚、吊装物就位中心，桅杆顶、制动地锚设在同一垂直面上 2. 试吊检验合格
2	吊　装	1. 一次起吊，中途不得停下，立起至 70°后，牵引速度应减缓
		2. 吊立完成后，必须紧固地脚螺栓（水塔需安装拉线后）方可解除吊装钢丝绳

第7章 管道工程

7.1 室外给水管道施工

7.1.1 铸铁管

7.1.1.1 铺设

1. 施工要点

(1) 铺管宜由低向高处进行，铺设在平缓地面的承插口管道，承口一般朝来水方向；在斜坡地段，承口朝上坡。根据施工图将阀门、管件稳放在规定位置，作为基准点。

(2) 根据铸铁管长度及接口位置，确定管的工作坑位置，在铺管前把工作坑挖好。

(3) 在铺设时，铸铁管轴向应留间隙，直管道相互顶紧，一般应符合表7-1规定。

(4) 将管道承口内部及插口外部飞刺、铸砂等预先铲掉，沥青漆用喷灯或气焊烧掉，再用钢丝刷除去污物。

(5) 铸铁管稳好后，在打口前应在靠近管道两端处填土覆盖，两侧夯实。并应用稍粗于接口间隙的麻绳将接口塞严，以防泥土及杂物进入。

(6) 打口时，应先在承插口间隙内打上油麻，其粗度应比管口间隙大1.5倍，边塞边打，打实的最深度应是承口深度的1/3（见表7-1)。

(7) 管道铺设或安装中断时，应用塞子临时堵塞管口，不得敞口搁置。

打口深度　　表 7-1

管径 (mm)	接口间隙 (mm)	承口深度 (mm)	接口填料深度 (mm)			
			石棉水泥口		铅　口	
			麻	灰	麻	铅
75	10	90	33	57	40	50
100 ~ 125	10	95	33	62	45	50
150 ~ 200	10	100	33	67	50	50
250 ~ 300	11	105	35	70	55	50

2. 承插口管道对口间隙与环向间隙要求(表 7-2)

承插口管道对口间隙与环向间隙要求　表 7-2

管径 *DN*（mm）	对口间隙（mm）	环向间隙（mm）
75	4	$10\pm^{3}_{2}$
100 ~ 200	5	$10\pm^{3}_{2}$
300 ~ 500	6	$11\pm^{4}_{2}$
600 ~ 700	7	$11\pm^{4}_{2}$
800 ~ 900	8	$12\pm^{4}_{2}$
1000 ~ 1200	9	$13\pm^{4}_{2}$

3. 承插铸铁管允许转角与允许借距（表 7-3）

承插铸铁管允许转角与允许借距　　表 7-3

DN (mm)	*D* (mm)	承口深度(mm)	承插口缝宽（mm）	允许转角	允许借距（mm）	
					管长 4m	管长 6m
80	93.0	90	10	6°20′	441	662
100	118.0	95	10	6°01′	419	629

续表

DN (mm)	D (mm)	承口深度(mm)	承插口缝宽（mm）	允许转角	允许借距（mm）	
					管长 4m	管长 6m
150	189.0	100	10	5°40′	393	589
200	220.0	100	10	4°21′	302	453
300	322.8	105	11	3°06′	216	325
400	425.6	110	11	2°28′	172	258
500	528.0	115	12	2°05′	145	218
600	630.8	120	12	1°49′	127	190
700	733.0	125	12	1°38′	114	171
800	836.0	130	12	1°29′	104	155
900	939.0	135	12	1°22′	95	143
1000	1041.0	140	13	1°17′	90	134

7.1.1.2 承插式铸铁管接口

1. 接口的形式与操作（表 7-4）

接口的形式与操作　　表 7-4

接口形式	操作程序	配制材料
石棉水泥接口	1. 用麻钎向环向间隙打入一圈油麻并打实 2. 按比例将石棉水泥拌制均匀，加入少许水拌合好 3. 石棉水泥灰分 3～4 层用灰钎塞打，各层均应打实，打好的灰口应比承口端部凹进 2～3mm，当听到金属回击声，水泥发青并析出水分，打口即成 4. 养护 1～2d	四级石棉:42.5 级水泥=3:7，水灰比为 1/9～1/10。实际上，捏能成团，上抛散开为度。加水拌制的石棉水泥灰应当在 1h 内用毕

续表

接口形式	操作程序	配制材料
铅接口	1. 用麻纤向环向间隙打入油麻，并务求打实 2. 用石棉绳或用泥麻辫子沿接口围一圈，并用泥巴将石棉绳敷牢，使灌铅口朝外 3. 将铅块熔化至呈紫红色时，用铅久将铅口灌满 4. 铅凝固后，取下石棉绳剔去铅口飞刺，用灰钎将铅打实即成	采用6号铅，铅纯度要求在90%以上 一般用于抢修或施工困难处
膨胀水泥砂浆接口	1. 用麻钎向环向间隙打入一圈油麻，并务求打实 2. 将膨胀水泥砂浆搅拌均匀，用麻钎塞进口内 3. 用灰钎捣实填料 4. 抹光表层，浇水养护2～3h	膨胀水泥:中砂:水=1:3:0.3，拌好的膨胀水泥砂浆应在1h内用毕
橡胶圈接口	1. 橡胶圈应均匀、平展的套在插口平台上，不得扭曲和断裂 2. 将装上橡胶圈的插口用拉链等机械拉入承口，将胶圈均匀压实 3. 接口后将管道除接口处外用回填土压住后，再装一根管	1. 橡胶圈现场检查不得有气孔、裂缝、皮和接缝 2. 硬度（邵氏45～55度） 拉断强度≥16MPa 伸长率≥500% 永久变形<20% 老化系数>0.8直径压缩率38%～40%

2. 接口用料量

(1) 石棉水泥接口与铅接口用量（表 7-5）

石棉水泥接口与铅接口用量　　表 7-5

DN (mm)	石棉水泥接口用料量（口）				铅接口用料量（口）		
	承口深度(mm)	油麻 (kg)	石棉 (kg)	水泥 (kg)	承口深度(mm)	油麻 (kg)	青铅 (kg)
75	90	0.083	0.15	0.35	90	0.11	2.34
100	95	0.100	0.20	0.47	95	0.16	2.90
150	100	0.1409	0.30	0.70	100	0.25	4.02
200	100	0.160	0.39	0.90	100	0.31	5.17
300	105	0.330	0.61	1.41	105	0.54	8.09
400	110	0.430	0.82	1.89	110	0.74	10.60
500	115	0.600	1.18	2.75	115	0.87	17.40
600	120	0.710	1.49	3.45	120	1.14	20.70
700	125	0.830	1.82	4.22	125	1.47	24.00
800	130	0.950	2.18	5.06	130	1.84	27.30
900	135	1.580	2.21	5.13	135	2.24	30.50
1000	140	2.120	2.76	6.40	140	2.56	42.70

(2) 膨胀水泥砂浆接口用料量（表 7-6）

膨胀水泥砂浆接口用料量　　表 7-6

DN (mm)	承口深度 (mm)	膨胀水泥 (kg)	砂 (kg)	水 (kg)
100	95	0.66	0.33	0.28
150	100	1.00	0.50	0.37
200	100	1.32	0.67	0.50
300	105	2.00	1.00	0.75
400	110	2.55	1.27	0.90

续表

DN (mm)	承口深度 (mm)	膨胀水泥 (kg)	砂 (kg)	水 (kg)
500	115	3.65	1.82	1.38
600	120	4.30	2.10	1.50
700	125	5.15	2.58	1.92
800	130	6.08	2.98	2.19
900	135	7.10	3.55	2.66

7.1.1.3　铸铁管工程质量标准（表 7-7）

铸铁管工程质量标准　　表 7-7

质量指标		合　格	不　合　格
重点指标	1. 气密性	实际压力降小于允许压力降	实际压力降大于允许压力降
	2. 管基	1. 挖土深度不超过管底标高 2. 过交叉路口管段之长洞、阀门、配件基础要垫预制混凝土板；在非交叉路口管道上的 *DN*400mm 以上阀门、*DN*200mm 以上搭接竖向弯管（1/6 以上）需砌筑基础，其他接头长洞和配件下基础要夯实 3. 遇腐蚀性土壤要	1. 挖土深度超过管底标高。回填上夯实不合要求并不加砂袋或预制垫块 2. 过交叉路口管段之长洞、阀门、配件基础未垫预制混凝土块，*DN*400mm 以上阀门，*DN*200mm 以上管桥竖向弯管（1/16 以上）没有砌筑基础，其他接头长洞和配件下基础未夯实

续表

质量指标		合　格	不　合　格
重点指标	2. 管基	经过四面换土；换土处基础用黄沙袋或垫导体分别垫于管子两端及管中3处	3. 遇腐蚀性土壤未处理，未换土或仅三面换土及未用黄沙或垫块垫实
	3. 坡度	1. 低压管不小于4/1000，绝缘白铁管不小于5/1000，中压管不小于3/1000，引入管不小于10/1000 2. 在管道上下坡度转折处或穿越其他管道之间时，个别地点允许连续3根管子坡度不小于3/1000	1. 坡度倒落水 2. 在管道上下坡度转折处或避让其他管道时，坡度小于3/1000的管子超过3根 3. 用增设水井的方法来减少排管的地方量。水井设置不合理，工房支管上设置水井
	4. 覆土	1. 覆土前沟内积水必须抽干，用干土覆盖 2. 管道两侧必须捣实 3. 车行道、管顶覆土要分层夯实 4. 道管上方30cm不允许泥石混凝	1. 未抽干积水先覆土 2. 管道两侧未捣实 3. 车行道、管顶覆土不分层夯实 4. 管顶上泥石混覆
一般指标	1. 深度	1. 符合规范要求(40、60、80cm) 2. 特殊情况下，车行道上比规范浅5~10cm时，应有加固措施	1. 有条件达到规范要求而不做到 2. 管面深度浅于允许值而未加钢筋混凝土盖板及未采取其他加固措施

续表

质量指标		合　格	不　合　格
一般指标	1. 深度	3. 采取预制钢筋混凝土盖板措施时，盖板离开管面至少10cm，盖板必须由管道两侧的一砖厚墙支承，砖墙应砌在原土上或三合土基础上	3. 盖板压在管道上
	2. 借转量	1. 允许水平“借转”距离（管道以6m为准）： *DN*75mm“借转”量为33cm *DN*100mm“借转”量为30cm *DN*150mm“借转”量为22cm *DN*200～250mm“借转”量为15cm *DN*300mm“借转”量为10cm *DN*500mm“借转”量为10cm *DN*700mm“借转”量为9cm 2. 允许垂直“借转”距离为上述规定的一半	1. 该用弯管处不用弯管 2. “借转”角度大于允许值

续表

质量指标		合格	不合格
一般指标	3. 管位	1. 与其他管道相平行时，净距离至少0.30m（口径在DN300mm及DN300mm以上至少0.50m）；与其他管道交叉时，垂直净距离至少0.10m 2. 在特殊情况下因条件限制根据双方安全原则，允许局部管道平行净距不小于0.20m（口径在DN300mm及DN300mm以上为0.4m），垂直净距5cm；小于5cm须加支墩 3. 接头位置距其他管道外缘的距离应不影响今后维修 4. 排管管位应按图施工，允许偏差30cm	1. 在条件允许下，没有做到平行净距为0.30m（口径在DN300mm及DN300mm以上0.50m）和垂直交叉净距为0.10m的要求 2. 不经过对方同意敲凿瓦筒通过，且不采取措施 3. 穿越天窗 4. 管位未经设计部门同意偏差超过30cm
	4. 操作工艺	1. 施工前应先掌握管道沿线地下资料，使管道走向合理 2. 管子承插口上铸筋、铸瘤、沥青应清除	1. 施工时未掌握管道沿线地下资料，造成多用弯管，多设水井等 2. 承插口上铸筋，

续表

质量指标	合　格	不　合　格
一般指标	3. 管内无泥浆，阀门清洁，并应保持关闭状况 4. 接头第一道油绳或橡皮圈要打平打足，水泥接头注意养护，青铅接头要一次浇足 5. 符合操作规程的要求 6. 排管口径、走向按设计图纸施工	铸瘤和沥青未去除 3. 管内有泥浆水，阀门不清洁 4. 第一道油绳或橡皮圈偏小，不打足或未入管内；水泥接头未养护，补铅、漏铅；接口外形不饱满 5. 违反操作规程，如排管不用平尺板、水平尺等而影响质量 6. 未经设计人员同意，任意更改设计

7.1.2 钢管

7.1.2.1 钢管连接的主要方式（表 7-8）

钢管连接的主要方式　　表 7-8

连接方式	操作程序	接口施工要求	适用条件
焊接法	1. 将管内污物清除干净，并将管口边缘与焊口两侧打磨洁净，使其露出金属光泽，制作坡口	1. 焊缝表面光滑无裂缝、气孔、砂眼及其他缺陷 2. 环境温度低于 -20℃时，接口 10cm 附近需预热	适用于管径大于 50mm 的钢管具有电源及操作条件

续表

连接方式	操作程序	接口施工要求	适用条件
	2. 将两管管端对口定出管道中心，沿管子圆周方向点焊 3 处，(点焊缝长约 4mm，高约 5mm)，并将两管定位 3. 采用 2~3 层焊法焊满管子周缝	至 170℃左右再焊接 3. 环境温度低于 0℃时，焊毕须用石棉毡覆盖 4. 焊毕将焊皮敲掉电子版调整	
法兰连接法	1. 将管内杂物清除干净，将两个尘兰盘放置平行，对正孔眼，使尘兰盘与管道中心线垂直，并于法兰盘之间夹置橡皮垫 2. 先插置 3~4 个定位螺栓 3. 采用对角两个螺栓同时拧紧的方式插入的各螺栓拧紧即成	1. 法兰表面光洁，无气孔、裂缝、毛刺 2. 橡胶厚度垫圈均匀，厚度约为 5mm 3. 全部螺母在法兰同一面上	适用于管径大于 50mm 的钢管 适用于与带法兰管件连接部位
丝扣连接法	1. 将管内杂物清除干净，而后套丝	1. 管端口外螺纹与管件内螺纹无毛刺	适用于管径小于

续表

连接方式	操作程序	接口施工要求	适用条件
丝扣连接法	2. 将连接管件试旋螺纹合适，即在螺纹上涂铅油，缠麻丝或聚四氟乙烯带，再用手将管件上紧约3扣 3. 继而用管钳上紧丝扣	或乱丝 2. 断口与缺口尺寸≤全螺纹长度的10%	50mm的钢管

7.1.2.2 法兰连接的安装要点

垫片尺寸应与法兰密封面相符,其允许偏差(表7-9)

垫片尺寸允许偏差　　表7-9

公称直径 *DN* (mm)	外径允许偏差(mm)	内径允许偏差(mm)	允许偏心值(mm)	厚度允许偏差(mm)
10～40	0.0 -1.0	+1.0 0.0	1.0	±0.2
50～200	0.0 -1.5	+1.5 0.0	1.0	±0.2
250～1000	0.0 -2.0	+2.5 0.0	150	±0.2

7.1.2.3 焊接连接的安装要点

1. 管子对口时应检查平直度，在距接口中心200mm处测量，允许偏差1mm/m，但全长允许偏差不超过10mm。

2. 管子对口后应垫置牢固，避免焊接或热处理过程中产生变形。

3. 管道预拉伸（或压缩，下同）必须符合设计规定，预拉伸前应具备下列条件：

（1）预拉伸区域内固定支架间所有焊缝(预拉口除外)焊接完毕,需热处理的焊缝已作处理,并经检验合格。

（2）预拉伸区域支、吊架已安装完毕，管子与固定支架已固定，预拉口附近的支、吊架已预留足够的调整余量，支、吊架的弹簧已按设计值压缩，并临时固定，不使弹簧受管道荷载作用。

（3）预拉伸区域内所有连接螺栓已拧紧。

4. 需热处理的预拉伸管道焊缝，在热处理完毕后，方可拆除预拉伸时所装的临时卡具。

5. 管道焊缝位置应符合下列要求：

（1）直管段两环焊缝间距不小于100mm。

（2）焊缝距弯管（不包括压制弯和热推弯）起弯点不得小于100mm，且不小于管外径。

（3）环焊缝与支、吊架净距不小于50mm，需热处理的焊缝与支、吊架净距不得小于焊缝宽的5倍，且不得小于100mm。

（4）在管道焊缝上不得开孔，如必须开孔时，焊缝应经无损探伤检查合格。

（5）卷管的纵向焊缝应置于易检修的位置，且不宜在底部。

（6）有加固环的卷管，加固环的对接焊缝应与管子纵向焊缝错开，其间距不小于100mm，加固环距管道的环向焊缝不应小于50mm。

7.1.2.4　钢管安装质量标准及检验方法（表7-10）

钢管安装质量标准及检验方法 表 7-10

项别	项目	质量标准	检验方法	检查数量
保证项目	管道、部件、焊接材料	型号、规格、质量必须符合设计要求和规范规定	检查合格证、验收或试验记录	按系统全部检查
	阀门	焊缝表面及热影响区不得有裂纹；焊缝表面不得有气孔、夹渣等缺陷	检查合格证和逐个试验记录	
	焊缝	焊缝表面及热影响区不得有裂纹；焊缝表面不得有气孔、夹渣等缺陷	观察和用放大镜检查	按系统内的管道焊口全部检查
	焊缝探伤	焊缝的射线探伤或超声波探伤必须按设计要求或规范规定的数量检验。有特殊要求者必须符合有关规定	检查探伤记录。必要时，可按规定检验的焊口数抽查 10%	按系统内的管道焊口全部检查

续表

项别	项目		质量标准	检验方法	检查数量
保证项目	弯管	表面	弯管表面不得有裂纹、分层和过烧等缺陷	观察检查	按系统抽查10%但不应少于3件
		探伤、热处理	需作无损探伤和热处理者，必须符合设计要求和规范规定	检查探伤和热处理记录	
	管道试压		强度、严密性试压必须符合设计要求和规范规定	按系统检查分段试验记录	按系统全部检查
	清洗、吹除		管道系统必须按设计要求和规范规定进行清洗、吹除	检查清洗、吹除试样或记录	
基本项目	吊、托架安装		位置应正确、牢固、与管子接触紧密。滑动、导向和液动支架的活动面与支承面接触良好，移动灵活。吊架的吊杆应垂直，螺纹应完整，有偏移量的应符合规定。弹簧支架的弹簧压缩度应符合设计规定	用手拉动和观察检查弹簧压缩度，检查安装记录	按系统内支、吊、托架的件数各抽查10%，但均不应少于3件

续表

项别	项　目	质　量　标　准	检验方法	检查数量
基本项目	法兰连接	对接应紧密、平行、同轴，与管道中心线垂直。螺栓受力应均匀，并露出螺帽2~3扣，垫片安置正确	用扳手拧试，观察和必须用量尺检查	按系统内法兰的类型各抽检10%，但均不应少于5处
	管道坡度	应符合设计要求和规范规定	检查测量记录或用水准仪（水平尺）检查	按系统每50m直线管段抽查2段，不足50m抽查一段
	阀门安装	位置、方向应正确，连接牢固、紧密，操作机构灵活、准确。有传动装置的阀门，指示器指示的位置应正确，传动可靠，无卡涩现象。有特殊要求的阀门应符合有关规定	观察和作自闭检查或检查调试记录	按系统内阀门的类型各抽查10%，但均不应少于3个，有特殊要求的阀门应逐个检查
	除锈、油漆	铁锈、污垢应清除干净。管道需涂的油料品种、颜色及遍数应符合设计要求和规范规定。油漆的颜色和光泽应均匀。无漏涂，附着良好	观察检查	按系统每20m抽查1处

续表

<table>
<tr><th>项别</th><th colspan="2">项　目</th><th colspan="2">质　量　标　准</th><th>检验方法</th><th>检查数量</th></tr>
<tr><td rowspan="9">基本项目</td><td colspan="3">项　　目</td><td>允许偏差</td><td>检验方法</td><td rowspan="9">按系统内的管道焊口全部检查</td></tr>
<tr><td rowspan="3">焊口平直度</td><td rowspan="3">管壁厚（mm）</td><td>≤10</td><td>管壁厚的 1/5</td><td rowspan="3">用尺和样板尺检查</td></tr>
<tr><td>>10～20</td><td>2mm</td></tr>
<tr><td>>20</td><td>3mm</td></tr>
<tr><td colspan="2" rowspan="2">焊缝加强层</td><td>高　度</td><td>+1mm</td><td rowspan="2">用焊接检验尺检查</td></tr>
<tr><td>宽　度</td><td>+1mm</td></tr>
<tr><td rowspan="3">咬　肉</td><td colspan="2">深　度</td><td><0.5mm</td><td rowspan="3">用尺和焊接检直尺检查</td></tr>
<tr><td rowspan="2">长度</td><td>连续长度</td><td>25mm</td></tr>
<tr><td>总长度（两侧）</td><td><焊缝长度的 10%</td></tr>
</table>

续表

<table>
<tr><th>项别</th><th colspan="2">项　目</th><th colspan="4">质　量　标　准</th><th>检验方法</th><th>检查数量</th></tr>
<tr><td rowspan="4"></td><td rowspan="4">坐标及标高</td><td rowspan="2">室外</td><td>架空</td><td colspan="3">15mm</td><td rowspan="4">检查测量记录或用经纬仪、水平尺（水平仪）直尺、拉线和用尺量检查</td><td rowspan="4">按系统检查管道起点、终点、分支点和变向点水平管道</td></tr>
<tr><td>地沟</td><td colspan="3">15mm</td></tr>
<tr><td rowspan="2">室内</td><td>架空</td><td colspan="3">10mm</td></tr>
<tr><td>地沟</td><td colspan="3">15mm</td></tr>
<tr><td rowspan="6">允许偏差项目</td><td></td><td>室内</td><td>地沟</td><td colspan="3">15mm</td><td></td><td rowspan="3">每 50m 直线管段抽查 2 段，不足 50m 抽查 1 段</td></tr>
<tr><td rowspan="2">水平管道纵、横方向弯曲</td><td>$DN\leq$ 100mm</td><td rowspan="2">每 10m</td><td colspan="2">1/1000</td><td rowspan="2">最大 20mm</td><td rowspan="2">用水平尺、直尺和拉线检查</td></tr>
<tr><td>$DN>$ 100mm</td><td colspan="2">1/1000</td></tr>
<tr><td colspan="3">立管垂直度</td><td colspan="3">2/1000，最大 15mm</td><td>用尺、水平尺吊线检查</td><td rowspan="3">按系统各抽查 10%</td></tr>
<tr><td rowspan="2">成排管段</td><td colspan="2">在同一平面上</td><td colspan="3">5mm</td><td rowspan="2">用尺和拉线检查</td></tr>
<tr><td colspan="2">间　距</td><td colspan="3">+5mm</td></tr>
</table>

续表

项别	项目		允许偏差		检验方法	检查数量
允许偏差项目	交叉		管外壁或保温层间隙	+10mm	用尺检查	管道交叉处，按系统全部检查
	弯管	椭圆率	$DN<150$mm	8%	用尺和外卡钳检查	按系统抽查10%，但不应少于3件
			$DN>150$mm	5%		
		弯曲角度	$PN<10$MPa	每米+3mm最长+10mm	用尺和样板检查	
			$PN>10$MPa	每米±1.5mm		
		管壁减薄度	$PN<10$MPa	15%	用测厚仪检查	
			$PN>10$MPa	10%		
		褶皱不平度	$DN<150$mm	3%	用尺和外卡钳检查	按系统检查10%，但不应少于3件
			$DN>150\sim250$mm	2.5%		
			$DN>250$mm	2%		

7.1.3 预（自）应力混凝土管

7.1.3.1 混凝土管的一般情况

1. 预应混凝土管型号（表7-11）

预应混凝土管型号　　表7-11

国家标准号	预应力管名称	主要工艺特点	型号表示方法	DN (mm)	压强范围（MPa）
GB5695-85	一阶段预应力混凝土输水管	一次将管芯、绕丝、保护层制作完毕	YYG-800-Ⅱ YYG-表示一阶段 800-DN (mm) Ⅱ-压强级别	400～2000	0.4～1.2
GB5696-85	三阶段预应力混凝土输水管	依次制作管芯、绕丝、保护层、分三次制成成品	SYG-800-Ⅱ SYG-表示三阶段 800-DN (mm) Ⅱ-压强级别	400～2000	0.4～1.2

2. 预应力混凝土管的外观质量要求（表7-12）

预应力混凝土管的外观质量要求　表7-12

一阶段预应力混凝土管	三阶段预应力混凝土管
1. 承口工作面应光洁平整，不应有蜂窝，灰渣和脱皮现	1. 承口和插口工作面应光洁平整，不应有蜂窝、灰渣和脱皮现象。局部缺陷的凹

续表

一阶段预应力混凝土管	三阶段预应力混凝土管
象，若有车磨及刻痕或凹凸度不得超过 2mm，单个缺陷面积不应超过 $30mm^2$ 2. 插口工作面应光滑平整，不应有蜂窝、灰渣、刻痕和脱皮 3. 管内壁应平整，局部凹坑深度不应大于壁厚的 1/5 4. 管体内、外表面不允许有环向、纵向裂纹，不应有空鼓，保护层不得脱落 5. 插口模与管模发生错位时，管体外表面不得高出止胶台 6. 管端外露纵向钢筋必须烧掉，并烧入混凝土中 5mm，其凹坑应用砂浆等无毒性防腐材料填补 7. 合口缝处的浮渣应清除并用砂浆抹平压实	凸度不得超过 2mm，单个缺陷面积不应超过 $30mm^2$ 2. 管体承口、插口工作面不得碰伤，对于环向连续碰伤长度小于 25mm，但不降低密封性能和结构性能时，应进行修补 3. 承口外导坡，插口止胶台，内侧不得有灰渣 4. 在安装线内，保护层厚度，不得超过止胶台高度 5. 保护层不得有空鼓、裂纹、脱落 6. 管体内表面应平整、不得露石、不宜有浮渣 7. 管子两端外径斜度不得超过公称直径的 1/50。且不得大于 5mm 8. 管体端面外露的纵向钢筋头必须烧掉，留下深度为 5mm 的凹坑，应用砂浆等无毒性防腐材料填补

3. 橡胶圈

(1) 物理性能指标（表 7-13）

物理性能指标　　　　表 7-13

物　理　性　能	指　　标
硬度（邵氏）	45~55 度
拉断强度	≥16MPa
伸　长　率	≥500%
永久变形	<20%
老化系数	>0.8（70℃×144h）

（2）橡胶圈尺寸与公差（表 7-14）

橡胶圈尺寸与公差　　　　表 7-14

DN（mm）	胶圈直径（mm）	胶圈内环径（mm）	环径系数
400	22±0.5	439±5	0.87
600	24±0.5	622±5	0.87
800	24±0.5	807±5	0.87
1000	24±0.5	1000±5	0.87

7.1.3.2　预（自）应力钢筋混凝土管铺设基本要求（表 7-15）

预（自）应力钢筋混凝土管铺设基本要求

表 7-15

项　　目		要　　求
允许相对转角（°）	*DN*（mm）：400~700	1.5
	800~1400	1.0
	1600~2000	0.5

续表

<table>
<tr><th colspan="3">项　　目</th><th>要　　求</th></tr>
<tr><td rowspan="3">埋设深度（m）</td><td colspan="2">最小管顶深度</td><td>0.8</td></tr>
<tr><td colspan="2">最大管顶深度</td><td>2.0</td></tr>
<tr><td colspan="2">地面允许荷载</td><td>汽-15级</td></tr>
<tr><td rowspan="5">施　工
要　求</td><td colspan="2">运输要求</td><td>不允许承口、插口端着地，须轻装轻放，严禁抛掷、碰撞，严禁用钢绳穿管装卸</td></tr>
<tr><td rowspan="4">堆放层数（层）</td><td>DN400～600mm</td><td>5</td></tr>
<tr><td>DN700～800mm</td><td>4</td></tr>
<tr><td>DN900～1200mm</td><td>3</td></tr>
<tr><td>DN1400～1600mm</td><td>2</td></tr>
<tr><td colspan="3">安装间隙（mm）</td><td>20</td></tr>
</table>

7.1.3.3　安装施工要点

1. 施工方法

（1）撬杠顶入法：适用于口径小于200mm的自应力混凝土管施工。其方法简单，需用工具少，速度快，但大于200mm的管道施工不能采用。

（2）拉链拉入法和千斤顶顶入法：适用于口径大于200mm的混凝土管施工。接口设备比较简单，需用人力较少，前法操作较麻烦，且速度慢，后法施工速度较快。

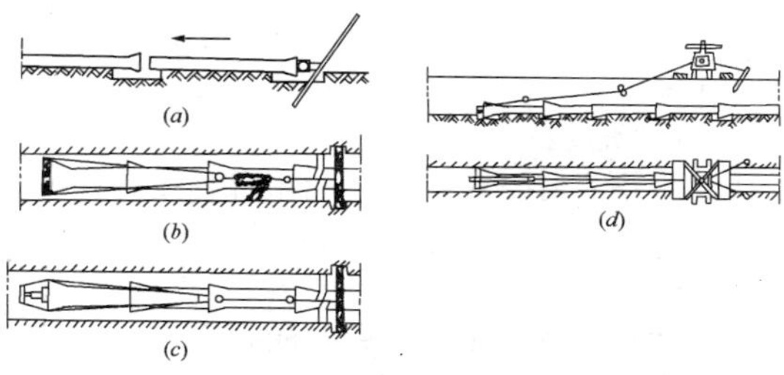

图 7-1　铺管方法
（*a*）撬杠顶入法；（*b*）拉链拉入法；
（*c*）千斤顶顶入法；（*d*）绞盘拉入法

（3）绞盘拉入法：适合较大口径的混凝土管的施工，但需经常移动和固定绞盘。

（4）机械牵引拉入法：可采用拖拉机等机械牵引拉入施工，宜于大口径、长距离管道施工。

2. 施工步骤

（1）清理干净插口和承口，尤其是工作台部分。

（2）将胶圈均匀地套在插口，工作台前侧面上，胶圈要各部位直径均匀，不得扭曲。

（3）使插口管的中心与承口管的中心对准，利用牵引式拉入法将插口徐徐进入已连管的承口，到进不动为止；或者依据承口深度在插口管处划出安装界线，当插口管进入到界线为止。

（4）为保证胶圈顺利抵达工作面，可在插入管前，在套上胶圈的插口处，加一点净水。

（5）插口进入承口的过程中，插口上套的胶圈滚动到插口的工作台上。插口、承口的工作台面将胶圈压扁，以堵止水流出。

(6) 按接口质量要求进行检查。用插尺检查胶圈进入承口深度是否均匀，不均匀为不合格。

3. 接口质量要求

(1) 胶圈要均匀滚入承口，不得扭曲或里出外进。

(2) 安装完后，承口与插口的安装界线误差不超过 ± 3 mm。

(3) 无论顶管或拉管，受力的绳索要固定在沟槽或者是沟外的固定物上，不得固定在已安装的管道上。当放松拉紧装置后，插口可有回弹量。

(4) 相接承插口的高差及左右偏差不得超过 3 ~ 5mm。

(5) 橡胶圈不能与油类、苯酸碱等对橡胶有害物质接触，不能使其长期受挤压。

4. 混凝土管的允许偏角及借距（表 7-16）

混凝土管的允许偏角及借距　　表 7-16

DN（mm）	允许偏角	管　长（m）	允许借距（m）
100	3°01′	3000	158
150	3°01′	3000	158
200	3°01′	3000	158
250	3°01′	3000	158
300	2°30′	4000	175
350	2°30′	4000	175
400	2°30′	4000	143
500	2°30′	4000	143
600	2°30′	4000	143

7.1.3.4　预应力钢筋混凝土管坐标、标高的允许偏差（表 7-17）

预应力钢筋混凝土管坐标、标高的允许偏差

表 7-17

项　　目	允许偏差（mm）	检 验 方 法
坐　　标	50	检查测量记录或用经纬仪，水准仪（水平尺）、直尺、拉线和尺量检查
标　　高	20	

7.1.4 塑料管道

7.1.4.1 硬聚氯乙烯（PVC-U）管

1. 管道敷设一般规定

1）PVC-U 管道不得从建（构）筑物下面穿越。当必须穿越时，应采取外加套管等可靠的保护措施。

2）PVC-U 管道在其他管道上部跨越时，管底与下面管道顶部的净距不得小于 0.2m，并应按设计规定进行地基处理；当设计无规定时，可参照《给水排水管道工程施工及验收规范》（GB 50268）的规定处理。

3）当设计无规定时，PVC-U 管道不得采用 360°满包混凝土进行地基处理或增强管道承载能力。

4）在道路下管顶埋深不宜小于 1.0m；在人行道下，公称外径 d_n 大于 63mm 时，不宜小于 0.75m；公称外径 d_n 不大于 63mm 时，不宜小于 0.5m。在永久性冻土或季节性冻土地层中，管顶埋深应在冰冻线以下。

5）利用管材弹性进行弯曲敷设时，弯曲半径不宜小于管外径的 300 倍，管材长度不得小于 6m，公称外径 d_n 不得大于 160mm。

6）利用管道柔性接头进行折线形敷设时，接头在不渗漏条件下的允许转角 α 应由管材制造厂提供，在一般情况下，转角 α 不宜大于1°。

7）管道弯曲敷设和折线形敷设可连续交替进行。施工环境温度小于5℃时，不得进行弹性弯曲敷设。

8）管道敷设完毕后，可在沿管顶上部回填土内埋置可用金属探测器测管道位置的金属示踪线，或在地面上设置“给水管道”标志碑。

2. 管道连接

（1）一般规定

1）管道连接可采用弹性密封图插入式柔性接头，或插入式溶剂粘接接头、法兰接头等刚性接头。

2）承插式橡胶圈接头适用于公称外径 d_n 不小于63mm的管道，套筒式活接头（快速连接件）可用于各种管径的管道。

3）溶剂粘接接头适用于公称外径 d_n 为20～200mm的管道。公称外径 d_n 大于90mm的管材，其溶剂粘接接头的连接宜在提供管材的生产厂进行；在施工现场制作溶剂粘接接头时，公称外径 d_n 不宜大于90mm。溶剂粘接接头一般采用工厂制造的承口管；当采用平口管在现场加工承口时，施工单位提供的加工方法及设施应得到建设和监理单位许可后方可使用。

4）法兰连接一般用于与铸铁管、钢管等不同材质管材或阀门、消火栓等管道附件的过渡性连接。

5）管材在敷设中需切割时，切割面要平直。插入式接头的插口管端应削倒角，倒角坡口后管端厚度一般为管壁厚的1/3～1/2，倒角一般为15°。完成后应将残削清除干净，不留毛刺。

（2）胶圈密封柔性接头

1）检查管材、管件及胶圈质量，清理干净承口内侧（包括胶圈凹槽）和插口外侧，不得有土或其他杂物，将橡胶圈安装在承口凹槽内，不得扭曲，异形胶圈必须安装正确，不得装反。

2）管端插入长度必须留出由于温差产生的伸量，伸量应按施工时闭合温差计算确定，在一般情况下可按表 7-18 采用。

插入伸量　　表 7-18

插入时最低环境温度（℃）	设计最大升温（℃）	伸量（mm）
≥15	25	10.5
10～15	30	12.6
5～10	35	14.7

注：1. 表中，管道运行中内外介质量高温度按 40℃计算；当大于 40℃时应按实际升温计算。2. 管长不是 6m 时，伸量可按管道适实际长度依比例增减。

3）插入深度确定后，必须按插入长度要求在管端表面划出一圈标记。连接时将插口端对准承口并保持管道轴线平直，将其一次插入，直至标线均匀外露在承口端部。

4）小管径管道插入时宜用人力。在管端垫木块用撬棍将管子推入到位的方法可用于公称外径 d_n 不大于 315mm 的管道；公称外径更大的管道，可用手动戎芦等专用拉力工具。严禁用挖土机等施工机械推、顶管子插入。

5）如插入时阻力过大，应拔出检查胶圈是否扭曲，不得强行插入。插入后用塞尺顺接口间隙沿管圆周检查胶圈位置是否正确。

6）当采用润滑剂降低插入阻力时，润滑剂必须是管材生产厂提供的经检验合格的润滑剂。润滑剂必须对管材、弹性密封圈无任何损害作用。对输送饮用水的管道，润滑剂必须无毒、无味、无臭，且不会产生细菌。

7）涂刷润滑剂时，可用毛刷将润滑剂均匀地涂在装嵌在承口内的胶圈和插口外表面上；不得将润滑剂涂在承口内。

（3）溶剂粘接连接

1）检查管材、管件质量。必须将管端外侧和承口内侧擦拭干净，使被粘接面保持清洁、无尘砂与水迹。表面沾有油污时，必须用棉纱蘸丙酮等清洁剂擦净。

2）采用承口管时，应对承口与插口的紧密程度进行验证。粘接前必须将两管试插一次，使插入深度及松紧度配合情况符合要求，并在插口端表面划出插入承口深度的标线。管端插入承口深度可按现场实测的承口深度。

3）涂抹胶粘剂时，应先涂承口内侧，后涂插口外侧，涂抹承口时应顺轴向由里向外涂抹均匀、适量，不得漏涂或涂抹过量。

4）涂抹胶粘剂后，应立即找正方向对准轴线将管端插入承口，并用力推挤至所画标线。插入后将管旋转 1/4 圈，在不少于 60s 时间内保持施加的外力不变，并保证接口的直度和位置正确。

5）插接完毕后，应及时将接头外部挤出的胶粘剂擦拭干净。应避免受力或强行加载，其静止固化时间不应少于表 7-19 的规定。

固化时间 **表 7-19**

d_n (mm)	管材表面温度	
	18～40℃	5～18℃
⩾50	20	30
63～90	45	60

注：工厂加工各类管件时，粘接固化时间由生产厂技术条件确定。

6）粘接接头不得在雨中或水中施工，不宜在 5℃以下操作。所使用的胶粘剂需经过检验，不得使用已出现絮状物的胶粘剂，胶粘剂与被粘接管材的环境温度宜基本相同，不得采用明火或电炉等设施加热胶粘剂。

（4）过渡连接

1）可采用过渡件串联两端不同材质的管材或阀门、消火栓等附配件。过渡件两端接头构造必须与两端连接接头形式相适应。

2）过渡件一般采用特制的管件，与各端管道或附配件的连接应遵守下列规定：

①阀门、消火栓或钢管等为法兰接头时，过渡件与其连接端必须采用相应的法兰接头，其法兰螺栓孔位置及直径必须与连接端的法兰一致。

②连接不同材质的管材和承插式接头时，过渡件与其连接端必须采用相应的承插式接头，其承口的内

径或插口的外径及密封圈的规格等必须符合连接端承口或插口的要求；当不同材质管材为平口端时，宜采用套筒式接头连接，套筒内径必须符合两端连接件不同外径的规定。

③与 PVC-U 管管端的连接宜采用柔性接头，并优先采用套筒式、活接头等快速连接件。当连接的 PVC-U 管管端为承插式，过渡件则应采用相应的承口或插口连接。

3）过渡件宜采用工厂制作的产品，并优先采用 PVC-U 注塑成型或二次加工成型的管件。如生产厂不能提供 PVC-U 材质管件，必须用钢制过渡件，其材质、规格、误差等均应符合相应接头的标准。

4）钢制过渡件应采取相应的防腐措施。宜采用喷塑（工厂制作过渡件）、卷材、涂料等符合要求的防腐蚀材料，并按相应的施工验收规程施工。对法兰、螺栓等需要卸、装的部分，可采用涂锌螺栓或不锈钢螺栓，用防腐油涂抹后外包塑料膜。

5）法兰连接时相邻两个法兰（盘）的螺栓孔位置及直径必须一致，其中垫片或垫圈位置必须正确，拧紧时应按对称位置相间进行。应防止拧紧过程中产生的轴向拉力导致两端管道拉裂或接头拉脱。

3. 管道附件和附属构筑物

（1）伸缩节

1）采用胶圈密封柔性接头的管道一般不设置伸缩节。采用粘接连接的管道应设置伸缩节。伸缩节之间的距离应根据施工时闭合温度与管道敷设过程中或运行后管道环境介质可能出现的最高温度差计算确定。

2）管道由温度降低引起的纵向收缩长度可按公式

计算。在一般情况下，施工闭合温度不超过20℃时，管道伸缩节距离不宜大于200m；施工闭合温度不超过10℃时，伸缩节距离不宜大于250m。

3）伸缩节可用套筒式、卡箍式、活箍等形式，伸缩量不宜小于12cm。如采用伸缩量大的伸缩节，伸缩节之间的距离可按计算确定。安装伸缩节时，插入深度可按伸缩量确定，上下游管端插入伸缩节长度应相等，其管端间距不宜小于4mm。

4）管道的闭合温度不宜大于20℃，夏天施工时宜在晚间低温情况下闭合。

5）管道转变处，伸缩节宜等距离设置在弯头两侧。

（2）止推墩、固定墩、防滑墩

1）管道在水平或垂直向转弯处、改变管径处、三通四通端头和阀门处，均应根据管内压力计算轴向推力并设置止推墩。

2）公称外径 d_n 不大于90mm、采用胶粘剂连接的管道，一般可不设止推墩。

3）采用承插式柔性接头的管道一般不考虑管道接头的轴向抗拉力。

4）止推墩一般采用混凝土浇筑的重力式结构，其尺寸及形式应按沟槽形状、土质及支承强度等条件根据设计计算确定。管道平面系统中不同部位止推墩的形式，可按图7-2采用。

5）止推墩的混凝土不宜低于C15级，应现场浇筑在开挖的原状土地基和槽坡上；支承管道水平方向推力的止推墩可浇筑在管道受力方向的一侧。槽坡上开挖土面应与管道使用力方向垂直，作用力合力应位于止推墩中心部位。支承管道垂直方向的止推墩混凝土必须浇筑在弯头的底部，可按管道混凝土基础要求浇筑，管道下支承角不得小于120°，宽度不得小于管外径加200mm，管底处最小厚度不得小于100mm。

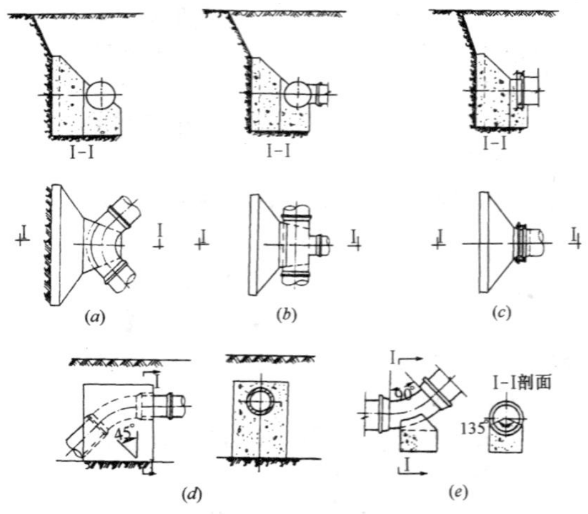

图 7-2　管道平面系统止推墩的布置

(*a*) 水平管支墩；(*b*) 水平三通支墩；(*c*) 水平管堵支墩；(*d*) 垂直向下弯管支墩；(*e*) 垂直向上弯管支墩

6) 止推墩应有足够的支承面积，在缺乏土质试验资料时，几种典型土的水平向许可承载力可按表 7-20 采用。对轴向力很大的大管径管道宜根据土质试验确定土的承载力。在不稳定土层中，应采取相应的提高土壤承载力和加固处理或换土等措施。垂直弯头下混凝土墩的支承强度可采用地基原状土的许可承载力。

水平向许可承载力　　表 7-20

土　　质	许可承载力 kPa
软黏土	25
粉土、黏性土、砂土、红黏土	50
砂砾	75
碎石土	100

注：当设计和施工人员有实践经验时，可根据土质参照表中许可承载力适当提高或降低。

7）水平向止推墩作用在土坡上的面积不得小于管道水平推力 P 除以土的水平向许可承载力。

8）垂直弯头下混凝土墩作用在土坡上的面积不得小于管道水平推力的分力 P_1 除以土的水平向许可承载力。上弯弯头下混凝土墩的底面积不得小于管道向下垂直分力 P_2 及混凝土墩自重及其上部作用的管道及土等的总重除以地基的许可承载力。下弯弯头下混凝土墩重量不得小于管道向上的垂直分力 P_2。

9）固定下弯弯头的管箍总拉力必须大于管道弯头处总推力（上拔力）P。管箍必须固定在混凝土墩内预埋的锚固件上。钢制管箍必须采取相应的防腐处理。

10）管道和水平向混凝土止推墩、管箍等锚固件之间，应设置塑料或橡胶等弹性缓冲层，厚度宜采用3mm。

11）当管道转角 α 不大于 10°、管道周围回填土大于 95%密实度时，可不设止推墩。

12）采用冷弯曲敷设管道时应浇筑固定管道弧度的

混凝土或砖砌固定墩。固定墩形式与位置可参照图7-3。

13）当管道坡度大于1:6（纵1横6）时，应浇筑防止管道下滑的混凝土防滑墩。防滑墩基础必须浇筑在管道基础下开挖的原状土内，并将管道锚固在防滑墩上。混凝土防滑墩宽度不得小于管外径加300mm；长度不得小于500mm。基础齿墙宽度不得小于200mm；深度：黏性土层不得小于300mm；岩石中不得小于150mm。

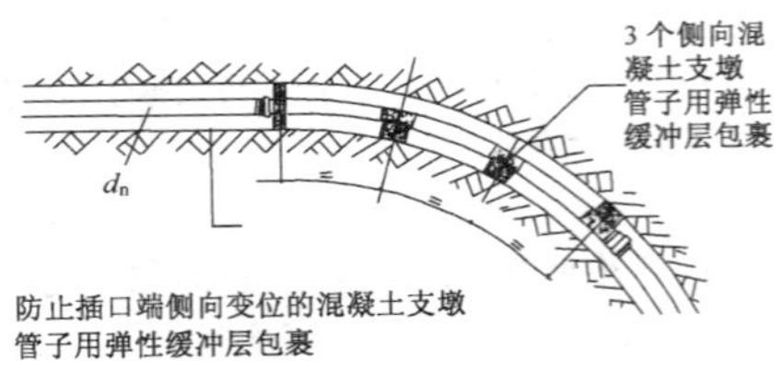

图7-3　冷弯曲敷设PVC-U管的固定墩

14）防滑墩与上部管道的锚固可彩和管箍固定，管箍必须固定在埋在墩内的锚固件上。采用钢制管箍时应作相应的防腐处理。

15）防滑墩间距可按管道坡度设置。当设计无规定时，可按表7-21的规定。

防滑墩间距　　表7-21

管道坡度	间距
≥1:6	每隔4根管子
≥1:5	每隔3根管子
≥1:4	每隔2根管子
≥1:3	每隔1根管子

（3）附配件和附属构筑物

1）管道上设置阀门、消火栓、排气阀等附配件时，其重量不得由管道支承，必须设置混凝土、砖砌等刚性支礅。支墩应有足够的体积和稳定性，并有锚固装置固定附配件。砖支墩必须采用和机制黏土砖，用水泥砂浆砌筑。

2）阀门井采用整体板式基础时，阀门支墩应支承在阀门井的混凝土基础底板上。底板上用插筋锚固支墩时，底板可与支墩共同承受阀门关闭时产生的轴向推力。

3）阀门井内无基础底板时，阀门支墩必须按规程设置独立的支墩。当阀门关闭可能产生轴向推力时，支墩还应具有支承轴向推力的能力。当支墩重量及刚度不足以支承轴向推力时，必须在管道上采取其他有效止推措施。

4）阀门井基础必须浇筑在原状地基或经过回填密实的地层上。混凝土结构的混凝土强度等级不得低于C15；砖砌体必须采用不低于M75水泥砂浆砌筑；砖材必须用机制黏土砖。在地下水位以下的砖砌井室外壁必须做封闭的水泥砂浆抹面防水层。

5）管道穿越阀门井时，与井墙宜采用刚性连接。一般采用专用穿墙套管埋在墙内的穿管部位，待管道敷设就位后，用干硬性细石混凝土分层填实。在已建管道上砌筑砖井墙时，可在管道周围留出不小于50mm空隙，用干硬性细石混凝土分层浇筑填实。砖墙内套管可用混凝土制造；混凝土墙内应用带止水肋的钢制套管。穿墙管内径不得小于管外径加100mm。

6）混凝土水池的进出水管，不得采用PVC-U管直接浇筑在池壁内；必须采用钢制带止水肋的穿墙套管预埋留洞，在水池工程完成后安装进出水管。入墙管段必须采用专用 PVC-U 管件或钢制管件，安装定位后用干硬性水泥砂浆分层填实至墙内外皮 25mm 处，再用聚硫类防水嵌缝材料填实密封。

7）在管道伸出闸门井、水池池壁等构筑物外 0.3～0.5m 处应设置柔性接头，可用套筒式、活接头等管件连接。管道及建筑物位于软土地层时，宜从第一个柔性接头起第 1.5～2.0m 连续设置两个以上柔性接头。

7.1.4.2 聚丙烯塑料管（表 7-22）

聚丙烯塑料管 **表 7-22**

施工方法	操 作 要 点	适用条件
焊接法	将待连接管的两端制作坡口，使焊枪焊接温度控制于 240℃左右，并用焊枪将两端管材与聚丙烯焊条同时熔化，再将焊枪沿加热部位后退，焊条随着焊枪向前，两管端即焊成	适用于压力较低条件下
加热插入粘接法	将甘油加热到 170℃左右，再将待接管管端插入甘油内加热，同时在另一管管端涂上 601 胶粘剂；将甘油内加热管变软的待接管由甘油中取出，最后将管端涂过胶粘剂的已接管插入待接管管端，经冷却后接口即成	适用于压力较低条件下

续表

施工方法	操作要点	适用条件
热熔压紧法	将两待接管管端对好，使250℃左右的恒温电热板夹置于两端之间，当管端熔化之后，即将电热板抽出，用力紧压熔化的管端面，经冷却后，接口即成	适用于中、低压力条件下
钢管插入搭接法	将待接管管端插入170℃左右甘油中，再将钢管短节的一端插入到熔化的管端，经冷却后将接头部位用钢丝绑扎；再将钢管短节的另一头插入该熔化的另一管端，经冷却后用钢丝绑扎。这样，两条待安管即由钢管搭接而成	适用于压力较低条件下
螺纹法	如钢管施工，只是螺纹要硬些，便于接牢	适用于压力低的条件下

7.1.4.3　塑料管安装质量要求

1. 安装质量要求（表7-23）

安装质量要求　　表7-23

项　目	质量要求	检验方法	检查数量
水压和注水试验	在规定时间内，必须符合设计要求和规范规定	按系统检查分段试验记录	按系统全检查

续表

项　目	质量要求	检验方法	检查数量
焊　缝	不得有断裂、烧焦变色、分层鼓泡和凸瘤等缺陷	观察检查	按系统内接口数抽查10%，但不应少于5个口
坡　度	应符合设计要求和规范规定	检查测量记录或用水准仪（水平尺）直尺拉线和尺量检查	按系统内每100mm直线管段抽查3段。不足100m不应少于2段
支、吊、托架安装	位置应正确，埋设平正、牢固，砂浆饱满，但不应突出墙面。与管道接触紧密、固定牢靠，并应垫以非金属垫片，铁锈、污垢应清除干净，油漆应均匀无漏	用手拉动和观察检查	按系统内支、吊、托加架件抽查10%，但不应少于5件
焊缝表面	应光洁，焊条排列均匀、紧密，宽窄应一致	观察检查	接系统内接口数抽查10%，但不应少于5件
粘　接	应牢固，连接件之间应紧密无孔隙		

续表

项　目	质量要求	检验方法	检查数量
螺纹连接	应紧固管端应清洁不乱丝，并留 2～3 扣螺纹		
法兰盘（包括松套法兰盘）	对接应平行、紧密，垫片不应使用双层，与管道中心线应垂直。螺帽应在同一侧，螺栓露出螺帽的长度不应大于螺栓直径的 1/2	用扳手拧试、尺量检查和观察检查	按系统内接口数抽查 10%但不应少于 5 件
阀门安装	应紧固、严密，与管道中心线应垂直，操作机构灵活、准确	用扳手拧试作启闭检查。有特殊要求的阀门，检查阀门水压、气压和严密性试验记录	按系统阀门的个数抽查 10%，但不少于 2 个。有特殊要求的阀门应逐个检查
部件安装	应平直、不扭曲，表面不应有裂纹、鼓泡和变质等缺陷，外圆弧均匀	观察检查	

2. 安装允许偏差（表 7-24）

安装允许偏差 表 7-24

项目			允许偏差（mm）	检验方法	检查数量
坐标	室外	埋地	50	检查测量记录或用经纬仪、水准仪（水平尺）、直尺拉线和尺量检查	按系统检查管道的起点、终点、分支点和变向点及各点之间的直线管段。室外每50m抽查1点，不足50m不抽查；室内每20m抽查1点，不足20m不抽查
		架空及地沟	20		
	室内	埋地	15		
		架空及地沟	10		
标高	室外	埋地	±15		
		架空及地沟	±10		
	室内	埋地	±10		
		架空及地沟	±5		
水平管道纵、横方向弯曲		室内外架空、地沟埋地每10m	10	用水平尺、直尺、拉线和尺量检查	水平管道按系统内每100m直线管段抽查3段，不足100m不应少于2段
横向弯曲全长25m以上			25		

续表

<table>
<tr><th colspan="3">项　目</th><th>允许偏差
(mm)</th><th>检验方法</th><th>检查数量</th></tr>
<tr><td colspan="2" rowspan="2">立管垂直度</td><td>每米</td><td>1.5</td><td rowspan="2">用吊线和尺量检查</td><td rowspan="2">按立管段数(以按层分段)抽查10%,但不少于2段</td></tr>
<tr><td>高度超过5m</td><td>不大于8</td></tr>
<tr><td colspan="2" rowspan="2">成排管段和成排阀门</td><td>在同一直线上</td><td>3</td><td rowspan="2">用拉线和尺量检查</td><td rowspan="2">按系统内成排管段(阀门数)抽查10%,但不少于2(组)段</td></tr>
<tr><td>间　距</td><td rowspan="2">管壁厚1/4</td></tr>
<tr><td rowspan="2">焊口平直度</td><td rowspan="2">管壁厚</td><td>在10mm以内</td><td rowspan="2">样板尺和尺量检查</td><td rowspan="2">按系统内接口数抽查10%,但不少于5个口</td></tr>
<tr><td>10mm以上</td><td>3</td></tr>
</table>

7.1.5 玻璃钢管道

7.1.5.1 玻璃钢管的接口（表 7-25）

玻璃钢管的接口 **表 7-25**

类型	方式	安装要点	适用条件
胶接接口	搭接胶接	1. 在两根管的连接部位均加工出不大于 1/6 的坡度 2. 用丙酮等试剂清除粘接区的污物 3. 涂胶要均匀，厚度宜为 0.05～0.15mm，胶接面上的胶应无遗漏和气泡等	管径较小，工作压力较低，不常拆卸的地下压力管道的施工
	对接，用毡、布带包缠	除上述作法外 用玻璃毡、布带包缠	适用于中、小直径，低、中压工作压力的管道及直线形管道和配件的连接
	承插口胶接加毡、布带包缠	常温固化树脂	
承插接口	单圈密封	1. 承插口及密封沟槽凡与胶圈接触的密封表面均应平整、光滑、无气孔及影响密封的缺陷 2. 放置在插口上的密封胶圈安装时伸长量不得超过 30% 3. 相接承插口允许倾角为 2°	适用于轴向荷载较小的直径在 2000mm 以下的中、高压力地下管道
	双圈密封		

续表

类型	方式	安装要点	适用条件
法兰接口	固定法兰	与钢法兰接口要点相同，采用橡胶垫时厚度不小于 1.5mm	适用于各种压力和管径的管道的连接
	活套法兰		

7.1.5.2 玻璃钢管道的回填

1. 玻璃钢管道的回填相当重要，可使管道和回填料共同形成管-土体系，提高管道的性能。

2. 回填料中允许最大颗粒的粒径（表 7-26）

回填料中允许最大颗粒的粒径　　表 7-26

DN（mm）	石块最大粒径（mm）
<800	13
800~1600	19
>1600	25

3. 玻璃钢管道安装完毕后应立即回填，防止发生浮管和热膨胀而对管道造成破坏。

4. 管周的回填料应为颗粒状材料，使回填料充满管周，与管外壁紧密结合。应边回填边夯实，分层厚度不宜超过 30cm。

7.1.6 阀门

7.1.6.1 阀门安装

1. 常用阀门的结构特征（表 7-27）

常用阀门的结构特征 **表 7-27**

阀门类型	结构说明	类别	结构特征	优缺点及适用范围
闸阀	流体流动的通道为直通的阀门。阀体两端口的轴线在同一直线上，关闭件（楔形、平行式闸板）由阀杆带动，沿阀座密封面作升降运动。阀杆轴线通常与阀体两端口的轴线垂直，并在同一平面上 按阀杆的传动螺纹位置和结构分，闸阀可以是： 1. 下螺纹 阀杆的传动螺纹设在体腔内部，它有两种形式： （1）下螺纹，明杆。当阀门开启时阀杆和连在阀杆上的手轮一起旋升			1. 密封性能较截止阀好 2. 流阻小 3. 具有一定的调节性能，阀杆上升的阀门，能从阀杆升降的高低，判断调节量的大小 4. 适于制成大口径的阀门 5. 除用于蒸汽、油品等介质外，适用于含有粒状周体及黏度较大的介质，并适于作放空阀和低真空系统的阀门 6. 加工较截止阀复杂 7. 密封面磨损后不便于修理

续表

阀门类型	结构说明	类别	结构特征	优缺点及适用范围
闸阀	（2）下螺纹，暗杆。手轮与阀杆连接，只旋不升，当阀门开启时闸板在阀杆上提升 2. 上螺纹 阀杆的传动螺纹设在阀盖的外部，它有两种形式： （1）上螺纹，阀杆和手轮一起上升。当阀门开启时，阀杆和连在阀杆上的手轮一起上升 （2）上螺纹，仅阀杆上升。手轮与装在支架里的阀杆螺母相连，当阀门开启时，阀杆螺母旋转，阀杆上升	楔式单闸板闸阀	关闭件为一楔形整体，其密封面与通路中心线成一倾斜角度的闸阀	1. 与弹性闸板阀比较，结构较简单 2. 在较高的温度下，密封性能不如弹性闸板阀或双闸板闸阀好 3. 适用于易结焦的高温介质
		弹性闸板闸阀	关闭件为中部环状开槽的闸板或由两块闸板从背面中间部分组焊而成	1. 与楔式闸阀比较，在高温时，密封性能好，闸板不易在受热后被卡住 2. 适用于蒸汽、高温油品及油气等介质，并适用于开关频繁的部位，不宜用于易结焦的介质

续表

阀门类型	结构说明	类别	结构特征	优缺点及适用范围
闸阀	闸阀的形式： 1. 楔式闸阀 靠楔形闸板和阀座间的楔的作用来关闭。楔式闸阀可分成下列形式： （1）整体楔式。楔形闸板为一整块，可以是实心的、空心的或弹性的 （2）楔式双闸板。楔形闸板由两块组成 2. 平行式闸阀 靠闸板和阀座密封面间的滑动来关闭，平行式闸阀可以有下列形式：	双闸板闸阀	关闭件由两块铰接的闸板组成。阀门关闭时，闸板间的球面顶心将闸板紧压在阀座上	1. 闸板密封面磨损后，将球面顶心底部的金属垫换为较厚的，即可使用，一般不必堆焊和研磨密封面 2. 密封性较楔式闸阀好。如密封面的倾斜角度和阀座配合不十分准确时，仍具有较好的密封性 3. 零件较其他型式的闸阀多 4. 除用于蒸汽、油品等介质外，适用于开关频繁的部位及对密封面磨损较大的介质，不宜用于易结焦的介质

续表

阀门类型	结构说明	类别	结构特征	优缺点及适用范围
闸阀	(1) 带有撑开机构的双闸板闸阀。闸板由两块组成，靠撑开机构使它与两个平行的阀座吻合，来保证阀门的有效密封 (2)双闸板阀。闸板由两块组成，不带有撑开机构，它在两个平行的阀座间滑动，靠流体的压力来密封，其有效的密封在闸板的出口侧	平行式闸阀	关闭件为两块平行的闸板，密封面与通路中心线垂直	1. 闸板及阀座密封面的加工及检修比其他型式的闸阀简单 2. 密封性较其他型式的闸阀差 3. 除在两块闸板上装有固定板的闸板不易脱落外，凡用钢丝固定两块闸板的，闸板易脱落，使用不可靠 4. 适用于温度及压力较低的介质
截止阀	截止阀是由阀杆带动关闭件（盘形、针形阀瓣）作升降运动，达到与阀座密封，阀杆垂直于阀体密封面。它的结构形式：			1. 与闸阀比较，调节性能较好。但因阀杆不是从手轮中升降，不易识别调节量的大小 2. 密封性一般较闸阀差。如介质

续表

阀门类型	结构说明	类别	结构特征	优缺点及适用范围
截止阀	1. 下螺纹 阀杆传动螺纹设在阀盖里面 2. 上螺纹 阀杆传动螺纹设在阀盖外面 截止阀的形式： 1. 直通式 阀体进出口的轴线同在一条直线上，并与阀杆轴线垂直 2. 直流式（Y 形）通常是球形阀体，阀体进出口的轴线同在一条直线上，阀杆轴线与阀体通路轴线成 45°角			含有机械杂质时，在关闭阀门时，易损伤密封面 3. 流阻较闸阀、球阀、旋塞大 4. 密封面较闸阀少，便于制造和检修 5. 价格比闸阀便宜 6. 适用于蒸汽等介质。不宜用于黏度较大、易结焦、易沉淀的介质，也不宜作放空阀及低真空系统的阀门
		针形阀	关闭件为针形	1. 与同公称压力等级的闸阀和截止阀比较，尺寸小、重量轻 2. 通道较小，易堵塞

续表

阀门类型	结构说明	类别	结构特征	优缺点及适用范围
截止阀	3. 直角式　通常是球形阀体，阀体进出口的轴线互相垂直，阀杆轴线与阀体一端通路的轴线重合 4. 针形阀 是截止阀的一种形式，一般限于小口径，可以是直通式或直角式的，也可以是直流式的，它的阀瓣呈针形 5. 其他形式 通常由阀体通路的相应位置而定名。例如，角阀、三通阀或T形阀	针形阀	关闭件为针形	3. 适用于仪表上的阀门或用于轻质油品和油气、清洁的液体、气体的取样阀及放空阀。不宜用于黏度大、易结焦、含有粒状固体的介质
		衬铅阀、衬胶阀	阀体内凡能与介质接触的表面均衬铅或衬橡胶，通常为直流式（Y形），关闭件与通路中心线成一角度	1. 既能耐一定介质的腐蚀，又能较非金属阀门承受较高的压力 2. 流阻小 3. 因阀门的支架倾斜，容易受安装位置的限制，不便于安装，也不便于检修 4. 密封性能较差 5. 衬铅阀适用于15%～65%的稀

续表

阀门类型	结构说明	类别	结构特征	优缺点及适用范围
截止阀				硫酸、海水等介质；衬胶阀适用于除强氧化剂(如硝酸、浓硫酸、铬酸、过氧化氢等)及某些溶剂(如苯、二硫化碳、四氧化碳等)外的大多数酸、碱、盐类介质 6. 使用温度与衬里材料有关，一般不能过高（衬铅阀≤100℃，衬胶阀≤50℃）
逆止阀	逆止阀是一种利用止回机构来阻止流体倒流的阀门，它靠流体的流动来开启，当流动中断时靠逆止机构的重量或背压来关闭。逆止阀的形式：	升降式逆止阀	关闭件沿阀座中心线移动	1. 密封性较旋启式逆止阀好 2. 流阻较旋启式逆止阀大 3. 升降式水平瓣逆止阀宜安装在水平管道上，升降式垂直瓣逆止阀应安装在垂直管道上

续表

阀门类型	结构说明	类别	结构特征	优缺点及适用范围
逆止阀	1. 旋启式 在逆止阀中盘形阀瓣作旋转摆动 2. 升降式 在逆止阀中、盘形、活塞形或球形阀瓣沿阀座轴线作升降运动。按阀瓣的形式可分为： （1）盘形式逆止阀在逆止阀中阀瓣呈盘状 （2）活塞式逆止阀（或者带缓冲器的止回阀）在逆止阀中设有缓冲器，它由活塞和气缸组成，在操作时起缓冲垫作用	旋启式逆止阀	关闭件在阀体内绕固定轴摆动	1. 流阻较升降式逆止阀小 2. 密封性较升降式逆止阀差 3. 不宜制成小口径的 4. 可以装在水平、垂直、倾斜的管线上，但以安装在水平管线上为宜。如装在垂直管线上，介质流向应由下至上
		杠杆式安全阀	安装在吸入管底部的逆止阀，阀的最下部常设	按阀瓣的运动方式和结构分为旋启式底阀和升降式底阀两类，其优缺点分别同于旋启式逆止阀和升降式逆止阀

续表

阀门类型	结　构　说　明	类别	结构特征	优缺点及适用范围
逆止阀	(3) 球形式逆止阀在逆止阀中阀瓣是一个球		有滤网	
安全阀	在超过规定的安全压力时，压力正常后又能自动关闭的阀门。它通常用于要求快速卸压的可压缩性气体 安全阀的形式： 1. 微启式安全阀 阀瓣自动开启高度≥$D/24$，D——阀座喉径 这种阀门可以是：			

续表

阀门类型	结构说明	类别	结构特征	优缺点及适用范围
安全阀	(1) 弹簧式 弹簧直接作用在阀瓣上 (2) 杠杆式 通过杠杆将重锤力作用在阀瓣上 2. 中启式安全阀 阀瓣自动开启高度≥$D/12$，D——阀座喉径 3. 全启式安全阀 阀瓣自动开启高度在全开时应使阀座上方的环形卸压面积等于阀座通路的有效面积	弹簧安全阀	借调整弹簧压力来调节阀门的启跳压力。有的带有扳手，有的阀座处有调节圈，以供检查和调节之用	1. 体积较小，动作灵活，应直立安装 2. 安全阀出口应尽量无阻力，避免产生“背压”现象。阀门的出口排泄管道不应小于其出口通径 3. 弹簧受到介质的热影响，长期使用后，可能影响其弹性 4. 对于某一公称压力等级的阀门，一般可配几种工作压力的弹簧，因此在选用时，除注明型号、名称、介质、温度外，尚应注明具体密封压力，以便选配合适的弹簧

续表

阀门类型	结构说明	类别	结构特征	优缺点及适用范围
蝶阀	蝶阀的关闭件为一圆形板，称为蝶板 蝶板能围绕它的固定轴旋转大约90°，该固定轴重直于流体的流动方向 蝶阀的形式有手动蝶阀（带扳手），电动蝶阀，蜗杆传动蝶阀			1. 与同公称压力等级的平行式闸阀比较，尺寸小，重量轻 2. 公称直径较大，开启力小，开关较快 3. 主要用于切断，也可用于调节流量 4. 适用于温度小于50℃、压力小于1MPa的气体、液体介质及水等 5. 带扳手的蝶阀，可安装在管道的任何位置上；带传动装置的蝶阀，应直立安装（传动机构处于铅垂位置）

2. 阀门安装　阀门常见故障及消除方法（表 7-28）

阀门安装常见故障及消除方法　　表 7-28

故障	产生故障的原因	防止及消除方法
关闭件损坏	关闭件材料选择不当	改用适当材料
密封圈不严密	1. 阀座与阀体（或密封圈关闭件）配合不严密 2. 阀座与阀体的螺纹加工不良，因而阀座倾斜 3. 拧紧阀座时用力不当	1. 修理密封圈 2. 如无法修补则应更换 3. 拧紧阀座时，用力要适当
密封面损坏	1. 将闭路阀门经常当做调节阀用，高流速介质的冲刷侵蚀，使密封面迅速磨损 2. 阀门安装前，没有很好清理阀体内腔的污垢与尘土；阀门安装时，有焊渣、铁锈、尘土或其他机械杂质进入，使介质中含有固体颗粒夹杂物对密封面压伤，造成划痕、凹痕等缺陷	1. 不应将闭路阀门作调节用 2. 严格遵守安装规程，研磨密封面
阀门升降不灵活	1. 螺纹表面光洁度不合要求 2. 阀杆及阀杆衬套采用同一种材料或材料选择不当 3. 润滑不当致使油脂受高温，产生积灰而卡住 4. 明杆阀门装在地下，在潮气作用下，阀杆产生锈蚀 5. 螺纹磨损	1. 螺纹表面光洁度应符合设计要求 2. 应采用不同材料，宜用黄铜、青铜碳钢或不锈钢作阀杆补套材料 3. 应采用纯净的石墨作润滑剂有轻微卡住时，可用手锤沿阀杆补套轻轻敲击 4. 在地下应尽量装设暗杆阀门 5. 更换新阀杆补套

续表

故障	产生故障的原因	防止及消除方法
填料室泄漏	1. 填料室内装入整根填料 2. 阀杆有椭圆度或划痕、凹坑等缺陷 3. 填料里有油，高温时油被烧焦，而使填料收缩；油变成的积炭刮伤阀杆	1. 用正确方法填装填料 2. 修整或更换阀杆，杆面光洁度应不低于5 3. 介质温度超过100℃时，不应用油浸填料，采用石墨料
安全阀或减压阀的弹簧损坏	1. 弹簧材料选材不当 2. 弹簧制造质量不佳	1. 更换弹簧材料 2. 采用质量优良的弹簧

7.1.6.2　阀门的试验

1. 阀门试验的一般规定（表7-29）

阀门试验的一般规定　　表7-29

试验数量	低压阀门	应从每批（同制造厂、同规格、同型号、同时到货）中抽查10%（至少一个）进行强度和严密性试验。若有不合格，再抽查20%，如仍有不合格，则需逐个试验
	高、中压阀门	逐个进行强度和严密性试验
试验介质	水	适用于一般阀门

续表

注意事项	试验合格的阀门，应及时排尽内部积水。密封面应涂防锈油（需脱脂的阀门除外），关闭阀门，封闭出入口。高压阀门应填写《高压阀门试验记录》

2. 阀门的强度试验（表 7-30）

阀门的强度试验　　　　表 7-30

	公称压力 *PN*（MPa）	试验压力（MPa）
试验压力	≤32 40 50	1.5PN 56 70
合格标准	试验时间不少于 5min，壳体、填料无渗漏为合格	

3. 阀门的严密性试验（表 7-31）

阀门的严密性试验　　　　表 7-31

试验压力	一般按公称压力进行，在能够确定工作压力时，也可以用 1.25 倍工作压力进行试验
合格标准	阀瓣密封面不漏水为合格 *PN*≤2.5MPa 的水用铸铁、铸铜闸阀允许有不超过表的渗漏量 试验不合格的阀门，必须解体检查，并重新试验

4. 闸阀密封面允许渗漏量（表 7-32）

闸阀密封面允许渗漏量　　表 7-32

公称直径 (mm)	允许渗漏量 (cm^3/min)	公称直径 (mm)	允许渗漏量 (cm^3/min)
≤40	0.05	600	10
50~80	0.1	700	15
100~150	0.2	800	20
200	0.3	900	25
250	0.5	1000	30
300	1.5	1200	50
350	2	1400	75
400	3	≥1600	100
500	5		

5. 阀门密封处渗透率（表 7-33）

阀门密封处渗透率　　表 7-33

试验介质	材料和密封情况		
	金属-金属		非金属弹性材料
	一般的	严格的	
液体	$0.1\times DN$	$0.01\times DN$	不可见渗漏
气体	$3.0\times DN$	$0.3\times DN$	不可见渗漏

注：1. 液体按 16 滴 = $1cm^3$ 或直径 2~5mm 的液体按平均 16 滴 = $1cm^3$ 计算。渗透单位为 mm^3/s，气体渗透量为其大气压下的体积。若为气泡，则按 1 个气泡 = $0.3cm^3$。2. 由用户要求这种密封时，应在订货合同中提出。

7.1.7 管道试压

7.1.7.1 管道试压的准备

(1) 试压管道的分段（表 7-34）

试压管道的分段　　表 7-34

施工地段条件	分段长度（m）
一般条件下	500～1000
管段转弯多时	300～500
湿陷性黄土地区	200
管道通过河流、铁路等障碍物时	单独进行试压

(2) 排气

1) 排气孔位置通常设置在起伏的各顶点处，对于长距离水平管道上，需进行多点开孔排气。

2) 灌水排气须保证排出水流中无气泡，水流速度不变。

(3) 管道在试压前应灌水浸泡，其浸泡时间（表 7-35）

管道试压前浸泡时间　　表 7-35

管道种类		浸泡时间（h）
铸铁管		24
钢　管		24
预（自）应力钢筋混凝土管	$DN<1000$	48
	$DN>1000$	72
硬聚氯乙烯管		48

7.1.7.2　试压方法及过程

1. 压力表试验法

压力表试验法适用于在 *DN*400mm 以下，管路较短，压力表试验的布置如图 7-4 所示。试验时用试压泵向管内灌水升压，压力升至设计工作压力，然后停止加压，观察压力表下降情况，若在空气排净的条件下，在10min 内压力降不大于 0.05MPa，则认为最终试验合格。

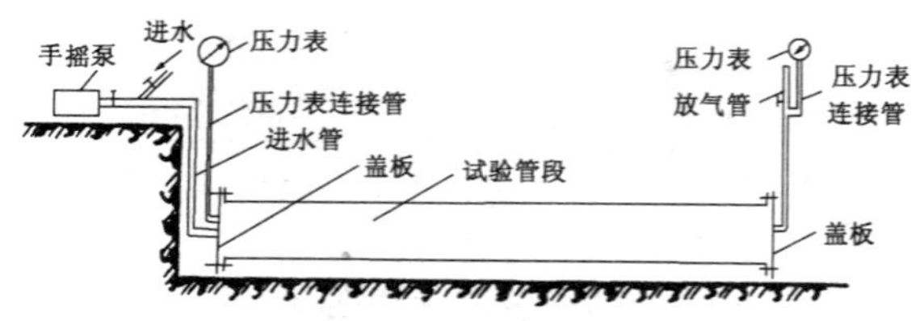

图 7-4　压力表试验装置示意

2. 渗水量试验法

(1) 渗水量试验法是基于在同一管段内，压力相同，降压相同，则其漏水量相同的原理，来试验管道的漏水情况。这种方法可以直接测得管道的漏水率。

(2) 试验时，首先将管内水加到强度试验压力，并使之在 10min 内压降不超过 0.1MPa，为此，可以补水加压。

(3) 经过 10min 后，从管内放出少量的水，使管道降压，降压的数值为压力表的一个刻度，且使压力表指针与压力表的刻度表相重合，这时的压力称为试验初压，压力表指示初压的时间 T_1 称为渗水量试验的开始时间，试验开始时记录流水槽水桶的水位。

(4) 经过 10min 后，观察 10min 内压力下降情况，如果 10min 内压力表下降不小于 2 个刻度，但未降至工作压力之下，则可结束压力观测。如果 10min 内压力表的压力降小于 2 个刻度，则仍应进行观测，直至压力表降至 2 个刻度以下。

(5) 但观测时间不宜超过管道试压前充水恒压浸泡时间的 1/24，如果压力仍降不到压力表的两个刻度值，则应放水以减少管内残存空气对试验结果的影响，使压力降至压力表的两个刻度值以下然后按要求再增压测量。

3. 试验压力的选择（表 7-36）

试验压力的选择　　表 7-36

管道种类	管道工作压力	管道试验压力
铸铁管	≤0.49MPa >0.49MPa	为工作压力的 2 倍 为工作压力加上 0.49MPa
钢　管		为工作压力加上 0.49MPa，并不小于 0.88MPa
预（自）应力钢筋混凝土管	≤0.59MPa >0.59MPa	为工作压力的 1.5 倍 为工作压力加上 0.29MPa
硬聚乙烯塑料管		为工作压力 1.5 倍，最低不得小于 0.5MPa
水下管道		当设计图上无规定时，应为工作压力的 2 倍，且不小于 1.18MPa

4. 水压试验与渗水量试验记录表格（表 7-37）

水压试验与渗水量试验记录表格

表 7-37

<table>
<tr><td>工程名称</td><td></td><td>工程地点</td><td></td><td>管径
(mm)</td><td></td><td>管线长度
(m)</td><td></td></tr>
<tr><td>管线工
作压力</td><td></td><td>试验压力</td><td></td><td>10min 允许
下降值</td><td></td><td></td><td></td></tr>
<tr><td rowspan="6">强度
试验
记录</td><td rowspan="2">次数</td><td rowspan="2">时间</td><td rowspan="2">试验
压力</td><td colspan="2">压 力 降 值</td><td rowspan="6">外观
检查
情况</td><td rowspan="6"></td></tr>
<tr><td>5min</td><td>10min</td></tr>
<tr><td>1</td><td></td><td></td><td></td><td></td></tr>
<tr><td>2</td><td></td><td></td><td></td><td></td></tr>
<tr><td>3</td><td></td><td></td><td></td><td></td></tr>
<tr><td>4</td><td></td><td></td><td></td><td></td></tr>
</table>

续表

<table>
<tr><td colspan="2">工程名称</td><td></td><td>工程地点</td><td></td><td>管径
（mm）</td><td></td><td>管线长度
（m）</td><td></td></tr>
<tr><td colspan="2">管线工
作压力</td><td></td><td>试验压力</td><td></td><td>10min 允许
下降值</td><td></td><td></td><td></td></tr>
<tr><td rowspan="8">渗水量试验记录</td><td>项　目</td><td>次数
单位</td><td>1</td><td>2</td><td rowspan="8"></td><td rowspan="6">验收评估</td><td colspan="2" rowspan="6"></td></tr>
<tr><td>由试验压力下降 0.1MPa 的时间 T_1</td><td>min</td><td></td><td></td></tr>
<tr><td>由试验压力下降 0.1MPa 的时间 T_2</td><td>L</td><td></td><td></td></tr>
<tr><td>由试验压力下降 0.1MPa 的放水量 W</td><td>L（min）</td><td></td><td></td></tr>
<tr><td>渗水量计算</td><td>L/（min·km）</td><td></td><td></td></tr>
<tr><td>单位渗水量</td><td>L/（min·km）</td><td></td><td></td></tr>
<tr><td>允许渗水量</td><td></td><td></td><td></td><td rowspan="2">签字</td><td colspan="2"></td></tr>
<tr><td>差　　值</td><td></td><td></td><td></td><td colspan="2"></td></tr>
</table>

工程负责人：＿＿＿＿＿＿　施工负责人：＿＿＿＿＿＿　记录：＿＿＿＿＿＿

7.1.7.3　管道试压允许漏水量

1. 钢管、铸铁管、钢筋混凝土管允许漏水量（表7-38）

钢管、铸铁管、钢筋混凝土管允许漏水量

表 7-38

DN（mm）	允许漏水量［L/（min·km）］		
	钢管	铸铁管	预（自）应力钢筋混凝土管
100	0.28	0.70	1.40
150	0.42	1.05	1.72
200	0.56	1.40	1.98
300	0.85	1.70	2.42
400	1.00	1.95	2.80
500	1.10	2.20	3.14
600	1.20	2.40	3.44
700	1.30	2.55	3.70
800	1.35	2.70	3.96
900	1.45	2.90	4.20
1000	1.50	3.00	4.42
1100	1.55	3.10	4.60
1200	1.65	3.30	4.70
1300	1.70	—	4.90
1400	1.75	—	5.00
1500	1.80		5.20

注：当试验管段大于或小于 1km 时，表中所列允许漏水量应按比例相应增减。

2. 塑料管允许漏水量（表 7-39）

塑料管允许漏水量　　表 7-39

管道外径 (mm)	允许漏水量［L/（min·km)］	
	粘接连接	橡胶圈连接
63～75	0.20～0.24	0.30～0.50
90～110	0.26～0.28	0.60～0.70
125～140	0.35～0.38	0.90～0.95
160～180	0.42～0.50	1.05～1.20
200	0.56	1.40
225～250	0.70	1.55
280	0.80	1.60
315	0.85	1.70

7.2　室外排水管道施工

7.2.1　室外排水管道

7.2.1.1　施工的一般规定

1. 最小埋设深度（表 7-40）

最小埋设深度　　表 7-40

管　材	地面至管顶的距离（m）	
	素土夯实、碎石、大卵石、砾石、红砖木砖地面	水泥、混凝土、沥青混凝土、菱苦土地面
排水铸铁管	0.70	0.40
混凝土管	0.70	0.50
带釉陶土管	1.00	0.60

2. 沟槽扰动槽底原土，如发生超挖，应用砂填并夯实，严禁用土回填；槽底不得受水浸泡或冰冻。沟

槽允许偏差应符合表7-41的规定。

沟槽砂填允许偏差　　表7-41

序号	项目	允许偏差（mm）	检验频率		检验方法
			范围	点数	
1	槽底高程	0 -30	两井之间	3	用水准仪测量
2	槽底中线每侧宽度	不小于规定	两井之间	6	挂中心线用尺量每侧计3点
3	沟槽边坡	不陡于规定	两井之间	6	用坡度尺检验每侧计3点

7.2.1.2　排水管的基础

1. 砂土基础　砂土基础包括原土夯实的弧形基础及砂垫层基础。弧形土基础适用于无地下水的土质较好的地基上，一般用于管径较小、埋深不大的管道工程。砂垫层基础是在弧形槽上填以粗砂，使管壁与基础紧密结合，砂层厚度约100mm。

2. 混凝土枕基　混凝土枕基是支撑在管道接口下方的局部基础，适用于干燥土壤（见图7-5）。

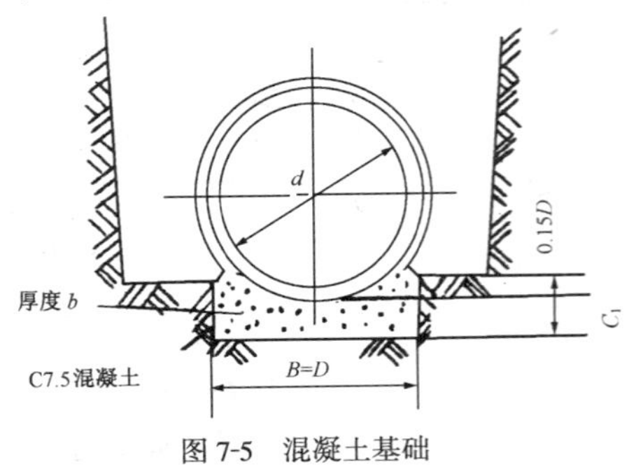

图7-5　混凝土基础

3. 混凝土条形基础　混凝土条形基础是沿管道全长设置条形基础，按照地质、管道、荷载等情况可以设置90°、135°及180°三种基础形式，见图7-6。这种基础多用于地基软弱、土壤湿润的场所，一般90°条形基础用得较多。

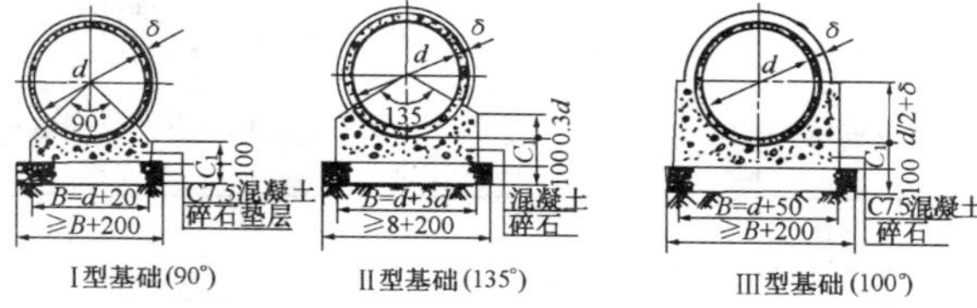

Ⅰ型基础(90°)　Ⅱ型基础(135°)　Ⅲ型基础(100°)

图7-6　混凝土条形基础

4. 基础允许偏差（表7-42）

基础允许偏差　**表7-42**

项目		允许偏差	检验频率		检验方法
			范围	点数	
垫层	中线每侧宽度	不小于设计规定	10m	2	挂中心线用尺量每侧计1点
	高程	0 -15mm	10m	1	用水准仪测量
平基	中线每侧宽度	+10mm 0	10m	2	挂中心线用尺量每侧计1点
	高程	0 -15mm	10m	1	用水准仪测量
	厚度	不小于设计规定	10m	1	用尺量

续表

项目		允许偏差	检验频率		检验方法
			范围	点数	
管座	厚　宽	+10mm -5mm	10m	2	挂边线用尺量 每侧计1点
	肩　高	±20mm	10m	2	用水准仪测量 每侧计1点
蜂窝面积		1%	两井之间 (每侧面)	1	用尺量蜂窝 总面积

7.2.1.3　铺管

1. 管座按设计坡度，管道必须垫稳、管底坡度不得倒流水，管道接口缝宽应均匀，管道内不得有泥土砖石、砂浆、木块等杂物。

2. 对中作业（表7-43）

对中作业　　表7-43

对中方法	操作程序	图示
中心线法	1. 沿沟槽两边各打一龙门桩，桩上钉一块大致水平的木板 2. 按沟槽开挖前测定管道中心线所预留的隐蔽桩定出沟槽中心线,并在每个龙门板上钉一个中心钉,使各中心钉连线是一条与槽沟中心线在同一个垂直平面的直线 3. 对中时，在下到沟内的管中用水平尺置于管中，使水平尺的水准泡居中。此时，若由中心钉连线垂下的垂直吊线上的重球通过水平尺的二等分点，即表明中心线与沟槽中心线在同一个垂直平面内	

续表

对中方法	操作程序	图示
边线法	1. 将边线两端拴在槽壁的边桩上 2. 对中时控制管子水平直径处外皮与边线间的距离为一常数，则表明管道处于中心位置	管子 水平尺 边桩 边线 砂弧基

7.2.1.4　接口

1. 接口的一般要求

(1) 承插口式企口各种接口应平直，环形间隙应均匀，灰口应整齐、密实、饱满，不得有裂缝、空鼓等现象。

(2) 抹带接口应表面平整密实，不得有间断、裂缝、空鼓等现象。

2. 接口型式及技术要求（表 7-44）

接口型式及技术要求　　　表 7-44

接口型式	技术要求	适用范围
水泥砂浆抹带接口	采用 1:2.5 或 1:3 的水泥砂浆在接口处抹成半椭圆形砂浆带，带宽为 120 ~ 150mm，中间厚为 30mm	适用于地基土质较好的雨水管，平口、企口和承插口均可使用

续表

接口型式	技术要求	适用范围
钢丝网水泥砂浆抹带接口	将宽200mm的抹带范围管外壁凿毛，抹1:(2.5~3)、厚15mm的水泥砂浆一层，在抹带层内埋置10mm×10mm方格钢丝网，钢丝网两端插入基础混凝土中固定，上面再压10mm厚的水泥砂浆一层	适用于地基土质较好的雨水管与污水管
石棉沥青卷材接口	将接口壁面刷净烤干，涂一层冷底子油，再刷3mm的沥青玛瑞脂	一般适用于地基沿轴向沉陷不均匀地区
内套环石棉水泥接口	在内套环外壁与管道内壁间隙中用重量比为石棉:水泥:水=3:7:1的石棉水泥打口，也可采用膨胀水泥砂浆塞入	适用于较大口径的管道
沥青砂浆接口	管口处涂冷底子油，然后用模具定型、浇灌沥青砂浆。沥青：石棉粉：砂=3:2:5，沥青砂浆在200℃具有良好的流动性	适用于地基不均匀沉降地区

3. 抹带接口允许偏差（表7-45）

抹带接口允许偏差 **表 7-45**

项　目	允许偏差（mm）	检验频率		检验方法
		范围	点数	
宽　度	+5 0	两井之间	2	用尺量
厚　度	+5 0	两井之间	2	

7.2.1.5　检查井

1. 检查井的型式（图 7-7）

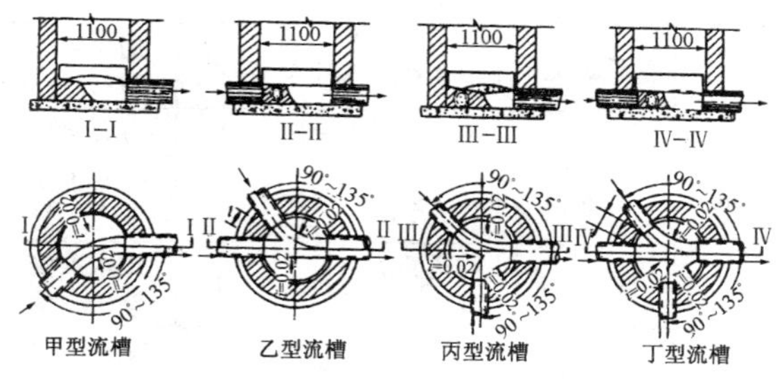

图 7-7　检查井流槽

注：1. 流槽顶应与管顶保持水平，当不同直径的管道连接时，应与大管管顶保持水平；2. 管道转变处，流槽中心的曲线半径，应不小于流入管的直径；3. 交汇井交角不得小于90°，主管与支管内壁间的距离 l 不得小于 300mm。

2. 检查井最大间距（表 7-46）

检查井最大间距　　　　表 7-46

管　别	管径或暗渠净高 (mm)	最大间距 (m)
污水管道	<700 700~1500 >1500	50 70 120
雨水管道和合流管道	<700 700~1500 >1500	75 125 200

3. 检查井允许偏差（表 7-47）

检查井允许偏差　　　　表 7-47

<table>
<tr><th colspan="2" rowspan="2">项目</th><th rowspan="2">允许偏差 (mm)</th><th colspan="2">检验频率</th><th rowspan="2">检验方法</th></tr>
<tr><th>范围</th><th>点数</th></tr>
<tr><td rowspan="2">井身尺寸</td><td>长、宽</td><td>±20</td><td>每座</td><td>2</td><td>用尺量，长、宽各计一点</td></tr>
<tr><td>直　径</td><td>±20</td><td>每座</td><td>2</td><td>用尺量</td></tr>
<tr><td rowspan="2">井盖高程</td><td>非路面</td><td>±20</td><td>每座</td><td>1</td><td>用水准仪测　量</td></tr>
<tr><td>路　面</td><td>与道路的规定一致</td><td>每座</td><td>1</td><td>用水准仪测　量</td></tr>
<tr><td rowspan="2">井底高程</td><td>$D \leqslant 1000$mm</td><td>±10</td><td>每座</td><td>1</td><td>用水准仪测　量</td></tr>
<tr><td>$D > 1000$mm</td><td>±15</td><td>每座</td><td>1</td><td>用水准仪测　量</td></tr>
</table>

7.2.2　排水管道的闭水试验

7.2.2.1　闭水试验过程

1. 以两个检查井区间为一个试验段，试验时将上、下游检查井的排入、排出管口严密封闭，由上游检查井注水。

2. 半湿性土壤试验水位为上游检查井井盖处，干燥性土壤试验水位为上游检查中内管顶上2m处。

3. 试验时间为30min，测定注入的水的损失量为渗出量。

7.2.2.2 闭水试验的检验

1. 排水管道闭水试验频率（表7-48）

排水管道闭水试验频率　　表7-48

项目		检验频率		检验方法
		范围	点数	
倒虹吸管		每个井段	1	灌水测定、计算渗水量
其他管道	管径＜700mm	每个井段	1	
	管径700～1500mm	每3个井段抽验1段	1	
	管径＞1500mm	每3个井段抽验1段	1	

注：1. 闭水试验应在管道灌满水后经24h后进行；2. 闭水试验的水位，应为试验段上游管道内顶以上2m；如上游管内顶至检查口高度不足2m，试验水位可至井口为止；3. 对渗水量测定时间不少于30min。

2. 闭水试验允许渗量（表7-49）

闭水试验允许渗量　　表7-49

管道种类	允许渗水量［m^3/（d·km）］											
	管　径（mm）											
	150	200	300	400	500	600	700	800	900	1000	1500	2000
陶土管	7	12	18	21	23	23	—	—	—	—	—	—
混凝土管、钢筋混凝土管	7	20	28	32	36	40	44	48	53	58	93	148

7.2.3 排水管道的闭气检验

7.2.3.1 闭气检验的装备及适用范围

1. 适用范围

(1) 闭气检验适用于直径为 300～1200mm 的承插口、企口、平口混凝土排水管道的检验，与闭水试验起同等作用。

(2) 闭气检验宜在管道回填之前，地下水位低于管外底 150mm 的条件下进行，其检验时的环境温度宜在－15～50℃的范围内，不宜于雨天进行闭气检验。

2. 管道闭气检验系统装置（表 7-50）

管道闭气检验系统装置　　表 7-50

名　　称	规　　格	数　　量
管道封密管堵	ϕ300～ϕ1200mm	各 2 个
空　压　机	ZV-0.1～0.3/7 型	1 台
打气筒		1 个
膜盒压力表	0～4000Pa	1 个
普通压力表	0～0.4MPa	2 个
喷　雾　器		1 个
秒　　表		1 块

7.2.3.2　检验方法

1. 检验步骤

(1) 对闭气检验的排水管道与管堵接触部分的内壁进行清洁磨光处理，表面不得有毛刺及污物。管口内壁处理可采用砂轮将管口内壁沿圆弧面磨光及用坚硬器具刮去管口内壁毛刺，再用砂纸打光。分别将管堵安装和固定在管道两端，每端接上充气胶圈上的压力表和充气嘴。

(2) 用打气筒给管堵上的充气胶圈充气，加压至0.15～0.20MPa，将管道密封。管堵充气胶圈严禁漏气，充气达到规定压强值2min后，应无压降。在检验过程中应注意检查和进行必要的补气。

(3) 用空压机向管道内充气至3000Pa，关闭气阀，使气压趋于稳定，气压由3000Pa降至2000Pa历时应不小于5min。气压下降较快，可适当补气；下降太慢，可适当放气。检验测定前，应对试验连接导管接头做漏气检查。

(4) 当管道内气压恰为2000Pa时开始记时，测定其下降到不小于1500Pa的时间应符合表7-53的规定，即为合格。当闭气检验不合格时，可用喷雾器喷洒发泡液的方法，找出漏气处。首先检查管堵对管口的密封情况，然后检查接口及管材。当找出漏气部位后，要及时进行修补处理，修补后再复检，直至合格。

(5) 管道闭气检验完毕后，必须首先排除管道内气体，再排除管堵内气体，最后卸下管堵。

2. 发泡液配合比（表7-51）

发泡液配合比　　　　表7-51

温度（℃）	水（kg）	TIF—表面活性剂（kg）	M_3—防冻剂（kg）
>0	100	0.4	
0～5	100	4.9	17.5
-5～10	100	5.9	42.4
-10～15	100	7.1	71.4

3. 管道闭气检验记录表（表7-52）

管道闭气检验记录表　　　　表 7-52

序号	桩号 0+00（ ）0+00	管径（mm）	规定最短压降时间（s）	管内实测压降读数（Pa）	检验结果	备注
1						
2						
3						
4						
5						

观测：　　　　　　　　记录：

7.2.3.3　闭气检验标准

1. 闭气检验标准（表 7-53）

闭气检验标准　　　　表 7-53

管径（mm）	管内压力（Pa）		规定闭气时间（s）
	起　点	终　点	
300	2000	≥1500	60
400			95
500			125
600			155
700			185
800			215
900			250
1000			290
1100			330
1200			370

2. 闭气检验标准与闭水试验标准对照（表 7-54）

闭气检验标准与闭水试验标准对照　表 7-54

管径（mm）	用水试验		闭气检验		
	水位	允许渗水量［L/(h·m)］	管内压力（Pa）		规定闭气时间（s）
			起点	终点	
300		1.1	2000	≥1500	60
400		1.3			95
500		1.5			125
600		1.7			155
700		1.8			185
800		2.0			215
900		2.2			250
1000		2.4			290
1100		2.7			330
1200		2.9			370

7.2.3.4　排水管道故障的消除方法（表 7-55）

排水管道故障的消除方法　　表 7-55

管道故障	现象	原　因	防止及消防方法
管道下沉和折断	在管道附近产生土壤下沉或湿润，则可判定是管道折断	1. 排水管道下沉造成管道折断，管道局部下沉也能使管道堵塞 2. 敷设管道时，地基不稳固、土壤不实，在回填土时管道两侧土壤不密实，都能引起管道下沉和折断	1. 管道基础必须按规范规定处理。在人工土壤上敷设管道时，必须在管道下面垫 15 ~ 30cm 厚的矿渣或碎石进行夯实。以保证基础的稳定 2. 更换新管必须按施工验收规范进行施工

续表

管道故障	现象	原　因	防止及消防方法
管道破损		1. 管道埋设过浅，来往车辆压坏管道 2. 管道上面堆放较重物资而压坏管道	1. 管道上面通过车辆的管段，应将管道进行加固，或敷设套管 2. 管道上面不应堆放较重的物质（如钢材或钢锭等）
管道堵塞	污水排泄不出去由检查井或地面向上冒水	1. 管道坡度小，水流速度慢，管内固体杂质沉积，使管道堵塞 2. 维修不及时，未能按时清理沉淀物	1. 调整坡度，重新敷设管道 2. 加强管理，建立正常的维修制度
室内厕所有臭气		1. 没有装设通风臭气管或卫生器具没装虹吸管 2. 管道接口不严	找出产生臭气的原因，及时修理
室内排水检查井冒水	室内排水系统有时由检查井冒水	排水系统中有承压现象	封紧检查井井盖，将承压管段更换为较大的管径
室外雨水悬吊管堵塞		房屋面极易在天沟内集聚灰尘，在雨季时被冲入雨水管内	雨季前应将屋面天沟进行清扫，防止雨水悬吊管堵塞，悬吊管堵塞后应及时进行清扫疏通

7.3 管道通过障碍物施工

7.3.1 顶管

7.3.1.1 施工方法的选择（表 7-56）

施工方法的选择　　表 7-56

施工方法	优　点	缺　点	适 用 条 件
直接顶进法	1. 可不预先挖土，不加套管 2. 省去挖土运土工序 3. 不影响铁路与公路正常交通	1. 顶管阻力大 2. 平面与高程位置不易控制，误差较大 3. 适用条件面窄	1. 适用于非岩石性土，尤以黏土与含水性黏土地区为佳 2. 不适宜流砂地段 3. DN = 25 ~ 200mm，穿越长度较短的Ⅲ级铁路、公路
套管人工顶进法	1. 不影响正常交通 2. 穿越管发生故障可检修，不致造成路基下沉 3. 平面与高程位置易于控制 4. 穿越管安全可靠	1. 采用带基础套管整体顶进，增加费用 2. 劳动强度较大，运土、挖土较困难	1. 宜用于穿越Ⅰ、Ⅱ级铁路，套管直径应比穿越管直径大 600mm，且不小于 1000mm 2. 穿越流砂地段应采用带基础套管整体顶管施工
水平钻孔机械顶进去	1. 具有套管人工顶进法的优点 2. 黏性土与腐蚀淤泥土条件下，在不降低地下水条件下均可采用本法 3. 减去了挖运土操作，劳动强度低	1. 挖土、运土不易协调 2. 遇到地下障碍物无法排除 3. 耗费专用机械增加一定动力费用	适用条件基本与套管人工顶进法相同

7.3.1.2 顶管施工操作

1. 直接顶入法操作要点（图 7-8）

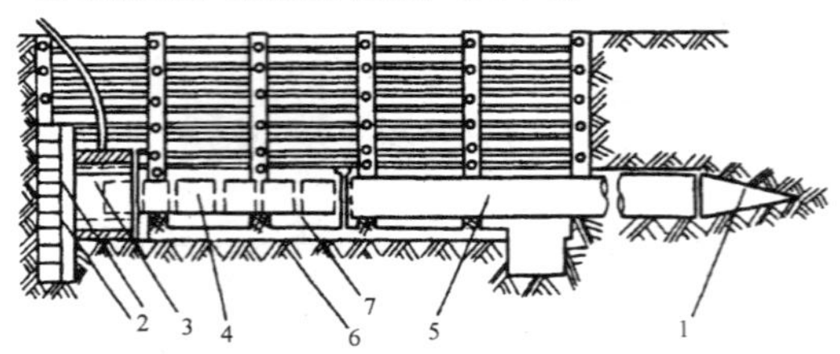

图 7-8 直接顶入法施工示意图

1—顶尖；2—后背；3—顶管千斤顶；4—垫铁；5—待顶管；6—基础；7—导轨

(1) 开挖工作坑，处理基础，支设后背，导轨与顶进设备。

(2) 启动千斤顶将管子徐徐顶进。

(3) 千斤顶行程终了，将千斤顶复位，在垫块空余部分再加塞垫块。

(4) 再次启动千斤顶，继续将管子顶进，如此往复启动千斤顶，复位千斤顶，加塞垫块，再启动千斤顶，即将管子顶过铁路和公路，进入对面工作坑中。

2. 套管人工顶进法操作要点（图 7-9）

(1) 开挖工作坑，处理基础，支设后背、导轨与顶进设备。

(2) 将一节套管置于导轨上，用经纬仪、水准仪校正其平面与高程位置，使其达到设计要求。

(3) 派工人至管内，一人在工作面挖土，一人用小车将土运至工作坑，再用起重设备将土运往地面。

(4) 启动千斤顶，将套管顶进，千斤顶行程终了，

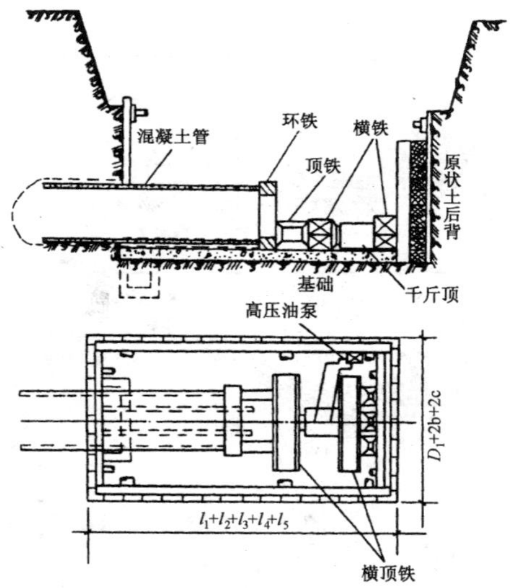

图 7-9　套管人工顶进法施工示意图

复位千斤顶，加塞垫块后复顶，第一节套管顶入工作面后，预留 0.3m 左右的管子在导轨上，供作下一节套管顶进前稳管用，下一节套管在导轨上就位之后，即可继续顶进。

(5) 顶进中，经常用水准仪监测管道是否偏离中心位置，否则应进行纠偏后再行顶进；为防止顶进管管节错位，需在接口处加设内胀圈，待管子全部顶进后，拆除内胀圈，安上内套管，并打塞填料予以接口。

3. 水平钻孔机械顶进法操作程序（图 7-10）

(1) 采用顶进装置于顶进管端部作机械切土钻孔，再用电动机械将挖出的土运至地面；

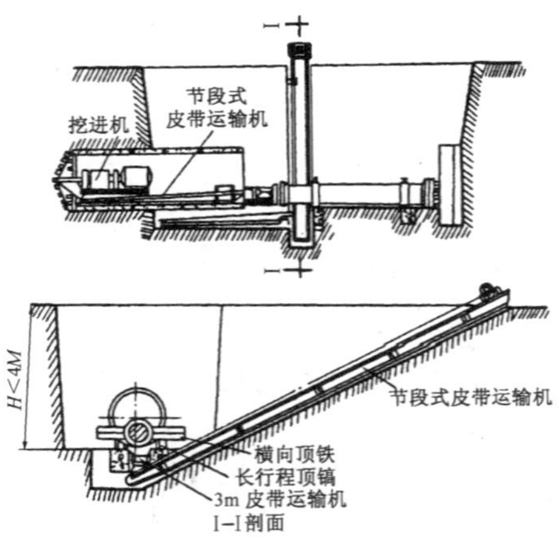

图 7-10　水平钻孔机械顶进法施工示意图

(2) 将工作面切削成土洞时，即可启动千斤顶将连接在钻孔机械后面的管子徐徐顶入土中。

7.3.1.3　工作坑及靠背

1. 顶管工作坑尺寸（表 7-57）

顶管工作坑尺寸　　表 7-57

坑底长(m)	坑底宽(m)	坑深(m)	备　注
$L+(3.3\sim4.5)$	$D+(0.9\sim1.2)$	(地面标高－管底标高)＋0.5	L—管节长度 D—待顶管外径

2. 工作坑基础及导轨的设置（图 7-11）

(1) 工作坑基础

1) 原土方木基导轨：适用于工作坑底无地下水；

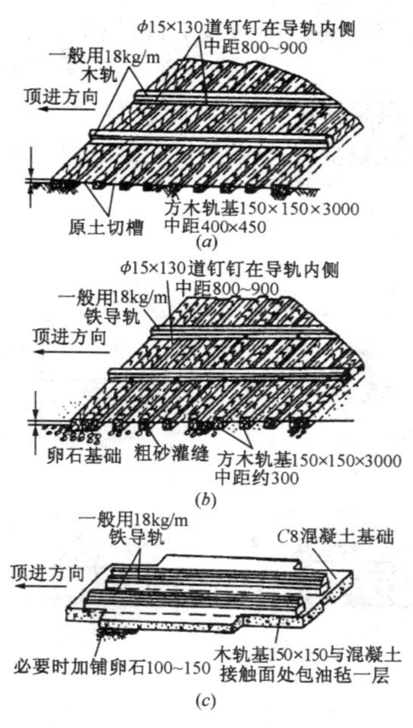

图 7-11 工作坑基础及导轨设置

（a）原木方木基导轨；（b）卵石方木基导轨；（c）混凝土基导轨

土质较好处。

2）卵石方木基导轨：适用于工作坑地下水高于底20cm左右：工作坑底为细粉砂或黏土。

3）混凝土基导轨：适用于地下水水位高于工作坑底较高，土质不好处设置要求如下：

①无论何种基底，都要求稳固，在施工过程中不

能发生位置变化；

②基底要平整，达到施工设计标高，为导轨铺设创造条件；

③导轨可采用钢轨或木轨；

④导轨铺设要经严格测量，使其导向符合所顶管的高程和方向。

（2）工作坑的靠背设置（图 7-12）

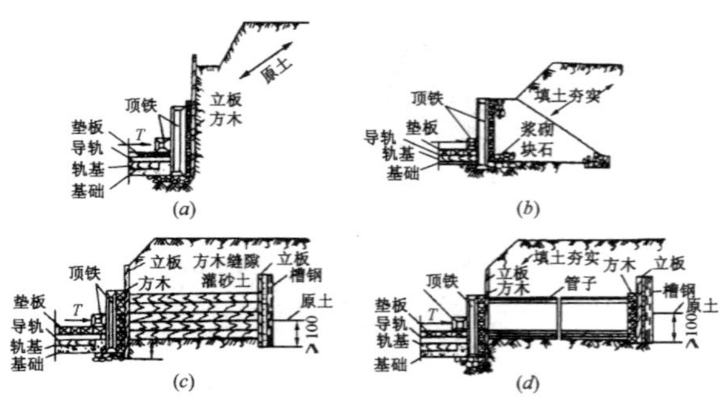

图 7-12　工作坑的靠背设置

（*a*）原土靠背；（*b*）块石靠背；（*c*）混凝土管靠背；（*d*）方木靠背

1）原土靠背：适用于工作坑靠背处为原状土，土质较好，有足够的高度和满意的许可顶力值。

2）块石靠背、混凝土管靠背、方木靠背：适用于一般无厚状土后靠背或者靠背高度较小；靠背土质较差，不能满足许可顶力值。设置要求如下：

①靠背一定要坚固，有足够的强度和刚度；

②要保证在施工过程中不得发生倾斜变形或不均匀变形；

③若不能满足上述要求，容易发生使顶管方向发生偏差、或使垫块外弹造成工伤事故。

7.3.1.4　顶进准备

1. 顶力计算公式（表 7-58）

2. 人工挖土与千斤顶机械设备（表 7-59）

7.3.1.5　顶管的偏差校正

1. 顶管偏差的校正方法（表 7-60）

2. 人工挖土顶管施工套管偏移的处理方法

(1) 第一节管低头：用小千斤顶顶起至坡度合格为止，向前顶进使管头落于硬土上时撤去小千斤顶（图 7-13）。

图 7-13　第一节管低头

(2) 第一节管抬头：在首端管下挖土，使之恢复原位，并在管上填土，顶进、可以校正过来（图 7-14）。

图 7-14　第一节管抬头

(3) 连续几节管发生一致低头(与设计坡度方向相一致)：调整时按全长剩下高程平均调整，即改变坡度。例 2‰设计坡度，2000mm 管长计算每节管高差应为 4mm，若顶程为 15 节管，则全程应为 60mm 高差。当顶至

顶力计算公式 **表 7-58**

计算公式	适用条件	备　注
$kf[2P_r + P_H)]DL + P_0$	适用直接顶进的顶力计算	P_r— 土壤均布荷载，$P_r = \rho h$ P_H = 壤水平压力，$P_H = P_r \times tg^2(45° - \varphi)$ ρ— 土壤重力密度（kN/m^3） φ— 土壤间摩擦角 D— 管道外径（m） L— 所顶管道长度（m） P_0— 顶进管道的全部自重（kN） K— 安全系数（1.0 ~ 1.2） f— 摩擦系数（0.3 ~ 0.6） F— 管子与土壤单位摩擦力（kN/m^2） P— 待顶管的全部重量（kN）
$2\pi DLF$	适用于人工挖土顶管的顶力计算	
$(15 \sim 20)P$	能形成土拱的黏土，砂质黏土的人工挖土顶管的顶力计算	
$30P$	不能形成土拱的土壤中人工挖土顶管	

人工挖土与千斤顶机械设备

表 7-59

机械设备名称	规　格	单位	数量	用　途	备　注
卷扬机	0．5t	台	1	水平与垂直吊土	
绞　盘		套	1	下管	电源充足时亦可用 3～5t 卷扬机
千斤顶	100t	台	1	顶　进	
千斤顶	200t	台	2	顶　进	
千斤顶	8～25t	台	2	校正退镐	
导　轨	长 4m	根	2	导　向	
导　轨	长 4m	根	2	导　向	钢轨或木轨
顶　铁	15cm × 40cm × 200cm	块	4	千斤顶前、后横向用	钢轨或木轨
顶　铁	20cm × 30cm × 200cm	块	2	后座立向	
顶　铁	20cm × 30cm × 150cm	块	1	后座立向	
顶　铁	20cm × 30cm × 120cm	块	2	千斤顶前纵向用	
顶　铁	20cm × 30cm × 60cm	块	6	千斤顶前纵向用	

续表

机械设备名称	规　　格	单位	数量	用　　途	备　　注
顶　铁	20cm×30cm×30cm	块	4	千斤顶前纵向用	
顶　铁	20cm×30cm×15cm	块	4	千斤顶前纵向用	
顶　铁	20cm×30cm×10cm	块	4	千斤顶前纵向用	
顶　铁	20cm×30cm×5cm	块	4	千斤顶前纵向用	
顶　铁	20cm×30cm×2cm	块	4	千斤顶前纵向用	
顶　铁	20cm×30cm×1cm	块	6	千斤顶前纵向用	
水　泵	50～70mm 电动	台	1	工作坑排水	表中数量为最少数量
照　明	24～32V	套	1	照　　明	包括变压器 24～32V，500～1000W 一台
配电箱		个	1	工作坑全部用电	包括三块分闸 20～30A，一块总闸 100A 电流表，75A 电压表，0～500V 各 4 块

顶管偏差的校正方法 **表 7-60**

校正方法	具体作法	适用条件
挖土校正法	在管子偏离设计中心的一侧适当超挖，以使迎面阻力减小；而在对方的一侧则不超挖或留坎，使迎面阻力增大，形成力偶，让首节管道调向，逐渐回到设计位置	当偏差为 10～30mm 时
顶木校正法	用圆木或方木一根，一端顶在管子偏向设计一侧内管壁上，另一端支在垫有木板的管前土壤上，支架稳固后，开动千斤顶，利用顶进时顶木斜支管道所产生的分力，使管道得以校正	当偏差大于 30mm 或采用挖土校正法无效时
小千斤顶校正法	此法基本与顶木校正法相同，并配合挖土校正法在超挖的一侧管端壁支上一个 5～15t 的小千斤顶，千斤顶底座上接一短顶木，利用小千斤顶的顶力使首节管道调向，然后在继续顶进中，逐渐回到设计位置	当偏差大于 30mm 或采用挖土校正法无效时
加垫钢板校正法	在顶管的终端与顶铁之间的适当位置垫置一块相应厚度的楔形钢板，使顶管与顶铁之间形成一个角度，顶进时即可使顶管逐渐回到设计位置	采用挖土校正法无效时

7 节管时，若高差已达 40mm，超过设计 12mm。全长剩下 8 节管只有 20mm 高差，则每节管按 2.5mm 高差前进。

（4）已有一节管以上发生严重的反坡或过多超过了全长高程：

1）在发生问题的管尾处用小顶拉开 300 ~ 400mm 以硬木撑住，中间留出空档，将管子分为前后段，前段管有误差，后段管正常。

2）前段管在顶进口调整（提高或降低）至坡度中线合格为止，后段管经过前段管位置时，应填补碎石或刨去高出部分，使管子按设计中线坡度前进，前段管不宜过急，应经过一段必要距离后使之正常。

3）前后段管均合于设计中线坡度后，拆除撑木使管合拢再继续前进。

3. 顶管质量的检测方法

（1）水准仪测平面位置（图 7-15）

在待顶管首端固定一小十字架，在坑内悬架一台水准仪，使水准仪十字对准十字架，顶进时，如果出现十字架与水准仪上十字线发生偏离，则表明管道中心线发生偏差。

（2）水准仪测高程位置（图 7-16）

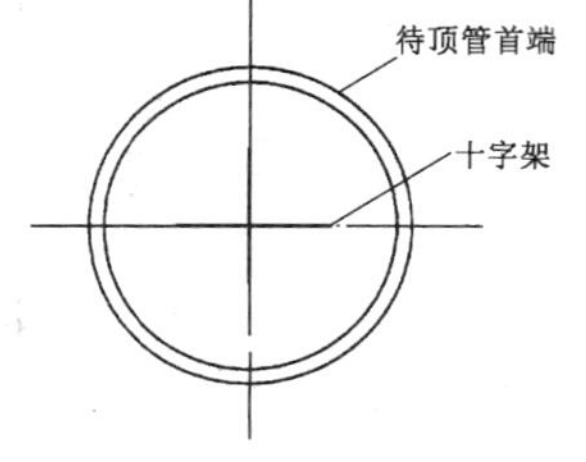

图 7-15　水准仪测量平面位置

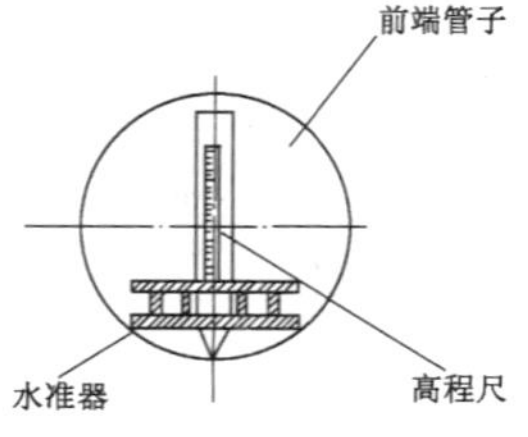

图 7-16　水准仪的高程测量

在待顶管首端固定一小十字架，在坑内悬架一台水准仪，检测时，若十字架在管首端相对位置不变，只要量出十字架交点偏离的垂直距离，即可读出待顶管顶进中的高程偏差。

(3) 垂球法测平面与高程位置（图 7-17）

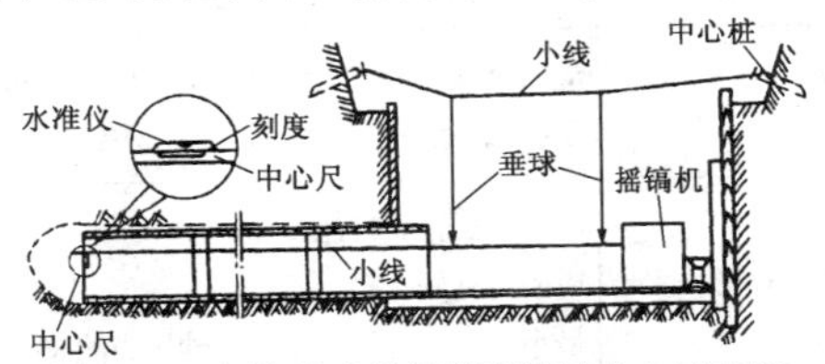

图 7-17　小线垂球延长线法测量中心示意图

在中心桩连线上悬吊的垂球示出了管道的方位，顶进中，若管道出现左右偏离，则垂球与小线必然偏离，再在第一节管端中心尺沿顶进方向放置水准器，若管道发生上下移动，则水准器气泡也会出现偏移。

4. 顶管允许偏差（表 7-61）

顶管允许偏差　　　　表 7-61

<table>
<tr><th colspan="2" rowspan="2">项目</th><th rowspan="2">允许偏差 (mm)</th><th colspan="2">检验频率</th><th rowspan="2">检验方法</th></tr>
<tr><th>范围</th><th>点数</th></tr>
<tr><td colspan="2">中线位移</td><td>50</td><td>每节管</td><td>1</td><td>测量并查阅记录</td></tr>
<tr><td rowspan="2">管内底高程</td><td>DN≤1500</td><td>+30
−40</td><td>每节管</td><td rowspan="2">1</td><td rowspan="2">用水准仪测量</td></tr>
<tr><td>DN≥1500</td><td>+40
−50</td><td>每节管</td></tr>
<tr><td colspan="2">相邻管间错口</td><td>15%管壁厚且≤20</td><td>每个接口</td><td></td><td>用尺量</td></tr>
<tr><td colspan="2">对顶时管间错口</td><td>50</td><td>对顶接口</td><td></td><td>用尺量</td></tr>
</table>

7.3.1.6 水下顶管

1. 水下顶管常用器具及要求（表 7-62）

水下顶管常用器具及要求　　　表 7-62

器　具	技 术 要 求
千斤顶 触变泥浆	应满足顶力要求，两台以上时应选用同型号 膨胀土:碱:水 = 16%:0.32%:84%
水力吸泥机 工具管、环形止水 加气装置 测量装置	能连续工作，性能可靠 应密封良好 最小加气压力能大于水下砂压力的 80% ~ 90% 水准和经纬仪

2. 水中顶管的施工示意（图 7-18）

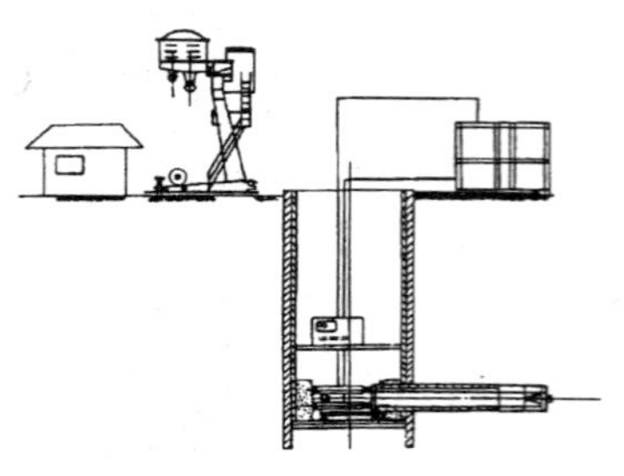

图 7-18　水中顶管施工

3. 水下顶管对工作坑、接收坑的要求

(1) 在工作坑的前方浇一堵与工作坑同宽厚为 0.5m 左右的前止水墙。该止水墙的中间预留有一只供掘进机出洞的洞口。洞口的直径一般比掘进机的外径大0.15～0.2m。在洞口安装上止水圈。

(2) 钢筋混凝土沉井或用钢筋混凝土浇筑成的方形工作坑，则不必设前止水墙。如果是圆形工作坑，则必须同样浇筑一堵弓形的前止水墙，这时洞口止水圈就安装在平面上，而不可能安装在圆弧面上。

(3) 覆土深度大于10m以上或者在穿越江河的工作坑中，洞口止水圈必须做两道。前面一道是充气的，它与管道不直接接触。中间有一道止水圈。这在长距离顶管或覆土深度较大的顶管中是必须做的。洞口止水圈各部尺寸表（mm）（表7-63）

(4) 前止水墙各部尺寸及混凝土用量表（表7-64）

(5) 洞口的封门也可根据土质条件及掘进机或工具管的形式来选定。洞口可用低强度等级混凝土砌一堵砖封门。在出洞时可以用工具管直接把砖封门挤倒或用刀盘慢慢地把砖封门切削掉。也可用低强度等级的混凝土取代砖头。

1) 还有一种具体做法是在洞口外侧预先安装好由一块块槽钢制成的钢封门，把沉井的进出洞口封住。槽钢的下部被安装在井壁上洞口以下的钢构件托住，中部被安装在井壁上洞口以上的钢构件压住，槽钢的上部必须高出沉井端面。

2) 在沉井的洞口内，仍砌上一堵砖封门。当工具管或掘进机出洞时，先把砖封门拆除。这时，由于有钢封门挡住，土体不会向洞内涌进来。当把工具管或掘进机推进到距钢封门50～100mm时，洞口止水圈已能发挥作用了，然后，把头露在地面上的槽钢一块块拔起，工具管或掘进机就能安全出洞了。

表 7-63

洞口止水圈各部尺寸表（mm）

代号 \ 尺寸 \ 管径	600	700	800	900	1000	1100	1200	1350	1500	1650	1800	2000	2200	2400	2600	2800	3000	备　注
D	730	850	960	1080	1200	1310	1430	1600	1780	1950	2120	2350	2580	2810	3040	3270	3500	管外径
G	670	670	900	1020	1120	1230	1350	1520	1700	1870	2040	2270	2480	2710	2940	3170	3400	橡胶圈孔径
J	160	160	160	160	180	180	180	180	180	180	180	210	210	210	210	210	210	橡胶圈宽度
$G/2+J$	495	555	610	670	740	795	855	940	1030	1115	1200	1315	1450	1565	1680	1795	1910	
$N+M$	440	440	440	490	590	590	590	620	740	740	800	840	840	840	840	840	840	
N	170	170	170	190	190	190	190	220	240	240	300	330	330	330	330	330	330	洞口离底板高度
M	270	270	270	300	400	400	400	400	500	500	500	510	510	510	510	510	510	洞口上部宽度
H	1310	1430	1540	1710	1930	2040	2160	2360	2660	2830	3060	3330	3580	3810	4040	4270	4500	前止水墙高度
f_2	103	103	103	119	119	119	119	124	144	144	151	181	181	181	188	188	188	混凝土基础厚度

前止水墙各部尺寸及混凝土用量表 表 7-64

混凝土管内径 (mm)	各部尺寸 (m)				混凝土用量 (V) (m^3)	模板用量 (m^2)
	宽度 (W)	高度 (Z)	孔径 (E)	厚度 (K')		
600	1.87	1.31	0.87	0.325	0.60	3.60
700	1.99	1.43	0.99	0.325	0.68	4.02
800	2.10	1.54	1.10	0.325	0.74	4.41
900	2.22	1.71	1.22	0.325	0.85	4.98
1000	2.34	1.93	1.34	0.375	1.17	6.13
1100	2.45	2.04	1.45	0.375	1.26	6.59
1200	2.57	2.16	1.57	0.375	1.36	7.09
1350	2.74	2.36	1.74	0.375	1.53	7.91
1500	2.92	2.66	1.92	0.375	1.83	9.13
1650	3.09	2.83	2.09	0.375	1.99	9.90

续表

混凝土管内径（mm）	各部尺寸（m）				混凝土用量（V）（m^3）	模板用量（m^2）
	宽度（W）	高度（Z）	孔径（E）	厚度（K'）		
1800	3.26	3.06	2.26	0.375	2.24	10.92
2000	3.49	3.33	2.49	0.375	2.55	12.23
2200	3.74	3.58	2.74	0.425	3.19	14.20
2400	3.97	3.81	2.97	0.425	3.49	15.40
2600	4.20	4.04	3.20	0.425	3.80	16.63
2800	4.43	4.27	3.43	0.425	4.11	17.89
3000	4.66	4.50	3.66	0.425	4.44	19.16

4. 水下顶管对管材要求

(1) T型套环管接口

结构形是用一个T形钢套环把两只管子连接在一起的接口形式。接口的止水部分由安装在混凝土管与钢套环之间的齿形橡胶圈承担。在两个管端与钢套环的筋板两侧都安装有一个衬垫。安装应在齿形橡胶圈外涂抹一层润滑剂。安装时，还应注意不能让橡胶圈挤出。

(2) F型管接口

基本与T形同，但要是把钢套环的前面一半埋入到混凝土管中去。

5. 由泵房内向江中顶管的过程

(1) 在泵房内设靠背，铺设导轨，安装千斤顶，其安装精度见表7-65。

表7-65

设施项目	技　术　要　求
千斤顶设备	使其轴线与顶进钢管轴线平行，对合力位置偏差≤5mm; 千斤顶头部向下允许偏差为3mm，左右允许偏差为2mm。
导轨设置	顶管导轨安装允许偏差为: 轴线位置—3mm；高程—±2mm；两轨内矩—±2mm。

(2) 在泵房拟顶管处应预埋特制穿墙套管，当顶管时，将穿墙套管的内法兰盖打开，装上盘根填料和压盖法兰（不拧紧），将管道沿穿墙管顶出，挤紧压盖法兰使盘根填料与顶进中的管道密切接触，防止顶进中流砂及水流进泵房内。

(3) 在顶管前端设工具管头，其目的在于减少顶进阻力，调整顶进方向，冲泥取土，便于顶管操作。

(4) 当泥土被顶进入工具管头内，则开启水力机械冲泥和出泥。

(5) 顶进中一旦发现流砂及土层塌陷，要立即在密封仓内增加气压来制止，但气压不宜过大，否则增大管道的正面阻力。

(6) 顶进速度与出泥量要保持平衡，否则会出现管道下沉及土层塌陷的现象。触变泥浆要在顶进前压入，避免在泥浆下顶进。

(7) 为防止仓内被泥砂淤满，堵死吸泥口，水力机械开启后，要提高局部气压来固结土体，仓内泥砂要基本冲洗干净，再向仓内灌水，一般要灌至管道内的 1/3 高度。

(8) 在顶进中，经常测量管道的方向，一般每顶进 30～100cm 测定一次。当顶进方向出现偏差时，可用工具管纠偏。方法是减弱偏斜方向一侧的正面阻力。在操作过程中必须注意不要破坏被纠偏方向格栅上的土塞，也不能破坏刃口之外的土体，否则纠偏效果适得其反。纠偏应逐渐完成，每次纠偏角度不宜过大，宜为 5′～20′。

(9) 在顶进中接管时，管道轴线应一致，管口应对齐，其错口尺寸应小于 10%管壁厚，且小于 2mm。

(10) 当工具管头接近岸坡时，可不出泥闷顶入河，将工具管头拆除打捞上岸，完成顶管任务。

(11) 钢管顶进完成后的轴线不得超过 200mm；管底高程偏差不得超过 ±200mm。

6. 水下施工测量允许偏差（表 7-66）

水下施工测量允许偏差　　　　表 7-66

项　　　　目	允许偏差
施工基线方位角	12″
施工基线长度	1/5000
施工水准点	±5mm
定位标点或柱位控制点方向角	1′
定位标点或柱位控制点与施工基线的距离	1/2000

7.3.2　倒虹吸管

7.3.2.1　施工方法的选择（表 7-67）

7.3.2.2　直接顶管

1. 施工步骤

(1) 将要穿越河流部位的河床断面尺寸，河底地质资料勘测准确。

(2) 采用直接顶进法施工顶管，详见本章顶管施工内容。

(3) 穿越河流的直管顶入后，应对该管段进行清洗，然后将两端用木塞或其他方便物品封闭，防止泥土及其他杂物进入。然后，将两端管道连接上，形成倒虹吸管。

2. 施工要求

(1) 不准在淤泥及流砂地带顶越。

(2) 穿越管道的管顶距河底高度；对于不通航河道不得小于 0.5m，对于通航河道不得小于 1m。

(3) 选用穿越钢管时，要注意防腐处理。

7.3.2.3　围堰法施工倒虹吸管

1. 施工步骤

施工方法的选择 表 7-67

施工方法	优点	缺点	适用条件
直接顶管施工	1. 施工比较容易，省人力、物力	1. 施工前需清楚整个河床的构造 2. 安全度不高，容易从顶管孔内进水	适用于河床地质构造、土质较好，同时河流较窄处的倒虹吸管施工
围堰施工	1. 施工技术要求不高，准确度不大 2. 钢管，铸铁管，玻璃钢管均可使用	1. 筑围堰，工作量大 2. 提防围堰被洪水冲击	适用于河流不太宽，水流不急，不通航处
沉浮法施工	1. 适用面广，一般河流均可采用 2. 不影响河流通航和河水的流动	1. 水下开沟及管道的浮运，有一定的难度 2. 要求一定的机械施工技术	适用于河床受水流影响较小的影响

(1) 用围堰设计穿越河流管道一端近2/3河面，围堰方法可参见本手册的围堰章节。

(2) 用水泵抽空围堰内的水。

(3) 沿设计管线位置和走向在堰内开挖管沟，铺设管道，将堰内管道全部安装完毕，将管端的管口塞上，防止进土及杂物。

(4) 对该管段进行试压检验，合格后作防腐修补，然后回填管沟。

(5) 进行和完成在堰内部分的第二道围堰工作。第一道堰内的第二道围堰的设置要考虑尽量减少第二道围堰的施工工作量。第二道围堰与已施工完管段相交处的管沟要填以黏土作成止水带，防止沿管沟串水。

(6) 清除第一道围堰，建筑第二道围，要利用在第一道围堰内建造的第二道围堰的那部分。

(7) 抽出第二道围堰内的水，开挖管沟继续安装管道，管道施工完，应进行整个穿越管道的试压，合格后拆除第二道围堰。

2. 施工要求

(1) 围堰的质量要保证在整个施工期间内，发生最高水位时的安全。在施工设计时，要依据施工进度及水文资料确定科学、合理的开工期，以使围堰施工在枯水期内完成。

(2) 穿越管道的覆土要求：不通航河流不小于0.5m；通航河流应大于1m，而覆土上要做好冲刷的面层处理，回填高度不得高于河床。

(3) 在管道施工中，应注意空管上浮的问题，采取可靠的措施，防止管道上浮和偏移。

(4) 穿越管道选用钢管时，应作好防腐处理，若采用铸铁管或自应力混凝土管时，应优先考虑橡胶圈柔性接口，并配合可靠的基础。

(5) 若管沟底的土层结构不稳定时，应考虑节状基础等措施。

7.3.3 其他方法

7.3.3.1 沉浮法施工

1. 施工步骤

(1) 水下管沟可以采用挖泥船、吸泥泵、抓斗等机械挖掘，也可采用拉铲挖沟装置。挖掘装置在安装和使用时，要使牵引索始终保持与管道走向相同。

(2) 在挖沟同时，要经常测定水深，沟深和潜水员检查管沟的质量。

(3) 用碎石对管沟进行初步找平，达到设计规定。

(4) 在邻近管沟河岸的平整场地上依河床断面焊接倒虹吸钢管，对钢管进行防腐处理。

(5) 进行分段打压试验。

(6) 将钢管两端用木塞塞住拖至河中浮过水面上，对准管沟方位，可详见本手册浮管施工内容。

(7) 再进行一次严密性检验；校正管中线及倒虹吸管形状位置是否与河床断面相对应。

(8) 打开安装在管面端的进水及排气阀，逐渐均匀将管道沉于沟底管沟中。

(9) 潜水员检查和校正管道位置使之符合设计要求；将管道沟底的空隙用石块等填塞；拆去管道上所系钢丝绳，回填。

2. 施工要求

(1) 水下管沟开挖方向要求符合管道设计走向。

(2) 只能采用钢管施工。

(3) 在沉管时，要求两端同时进水，进水流量要小而且两端进水速率大致相同，同时两端牵引设备要拉住管道，以免因进水不均，管道两端下降速度不同而造成倾斜而改变位置。

(4) 管顶覆土必须均匀，尽可能恢复原河床断面；如埋设在河床下较浅时，亦可不覆土待其自然淤没。

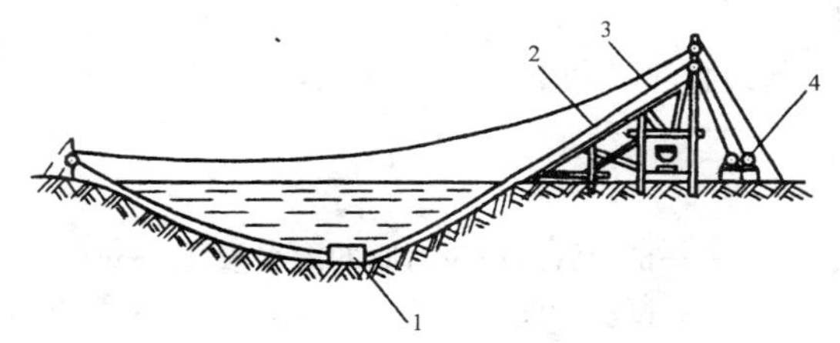

图 7-19 沉浮法施工管道穿越河流

1—索铲；2—牵引索；3—空载索；4—绞车

从量水槽内取水向管内灌水加压，使压力升至初压以上（T_1），但不能大于强度试验压力。用水龙头慢慢向量水槽内放水，使管道降压至初压，记录时间 T_2，T_2 为渗水量试验的结束时间。根据在 T_1 和 T_2 时间内量槽的水位差求内管道恢复初压所需的补水量 Q 和时间 $T = T_2 - T_1$，则可按下式求出管道的渗水量：

$$q = \frac{Q}{bT}$$

式中 q——试验压力下管道的渗水量（L/min）；

Q——为恢复管道初压所需的补水量（L）；

T——由渗水量试验开始到压力表返回原位为止的时间（min）；

b——系数，压力降不大于试验压力20%时取1，大于20%时取0.9。

作渗水量试验用的压力表要求精度不低于1.5级，即表的满刻度为被测压力的1.5倍。如果10min内管道压力降至工作压力以下，则可认为水压试验不合格，此时不必确定管道恢复初压所需的补充水量。

压力管的试验的渗水率按下式计算：

$$n=\frac{q}{L}$$

式中 q——试验管段单位时间的渗水量（L/min）；

L——试验管段单位长度（km）。

7.3.3.2 拱管施工

1. 拱管的弯制

（1）先弯后接法

先按拱管设计尺寸将管线分为适宜的几段，通常分为单数段（拱顶部分为一段，左右两个半跨对应分段），然后以分段的弧度及尺寸选择钢管，便可弯管焊制。钢管弯管可采用冷弯或热弯。采用冷弯时，管子尚有一定回弹量。因此在顶弯管子时，应当使管子的矢高偏大一些。偏大多少应视不同管径与不同跨度通过试验决定。

拱管弧形管段弯成之后，按设计要求在平整的场地上进行预装，经测量合格之后方可焊接，焊毕应再进行测量，应当保证拱管管段中心轴线在同一个平面上，不得出现扭曲现象。

（2）先接后弯法

先将长度适当大于拱管总长的几根钢管焊接起来，

而后在现场操作平台上采用卷扬机进行弯管。

弯管所用的模具与弯管的弧度正确与否有着极大关系，弯管作业时一定要做到牢固、准确，被弯的管子向模具靠紧速度要均匀，不宜过快。

为防止放松卷扬机钢丝绳之后管子回弹量过大，可在拉紧钢丝绳时，在拱管内侧用氧气烘烤到管壁发红后即可放松钢丝绳。由于拱管内侧由高温降至低温开始收缩（收缩方向与回弹方向相反），待管壁温度降至常温时，回弹量得以减少。

以上两种方法，在管道焊接之后，均需进行充气试验或油渗试验，以检查管道渗漏情况。

2. 拱管的安装

（1）立杆安装法

当管径较小，跨度较短时，立杆安装可采用两根扒杆，河岸两边各1根，其中1根为独脚扒杆，另一根是摇头扒杆。起吊前先将拱管摆置在两个管架的中间，吊装时两根扒杆同时起吊。

当管径较大，跨度较大时，在河岸一边竖一台扒杆，主杆与悬臂长均由实际需要而定，扒杆立杆铁由四根中型角钢构成，利用悬臂将拱管吊起，并向河中心平移至两个管架之间。

扒杆或悬臂将拱管提起之后，立即送至两个管架上就位，由于管架上的水平托架已经焊死，因而拱管左右位置不致产生偏差，而前后位置以两端托架为准，用扒杆或悬臂加以调整，而拱管的垂直程度，则可用经纬仪在两端观测，用风绳予以校正。

自拱管两个托架安装并校正后，随即进行焊接。如发现托架与管身之间有空隙，可用铁片嵌入后予以焊接。水平托架一经焊死，即焊上斜托架，再用经纬仪观测拱管轴线，检查有否偏差。

（2）履带式吊车安装法

这种方法适用于水面较窄的河流条件下。与立杆安装相比，该法可以减少管子位移及立装扒杆等一些准备工作，可以加速施工进度，其安装作业流程和要求与立杆安装法基本相同。

3. 拱管安装注意事项

（1）拱管控制的矢高比为1/6~1/8,一般采用1/8。

（2）拱管由若干节短管焊接而成，每节短管长度为1.0~1.5m，各节短管焊接要求较高，需进行充气或油渗试验。

（3）吊装时为避免拱管下垂变形或开裂，应在拱管中部加设临时钢索固定。

（4）拱管安装完毕，应作通水试验，并观测拱管轴线与管轴线与管架变位情况，必要时应作纠偏。

7.4 水下管道施工

7.4.1 水下管道铺设

1. 埋设管道注意事项

（1）管道埋设深度：在非航行河道不得小于0.5m；航行河道一般不得小于1.0m；河底受冲刷的河道，应采用桩架的形式。

（2）水下基础施工时，一般先在沟槽两侧打上定位桩，并在桩上做好基础高程记号，作为铺设和平整基础的标志。

（3）沟槽和水下埋管允许偏差（表7-68）

沟槽和水下埋管允许偏差　　表 7-68

项	目	允许偏差（mm）
水下埋管	轴线位置 高　　程	200 ±150
基　　槽	高　　程	+000，-300

2. 水下架空管道

（1）水上打桩允许偏差（表 7-69）

水上打桩允许偏差　　表 7-69

项	目	允许偏差（mm）
上面有盖梁的桩轴线位置	垂直于盖梁中心线	150
	平行于盖梁中心线	200
上面无纵横梁的桩轴线位置		1/2 桩径或边长
桩顶高程		+100 -50

（2）水下架空管道安装允许偏差（表 7-70）

水下架空管道安装允许偏差　　表 7-70

项　　　目	允许偏差（mm）
轴线位置 高　　程	150 ±100

3. 水下倒虹管的施工

（1）施工前的测量校测

倒虹管施工前，为了防止河道地形的实际形状与设计不符,必须对施工范围内的河道地形进行校测。如不符,应与设计单位联系变更设计。设置在河道两岸的管道中线控制桩及临时水准点,每侧不应少于 2 个,应设在稳固地段和便于观测的位置,并采取保护措施。为了防止河岸设置的管道中心控制桩丢失或位移,应设置两个以上护桩;管道中心控制桩及水准点的位置,应考虑设在河岸不致被水冲刷及影响通航的地段。

(2) 倒虹管施工的通用原则

1) 沟槽土基超挖时，应用砂或砾石填补，在斜坡地段的倒虹管现浇混凝土基础时，为了防止混凝土下滑，可采用降低混凝土坍落度或面层加盖模板等措施。应自下而上进行浇筑，并采取防止混凝土下滑的措施。

2) 倒虹管水平段与斜坡段交接处应采用弯头连接。钢管弯头处的加强措施应符合设计规定；排水倒虹管的混凝土弯头可现浇或预制，混凝土强度等级和抗渗等级不应低于设计规定。

倒虹管弯头应按设计规定制作，并对钢管弯头处进行加强措施。如设计无规定时，通常在弯头连接处加焊菱形钢板及筋板拉杆，以保证弯头不变形。加强钢板、拉杆的材料则应的管材相同，对焊接处的加强材料应作防腐处理。

3) 倒虹管竣工后，应进行水压试验。给水倒虹管应进行冲洗消毒。

4) 穿越通航河道的倒虹管竣工后，应按国家航运部门有关规定设置浮标或在两岸设置标志牌，标明水下管线的位置。

7.4.2 排海管道

1. 目前排海管道的施工方法及适用范围（表 7-71）

目前排海管道的施工方法及适用范围 **表 7-71**

施工方法		最大管径（cm）	最小管长（m）	最大管长（m）	最大深度（m）	最大海流速度（m/s）	对航运的影响
海底安装法	承插口式混凝土管	365	—	无限制	250	1	无
	钢　管	235	—	无限制	250	1	
	铸铁管	135	—	无限制	250	1	
铺管船		45	1000	无限制	—	—	较大
		75	1000	无限制	200	3	
		120	1000	无限制	100	3	
牵引法	底部牵引	325	—	500	150	2．6	较大
		105	—	1000	—	2．6	
	表面牵引	—	—	100	—	2．6	较大
		—	—	300	—	0．5	

续表

施工方法		最大管径（cm）	最小管长（m）	最大管长（m）	最大深度（m）	最大海流速度（m/s）	对航运的影响
沉管法		200 ~ 300	7	—	—	—	严重
桩架法		—	—	—	—	—	较大
顶管法		大于 180	1000	无限制			无
盾构法		大于 300					无

2. 施工方法简介

（1）海底安装法

海底安装是指从起重船上将3～10m长的管子在海底连接安装，连接时需潜水员帮助。

（2）铺管船铺设法

铺管船法适用于污水排海工程排放管的铺设，管材一般为铸铁管和有混凝土保护层的钢管。

铺管船铺设法是以铺管船为中心，组成铺管船队，并配以必要的辅助船舶和设备；一般单节管由制管厂按设计要求和规格加工，由供应船从岸上不断向铺管船供应，在铺管船上再将管道逐根接长，做好接头处的处理；直接在铺管船甲板上进行连接并对接口处进行检验，边加工边利用托管架将管道铺设至海底。

1）托管架铺管法

这种方法是利用铺管船尾部的刚性托管架，连接船上的管道下水滑台，将管道直接铺设至海底。新型托管架只承托入水管道的上凸弯曲部分管段，管道下半部凹弯曲管段呈S形，按管道自然悬链状弯曲铺设到海底。

刚性托管架铺管深度受托管架长度和斜度限制，最大铺设深度可达90～120m。新型铰接式托管架中间以铰接形式连接，两个平面内允许在3°～12°范围内调整，最大铺设深度可达150m。

2）漂浮铺管法

漂浮铺管法是传统式铺管船铺管法，通过在管道上系绑浮筒来调节铺设过程中管道的弯曲程度，以保证管道铺设过程中管体受力在容许限度内。浮筒一般采用压差式，随管道入水至一定深度，达到浮筒预定的压差时即可自动脱开管道释放，浮筒可由海上的回收船收回。

3）张力铺管船法

张力铺管船的管道下水设备在船体中部，下水设备近乎垂直。管道铺设过程中承受一定的预张力，可以平衡管道铺设过程中的管体应力。与其他方法相比，张力铺设管道时铺设应力最小。采用张力铺管法，最大铺设深度可达 120m 左右。

4）焊接驳船铺管法

这种方法是利用带焊接起重设备的驳船，在驳船上进行管道焊接和焊口质量的检验，并对接头部分进行加工处理。管道通过船尾的下水滑台下水，在管道上配有必要的浮筒以减小管道下水时的弯曲应力。

5）卷筒铺管船法

卷筒铺管船可分为竖向卷筒式和横向卷筒式两种。在陆地上事先将管道强力缠绕在卷筒上，由拖轮将卷筒驳船拖到铺设地点，将卷筒上的管道松弛，经船尾校直机校直后再将管道铺设到海底。卷筒直径一般大于 20～25m，以防止管道缠绕在卷筒上过度弯曲。卷筒上的管道处于弹塑性状态。卷筒式铺管船适用于深水小口径的厚壁管道铺设。

（3）牵引法

底部牵引法是沿排管路线来牵引管子，这种方法需要浮动施工设备最少，许多地面和海上条件下均可适用。

表面牵引法基本上与底部牵引法相同，只是管子轻，能自动悬浮或用辅助浮具漂浮。牵引到位后，将管子装满水沿特定路线沉入预先挖好的沟道。

牵引法铺设管道，要求铺管海滩附近有较大的场地，用于排放管的存放和管道的加工检验。铺设管段一般是逐根放置，单根管长可达450m，最长的可达1500m。管道通过特制的下水滑道牵引下水，在岸上将下一段管道滚动其后并进行连接，然后牵引接好的管道，如此重复进行连接、牵引。牵引法多用于钢管和混凝土管道的施工。

在底部牵引施工中，排放管沿着海底被拖到预定位置上。在施工过程中可以采用一般的拖轮、牵引绞车船或固定在岸上的绞车。

为了保证施工的顺利进行，在施工前应对海底进行详细的测量，从管道下水到铺设地点之间选择一条合适的拖管线路。同时了解拖管线路上的一切情况，主要包括水流、波浪、地形、地质或有危险的障碍物。拖管航道一般相对平坦、顺直，不存在如孤石、沉船等影响拖管安全的障碍物。

为了使拖航距离最长或使拖航的速度与拖力优化，应尽量减少管道的负浮力。在水流速度较大的海区，可以采用加防护加重层或水泥重块等措施来增强管道的稳定性。

在施工过程中，拖管头是管道牵引的必备设备之一。拖管头将管道端头牢固地与牵引缆索连接，将牵引力传递给管壁。常用的拖管头有：带导向圆筒的拖管头、鹅颈式、管帽式、眼板式、拉环式拖管头。

采用底部牵引施工时，由于海床地形起伏、结构缺陷或航道上障碍物等原因影响，管道所需的牵引力较大，同时管道或管外壁的防腐层易因摩擦而损坏。

离底牵引和定深牵引能较好的避免底部牵引法的不足之处。离底牵引一般借助于管道上绑系的铁链和浮筒，使排放管潜浮在距海底不太大的均匀高度上，管道处于悬浮状态，不会受海底地形的影响。定深牵引法是通过牵引船施加拉力，使管道以对称的曲线形式在海中保持一定的深度。

牵引铺设法与其他铺设方法相比，有较大的优越性。其优点主要表现在：

1）与常用的铺管船法相比，牵引法铺管费用较低。

2）可以用于大管径和重量较大的重型管道的铺设。

3）施工期间不受水深或管子规格影响，操作相对容易和安全可靠。

4）在牵引期间，管道应力较低，可避免因遭受过度的弯曲而破坏。

牵引法施工的局限性主要表现在：由于牵引力受到现有设备操作能力的限制，管道一次牵引长度有限。

综合牵引法的施工特点及在国内外排海工程施工中的应用，适合采用牵引法施工的情况，主要有以下几方面：

1）远岸区域及无法使用铺管船铺设的管道，如海滩、浅滩地段的排放管。

2）铺管船难于铺设的管径大于1500mm巨型或重型管道。

3）铺管船难于调动或海底地形复杂和危险海域，特别是抛锚、起锚可能危及邻近结构物安全的区域。

4）风浪大的海域或其他环境条件恶劣位置，如铺管作业的季节短或海况变化较大，难以预测的海区。

(4) 沉管法

沉管法施工一般用于大管径钢筋混凝土或铸铁管，对于大管径管道，和管径 2～3m，每段长度 7m，重约 50t，它需要重型设备来安装。沉管法施工包括在场地制作管段、江底挖槽、基础处理、浮运、沉放、管段连接等工序。沉放管主要优点是可以根据地形条件合理布置管道走向，清除水下障碍物比较方便，并且有相当部分工艺在陆上施工。用沉管法埋设水下长距离管道亦有工程实例。在深水情况下，由于能见度差，潜水员只是凭感觉在指挥操作，所以在这种情况中经验是非常重要的。缺点是水上作业部分对航道交通有严重影响。

采用沉管法铺设排放管一般有下面两种情况：

1) 排放管管径较大，管壁较薄，空管相对密度小于 1.0 时，将管道两端封堵后可直接漂浮在海面上，如高密度聚乙烯管。

2) 管材管径较小或在管道外部涂有混凝土保护层，空管相对密度大于 1.0 时，在管道上适当位置上系绑浮筒，借助于浮筒的浮力，使管道呈漂浮状态。

沉管法铺设管道需要陆上制管厂，一般选在铺设地点附近的平坦、开阔、交通方便、便于管道下水的场地。管道下水时不采用沿坡滚动，而是利用滑道与滑撬将管道顺坡平移下滑入水。这样可以防止施工过程中管道因承受过大的扭矩而损坏。当空管相对密度大于 1.0 时，管道需绑系浮筒，使管道在水中处于漂浮状态。

在拖运之前要选择好的天气，选择水深足够、风、浪、流条件适宜的情况。管道向预定地点拖运时，应选择合适的路线，使航线尽量平直，拖航距离短，拖航转弯少，弯道的回转半径足够长。管道沿滑道下水后立即用拖船拉着整根管道向深水区移动，防止管道在浅水区被海浪拍击损坏。在管道向深水区移动时，随时测定管道的弯曲状况，使其在任何时候都大于管道的最小弯曲半径。管道拖航到预定位置时，拖船要提前减速。当管线较长时，施工过程中管道中部要配置控制船，利用控制船上的缆索一起控制排放管的沉放。管道下沉时通常采用的方式有支撑控制下沉、管内充水下沉、浮筒控制下沉。

（5）桩架法

桩架法一般用于浅水区，铺管船或其他驳船不能工作的水域。近岸区域一般为大浪区，虽然桩架并不能减轻巨浪对近岸水域施工的影响，但桩架能为排海管道的施工提供一个固定的工作平台。

1）桩架的建造

桩架一般采用螺栓连接，施工较方便。桩架的横梁上设有轨道，可以用于起重机械作业和管道铺设等工作。

2）桩架下部的开挖

在铺设管道之前，需进行海床开挖。浅水区域可采用水力挖掘机进行管道沟槽开挖，挖掘机可装在轨道车上并沿栈桥方向进行移动。沟槽的开挖深度可通过测深索控制。

3）管道的铺设

桩架法铺设管道时，可使用桥式起重机，用滑轮和钢索来跨装并铺设管道。管道放置于桩板墙上，桩板墙上装有新型的侧向稳定系统，可以减小铺设过程中海浪对管道输送的影响。当机座潜入水下铺设地点时支撑臂可保持管道的稳定性，管道的横向移动可通过一只支撑杆的移动来完成。管道在近岸与远岸移动时，大范围的移动可采用轨道车完成，小范围的移动可使用拖车。

在管道铺设之前要做好应急准备，如防止管道上的镇压岩石受到侵蚀，在安装过程中防止砂子和漂石进入管道等。

该法需先在水中打桩，在桩顶架设横梁，再在横梁上铺设排水管道，有较多的水上作业，施工时对航道影响较大。

(6) 顶管法

国内目前埋设水下长距离管道工程，大多数采用顶管法，如上海市黄浦江上游引水工程中的杨树浦水厂与南市水厂的两条过江管道，以及广东汕头管道工程和浙江宁波甬江管道工程，都是采用这一施工方法，而且顶管距离都在 1000m 以上。采用这一施工方法的主要优点是国内在这一工艺中积累了许多成熟的设计和施工经验，而且在施工中几乎不受气候、水文等自然因素影响，施工单位和航道部门也愿意采用这一方案。但是当管径较小时（小于 1.8m），会给长距离顶管的施工带来一定的困难。

(7) 盾构法

这是一种采用掘进机在地层中掘进的施工方法，上海隧道公司用这种施工方法已建成了几条穿越大堤、伸入江海并有垂直顶升扩散管的排水隧道，积累了较为成熟的施工经验。该法需要管径在 3m 以上，施工费用昂贵，且工期较长。

对于1000m长以上的排海管，岸上可用一种方法而海上部分用另一种方法施工。岸上部分一般预先挖好沟道然后将管子拉入沟道，拍岸浪区预先挖好的沟道很快会淤塞，所以施工程序和施工管理很重要，曾设想在海岸线上铺好，再埋入地下，这些方法大部分失败了。

3. 海底开沟埋设方法

(1) 预开沟法

预开沟法，是利用水面或海底设备在管道铺设前，按照预定路线事先在海底形成管沟的方法。水面机械开挖管沟，常使用各类挖泥机（船）完成，作业水深一般小于20m。各种型号的挖泥船，适用于不同水深和不同海底地质条件，但价格昂贵。

在浅水地段经常使用预开沟埋设方法，管道在沟槽内牵引较安全可靠。但这种方法开挖土方量较大，而且又要回填埋设，相对工程造价较高，工程进度较慢。

为了满足管道铺设要求，沟槽开挖时一般应符合要求：沟槽的轴线，方位要力求准确；沟槽开挖深度要符合要求，槽底部纵向坡度最小，尽量减小水下土方的超挖量。

预开挖沟槽，首先是按沟槽预定开挖位置在海上定出轴线，然后根据海底土质与水深等条件，选择合适的沟槽开挖方法。对于坚硬地层，要预先爆破炸松后再选用适当的机械在水下清理出符合要求的沟槽。常用的施工船舶与机械有：

1) 抓斗式挖泥船

抓斗挖泥船适用于各类土的开挖。一般抓斗式挖泥船的挖泥深度达 12～24m，最深达 60m。由于工作水深的限制，抓斗式挖泥船较适用于靠近岸边区的浅水地段。

2）吸扬式挖泥船

吸扬式挖泥船工作水深从水面计算一般在 12～16m。一般吸扬式挖泥船，只适用于挖海底软弱的泥土，对于黏性土可采用头部装有铰刀的吸泥头，用铰刀旋转切削土体，然后吸入挖泥船。

吸扬式挖泥船排泥地点不宜离挖沟槽太近，防止泥土再次回淤。自航式挖泥船吸入的泥浆装入泥舱内，驶往指定抛泥海域抛掉。

3）链斗式挖泥船

链斗式挖泥船是挖泥深度一般为 12～16m。斗链转动时带动泥斗较多，工作效率较高。同时，切土底面较平整，高差可在 20cm 以内。

4）铲斗式（铲扬式）挖泥船

铲斗式挖泥船适用于开挖重质黏土和风化的岩性土，也可用于爆炸松动后的基岩碎碴。现在国内铲斗式挖泥船的铲斗容量一般为 2.0～8.0m^3，开挖深度在 10～14m 左右。

5）预开沟犁

开沟犁不仅能在砂、黏土、砂质黏土、砂土夹石等不同海底土壤中施工（土壤的剪切强度范围为 3～150kN/m^2，局部区段可达 400kN/m^2），而且还能在石灰岩及冠岩层上成功地犁出所需的管沟来。开沟犁的设计作业水深一般在 150～250m 左右。

（2）后开沟法

后开沟法，是在已铺设的管道上，利用喷射水流、气举水流、铰刀等将管道下方和周围的土壤切削、冲刷、液化和扰动，通过水力（气）喷射和排泥设备将土壤（或泥浆）扬弃或排出，在管道周围及下方形成管沟，使管道随即下卧在形成的管沟中。

1）冲射法

冲射法是最普遍的一种海底开沟技术。

在早期的海底管道施工中，曾由潜水员在海底用高压水枪进行管沟开挖。随着管径、水深及埋管深度的增加，出现了开沟驳船牵引冲射滑橇，滑管道铺设线路进行开沟的施工技术。冲射滑橇上装有垂直喷嘴，海面上工作母船的喷射泵将高压水从喷嘴喷出，冲动海底管道下方及周围的土体。装置上的吸泥泵将冲动的泥浆吸走，此时管子靠自重沉入刚冲出的管沟内。被吸走的泥浆由装置后部排泥管排出，恰好用于回填沉入沟槽的管道。

2）土壤液化法

液化法对于常规开沟技术较难开挖的非黏性土壤，如在砂或略带黏性的沉积土中使用最为有效。

液化法的特点是集开沟、回填于一体，在土壤液化的同时，管子立刻被覆盖，施工费用较少。被液化了的砂基，像是很稠的重质“液体”，其相对密度小于管子的相对密度因而使管子在自重作用下自沉到要求的深度，这个深度也是液化作用的深度。因此，下沉管道的砂基不必先液化一段长度，而只需将管道的柔性变化段（即“S”形变形段）下的砂基液化就足够。该装置跨坐在管道上，亦作为使管子下沉的附加重力。

一般使土壤液化的机械单只重约 2t，工作时沿管线排成一串，长度在 24～100m。通常所要求的液化长度为 $L \geqslant 85D$（D 为埋设管径）。

液体法的缺点是：该方法只适用于非黏性土壤，铺设路线上土质明显变化时，液化法无法进行；施工设备庞大，需要大量的高压水，在作业时软管操纵复杂。液化法的缺点极大地限制了它的应用范围。

3）后开沟犁法

后开沟犁，是将管子铺设在海床上后，再用海底犁在管线底下开沟，管子靠自重落入开出的沟槽内。后开沟犁适用的海底土壤为砂、黏土、砂质黏土、砂土夹石等，也适用于石灰岩及冠岩层。

4）机械开沟法

①链式开沟机：该机的独特之处是具有 3 套切削链，其中两套分别安装在两侧进行开挖，第三套用于清沟。开出的管沟呈 60°V 字形，槽深且狭窄，有利于对管子的保护。其工作母船可动力定位。开沟机通过电缆从母船上取得动力及指令，无需潜水员水下帮助。链式开沟机是近年来国外开沟机研究和发展的焦点之一，它的研制正向深度和全自动方向发展。

②柱状铣削开沟机：柱状铣削开沟机，在机架上装有大型的铣削头，由吸泥泵将切剥下的泥砂抽走。该机具有 4 个柱状铣削头和 2 台吸泥泵，可以为剪切强度 4826kN/m^2 的海底开沟。开沟机工作水深为 0.6～365m，可将 150～1350mm 的管道埋入海底 2.8～3.6m，平均开挖速度为 600m/h。

③盘状旋削开沟机：机械式盘状旋削开沟机可在海底岩石层上开挖管沟。其特点是：在盘状旋削轮上装有可更换的硬质金属切割锯齿，锯齿的形状可根据

海底土质情况选用。

机械盘状旋削开沟机受经济因素的限制，目前仅用于电缆、柔性管及小管径管道的开沟工程。对于较大管径管道需在海底岩石层上开沟埋设时，主要采用水下爆破法。

4. 沟槽的回填

回填材料：排海管道沟槽回填从施工角度考虑，最方便的办法是将开挖沟槽的土料直接作为回填土料。开挖时将土料堆放在管沟的两侧或一侧，利用海底流等动力因素自行回填。但从管道防腐角度考虑，最好使用洁净的砂石。凡是砂石来源方便的地区，尽量选用砂石材料回填。

管沟回填材料包括放置在底层的小石块和上部镇压岩石两类。底层石料一般都是碗豆大小的小石粒，这种石料较小，易被海浪卷走，因此只能用于管沟底部的回填。建议采用的级配见表 7-72。

表 7-72

岩石的设计尺寸	底层石料	C	B	A	A_1	A_2
mm	38	150	300	460	610	760

7.4.3 管道水上浮运及下沉

1. 浮运方法及注意事项（表 7-73）

浮运方法及注意事项　　表 7-73

方法	主 要 机 具	注 意 事 项
浮运法	机动拖船、绞车或卷扬机	应进行浮力计算，当浮力不足时，应按需要增设浮筒

续表

方法	主要机具	注意事项
吊装法	浮吊船	吊装前应正确选定吊点，并进行吊装应力与变形试验，当管子产生的应力和变形过度时，应采取临时加固措施
拖运法	机动拖船、绞车或卷扬机	各种方法均应采取措施保护管段及防腐层不受损伤

2. 浮运注意事项

(1) 施工船舶的停靠、锚泊、作业及管道浮运、沉放等，应符合航政、航道等部门的有关规定。

(2) 采用拖运法或浮运法铺设时，应根据河道水位情况确定施工时间，不宜在洪水季节进行。

采用拖运法是将管道用滑轨或滚木等牵引到铺设管道位置或拖运到水中，再浮运到管道位置进行沉管。如在河道冰冻期，可将管道在冰面上拖运到铺设管道位置后再沉管。采用浮运法是在管道浮运前将两端管口封堵后入水，而后将浮在水中的管道用人工或船只等方法运到管道位置进行沉管。为了防止河道因涨落潮或汛期水位的变化导致影响管道拖运或浮运，通常选以常水位进行。

(3) 在浮运前，应使管道成为封闭的空管，当采用整体管道浮运时，两端管口通常用法兰螺栓堵板封堵，以便于拆装。在堵板上应设置进水管和排气管，其数量可根据管径大小及灌水、排气要求确定，并在管上装置阀门，以便沉管时灌水及排气。当采用分段管道浮运时，可用橡胶球堵塞管口，充气应适当，以防止橡胶球堵塞不严或爆裂。如管道浮力不足时，可将浮筒用绳索绑在管上，刚性浮筒可用钢制容器做成；柔性浮筒可用橡胶或塑料制成气囊，也可采用竹、木材等捆绑在管上。管道由组装台上应缓慢地推动入水中，保持管身受力均匀，以防止管身因受力不均导致折断。

(4) 钢制管在水中浮运时，应将绳索接触处用木条或竹条等包裹，并用钢丝绑牢，当在岸上采用滑轨或滚杠拖运时，或者在冰上直接拖运时，通常将管道的下部用木条或竹条等全包，其余部分可间隔包裹，在管道下沉前，对管道外防腐层则应进行全面检查，如有损坏应及时修补。

3. 常用的水上浮运法

(1) 第一段钢管浮运示意图（图 7-20）

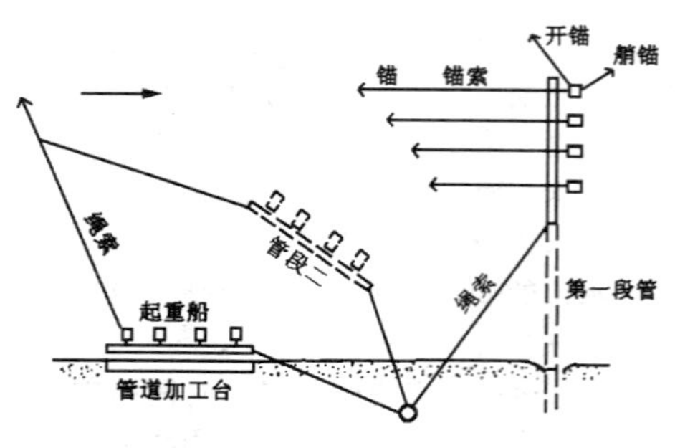

图 7-20　第一段钢管浮运示意

(2) 第二、三段钢管浮运示意（图 7-21）

(3) 浮运施工过程

1) 第一段钢管用4个起重船一起顺水向下浮运，待钢管的下水端快到沟槽时，其上水端才撑出，同时各起重船分别抛下水锚，然后各船先后放松锚链，顺流下放，边放边控制调整，一直运放到下沉的位置。

2) 第二、三段钢管的浮运，一开始就将管道的上水端尽量拉开，不沿着河边向下运，如图7-21。

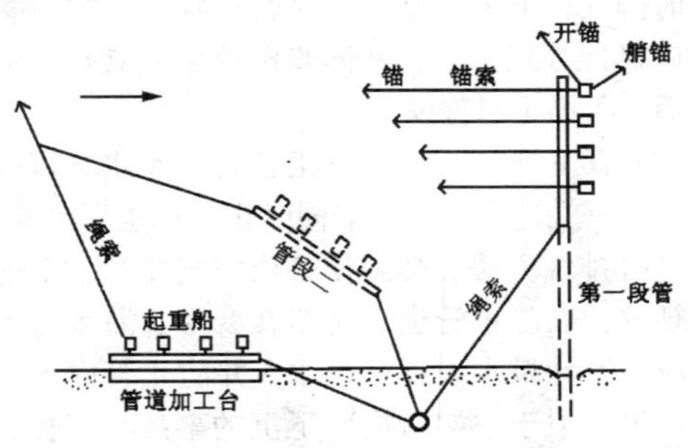

图7-21 第二、三段钢管浮运示意

4. 浮管下沉注意事项

(1) 管沉前的准备工作是保证管道顺利下沉的重要条件。对设置定位标志应准确、稳固；开挖沟槽断面应考虑满足沉管就位要求，必要时由潜水员下水摸清沟槽情况，并清除沟槽内的杂物；对应用的牵引及起重设备包括人字扒杆、卷扬机、钢丝绳与起重滑轮以及灌、排水用的水泵及计量水表等应经试运转良好，并应考虑备用量；在水下作业的潜水员应有绝对可靠的安全保护措施。

(2) 钢管的起吊设备，应根据管道长度、重量及河床地形、施工条件等情况选用合适的起重机或扒杆。吊点通常设在直线管段，并经应力验算确定具体位置。为了防止损坏管壁，吊点的吊环不宜直接焊在管壁上，可采用钢制包箍，用紧固件将钢制包箍固定在管壁外，吊环则焊在包箍顶上。

（3）管下沉时应符合下列规定

测量定位准确，并在下沉中经常校测；管道充水时同时排气；下沉速度不得过快；两端起重设备在吊装时应保持管道水平，并同步沉放槽底就位，将管道稳固后，再撤走起重设备。

倒虹管下沉时，首先吊正管位。灌水下沉时，通常由管道一端进水，另一端同时排气；也可一端进水，两端同时排气方法。必须使管内空气排尽，不得产生夹气现象，以防止管道产生扭转变形。灌水时不宜过快，应设置计量水表控制注水，并防止管内水流不均匀而产生集中于一端造成斜下沉的事故。如管道自重较轻不能下沉，则在管道上加系重物助沉。当下沉时，吊装管道的牵引钢丝绳必须绷紧，灌水下沉与牵引绳放松应密切配合，力求管道水平下沉。如灌水过程中发现牵引设备不稳固时，应停止灌水，待调整后再继续灌水下沉。管道沉入槽底后，为了防止管身位移或倾斜，两岸设置的牵引设备不应立即拆除或放松，应采取措施将管道稳固后再拆除。

（4）管道在水中采用浮箱法分段连接时，浮箱应止水严密。管道接口应作防腐处理。

浮箱的制作，通常用钢板焊制成长方体，其尺寸应根据管径及便于操作等因素确定。在浮箱两侧上口做成U形，外壁再增焊固定管卡，以便架管及固定管道，箱底焊一段钢管封底做成吸水井。当采用法兰接口连接管道时，先将浮箱拖运至两管段接口处，用船上人字扒杆吊稳浮箱即注水使其沉入水下适当位置，再牵引两管段至浮箱上面对正后，将水面以上螺栓穿入螺孔稍加拧紧。而后再提起浮箱至管段接口处底部用管卡固定两管段后，进行浮箱止水，止水方法可采用耐水性强的胶粘剂粘结在管卡与管外壁周围。当将浮箱内积水抽干后进行管道连接及接口处的防腐处理，完成后即撤走浮箱，进行沉管。

(5) 虹管道铺设后，应检查、处理下列工作，并作好记录。

检查管底与沟底接触的均匀程度和紧密性，管下如有冲刷，应用砂或砾石铺填；检查接口情况，测量管道高程和位置。

5. 水下铺设管道的允许偏差（表 7-74）

水下铺设管道的允许偏差　　表 7-74

项　目	允许偏差（mm）	
	轴线位置	高　程
给水管道	50	0 -200
排水管道	50	0 -100

第8章　设备及电气的安装

8.1　通用设备的安装

8.1.1　水泵

8.1.1.1　一般规定

1. 出厂时已装配、调整完善的部分不得拆卸。

2. 驱动机与泵连接时，应以泵的轴线为基准找正；驱动机与泵之间有中间机器连接时，应以中间机器轴线为基准找正。

3. 管道的安装除应符合现行国家标准《工业金属管道工程施工及验收规范》的规定外，尚应符合下列要求：

(1) 吸水管道和输水管道应有各自的支架，泵不得直接承受管道的重量。

(2) 相互连接的法兰端面应平行；螺纹管接头轴线应对中，不得借法兰螺栓或管接头强行连接。

(3) 管道与泵连接后，应复检泵的原找正精度，当发现管道连接发生偏差时，应调整管道。

(4) 管道与泵连接后，不应在其上进行焊接和气割；当需焊接和气割时，应拆下管道或采取必要的措施，并应防止焊渣进入泵内。

4. 润滑、密封、冷却和液压等系统的管道应清洗洁净保持畅通；其受压部分应按技术文件的规定进行严密性试验。

5. 水泵的试运转应在其各附属系统单独试运转正常后进行。

6. 水泵应在有介质情况下进行试运转，使运转的介质或代用介质应符合设计要求。

8.1.1.2 基础浇筑

1. 带底座小型水泵与无底座中、大型水泵基础尺寸（表 8-1）

带底座小型水泵与无底座中、大型水泵基础尺寸

表 8-1

<table>
<tr><td colspan="3">基础尺寸参考（m）</td><td colspan="3">预留螺孔尺寸（mm）</td></tr>
<tr><td></td><td>带底座小型水泵</td><td>无底座的中、大型水泵</td><td colspan="2">螺孔中心距基础边缘最小距离</td><td rowspan="3">孔径</td></tr>
<tr><td>长度</td><td>$L+(0.2\sim0.3)$</td><td>$L+(0.4\sim0.6)$</td><td rowspan="2">螺栓直径<40</td><td rowspan="2">螺栓直径>40</td></tr>
<tr><td>宽度</td><td>$B+0.3$</td><td>$B+(0.4\sim0.6)$</td></tr>
<tr><td>高度</td><td>$H+(0.1+0.15)$</td><td>$H+(0.1\sim0.15)$</td><td rowspan="2">>300</td><td rowspan="2">>150~200</td><td rowspan="2">80~200</td></tr>
<tr><td>注</td><td>L、B、H 为水泵底座的长、宽、高的尺寸</td><td>L、B、H 分别为水泵的长、宽、高的尺寸</td></tr>
</table>

2. 浇筑施工

（1）基坑开挖

1）根据设计图纸用标杆或仪器定出各台水泵的纵横中心线。并打上中心桩。然后以此用石灰标出基础平面尺寸的范围，最后开挖基坑至规定深度。

2）如采用支模板浇筑，则基坑的长和宽，应比基础的实际尺寸大100～150mm。

3）基坑开挖后，坑底为坚实地基时，则铺一层100～150mm厚的碎砖或灰土夯实。地基太软应加厚垫层。

（2）地脚螺栓的定位按上述一次浇筑法或二次浇筑法进行。安装要求（表8-2、表8-3）。

地脚螺栓安装要求　　表8-2

项　　目	要　　求
地脚螺栓的不垂直度	≯10/1000
地脚螺栓底端	不应碰预留孔底
地脚螺栓清洁度	应将地脚螺栓上的油脂和污垢清除干净
螺母、垫圈、设备底座	接触面应平整，不得有毛刺、杂屑
地脚螺栓的紧固	应在混凝土达到规定强度的75%后进行，拧紧螺母后，螺栓必须露出螺母1.5～5螺距

地脚螺栓埋入深度　　表8-3

螺栓直径（mm）	埋入深度（mm）	
	弯钩式螺钉	活动式螺钉
10～20	200～400	200～400
24～30	500	400
30～42	600～700	400～500
42～48	700～800	500

(3) 立式泵基础上的管孔则应注意中心位置及与其他相联尺寸的准确。孔径必须按设计要求进行。不能过大，以免影响基础牢度；亦不能过小，否则无法安装管道。

(4) 混凝土的浇筑：水泥:砂:石子的配合比为1:2:5（重量比），水灰比为0.4。一台水泵的基础须连续一次浇筑完毕。在浇筑过程中，必须振动捣实。对于大的基础，为了省工省料，可往混凝土基础中投加石块，大小以150～200mm为宜，数量以基础体积的10%～20%。混凝土浇筑完毕后，应防止日晒，还需浇水养护，7d后可拆除模板。基础顶面尽可能在浇筑时找平。如发生基础顶面不平的现象，可再用水泥砂浆找平。同时还应检查基础顶面标高是否符合设计要求。

3. 基础施工允许偏差

(1) 设备上定位基准的面、线或点对安装基准的平面位置和标高的允许偏差（表8-4）

设备上定位基准的面、线或点对安装基准的平面位置和标高的允许偏差　　表8-4

项　目	允许偏差（mm）	
	平面位置	标　高
与其他设备无机械上的联系	±10	±20 -10
与其他设备有机械上的联系	±2	±1

(2) 设备基础尺寸和位置的质量要求（表8-5）

设备基础尺寸和位置的质量要求　　表 8-5

<table>
<tr><th colspan="3">项　　目</th><th>允许偏差（mm）</th></tr>
<tr><td rowspan="9">基　　础</td><td colspan="2">坐标位置（纵横轴线）</td><td>± 20</td></tr>
<tr><td colspan="2">各不同平面的标高</td><td>+ 0</td></tr>
<tr><td colspan="2">平面外形尺寸</td><td>± 20</td></tr>
<tr><td colspan="2">凸台上平面外形尺寸</td><td>- 20</td></tr>
<tr><td colspan="2">凹穴尺寸</td><td>+ 20</td></tr>
<tr><td rowspan="2">不水平度</td><td>每米</td><td>5</td></tr>
<tr><td>全长</td><td>10</td></tr>
<tr><td rowspan="2">竖向偏差</td><td>每米</td><td>5</td></tr>
<tr><td>全长</td><td>20</td></tr>
<tr><td rowspan="2">预埋地脚螺栓</td><td colspan="2">标高（顶端）</td><td>+ 20</td></tr>
<tr><td colspan="2">中心距（在根部和顶部两处测量）</td><td>± 2</td></tr>
<tr><td rowspan="3">预埋地脚螺栓孔</td><td colspan="2">中心位置</td><td>± 10</td></tr>
<tr><td colspan="2">深度</td><td>+ 20</td></tr>
<tr><td colspan="2">孔壁的垂直度</td><td>10</td></tr>
<tr><td rowspan="4">预埋活动地脚螺栓锚板</td><td colspan="2">标高</td><td>+ 20</td></tr>
<tr><td colspan="2">中心位置</td><td>± 5</td></tr>
<tr><td colspan="2">不水平度（带槽的锚板）</td><td>+ 5</td></tr>
<tr><td colspan="2">不水平度（带螺纹孔的锚板）</td><td>2</td></tr>
</table>

8.1.1.3　机泵的安装

1. 卧式水泵安装

（1）安装底座

1）当基础的尺寸、位置、标高符合设计要求后，将底座置于基础上，套上地脚螺栓，调整底座的纵横中心位置与设计位置相一致。

2）测定底座水平度：用精度为0.05mm/m的方形水平尺在底座的加工面上进行水平度的测量。其允许误差横向（轴向）、纵向（水泵进出口方向）均≤0.1/1000mm。底座安装时应用平垫铁片使其调成水平，立即将地脚螺栓拧紧。

3）地脚螺栓拧紧后，用水泥砂浆将底座与基础之间的缝隙嵌填充实，再用混凝土将底座下的空间填满填实，以保证底座的稳定。

（2）安装水泵机组

1）水泵找正：在水泵外缘以纵横中心线位置立桩，并在空中拉相互交角90°的中心线，并在两根线上各挂垂线，使水泵的轴心和横向中心线的垂线相重合，使其进出口中心与纵向中心线相重合。水泵找正允许误差；横向平行误差不大于0.5mm，交叉误差不大于0.1/1000。

2）水泵找平：利用水泵安装附近的已知水准点的高程，用水准仪进行测量。安装标高的允许误差为：单机组不大于±10mm；多机组不大于±5mm。

在进行调整时，各项安装工序之间会相互影响，所以须经过几次反复调整直至符合要求为止。最后拧紧地脚螺栓。调整铁垫片一次使用不得超过3片。泵体水平度、垂直度的允许偏差不得大于0.1/1000。

（3）电机安装

1）水泵和电机两轴不同心度要求（表8-6）

水泵和电机两轴不同心度要求　　表 8-6

联轴节外形最大外径（mm）	轴不同心度不应超过	
	径向位移（mm）	倾斜
105～260	0.05	0.2/1000
290～500	0.10	

注：轴向间隙 *b* 允许公差为 0.10～0.20mm。

2）弹性圈柱销联轴器端面轴向间隙要求（表 8-7）

弹性圈柱销联轴器端面轴向间隙要求 表 8-7

轴孔直径（mm）	标准型			轻型		
	型号	外形最大直径(mm)	间隙（mm）	型号	外形最大直径(mm)	间隙（mm）
25～28	B_1	120	1～5	Q_1	105	1～4
30～38	B_2	140	1～5	Q_2	120	1～4
35～45	B_3	170	2～6	Q_3	145	1～4
40～55	B_4	190	2～6	Q_4	170	1～5
45～65	B_5	220	2～6	Q_5	200	1～5
50～75	B_6	260	2～8	Q_6	240	2～6
70～95	B_7	330	2～10	Q_7	290	2～6
80～120	B_8	410	2～12	Q_8	350	2～8
100～150	B_9	500	2～15	Q_9	440	2～10

3）弹性圈柱销联轴器的调整方法

①用塞尺塞进两联轴器之间，使上下前后的端面间隙符合要求。如间隙过大，可调整电机的轴向位置。

②用塞尺塞进联轴器端面间隙内，选择任意 4 个点，测量它们的间隙差，检查轴向偏差。如不符合要

求，可在电机底脚下面增加或减少垫片（最多不超过3片），或调整垫片厚度以达到要求。

③使用角尺贴在两联轴器的轮缘，检查选择的任意几点的表面是否能与尺线贴平。若有高差，则可调整电机的底脚垫片，或移动电机的位置（径向）来达到要求。

2. 立式轴流泵安装

(1) 安装前对基础的有关尺寸、位置和施工质量进行检查。并检查泵轴、传动轴（不应弯曲）、橡胶轴承（不应沾染油脂）。

(2) 将泵体的喇叭管、导叶体等部件吊入进水室内；将出水弯管吊到水泵梁上，使其地脚螺栓孔与梁上的预留孔对准，垫上校正垫铁；检查弯管，使其符合出水方向后，穿上地脚螺栓，螺母暂不拧紧。

(3) 使电机机座地脚螺栓孔与上预留孔对准，垫好垫铁。

(4) 初校水平

1) 电机机座以轴承座面为校准面，出水弯管以上橡胶轴承座面为校准面。

2) 用水平尺放到校准面上，调整垫铁的位置，校正电机机座以及出水弯管的水平度，使其达到技术说明书上的规定要求。

(5) 校正电机机座上的传动轴承孔与出水弯管上的泵辆孔的同心度，以电机机座为准撬动出水弯管，也可撬动电机机座。在找同心度的同时，出水弯管的位置可能已经改变，应同时校平，直到水平度和同心度都满足要求为止。此时可拧紧地脚螺栓。

(6) 安装泵体：将导叶体吊到出水弯管下面，装上导叶体，再把泵轴吊入泵体内，装上叶轮，然后再装上喇叭管。叶轮外缘与叶轮外壳内壁间隙应均匀，最后将填料函装上。泵轴上端的联轴器要用木块撑住，以防泵轴往下掉。

(7) 安装传动轴（图 8-1）

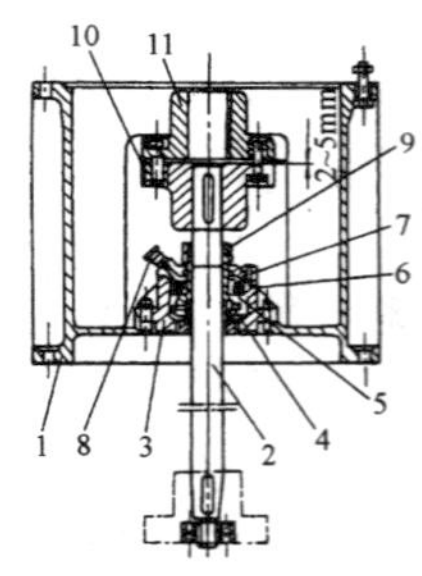

图 8-1 传动装置结构

1—电机机座；2—传动轴；3—轴承体；4—推力轴承；5—推力盘；6—轴承；7—轴承盖；8—油杯；9—圆螺母；10—传动联轴器；11—电机联轴器

1）先将推力盘和轴承压装到传动轴上，同时将轴承盖、圆螺母等套在轴上，然后装上弹性联轴器。

2）将推力轴承装入电机机座的轴承体内，将传动轴吊装插入机座轴孔中，传动轴下端装上刚性联轴器，并拧紧螺栓。

3）将传动轴和轴承一起压入轴承体内，拧紧轴承盖螺栓。

4）检查传动轴和泵轴的垂直度(不大于 0.02mm/m)。符合要求后拧紧刚性联轴器上的螺栓。

5）最后调节传动轴上的圆螺母，使叶轮与叶轮外壳间隙符合要求。

（8）基础灌浆：泵体和电机机座安装完毕，用水泥砂浆将地脚螺栓孔和底座触梁面的空隙全部填实。

（9）吊装电机：将电机吊装到机座上，装好弹性联轴器，拧紧地脚螺栓。

3. 深井泵安装

（1）安装准备

1）检查管井：检查井孔内径是否符合水泵入井部分的外形尺寸，井管的垂直度是否符合要求，清除井内杂物，测量井的深度（包括井总深、水深、静水位、动水位等），井水含砂量不超过0.5%。

2）检查基础：检查基础表面水平情况、地脚螺栓间距和直径大小。井管管口伸出基础相应平面不小于25mm。

3）检查设备：叶轮轴是否转动灵活，叶轮实际轴向间隙（JD型井泵不小于6~12mm、J、SD型井泵不小于9~12mm）；传动轴弯曲度不超过0.2~0.4mm；泵轴、泵管、轴承支架等零部件上的螺纹，均应清除锈斑、毛刺、伤痕。电机转动是否灵活，绝缘值不小于0.5MΩ。

（2）井下部分安装

1）用管卡夹紧泵体上端将其吊起，徐徐放入井内，使管卡搁在基础之上的方木上。如有条件，应将滤水网与泵体预先装配好同时安装。

2）用另一管卡夹紧短泵管的一端，旋下保险束节，并将传动轴（短轴）插入支架轴承内。联轴器向下，用绳将联轴器扣住，将它吊起。将传动轴的联轴器旋入泵体的叶轮轴伸出端，用管钳上紧。

3）将短输水管慢慢下降，使之与泵体螺纹对齐（如采用法兰连接，则将螺栓孔对准），旋紧后再将短泵管吊起。松下泵体上的管卡，让其慢慢下降，使泵体下入井内。将泵管上的管卡搁在基础的方木上。然后用安装短输水管的方法安装所有长输水管和泵轴。

4）将泵座下端的进水法兰拆下，并将其旋入最上面的一根输水管的一端，然后按上述方法进行安装。

5）每装好几节长输水管和泵轴后，应旋出轴承支架，观察泵轴是否在输水管中心，如有问题应予校正。

（3）井上部分安装

1）取下泵座内的填料压盖、填料，并将涂有黄油的纸垫放在进水法兰的端面上。将泵底座吊起，移至中央对准电机轴慢慢放下。电机轴穿过泵座填料箱孔与法兰对齐，用螺栓紧固。

2）稍稍吊起泵座，取掉管卡和基础上的方木，将泵座放在基础上校正水平。完成后将地脚螺栓进行二次灌浆。待砂浆达到设计强度后，固定泵座。

3）装上填料、填料压盖。卸下电机上端的传动盘，起吊电机，使电机轴穿过电机空心转子，将电机安放在泵座上并紧固。检查电机轴是否在电机转子孔中央。然后进行电机试运转，检查电机旋转方向无误后，装上传动盘，插入定位键。最后将调整螺母旋入电机轴上，调整轴向间隙，安上电机防水罩。

（4）安装注意事项

1）起吊各部件时不能碰撞、划伤，不得沾有泥砂等污物。

2）凡有螺纹和结合面的地方，均应均匀地涂上一层黄油，橡胶轴承衬套应涂滑石粉，并注意不能与油类接触。

3）每安装好一根输水管，都应用样板或量具检查泵轴与输水管口是否同心。每装好 3～5 节输水管，应检查传动部分能否用手转动，否则应予调整。

4. 潜水泵安装

(1) 安装准备要点

1）安装前应检查水泵叶轮角度、电机绕组绝缘电阻、电机保护热敏电阻接线，定子线圈指示值应与空气温度相一致。其阻抗值为≤300Ω（进行功能测试时，PTC 阻抗器部分的电压值<5V，电流值<25mA）；

2）检查导电电极监测油室油质（从油孔取样检查油内是否含有水珠），检查油面是否低于正常线；

3）动力、信号电缆进线处是否压实；

4）通电检查水泵叶轮是否以顺时针方向旋转；

5）泵体密封“O”形圈安放是否平整；泵管内密封面是否清洁；

6）清除吸水井内杂物；

7）检查吊环尼龙绳是否装好；检查吊链是否完好，长度是否能满足起吊要求。

(2) 安装操作

1）将电源电缆、信号电缆穿入泵管月牙形盖板的电缆孔内，然后用起重设备将潜水泵缓缓放入泵管中。

2）吊装时应注意水泵不能碰撞泵管，特别是水泵上的动力、信号引出电缆不能受到任何损伤；

3）水泵上的锥形固定圈与密封“O”形圈一道压实在泵管下部的定位环上；

4）拉动尼龙绳将吊链提出泵管；

5）将月牙形盖板定位，调整拉直电缆，并压紧密封压盖；

6）接紧固定吊环尼龙绳千万不能掉入泵管内。注意电缆、尼龙绳之间不要产生任何交叉，以防止在运行过程中相互摩擦，损坏电缆；

7）先将大盖板固定，放上密封条，再将月牙形盖板压上固定。

8）水泵运行时发现此处密封不良，可再加石棉绳提高密封效果；

9）再次检查电缆引出线密封情况。

8.1.1.4 进、出口管道及附属设备安装

1. 进水（吸水）管道安装

(1) 离心泵水平吸水管的安装必须注意，要保证在任何情况下不能产生气囊。因此，吸水管路上必须采用异径渐缩管；管路的水平向中心线必须呈向水泵方向上扬，坡度应大于5‰，并应防止由于施工误差和泵站与管道产生不均匀沉降而引起吸水管路的倒坡，必要时可采用较大的坡度。

(2) 水泵吸水管路的接口必须严密，不能出现任何漏气现象。

(3) 采用吸水井（室）的吸水喇叭管的安装，注意吸水喇叭口必须有足够的淹没水深，以避免出现旋涡吸入空气；还应保持适当的悬空高度，可使进水口流速均匀，减少吸水阻力。当吸水井（室）内设有多台泵吸水时，各吸水管之间及吸水管与井（室）壁间要有适当的间距，避免互相干扰。

(4) 水泵泵体与进出口法兰的安装，其中心线允许偏差为5mm。

2. 水泵引水系统安装

（1）底阀应垂直安装，不能倾斜。安装上上底阀尚应注意：从水泵中心至底阀中心的距离必须为水泵吸上高度的3~4倍，否则不能使用。

（2）引水箱及其连接管道应严密，保证在0.1MPa的负压时不漏气。水泵泵轴的填料函处不应产生较多的漏气。

（3）真空系统的管道要求平直、严密，不得漏气，不得出现上下方向的S形存水弯。

（4）真空系统的循环水箱出流管标高应与水环式真空泵中心标高一致。

8.1.1.5　水泵运行调试

1. 运行前检查

（1）检查所有与水泵运行有关的仪表、开关。

（2）检查电动机的转向应符合水泵的要求。

（3）各紧固件不得松动。

（4）润滑部位应符合运行要求。

（5）水泵进、出水闸阀应处于相应启闭状态。

（6）安全保护装置齐全、可靠。

（7）水泵叶轮转动灵活。

2. 引水：根据设计的引水方案进行引水。若引水困难，则应查明原因，排除故障。

3. 启动：按设计方式进行水泵机组的启动，同时观察机组的电流、真空、压力噪声等情况。如不能启动，则应从电气设备、水泵、吸水管路、引水系统等方面逐个查找，排除故障。机组启动时，机组周围不要站人。运行现场最好设有急停开关，以备应急之用。

4. 运转：泵在设计负荷下连续运转不应少于2h，并应符合下列要求：

(1) 附属系统运行应正常，真空、压力、流量、温度、电机电流、功率消耗、电机温度等要求应符合设备技术文件要求。

(2) 运转中不应有不正常的声音，无较大振动，各连接部分不得松动或泄漏。

(3) 滚动轴承温度不应高于 75℃；滑动轴承的温度不应高于 70℃；特殊轴承的温度应符合设备技术文件的规定。

(4) 填料的温升应正常。在无特殊要求的情况下，普通软填料宜有少量的泄漏(每分钟不超过 10～20 滴)；机械密封的泄漏量不宜大于 10mL/h(每分钟约 3 滴)。

(5) 泵的安全、保护装置应灵敏、可靠。

(6) 振动应符合设备技术文件的规定，如设备技术文件没有规定而又需测振动时，可参照表(8-8)执行。

表 8-8

转　速(r/min)	≤375	>375～600	>600～750	>750～1000	>1000～1500
振幅不应超过(mm)	0.18	0.15	0.12	0.10	0.08
转　速(r/min)	>1500～3000	>3000～6000	>6000～12000	>12000～20000	
振幅不应超过(mm)	0.06	0.05	0.03	0.02	

5. 停车：按调试方案达到要求，则可停止试运行。并根据运行记录签字验收。

8.1.1.6　水泵运行故障及排除方法

1. 启动困难（表 8-9）

启动困难　　　　表 8-9

故障原因	排除措施
水泵灌不满水	检查底阀和吸水管是否漏水；水泵底部放空螺栓或阀门是否关闭
水泵灌不进水	泵壳顶部或排气孔阀门是否打开
底阀关不上	突然大量灌水，迫使底阀关上，如不见效果则底阀可能已坏，必须设法检修
底阀被杂物卡住	检查阀片并设法清除杂物
水泵或吸水管漏气、真空泵抽不成真空	检查吸水管及连接法兰本身是否漏水。拧紧填料压盖。检查水封冷却水管是否打开，水泵底部放水阀是否关紧。吸水井水位是否太低，吸水管是否漏气，灌泵给水管是否堵塞
真空系统故障	检查所有阀门是否位置正确，真空止回阀是否失灵
真空泵补给水不足或真空泵抽气能力不足	增加真空泵补给水，但进水量过大或压力过高也会影响真空效率。如进水无问题，检查真空泵本身是否完好，发现问题即修理

2. 不出水或水量过少（表 8-10）

不出水或水量过少　　　　表 8-10

故障原因	排除措施
水未灌满，泵壳中存有空气	继续灌水或抽气
水泵转动方向不对	改变电动机接线，即将三相进线中任意对换二根接线
水泵转速太低	检查电路，是否电压太低或频率太低
吸水管及填料函漏气	压紧填料，修补吸水管
吸水扬程过高，发生气蚀	检查吸水管有无堵塞，如属于水位下降或安装原因，设法抬高水位或降低泵的安装高度
水泵扬程低于实际需要扬程	进行改造、换泵
底阀、吸水管或叶轮堵塞与漏水	检查原因、清除杂物、修补漏洞
水面产生旋涡，空气带入水泵	加深吸水口淹没深度或在吸水口附近漂放木板
减漏环漏水或叶轮磨损	更换磨损零件
水封管堵塞	拆下清理、疏通
出水阀门或止回阀未开或故障	检查出水阀门、止回阀

3. 振动或噪声过大（表 8-11）

振动或噪声过大 **表 8-11**

故障原因	排除措施
基础螺栓松动或安装不完善	拧紧螺栓、完善基础安装、添加防振部件
泵与电机安装不同心	矫正同心度
发生气蚀	降低吸水高度减少吸水管水头损失
轴承损坏或磨损	更换或修理轴承
出水管存留空气	在存留空气处加装排气设施

4. 转动困难或轴功率过大（表 8-12）

转动困难或轴功率过大 **表 8-12**

故障原因	排除措施
填料压得太死，泵轴弯曲，轴承磨损	松压盖，矫直泵轴，更换轴承
联轴器间隙太小	高速间隙
电压过低	检查电路，找出原因，对症检修
流量过大，超过使用范围太多	关小出水阀门

5. 轴承过热（表 8-13）

轴承过热　　　　表 8-13

故障原因	排除措施
轴承安装不良	作同心检查和矫正泵轴与联轴器
轴承缺油或油太多（用黄油时）	调整加油量
油质不良、不干净	更换合格润滑油
滑动轴承的甩油环不起作用	放正油环位置或更换油环
叶轮平衡孔堵塞，泵轴向心力不能平衡	清除平衡孔上堵塞的杂物
轴承损坏	更换轴承

6. 电机过负荷（表 8-14）

电机过负荷　　　　表 8-14

故障原因	排除措施
转速过高	检查电机与水泵是否配套
流量过大	关小出水闸门
泵内混入异物	拆泵除去异物
电机或水泵机械损失过大	检查水泵叶轮与泵壳之间间隙，填料函、泵轴、轴承是否正常

7. 填料函发热（表 8-15）

填料函发热 **表 8-15**

故障原因	排除措施
填料压盖太紧	调整松紧使滴水呈滴状连续渗出
填料函位置装得不对	调整位置
水封环位置不对或冷却水不足	调整水量、保持水封压力，确保冷却水流畅
填料函与轴不同心	检修、改正不同心

8.1.2 风机

1. 风机安装的注意事项

(1) 整机安装的风机：搬运和吊装时的绳索，不得捆缚在转子和机壳或轴承盖的吊环上。

(2) 现场组装的风机：绳索的捆缚不得损伤机件表面，转子与齿轮轴两端中心孔、轴瓦的推力面和推力盘的端面机壳水平中分面的连接螺栓孔、转子轴颈和轴封处均不得作为捆缚部位。

(3) 不应将转子和齿轮轴直接放在地上滚动或移动。

(4) 风机的润滑、油冷却和密封系统的管路的受压部分应做强度试验。水压试验时，试验压力应为最高工作压力的 1.25～1.5 倍。

2. 风机定位允许偏差（表 8-16）

风机定位允许偏差　　　　表 8-16

<table>
<tr><th colspan="3">项　　目</th><th>允许偏差(mm)</th><th>检验方法</th></tr>
<tr><td rowspan="3">安装基准线</td><td colspan="2">与建筑轴线距离</td><td>±20</td><td>用钢卷尺检查</td></tr>
<tr><td rowspan="2">与设备</td><td>平面位置</td><td>±10</td><td rowspan="2">用水准仪和钢板尺检查</td></tr>
<tr><td>标高</td><td>+20
-10</td></tr>
</table>

3. 皮带轮组装允许偏差（表 8-17）

皮带轮组装允许偏差　　　　表 8-17

项　　目	允许偏差（mm）	检 验 方 法
皮带轮端面铅垂度	0.5/1000	吊线用钢板尺检查
两皮带轮端面在同一平面上	0.5	拉线用钢板尺检查

注：三角皮带的张力应适当、松紧程度一致。

4. 通风机径向振幅（表 8-18）

通风机径向振幅　　　　表 8-18

转　速（r/min）	≤375	>375~500	>500~600	>600~750
振幅（mm）	0.20	0.18	0.16	0.13
转　速（r/min）	>750~1000	>1000~1450	1450~3000	>3000
振幅（mm）	0.10	0.08	0.05	0.03

5. 离心风机安装允许偏差（表 8-19）

6. 轴流式风机安装允许偏差（表 8-20）

离心风机安装允许偏差 表 8-19

项目	允许偏差				检验方法
	接触间隙（mm）	水平度（mm/m）	中心线重合度（mm）	轴向间隙（mm）	
轴承座与底座	<0.1				用塞尺插试检查
轴承座纵、横方向		<0.2			用水平仪轴承座水平中分面上检查
机壳与转子			<2		以轴承洼窝为准，拉中心线用钢板尺检查
叶轮进风口与机壳进风口接管				$< d_{叶轮}/100$	用塞尺插试检查
主轴与轴瓦顶				$d_{轴}$（1.5/1000～2.5/1000）	用压铅法和塞尺插试检查

轴流式风机安装允许偏差 **表 8-20**

项　　目	允许偏差			检　验　方　法
	水平度（mm）	轴向间隙	接触间隙	
机身纵、横方向	<0.2/1000			用水平仪在轴承座水平中分面上检查
轴承与轴颈、叶轮与主体、风筒口		符合设备技术文件规定		用压铅法和塞尺插试检查
主体上部、前后风筒与扩散筒的连接法兰			严密	观察检查

7. 罗茨式和叶式鼓风机安装允许偏差（表 8-21）

罗茨式和叶式鼓风机安装允许偏差 表 8-21

项目	允许偏差		检验方法
	水平度（mm）	轴向间隙（mm）	
机身纵、横方向	<0.2/1000		用水平仪在机壳水平中分面上或外露的主轴上检查
转子同转子、转子同机壳		符合设备技术文件规定	用塞尺插试检查

8. 风机试运转及技术要求（表 8-22）

风机试运转及技术要求 表 8-22

连续运转时间（h）		技术要求					
离心、轴流式	罗茨式、叶式	运转	油路、水路	轴承温度（℃）			径向振幅
					最高温升	最高温度	
≥2	≥4	平稳，转子与定子无摩擦	无漏油、漏水现象	滑动轴承	<35	<70	见表 17-19
				滚动轴承	<40	<80	

8.2 投氯系统

1. 氯瓶的安装

(1) 小型氯瓶 (50kg、100kg) 为立式放置，使用过程中应注意保持稳定，不得倒伏。若采用台秤称重时，为保证氯瓶立放稳定，可采用支架和保护链索固定。

(2) 卧式氯瓶安装时，氯瓶上的两个出氯阀门的联线应垂直于地面，上面为氯气阀，下面为液氯阀。如直接向加氯设备供氯气，则氯瓶端应稍微垫高，并将出氯管接在上面的阀门上；若向蒸发器输送液氯，则氯瓶端应稍微放低，出氯管道接在下面的阀门上。

(3) 氯瓶在运输时，应旋紧保护帽，妥善加以固定，轻装轻卸。烈日下应有遮阳措施，防止暴晒。运输车应有明显的剧毒标志，防止外人接近，并且车上应备有抢修工具、防毒面具等。

(4) 出氯管与氯瓶的连接应严密，不得漏气。当周围发现氯味，调试人员应迅速关闭氯瓶出氯阀门，暂时撤离现场，待经处理及氯味消失以后，再检查漏氯部位。

2. 液氯蒸发器的安装

在供氯量较大的投加系统中，考虑到液氯常温气化速度较慢，为了保证及时供氯，需采用液氯蒸发器(图 8-2)。

液氯蒸发器系统一般由电加热器、蒸发室、热水箱、膨胀室、泄压阀、真空调节器、控制盘等组成。

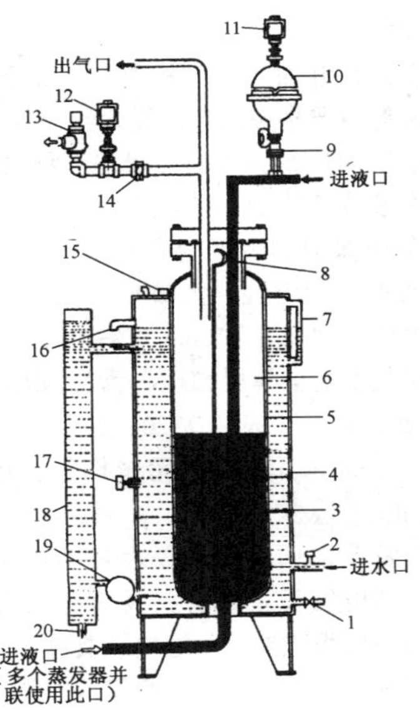

图 8-2　液氯蒸发器

1—排水管；2—电磁阀；3—液氯；4—热水箱；5—蒸发室；6—氯气；7—水位计；8—活动立管；9—安全膜；10—膨胀室；11—压力开关；12—膜片式压力开发；13—泄压阀；14—安全膜；15—水温传感器；16—溢流口；17—高低温传感器；18—电加热器；19—循环水泵；20—排水口

（1）蒸发能力与加热器功率（表 8-23）

蒸发能力与加热器功率　　　　**表 8-23**

液氯蒸发量（kg/h）	114	152	190
加热器功率（kW）	12	15	18

(2) 电气要求

对蒸发器、电加热器、控制盘、报警装置的电源电压、功率等应严格按制造厂规定给予保证。

(3) 水箱内应加入净水。水压为 0.07 ~ 0.93MPa。正常水位在液位计的 2/3 ~ 3/4 处。

采用阴极保护的装置则应向水箱的水中投加硫酸钠，以增加水的导电性，大致投放量为 113g，可使水箱中水的电流值保持在 250mA 左右。

(4) 膨胀室安全膜爆破压力为 2.76MPa、保护管道长度：*DN*25，*L* = 114m；*DN*20，*L* = 190m。泄压阀排气管：小于 15m 采用 *DN*25 无缝钢管；15 ~ 30m 采用 *DN*40 无缝钢管。

(5) 蒸发器采用电接点仪表自动控制氯压、氯温和水温等，其电气设备和管路及其阀门等附件的质量及安装的可靠度很重要，一定要认真施工。

(6) 控制箱可与蒸发器一起就地安装。

3. 氯瓶切换系统的安装

(1) 手动切换系统（图 8-3）

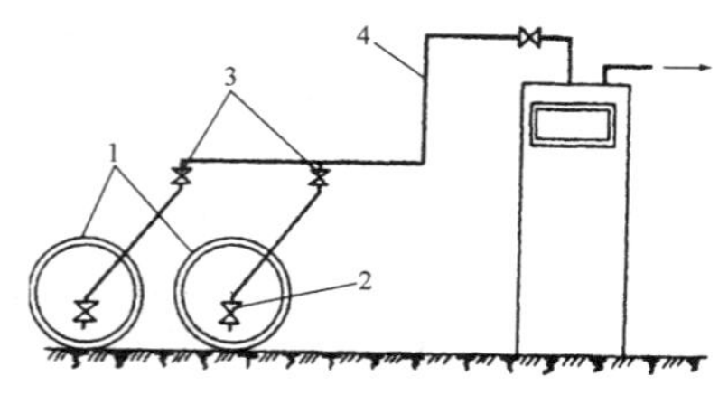

图 8-3 手动切换系统

1—氯瓶；2—氯瓶总阀；3—手动氯气阀；4—输氯管

人工操作的加氯系统在氯瓶用空后，可采用手动进行切换。手动氯气阀应安装在与气源相近的地方，并应固定在支架或墙壁上。

(2) 气源自动切换系统

1) 真空驱动自动切换装置（图 8-4）

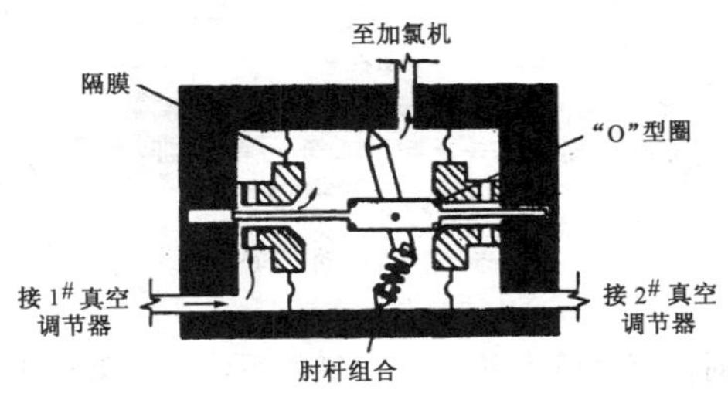

图 8-4　真空驱动自动切换装置

真空驱动自动切换装置利用在用氯瓶用完后氯压下降，真空调节器上的真空密封阀门立即关闭，而使在用系统中的真空度上升，从而在切换器的弹性装置的作用下，与空氯瓶相连的开阀关闭，同时与备用氯瓶相连的闭阀开启，达到切换氯瓶的目的。该装置应用于氯瓶出口使用真空调节器的场合。

该切换装置可以固定安装在墙上，用 ABS 软管或钢管与氯瓶接出的真空调节器相连，出口亦可用 ABS 软管引入加氯机。

调试应与加氯机同时进行。先打开加氯点投加水射器压力水阀门，待确认水射器工作正常后，打开一路氯瓶总阀，然后再打开真空调节器手动氯阀；投氯运行之后再打开另一路氯瓶总阀和真空调节器手动氯阀；关闭在用氯瓶总阀观察真空驱动自动切换装置是否动作，再用同样的方法进行再切换调试使另一路氯瓶工作。确认动作无误方能正式投入供氯运行。

2）电动自动切换系统（图 8-5）

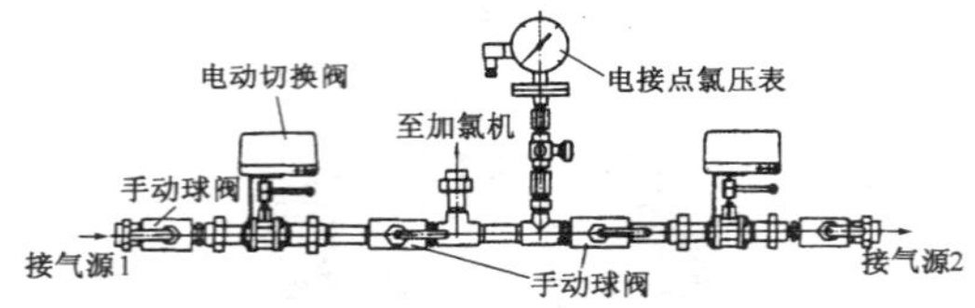

图 8-5　电动自动切换系统

对供氯量较大的有压供氯的系统，应采用电动切换阀进行氯瓶自动切换。

从支管到加氯机的所有供氯组件均采用无缝钢管连接，并加以有效的固定。电动阀在安装前应进行单体试动作。安装完毕后，管道及各部件要进行试压，合格后进行调试。调试前应将电接点氯压表调节到 0.05 ~ 0.10MPa。其余调试方法同于真空驱动自动切换装置。

4. 真空调节器（图 8-6）的安装

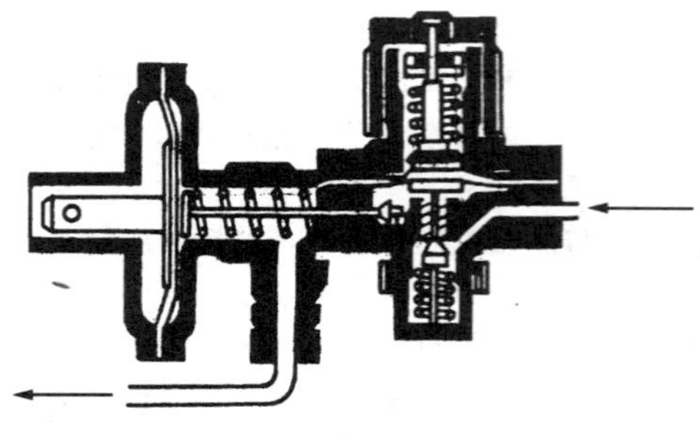

图 8-6　真空调节器

真空调节器系负压式加氯系统的重要部件，它可以起到调节真空和保护系统正常运行的作用。

单体真空调节器根据需要设置于不同位置。它可安装在氯瓶总阀上，亦可安装在供氯管道的支管上。由于它体积比较小，所以不必再用支架固定。有压供氯系统的加氯机已将真空调节器与整个加氯机组合在一起，所以不必另外安装。

5. 出氯管道的安装

(1) 输送液氯管道可用加厚无缝钢管或耐压氟塑料管，支管可用退火铜管或氟塑料管，垫片材料可采用石棉板或氟塑料填料函。

(2) 要严格杜绝管路系统的泄露，要特别注意阀门与管件连接处的安装。

(3) 在安装时，尽量采取管道撼弯及焊接，以减少管件连接。

(4) 管理安装时，管道内的杂物、杂质一定要清理干净，防止堵塞投氯设备。

(5) 从氯瓶到加氯机之间的输氯管安装完毕后，要进行打压试验，试验合格后才能使用。试压要求见表 8-24。

试 压 要 求 **表 8-24**

管道形式	试压条件		要　　求
	压　强 (MPa)	稳压时间 (h)	
输送气态氯管道	0.8	24	不得漏气
输送液氯管道	4	24	不得漏气

6. 压力式投加

压力式投加：即是将投加水射器设置在加氯机附近或作为加氯机的一个部件与加氯机连成整体。与水混合后的氯水呈压力流被输送到投加点。

7. 负压式投加

负压式投加：即是将投加水射器设置在投加点附近，从加氯机到水射器段管道呈负压状态输送氯气。万一此段管道损坏，管道内负压消失，与之配套的真空调节器将自动关闭，并可报警，能有效地防止漏氯事故的发生。

（1）配置

1）真空调节阀由坚固的塑料和金属制成。调节阀出厂前已调节好，可使氯瓶压力降到最佳运行的真空度，也可用特制工具进行现场调节。

2）流量控制器：由流量调节阀、流量计、指示器、差压稳调节阀等部件组成。

3）水射器：内设止回阀，系统停气时关闭，使水与气路隔开，防止水逆流进入系统。

（2）安装要求

1）最好将加氯机与氯瓶分房间放置。

2）将真空调节阀接在供氯系统出氯支管上，用PVC-U或ABS管连接调节阀出口至流量控制器（一般已装设在加氯机箱柜内），连接流量控制器出气嘴至水射器，并将真空放泄阀排气管接至室外，并在其端头套上防虫网。

3）水射器应尽可能安装在投加点附近，并水平安装在工作水压力水管上，其进水压力应根据水射器出口（投加点）压力及水射器工作性能计算。该加氯机水射器出口（投加点）允许最大压力为0.5MPa。

4）用 PVC-U 管或高压橡胶管连接水射器至投加点(距离以短为好)。

（3）手动调试

1）首先确认水射器前工作水压力满足要求，然后打开压力水阀门，用手试真空接口的抽吸力。如抽吸力小或向外出水，则需检查水射器后的闸阀是否开启及管道是否畅通。

2）真空调节阀安装完毕，要进行密封性试验。先把氯瓶与调节阀之间所有接头装好拧紧，然后打开氯瓶，用氨水或 pH 试纸依次检查所有的接头。如发生白色烟气或试纸变色，则表明该接头泄漏，需重接，直到无泄漏为止。

3）排气管装至室外，出口应低于流量控制器，并检查所有管道安装是否正确。

4）检查管道的气密性：关闭调节阀，将黑色旋钮转至“OFF”，打开水射器压力管阀门，水射器开始工作，数秒钟内气源指示器转至红色，表明气密性良好。如指示器无变化，或变化缓慢，应检查真空管路何处损坏或漏气，直至维修完好为止。

5）在管路气密性良好的情况下，将调节阀黑色旋钮转至“ON”，使系统运行。调整流量控制阀红色旋钮直到所需要的加氯量。

6）停止调试：关闭氯瓶阀门，指示器显红色后关闭电源、水源。调试完毕。

（4）自动控制

该加氯机有流量配比控制、直接余氯控制和复合环路（流量、余氯）控制等三种控制方式供选用。

1）检查所有应接入的信号（流量、余氯等）是否正常。

2）启动已经过手动调试的加氯机。

3）将加氯机控制按钮打到“自动”位置上。

4）观察、记录余氯数据，并采取变化水量的办法，检查余氯变化幅度、变化时间值（滞后时间）是否正常。

5）设置高低余氯报警值，并用手动调节氯量调节阀，检验报警效果。

8.3 格栅除污机

8.3.1 格栅

1. 格栅安装时的定位允许偏差（表 8-25）

格栅安装时的定位允许偏差　　表 8-25

项　目	允许偏差		
	平面位置偏差(mm)	标高偏差(mm)	安装要求
格栅安装后位置与设计要求	≤20	≤30	
格栅安装在混凝土支架上			连接牢固，垫块数<3块
格栅安装在工字钢支架上		<5	两工字钢平行度<2mm，焊接牢固

2. 机械格栅的轨道重合度，轨距和倾斜度等技术要求的允许偏差（表 8-26）

表 8-26

序号	项目	允许偏差
1	轨道实际中心线与安装基线的重合度	≤3mm
2	轨距	±2mm
3	轨道纵向倾斜度	1/1000
4	两根轨道的相对标高	≤5mm
5	行车轨道与格栅片面的平行度	0.5/1000

3. 格栅安装允许偏差（表 8-27）

格栅安装允许偏差　　表 8-27

项目	允许偏差					
	角度偏差（℃）	错落偏差（mm）	中心线平行度	水平度	不直度	平行度（mm）
格栅与格珊井	符合设计要求		<1/1000			
格栅，栅片组合		<4				
机架				<1/1000		
导轨					0.5/1000	两导轨间≤3
导轨与栅片组合						≤3

4. 格栅调整和试运转要求（表 8-28）

格栅调整和试运转要求　　表 8-28

左、右两侧钢丝绳或链条与齿耙动作	同步动作，齿耙运行时，齿耙与格栅片啮合脱开与差动机构动作协调
齿耙与格栅片	啮合时齿耙与格栅片间隙均匀，保持 3~5mm，齿耙与格栅水平，不得碰撞
各限位开关	动作及时，安装可靠，不得有卡住现象
导轨与二侧滚轮	两侧滚轮应同时滚动，至少保持有 2 只滚轮在滚动
滚轮与导向滑槽	应与齿耙动作协调
机械格栅的进退机构（小车）	在绳轮中位置正确，不应有缠绕跳槽现象
钢丝绳	主、从动链轮中心面应在同一平面上，不重合度不大于两轮中心距 2/1000
链　　轮	用手动或自动操作，全程动作各 5 次，动作准确无误，无抖动、卡阻现象

8.3.2 格栅除污机的种类（表 8-29）。

格栅除污机的种类　　表 8-29

按安装的形式分	固定式格栅除污机 移动式格栅除污机
按格栅有效间距分	粗格栅除污机　中格栅除污机 细格栅除污机　筛网除污机
按格栅角度分	倾斜安装格栅除污机 垂直安装格栅除污机
	弧形格栅除污机
按运动部件分	臂式格栅除污机动辆　链式格栅除污机 针齿条式格栅除污机　液压式格栅除污机 旋转格栅　钢索牵扯引式格栅除污 台阶式格栅除污机　齿耙链式格栅除污机

8.4 刮泥刮砂机械

8.4.1 刮泥刮砂机械安装允许偏差

（1）链条刮砂机械安装允许偏差（表 8-30）

（2）中心传动刮泥刮砂机械允许偏差（表 8-31）

（3）提板式刮泥砂机械对池子土建要求（表 8-32）

链条刮砂机械安装允许偏差 表 8-30

项目	允许偏差（mm）			
	平行度	重合度	间隙	标高偏差
主动轴与各从动轴	< 1/1000			
主动轮与各从动轮		< ±2		
刮板与托架及池底			刮板与托架接触良好，与池底间隙 3 ~ 5mm	
初沉池链条刮泥机撇渣机械与液面				≤ 20mm；刮板与池壁弹性接触良好，无明显漏缝

注：1. 回程中，在托架上的刮板和链条有足够的悬空部分，以保证链条始终处于紧张状态。2. 试车前必须打开清水润滑开关，空载连续试车时间为 2h，带负荷运行 4h。机组在运行时应平衡，无异常振动和噪声。

中心传动刮泥刮砂机械允许偏差 **表 8-31**

项　目	允许偏差（mm）				
	径向	垂直度	水平度	同轴度	间　隙
中心柱管与设计定位中心	<20				
中心柱管		≤1/1000			
中心转盘与调整机座			<0.5/1000		
中心竖架		<0.5/1000			
中心柱管上的轴承环与中心转盘				<1/1000d 轴	
轴瓦与水下轴承环					间隙均匀单边调整在 5~8 之间
刮　臂			对称水平：<1/1000；两刮臂高差<20		

提板式刮泥砂机械对池子土建要求 表 8-32

名　　称	偏差及规定
池宽（全程范围）	±10mm
池壁侧壁平行度（全程范围）	10mm
池壁侧壁直线度（全程范围）	10mm
滚轮运行的轨道表面	平整无凹陷

（4）螺旋排泥机安装允许偏差

1）机壳中心线和机座中心线不重合度(表 8-33)

机壳中心线和机座中心线不重合度 表 8-33

排泥机长度（m）	3～15	＞15～30	＞30～50	＞50～70
不重合度（mm）	≤4	≤6	≤8	≤10

2）吊轴承端面与连接轴法兰表面间隙偏差(表 8-34)

吊轴承端面与连接轴法兰表面间隙偏差 表 8-34

螺旋公称直径（mm）	150～250	300～600
间隙（mm）	≥1.5	≥2

8.4.2 刮泥机安装

（1）刮泥耙刮板下缘与池底距离为 50mm，其偏差为±25mm。

（2）当销轮直径小于 5m 时，销轮节圆直径偏差为

－0，2.0mm；销轮端面跳动偏差为5mm；销轮与齿轮中心距偏差为 $^{+5.0}_{+2.5}$ mm。

（3）调整和试动转：试运行时设备运行平稳，无异常齿合杂音。试运行时间不得少于2h，带负荷试运行时，其转速、功率应符合有关技术条件。

8.5 搅拌设备

1. 搅拌轴安装的允许偏差（表8-35）

搅拌轴安装的允许偏差　　　表8-35

搅拌器型式	转数（r/min）	下端摆动量（mm）	桨叶对轴线垂直度（mm）
桨式、框式和提升叶轮搅拌器	≤32	≤1.50	为桨板长度的4/1000且不超5
推进式和圆盘平直叶涡轮式搅拌器	>32	≤1.00	
	100～400	≤0.75	

2. 消化池搅拌机安装允许偏差（表8-36）

消化池搅拌机安装允许偏差　　　表8-36

项　　目	允许偏差（mm）
搅拌轴中心与设计的孔口中心	≤±10
叶片外径与导流筒内径的间距	>20
叶片下端摆动量	≤2

3. 介质为有腐蚀性溶液时，轴及桨板宜采用三层环氧树脂、两层丙纶布包涂，以防腐蚀。

4. 搅拌设备安装后，必须用水作介质进行试运行和用工作介质试运行。这两种试运行都必须在容器内装满2/3以上容积的容量。试运转中设备应运行平稳，无异常振动和噪声。以水作介质的试运转时间不得少于2h，以工作介质的试运转对小型搅拌机为4h，其余不少于24h。

8.6 曝气设备

1. 立式曝气机安装允许偏差（表8-37）

立式曝气机安装允许偏差　　表8-37

项　目	允许偏差（mm）		
	水平度	径向跳动	上下跳动
机　座	1/1000		
叶片与上、下罩进水圈		1~5	
导流锥顶		4~8	
整　体		3~6	3~8

注：1. 叶轮的浸没深度应符合设计要求。2. 叶轮的旋转方向应按设计要求定向，不允许反向运转。

2. 水平式曝气机安装允许偏差（表8-38）

水平式曝气机安装允许偏差　　表8-38

项　目	允许偏差（mm）		
	水平度	前后偏移	同轴度
两端轴承座	5/1000	5/1000	
两端轴承中心与减速机出轴中心同心线			5/1000

8.7 其他机械设备

8.7.1 旋转滤网安装允许偏差（表8-39）

旋转滤网安装允许偏差　　表8-39

名　称	允许偏差（mm）
轨道中心线在任何1m长度内，其直线度	≤1mm，全长应小于全长的0.5/1000
同一水平高度左右两侧的轨道中心线平行度	≤2
轨道中心线的垂直度	≤全长的1/1000
链轮轴水平度	≤两轴承距离的0.5/1000
传动轴中心线对旋转滤网中心线的垂直度	≤2/1000
两链轮中心距	≤±1

8.7.2 滤池旋转式表面冲洗设备安装允许偏差（表8-40）

滤池旋转式表面冲洗设备安装允许偏差

表8-40

项　目	允许偏差				
	距离（mm）	夹角（°）	水平度	垂直度	压力（MPa）
布水管在滤层上	50				
喷嘴与滤层表面	10～15	25			

续表

项　　目	允许偏差				
	距离（mm）	夹角（°）	水平度	垂直度	压力（MPa）
旋转布水管			2/1000		
布水管与轴承座				2/1000	
进水压力					0.5

8.7.3　移动罩式滤池冲洗设备安装允许偏差（表8-41）

移动罩式滤池冲洗设备安装允许偏差　表8-41

项　　目	基本尺寸	备　　注
分格T形顶面宽度	20～30cm	下形顶面应平整光滑
单向定位	取惯性偏小值	双向定位则取最大惯性值
引水压力管道坡度	3%～5%	
罩体安装封水桷胶离滤格顶面	50mm	
虹吸管排水口没入排水槽面	<0.2m	

8.7.4 螺旋提升（输送）泵安装允许偏差（表8-42、表8-43）

螺旋提升（输送）泵安装允许偏差 表8-42

项目	允许偏差	
	中心偏差(mm)	标高偏差(mm)
上下轴承与设计定位中心	<10	
上下轴承与设计标高		+30～-10

注：上下轴承座下的调整垫铁每组不超过三块，同设备接触部位应用斜垫块。垫块放置平稳，焊接牢固。

螺旋提升（输送）泵安装允许偏差 表8-43

项目	偏差（mm）		
	中心线偏差	直线度	轴向间隙
上下轴承与泵体	<2/1000		
砂浆粉抹后的螺旋槽		<1/1000 全长≤5	
两半联轴器平面			2～4
泵体与砂浆粉抹后的螺旋槽			2～4

8.8 各种设备试车运转要求

1. 启动运转要平稳，运转中无振动和异常声响。启动时注意依照有标注箭头方向旋转。

2. 各运转啮合与差动机构运转要依照规定同步运行，并且没有阻塞碰撞现象。

3. 在运转中保持动态所应有的间隙，无抖动晃摆现象。

4. 各传动件运行灵活（包括链条与钢丝绳等柔质机件不碰不卡、不缠、不跳槽），并保持紧状态。

5. 在试运转之前或后，以手动或自动操作，全程动作各5次以上，动作准确无误，不卡、不抖、不碰。

6. 各限位开关运转中动作及时，安全可靠。

7. 电机运转中温升在正常值内。

8. 滚动轮与导向槽轨啮合运转，应无卡齿、发热现象。

9. 一般空车运转2h，带负荷运转4h，保证运转正常，不振颤、不抖动、无噪异声、不卡塞，各传动灵活可靠。

10. 各部轴承注加规定润滑油，应不漏、不发热。升温小于60℃。

11. 运转中要测定转速、功率及其他电压电流等参数，并应符合设计规定，并填写记录表格。

8.9 电气设备的安装

8.9.1 变压器

1. 安装前的器身检查

（1）变压器到达现场后，应进行器身检查。器身检查可以吊罩（或器身）或不吊罩直接进入油箱内进行（指大型变压器）。

（2）器身检查的项目和要求

1）所有螺栓应紧固，并有防松措施；绝缘螺栓应无损坏，防松绑扎完好。

2）铁心检查，应无变形，无多点接地等。

3）绕组检查,绝缘层应完好,绕组的压钉应紧固。

4）绝缘围屏绑扎牢固,所有胀圈引出线封闭良好。

5）引出线绝缘包扎紧固，无破损、拧弯现象；引出线绝缘应长度合格，固定牢靠；引出线的裸露部分应无毛刺或尖角，其焊接良好；引出线与套管的连接应牢靠，接线正确。

6）无励磁调压切换装置，其各分接头与线圈的连接应紧固正确；各分接头应清洁，且接触紧密，弹力良好；所有接触到的部分，用 0.05mm × 10mm 塞尺检查，应塞不进去；转动接点应准确地停留在各个位置上，且与指示器所指位置一致；切换装置的拉杆、分接头凸轮、小轮、销子等应完整无损；转动盘应动作灵活，密封良好。

7）有载调压切换装置的选择开关、范围开关应接触良好，分接引线应连接正确、牢固，切换开关部分密封良好。必要时抽出开关芯子进行检查。

8）绝缘屏障应完好，且固定牢固，无松动现象。

9）检查强油循环管路与下轭绝缘接口部位的密封情况。

10）检查各部位应无油泥、水滴和金属屑末等杂物。

11）变压器有围屏者，可不必解除围屏，由于围屏遮蔽而不能检查的项目，可不予检查。

（3）器身检查完毕后，必须用合格的变压器油进行冲洗；并清理油箱底部，不得有遗留杂物。导向冷却的变压器尚应检查和清理进油管接头和连接箱。

(4) 运输用的定位钉应予以拆除或反装，以免造成多点接地。

(5) 充氮的变压器吊罩检查时，必须让器身在空气中暴露15min以上，使氮气充分扩散后方可进行；当进入油箱中检查时，必须打开顶部盖板，从油箱下面闸阀向油箱内吹入清洁干燥空气进行排气，待氮气排尽后方可进入箱内，以防窒息。

2. 本体及附件安装

(1) 变压器本体就位

1) 变压器基础的轨道应水平，轨距与轮距应配合一致；装有气体继电器的变压器，应使其顶盖沿气体继电器气流方向有1%～1.5%的升高坡度（制造厂规定不须安装坡度者除外）。当变压器须与封闭母线连接时，其套管中心线应与封闭母线中心线相符。

2) 装有滚轮的变压器，其滚轮应能转动灵活，在变压器就位后，应将滚轮用能拆卸的制动装置加以固定。

(2) 密封处理

1) 所有法兰连接处，应用耐油密封垫（圈）密封；密封垫（圈）应无扭曲、变形、裂纹、毛刺，密封垫（圈）应与法兰面的尺寸相配合。

2) 法兰连接面应平整、清洁；密封垫应擦拭干净，安置应准确；其搭接处的厚度应与其原厚度相同，橡胶密封垫的压缩量不宜超过其厚度的1/3。

(3) 有载调压切换装置的安装

1) 传动机构（包括操动机构、电动机、传动齿轮和模具杆）应固定牢靠，连接位置正确，且操作灵活、无卡阻现象；传动机构的摩擦部分应涂以适合当地气候条件的润滑油脂。

2）切换开关的触头及其连接线应完整无损，且接触良好；其限流电阻应完好，无断裂现象。

3）切换装置的工作顺序应符合产品出厂要求；切换装置在极限位置时，其机械连锁与极限开关的电气连锁动作应正确。

4）位置指示器应动作正常，指示正确。

5）切换开关油箱内应清洁，油箱应做密封试验，且密封良好，注入油箱中的绝缘油，其绝缘强度应符合产品的技术要求。

（4）冷却装置的安装

1）冷却装置在安装前应按制造厂规定的压力值用气压或油压进行密封试验，并符合下列要求：

①散热器、强迫油循环风冷却器，持续30min应无渗漏。

②强迫油循环水冷却器，持续1h，应无渗漏。水、油系统应分别检查渗漏。

2）冷却装置安装前应用合格的变压器油经净油机循环冲洗干净，并将残油排尽。

3）冷却装置安装完毕后应即注满油。

4）风扇电动机及叶片应安装牢固，并应转动灵活，无卡阻；试转时应无振动、过热；叶片应无扭曲变形或与风筒碰擦等情况，转向应正确；电动机的电源配线应采用具有耐油性能的绝缘导线。

5）管路中的阀门应操作灵活，开闭位置正确；阀门及法兰连接处应密封良好。

6）外接油管路在安装前，应进行彻底除锈并清洗干净；管路安装后，油管应涂黄漆，水管应涂黑漆，并应有流向标志。

7）油泵转向应正确，转动时应无异常噪声、振动和过热现象；其密封应良好，无渗油或进气现象。

8）差压继电器、流速继电器应经校验合格，且密封良好，动作可靠。

9）水冷却装置停用时，应将水放尽。

（5）储油柜的安装

1）储油柜安装前，应清洗干净。

2）胶囊式(或隔膜式)储油柜中的胶囊(或隔膜)应完整无破损;胶囊在缓慢充气胀开后无漏气现象。

3）胶囊沿长度方向应与储油柜的长轴保持平行，不应扭偏，胶囊口的密封应良好，呼吸应畅通。

4）油位表动作灵活，油位表或油标管的指示必须与储油柜的真实油位相符，不得出现假油位。油位表的信号接点位置正确，绝缘良好。

（6）升高座的安装

1）升高座安装前，应先装完电流互感器并进行试验；电流互感器出线端子板应绝缘良好，其接线螺栓和固定件的垫块应紧固，端子板应密封良好，无渗油现象。

2）安装升高座时，应使电流互感器名牌位置面向油箱外侧，放气塞位置应在升高座最高处。

3）电流互感器和升高座的中心应一致。

4）绝缘筒应安装牢固，其安装位置不应使变压器引出线与之相碰。

（7）套管安装

1）高压套管穿缆的应力锥应进入套管的均压罩内，其引出端头与套管顶部接线柱连接处应擦拭干净，接触紧密；高压套管与引出线接口的密封波纹盘结构的安装应严格控制造厂的规定进行。

2）套管顶部结构的密封垫应安装正确，密封应良好，连接引线时，不应使顶部结构松扣。

3）充油套管的油标应面向外侧，套管末端应接地良好。

3. 注油注意事项

（1）绝缘油必须按规定试验合格后，方可注入变压器中。不同牌号的绝缘油，或同牌号的新、旧油不宜混合使用。

（2）注油时，宜从下部油阀进油。注油完毕后，应从变压器各有关部位，如套管、升高座、冷却装置、气体继电器等处，进行多次放气；并启动潜油泵，直至残余气体排尽。

4. 变压器试运行时，应按下列规定进行检查

（1）对于中性点接地系统的变压器，在进行冲击合闸时，其中性点必须接地。

（2）变压器第一次投入时，可全电压冲击合闸，如有条件时应从零起升压；冲击合闸时，变压器一般可由高压侧投入。

（3）变压器应进行5次空载全电压冲击合闸，应无异常情况；第一次受电后，持续时间应不少于10min。励磁涌流不应引起保护装置的误动。

（4）变压器并网前，应先核对相位。

（5）带电后，检查本体及附件所有焊缝和连接面，不应有渗油现象。

8.9.2 高压开关设备

1. 油断路器的安装与调整

(1) 油断路器及其操作机构的基础要求（表 8-44）

油断路器及其操作机构的基础要求　表 8-44

项　　目	要　　求
基础的中心距离及高度误差	≤10mm
预留孔或预埋铁板中心线误差	≤10mm
预埋螺栓中心线误差	≤2mm

(2) 油断路器组装注意事项

1) 油断路器应垂直安装，并固定牢靠；底座（或支架）与基础间的垫片不宜超过 3 片，其总厚度≤10mm，各片间应焊接牢固。

2) 油断路器应按照产品的部件编号进行组装，不可混装。

3) 三相联动的连杆，其拐臂应在同一平面上，拐臂角度应一致；连杆拧入深度应符合产品规定，防松螺母应拧紧。支持瓷套内部应洁净，法兰密封垫应完好，安放位置正确且紧固均匀；支持瓷套的卡固弹簧应穿到底。支持瓷套的施工要求应符合（表 8-45）

表 8-45

项　　目	技术要求	允许偏差（mm）
同相各支持瓷套	法兰面在同一水平面上	各支柱中心线间距离≤5
三相联动的相关支持瓷套		三相底座或油箱中心线偏差≤5

（3）油断路器和操作机构连接时，其支撑应牢固且受力均匀；机构动作灵活，无卡阻现象。

（4）油气分离装置及排气管内部应清洁，固定应牢靠；油气分离装置内的瓷球应放满；排气管的排出端应加罩盖，排气管的长度及弯头数量应符合规定；排气管口排出端的位置应使其在排气时不致喷射至附近的设备上；相间绝缘隔板应安装垂直牢固。

（5）手车式少油断路器的安装，除应符合本章节有关规定外，尚应满足下列要求：

1）轨道应水平、平行，轨距应与手车轮距相配合，接地可靠。

2）制动装置应可靠且拆卸方便。

3）手车操作时应灵活、轻巧。

4）隔离静触头的安装位置正确，安装中心线应与触头中心线一致，接触良好，其接触行程和超行程应符合产品规定。

（6）油断器和操作机构的安装注意事项

1）油断器安装调整时，应配合检查合闸后的油断路器传动机构中间轴与样板的间隙以及传动机构杠杆与止钉间隙、行程、超行程、相间接触的同期性。

2）油断路器调整结束后注油前，应检查所有连接部位，机构无变形，锁片锁牢防松。油断路器内部不得遗留任何杂物；顶盖及检查孔密封良好。油箱及内部绝缘部件应用合格绝缘油清洗，并注油至规定油位。

3）操作机构应安装垂直、固定牢靠，各转动部分应涂以润滑脂；电机转向应正确：分、合闸线圈的铁芯应动作灵活；开关接点接触良好。

4）弹簧操动机构应动作灵活，复位准确迅速、可靠。合闸弹簧储能时，牵引杆的位置不得超过死点，牵引杆的下端或凸轮与合闸锁扣可靠；棘轮转动时，不得提起或放下撑牙，防止电动机轴和手柄弯曲。

5）液压操动机构安装时应注意油箱内部的洁净，液压油的标号符合规定。各连接处应密封良好，无渗油。各工作部件应运行正常、准确、接触良好。

6）电磁操动机构的安装应注意辅助开关的动作应准确可靠，接触良好。

2. 隔离开关、负荷开关及高压熔断器

（1）安装注意事项：器材运到现场后应置于室内或室外平整、无积水的场地妥善保管，触头及操作机构的金属转动部分应有防锈措施。

（2）隔离开关组装时要求

1）隔离开关的相间距离的误差：110kV 及以下不应大于 10mm；110kV 以上不应大于 20mm。相间连杆应在同一水平线上。

2）支柱绝缘子应垂直于底座平面（V 型隔离开关除外），且连接牢固；同一绝缘子柱的各绝缘子中心线应在同一垂直线上；同相各绝缘子柱的中心线在同一垂直平面内。

3）隔离开关的各支柱绝缘子间应连接牢固；安装时可用金属垫片校正其水平或垂直偏差，使触头相互对准，接触良好，缝隙应用腻子抹平后涂以油漆。

4）均压环应安装牢固。

（3）隔离开关、负荷开关的导电部应符合下列规定：

1）以 0.05mm × 10mm 的塞尺检查：对于线接触应塞不进去；对于面接触，其塞入深度：在接触表面宽度为50mm及以下时，不应超过4mm；在接触表面宽度为60mm及以上时，不应超过6mm。

2）接触表面应平整、清洁、无氧化膜，并应涂薄层中性凡士林或复合脂；载流部分的可挠连接不得有折损，载流部分表面应无严惩的凹陷及锈蚀。

3）触头间应接触紧密，两侧的接触压力应均匀。

（4）高压熔断器的安装应满足下列要求：

1）带钳口的熔断器，其熔丝管应紧密地插入钳口内。

2）装有动作指示器的熔断器，应便于检查指示器的动作情况。

3）跌落式熔断器的熔管的有机绝缘物应无裂纹、变形；熔管轴线与垂直线的夹角应为15°～30°，其转动部分应灵活；跌落时不应碰及其他物体而损坏熔管。

4）熔丝的规格应符合设计要求，且无弯曲、压扁或损伤，熔体与尾线应压接紧密牢固。

3. 电抗器安装时注意事项

（1）当安装场所的屋顶、四壁和地面有钢材时，电抗器与之最小距离（表8-46）

表8-46

项　　目	最小距离（mm）
与屋顶距离	电抗器本体半径－130
与四周钢构筑物或壁面距离	电抗器本体半径－120
与地面距离	电抗器本体半径－325

（2）电抗器应按其标号进行安装，并遵守下列要求：

1）三相垂直排列时，中间一相线圈的绕向应与上下两相相反。

2）两相重叠与一相并列时，重叠的两相绕向相反，另一相与上面的一相绕向相同。

3）三相水平排列时，三相绕向相同。

（3）垂直安装时，各相中心线应一致。

（4）电抗器的重量应均匀地分配于所有支柱绝缘子上。找平时，允许在电抗支柱绝缘子底座下放置钢垫片，但应固定牢靠。当电抗器上下重叠安装时，应在电抗器的绝缘子顶帽上，放置与顶帽同样大小厚度不超过4mm的绝缘纸板垫片或橡胶垫片，以缓冲短路时所受的冲击。

（5）母线与电抗器端子的连接，应符合母线装置的有关规定。当其额定电流为1500A及以上时，应采用非磁性金属材料制成的螺栓。

（6）电抗器间隔内，所有磁性材料的部件，应可靠固定。

（7）电抗器的支柱绝缘子应按下列要求接地：

1）上下重叠安装时，底层电抗器下部的所有支柱绝缘子均应接地，其余的支柱绝缘子可不接地。

2）每相单独安装时，每相支柱绝缘子均应接地。

3）支柱绝缘子的接地线不应成为闭合环路。

4．避雷器安装

（1）阀式避雷器安装注意事项

1）避雷器各连接处的金属接触表面，应除去氧化膜及油漆，并涂一层电力复合脂。

2）并列安装的避雷器三相中心应在同一直线上避雷器应安装垂直，如有歪斜，可在法兰间加金属片校正，但应保证其导电良好，并将其缝隙用腻子抹平后涂以油漆。

3）拉紧绝缘子串必须紧固，弹簧应能伸缩自如，同相各拉紧绝缘子串的拉力应均匀。

4）均压环应安装水平，不应歪斜。

5）放电记录器应密封良好、动作可靠，安装位置应一致，且便于观察；放电记录器宜恢复至零位。

(2) 排气式避雷器安装注意事项

1）避雷器应在管体的闭口端固定，开口端指向下方。当倾斜安装时，其轴线与水平方向的夹角：对于普通管型避雷器应不小于15°，无续流管型避雷器应不小于45°，装于污秽地区时，尚应增大倾斜角度。

2）避雷器安装方位，应使其排出的气体不致引起相间或对地短路，也不得喷及其他电气设备；动作指示盖应向下打开：避雷器及其支架必须安装牢固；应便于观察和检修。

3）无续流管型避雷器的高压引线与被保护设备的连接线长度应符合产品的技术规定。

4）隔离间隙的安装应符合下列要求：

①隔离间隙轴线与避雷器管体轴线的夹角应不小于45°，以免引起管壁外闪。

②隔离间隙宜水平安装，以免雨滴造成短路。

③隔离间隙必须安装牢固，其间隙距离应符合设计规定。

8.9.3 低压开关设备

1. 低压开关设备安装注意事项

(1) 低压电器及其操作机构宜用支架或垫板（木板或绝缘板）固定在墙或柱上。落地安装的电器设备，其底面一般应高出地面50~100mm。操作手柄中心距离地面一般为1200~1500mm；侧面操作的手柄距离建筑物或其他设备不宜小于200mm。

（2）固定低压电器应符合下列要求：

1）紧固螺栓规格应选配适当，电器的固定应牢固、平整。

2）电器内部不应受到额外应力。

3）有防振要求的电器应加装减振装置，紧固螺栓应有防松措施，如加装锁紧螺母、锁钉等。

（3）电器的外部接线应符合下列要求：

1）按电器的接线端头标志接线。

一般情况下，电源侧导线应连接在进线端（固定触头接线端），负荷侧的导线应接在出线端（可动触头接线端）。

2）电器的接线螺栓及螺钉应有防锈镀层，连接时，螺钉应拧紧。

（4）低压电器应按其负荷性质及安装场所的需要进行下列试验，并符合以下规定：

1）电压线圈动作值校验：

吸合电压不大于85%U，释放电压不小于5%U。

短时工作的合闸线圈应在85%~110%U范围内，分励线圈应在75%~110%U范围内均能可靠工作（U——额定工作电压）。

2）用电动机或液压、气压传动方式操作的电器，除产品另有规定外，当电压、液压或气压在85%~110%额定值范围内，电器应可靠工作。

3）各类过电流脱扣器、失压和分励脱扣器、延时装置等，应按设计要求进行整定，其整定值误差（%）

不得超过产品的标称误差值。

(5) 低压开关设备要求操作宽度(表 8-47)

低压开关设备要求操作宽度　　表 8-47

布置方式	背面维护走廊(mm)	正面操作走廊(mm)	
	最小	最小	推荐
一面装有配电装置时	1000	1500	1800
两面装有配电装置时	1000	2000	2500

2. 接触器与启动器安装

(1) 电磁铁的铁心表面无锈斑及油垢:触头的接触面应平整、清洁。

(2) 接触器、启动器的活动部件动作应灵活,无卡阻:衔铁吸合后主尖无异常响声,接触紧密,断电后应能迅速脱开。

(3) 电磁启动器热元件的规格应按电动机的保护特性选配:热继电器的电流调节指示位置,应调整在电机的额定电流值上,如设计有要求时,尚应按整定值进行校验。

(4) 可逆电磁起动器防止同时吸合的联锁装置动作应正确、可靠。

(5) 星-三角启动器的检查调整应符合下列要求:

1) 启动器接线应正确,电动机定子绕组正常工作应为三角形接法。

2) 手动操作的星-三角启动器,应在电动机转速接近运行转速时进行切换:自动转换的应按电动机负荷要求正确调节延时装置。

（6）自耦减压启动器的安装、调整应符合下列要求：

1）启动器应垂直安装。

①油浸式启动器的油面不得低于标定的油面线。

②减压抽头（65%～80%额定电压）应按负荷的要求进行调整，但启动时间不得超过自耦减压启动器的最大允许起动时间。

2）连续启动累计或一次启动时间接近最大允许起动时间时，应待其充分冷却后方能再次起动。

8.9.4 防爆、接地与防雷

8.9.4.1 防爆

1. 安装在有爆炸危险场所的仪表和材料，其外部应无损伤和裂纹。

2. 敷设在易爆炸和火灾危险场所的电缆（线）保护管应符合下列规定：

（1）保护管与现场仪表、检测元件、仪表箱、接线盒和拉线连接时应安装隔爆密封管件，并做充填密封；保护管应采用管卡固定牢固，不应焊接固定。密封管件与仪表箱、分线箱接线盒及拉线盒间的距离不应超过0.45m。

（2）全部保护管系统必须确保密封。

3. 线路沿工艺管架敷设时应敷设在爆炸和火灾危险性较小的一侧。

4. 正压通风防爆的仪表箱应保证箱内维持不低于设计规定的压力值。

5. 安装在易爆炸和火灾危险场所的设备引入电缆时，应采用防爆密封填料进行密封。

8.9.4.2 接地

1. 接地装置的一般规定

(1) 用电仪表的外壳、仪表盘、柜、箱、盒和电缆槽、保护管、支架底座等,在正常条件下不带电的金属部分由于绝缘破坏而有可能带电者,均应作保护接地。

(2) 宜建立统一接地体(总等电位连接板)。仪表盘(箱、架)内的保护接地、信号回路接地、屏蔽接地和本质安全型仪表系统接地应分别接到各自的接地母线上,再由各母线接到总等电位连接板。

(3) 保护接地可接到电气工程低压电气设备的保护接地网上,连接应牢固可靠,不得串联接地。

(4) 采用保护接零时,变压器零线必须可靠接地;电缆和架空线在建筑物进户处的零线,应重复接地;在室内将零线与配电柜、控制屏的接地装置相连,最好将零线环接。

(5) 电力设备接地电阻值应符合下列要求:

1) 保护接地电阻一般不大于 4Ω;当配电变压器总容量不超过 100kVA 时,接地电阻值可不大于 10Ω。

2) 重复接地电阻值一般不大于 10Ω;当配电变压器总容量不超过 100kVA 且重复接地不少于 3 处时,重复接地的电阻值可不大于 30Ω。

2. 接地安装

(1) 接地体安装

1) 交流电气设备的接地装置利用与大地可靠连接的自然接地体(如配线的钢管,建筑物的金属构架等)。其接地电阻值必须符合要求。

2) 利用自然接地和引外接地装置时,应采用不少于两根导体在不同地点与接地干线相连接。

3) 无良好的自然接地时,应装设人工接地体。人工接地体垂直敷设的可采用角钢、钢管;水平敷设的可采用圆钢、扁钢等。垂直敷设时，不应少于两根，垂直打入地下深度不应小于 2.5m，角钢、钢管之间的距离不应小于 3m。水平敷设时，埋设深度不应小于 0.7m。室内接地干线宜采用 25mm×4mm 镀锌扁钢，沿墙明敷，固定卡子的间距为 1.0～1.5m，与墙面应有 10～15mm 间隙，离地面 200～250mm；穿墙、柱时应用钢管保护。

4）接地装置和避雷带及其支持件应采用热镀锌钢材、螺栓。严禁用非镀锌钢材和螺栓。敷设在土壤中的接地体不应涂漆。

5）人工接地体的最小尺寸（表 8-48）

人工接地体的最小尺寸　　　表 8-48

接地体类别	最小尺寸（mm）
圆钢（直径）	8
角钢（厚度）	4
钢管（壁厚）	2.5
扁钢（截面）	48（mm^2）
（厚度）	4

（2）接地线的最小截面面积（表 8-49）

接地线的最小截面面积　　　表 8-49

接地线类别		最小截面（mm^2）
钢	电缆的接地芯或与相线包在同一保护外壳内的多芯导线的接地芯	铜 1.5 铝 1.0
	绝缘铜线	1.5
	裸铜线	4.0

8.9.4.3 防雷

1. 所有进出受保护区的金属线路（如电气线路、信号线路、反馈线路），如接入到受保护的设备，必须加装防雷保护器。所有的保护器都应可靠接地。

2. 根据使用要求，电源防雷应按下列三级防护标准选用：

（1）B级，用于局部区域的总配电保护，10/350us波形，100kA级。

（2）C级，用于局部区域内各二级电气回路保护，8/20us波形，40kA级。

（3）D级，用于重要设备的重点保护，8/20us波形，5kA级。

3. 变压器低压侧的相线上宜装设低压避雷器；直接与架空线相连的电量计能表和架空线路与地埋线路的连接处宜装设保护间隙或避雷器。

4. 建筑物上的防雷设施采用多根引下线时，宜在各引下线距离地面1.5~1.8m处设置断接卡，断接卡应加保护措施。

5. 独立避雷针（线）应设置独立的集中接地装置。当有困难时，接地装置可与接地网连接，与接地网的地中距离不宜小于3m。

6. 配电装置的架构或屋顶上的避雷针应与接地网连接，并应在其附近装设集中接地装置。

7. 接地体在地下不得采用裸铝导体，顶面埋设深度不宜小于0.6m。角钢及钢管接地体应垂直配置。

8. 垂直接地体的间距不宜小于其长度的2倍。水平接地体的间距应符合设计规定。当设计无规定时不宜小于5m。

9. 接地干线应在不同的两点及以上与接地网相连接。自然接地体应在不同的两点及以上与接地干线或接地网相连接。

10. 接地（接零）线焊接搭接长度应符合表 8-50 的规定。

表 8-50

项目		规定数值
搭接长度	扁钢	$>2b$
	圆钢	$>6d$
	圆钢和扁钢	$>6d$
扁钢搭接焊的棱边数		3

注：b 为扁钢宽度；d 为圆钢直径。

8.10 钢制非标装置的制作与安装

8.10.1 钢制圆形压力装置的制作

1. 筒体的焊接

(1) 焊前准备：准备工作包括坡口加工、焊接区域的清洁等。这些工作应给予足够的重视，不然会影响焊缝质量，严重时还会造成焊后返工或报废。

(2) 容器焊接顺序：先焊筒节纵缝，焊好后校圆，再组装接环缝。要注意的是必须先焊纵缝后焊环缝，因为若先将环缝焊好再焊纵缝时筒体的膨胀和收缩都要受到环缝的限制，其结果会引起过大的应力，甚至产生裂纹。

（3）接直缝的焊接：对于中等厚度以下钢板的对接焊缝，采用齐边坡口最简单，通常有以下几种焊接方法：

1）无衬垫双面自动焊。对焊件的边缘加工和装配要求较高，焊件边缘必须平直，保证装配间隙小于1mm。为了保证焊缝有足够的熔深又不会烧穿，焊第一面时要控制熔深为板厚的40%～50%。翻面后要控制熔深达到板厚的60%～70%，以保证全焊透。

2）焊剂垫上的双面自动焊。将装配好的钢板压在焊剂垫上，最简单的焊剂垫是用一段槽钢，里面装满焊剂即可。焊接时要使焊剂紧贴在坡口背面，以防止焊接熔渣和熔池金属流失，并防止烧穿。由于有了焊剂垫，装配间隙可不必严格要求。正面焊时，控制熔深为板厚的50%～60%；反面焊接时可不用衬垫，焊接规范与正面的相同以保证焊透。

（4）焊缝装配要求

1）标准对筒体纵、环焊缝对口错边量均有一定要求。如纵焊缝的对口错边量应≤壁厚的10%，且不大于3mm。对于壁厚大于10mm的等厚对接环焊缝，其对口错边量应≤壁厚的10%加1mm，且不大于6mm。

2）对接焊缝的棱角，无论纵、环缝均要求不大于壁厚的10%加2mm，且不大于5mm。对口错边量或焊缝棱角过大对保证焊接质量特别重要。

（5）组装对接时焊缝布置要求；相邻筒节的纵焊缝距离或封头焊缝端点与相邻筒节焊缝距离要大于板厚的3倍，且不小于100mm。

2. 钢板、型钢加工的允许偏差和检验方法（表8-51）

3. 筒体的允许偏差和检查方法（表8-52）

钢板、型钢加工的允许偏差和检验方法 **表 8-51**

项目		允许偏差（mm）	检验方法
钢板尺寸	长度、宽度	±1	用尺检查
	两对角线之差	2	
钢板边缘不直度		±1	拉线和用尺检查
钢板局部挠曲矢高	厚度小于或等于 14mm	±1	用 1m 直尺检查
	厚度大于 14mm	1	
	卷板厚度为 4～7mm	1.5	
弧形板与样板间隙		1	用弦长 1/2*DN*，但不大于 1m 的样板检查

续表

项目		允许偏差（mm）	检验方法
坡口	钝角	±1°	用焊接检验尺检查
	角度	±2.5°	
型钢	弯曲型钢局部凸凹度	2	用弦长 1.5m 的样板检查（加工件弦长小于1.5m，样板长度应等于加工件弦长）
	长度	±2	用尺检查
	挠曲矢高 *L*—长度	$\frac{1}{1000}$，但不大于 5	拉线和用尺检查

表 8-52

筒体的允许偏差和检查方法

项目			允许偏差（mm）	检查方法
最大直径与最小直径之差		内压	1% DN，但不大于 25mm	用尺检查
		外压	0.5% DN	
		常压	1.1% DN	
外圈周长	直径（mm）	小于 800	±6	用尺检查
		800～1200	±9	
		1300～1600	±13	
		1700～2400	±16	
		大于 2600	±19	
L—筒体长度			$\pm\frac{2}{1000}L$	用尺检查
不直度（L—总长度）		20m 以内	$\frac{2}{1000}L$，但不大于 20	用拉线和直尺检查
		大于 20m	$\frac{1}{1000}L$，但不大于 30	

续表

项目				允许偏差（mm）	检查方法
对口错边量	纵向焊缝（S—壁厚）			$0.1S$，但不大于 2	用尺检查
	环向焊缝	厚度相等		$0.2S$，但不大于 4	
		厚度不等	S_1—厚板 S_2—较薄板	$\frac{S_2}{5}+\frac{S_1-S_2}{2}$，但不大于 4	
	复合钢板			$0.1S$，但不大于 2	
对接焊缝棱角				$0.1S+2$，但不大于 5	纵焊缝用弦长$\frac{1}{6}DN$但不大于 300mm 的样板检查。环焊缝用弦长不小于 300mm 的尺检查
筒体法兰端面与轴线垂直度	$DN \leq 1800$mm			2	用直角尺检查
	$DN > 1800$mm			3	

4. 封头的制作

(1) 曲型封头的冲压成型要点

1) 封头制造工艺大体如下：原材料检验——划线——切割下料——坡口加工——拼板的装配与焊接——加热——冲压成型——封头余量切割——热处理——检验。

2) 加垫好的毛坯钢板从炉中取出后，放置在下冲模上，并与下冲模对中。开动水压机，使活动梁空程下降，直至上冲模与钢板接触，然后加压，钢板发生变形。随着上冲模的下降，毛坯钢板包在上冲模上，通过下冲环。此时，封头已冲压成型，但由于材料的冷却收缩，使封头紧包在上冲模上，需要特殊的脱件装置使封头与上冲模脱离。

3) 封头由二块或由左右对称的三块钢板对接制成时，对接焊缝距封头中心线应小于公称直径的1/4。

(2) 封头的允许偏差和检验方法（表8-53）

5. 压力容器人孔及管道位置的开孔

(1) 压力容器开孔的一般要求

1) 在压力容器的体壳上开的孔应为圆孔，椭圆形孔和长圆形孔，当开椭圆形或长圆形孔时，孔的长径与短径之比少是大于2。

2) 孔位不得在焊缝处。

3) 孔口处补强材料一般应与筒体或封头的材料相同。

(2) 允许不另行补强的最大开孔孔径（表8-54）

(3) 孔口补强时，允许的开孔范围

1) 当筒体内径 $D \leqslant 1500$mm 时，开孔最大直径 $d \leqslant D/2$,且 $d \leqslant 500$mm；当筒体内径 $D > 1500$mm 时，

封头的允许偏差和检验方法 **表 8-53**

项目	允许偏差（mm）						检验方法
	公称直径（mm）						
	小于800	800 1200	1300 1600	1700 2400	2600 3000	3200 4000	
直　径	±2	±3	±4	±5	±6	±6	用尺检查
最大直径与最小直径之差	2	4	6	8	9	10	
表面凸凹度	2	3	4	4	4	4	用弦长等于1/6*DN*但不小于300mm的样板检查，*DN*—公称直径
曲面高度	±4	±6	±8	±12	±16	±20	用尺检查
直边高度	+5 -3	+5 -3	+5 -3	+5 -3	+5 -3	+5 -3	
直边纵向皱折深度	1.5	1.5	1.5	1.5	1.5	1.5	

注：手工锻打的封头表面凸凹度按上表规定各增加1mm。

表 8-54

允许不另行补强的最大开孔孔径

P MPa	厚度系数 K	筒体内直径或球体内半径（mm）					注
		≤1000	≤2000	≤3000	≤4000	≤6000	
0.6	1.0	57×5	57×5	76×6	76×6	76×6	$K\dfrac{S-C}{S_0}$ 式中 S—开孔处的实际壁厚（mm） C—壁厚附加量（mm） S_0—计算壁厚（mm）
	1.1	76×6	76×6	89×6	89×6	89×6	
	1.2	89×6	89×6	89×6	89×6	89×6	
	1.3	108×6	108×6	159×7	159×7	159×7	
1.0	1.0	38×3.5	45×3.5	57×5	57×5	76×6	
	1.1	57×5	57×5	76×6	76×6	89×6	
	1.2	76×6	76×6	89×6	89×6	108×6	
	1.3	89×6	89×6	108×6	159×7	159×7	

续表

P MPa	厚度系数 K	筒体内直径或球体内半径（mm）					注
		≤1000	≤2000	≤3000	≤4000	≤6000	
1.6	1.0	32×3.5	38×3.5	45×3.5	57×5	76×6	$K\frac{S-C}{S_0}$ 式中 S—开孔处的实际壁厚（mm） C—壁厚附加量（mm） S_0—计算壁厚（mm）
	1.1	45×3.5	45×3.5	57×5	76×6	89×6	
	1.2	57×5	57×5	76×6	89×6	108×6	
	1.3	76×6	89×6	89×6	108×6	159×7	
2.5	1.0	25×3.5	38×3.5	45×3.5	57×5	76×6	
	1.1	38×3.5	45×3.5	57×5	76×6	89×6	
	1.2	45×3.5	57×5	76×6	89×6	108×6	
	1.3	57×5	76×6	89×6	108×6	159×7	

开孔最大直径 $d \leqslant D/3$，且 $d \leqslant 1000$mm。

2）凸形封头或球壳上的开孔最大直径 $d \leqslant D/2$，其孔位距封头外缘距离不小于 $0.1D$。

3）锥形封头的最大开孔直径 $d \leqslant D_1/3$（D_1—开孔中心线的锥体直径）。

（4）接管、法兰接管（包括人孔、进出口、观测口及其他仪表接管等）安装的允许偏差和检验方法（表 8-55）

安装允许偏差和检验的方法　　表 8-55

项　　目		允许偏差（mm）	检验方法
法兰面垂直接管中心线		$\frac{1}{100}D$，但不大于 3	用直尺检查不少于 3 处
接管法兰与图纸规定的方向			
接管法兰	水平度		用水平尺或吊线和尺检查不少于 3 处
	垂直度		
接　　管	位置偏移	5	用吊线和尺检查不少于 3 处
	伸出长度	±5	用尺检查不少于 3 处

注：D—法治兰外径，小于 100mm 者按 100mm 计算。

6. 压力容器制作的有关标准（表 8-56）

压力容器制作的有关标准　　表 8-56

标准号	名　　称
JB 576-64	碟形封头
JB 1154-73	椭圆形封头型式与尺寸

续表

标准号	名　称
JB 1155-73	60°折边锥形封头型式与尺寸
JB 1156-73	90°折边锥形封头型式与尺寸
JB 1157-82	压力容器法兰分类与技术条件
JB 1158-82	甲型平焊法兰型式与尺寸
JB 1159-82	乙型平焊法兰型式与尺寸
JB 1160-82	长颈对焊法兰型式与尺寸
JB 1161-82	压力容器法兰用金属转垫与尺寸
JB 577-79	常压人孔
JB 579-79	长圆形转盖快开人孔
JB 580-79	回转盖人孔
JB 581-79	重垂吊盖人孔
JB 582-79	水平吊盖人孔
JB 583-79	回转盖对焊法兰人孔
JB 584-79	回转拱盖快开人孔
JB 585-79	水平吊盖对焊法兰人孔
JB 1166-81	支承式支座
JB 1207-73	补强圈
JB 928-67	压力容器焊缝射线探伤
JB 1152-81	锅炉和钢制压力容器对接焊缝超声波探伤
JB 1614-81	锅炉受压元件焊接接头机械性能检验方法

8.10.2 钢制低压水箱、槽

8.10.2.1 低压水、槽的制作

1. 钢板制作的允许偏差和检验方法（表 8-57）

钢板制作的允许偏差和检验方法 表 8-57

项目		允许偏差（mm）	检验方法
长度、宽度		±1	用尺检查
两对角线之差		2	
钢板局部挠曲矢高	厚度小于或等于 14mm	1.5	用 1m 直尺检查
	厚度大于 14mm	1	
	卷板厚度为 4～7mm	3	
边缘不直度		±1	接线和用尺检查
弧形板与样板间隙		1	用 1/2*DN* 但不大于 1m 的样板检查
坡口	钝边	±1	用焊接检验尺检查
	角度	±2.5°	

2. 型钢制作的允许偏差和检验方法（表 8-58）

型钢制作的允许偏差和检验方法 表 8-58

项目	允许偏差（mm）	检验方法
长度	±2	用尺检查
挠曲矢高（*L*—长度）	$\frac{1}{1000}L$，但不大于 5	拉线和用尺检查
弧形型钢与平台实样线间隙	4	在平台实样线上用尺检查

3. 箱、槽制作的允许偏差和检验方法（表 8-59）

箱、槽制作的允许偏差和检验方法　　表 8-59

项　　　　目		允许偏差（mm）	检验方法
长、宽、高	小于或等于 3m	±5	用尺检查
	大于 3m	±8	
对角线之差（L—长度）	小于或等于 3m	5	用尺检查
	大于 3m	$\frac{1.5}{1000}L$，但不大于 10	
表面局部凸凹度		10	拉线和用尺检查

4. 溜槽、漏斗制作允许偏差和检验方法（表 8-60）

溜槽、漏斗制作允许偏差和检验方法　　表 8-60

项　　目			允许偏差（mm）	检验方法
溜槽及漏斗	边长或直径	焊接连接	±2	边长：用尺在每端检查 直径：用尺在每端互成 90°的两条中心线上检查
		法兰连接	−2	
	长度或高度（L—长度、高度）		$\pm\frac{1.5}{1000}L$，但不大于 10	
法兰盘	边长或直径		+2	边长：用尺检查四边 直径：用尺在互成 90°的两条中心线上检查
	平整度		3	在平台上用塞尺检查
	组装垂直度		3	在平台上每端用角尺和尺检查

8.10.2.2 低压水箱、槽的安装

1. 箱、槽安装的允许偏差和检验方法（表8-61）

箱、槽安装的允许偏差和检验方法 表8-61

项　　目	允许偏差（mm）	检验方法
标　高	±5	用水准仪或尺检查
水平度（L—长度）	$\frac{1}{1000}L$，但不大于10	用水准仪检查箱、槽四角
中心线位移	5	用尺检查

2. 溜槽、漏斗安装的允许偏差和检验方法（表8-62）

溜槽、漏斗安装的允许偏差和检验方法

表8-62

项　　目	允许偏差（mm）	检验方法
标　　高	±5	用水准仪或尺检查
水平度（H—高度）	$\frac{1}{1000}H$，但不大于10	在上口中心吊线，在下口用尺检查
中心线位移	5	用尺检查

8.10.3 沼气柜（罐）和压力容器

8.10.3.1 一般规定

压力容器受压元件用钢板应符合现行国家《钢制压力容器》（GB150）的规定。高合金钢板一般按现行国家《不锈钢热轧钢板》（GB4237）选用。常压容器用钢板应符合现行《钢制焊接常压容器》（JB/T4735）的规定。

8.10.3.2　沼气柜（罐）的安装

1. 沼气柜（罐）基础的强度应达到设计强度的70%以上，基础周围的土方方能回填、夯实、整平。沼气柜（罐）应在混凝土基础验收合格后进行安装。

2. 为满足安装精度要求，容器找正一般应进行两次。即就位后进行第一次找正，二次灌筑混凝土达到强度后拧紧地脚螺栓，进行第二次全面精确地找正。混凝土基础的沉降量应小于设计文件的规定，预埋件的允许偏差应符合沼气柜（罐）安装的精读要求。

3. 沼气柜（罐）安装允许偏差（表8-63、表8-64）

（1）容积50000m^3以下5000m^3以上储柜（罐）安装允许偏差和检验方法（表8-63）

容积50000m^3以下5000m^3以上储柜（罐）安装允许偏差和检验方法　　表8-63

项　　目	允许偏差（mm）	检验方法
储柜（罐）底局部水平度	1/50且≤5	仪器测量检查
储柜（罐）直径（D）	±1/500D	
储柜（罐）壁垂直度	1/250H	
各圈壁板局部凹凸度（以弦长1.2m的样板检验）		
板厚≤5mm	≤15	
板厚6～10mm	≤10	

注：H为柜（罐）体高度。

（2）容积5000m^3以下储柜（罐）安装允许偏差和

检验方法（表 8-64）

容积 5000m³ 以下储柜（罐）安装允许偏差和检验方法　　表 8-64

项　　目	允许偏差（mm）	检验方法
柜（罐）体高度	±5/1000（设计高度的）	仪器测量检查
柜（罐）壁半径 $D \leqslant 12.5m$ $12.5 < D \leqslant 45m$	±13 ±19	
柜（罐）壁垂直度	≤3/1000*H*	
柜（罐）壁内表面局部凹凸	≤13	
柜（罐）底局部凹凸	≤1/50*L*，且不大于 5	
拱顶板局部凹凸	≤15	

注：*H* 为柜（罐）体高度，*L* 为变形长度。

4. 沼气柜（罐）安装后应进行充气调试，使浮顶（或活塞）升降平稳、密封不漏气、导向机构、密封装置等无卡涩、与柜（罐）体上的其他部位（附件）无干扰，确保沼气输入后安全储存。

8.10.3.3　沼气柜（罐）和压力容器的气密性试验

1. 沼气柜（罐）体应按结构、密封形式分部位采用气密性试验。设计压力小于 1.6MPa 的压力容器，依结构形式和容积大小并按设计文件要求制定气密性试验方法。

2. 一般常压罐体的罐底、罐壁等严密性试验，可按结构运行升降、密封形式的差异采用不同的方法（如真空、注水、充气等）进行检验。压力容器的焊接的连接应无泄漏、异常变形，气密性试验检测符合现行国家标准《钢制压力容器》（GB 150）的规定。

3. 沼气柜（罐）的焊缝检验应符合现行《钢制焊接常压容器》（JB/T 4735）的规定，并应符合设计要求。焊缝接头应按现行《压力容器无损检测》（JB 4730）及设计文件要求进行射线、超声、磁粉和渗透检测。

4. 焊缝尺寸及表面质量应按设计要求和质量标准进行外观检验，焊缝表面不允许有裂缝、焊瘤、烧穿、弧坑等缺陷。焊缝尺寸应符合设计要求。

不符合要求不能通过验收，返工后重新检验。

第9章　仪表及自动控制系统

9.1　检测仪表的安装与调试

9.1.1　安装通则

9.1.1.1　自控仪表安装一般规定

1. 就地安装仪表的安装位置，应符合下列规定：

(1) 光线充足，操作和维修方便；不宜安装在振动、潮湿、易受机械损伤、有强磁场干扰、高温、温度变化剧烈和有腐蚀性气体的地方。

(2) 仪表的中心距地面的高度宜为1.2～1.5m。

(3) 就地安装的显示仪表应安装在手动操作阀门时便于观察仪表数值的位置。

2. 仪表安装前应外观完整、附件齐全，并按设计规定检查其型号、规格及材质。

3. 仪表安装时不应敲击及振动，安装后应牢固、平正。

4. 设计规定需要脱脂的仪表，应经脱脂检查合格后方可安装。

5. 直接安装在工艺管道上的仪表，宜在工艺管道吹扫后压力试验前安装，当必须与工艺管道同时安装时，在工艺管道吹扫时应将仪表拆下。仪表外壳上箭头的指向应与被测介质的流向一致。仪表与工艺管连接时，仪表上法兰的轴线应与工艺管道轴线一致，固定时应使受力均匀。

6. 直接安装在工艺设备或管道上的仪表安装完毕，应随同工艺系统一起进行压力试验。

7. 仪表及电气设备上接线盒的引入口不应朝上，以避免油、水及灰尘进入盒内，当不可避免时，应采取密封措施。

8. 仪表和电气设备标志牌上的文字及端子编号等，应书写正确、清楚。

9. 仪表及电气设备的接线应符合下列规定：

（1）接线前应校线并标号。

（2）剥绝缘层时不应损伤线芯。

（3）多股线芯端头宜烫锡或采用接线片。采用接线片时，电线与接线片的连接应压接或焊接，连接处应均匀牢固、导电良好。

（4）锡焊时应使用无腐蚀性焊药。

（5）电缆（线）与端子的连接处应固定牢固，并留有适当的余度。

（6）接线应正确，排列应整齐、美观。

（7）仪表及电气设备易受振动影响时，接线端子上应加弹簧垫圈。

（8）线路补偿电阻应安装牢固，拆装方便，其阻值允许误差为±0.1Ω。

9.1.1.2　自控仪表的调试

1. 调试准备：收集准备有关技术资料、文件、图纸；进行现场调查；技术交底；编写调试方案；准备专用工具。

2. 单体调试：仪表安装前，在试验室进行的调试，调试内容有：

(1) 常规检查

1) 仪表外观完整无损，铭牌、型号规格、插件、端子、接头、固定附件等应齐全。

2) 电气线路绝缘应符合要求。

3) 自控仪表受压部件的密封性检查。

(2) 单体调试：单体调试按国家或行业标准及产品说明书、调试规范要求进行，对仪表的零点、范围、误差等性能进行全面检查和调试。

(3) 系统调试：系统调试是在自控仪表设备安装完毕后对回路系统进行的调试。首先要对安装工作完成的确认。再进行检测、调节、联锁报警、顺序控制系统的调试。调试方法有：

1) 检测系统调试：在检测系统的发生端（变送器、检测元件处）输入模拟信号，从显示端读取数据，其系统误差应小于系统各单元允许误差平方和的方根值。

2) 调节系统调试：

①根据设计要求，确定调节器的正反作用及执行机构的动作方向，以手动方式操作检查调节阀从始点到终点的全行程动作情况。

②在系统信号发生端输入模拟信号。

③ 进行比例、积分、微分调节规律测试。

3. 报警系统的调试

(1) 检查报警系统接线。

(2) 对系统内的报警设定器、仪表报警发讯装置，按设计要求进行庙宇值的整定。

(3) 在系统信号发生端输入模拟报警信号，对报警标记、音响、灯光等信号进行确认。

4. 顺序控制系统调试

(1) 对联锁或顺序控制逻辑线路检查接线确认正确。

(2) 对运行的时间庙宇顺序条件值按设计要求进行整定,并按时序加入条件信号,对系统动作进行确认。

(3) 联锁系统加入事故接点信号，在输出端输出正确。

(4) 接口试验：指仪表—电气、仪表—计算机、仪表—通讯及该项工程仪表与其他项目工程仪表的接口试验。该试验按发讯方向沿受讯方向逐项逐点地加信号，在受讯方向的信号终点进行确认。对采用通讯总线的系统，可按通讯内容，逐项逐点地确认。

5. 试车

(1) 单体试车：主要是传动设备的试运转，相关的自动化仪表系统均应启动，压力指示，压力指标，轴承温度、报警和联锁系统等功能的确认。

(2) 无负荷联动试车：该阶段是在传动设备单体试运正常，管路已通畅，原则上所有自控设备应全部投入运行。调节系统投运时，应先置手动待工况稳定后再投入自动方式，计算机联动方式按顺序进行。根据工艺流程的水处理程序，用直接或模拟的方法建立启动条件、工作条件、中断条件、非常停止条件、时序条件来满足全流程联动试运转的进行。

(3) 负荷联动试车：该阶段是在无负荷联动试运完成后，首先启动检测系统，报警系统、顺控系统，待上述系统运行正常后，进行调节系统的投入，并进行参数整定，整定在最佳值上。

6. 竣工、验收和交付生产

负荷试车正常进行 72h 后移交给建设单位，与此同时，应移交一份完整的交工资料包括如下内容：

(1) 工程交工证书

(2) 中间交接证书

(3) 自控仪表设备移交清单

(4) 未完工程明细表

(5) 安装校验、试车记录，包括：

1) 各类自控仪表设备安装记录；

2) 各类自控仪表设备调校记录；

3) 系统回路调试记录；

4) 特殊工程、隐蔽工程记录；

5) 管路敷设、试压、脱脂记录；

6) 电缆、补偿导线敷设记录。

(6) 设备、材料代用通知单

(7) 设计变更汇总表

(8) 竣工图

(9) 其他事项

9.1.2 取样部件

9.1.2.1 安装通则

1. 取样部件的安装，应在设备、管道制造加工、安装同时进行。

2. 在管道或设备上安装取样部件需开孔或焊接时，应在其作防腐和压力试验前进行。

3. 在砌体或混凝土上安装取部件应在砌筑或浇筑时预埋安装管道和预留安装孔。

4. 取样阀门与工艺设备或管道的连接不宜采用卡套式接头。

9.1.2.2 压力取样

1. 压力取样部件的安装位置应选在有代表性的介

质流速稳定的地方。

2. 压力取样部件与温度取样部件在同一管段上时，应安装在温度取样部件的上游侧。以避免对测压的干扰。

3. 压力取样部件的端部不应超出工艺设备或管道的内壁。

4. 测量带有灰尘、固体颗粒或沉淀物等混浊介质的压力时，取部件应倾斜向上安装。在水平的工艺管道上宜顺流速成锐角安装。

5. 当测量温度高于60℃的液体、蒸汽和可凝性气体的压力时，就地安装的压力表的取样部件应带有环形或U形冷凝弯。

6. 压力取样部件在水平和倾斜的工艺管道上安装时，取压口的方位应符合下列规定：

(1) 测量气体压力时，在工艺管道的上半部。

(2) 测量液体压力时，在工艺管道的下半部与工艺管道的水平中心线成0°~45°夹角的范围内。

(3) 测量蒸汽压力时，在工艺管道的上半部与工艺管道的水平中心线成0°~45°夹角的范围内。

7. 取样测压管进入传感器以前应设有阻尼装置，以利测到稳定的压强数值。

8. 应注意取样口安装高度对测量数值的影响，并在显示数值上加上取样口测压点的高差转换成的压强值。

9.1.2.3 流量取样

1. 节流装置的直管段最小长度

(1) 孔板、喷嘴和文丘里喷嘴的直管段最小长度(mm)(表9-1)

(2) 文丘里管上下游侧的直管段最小长度(mm)(表9-2)

孔板、喷嘴和文丘里喷嘴的直管段最小长度(mm)　　表 9-1

直径比 β	节流件上游侧阻流件形式和直管段的最小长度							节流件下游侧直管段的最小长度 L_2（左面所有的局部阻流件）
	单个90°弯头或三通(流体只从一个支管流出)	在同一平面内有两个或多个90°弯头	在不同平面内有两个或多个90°弯头	渐缩管(在1.5D至3D长度内由2D变为D)	渐扩管(在1D至2D长度内由0.5D变为D)	球形阀全开	全孔球阀或闸阀全开	
≤0.2	10(6)	14(7)	34(17)	5	16(8)	18(9)	12(6)	4(2)
0.25	10(6)	14(7)	34(17)	5	16(8)	18(9)	12(6)	4(2)
0.30	10(6)	16(8)	34(17)	5	16(8)	18(9)	12(6)	5(2.5)
0.35	12(6)	16(8)	36(18)	5	16(8)	18(9)	12(6)	5(2.5)
0.40	14(7)	18(9)	36(18)	5	16(8)	20(10)	12(6)	6(3)
0.45	14(7)	18(9)	38(19)	5	17(9)	20(10)	12(6)	6(3)
0.50	14(7)	20(10)	40(20)	6(5)	18(9)	22(11)	12(6)	6(3)
0.55	16(8)	22(11)	44(22)	8(5)	20(10)	24(12)	14(7)	6(3)

续表

直径比 β	节流件上游侧阻流件形式和直管段的最小长度							节流件下游侧直管段的最小长度 L_2（左面所有的局部阻流件）
	单个90°弯头或三通（流体只从一个支管流出）	在同一平面内有两个或多个90°弯头	在不同平面内有两个或多个90°弯头	渐缩管（在1.5D至3D长度内由2D变为D）	渐扩管（在1D至2D长度内由0.5D变为D）	球形阀全开	全孔球阀或闸阀全开	
0.60	18(9)	26(13)	48(24)	9(5)	22(11)	26(13)	14(7)	7(3.5)
0.65	22(11)	32(16)	54(27)	11(6)	25(13)	28(14)	16(8)	7(3.5)
0.70	28(14)	36(18)	62(31)	14(7)	30(15)	32(16)	20(10)	7(3.5)
0.75	36(18)	42(21)	70(35)	22(11)	38(19)	36(18)	24(12)	8(4)
0.80	46(23)	50(25)	80(40)	30(15)	54(27)	44(22)	30(15)	8(4)
对于所有的直径比 β		阻 流 件					上游侧最小直管段长度	
		直径比不小于0.5的对称骤缩异径管					30(15)	

注：1. 本表所列数字为管道内径 D 的倍数；2. 本表括号外的数字为“零附加不确定度”的值；括号内的数字为“0.5%附加不确定度”的值。

文丘里管上下游侧的直管段最小长度(mm) **表 9-2**

直径比 β	单个 90°短半径弯头	在同一平面内有两个或多个 90°弯头	在不同平面内有两个或多个 90°弯头	减缩管在 3.5D 的长度上从 3D 到 D	减扩管在 D 的长度上从 0.75D 到 D	全开球阀或闸阀
0.30	0.5	1.5(0.5)	(0.5)	0.5	1.5(0.5)	1.5(0.5)
0.35	0.5	1.5(0.5)	(0.5)	1.5(0.5)	1.5(0.5)	2.5(0.5)
0.40	0.5	1.5(0.5)	(0.5)	2.5(0.5)	1.5(0.5)	2.5(1.5)
0.45	1.0(0.5)	1.5(0.5)	(0.5)	4.5(0.5)	2.5(1.0)	3.5(1.5)
0.50	1.5(0.5)	2.5(1.5)	(8.5)	5.5(0.5)	2.5(1.5)	3.5(1.5)
0.55	2.5(0.5)	2.5(1.5)	(12.5)	6.5(0.5)	3.5(1.5)	4.5(2.5)
0.60	3.0(1.0)	3.5(2.5)	(17.5)	8.5(0.5)	3.5(1.5)	4.5(2.5)
0.65	4.0(1.5)	4.5(2.5)	(23.5)	9.5(1.5)	4.5(2.5)	4.5(2.5)
0.70	4.0(2.0)	4.5(2.5)	(27.5)	10.5(2.5)	5.5(3.5)	5.5(3.5)
0.75	4.5(3.0)	4.5(3.5)	(29.5)	11.5(3.5)	6.5(4.5)	5.5(3.5)

注：1. 直管段均以直径 D 的倍数表示，从经典文丘里管上游取压口平面量起；2. 不带括号的值为“零附加不确定度”的值；带括号的值为“0.5%附加不确定度”的值；3. 下游直管段长度为 4 倍喉径的长度。

2. 装取源处流量计表上下游的直管段距离（表 9-3）

装取源处流量计表上下游的直管段距离　　表 9-3

流量计型号	表前直管段	表后直管段
超声波流量计	≥20D	≥5D
电磁流量计	≥5D	≥2D
插入式涡轮（涡流涡街）流量计	≥20D	≥7D
节流式压差型流量计	5～10D	≥5D

3. 流量取源部件的安装应符合下列规定（表 9-4）

流量取源部件的安装要求　　表 9-4

<table>
<tr><td rowspan="2">温度计在节流元件上游距离</td><td>温度计套管直径不大于 0.03D</td><td>≥5D</td></tr>
<tr><td>温度计套管直径 0.03D～0.13D</td><td>≥20D</td></tr>
<tr><td colspan="2">温度计装在节流元件下游距离</td><td>≥5D</td></tr>
<tr><td rowspan="4">单独钻孔角接取源</td><td>上下游取样孔直径</td><td>相等</td></tr>
<tr><td>上下游取样孔轴线与节流元件上下游侧端面距离</td><td>0.5D</td></tr>
<tr><td>取样孔轴线与工艺管道轴线垂直度</td><td>允许偏差 3°</td></tr>
<tr><td>取样孔直径</td><td>4～10mm</td></tr>
</table>

续表

法兰取源	上下游取样孔轴线与孔板上下游侧端面距离	$\beta>0.6$ 和 $D\leqslant150$mm 时 25.4±0.5mm $\beta\leqslant0.6$ 或 $\beta>0.6$ 但 150mm $\leqslant D\leqslant$ 1000mm 时 25.4±1mm
	取样孔直径	6～12mm
	上下游取样孔直径	相　　等
D 和 $D/2$ 取源	上游取样孔轴线与孔板上游侧端面距离	$D\pm0.1D$
	下游取样孔轴线与孔板上游侧端面距离	$\beta\leqslant0.6$ 时 $0.5D\pm0.02D$ $\beta>0.6$ 时 $0.5D\pm0.01D$
	取样孔轴线与工艺管道轴线	垂直相交
	上下游取样孔直径	相　　等

注：D 为管道内径，β 为直径比。

4. 夹紧节流件用的法兰的安装应符合下列规定：

(1) 法兰与工艺管道焊接后管口与法兰密封面应平齐。

(2) 法兰面应与工艺管道轴线相垂直，垂直度允许偏差为 1°。

(3) 法兰应与工艺管道同轴，同轴度允许偏差不得超过下式：

$$t\leqslant0.015D\ (1/\beta-1)$$

式中　t——同轴度允许偏差；

D——工艺管道内径；

β——工作状态下节流件的内径与工艺管道内径

之比。

(4) 采用对焊法兰时，法兰内径必须与工艺管道内径相等。

5. 节流装置在水平和倾斜的工艺管道上安装时,取压口的方位应符合本手册相关章节的规定。

6. 用均压环取压时，取压孔应在同一截面上均匀设置，且上、下游侧取压孔的数量必须相等。

7. 测量蒸汽流量设置冷凝器时，两个冷凝器的安装标高必须一致。

8. 毕托管和均速管等流量检测元件的取源部件的曲线，必须与工艺管道轴线垂直相交；其上、下游侧直管段的最小长度应符合仪表安装使用说明书的规定。

9. 安装节流件所规定的最小直管段，其管内表面应清洁、无凹坑。

9.1.2.4　水质分析取样

(1) 用于水处理工艺控制、调节的水质参数的水样分析取源部件的取样点一定保证取样的代表性，一般情况下，取样点处的水体或气体应保持流动和稳定，灵敏反映水样的真实成分。

(2) 在水平和倾斜的工艺管道上安装的水样取源部件时，应符合下列规定：

1) 取样为气体时，取样口应设在管道的上半部。

2) 取样为液体时，取样口应设在管道下半部和管道的水平中心线成 0°~45°夹角的范围内。

(3) 当所取的样品含有杂质时，气体内含有固体，或液体含杂质时，取样口的轴线与水平线之间的仰角应大于 15°。

(4) 水样取样泵和输样管最好采用非金属或不锈钢的产品，如 PVC、ABS 等，以减少金属离子析出，对水样测量产生干扰。

(5) 取样泵出口、输样管径的选择，应在保证取样流量的前提下，尽可能选择较小口径的管道，从而缩短获取水样的滞后时间，提高水样参数的时效性。

(6) 在取样口直接安装一次仪表和传感器的应按一次仪表和传感器的技术要求设置。一般情况下，传感器应垂直安装，与变送器之间的距离应严格控制(产品说明书的要求)。现场显示器的安装高度应方便有关人员的观测和维护。

9.1.2.5　温度一次仪表安装部件

1. 温度一次仪表的安装位置应选在水温度变化灵敏和具有代表性的地方，不宜选在阀门等阻力部件的附近和水流死角处或波动剧烈的地方。

2. 热电偶一次仪表部件的安装位置，宜远离强磁场。

3. 温度一次仪表部件在工艺管道上的安装应符合下列规定：

(1) 与工艺管道垂直安装时，取源部件轴线应与工艺管道轴线垂直相交。

(2) 在工艺管道的拐弯处安装时，宜逆着介质流向，取源部件轴线应与工艺管道轴线相重合。

(3) 与工艺管道倾斜安装时，宜逆着介质流向，取源部件轴线应与工艺管道轴线相交。

9.1.3　液位仪表

1. 液位仪表的安装

(1) 液位计一次仪表应安装在变化灵敏，且不使检测元件受到水冲击的地方。

(2) 内浮筒液面计及浮球液面计采用导向管或其他导向装置时，导向管或导向装置必须垂直安装，并应保证导向管内液流畅通。浮子式液位计的安装应确保浮子在全量程范围内自由活动。安装应使浮筒呈垂直状态。其安装高度宜使仪表全量程的 1/2 处为正常液位。

(3) 采用压力、差压式液位测量用的单室、双室及补偿式平衡容器均应垂直安装。测量仪表的安装高度不能高于下部取压口。双法兰差压变送器毛细管敷设应有保护措施，其弯曲半径不小于 50mm。

1) 双室平衡容器的安装应符合下列规定：

①安装前应复核制造尺寸，检查内部管路严密性。

②应垂直安装，其中心点应与正常液位相重合。

2) 单室平衡容器的安装应符合下列规定：

①平衡容器垂直安装。

②安装标高应符合设计规定。

(4) 补偿式平衡容器的安装，当固定平均容器时，应有防止因工艺设备的热膨胀而被损坏的措施。

(5) 安装浮球液位报警器用的法兰与工艺设备之间连接管的长度，应保证浮球能在全量程范围内自由活动。

(6) 插入式液位计传感器应用刚性且耐腐蚀的管材加以保护。保护管应固定在池中，保护管的底部 200mm 范围内应钻 ϕ8mm 孔若干，保证保护管内与水池相通。

(7) 传感器插入保护管内位置应距池底 50～

100mm，防止池底沉积物淹没传感器引起测量误差。同时应在显示器上加上这一相应的本底值。

（8）与传感器组装在一起的变送器应设在最高液位以上，防止被液体淹没。液位计如在室外安装，应加防护罩。

（9）超声波液位计应安装在最高液面以上，其探头的安装高度应适当地高于盲区。在其半径 500mm 内向下至液面不得有任何障碍物（包括池壁），防止障碍物反射声波干扰测量数值。

（10）测量腐蚀性液体，必须采用防腐型超声波液位计。安装时应特别注意接线端子出线口的严密防腐，不能疏漏。

2. 液位仪表的调试

物位测量仪表的调校采用模拟法或实物标定法，物位测量仪表投入运行前应进行常规性检查与调校，使之符合技术要求。

（1）调校时，首先应将被校仪表置工作位置，对压力、差压液位计、以调整信号源或改变物位的方法使被试仪表示值均匀上升、下降至各调试点，并读取数据，求取基本误差与变差值，通常以 5 点为宜。

对静压式液位计还应根据测量对象的工艺数据进行零点迁移。

对浮子式、电容式、超声波式、核辐射式等物位计的实物标定，可以在安装后，投入运行前进行。其标定点通常以 3 点为宜。

（2）报警动作点的调试通常只校使用点。首先设定报警点，然后改变测量信号，直至发生报警动作信号，同时记取数据，并计算报警动作点误差。

9.1.4 温度测量仪表

1. 接触式测温仪表的安装

温度计安装中应减小感温元件与外界的热交换，如减小接触式温度计保护管的导热损失；在测量气体温度时，应减小感温元件与管道内壁或装置内壁的辐射换热。

（1）接触式测温仪表的安装工序大体上包括：

1）对工艺设备管道上的温度取源部件进行定位、开孔及取源部件的焊接。

2）保护套管及感温元件的安装及接线。

3）有些温度取源部件需要安装在砌体或浇筑体内，必须在施工过程中与有关专业密切配合。在砌筑或浇筑时，及时将温度取源部件或温度计埋入。

（2）安装要点

1）为能以准确测量到被测介质去年同期温度，温度取源部件应安装在温度化灵敏和具有代表性的位置上。不能安装在阻力部件附近，流束死角处，介质流动缓慢，热交换差的地方。

2）感温元件应插到工艺管道内介质流束的中心区域为宜。

3）在直管段上应尽量垂直安装。在直径较小或管道拐弯处宜采用逆着介质流向安装。

4）在小直径管道上安装测温元件时，应加设扩大管，将工艺管道的直径扩大到需要的大小。

5）对于充液体的压力式温度计，应使测温包与表计尽量处于一个水平面上，以减小由于静压引起的误差。

6）热电偶的安装位置应尽量离开强磁场。

7）热电偶或热电阻安装在易受被测介质强烈冲击的地方，以及当水平安装时其插入深度大于1m。

8）表面温度计的感温面应与被测表面紧密接触，固定牢固。

9）温度计的温包必须全部侵入被测介质中，毛细管的敷设应有保护措施，其弯曲半径不应小于50mm，周围温度变化剧烈时应采取隔热措施。

2. 接触式测温仪表的调试

（1）液体膨胀式、固体式、压力式温度计的调试。

1）零点的调试：先将水与冰注入槽内，并使水面低于冰面10mm。再将被试温度计与标准水银温度计同时置入冰槽内，待被试温度计示值稳定后，读取数据，超差时需调零。

2）指示、记录基本误差的调试：根据被试仪表的量程范围选用试验设备与标准仪表。高温时，首先应将被试仪表置工作位置，将被校仪表的感温部分与标准温度计同时放入恒温浴中，均匀升温或降温至各校验点，待温度稳定之后读取数据求取基本误差，变差及记录差值。其校验点通常以3点为宜。

3）记录纸行程误差及记录质量检查时，应使记录纸与时间弧线重合，在室温条件连续运行24h。

4）报警动作点的调试通常在使用点上进行。分别用升高或降低恒温槽内温度，直至发出报警动作信号，记取数据，计算报警动作点误差。

（2）热电偶的校验

热电偶的校验通常采用比较法。装设一个均匀的温度场，使被校热电偶与标准热电偶的工作端处同一温度。为保证管形炉内有足够的长度的等温区，要求管形炉内腔长度与直径之比至少20:1。并将被校热电偶与标准热电偶的工作端置入镍块中。为避免被校热电偶污染标准热电偶，在校验镍铬—镍硅热电偶时，需将标准铂铑—铂热电偶装到石英管中，插入镍块的孔中进行校验。

校验时需将各支热电偶的冷端均置于冰点槽中以保护0℃。各种热电偶的校验点通常以4点为宜。每个校验点上对每支热电偶的读数不少于4次，取其平均值，计算基本误差。

3. 热电阻的校验

检验时被校热电阻从保护管取出置于内径合适的试管内，并密封试管管口，浸入热源介质不少于200mm。在被校热电阻置于恒温器内，使之达到校验点温度，然后调节分压器使毫安表的示值约4~5mA为宜，待热电阻阻值稳定（3~5mm变化不超过0.1℃时）分别读取标准电阻 R_N 上的电压 U_N 及被校热电阻上的电压 U_t，按 $R_t=(U_t/U_N)R_N$ 计算 R_t 值。

各支热电阻的校验点，通常以4点为宜，在每个校验点上对每支热电阻读取数据不少于3次，取其平均值，计算基本误差。

9.1.5 压力测量仪表

1. 压力测量仪表的安装

(1) 测量低压的压力表或变送器的安装高度，宜与取压点的高度一致。

(2) 就地安装的压力表不应固定在振动较大的工艺设备或管道上。

(3) 测量高压的压力表安装在操作岗位附近时，宜距地面 1.8m 以上，或在仪表正面加保护罩。

(4) 对气体压力测量，应能使气体中的少量冷凝液回工艺管道，对液体压力测量，应能使液体内析出少量气量气体流回工艺管道。

(5) 在靠近压力计处，一般应装设 U 形管或盘形管，对高黏度介质或有要求的应设置隔离容器。

2. 压力测量仪表的调试

用标准仪表比较法，调整压力源使被试仪表示值均匀上升、下降至各校验点，同时读取数据，求取基本误差、变差及记录读差值，其校验点通常以 5 点为宜。

用标准砝码比较法，以调整压力源，并加、减砝码使之与被试仪表的校验点相对应。再操作加压泵使活塞上升至工作位置，并旋动砝码盘的同时读取数据，求取基本误差、变差、记录误差值。其校验点同样以 5 点为宜。

在进行记录纸行程时间误差及记录质量的检查时，首先应使记录线与时间弧线重合，在施加 80% 的压力连续运行 24h 的条件下进行。

报警动作点的调试，通常在使用点上进行。以调整压力源均匀上升、下降至动作点，直至发出报警动作信号，记取数据，计算报警动作点误差。

9.1.6 流量测量仪表

1. 流量测量仪表的安装

(1) 取压安装确保节流件开孔与管道同心。节流件端面与管道轴线垂直。

(2) 孔板和喷嘴的安装应符合下列规定：

1）孔板或喷嘴安装前应进行外观检查，孔板的入口和喷嘴的出口边缘应无毛刺和圆角，并按现行的国家标准《流量测量节流装置的设计安装和使用》的规定复验其加工尺寸。

2）安装前进行清洗时不应损伤节流件。

3）孔板的锐边或喷嘴的曲面侧应迎着被测介质的流向。

4）在水平和倾斜的工艺管道上安装的孔板或喷嘴，若有排泄孔时，排泄孔的位置对液体介质应在工艺管道的正上方，对气体及蒸汽介质应在工艺管道的正下方。

5）孔板或喷嘴与工艺管道的同轴度及垂直度，应符合规定。

6）环室上有" + "号的一侧应在被测介质流向的上游侧，当用箭头标明流向时，箭头的指向应与被测介质的流向一致。

7）垫片的内径不应小于工艺管道的内径。

（3）差压计或差压变送器正、负压室与测量管路的连接必须正确。

（4）转子流量计的安装应呈垂直状态，不游侧直管段的长度不宜小于5倍工艺管道内径，其前后的工艺管道应固定牢固。

（5）靶式流量计靶的中心，应在工艺管道的轴线上。

（6）涡轮流量计的前置放大器与变送器间的距离不宜大于3m。

（7）电磁流量计的安装应符合下列规定：

1）流量计、被测介质及工艺管道三者之间应接地连成等电位，接地电阻应小于10Ω；

2）在垂直的工艺管道上安装时，被测介质的流向应自下而上，在水平和倾斜的工艺管道上安装时，两测量电极不应在工艺管道的正上方和正下方位置。

3）口径大于300mm时，应有专用的支架支撑。

4）周围有强磁场时，应采取防干扰措施。

(8) 椭圆齿轮流量计的刻度盘面应处于垂直平面内。

(9) 直装式大口径流量仪表一般都安装在地下，因此需设置仪表井。仪表井可采用钢筋混凝土结构，不应有任何渗漏。室外的仪表井还需加盖，并应防止雨水或其他水流从盖口淌入井内。

(10) 变送器应设在不受水气侵蚀处，如流量计引出线有足够的长度，最好将变送器设在有良好环境的室内。与变送器连接的引出线不允许有任何形式的接头。屏蔽线应进行良好的接地。

2. 流量仪表的调试

节流式装置所用各种压差计，应根据压差范围选择浮球式压力计或数字式压力计、补偿式压力计，用压差信号发生器作为输入信号源，用比较法进行调校。

靶式流量计应根据其测量范围计算出靶上各标定点的受力数据，用挂重（砝码）的方法进行调校。

电磁流量计采用制造厂家配套提供的模拟信号装置进行调校。

涡街、容积型流量计选用相适应的频率信号发生器作信号源进行调校。

远传转子流量计选用转子位移量进行调校。

进行基本误差调校时，首先将被校仪表置工作位置，以调整信号源使被试仪表示值均匀上升或下降至各调试点，并读取输出值，求取基本误差及变差值，其调校点通常以5点为宜。

积算器精度的调校：调整信号源至各调试点，用计时法读取计数值，求积算误差。其调试点通常以3点为宜。

9.1.7 流动电流（SCD）检测器

9.1.7.1 取样系统

1. 水样及水样预处理

（1）为了防止水样中的细砂和杂质磨损SCD探头的敏感区，产生异常的SCD读数和灵敏度的丧失，应对水样进行预处理，一般要求有除砂、排气、拦截漂浮物等功能，处理后的水样应不含损坏探头和阻碍水样流动的异物。由于管路过滤器容易很快堵塞，需要经常维护，同时可能过滤不了细砂或污泥而导致探头磨损，不推荐使用。

（2）在带式压滤机或离心机污泥脱水中，SCD用以检测和控制高分子聚合物的投加。

2. 取样系统

（1）水样应具有代表性，取样点的位置宜满足大约2min的延时时间，且应将SCD传感器的安装位置靠近取样点。对于采用静态混合器的工艺，可在混合器后1m左右取样；对于采用管道混合的工艺，可在距投药点约40倍管径处取样。

（2）废水处理的SCD水样应在混凝剂投加和混合之后，澄清阶段之前进行取样。在气浮系统中，宜在废水进入DAF罐之前取样。

(3) 对于压滤系统，SCD 的取样点宜在压滤机的重力排放段，不应在滤液与压滤机冲洗液混合处取样。对于离心机应注意避免取样中可能出现的泥块。

9.1.7.2 SCD 投加混凝剂控制参数给定值的确定与调整

1. 给定值的确定方法

(1) 实验法

采用冷烧杯试验，取加混凝剂混合后的水样在烧杯试验机上继续完成反应沉淀，同时测定各水样的流动电流值，建立流动电流——沉淀水浊度关系，作为给定值确定的依据。这种方法的前提是准烧杯试验必须有代表性，即能模拟生产系统的工况，在同一流动电流给定值时，生产系统与准烧试验应有相同的沉淀水浊度值。

(2) 观测法

在人工控制投加混凝剂中，观测混合后流动电流数值，并记录相对应的沉淀后水浊度，建立浊度——流动电流对应关系，作为确定给定值的依据。该方法宜在工况稳定的情况下进行。要注意数据的对应性，考虑处理系统的流程的时间。

观测法简单易行，数据准确，是 SCD 投药系统投运后适宜的给定值的方法。

无论采用哪种方法，最终都是得到沉淀水浊度——流动电流对应数据。最终选定给定值，应留有余地。例如要求沉淀池出水不超过 15 度，对应的流动电流值为 -5.70。为安全按浊度 12 度选取给定值为 -5.50。即使出水有些波动，一般不会超过 15 度。

2. 给定值的调整

选定的给定值不是一成不变的，所建立的沉淀水浊度给定值关系只适用于小范围变化的水质及运行工况，各种因素条件变化，都可导致给定值的真值发生漂移，给定值应随其真值做相应调整，才能保证投加混凝剂的准确和工作可靠。

各种影响给定值的因素的结果都使沉淀后水的浊度产生波动或偏移。应依沉淀浊度的偏移程度，对给定值进行修正。可以按处理工艺的质量要求及投加混凝剂控制系统的控制能力，确定沉淀水浊度的允许范围。一次调整量可由经验确定。调整的方向应为：沉淀水浊度超出控制上限而偏高，调高给定值，反之调低给定值。给定值的调节频度常规在数天以上一次；个别水质变化较大时约每班一次。

9.1.8 溶解氧计（DO仪）

1. 空气校正法

（1）按仪表说明书接线，通电预热5min。

（2）零点调整。将电极放入5%的新配制的亚硫酸钠溶液中5min，待读数稳定后，调节零件调整机构，使指示表为零（对于某些厂家的溶解氧分析仪产品不需要零点标定）。

（3）将电极从亚硫酸钠溶液中取出，用蒸馏水冲净电极上的残液，用滤纸小心吸干膜上溶液，置于空气中（或放入盛有蒸馏水的容器靠近水面的空气），待仪表读数稳定后，调节量程调整机构使仪表指示为此时空气温度下水的过饱和溶氧值。各种温度下的饱和溶解氧值详见表9-5。

注意：对于某些厂家的产品，如E+H公司生产的溶解氧分析仪，该表已经存储在仪表内存储器中，标定时只需按照说明要求按动一个按钮即可完成自动空气校正。

(4) 反复进行 (2)、(3) 步操作。

(5) 将电极放置在被测溶液中投入使用即可。

2. 用被空气饱和的水进行校正

(1) 按仪表说明书正确接线，预热。

(2) 零点调整，同空气校正法相同。

(3) 将电极放入被空气饱和过的水中（饱和水的制作见下面说明），调整量程调整机构，使仪表指示为该水温下的饱和溶解氧值。不同水温下饱和溶解氧。(表 9-5)。

不同水温下饱和溶解氧　　　　表 9-5

温度 (℃)	溶解氧 (mg O_2/L)	温度 (℃)	溶解氧 (mg O_2/L)	温度 (℃)	溶解氧 (mg O_2/L)	温度 (℃)	溶解氧 (mg O_2/L)
0	14.64	10.5	11.12	21	8.90	31.5	7.36
0.5	14.43	11	10.99	21.5	8.82	32	7.30
1	14.23	11.5	10.87	22	8.73	32.5	7.24
1.5	14.03	12	10.75	22.5	8.65	33	7.18
2	13.83	12.5	10.63	23	8.57	33.5	7.12
2.5	13.64	13	10.51	23.5	8.49	34	7.06
3	13.45	13.5	10.39	24	8.41	34.5	7.00
3.5	13.27	14	10.28	24.5	8.33	35	6.94
4	13.09	14.5	10.17	25	8.25	35.5	6.89
4.5	12.92	15	10.06	25.5	8.18	36	6.83

续表

温度（℃）	溶解氧（mg O_2/L）	温度（℃）	溶解氧（mg O_2/L）	温度（℃）	溶解氧（mg O_2/L）	温度（℃）	溶解氧（mg O_2/L）
5	12.75	15.5	9.95	26	8.11	36.5	6.78
5.5	12.58	16	9.85	26.5	8.03	37	6.72
6	12.42	16.5	9.74	27	7.96	37.5	6.67
6.5	12.26	17	9.74	27.5	7.89	38	6.61
7	12.11	17.5	9.64	28	7.82	38.5	6.56
7.5	11.96	18	9.45	28.5	7.75	39	6.51
8	11.81	18.5	9.35	29	7.69	39.5	6.46
8.5	11.67	19	9.26	29.5	7.62	40	6.41
9	11.53	19.5	9.17	30	7.55		
9.5	11.39	20	9.08	30.5	7.49		
10	11.25	20.5	8.99	31	7.42		

3. 饱和溶解氧水样的现场制作

（1）用泵向水样鼓气使之饱和（约1h）。

（2）用两个容器，其中一个装自来水，反复将水从一个容器倒向另一个容器，至少25次；为了保持水温不变，这个过程要尽可能快。

9.1.9 pH计和氧化还原电位计（ORP）

1. 管道式传感器应安装在被测介质满管处。

2. 带自动清洗的控制仪应在传感器旁设置水源或气源，并使其压力、被测介质流量符合产品说明书要求。

3. 人工清洗的控制仪，其传感器应安装牢固，同时要方便拆卸，便于人工清洗。

9.1.10 在线浊度计

1. 浊度仪的安装应确保其主体顶部保持水平，传感器应安装在采样点附近。浊度仪取源部件安装部位应避开气泡多的地方。

2. 安装前应清洗浊度仪主体和脱泡器。主体顶部至少应有22cm的空间，下面应留有空间，放置容器接取排放水。

3. 在较大的输水管上宜安装样品进水龙头，龙头宜安装在管路的中心点。

9.1.11 余氯仪

1. 余氯的取样点宜选择在氯已完全混合，且已与水样反应的地点，其与加氯注入点之间的距离应为管道直径的10倍。

2. 余氯分析仪应靠近取样点安装。分析仪的外壳应能保护其免受水处理工艺产生的有害气体或液体的损害。

3. 取样管不允许采用会析出金属离子的管道。

4. 如取样点输出压力超过0.4MPa，则应加装减压阀；如小于0.1MPa则应加设增压泵。

9.1.12 污泥浓度计

1. 光学传感器安装敞口池内

(1) 传感器部分安装在开口渠道中或敞口池壁上，常用的安装方法是用随仪表供货的夹子将传感器固定在池壁的护栏上。传感器在水下浸没部分应大于25mm，并与垂直方向成15°夹角。

(2) 传感器测量头部分应避免安装在水流湍急、

产生大量气泡的地方，防止气泡进入测量室内，产生误差。如果安装在气泡较多的场合，可采用专用的防护罩，以减少气泡对测量的影响。

2. 安装在管路上

厂家提供一个专门用于管道式安装用的装置，其特点是：

(1) 带有隔离切断阀，插拔传感器部分并不影响工艺管道的正常流通。

(2) 适用于各种口径，不同安装方式。

3. 现场标定方法如下：

(1) 在正在测量的介质中取出一定量的被测介质，并记录仪表当时输出值。

(2) 将其中一部分送化验室，用化验的方法确定其浓度。

(3) 同当时记录输出值比较化验结果。

(4) 调整仪表标定旋钮，使得输出值等于化验结果值。

现场标定方法仅是一简单方便的方法，若化验结果与实际差值较大，应在化验室用已知标准溶液来重新对仪表进行校准。

9.2 仪表供电、供气、供液系统的安装

9.2.1 供电系统

9.2.1.1 供电设备的安装要点

1. 安装前应检查设备的外观和技术性能并应符合下列规定：

(1) 继电器、接触器及开关的触点，接触应紧密

可靠，动作灵活，无锈蚀、损坏。

(2) 固定和接线用的紧固件、接线端子，应完好无损，且无污物和锈蚀。

(3) 防爆设备、密封设备的密封垫、填料函、应完整、密封。

(4) 设备的电气绝缘、输出电压值、熔断器的容量以及备用供电设备的切换时间，应符合安装使用说明书的规定。

(5) 设备的附件齐全，不应缺损。

2. 不宜将设备安装在高温、潮湿、多尘、有腐蚀作用、振动及可能干扰其附近仪表等场所。当不可避免时，应采取相应的防护措施。

3. 设备的安装位置应选在便于检查、维修、拆卸，通风良好，且不影响人行和邻近储备安装与解体的场所。设备的安装应牢固、整齐、美观。设备位号、端子编号、用途标牌、操作标志及其他标记，应完整无缺，书写正确清楚。

4. 检查、清洗或安装设备时，不应损伤设备的绝缘、内部接线和触点部分。无特殊原因时，不应将设备上已密封的可调装置及密封罩启封。当必须启封时，启封后应重新密封，并做好记录。

5. 盘上安装的供电设备，其裸露带电体相互间或与其他裸露导电体之间的距离，不应小于 4mm，当无法满足时，相互间必须可靠绝缘。

6. 供电箱安装在混凝土墙、柱或基础上时，宜采用膨胀螺栓固定，并应符合下列规定：

(1) 箱体中心距地面的高度宜为 1.3～1.5m。

(2) 成排安装的供电箱，应排列整齐、美观。

7. 金属供电箱应有明显的接地标记；接地线连接应牢固可靠。

8. 不间断电源系统安装完毕，应检查其自动切换装置的可靠性，切换时间及切换电压值应符合设计规定。

9. 供电设备的带电部分与金属外壳间的绝缘电阻，用500V兆欧表测量时，不应小于5MΩ。当安装使用说明书中有特殊规定时间，应符合其规定。供电系统送电前，系统内所有的开关，均应置于“断”的位置，并应检查熔断器容量。

9.2.1.2　仪表用供电线路的敷设

1. 一般规定

(1) 电缆（线）敷设前，应做外观及导通检查，并用直流500V兆欧表测量绝缘电阻，其电阻值不应小于5MΩ；当有特殊规定时，应符合其规定。

(2) 线路应按最短途径集中敷设、横平竖直、整齐美观，不宜交叉。

(3) 线路不应敷设在易受机械损伤、有腐蚀性介质排放、潮湿以及有强磁场和强静电场干扰的区域。当无法避免时，应采取保护或屏蔽措施。线路不应敷设在影响操作，妨碍设备检修、运输和人行的位置。

(4) 当线路周围环境温度超过65℃时，应采取隔热措施；处在有可能引起火灾的火源场所时，应加防火措施。线路不宜平行敷设在高温工艺设备、管道的上方和具有腐蚀性液体介质的工艺设备、管道的下方。

(5) 线路与绝缘的工艺设备、管道的绝热层表面之间的距离应大于20mm，与其他工艺设备、管道表面之间的距离应大于150mm。

(6) 架空敷设的线路从户外进入室内时，应有防水措施。

(7) 线路的终端接线处以及经过建筑物的伸缩缝和沉降处，应留有适当的余度。线路不应有中间接头，当无法避免时，应在分线箱或接线盒内接线，接头宜采用压接；当采用焊接时应用无腐蚀性的焊药。补偿导线宜采用压接。同轴电缆及高频电缆应采用专用接头。

(8) 敷设线路时，不宜在混凝土梁、柱上凿安装孔，在防腐蚀厂户内不应破坏防腐层。

(9) 线路敷设完毕，应进行校线及标号，并测量绝缘电阻测量线路绝缘电阻时，必须将已连接上的仪表设备及元件断开。

(10) 在线路的终端处和地下线井处，应加标志牌；地下埋设的线路，应在其正上方地面上加标桩；标志牌和标桩应坚固、明显、防腐蚀，其上的字迹应清晰、不易脱落。

2. 支架的安装

(1) 制作支架时应将材料矫正、平直。切口处不应有卷边和毛刺，制作好的支架应牢固，平正、尺寸准确。

(2) 安装支架时，应符合下列规定：

1) 在金属结构上和混凝土构筑物的预埋件上，应采用焊接固定。

2) 在混凝土上，宜采用膨胀螺栓固定。

3) 在不允许焊接支架的工艺管道上，应采用“U”

形螺栓或卡子固定。

4）在允许焊接支架的金属工艺设备、管道上，可采焊接固定。当工艺设备、管道与支架不是同一种材质或需要增加强度时，应预先焊接一块与工艺设备、管道材质相同的加强板后，再在其上面焊接支架。

5）支架应固定牢固、横平竖直、整齐美观。在同一直线段上的支架间距应均匀。

6）支架安装在有坡度的电缆沟内或建筑物构架上时，其安装坡度应与电缆沟或建设物构架的坡度相同；安装上有弧度的设备或构架上时，其安装弧度应与设备或构架的弧度相同。

（3）支架不应安装在具有较大振动、热源、腐蚀性滴液排污沟道的位置，也不宜安装在具有高温、高压、腐蚀性及易烯易爆等介质的工艺设备、管道以及能移动的构筑物上。

（4）水平安装的汇线槽及保护管用的金属支架间距宜为2m；在拐弯处、终端处及其他需要的位置可适当减小间距；垂直安装时可适当增大间距。

（5）电缆支架间距宜为：当电缆水平敷设时为0.8m，垂直敷设时为1.0m。

3. 汇线槽的安装

（1）制作好的汇线槽应平整，内部光洁、无毛刺，加工尺寸准确。汇线槽采用焊接连接时应牢固，不应有显著变形。汇线槽的安装应横平竖直，排列整齐，其上部与楼板之间应留有便于操作的空间。垂直排列的汇线槽拐弯时，其弯曲弧度应一致。

（2）槽与槽之间、槽与仪表盘（箱）之间、槽与盖之间、盖与盖之间的连接处，应对合严密。

(3) 汇线槽安装在工艺管架上时，宜在工艺管道的侧耳或上方。汇线槽应有排水孔。

(4) 汇线槽拐直角弯时，其最小的弯曲半径不应小于槽内最粗电缆外径的10倍。

(5) 当直接由汇线槽内引出电缆时，应用机械加工方法开孔，并采用合适的护圈保护电缆。

(6) 汇线槽的直线长度超过50m，宜采取热膨胀补偿措施。

4. 电缆（线）保护管的敷设

(1) 电缆引入或引出建筑物、隧道、地面，空过铁路、公路、沟渠、楼板、墙壁时，应安装一段保护管。

(2) 保护管不应有变形及裂缝，其内部应清洁、无毛刺，管口应光滑、无锐边。埋入混凝土内的保护管，管外不应涂漆。

(3) 弯制保护管时，应符合下列规定；

1) 保护管的弯成角度不应小于90°。

2) 保护管的弯曲半径：架空无铠装的电缆且明敷设时，不应小于保护管外径的6倍。架空铠装电缆以及埋设于地下或混凝土内时，不应小于保护管外径的10倍。

3) 保护管弯曲处不应有凹陷、裂缝和明显的弯扁。

4) 单根保护管的直角弯不宜超过两个。

(4) 当保护管的直线长度超过30m或弯曲角度的总和超过270°时，应在其中间加装拉线盒。保护管的两端管口应带护线箍或打成喇叭形。

（5）金属保护管的连接应符合下列规定：

1）明敷设时宜采用螺纹连接，管端螺纹长度不应小于管接头的1/2。

2）埋设时宜采用套管焊接，管子的对口处应处于套管的中心位置；焊接应牢固、严密，并应做防腐处理。

3）在有爆炸和火灾危险的场所，以及可能有粉尘、液体、蒸汽、腐蚀性或潮湿气体进入管内的地方敷设的保护管，其两端管口应密封。

（6）保护管与检测元件或就地仪表之间，应用金属软管连接，并有防水弯。与就地仪表箱、分线箱、接线盒、拉线盒等连接时应密封，并用锁紧螺母将管固定牢固。

（7）埋设的保护管引出地面时，管口宜高出地面200mm；当从地下引入落地式仪表盘（箱）时，宜高出盘（箱）内地面50mm。埋设的保护管应选最短途径敷设，埋入墙或混凝土内时，离表面的净距离不应小于15mm。

（8）保护管有可能受到雨水或潮湿气体浸入时，应在其可能积水的位置安装排水设施。

（9）在户外和潮湿场所敷设的保护管，引入分线箱或仪表（箱）时，宜从底部进入。空墙保护管段（或平台）继续向前明敷设电缆的保护管段，宜高出楼板（或平台）1m。

（10）现场分场箱的安装，应符合下列规定：

1）到各检测点的距离应适当，箱体中心距地面的高度宜为1.5m。

2）不应影响操作、通行和设备维修。

(11) 拉线盒、接线盒和分线箱均应密封，分线箱应标明编号。

(12) 采用硬质塑料管作保护管时，应符合下列规定：

1) 弯管时加热应均匀，管道不应有明显变形与烧焦。

2) 用套管加热连接时，管道插入套管内的深度宜大于其外径的 1.5 倍；当使用胶粘剂连接时，应大于 1.1 倍。

3) 支架的间距不宜大于 1.5m，对直径小于 25mm 的管子不宜大于 1m；管的直径长度大于 30m 时，应采取热膨胀补偿措施。

4) 在管端及连接部件的两侧 300mm 处应加以固定。

(13) 电缆保护管管径选择（表 9-6）

电缆保护管管径选择　　表 9-6

管直径 (mm)	纸绝缘三芯电力电缆截面 (mm^2)			四芯电力电缆截面 (mm^2)
	1kV	6kV	10kV	
50	≤70	≤25		≤50
70	95~150	35~70	≤50	70~120
80	185	95~150	70~120	150~185
100	240	185~240	150~240	240

5. 供电电缆的敷设

(1) 敷设电缆应合理安排，不宜交叉；敷设时应防止电缆之间及电缆与其他硬物体之间的摩擦；固定时，松紧应适度。

（2）电缆直接埋地敷设时，其上下应铺 100mm 厚的砂子，砂子上面盖一层砖或混凝土护板，覆盖宽度应超过电缆边缘两侧 50mm；电缆应埋在冻土层以下，当无法满足要求时，应采取防止损坏电缆的措施，但埋入深度不应小于 700mm。电缆之间、电缆与管道、道路、建筑物之间平行和交叉时的最小允许净距(表 9-7)

电缆直接埋地的要求　　　　表 9-7

项　目	最小允许净距（m）		备　注
	平行	交叉	
10kV 及以下电力电缆之间与控制 电缆之间 控制电缆之间 不同使用部门的电缆之间	 0.10 0.50	 0.50 0.50 0.50	交叉点前后 1m 内电缆用穿管或隔板隔开后，用隔板隔开交叉净距可降为 0.25m；穿管后平行净距可降为 0.1m
热力管道及热力设备 油管道 可燃气体及易燃液体管道 其他管道（管沟）	2.00 1.00 1.00 0.50	0.50 0.50 0.50 0.50	交叉净距不能满足时，可将电缆穿入管中，净距降为 0.25m；应采取隔热措施
电杆基础（边线） 建筑物基础（边线） 排水沟	1.00 0.60 1.00	 0.50	

(3) 电缆支架间的距离 (m) (表 9-8)

电缆支架间的距离 (m)　　　表 9-8

敷设方式 / 电缆种类	沿墙、构架、楼板、支架敷设		钢索上悬吊敷设	
	水　平	垂　直	水　平	垂　直
电力电缆	≤1.0	≤2.0	≤0.75	≤1.50
控制电缆	≤0.8	≤1.0	≤0.60	≤0.75

(4) 油浸纸绝缘电力电缆最大允许敷设水平高差 (m) (表 9-9)

油浸纸绝缘电力电缆最大允许敷设水平高差(m)　表 9-9

电压等级 (kV)	电缆护层结构	铅　套	铝　套
1～3	无铠装	20	25
1～3	有铠装	25	25
6～10	无或有铠装	15	20

(5) 电缆最低允许敷设温度 (表 9-10)

电缆最低允许敷设温度　　　表 9-10

电缆类型	电缆结构	最低允许敷设温度 (℃)
油浸纸绝缘电力电缆		0
橡皮绝缘电力电缆	橡皮或聚氯乙烯护套	－15
	裸铅套	－20
	铅护套钢带铠装	－7
塑料绝缘电力电缆		0

续表

电缆类型	电缆结构	最低允许敷设温度（℃）
控制电缆	耐寒护套 橡皮绝缘聚氯乙烯护套 聚氯乙烯绝缘及护套	-20 -15 -10

(6) 电缆终端带电引上部分之间及对地最小距离（表 9-11）

电缆终端带电引上部分之间及对地最小距离　　表 9-11

电压（kV）	10	6	1
户内（mm） 户内（mm）	125 200	100 200	75 200

(7) 塑料绝缘、橡皮绝缘多芯电缆的弯曲半径，不应小于下列规定值：

1）有铠装的电缆为其外径的 10 倍。

2）无铠装的电缆为其外径的 6 倍。

(8) 仪表信号电缆（线）与电力电缆（线）交驻敷设时，宜成直角；当平行敷设时，其相互间的距离应符合设计规定。在同一汇线槽内的不同信号、不同电压等级电缆，应分类布置从上至下排列：

1）仪表信号线路。

2）安全联锁线路。

3）仪表用交流和直流供电线路。

对于交流仪表电源线路和安全联锁线路，应用隔板与无屏蔽的仪表信号线路隔开敷设。电缆沿支架或在汇线槽内敷设时，应在下列各处固定牢固：

1）当电缆倾斜坡度超过45°或垂直排列时，在每一个支架上；当电缆倾斜坡度不超过45°且水平排列时，在每隔1~2个支架上。

2）在线路拐弯处和补偿余度两侧以及保护管两端的第一、二两个支架上。

3）在引入仪表盘（箱）、供电盘（箱）前300~400mm处，在引入接线盒及分线箱前150~300mm处。

（9）明敷设的仪表信号线路与具有强磁场和强静电场的电气设备之间的净距离，宜大于1.5m，当采用屏蔽电缆或空金属保护管以及在汇线槽内敷设时，宜大于0.8m。

（10）电缆在隧道或沟道内敷设时，应敷设在支架上或汇线槽内。当电缆进入建筑物后，电缆沟道与建筑物间应隔离密封。

（11）电缆敷设后，两端应做电缆头。制作电缆头时，绝缘带应干燥、清洁、无折皱、层间无空隙、抽出屏蔽接地线时，不应损坏绝缘；在潮湿或有油污的场所，应有相应的防潮、防油措施。

（12）油浸纸绝缘电缆终端头制作的注意事项

1）电缆自剖开内护层后，要尽快一次操作完毕。

2）测量电缆绝缘电阻：用兆欧表测量线芯之间及线芯对地之间的绝缘电阻。3kV及以下的电力电缆可使用1000V兆欧表，6~10kV电缆应使2500V兆欧表，绝缘电阻数值并不限定多少（一般短电缆可达几百兆欧以上)，但应作好记录，并将电缆头制作后的数值与之比较，应该没有明显降低，否则可以认为电缆头制作中有缺陷。

（13）主要施工工序：

1）核对、检查、剥切电缆并焊接好接地线；

2）喇叭口下 30mm 一段铅（铝）包磨光；

3）胀喇叭口；

4）将聚丙烯壳体套在电缆钢带上，再将相应的塑料出线套至喇叭口上 30mm 以下位置；

5）从线芯公刃口根部起包缠 1～2 层聚氯乙烯带，然后套上耐油套管；用无碱玻璃丝带和环氧涂料包绕隔油层（环氧涂料配方见表 9-12)；

6）压接线耳，自接线耳至外壳上盖口下部 20mm 处的耐油套管外，用黑玻璃漆布带包绕两层，加固套管；

7）将聚丙烯外壳和垫圈移至相应位置固定，套上上盖，用配制好的环氧树脂注入；

8）待固化后，核对相序。

6. 补偿导线和电线的敷设

（1）补偿导线应在保护管或在汇线槽内敷设，不应直接埋地敷设。补偿导线不应与其他线路在同一根保护管内敷设。

（2）当补偿导线和测量仪表之间不采用切换开关或冷端温度补偿器时，宜将补偿导线直接和仪表连接。当补偿导线进行中间和终端接线时，严禁接错极性。

（3）仪表信号线路、仪表供电线路、安全联锁线路、本质安全型仪表中以及有特殊要求的仪表信号线路应分别采用各自的保护管。

环氧涂料配方 **表 9-12**

材料名称	涂料(重量)配方					浇铸(重量)配方				
	1	2	3	4	5	1	2	3	4	5
环氧树脂 E-44(51,42)	100	100	100	100	100	100	100	100	100	100
固化剂:										
聚酰胺树脂 651	40					40				
(650)	(80)					(80)				
β-羟乙基乙二胺		16					20			
多乙烯多胺			15~17					16~18		
四乙烯五胺				10~12					12~15	
三乙烯四胺					9~10					11~13

续表

材料名称	涂料(重量)配方					浇铸(重量)配方				
	1	2	3	4	5	1	2	3	4	5
增韧剂：										
邻苯甲酸二丁脂			10～15					10～15		
(聚酰树脂 304)			(20)					(20)		
填料 180～270 目石英粉								100～150		
加入固化剂时	30～50		30～50		30～50		30～50		48～55	
环氧混合物温度		20～40		30～50		50～70		48～55		48～55

9.2.2 供气系统

1. 供气系统采用的管子、阀门、管件等，在安装前均应进行清洗，不应有油、水、锈蚀等污物。

2. 供气系统的配管应整齐、美观，其末端和集液处应有排污阀。在水平干管上支管的引出口，应在干管的上方。

3. 控制室内的供气总管应有不小于1:500的坡度，并在其集液处安装排污阀，排污管口应远离仪表、电气设备及接线端子。装在过滤器下面的排污阀与地面间，应留有便于操作的空间。

4. 供气系统内安全阀的动作压力应按规定值整定。

5. 供气系统内安全阀的动作部件应清洗干净，不应堵塞，动作应正确、灵活，并应按照规定的操作周期进行整定。

6. 供气系统安装完毕后应进行吹扫，并应符合下列规定：

(1) 吹扫前，应将控制室供气总管入口、分部供气总入口和接至各仪表供气入口处的过滤减压阀断开并敞口，先吹总管，然后依次吹各支管及接至各仪表的管路。

(2) 应使用符合仪表空气质量标准、压力为$5\times10^5\sim7\times10^5$Pa的压缩空气。

(3) 当排出的吹扫气体内固体尘料以及油、水等杂质的含量不高于进入供气系统前的含量时，即为吹扫合格。

9.2.3 仪表盘、仪表管路

9.2.3.1 仪表盘（操作台）的安装

1. 一般规定

(1) 仪表盘（箱、操作台）的安装位置，应选在光线充足，通风良好，操作维修方便的地方。

(2) 仪表盘（箱、操作台）安装在有振动影响的地方时，应采取减振措施。

(3) 盘间及盘各构件间应连接紧密、牢固，安装用的紧固件应有防锈层（镀锌、镀镍或烤蓝)。

(4) 仪表盘（箱、操作台）在安装前应作检查，并应符合下列规定：

1）盘面平整，内外表面漆层完好。

2）盘的外形尺寸和仪表安装孔尺寸、盘上安装的仪表和电气设备的型号及规格符合设计规定。

2. 仪表盘（操作台）安装

(1) 仪表盘（操作台）型钢底座的制作尺寸，应与仪表盘（操作台）相符，其直线度允许偏差为每米1mm，当型钢底座的总长超过5m，全长允许偏差为5mm。

(2) 仪表盘（操作台）的型钢底座安装时，其上表面应保持水平，水平方向的倾斜度允许偏差为每米1mm，当型钢底座的总长超过5m时，全长允许偏差为5mm 。

(3) 仪表盘（操作台）的型钢底座应在二次抹面前安装找正，其上表面应高出地面。

(4) 仪表箱（板)、保温箱、保护箱的安装应符合下列规定：

1）应垂直、平正、牢固。

2）垂直度允偏差为3mm，箱（板）的高度大于1.2m时，垂直度允许偏差为4mm；水平方向的倾斜度允许偏差为3mm。

(5) 单独的仪表盘（操作台）的安装应符合下列规定：

1）应垂直、平正、牢固。

2）垂直度允许偏差为每米 1.5mm。

3）水平方向的倾斜度允许偏差为每米 1mm。

(6) 成排的仪表盘（操作台）的安装，还应符合下列规定：

1）相邻两盘（操作台）顶部高度允许偏差为 2mm。

2）当盘间的连接处超过两处时，其顶部高度最大允许偏差为 5mm。

3）相邻两盘（操作台）接缝处盘正面的平面度允许偏差为 1mm。

4）当盘间的连接超过 5 处时，盘正面的平面度最大允许偏差为 5mm。

5）相邻两盘（操作台）间接缝的间隙，不大于 2mm。

3. 仪表盘（箱、架）内的配线要点

(1) 仪表盘（箱、架）内的线路可敷设在小型汇线槽内，也可明敷设；当明敷设时，电缆、电线束应用由绝缘材料制成的扎带扎牢，扎带间距宜为 100mm。

(2) 电线的弯曲半径不应小于其外径的 3 倍。

(3) 本质安全型仪表的信号线和非本质安全型仪表的信号线应加以分隔。当仪表有特殊要求时，应按仪表安装使用说明书的规定进行配线。

(4) 仪表盘（箱、架）内的线路不应有中间接头，其绝缘护套不应有损伤。

(5) 仪表盘（箱、架）内端位于板两端的线路，均应按施工图纸标号。

(6) 每一个接线端上最多允许接两根芯线。

(7) 接线端子板的安装应牢固；当其在仪表盘（箱、架）底部时，距离基础面的高度为250mm。在顶部或侧面时，与盘（箱、架）边缘的距离宜为100m。多组接线端子板并列安装时，其间隔净距离宜为200m。

(8) 剥去外部护套的橡皮绝缘芯线及接地线、屏蔽线，应加设绝缘护套。

(9) 导线与接线端子板、仪表、电气设备等连接时，应留有适当余度。

9.2.3.2 仪表用管路的敷设

1. 一般规定

(1) 管路不宜直接埋地敷设。必须直接埋地时，应经试压合格和防腐处理后方可埋入。直接埋地的管路连接时必须采用焊接，在穿过道路及进出地面处应空保护管。

(2) 管路敷设前，管内应清扫干净，需要脱脂的管路，应经脱脂检查合格后再进行敷设。

2. 管路的敷设

(1) 测量管路沿水平敷设时，应根据不同的介质及测量要求，有1:10～1:100的坡度，其倾斜方向应保证能排除气体或冷凝液。当不能满足要求时，应在管路的集气处安装排气装置，集液处安装排液装置。

(2) 管路在穿墙或过楼板处，应加装保护管段或保护罩，管子的接头不应在保护管段或保护罩内。穿过不同等级的爆炸和火灾危险场所以及有毒厂户内的分隔墙壁时，保护管段或保护罩应密封。

(3) 测量差压用的正压管及负压管应敷设在环境

温度相同的地方。

(4) 管路与工艺设备、管道或建筑物表面间的距离不宜小于 50mm。油及易燃、易爆介质的管路与热表面间的距离不宜小于 150mm，且不应平行敷设在其上方。当管路需要绝热时，应适当增大距离。

3. 弯管及连接

(1) 管子弯制后，应无裂纹和凹陷。管道的弯曲半径宜符合下列要求：

1) 金属管：不小于管子外径的 3 倍；

2) 塑料管：不小于管子外径的 4.5 倍。

(2) 直径小于 10mm，宜采用卡套式中间接头连接。也可以采用承插法或套管法焊接。承插法焊接时，其插入方向应顺着介质流向。镀锌钢管应采用螺纹连接，连接用的管件也应采用镀锌件。

4. 管路的固定

(1) 管子应采用管卡固定在支架上。当管子与支架间有频繁的相对运动时，应在管子与支架间加木块或软垫。成排敷设的管路，间距均应一致。

(2) 管路支架的间距 (m) (表 9-13)

管路支架的间距 (m)　　表 9-13

管　材	水平敷设	垂直敷设
钢　管	1 ~ 1.5m	1.5 ~ 2m
铜管、铝管、塑料管及管缆	0.5 ~ 0.7m	0.7 ~ 1m

(3) 不锈钢管固定时，不应与碳钢直接接触。

5. 仪表盘（箱、架）内的配管

(1) 管路与线路及盘（箱）壁之间应保持一定的距离。管子与仪表连接时，不应使仪表承受机械应力。

(2) 管路与玻璃管微压计连接时，应采用软管。管路与软管的连接处，应高出仪表接头150~200mm。

(3) 当管路引入安装在有爆炸和火灾危险、有毒及有腐蚀性介质场所的仪表盘（箱）时，其引入孔处应密封。

6. 仪表用管路系统的压力试验

(1) 管路系统的压力试验，宜采用液压；当试验压力小于1.6MPa且管路内介质为气体时，可采用气压进行。

(2) 液压试验压力为1.25倍设计压力，当达到试验压力后，停压5min，无泄漏为合格。

(3) 气压试验压力为1.15倍设计压力，当达到试验压力后，停压5min，压力下降值不大于试验压力的1%为合格。

(4) 液压试验介质应用洁净的水，当管路材质为奥氏体不锈钢时，水的氯离子含量不得超过0.0025%。试验后应将液体排净。

9.2.4 供液系统的安装要点

1. 贮液箱的安装位置应低于回液集管，回液集管与贮液箱上回液管接头间的最小高差，宜为0.3~0.5m。贮液箱及液压管路的集气处应有放空阀；放空管的上端应向下弯曲180°。

2. 液压泵的自然流动回液管的坡度不应小于1:10，否则应将回液管的管径加大。当回液落差较大时，应在集液箱之前安装一个水平管段或“U”形弯管。回液管路的各分支管与总管连接时，支管应顺介质流向与总管成锐角连接。

3. 供液系统用的过滤器，安装前应检查其滤网是否符合产品规定标准，并应清洁干净。进口与出口方向不得装错，排污阀与地面间，应留有便于操作的距离。

4. 接至液压调节器的液压流体管路，不应有环形弯或曲折弯。液压调节器与供液管和回液管连接时，应采用金属耐压软管。

5. 供液系统内的逆止阀或闭锁阀，在安装前应清洗、检查和试验。

9.3 执行机构的安装与调试

9.3.1 常用执行机构

1. 电动执行器

(1) 直接连接　执行机构一般安装在如阀门的上部，直接驱动调节阀门有直行程电动执行机构、电磁阀的线圈控制机构、电动阀门的电动装置、气动薄膜执行机构和气动活塞执行机构等。直接连接在水厂自控中使用普遍。

(2) 间接连接　执行机构与调节机构分开安装，通过转臂及连杆连接，转臂作回转运动。这类执行机构有角行程电动执行机构、气动长行程执行机构。

电动单元组合仪表使用的电动执行机构有 DKJ 角行程和 DKZ 直行程两种。

2. 气动执行器

(1) 气动执行器主要有薄膜式和活塞式两大类，气动活塞式执行机构由气缸内的活塞输出推力，容易制造成长行程的执行机构，在水厂生产中的滤池阀门多采用气动式液压执行器。

(2) 气动薄膜执行机构接收调节单元或人工给定的0.07～0.1MPa气压输入信号，并将此信号转换成相应的阀杆位移（或称行程），以调节阀门等的开度。气动薄膜执行机构主要由薄膜执行机构和气动阀门定位器（辅助设备）两大部分组成。

(3) 电信号气动执行器与电动调节仪表配套使用，接收电动调节单元0～10mA或4～20mA的直流输入信号，并将其转换成相应的转角或直线位移，以调节风门、挡板、阀门的开度。

9.3.2 执行机构、调节阀、电磁阀

1. 阀体上箭头的指向应与介质流动的方向一致。

2. 安装用螺纹连接的小口径调节阀时，必须装有可拆卸的活动连接件。

3. 执行机构应固定牢固，操作手轮应处在便于操作的位置。

4. 执行机构的机构传动应灵活，无松动和卡涩现象。

5. 执行机构连杆的长度应能调节，并应保证调节机构在全开到全关的范围内动作灵活、平稳。

6. 当调节机构能随同工艺管道产生热位移时，执行机构的安装方式应能保证其和调节机构的相对位置保持不变。

7. 气动及液动执行机构的信号管应有足够的伸缩余度，不应妨碍执行机构的动作。

8. 液动执行机构的安装位置应低于调节器。当必须高于调节器时，两者间最大的高度差不应超过10m，且管路的集气处应有排气阀，靠近调节器处应有逆止阀或自动切断阀体。

9. 电磁阀在安装前应按安装使用说明书的规定检查线圈与阀体间的绝缘电阻。国外产品特别注意电磁阀对电压的要求。

10. 控制阀和执行机构的试验应符合下列规定：

(1) 阀体压力试验和阀座密封试验等项目，可对制造厂出具的产品合格证明和试验报告进行验证，对事故切断阀应进行阀座密封试验，其结果应符合产品技术文件的规定。

(2) 膜头、缸体泄漏性试验和行程试验应合格。

(3) 事故切断阀和设计规定全行程时间的阀门，必须进行全行程时间试验。

9.4 控制及信号电缆的敷设

9.4.1 控制电缆

1. 敷设前的准备

(1) 确认电缆保护管管端的护套是否齐全，支架、电缆槽、保护管的接地和油漆工作是否已结束等。

(2) 确认电缆的型号、规格是否符合设计要求，并在电缆敷设前对其进行绝缘和导通检查。

(3) 准备电缆盘的架设工具和其他一些敷设电缆所需的工机具。

2. 电缆盘的架设

应选在仪表控制室附近，以便于电缆末端长度的测量，电缆盘架设应注意的几个问题：

(1) 架设电缆盘，应选择在坚硬的地基上面。如现场无坚硬地基，可先在电缆盘架设位置铺上路基箱，再在其上面架设电缆盘。

（2）电缆盘架设，应保持两端水平。否则，在敷设过程中，电缆盘会向较低一端偏移，直至盘不能转动，甚至带来危险事故。

（3）要注意电缆盘的转动方向。正确的转动方向。

（4）电缆敷设由一名施工人员牵引电缆走最前面，其余人员均匀、连续、协调地敷设。待敷设到位后，再排放整齐，并保证拐弯处有足够的弯曲半径。然后，用皮尺测量另一端剩余的一小段长度，根据此长度切割电缆，贴上铭牌，并在沿线的适当位置加以固定。敷设控制电缆时还需注意以下问题：

1）当控制电缆在电缆槽架中敷设时，应设置在信号电缆槽架的下层，以减少对信号电缆的电磁干扰。

2）当控制电缆在保护管中敷设时，可敷设多根控制电缆先将镀锌铁线穿过保护管，将几根需穿的电缆端头扎在一起，用聚氯乙烯胶带将扎头处包覆，然后，将电缆拉过保护管。

3）避免电缆在敷设过程中受损伤，敷设时应在转弯处设置电缆滚轮，在敷设前，可在其保护管中加一些滑石粉。

4）尺寸较小的控制电缆，敷设用力应适中，以防拉伤电缆，破坏其绝缘性能。

5）保护管敷设多根控制电缆时，需同时穿入，防止在保护管中扭绞。

3. 控制电缆头的制作

（1）确定电缆末端尺寸，并留一定余量，然后将其开断，再固定。

(2) 剥除电缆护套和纸带，切除线芯中的黄麻。电缆剥切时，不得伤及线芯绝缘层。

(3) 若是钢带铠装控制电缆，应将钢带用黄绿线焊接后作接地引出线。

(4) 多芯控制电缆印有编号，当线芯无编号时，可将两端线芯反向对应，按顺序套号箍。

(5) 编完线芯号后，用聚氯乙烯绝缘带包扎线芯根部小段，使成橄榄形，以增电缆头根部的绝缘性能和机械强度。

(6) 套上控制电缆终端套，将终端套上口线芯接合处和下口电缆护套接合处用聚氯乙烯绝缘带包缠3~4层。

控制电缆终端套型号和适用范围（表9-14）

控制电缆终端套型号和适用范围　表9-14

型　号	控制电缆终端套内径（mm）	适用电缆规格—股数×截面（mm^2）
KT2-1	12	4×1.5；5×1.5；4×2.5
KT2-2	13	6×1.5；5×2.5；7×1.5
KT2-3	14	6×2.5；4×6；8×15
KT2-4	15	8×2.5；6×4；7×4
KT2-5	16.5	10×1.5；8×4；7×6；6×6
KT2-6	18	14×1.5；10×2.5；8×6
KT2-7	19.5	19×1.5；14×2.5；10×4；4×10
KT2-8	21	19×2.5；10×6
KT2-9	24	24×1.5；6×10；7×10；30×1.5
KT2-10	26	8×10；25×2.5；37×1.5；30×2.5

（7）贴电缆铭牌。铭牌外表用透明聚氯乙烯胶带包缠一层即可。

（8）校接线。要求线鼻子型号规格选择正确，电气连接可靠。压接时，线鼻子的压接位置应正确。校线时，通常采用通灯法，可用对讲机进行通信联络。有时也有耳机校线。

9.4.2 信号电缆及电缆头

为防止接点信号特别是交流接点信号对模拟信号的干扰，信号电缆敷设时，应将接点信号电缆与模拟信号的脉冲信号电缆分别设置。可将接点信号电缆敷设在控制电缆槽架内。

1. 信号电缆的敷设

信号电缆的敷设方法，与控制电缆基本相同，当信号电缆在电缆槽架中敷设时，应设置在最上层，以减少其受电磁干扰。抗电磁干扰要求特别强的信号，应单根穿金属保护管敷设，保护管需要单端接地，如集散系统的数据通讯电缆（俗称数据大道）、质量流量计的信号电缆等。

信号电缆敷设需特别注意：

（1）弱信号电缆敷设应远离动力线和强磁场，将不同信号种类和电压等级的电缆分别设置，以确保信号的正常传输。

（2）信号电缆的线芯很小，在敷设过程中应特别小心，用力须适中，以防止拉伤电缆和破坏其屏蔽层。

（3）信号电缆种类较多，特性和用途不同，抗恶劣工作环境较差。在其敷设过程中，应采取相应的特殊保护措施。

2. 信号电缆头的制作

(1) 屏蔽电缆头制作与控制电缆头基本相同，但它要求将同一线路电缆的一端（并且只能一端）屏蔽层作抗干扰接地。

(2) 同轴电缆头制作、安装其屏蔽层引出线，不是接抗干扰接地系统，而是作为信号传输的导体之一。

3. 系统电缆及补偿电缆的敷设

(1) 系统电缆

集散系统或计算机系统设备，对工作环境要求较高，安装在防静电的活动地板。系统电缆敷设在活动地板下夹层中，为确保计算机系统电缆的工作性能，增强抗干扰能力，应在夹层中设置金属带盖封闭式电缆槽，不同电压等级的系统电缆，分别敷设在不同的电缆槽中。系统电缆敷设，除不得扭绞外，由于绝大多数是带插头敷设，因此，机柜进线处的开孔，应保证其插头进出方便。

(2) 补偿电缆的敷设

补偿电缆专用于热电偶式温度计的模拟信号传输配线。传输信号为 mV 级电压信号。补偿电缆的作用，就是将热电偶的冷端延长，使之延长到温度比较稳定的地方。

补偿电缆有单对和多对。单对补偿电缆，又称作补偿导线。补偿导线只能与相应型号的热电偶配用，是以热电偶的分度号来区分，切勿搞错类，补偿电缆属信号电缆类，敷设时应特别注意：

1) 补偿电缆芯为质脆的合金材料制成，敷设时不应有曲折、迂回等情况，不得拉得过紧。

2) 补偿电缆不应直接埋地敷设。

3) 补偿电缆不应与其他线路在同一根保护管内敷

设。

4）补偿电缆应避免中间接头。若必须接头时，线芯应用氧焊的方法连接，氧焊条材质应与补偿导线材质相同或相近，进行中间和终端接线时，严禁接错极性。

9.4.3 光纤电缆及电缆头

1. 敷设光缆的准备

（1）首先疏通管。

（2）牵引时要有张力极限。

（3）注意光缆的最小弯曲半径。

（4）上下或左右弯曲时要设置转变滚筒，或者利用大口径硬塑波纹导管。

（5）中途的要检查进内要旋转直线滚筒。

2. 敷设光缆的注意事项

（1）利用现代通信工具前后呼应。

（2）在机械牵引时要有张力极限。

（3）根据光缆的大小确定最小弯曲半径。

（4）埋地敷设（直埋、型槽敷设）需注意：

1）最好采用人工牵引，10～15m 设一人循序渐进。

2）光缆的最小弯曲半径。

3）严格按设计要求填砖砂垫底。

4）型槽内放 2/3 的河砂敷设再将砂填满，盖上槽盖。

5）回填土，避免将石头填入。

3. 光纤接续及终端处理

（1）连接方法

1）确定光缆末端尺寸，开断后进行定位固定。

2）剥切绝缘护层和纸带。剥切长度不宜过长，最好靠近光纤插口近处，同时应留一段加强芯，以保持光缆机械性能。

3）用自粘性绝缘带或聚氯乙烯绝缘胶带，对护层和缆芯接合处包缠成橄榄形绝缘层。

4）缆芯编号。纤芯护层都各自有不同的颜色，可按此特点进行缆芯编号。

5）贴光缆铭牌，外表用透明胶带包缠一层。

6）光纤连接。光纤连接器，由A、B两部组成，其中B部分前端有一刀口向上的小刀片，当光纤空入连接器后，用专用镊钳将A、B两部镊合。这时，小刀片有两个作用，一是将光纤切下一小段，并形成光滑、平整且与光纤轴线垂直的切割端面；其次，是将连接器A部分从虚线处切断，最后形成A、B两部分紧密嵌合，光纤也被固定。

7）将连接好的光纤连接器插入设备光纤插口中。

（2）光纤连接的注意事项

1）光纤在切断前伸出连接器的部分以10mm为宜。

2）用镊钳镊合A、B两部分时，钳口夹紧的部位一定要正确，特别是下钳口一定要抵紧连接器的台阶部位。

3）注意不要弄脏光纤端面，最好立即将其插入设备光纤插口中，因为微小的灰尘也会影响信号传送的质量。

（3）光纤的固定连接，粘接法：采用光学胶粘剂连接；熔接法：一般采用电弧熔接法。熔接步骤

1）用光纤涂层剥离器剥离光纤涂敷层。

2）剥离涂敷层后用光纤清洁器对光纤芯表面做清洁处理。

3）用光纤切割机切割光纤的接续端面，要求与光纤成垂直截面。

4）在熔接机上反复校正两端面的轴心位置及距离。

5）用光纤熔接机熔接。

6）用光时域反射计测试光纤。

7）光缆加强芯的连接及处理。

8）密封胶圈的安装。

9）铜芯线连接。

10）余纤在接头盒内的固定处理。

11）接头盒封闭及安装。

4. 光缆的光纤全程总损耗的测试

光纤全程总损耗是指入纤的光功率与出纤的光功率之比。测试方法分为剪回法、介入损耗法、反向散射法。测试内容；

(1) 光损耗的测试。

(2) 传输带宽的测试。

(3) 脉码调制终端机特性测试。

(4) 数字复用设备主要指标测试。

(5) 光端机、光中继机主机指标测试。

9.5 系统的调试

9.5.1 工业过程计算机

主机硬件系统的调试

1. 一般性检查

(1) 设备外观检查

1）设备名称、型号、规格、件数。

2）设备尺寸、外观有无损伤、变形、潮湿、生锈、涂色。

3）设备内插件板及装置、部件的型号、数量。

4）插件板、面板上的灯、仪表、检测孔均应符合图纸要求。

5）设备内外部件连接、端子连接等检查。

6）附件、备品数量。

（2）设备安装状况检查

（3）保护接地线、信号线、屏蔽线的连接检查

2. 交直流电源的调试及线路检查

（1）各线路检查、交流直流电源的调试。

（2）各部电压检查及保险丝容量的检查。

（3）停电复电特性检查试验。

（4）电源电压、频率的检查。

（5）负荷电流应在规定范围内。

（6）绝缘试验、测量电源回路绝缘电阻应符合要求。

（7）元器件、设备线路检查。

（8）保护接地线、信号线、屏蔽线的连接检查。

（9）机械柜接地电阻测试，耐压、泄漏电流的检查试验及保护地，逻辑地之间的绝缘。

3. 中断检查及时钟调整

（1）计时器、定时器的启动、停止、复位、报警等功能检查。

（2）时钟调整：测定时钟脉冲周期，脉宽和脉冲误差不大于±2%。

（3）中断检查：用模拟信号或用程序庙宇中断检查。

1）每一中断产生及对应的中断地址是否符合要求。

2）在所有各级中断产生时，优先处理顺序应正确。

3）中断发生时，应能正确检出中断位置，CPU 应能通过硬件实现自动退避和复位。

4）禁止中断、开放中断功能正确。

5）确认中断响应时间，顺序及优先处理级别正确。

6）确认存储器屏蔽等功能正常。

4. 主机调试

（1）一般检查：电源、电压、频率检查、各直流输出电压的整定，绝缘回路电阻应不低于 5MΩ

（2）读写检查和地址译码系统各检查 10 次，应不出错。

（3）存储管理等功能检查。

（4）页面保护，断电保护等功能检查。

（5）备用电源供电检查。

5. 辅助存贮器装置调试

（1）交、直流电源检查。

（2）功能开关、指示灯检查。

（3）系统校接线检查。

（4）磁盘与磁盘驱动器调试。

1）磁盘定位调整：用示波器观察出现猫眼波形为止。

2）磁头左右方向的调整及测试。

3）磁头复位调整。

4）同步传感器的感应电压调整。

5）检查磁盘驱动和通风部分，磁头托架执行单元、伺服电机、卸载机构、磁头读写功能等。

（5）磁盘驱动器、磁带装置与 CPU 通道的检查，硬件功能检查和动作检查。

（6）公共存贮器还要进行硬件设备检查、硬件功能测试、软件功能测试。

6. 外部设备调试

（1）系统打字机、宽行打字机、记录打字机的调试

1）交直流电源的确认。

2）硬件设备检查。

3）本机功能检查、字母打印情况检查、字符间距、行间距、速度测定。

4）与主机相连、进行通道检查和硬件、程序测试。

5）输入输出转换器检查。

（2）激光打字机的调试

1）电源的检查确认。

2）各功能开关、指示灯检查。

3）传动功能、转换功能、打字功能检查。

4）与 CPU 的通道检查。

（3）CRT 显示装置调试

1）反复进行的全字符显示、回车换行、光标控制、颜色选定和闪光等功能测试均应正常。

2）分别对图示画面的尺寸、垂直方向与水平方向的线性度、图像显示的稳定性、亮度和对比度、色度聚焦等进行检查，应符合要求。

3）用测试程序全面检查键盘上开关的各种功能、

报警显示及图形显示均应正确。

4）检查装置的特殊功能，如外联打字机、记录仪、描图机、硬拷贝等，确认其各项动作与显示功能正常、图像清晰准确。

5）画面显示的系统结构图应符合设计，所显示的瞬间量值，应用标准仪表校验其精度。

（4）硬拷贝装置调整：功能开关、指示灯检查、CRT 专用通道检查、机械传动部分检查。

（5）调制解调器：主要对调制、解调的功能调整及与 CPU 通道的检查。

（6）双机切换系统的调试主要对硬件系统的模拟试验。方法如下：

1）先用手动操作过程测试过程转换是否能执行；

2）过程监视器装在通用母线的终端，监控器的启动周期从 1～60s 范围内选择。

9.5.2 分散控制系统

9.5.2.1 现场调试准备工作

1. DCS 调试工作应由具有资质审查合格的专业调试机构进行；调试人员应是经过 DCS 技术培训，并经考核的合格者。

2. 调试前应进行下述技术准备工作：

（1）学习 DCS 有关技术资料、文件。

（2）消化 DCS 的组态工作单，并核对其技术数据。

（3）熟悉有关设计图纸资料、工艺过程及相关设备性能。

（4）组织编写调试方案。

（5）调试负责人应向参加调试人员进行全面的技

术交底。

3. 在进行分散控制系统现场调试前，所有现场仪表的本机特性检查都已完毕，保证所有的现场仪表都能进行正常工作。还应注意以下内容：

（1）分散控制系统的电源由不间断电源（UPS）提供，在将 UPS 输出电源接到 DCS 之前应确认供电的电压、交流、直流无误。

（2）分散控制系统要求用户为 DCS 建立专用的工作接地极。DCS 工作接地极必须有单独的接地系统，应检查下面的内容：

1）接地体与避雷入地接地点间的距离应大于 4m。

2）接地体与交流电的火级及其他用电设备接地体间的距离应大于 3m。

3）DCS 的工作接地应与保护接地分开。

4）测量接地电阻的阻值，测试报告经 DCS 厂商确认后，方可接到 DCS 的工作地系统。

9.5.2.2 常规检查

1. 按图纸和设备配置资料，核对检查设备数量、插件位置、部件结构及有无缺损等项。

2. DCS 设备的安装应符合设计及有关资料的技术要求。

3. 检查 DCS 外部线路应准确无误，接触良好，标记清楚。

4. DCS 用电源设施调试：

（1）确认电源设备的型号、规格、保护装置及保险丝容量等项技术指标。

（2）检查电源装置电源端与机壳之间的绝缘电阻应大于 1MΩ。

(3) 电源设备（包括稳压、稳频电源、不停电电源等）的技术性能调试：

1) 保护装置检查与调试。

2) 电源投入及电源电压检查。

3) 电源设备的技术性能测试，包括稳频、稳压及不停电电源自动切换功能等，均应符合有关技术规定。

9.5.2.3 单体调试

1. 操作站的检查与调试

(1) 对操作站的专用电缆及接线进行检查与确认。

(2) 对各路输入、输出电压值及电源指示灯的确认。

(3) 用厂家提供的测试程序或用其本身维护功能对操作站等硬件进行诊断。

(4) 装入组态数据，进行确认并复制保护。

2. 控制站（监视站）的检查与调试

(1) 对各控制站，监视站的专用电缆及接线进行检查与确认。

(2) 对各控制站，监视站输入、输出电压及电源指示灯的确认。

(3) A/D 转换卡转换精度调试。

3. 数据通讯开通，调出系统维护功能进行确认，并借助于故障代码的提示予以处理。

4. 各种冗余配置的调试，用人工模拟的办法确认各项自动切换转移功能。

5. 过程 I/O 卡的调试

(1) 模拟量输入/输出目测的调试是在端子柜施加或取出模拟信号，并在操作站上依次调出，同时核对仪表位号、量程、报警确认点等项参数，其调试点应在量程范围内均匀选取，其数量不少于3点。

(2) 开关量输入/输出卡的调试是在端子柜施加或取出开关量信号，并在操作站上依次调出进行确认。

9.5.2.4　数据点调试

1. 模拟输入数据点的调试

调试可在现场仪表的输入端加4～20mA的电流信号，并在控制室观察针对不同的输入量、数据点输入值的变化情况。通过现场和控制室的通信联系，便可知该模拟输入数据点是否正常。如果模拟输入数据点还有报警或联锁功能，在调试时将报警值或联锁值输出，并观察输入值超过报警或连锁限值后数据点的状态变化及报警画面的变化，观察报警的优先级别与报警画面显示的关系。

在调试过程中，可能会出现如下两种数据点工作不正常的情况。

(1) 数据点能接收到现场信号

收到信号并随现场信号的变化而变化，但信号变化的规律不对。这种情况多出现在输入信号与指示量成非线性关系的场合，如以差压方式测流量，流量与差压信号成方根关系。这时问题多出现在数据点组态上，应由仪表工程师对数据点组态进行检查。对于质量流量计、涡街流量计等，如软件组态无误，但信号变化规律不对，应对其信号转换装置进行检查。

(2) 数据点接收不到现场输入信号

出现这种情况时，首选在分散控制系统模拟输入信号的输入端检查分散控制系统是否接收到现场输入信号，检查的结果便可以断定是软件组态的错误，还是接线的错误。如果输入端有信号输入，应检查数据点组态，且应着重检查数据点有关地址分配的几个参数。如输入端无信号，则可以断定是接线的错误，需进行重新“接线”。

2. 模拟输出数据点的调试

直接将模拟输出数据点或调节回路数据点的控制方式置为手动，给出输出值进行调试。通过给出的输出值观察现场阀位的变化，以检查模拟输出数据点是否能正常工作。过程控制中还会经常出现分程调节的实例，现场调试时应对参与分程调节的调节阀特别注意。不管分程调节以何种方式实现，现场调试时应特别注意分散控制系统的输出与阀位的对应关系。

调试时也会遇到分散控制系统给出信号后，现场阀门并不动作的问题，这时应首先检查线路，确定故障所在。如分散控制系统的输出端无信号，应检查数据点组态参数中有关地址分配的参数；输出端有输出信号，现场没有收到电信号，应检查线路，现场接收到电信号，阀门都不动作，应检查电/气转换部分、气路和调节阀。

3. 数字输入数据点的调试

数字输入点主要用于反映过程的状态变化，如压力开关、流量开关、阀门限位开关、机泵的起停等。

(1) 检查接点的接线是否正确，在过程控制的设计中，要求与过程报警及紧急连锁相关的接点正常时，接点处于闭合状态；工艺过程处于联锁或报警状态时，接点处于断开状态，压力开关与流量开关都属于这种接点。而且同一装置中同类型的接点应有规律性，故障位置时阀的限位开关的接点为闭态，动力设备在带电运转时状态接点为闭合状态等。

(2) 接点接线检查完成后，可将现场接点断开或闭合以检查软件组态是否与要求一致，如数字输入点的状态指示（包括状态指示字与状态提示颜色）与过程状态不符，可通过改变数据点组态中的相应参数进行调整，以求得软件组态与接点状态的一致性。

(3) 注意过程报警或联锁数据点在报警或联锁状态时的状态指示字与状态提示颜色，并注意此时现场接点的状态。

4. 数字输出数据点的调试

(1) 检查输出接点的接线是否正确。对于参与连锁的数字输出数据点，要求遵循"负逻辑"的规律，即正常工况时输出接点带电闭合，联锁时接点掉电断开。对于进行顺序或批量检制的数据点，并不要求阀位与输出接点有严格的对应关系，但应具有规律性和一致性。

(2) 手动改变状态输出，观察被检设备的变化，注意设备的变化状态与数字输出数据点状态指示是否一致，可通过改变数据点组态中的相应参数来调整。

5. 脉冲输入数据点的调试

脉冲输入数据点的调试并无特别的要求，只需将现场仪表指示的真实流量与控制室显示的脉冲数进行比较，得出合理的系统数即可。

任何数点在调试完成后都要在挂牌明示，未经允许，不能再进行调整，也不能改动软件组态的内容。调试负责人应填写调试报告，对调试的结果负责。

9.5.2.5 控制程序的调试

1. 连续控制程序的调试

现场调试时可启动这些程序，给出相应的输入值，以核实程序能否正常运行或运算的结果是否正确。连续性控制程序在现场调试时一般不会出现问题。

2. 非连续控制程序的调试

调试时首先准备现场条件，使现场设备满足程序运行所需状态，准备完成后可起动程序并观察程序的运行结果与工艺要求是否一致。调试过程中出现问题时，应首先检查程序的逻辑是否正确。再看数据点组态与控制程序中的语句是否匹配。逐个检查故障原因，再一一解决。

调试时要求的与现场有关的一切信号必须送至或来自现场。对于较重要的顺近代程序，应反复调试几次，以绝对保证运行过程中不出问题。

9.5.2.6 操作画面的调试

是指由用户自行设计编制的流程图操作画面，流程图画面的调试工艺过程的主要操作界面，流程图画面的调试是与数据点调试，控制，程序的调试及连锁系统的调试同时进行的。流程图画面调试时必须严格遵循的一点是：画面应反映工艺过程的真实状态。

9.5.2.7 紧急连锁系统调试

紧急连锁系统的调试应按连锁逻辑框图逐项进行，在现场制造连锁源，观察连锁的结果是否与逻辑框图一致。现场调试必须谨慎、细致、反复调试。对于直接关系到装置安全的连锁部分，在整个调试过程中应每天调试一次。

9.5.3 PLC的调试

9.5.3.1 一般规定

1. PLC调试工作应由具有资质审查合格的专业调试机构进行。

2. 调试人员应是经过 PLC 技术培训，并经考核的合格者，方能进行调试作业。

3. 调试前应进行下述准备工作。

4.PLC 有关技术资料、文件、并核对其技术数据。

5. 熟悉有关设计图纸资料、工艺过程及相关设备性能。

6. 组织编写调试方案。

7. 调试负责人应向参加调试人员进行全面的技术交底。

9.5.3.2 调试工序

1. 常规检查

(1) 按图纸和设备配置资料，核对检查设备数量、插件位置、部件结构及有无缺损等。

(2) PLC 设备的安装应符合设计及有关资料的技术要求。

(3) 检查 PLC 外部线路应准确无误，接触良好，标记清楚。

(4) 检查 PLC 的接地系统，应符合设计及有关资料的技术要求。

2.PLC 用电源设施调试

(1) 确认电源设备的型号、规格、保护装置及保险丝容量等项技术指标。

(2) 检查电源装置电源端与机壳之间的绝缘电阻应大于 1MΩ。

(3) 电源设备（包括稳压、稳频电源、不停电电源等）的技术性能调试。

1）保护装置检查与调试。

2）电源投入及电源电压检查。

3）电源设备的技术性能测试，包括稳频、稳压及不停电、电源自动切换功能等，均应符合有关技术规定。

3. 单体调试

（1）模拟量输入/输出插件的调试是在端子柜施加或取出模拟信号，并在操作站上依次调出，同时核对仪表位号、量程、报警庙宇点等项参数，其调试点应在量程范围内均匀选取，其数量不少于3点。

（2）开关量输入/输出插件的调试是在端子柜施加或取出开关量信号，并在操作站或编程器上依次调出进行确认。

（3）对各个操作站、控制站、监视站的专用电缆及接线进行检查与确认。

（4）对各路输入、输出电压值及电源指示灯的确认。

（5）用厂家提供的测试程序或用其本身维护功能对操作站等硬件进行诊断。

（6）数据通讯开通，调出系统维护功能，进行确认，并借助于故障代码的提示予以处理；

（7）各种冗余配置的调试，用人工模拟的办法确认各项自动切换转移功能。

4. 应用功能及回路系统调试

（1）检测功能调试，在系统的信号发生端（变送器或检测元件处）施加模拟信号，在CRT上读取该点数据。

（2）连续控制功能调试，依系统组态工作单的要求设置各功能块（或内部仪表）的参数，对调节功能块还应确认正反动作及PID等项参数。确认执行机构动作方向，并用手动方式进行执行机构从零点到终点动作情况和全行程时间的调试。

(3) 在系统的信号发生端施加信号进行调节规律、连锁、切换等功能的调试。

(4) 运算功能调试，依系统组态工作单的要求设置运算式中的常数系统数项，并在系统各信号的发生端施加模拟信号，进行运算功能及精度的调试。

(5) 报警功能调试，依系统组态工作单或报警点庙宇数据资料，设定报警点，并在系统信号发生端施加模拟信号，测试动作点偏差均应符合要求。

(6) 顺近代功能调试，依系统组态工作单（或程序）等，用模拟联锁条件的方法，并按时序进行顺控功能的调试。

第10章　给水、污水处理厂的试运行

10.1　给水处理厂试运行通则

10.1.1　试运行的前提条件

10.1.1.1　在所有单项工程验收合格的基础上方可进行全厂试运行。

10.1.1.2　机械设备必须先行进行单机试车。

1. 一般空车试运行不少于2h。
2. 负荷运行4h。
3. 执行机构运作调试完毕。
4. 自动控制系统模拟运行正常。
5. 监测并记录单机运行数据。

10.1.2　联机运行

1. 按工艺构筑物逐个通水联机试运行。
2. 全厂联机试运行。时间应不少于24h。
3. 先采用手工操作，构筑物和设备全部运转正常后，方可转入自动控制运行。
4. 初始试运行，应适当加大投药量。
5. 监测并记录各构筑物的运行情况和运行数据。

10.1.3　取水泵站

1. 检查供电系统是否正常。
2. 检查水泵体，附属设备及执行机构是否正常状态和处于备用位置。

3. 检查各检测仪表是否正常。

4. 进行单机联动试车。

5. 机泵并联试车。

6. 检查水泵扬程、流量、耗电量是否正常。

7. 检查各台设备是否出现，过热、过流、噪声等异常现象。

8. 取水泵房试运行，可选择与各净水构筑做闭水试验，一并进行。

10.1.4 沉淀构筑物

1. 检查加药设备是否正常，可以投入运行。

2. 检查机械搅拌设备刮泥、排泥机械的空载状态是否正常。

3. 缓慢进水，并加倍投药，采用竖向流形式的絮凝池应注意打开连通阀，防止隔板单面荷载损坏。

4. 待沉淀、澄清池内水位接近正常水位时，开启机械絮凝设备或搅拌叶轮。

5. 检查絮凝效果或泥渣形成状况。

6. 检查沉淀、澄清效果，并取样化验沉淀水水质。

7. 检查各检测仪表。

8. 联动自动加药设备，连续运行，并记录参数，进行适当调整。自动控制设定值。

10.1.5 滤池

1. 检查各台设备、阀门等是否正常。

2. 采用手动操作冲洗滤床（按正常冲洗程序进行）。

3. 放入沉淀池开始试运行，检测滤后水水质。

4. 注意检查滤床的水头损失，并记录运行时间。

5. 待达到设计，推荐最大水头损失或冲洗周期。

后进行反冲洗。测定冲洗参数，检验是否达到设计要求。

6. 待滤后水进入清水池。

10.1.6 清水池

1. 清水池采用漂白粉或次氯酸进行消毒。

2. 清水池进水

10.1.7 二级泵站

1. 检查供电系统是否正常。

2. 检查水泵体，附属设备及执行机构是否正常状态和处于备用位置。

3. 检查各检测仪表是否正常。

4. 进行单机联动试车。

5. 机泵并联试车。

6. 检查水泵扬程、流量、耗电量是否正常。

7. 检查各台设备是否出现，过热、过流、噪声等异常现象。

8. 缓慢启动出水阀，输入管网。

9. 监测出厂水压波动情况。

10. 开启与净水厂较近的小阀门排水，待出水符合要求后，缓慢关闭，同时通知二级泵站调试人员控制出厂水压。检查泄气阀工作状况。

10.2 给水处理厂运行

10.2.1 混凝剂投加

1. 混凝剂的配制方法

配制时先将凝聚剂倒入溶解缸中用机械、水力或压缩空气使凝聚剂溶解，然后将溶解好的药液放入溶液池中，用水稀释成5%～10%的浓度。药液放置时间不宜太长，否则会影响混凝效果。

2. 混凝剂投加操作

(1) 放入溶解缸时要按固定的水位，并均匀搅拌、消化溶解后才放入溶液池，放入溶液池的数量及稀释的水量都要按事先规定的进行。

(2) 投药前对所有投药设备及水射器进行检查、确保正常后方可按规定的顺序打开各控制阀门。

(3) 确定投药量必须按进水泵房开机数量和原水水质试验数据或事先规定的投加标准进行。投加后及时观察絮凝体生成情况和沉淀池出口浊度加以调整。

(4) 必须按时正确测定原水浊度、pH值、沉淀池出口浊度，按控制出口浊度大小来调整投加量。

3. 水泵停车前应提前3～5min关掉投药开关，以减少残留药液、减轻水泵叶轮或吸水管道的腐蚀。

10.2.2　絮凝池

1. 絮凝池运行控制一般根据经验，按表10-1所示。

2. 按混凝要求，注意池内絮凝体形成情况及时调整加药量；定期清扫池壁，防止藻类滋生；及时排泥。

3. 在运行的不同季节应对反应池进行技术测定。内容主要是进水流量、进出口流速、停留时间、速度梯度的验算及记录测定时的气温、水温和水的pH值等。絮凝池G值的测定应事先确定絮凝池进水流量、水温、水头损失和絮凝池的有效容积，按下式计算：

$$G=\sqrt{\rho h/60\mu T}$$

式中　ρ——水的密度（$1000kg/m^3$）；

h——反应池内水头损失（m）；

μ——水的动力黏度系数（$kg\cdot s/m^2$）。

表 10-1

絮凝池运行控制经验

絮凝池型式	流速（m/s）		平均速度梯度 G 值（L/s）	停留时间（min）	GT 值	备注
	最大流速	最小流速				
隔板絮凝池	0.6～0.5	0.3～0.2	30～100	20～30	（3～10）10^4	
折板絮凝池	第一段（相对折板）0.35～0.25 第二段（平行折板）0.25～0.15 第三段（平行直板）0.15～0.1		60～100 30～50 15～25	6～15 （2～2.5） （2～2.5） （2～2.5）	$<3\times10^4$ $\geqslant2\times10^4$	
涡流絮凝池	0.5	0.2				
机械絮凝池（三级）	0.4～0.5	0.2	第一级 50～60 第二级 25～30 第三级 12～15	15～20	（2.5～4.0）$\times10^4$	
旋流絮凝池				10～15		

10.2.3 沉淀池

1. 平流沉淀池

（1）掌握原水水质和处理水量的变化

正确确定凝聚剂投加量。掌握的内容在原水水质方面有：一般要求 2～4h 测量一次原水的浊度、pH 值、水温 、碱度，在水质变化频繁季节需 1～2h 就进行一次测量。

在水量方面要了解进水泵房开停状况。对水质测定结果和处理水量的变化要及时填入生产日报。

（2）观察絮凝效果、及时调整加药量

在运转中要特别注意出水量变化前调整投药量和水质变坏时增加投药量这两个环节。还要防止断药事故。

（3）及时排泥

及时排泥是沉淀池运转中极为重要的工作。因为排泥不及时、池内积泥厚度升高，会缩小沉淀池过水断面、相应缩短沉淀时间，降低沉淀效果最终导致出水水质变坏。排泥过于频繁又会增加耗水量。采取人工清理的沉淀池排泥应该在每年进行。

2. 斜管沉淀池

斜管沉淀池的管理须注意以下几点：

（1）要不间断地加注凝聚剂。

（2）及时排泥。

（3）如发生藻类滋长则可采用在原水中预加氯方法予以抑制。

（4）斜管顶部如出现泥毯则应降低水位、露出管孔、用压力水进行冲洗。

（5）斜管沉淀池上升流速控制在 2.5mm/s 左右较为

合适。

3. 澄清池的试运行

(1) 澄清池经满水试验合格后，将水放空，将池内杂物清扫干净，检查各种机械设备完好后可进行试运行。

(2) 徐徐开启进水闸阀，使进水流量控制在设计流量的 1/3 左右，凝聚剂投量比正常增加 20% ~ 30%；搅拌机转速控制在 5 ~ 7r/min;

(3) 原水浊度较低时，为加速形成活性泥渣层，可向第一絮凝室投加黏土。

(4) 当澄清池开始出水时，要仔细观察分离区的水质变化情况，同时应测定悬浮层的泥渣浓度和厚度以及沉降比。根据上述测定调正进水流量、混凝剂投量，排泥时间间隔及泥渣回流量，使之正常运行。

(5) 一般情况下，泥渣沉降比为 10% ~ 20%，排泥时间为：小排泥每 2 ~ 4h 一次，时间为 1 ~ 3min；大排泥每天一次，时间为 1min 左右。

(6) 澄清池正常运行时,应保证进水流量的稳定。增加进水量,应预先提前 30min 增加混凝剂投量,并排除部分泥渣,降低泥渣层厚度,然后再逐渐增加进水流量。

(7) 机械搅拌澄清池调节叶轮转速时要缓慢进行，叶轮提升可在运转中进行，叶轮下降必须停车操作。

(8) 脉冲澄清池启动，先以悬浮方式运行，并适当加大混凝剂投量，当测定悬浮层厚度大于 1m 时并且池内水位升至集水管 10cm 以上时，则可启动脉冲，转入正常运行。

10.2.4 滤池

1. 普通快滤池

（1）新建快滤池需做如下投产前准备：

1）检查所有管道和闸阀是否完好，检查各管口标高是否符合设计，特别是排水槽上缘是否水平。

2）对滤料最好在放入前进行严格的检查，确保粒径和级配符合设计要求，初次铺设的滤料应比设计厚度增加5cm左右。

3）清除滤池内杂物，保持滤料面平整。

4）放水检查，放水按操作运行的过滤时间要求进行。放水要慢慢进行、排除滤料内空气。

5）对滤料进行连续冲洗。冲洗按操作运行的要求进行。要求冲到清洁为止。

6）用漂白粉或氯气对滤料进行消毒处理。

（2）操作运行

1）运行前准备

①检查各种阀门是否全部关闭；

②检查沉淀水出口水位与浊度是否符合要求。

如果一切正常，开始进行过滤操作。

2）过滤操作

①徐徐开启进水阀；

②当水位升到排水槽上缘时，徐徐开启出水阀，过滤开始，开始开启出水阀时要注意出水浊度，待达到要求时方可全部开启。

③按规定内容将时间、出水浊度、水头损失、记入操作运行原始记录簿。

3）冲洗操作方法（表10-2）

2. 无阀滤池

（1）投产前准备

1）对滤池的几个关键性标高如虹吸辅助管管口、

冲洗操作方法　　表 10-2

内　容	方　　法
需要冲洗的衡量标准	一般达到下列情况之一就需冲洗： 1. 出水浊度超过规定的指标，如 3 度 2. 滤层内水头损失达到额定的指标，如 2～3m 3. 运转时间达到规定的时间，如 24～48h
冲洗前准备工作	1. 检查冲洗水塔的水量是否足够 2. 清水池水位是否足够 3. 报告调度，得到允许后方可冲洗
冲洗顺序	1. 关闭进水阀 2. 待滤池内水位下降到滤料层砂面以上 10～20cm 时关闭出水阀 3. 开启排水阀 4. 徐徐打开反冲洗水阀 5. 冲洗 5～7min，使反冲洗水的浑浊度已下降到 20NTU 左右时，关闭反冲洗水阀、冲洗停止
滤池恢复工作时	1. 关闭排水阀 2. 打开进水阀 3. 按过滤时要求，恢复滤池正常运转

滤池出水口、进水分配箱堰口及底部、进水管 U 形弯底部、排水井堰口等的标高进行实测、复检，确实与

设计符合后方可作投产准备。

2）初次运行前先将冲洗强度调节器调整到 1/4 的开启度，以防冲走滤料，待试运行后根据情况逐步放大直到达到设计规定的要求为止。

3）为了顺利排除池内空气，最好在投产前先将水注入冲洗水箱同时自下而上地浸润滤料。否则就采取控制进水量使水慢慢地从挡板洒下的办法。

4）试运行的滤池在冲洗水箱充满后即采用人工强制冲洗的方法连续冲洗滤料，然后按快滤池滤料消毒的方法进行消毒处理。

(2) 操作运行

1）正常运行时要每 1～2h 记录无阀滤池的进、出水浊度，虹吸管上透明水位管的水位、冲洗开始时间、冲洗历时等。

2）当沉淀水出口浊度较高、致使无阀滤池出水不合格时应设法减少沉淀进水量或采取增加投药量的办法以保证滤后水质。同时可以用人工强制方法增加冲洗次数。

3）发现滤池出水水质变坏而虹吸又未形成时，应即刻采用人工强制冲洗的办法加以冲洗。

4）无阀滤池一般不设进水停止装置，冲洗时澄清池继续来水，如果需要停水可以设立自动停止进水装置。

3.V 形滤池

(1) 投产前准备工作

1）检查各滤池的滤料表面标高，检查进水 V 形槽边的标高（同一条槽边，同一池的两个槽边，不同池的槽边标高差），检查排水渠堰口的标高是否符合设计要求，检查V形槽的孔口标高是否一致。对这些重要部位的标高进行实测、复检，确定满足设计要求。

2）逐渐向池内放水，对滤料浸泡1~2h。

3）检查冲洗水泵，风机、闸门，将冲洗水泵的冲洗管道闸门调整到1/4开启度，打开水泵将流量控制在水冲强度的1/2，使滤料层中的空气排出。

4）调整气冲强度和水冲强度，调整好后将气冲、水冲及冲洗时间输入控制程序。

5）对滤池进行强制冲洗两次,一方面检测冲洗过程参数是否符合设计要求,另一方面冲走滤料层的杂质。

（2）操作运行

1）完成投产前的各项准备工作,即可投入试运行。

2）滤池正常进水，通过滤前水，滤后水浊度计记录下进出水的浊度，一般要控制为：进水浊度≤3NTU，出水浊度控制在0.1 NTU以下。

3）记录下单格滤层的过滤周期，比较是否符合设计要求。

4）记录下冲洗的过程，特别要记录气冲时间，气冲强度，滤层的冲洗情况，是否有跑料现象；要记录水冲强度，水冲时间，滤层冲洗的情况。

5）测定冲洗结束前冲洗排水的浊度，检查冲洗的效果。

6）正常反冲洗还要观察，在冲洗时V形进水槽的孔口对冲洗水的横扫作用及其均匀性。

10.2.5 投氯消毒

1. 投入使用前准备工作

（1）操作人员事先要学习有关安全用氯的知识，熟悉加氯机的构造和性能，接受过训练并证明能独立操作者方可操作。

(2) 检查加氯间内检修工具和材料是否完备，防毒面具是否完好，是否备有氨水。

(3) 检查水射器、氯气导管、加氯管及压力水源是否正常。

(4) 检查加氯机各部件有无故障，氯瓶放置位置是否正确。

(5) 经过检查，一切正常后方可投入使用。

2. 投入运行的步骤

(1) 开启压力水阀门，使水射器投入工作，此时中转玻璃罩内应有气泡翻腾。

(2) 开启平衡水箱进水阀门，使水箱溢流管中溢出少量的水，此时中转玻璃罩中已无气泡翻腾，水射器的吸力由平衡水箱中水来满足。

(3) 缓慢开启氯瓶的出氯总阀一小圈或稍动一下，用肥皂水或氨水检查各有关接头部位是否漏气，如无异常再开启出氯总阀至正常状态。

(4) 缓慢开启控制阀，使转子稳定在需要的刻度上，此时应同时注意平衡水箱中的水位情况，并调节水箱进水阀以使少量的水从溢流管中溢出为度，再次用氨水检查各部位接头是否漏氯。如一切正常表示加氯机已经投入运行状态。

(5) 记录投入运行的时间和转子流量计显示的加氯量及氯瓶的重量。

3. 运行中的检查

(1) 经常注意转子流量计的转子位置是否移动。如有移动及时调整。

(2) 经常注意有否漏氯现象出现。

（3）经常检查水射器的工作状况。

（4）发现问题立即采取措施。

4. 关机的步骤

（1）首先关闭出氯总阀；待转子流量计的转子跌落至零位时再关闭控制阀。

（2）关闭平衡水箱进水阀门，此时中转玻璃罩中又将出现气泡翻腾现象。

（3）待玻璃罩和玻璃管中透明无色后，再关闭压力水进水阀使水射器停止工作。

5. 漏氯的检验方法

氯与氨接触会很快生成氯化铵（NH_4Cl）晶体微粒，形成白色烟雾。因此漏氯的检验方法是当氯瓶出氯总阀开启后应随即用10%氨水对准喷到可能漏氯的部位，如果出现烟雾，就是表示该处漏氯。

6. 调换氯瓶的方法

（1）调换氯瓶时，先关闭该氯瓶的出氯总阀。

（2）然后旋开弹簧膜阀下端的拉杆帽，用扳手的槽孔嵌入拉杆帽槽内，向下压约1min，以排除出氯总阀至弹簧膜阀之间的余氯。

（3）再按关机的步骤使加氯机停止运行。

（4）更换氯瓶。

（5）如即需使用的可按投入使用前准备工作与投入运行的步骤投入使用。

10.3 污水处理厂试运行

10.3.1 污水处理设施试运转通则

1. 处理构筑物或设备的试通水

污水与污泥处理工程竣工后，应对处理构筑物、机械设备封闭试运转，检验其工艺性能是否满足设计要求。钢筋混凝土水池或钢结构设备在竣工验收（满水试验）后，其结构性能已达到设计要求，但还应对全部污水或污泥处理流程进行试通水试验，检验在重力流条件下污水或污泥流程的顺畅性，比较实际水位变化与设计水位要求；检验各处理单元间及全厂连通管渠水流的通畅性，附属设施是否能正常操作；检验各处理单元进出口水流流量与水位控制装置是否有效。

2. 处理机械设备的试运转

污水处理厂污水、污泥处理专用机械设备在安装工程验收后，查阅安装质量记录，当各技术指标符合安装质量要求，其机械与电气性能已得到初步检验，为检验机械设备的工艺性能，在处理构筑物或设备已通水后，可进行机械设备的带负荷试验，在额定负荷或超负荷10%的情况下，机械设备的机械、电气、工艺性能应满足设备技术文件或相关标准的要求，具体参见如下几条：

(1) 机械设备各部件之间的连接处螺栓不松动、牢固可靠，无渗漏水；密封处松紧适当，升温不应过高；转动部件或机构应可用手盘动或人工转动。

(2) 启动运转要平稳，运转中无振动和异常声响，启动时注意依照有标箭头方向旋转。

(3) 各运转齿合与差动机构运转要依照规定同步运行，并且没有阻塞碰撞现象。

(4) 在运转中保持动态所应有的间隙，无抖动晃摆现象。

（5）各传动件运行灵活，并保持良好张紧状态。

（6）滚动轮与导向槽轨，各自啮合运转、无卡齿、发热现象。

（7）各限位开关或制动器，在运转中动作及时，安全可靠。

（8）在试运转之前或后，手动或自动操作，全程动作各 5 次以上，动作准确无误，不卡、不碰、不抖。

（9）电动机运转中温升在允许范围内。

（10）各部轴承注加规定润滑油，应不漏、不发热，升温小于规定要求（如：滑动轴承小于 60℃，滚动轴承小于 70℃）。

（11）试运行时一般空车运转 2h（且不少于两个运行循环周期），带 75%、100% 和 115% 负荷分别运转 4h，各部分应运转正常、性能符合要求。

（12）带负荷运转中要测定转速、电压电流、功率、工艺性能（如：流量、泥饼含水率、充氧量、提升高度等），并应符合设备技术要求或设计规定，填写记录表格，建档备查。

3. 污水处理厂需要在线测量仪表（表 10-3）

污水处理厂需要在线测量仪表　　表 10-3

工艺参数	测量介质	测量部位	常用仪表
流量	污水	进、出水管道	电磁流量计、超声波流量计
		明　　渠	超声波明渠流量计

续表

工艺参数	测量介质	测量部位	常用仪表
流量	污泥	回流污泥管路	电磁流量计
		回流污泥渠道	超声波明渠流量计
		剩余污泥管路	电磁流量计
		消化池污泥管路	电磁流量计
	沼气	消化池沼气管路	孔板流量计、涡街流量计、质量计等（所有仪表要求防爆）
	空气	曝气池空气管路	涡街流量计、孔板流量计、质量流量计、均速管流量计
温度	污水	进、出水	P_t100 热电阻
	污泥	消化池	P_t100 热电阻
		污泥热交换器	P_t100 热电阻
压力	污水	泵站进出口管路	弹簧式压力表、压力变送器
	污泥	泵站进出口管路	弹簧式压力表、压力变送器
	空气	曝气管道鼓风机出口	弹簧式压力表、压力变送器
	沼气	消化池	压力变送器（所有仪表要求防爆）
		沼气柜	压力变送器（所有仪表要求防爆）
液位	污水	进水泵站集水池格栅前、后液位差	超声波液位计

续表

工艺参数	测量介质	测量部位	常用仪表
液位	污泥	消化池	超声波液位计、压差变送器、沉入式压力变送器（所有仪表要求防爆）
		浓缩池、贮泥池	超声波液位计
pH值	污水	进、出水管路或渠道	pH仪
电导率	污水	进、出水管路或渠道	电导仪
浊度	污水	进、出水管路或渠道	浊度仪
污泥浓度	污泥	曝气池、二沉池、回流污泥管路	污泥浓度计
溶解氧	污水	曝气池、二沉池	溶解氧测定仪
污泥界面	污水、污泥	二沉池	污泥界面计
COD	污水	进/出水	COD在线测量仪
BOD	污水	进/出水	BOD在线测量仪
沼气成分	消化沼气	消化池沼气管路	CH_4检测仪（所有仪表要求防爆）
氯	污水	接触池出水	余氯测量仪

10.3.2 格栅间

1. 除污机应定时清除栅筛所截污物，否则将造成栅筛的阻塞，导致齿耙不易插入栅隙，使清污困难，减少水泵出水量，而且使水位差超过允许范围，造成超载，甚至污水外溢，栅筛倒塌。

2. 除污机的齿耙发生倾斜或不与栅筛齿合，钢丝绳错位、链条等传动部位出故障或电气限位开关失灵等现象，应停机进行检修，不得强行开机。

3. 由于栅筛所截污物中，存在一定量的有机污染物，不及时处理或处置，将影响环境卫生和人身健康。它可与沉砂池的浮渣一起处理，也可经粉碎机粉碎后，用水输送至污泥处理系统与污泥一起进行消化，还可将栅渣打包装袋与城市垃圾一并处理。

4. 除污机的操作因除污机的类别而异，运行中，操作人员应认真执行本单位制定的除污机操作规程。

5. 除污机需检修或因其他原因需清捞栅筛污物，操作人员应穿戴齐全劳保用品，系好安全带，做到一人操作，一人监护，避免因劳动强度大、卫生条件差、作业环境不好而出现意外事故。

6. 因磨损或其他原因使链瓣断裂、轴磨损严重时，应立即更换，否则将造成设备的严重损坏。

7. 为便于操作和保持环境卫生，操作人员应经常打扫、清理栅筛的垃圾和污物。

8. 污水过栅时的水头损失小于0.3m时，既不影响工艺的正常运转，又方便管理，所以操作规程规定过栅水头损失控制在0.3m以内。

10.3.3 沉砂池

1. 沉砂机械的使用

(1) 抓斗式除砂机

当沉砂池底积累了一部分砂子后，用抓斗深入到池底砂沟中抓取池底的沉砂。储砂池中的砂子经过一步重力脱水，存到一定数量后可用人力或者抓斗装车运走；砂斗中的砂子可直接装车。

(2) 链斗式除砂机

链斗式除砂机的主链运行速度应保证在最大流量时也有足够的提砂能力。除砂机主链的运行速度为3m/min左右，一般只在暴雨季节时为连续运转，平时原则上为间歇运转。经过一段时间的运转与观察方可定出每日间歇运转的时间。

沉砂池中长时间泥砂的沉积，开动设备时要注意观察。发现超负荷运转时应立即停机。如果长期停用，为防止生锈要每月开动2~3次，以保证链节的转动灵活。

(3) 桁车泵吸式除砂机

每台除砂机安装一台到两台离心式砂泵，从池底将沉积在沙沟中的砂浆一起抽出。为避免启动电流过于集中，设有专门的延时机构，使砂泵分前后顺序起动。积砂太多或者砂子板结，必须使用抓斗起重机将池底积砂清除，或者排空池水人工清砂。

如果吸口被砂子埋没，须采取措施使吸口脱离砂堆。当除砂机抽取的砂浆中有机物含量较大时，部分无机砂粒会被黏稠的有机物裹携，而从水力旋流器上部的溢流口排走，使出砂率降低。

(4) 砂水分离设备

1) 水力旋流器

结构上部有顶盖的圆筒，下部锥体。从切线方向进入圆筒，溢流管从顶盖中心引出；锥体的下尖部连有排砂管。

2）螺旋洗砂机

（5）XS平流式除砂机

操作时应注意：

1）调节阀门的出水量，以使砂水分离器工作在最佳状态。

2）及时排砂，排砂前应将圆筒中的水分排除后再打开排砂阀门。排砂管堵塞，可敲击排砂管协助排砂，经常砂堵可将排砂管及阀门加粗。

2. 沉砂池的运行

（1）沉砂池应通过调节进水渠道与配水闸阀，使各池配水均匀，按设计流速和停留时间运行。

（2）当沉砂池进水量加大时，应增加空气量，反之，应减少空气量。气水比不大于0.2时，大部分砂粒恰好呈悬浮状态，且在前进中互相碰撞、摩擦，承受曝气剪力，使颗粒上包裹的有机物脱落，得到较纯净的无机砂粒。如曝气强度过大，砂粒将无法下沉，随水出流得不到好的沉砂效果；如果曝气强度太小，砂粒上的有机物就得不到有效分离。

（3）应及时清砂，沉砂池沉砂密度较大，流动性差，在管道内易沉积，不及时清除沉砂，将造成堵塞。沉砂在池内堆积，减少了池内有效容积的利用，使流速增大，不仅新进池的砂粒沉不下来，还带走已沉下砂粒，降低沉砂效率。除砂机运行时，操作人员不得离开现场，发现设备故障，应采取相应的措施予以解决。除砂泵或除砂机如较长时间不运行，池内积砂将阻碍除砂机械的启动和运行，影响除砂效果。所以无论是刮泥机还是除砂机，工作结束都应妥善管理，将其恢复至待工作状态，做好设备的维护保养工作。

(4) 清除的砂粒中，有一定的有机污染物，应及时外运填埋或做其他处置。被清除的浮渣应与栅渣和沉砂池中的沉砂一起放置，要及时清除处置。

(5) 沉砂池上的电气控制柜宜安装在距水面较远的地方，而且密封性能要好。

(6) 沉砂池的除砂设备长期运行，刮板或其他部件磨损后，将降低除砂效果，特别是重力排砂，池内有死角，长期积存易发酵，影响水质，同时也减少沉砂池有效容积的利用。所以沉砂池每运行两年，放空清理池内物，检修设备和设施。

(7) 曝气沉砂池运行中不得随意停止供气，避免空气管路被沉砂堵塞。如需检修鼓风机或空气管路，应放水后再停后。运行开始时，要先供气，然后再进水。

(8) 吊抓式除砂设备工作时，下面严禁站人。抓斗不得悬吊在半空或放在沉砂池走道上，避免出事故或影响操作人员巡视。

10.3.4 初沉池

1. 通过调节配水井上各池进水闸阀的开启度，使并联运行的数个沉淀池水量均匀，负荷相等，停留时间一致，从而提高沉淀效率。

2. 机械排泥可连续排放，也可间歇排放。为保证排放污泥的含水率小于97%，采用间歇排泥效果较好。排泥时，应注意用污泥浓度计或界面计算仪器测试，从而控制排放污泥的浓度。此外，还用根据进水水温、水质的变化调整排泥间歇时间，夏季适当缩短。

3. 浮渣可刮至排渣斗中，如冲洗水不足，可能造成排渣斗或管道的堵塞。此时，操作人员应及时疏通排渣管或用人工清捞浮渣，避免池面漂浮大量的浮渣。否则既影响出水效果，给操作人员的清理工作带来很大麻烦。集中到浮渣池的浮渣捞出后，不得随意堆置，应与栅渣、沉砂池的浮渣一起处理。

4. 刮泥机或池体结构需检修改造，刮泥设备长时间停止运转时只放水，池内污泥不排除，将造成池底污泥板结。否则，刮泥机再启动时阻力大，严重时甚至会损坏设备。

5. 剩余活性污泥不进行单独浓缩，而回流到初次沉淀池与生污泥产生絮凝沉淀，不仅使污泥浓缩性好，沉淀效率高，而且还省去了浓缩池的基建费和运行管理费。但要注意剩余活性污泥回流比应小于2%，否则沉淀效果不好。

6. 与排泥管道相连接的地方有沼气及有害气体释放，应有良好的通风措施，否则管理人员或操作人员进入时，会被有害气体伤害。

7. 定期检修刮泥机械的电器设备，使其接触牢固，安全可靠，绝缘良好。刮泥机的电刷、橡胶板等易磨损件应根据实际运行情况确定更换周期。

8. 斜板沉淀池要保证斜板的完好。应定期进行检修，防止因斜板坍塌、折坏造成排泥不畅或发生其他故障，降低沉淀效果。

9. 在进水水质正常的情况下，初次沉淀池 BOD_5 和 SS 两项污染指标的去除率应分别大于25%和40%，当进水浓度很低时，其去除率可能达不到该标准值。此时可遵守地方标准。

10. 初沉污泥无论是进行消化，还是直接进行脱水，都要求含水率在98%以下。进行消化的污泥含水率低，不仅有机组分的含量高，有利于甲烷菌的消化，而且还可提高消化池的容积利用率，降低耗热量、耗电量以及减轻设备负荷等。对于初沉污泥直接脱水，含水率低，可节省耗药量，省电，降低机械设备的损耗，提高脱水效果，有利于运输。

10.3.5　曝气池

1. 曝气设备

(1) 转刷曝气机

转刷曝气机试运行后只要转向正确、各部位无异常响声就可持续运转。转刷的浸水深度根据工艺要求调节。转刷型曝气设备一般连续运转，保持其变速箱及轴承的良好润滑是非常重要的。两端轴承每2~4周加注润滑脂一次，变速箱每半年打开观察一次，检查齿轮的齿面有无点蚀的痕迹，有无胶合现象，加入新润滑油。长期停用的转刷，应用篷布盖起来，以免阳光照射使刷片老化。

(2) 立式表曝机

表面曝气机的驱动部分一般都安装在曝气池或者氧化沟的中心。应经常通过调节升降机构及出水堰门来调节叶轮的浸没度，并通过观察电机的电流及“水跃”的好坏来确定。注意，叶轮的运转方向不能搞反。

2. 曝气池的运行

(1) 进水分配

推流式和完全混合式曝气池可通过调节进水闸阀使并联运行的曝气池进水量均匀、负荷相等。阶段曝气法则要求沿曝气池池长分段多点均匀进水，使微生物在食物较均匀的条件下充分发挥分解有机物的能力。

(2) 污泥负荷、污泥龄及污泥浓度

污泥负荷率在 0.5～1.5kgBOD_5/（kgMLSS·d）范围内时，污泥沉淀性能差，且易产生污泥膨胀。因此调整污泥负荷率须结合其凝聚沉淀性能，考虑避开这一负荷区域进行。

由于污泥龄是新增污泥在曝气池中平均停留的天数，并说明活性污泥中微生物的组成，世代时间长于污泥龄的微生物不能在系统中繁殖，所以污水在除碳和脱氮处理时，必须考虑消化菌在一定温度下，污泥增长率所决定的泥龄，用污泥龄直接控制剩余污泥排放量，从而达到较好的处理效果。

污泥浓度的高低在某种意义上决定着活性污泥法运行工艺的安全性。污泥浓度高，耐冲击负荷能力强。在有机负荷一定的情况下，曝气时间相对短。在曝气时间一定的情况下，负荷率就低。另外，污泥浓度与需氧量成正比，非常高的污泥浓度，会使氧的吸收率下降，还由于回流污泥量的增高，加上水质的特性合成的污泥指数较高，容易发生污泥膨胀。所以，污泥浓度宜控制在 2500～3000mg/L。

控制污泥负荷量、污泥龄、污泥浓度在最佳范围内，并根据实际情况加以调整，活性污泥就有良好的沉淀性能，并可达到稳定的净化效果。

(3) 曝气量的控制

好氧微生物是以污泥絮粒形式存在于曝气池中，DO 从混合液扩散进入污泥絮体，再扩散进入微生物体内，整个过程均需推动力。一般认为曝气池混合液 DO

控制在 2mg/L 左右，能保证活性污泥微生物良好的代谢活动，并且应按曝气池出水末端来控制，以防止二沉池中活性污泥处于缺氧状态。

曝气池混合液所应控制的 DO 也不是越高越好，过高的 DO 本身是能源的浪费，另外也造成过度曝气微生物自身氧化（尤其是污泥负荷低时），或造成污泥絮粒因过度搅拌而打碎（尤其是污泥老化时）。

鼓风曝气系统的 DO 控制，是通过改变曝气系统供给的空气量来调节的。供给的空气量越大，即曝气量越大，混合液的 DO 值也越高。要使进入二沉池的曝气池末端混合液 DO 维持在 2mg/L 左右，曝气量就需根据入流污水的水量与 BOD 浓度进行调节，入流水量越大，污水 BOD 浓度越高，应控制曝气量或供氧量越大。在运行控制中，可按下式来估算曝气系统所需的供氧量，即

$$供氧量 = f_0 (S_0 - S_e) Q$$

式中　Q——污水流量（m^3/d）；

S_0，S_e——分别为进水和出水 BOD_5 的浓度（mg/L）；

f_0——耗氧系数，一般为 1.0～1.2$kgO_2/kgBOD_5$。

（4）回流污泥量的控制的方法。

1）保持回流比恒定：当入流污水量变化时，回流污泥量相应做调整。采用这种方法，当剩余污泥排放量基本不变的情况下，可保持 MLSS、F/M 以及二沉池内泥位 L_s 基本恒定，而不随入流污水量 Q 的变化而变化，从而保证相对稳定的处理效果。

2）定期或随时调节回流比和回流量：保持系统始终处于最佳状态。

3）保持回流污泥量不变的方法，对于大型污水厂

是合适的。

4）当回流污泥控制方式变化时，确定合适的回流比的几种方法：

a. 按照回流污泥及混合液污泥的浓度调节

曝气池混合液污泥 MLSS 浓度 X 及回流污泥浓度 X_r，会随着入流污水水量发生变化。污泥回流比 R 与 X 及 X_r 的关系为：$R = X/(X_r - X)$。因此可根据 X 与 Xr 的变化来调节回流系统的污泥回流比。

b. 按照二沉池的泥位调节回流比　这种调节方法，要求选择一个合适的污泥层厚度，来确定一个合适的二沉池泥位。泥层厚度一般应控制 0.4～1.0m 左右，相应泥位为 2.5～3.0m，而泥位的允许变化幅度为 0.6～1.0m 左右。

通过调节回流污泥量，使泥位稳定在所拟定的范围内。一般情况下，增大回流量可能降低泥位，减少泥层厚度；反之，降低回流量可能增大泥层厚度，提高泥位。控制时，应注意调节幅度不应太大，回流比的调整幅度一般为 5%以下。多少时间调整一次应视具体情况来定。

c. 按照沉降比调节回流比　回流比与沉降比之间存在如下关系：

$$R = \mathrm{SV}\,(100 - \mathrm{SV})$$

为使计算更加准确，有人建议 30min 静沉的沉降比 SV，应该用低速搅拌下（一般转速为 5r/min）的沉降比 SV 来代替。

合建式曝气池的回流量是在试运行时，根据闸阀的开启度和叶轮转速作试验确定的，运行时可参考该数据来控制，也可用沉淀区的稳定性来控制，只要回流量不冲击沉淀区即可。

(5) 剩余污泥排放量的控制

活性污泥处理系统每天都要产生一定的微生物，使系统内污泥量增多，因此需每日排放一定的剩余污泥，以维持泥量的平衡。同时，当入流污水水量水质条件变化，环境条件变化时，微生物的生长状况、混合液污泥 MLSS 浓度、活性污泥系统的污泥负荷均会变化，这也需要利用系统的调节弹性来保证系统处于最佳运行状态。调节剩余污泥排放量就是一种有效的办法。一般采用以下方法来控制剩余污泥的排放。

1) 按照 SV 调节　这是早期城市污水厂操作者进行系统运行控制的方法。操作管理人员在 SV 试验之后，按近期达到优质出水的 SV 值来调节排泥量。当 SV 增大，及时排泥，降低 SV 值。本法操作简便，容易掌握，但是 SV 增加，不一定代表活性污泥 MLSS 浓度增加。因此按此法控制时，每次排泥量不能太多，应逐渐进行。

2) 按 MLSS 调节　逐日测定活性污泥 MLSS 浓度与处理系统工艺允许的 MLSS 值比较，来掌握剩余污泥排放量。

这种方法也比较简单，容易掌握，常常被采用。但是排泥时也应仔细掌握，最好是连续排泥。采用此种方法，适合于水量水质变化不大的污水厂，且应注意所测定的 MLSS 具有代表性。

3) 按 F/M 调节　F/M 指活性污泥的有机负荷。由于入流污水的有机污染物负荷 F，难于人为控制，因此该方法只能控制 M，即曝气池中的活性污泥量。这种方法的目的并不是通过调节剩余污泥排放来保持 MLSS

恒定，而是通过改变排泥量改变 MLSS，调整 F/M，使 F/M 保持在工艺允许的范围内。

计算 F/M 时，入流污水 BOD_5 及活性污泥的 MLVSS 浓度测定均比较麻烦，可以通过长期积累的 BOD/COD、MLVSS/MLSS 的关系，快速换算。但是仍应每日测定 BOD_5 与 MLVSS。

4）按照 SRT 调节　SRT 即污泥龄，指活性污泥系统内活性污泥微生物的平均存活时间，一般按下式计算：

SRT＝曝气池中活性污泥总量/系统排出的污泥量

当入流污水水量水质稳定性较好，处理系统净化效果很好，二沉池出水 SS 浓度较低时，SRT 可按下式计算：

SRT＝曝气池中活性污泥总量/剩余污泥排放量

剩余污泥排放量＝曝气池中活性污泥总量/SRT

采用这种方法调节剩余污泥排放量，应根据工艺要求的处理程度（包括污水和污泥）、环境因素和运行实践综合比较，确定一个合适的 SRT。

采用这种方法，与 F/M 法比较具有一定优势，即当出水带走的 VSS 很少时，操作比较简单，并且只需测定 MLSS 浓度和出水 VSS 浓度，而不需测定 BOD_5。

（6）春季与夏季过渡期，水温为 15～30℃时，如此时池内溶解氧低，曝气池内丝状菌将大量繁殖，导致污泥膨胀，所以此时应加大曝气量，或降低进水量，减轻负荷，或适当降低污泥浓度，使需氧量减少。

另外，夏季二次沉淀池内死角的积泥也易产生厌氧发酵，还应注意及时彻底地排泥，避免污泥上浮，随水出流，影响出水水质。秋夏和冬季还可能产生污泥脱氮或污泥解体现象，操作人员应针对产生的原因，采取具体有效的防治措施。

(7) 经鼓风后的压缩空气温度与外界气温温差较大时，特别是在冬季，空气管内容易产生冷凝水，使空气流动受阻，影响正常曝气。所以应经常排放冷凝水和湿气，排放完毕立即关闭闸阀，防止空气流失。

(8) 曝气池在运行中，当池面出现大量白色气泡时，说明池内混合液污泥浓度太低，在培养活性污泥初期或回流污泥浓度低、回流量少时，可能出现上述情况。此时，应设法增加污泥浓度，使其达到2~3g/L。但是，当曝气池液面出现大量棕黄色气泡或其他颜色气泡时，可能进水中含碳量太高，丝状菌大量繁殖、或进水中含有大量的表面活性剂等原因。这时应采用降低污泥浓度，减少曝气的方法，使之逐步缓解。

(9) 曝气叶轮运转时，应注意浸没深度，叶轮正常运转时，周围涌浪推向池壁没有水珠飞溅现象。而叶轮离开水面时，会出现池面水泡细密、水珠飞溅、电流下降现象。为此，分建式曝气池可将出水闸阀压低，使池水位升高，避免叶轮离开水面和叶片堵塞。合建式曝气池回流窗口闸门不能提得太高，否则回流窗口出流不能破坏旋流而造成叶片离开水面和叶片堵塞。应注意窗口开启度的随时调整。

(10) 曝气池长期运行，部分死角的积泥应清除掉。另外，各类曝气头都有被污泥堵塞和损坏的现象，所以应定期清除、检修和更换曝气头。对池内一般钢部件，应进行防腐处理，同时做好空气管路的防漏和检修工作，防止空气流失及供氧不足的弊端，造成能源浪费。

10.3.6 鼓风机房

1. 为满足曝气池中一定量的溶解氧，可根据风机类型及性能调节风量。通过改变转速、调节进气导向叶片的旋转角度及调整出风管闸阀的开启等方式达到目的。

2. 鼓风机运行中，遇到鼓风机过电流、低电压、工艺连锁保护掉闸或突然断电时，应关闭进、出气闸阀。由于水、油冷却系统突然断电，对不带辅助油泵的鼓风机应立即操作手摇泵，在惯性力作用下，为继续转动的鼓风机和电机提供润滑油，并关闭进、出气闸阀，直到风机和电机停止运转。

3. 停用的风机将进出气闸阀关闭，防止由于管道的风压，造成风机在没有润滑油的状态下叶轮反向转动，损坏设备。放空水是为了减少腐蚀、防冻，延长冷却器的使用寿命。

4. 鼓风机通风廊道内的负压很大，放置或掉入物品会堵塞滤布或滤袋，使进风量降低。

5. 离心风机工作时，由于风机本身的特性曲线和管道系统特性曲线是一定的，使用时必须使其工况点避开产生湍振的位置，使风机安全、平稳的工作。常用的方法是闸阀节流及自动放空等。

6. 鼓风机在运行中，操作人员除了每小时对其进行巡视时应注意风机有无异常的噪声、振动、温升外，还应观察风机及电机的油温、油压、风量、电流、电压等仪表显示的数值，发现不正常情况，采取调整或停机措施，并做好记录。

7. 鼓风机除了在运行和启动过程中要保持良好的

润滑，在试车前盘动联轴器时也必须保持风机及电机轴承的良好的润滑，防止发生摩擦，造成磨损，导致烧毁事故。

8. 鼓风机通风廊道内的尘埃量很大，有害物质很多，廊道内的操作条件和环境非常恶劣，所以必须在防护工作准备好的情况下再进入廊道操作。

9. 鼓风机轴的转速很快，万一发生联轴器连接件的损坏，将沿着联轴器旋转的切线方向抛出，所以操作人员应远离或避开该处工作。

10. 沼气鼓风机的连接管路及闸阀必须严密，不得有漏气现象，否则，不仅影响风机的正常工作，而且有危险。操作人员应经常检查、巡视，发现问题及时处理。

11. 鼓风机冷却系统的正常工作对风机的正常工作起着很重要的作用。循环系统必须畅通无阻，水温、水压、水量应满足使用要求。夏季水温较高时，应做好循环水的冷却或采用合格的地下水作冷却水。

12. 关闭进出气闸阀，防止叶轮倒转损坏设备，再启动风机可减轻风机的启动负荷。

13. 通风廊道的结构应坚固、无损。由于过滤装置堵塞造成的廊道坍塌、墙体破损要及时组织维修、加固，保证气体在廊道内流动畅通。

14. 操作人员要及时清洗、更换过滤装置，否则，过滤装置严重堵塞，会减少出风量并形成负压。

15. 由于转子的自重较大，特别是大容量的风机，长期静止放置，将造成主轴弯曲，投入运行时，不能正常使用，所以应注意变换转子放置的角度。

16. 除对循环水泵、润滑油泵定期进行维护、检修外，还应根据水质情况对换热器定期进行内部检查与清洗，通过水压试验，检查水管是否有泄漏现象，防止水油混合。清洗换热器、机油滤清器、管道和闸阀的污物，防止堵塞。此外，还应定期清洗冷却水的贮水池，使水质合格。

17. 无论是普通的穿孔管，还是各种类型的曝气头装置，不经过滤或过滤效果不好，空气中的尘埃将对风机造成磨损、对曝气孔产生堵塞，因而影响供气量。特别是微孔曝气器，它的气孔只有几十至数百微米，尘埃一旦堵住气孔，将增加维修工作量。所以，空气要经过充分过滤。

10.3.7 二次沉淀池

1. 二次沉淀池的关键是获得较高的沉淀效率，均匀配水是其中的首要条件，使各池进水负荷相等，并在允许的表面负荷和上升流速内运行，以得到理想的出水效果及回流污泥。

2. 曝气池连续运行需要二次沉淀池提供一定量的、活性好的生物污泥。二次沉淀池污泥不连续排放，不仅影响沉淀池本身的处理效果，而且曝气池也会因污泥浓度低、生物活性差、污泥负荷高而降低有机物的分解。

3. 二次沉淀池在运行中，操作人员必须经常巡视刮吸泥机是否工作正常，避免因故障污泥得不到及时排放，产生厌氧发酵，使大块污泥上浮。另外还要经常调整污泥回流装置，使池内各处排泥均匀。

4. 气提作用发挥好时，可将池内大块杂物通过吸泥管收集在集泥槽内。由于槽内水流为重力流，此类杂物在槽内越积越多，不能随水排出。长时间不清除，给刮泥机增加负荷，而且还影响回流污泥的畅通。

5. 由于刮吸泥机本身较重，特别是大型刮吸泥机，长期不运转，胶轮将受压变形，所以应加支墩保护。

6. 空气提升装置中的空气管道，空气分配器及变管接头等处，应定期检查其管道是否有被冷凝水堵塞现象，空气分配器是否有腐蚀现象，管道接口处是否密封完好等。发现问题应采取相应的措施予以解决。

7. 保证回流污泥浓度在 99.2% ~ 99.6% 的范围，满足曝气池的需要。回流污泥如浓度太高，则污泥在二次沉淀池内停留时间过长，污泥活性差，回流到曝气池对有机物的分界能力就会降低。如回流污泥浓度过低时，在同样回流比的情况下就会影响曝气池中混合液浓度，导致系统中污泥负荷率的增加，甚至引起 SVI 值的恶性增高，直至整个系统失去处理能力。

10.3.8 回流污泥泵房

1. 曝气池按传统活性污泥法和阶段曝气法运行，回流比一般控制在 50% 左右。若按吸附再生法运转，回流比则掌握在 50% ~ 100%。曝气池按 A/O 法运行，其回流比需达 100% ~ 200%，甚至还设内回流。此外，曝气池进水负荷变化，还需调整、控制一定的污泥浓度，所以应根据需要决定开启回流泵台数或调整曝气池进泥管路闸阀的开启度。

2. 回流泵房集泥池中的杂物不及时清除，若随回流污泥一起被提升，很可能将回流泵叶片卡住，降低回流量，又磨损叶轮，甚至损坏设备。

3. 无论采用哪种类型的泵提升回流污泥，均不得频繁启动，否则易造成电机、泵体及传动机构的损坏。

4. 因泵体带着活性污泥启动，逆向旋转，此时使启动负荷增大，易造成泵轴变形，甚至损坏其他连接处和地基。

5. 螺旋泵长期停用，应定期检查各部位性能是否完好，发现问题及时修理，使之处于完好的备用状态。另外，每月至少变换泵体位置一次，可避免由于泵体自重产生的泵轴变形。

6. 如回流泵的机械效率过低，将减少流量。

10.3.9 厌氧消化池

城市污水处理厂污水经好氧活性污泥系统处理后，要排出剩余污泥，这部分活性污泥还需通过厌氧消化系统的处理，达到稳定化。厌氧消化系统试运行的一个主要任务是培养厌氧活性污泥，即消化污泥。厌氧活性污泥培养的主要目标是厌氧消化所需要的甲烷细菌和产酸菌，当两菌种达到动态平衡时，有机质才会被不断的转化为甲烷气，即厌氧沼气。

1. 厌氧消化系统的运行控制

(1) 运行控制指标

在厌氧消化污泥的培养过程中，应经常及时对 pH 值、酸（碱）度、产气量及气体中 CO_2 含量等指标，以及工艺参数（例如：投配负荷、加热温度等）进行连续检测，分析其变化情况，对照正常指标和理论规律，对培养过程随时予以调整，具体运行控制指标，可参见表 10-4。达到表 10-4 内指标时，标志着厌氧消化污泥已培养成功，可结束试运行，转入正常运行。

(2) 试运行控制时的注意事项

1) 投配负荷的控制

投入的活性污泥是厌氧微生物的营养源，应投加最适应产酸菌、甲烷菌代谢所需的有机质，过多或过

厌氧消化系统运行控制指标　　表 10-4

项　目	允许范围	最佳范围
pH 值	6.4～7.8	6.5～7.5
氧化还原电位 ORP/mV	－490～－550	－520～530
挥发性 VFA（以乙酸计）/（mg/L）	50～2500	50～500
碱度 ALK（以 $CaCO_3$ 计）/（mg/L）	1000～5000	1500～3000
VFA/ALK	0.1～0.5	0.1～0.3
沼气中 CH_4 体积含量（%）	＞55	＞60
沼气中 CO_2 体积含量（%）	＜40	＜35

少都会影响厌氧微生物的生长，尤其在厌氧消化污泥培养的初期。因此，消化池的生污泥投加量应根据池内消化时间、消化温度及消化方法等因素的经验确定。

培养厌氧消化污泥的初期，生污泥的投配负荷，即每天向每立方米有效池容内投入的生活泥量，一般要低于正常运行时的负荷，可按 1.0%～2.0% 开始，逐渐增加至 2.0%～3.0%，大约 50～60d，可增加至 4.0%～5.0%。

生污泥投配负荷太高，会导致挥发性脂肪酸的大量积累，使酸衰退阶段时间太长，从而大大延长培养时间。有两种方法控制过高的投配负荷：一是降低投泥的浓度和数量；二是用二级出水注满消化池，稀释投入的污泥。降低投泥浓度。可采取以下几种方法：

①初沉污泥跨越浓缩池直接进入消化池；

②剩余污泥不经过浓缩直接进入消化池；

③增大初沉池排泥量，降低污泥浓度。

无论采用何种方法，控制生污泥的投配负荷，应在未产生甲烷气之前，有机物投配负荷不超过 0.5kgVSS/(m^3·d)，或 1.0kgSS/(m^3·d)。

2）进排泥控制

消化池的进泥与排泥分为上部进泥下部直排、上部进泥下部溢流排泥、下部进泥上部溢流排泥等形式。

投泥量不能超过系统的消化能力，否则将降低消化效果。但投泥量也不能太低，如果投泥量远低于系统的消化能力，虽能保证消化效果，但污泥处理量将大大降低，造成消化能力的浪费。最佳投泥量应为低于系统消化能力的最大投泥量，可计算如下：

$$Q_i = (V \cdot F_v) / (C_i \cdot f_v)$$

式中 V——消化池有效容积（m^3）；

F_v——消化系统的最大允许有机负荷［kg/(m^3·d)］；

C_i——进泥的污泥浓度（kg/m^3）；

f_v——进泥干污泥中有机分（%）；

Q_i——投泥量（kg/d）。

按上式算得的投泥量还应核算消化时间

$$T = V / Q_i \geqslant T_m$$

污泥消化希望进泥浓度越高越好，可使实际消化时间大大延长，大大提高了系统的稳定性。应尽量大的可能使投泥接近连续。

排泥量应与进泥量完全相等，并在进泥之前先排泥。排泥量大于进泥量，消化池工作液位下降，出现真空状态。真空度升至一定值时，消化池顶的真空安全阀破坏，空气进入池内，产生爆炸的危险。产生裂缝的消化池，空气会直接被抽入池内。排泥量小于进泥量，消化池的液位上升，污泥自溢流管溢走，得不到消化处理。

3）上清液的排放

池内上清液层的厚度与消化污泥贮量有关。上清液一般每天排放数次。有破浮渣设备的消化池，排上清液前，应暂停破浮渣设备的运行。如上所述，上清液排出量与消化污泥排量有关，应根据经验确定，一般而言，上清液排放量不可超过进泥量。排上清液地，消化池内液面若下降过多，则沼气会进入上清液管道，运行控制时特别值得注意。运行控制较好的消化池，排出上清液的固体浓度大约为2000～4000mg/L，最差时，也应控制在10000mg/L的要求以内。

消化池中排出上清液，水质很差的原因主要有以下几方面：

①消化液中溶解有大量的CO_2气体，加之厌氧甲烷气的搅拌作用，使消化污泥的沉降分离效果大大降低。

②消化液中本身就含有大量的溶解性有机物质。

③消化池排放上清液的方式不利于沉降分离，没有设置出水溢流堰，无法控制溢流负荷。

因此，消化池排出上清液还应回流至污水处理系统前端，这又势必增大污水处理系统的负荷，运行中应认真对待。

4）pH值及碱度控制

厌氧消化系统正常运行时，碱度一般在 1000～50000mg/L（以 $CaCO_3$ 计）之间，典型值在 2500～3500mg/L之间，挥发性脂肪酸 VFA 浓度随碱度而变化，一般在 50～250mg/L，维持碱度和酸度之间平衡，使消化液 pH 值自动维持在 6.5～7.5 的范围内。只要碱度与酸度平衡，当碱度超过 4000mg/L 时，VFA 超过 1200mg/L，系统也能正常运行。但总有许多原因导致产酸菌和甲烷菌失去平衡，导致 pH 值降至 6.5 以下，产生酸的积累，形成“酸败”具体原因如下：

①温度波动太大，甲烷菌无法适应，其活性降低，分解挥发性脂肪酸的速率下降。

②投入的有机物超负荷，产酸菌适应性快，分解出较多的 VFA，而甲烷菌适应性慢，不能立即即将增多的 VFA 分解掉。

③水力超负荷，使消化时间缩短，部分甲烷菌被冲刷掉，VFA 积累。

④甲烷菌中毒。

对于以上情况，应及时采取 pH 值控制措施，否则，消化系统破坏，需重新培养消化污泥。pH 控制程序如下：

a. 注意观察 VFA、ALK、VFA/ALK、CH_4 含量等指标的变化，如发现异常，则应开始 pH 控制。

b. 判断是否需加碱控制 pH。

c. 如果需加碱，则确定加药种类，并计算出投加量。

d. 寻找出现异常的原因，并针对原因采取相应的排除措施。如果系由于温度波动导致的异常，应加强加热系统的控制，使温度保持稳定；如果系由于有机物超负荷所致，则应降低进泥量；如果系由甲烷菌中毒引起异常，则应控制毒物的进入。

e. 采取措施以后，各项指标会逐渐恢复正常。待完全恢复以后，可停止加碱。

5）氮气置换

当空气中 CH_4 含量在 5% ~ 15%（体积比）范围内，遇明火或 700℃ 以上的热源，CH_4 沼气即发生爆炸。

小型处理厂消化系统的氮气转换可用液氮瓶，通过减压及汇流装置进行；大型污水处理厂可采用液氮罐车。氮气转换程度目前尚无统一的要求，一些污水厂转换至氧气含量低于 5%，也有污水厂要求低于 2% 以下。

6）沼气的收集

产气量是判断消化状态的重要指标。一级消化池比二级消化池产气量大很多。沼气中含大量水分，输气管中如存有冷凝水会影响沼气的流动，应在管路上设排水阀，将水及时排出。沼气中含 0.1% ~ 0.3% 的硫化氢，对金属有腐蚀作用，燃烧时产生的二氧化硫腐蚀性亦很强，应采用脱硫设备。排除污泥或上清液时，池内可能会产生负压。为不使空气进入消化池，当负压上升时，应注意安全阀及水封的工作情况。

7）消化污泥加热

生污泥投入消化池之前，所采用的加热方法，常为热交换器法，热水盘管法和蒸汽吹入法。热交换器都设在池外，一般采用双管式，外管走热水，内管走污泥，污泥流速应控制在 1.2m/s 以上，否则污泥可能会在热交换器热结附着于管壁。盘管加热器一般置于消化池内，盘管入口处水温应控制在40～55℃，水温高于55℃时，管道表面亦附着热结污泥。蒸汽直接吹入加热，效率高，但温度过高会杀死喷口处的甲烷菌。

甲烷菌对温度波动非常敏感，一般应将消化污泥的温度波动控制在±1.0℃之内。温度波动与投泥次数、投泥历时和每次投泥量有关。投泥次数少，投泥量必然较大，会导致加热系统超负荷，供热不足温度降低。因此，投泥应尽量接近均匀连续。

8）消化池的污泥搅拌

消化池内需保持良好的混合搅拌。搅拌能起到以下几方面作用：

①使污泥颗粒与厌氧微生物均匀地混合接触。

②使消化池各处的污泥浓度、pH、微生物种群等保持均匀一致。

③及时将热量传递至池内各部位，使加热均匀。

④在出现有机物冲击负荷或有毒物质进入时，均匀地搅拌混合可使其冲击或毒性降至最低。

⑤通过以上几个方面的作用，可使消化池有效容积增至最大。

⑥采用机械搅拌、水力循环搅拌和沼气搅拌等有效的混合搅拌方式，可大大降低池底泥砂的沉积及液面浮渣的形成。

沼气搅拌能适应池内液位变化，故障少。沼气搅拌强度一般为1～2m^3沼气/(m^2池面·h)。采用机械搅拌时，搅拌强度一般为10～20W/m^3池容。机械搅拌，容易发生腐蚀磨损、缠绕等故障，应经常检查运行情况。

搅拌可以连续进水也可以间歇操作，多数污水厂采用间歇方式。操作时应注意：

①投泥时应同时搅拌；

②蒸汽加热时应同时搅拌；

③底部热电厂泥时可不搅拌，上部排泥宜同时搅拌。

搅拌效果的好坏不可以通过纵横取样法或示踪法判断。取样法指在消化池不同位置、不同深度取泥样，测定其含固量，最深点数值与全池平均值的绝对偏差低于0.5%，说明搅拌有效。

9）运行操作顺序

①厌氧消化池的运行中有五大操作，即：进泥、排泥、排上清液、加热和搅拌。合理的操作顺序决定于消化系统的具体情况，单级消化还是二级消化，溢流排泥还是非溢流排，蒸汽加热还是热水循环加热等都将影响合理操作顺序。

②二级消化系统的二消池内不加热也不搅拌，主要作用是浓缩分离，排放上清液。

③单级消化池一般不宜排放上清液，因为排放上清液之前必须要有一个静沉浓缩阶段，以便得到理想的泥水分离效果，提高上清液的水质。

④静沉浓缩使温度降，影响甲烷活性，同时使污泥浓度分布不均匀，给搅拌带来困难。

⑤五大操作步骤的循环周期越短，越接近连续运行，其消化效果越好，人工操作时，操作周期可以为8h，完全自动控制的操作，操作周期可取为2~4h。

2. 污泥厌氧消化池的运行

(1) 污泥消化应据污泥中有机物分解程度、污泥消化天数等分别决定投配率的大小。投配率一经确定，就应按此值向消化池投泥，并保持相对稳定。投泥的连续性和间断性及间断时间也应尽量稳定。消化池的投料应定时、定量均匀投配，使有机物和微生物之间的比例保持相对恒定，另外，还应定时排放消化的污泥，以维持整个消化系统的平衡。

（2）正在消化的污泥与生污泥先接触，可提高传热效率，还可扩大污泥与菌种接触，进行活跃的消化。新鲜污泥投放到消化池后，迅速搅拌，可使新鲜污泥与消化污泥的温度、浓度、pH 值等混合均匀，有利于加速生化反应的进程。必须随环境温度的变化及热源的温度变化，调整控制加热时间，使泥温的恒定，但对温度的变化敏感性极强，适应性很差，严格控制消化池泥温是运行管理的一项重要内容。

（3）单池的沼气搅拌可自成体系，使 pH 值、温度、浓度等池内环境均匀、搅拌充分、完全，采用辅助设备搅拌可临时代替沼气搅拌。

（4）新鲜污泥投到消化池以后，在 2～5h 之内池内污泥应全部翻动一次，使池内泥温、浓度混合均匀，缓冲池内碱度，减少生物的抑制现象，提高污泥的分解速度和速率，防止污泥分层和形成浮渣。

（5）消化池搅拌时，如排泥闸阀开启，污泥将大量从管道流失，沼气不能及时补充，使池内产生负压，易进入空气，破坏甲烷菌的生长环境，不利于污泥消化。

（6）污泥厌氧消化过程中，消化池应封闭。通过监测产气量、pH 值、脂肪酸等几项工艺运行参数，将运行工况调整到最佳状态。

1）沼气产量降低：温度或负荷的任务突然变化都

可能使甲烷菌受抑制，影响到它的代谢作用及对有机物的降解过程，使产气量降低。

2）pH值降低：当投配率过高，池内产生大量的挥发酸时，导致pH值低于正常值，从而抑制生物消化过程，使污泥消化不完全。

3）挥发酸与总碱度的比值低于0.5，保持在0.2左右时，说明所提供的缓冲作用足够，消化过程在稳定地进行。挥发酸与总碱度必须一起测定，而挥发酸的含量正常时，应保持在500mg/L以下。

4）对沼气成分进行分析：测定CO_2与CH_4的含量是掌握消化过程反常现象的最快方法，特别是可反映出反应器内存在有毒的或有抑制作用的物质，重金属和某些阳离子，如硫化物等。

（7）污泥处理前必须加设一道栅筛，并及时清捞，以去除污泥中纤维类、塑料类、木质类等杂物，防止堵塞，清捞出的杂物还需及时运走处置。

（8）溢流管应充分发挥作用，防止因溢流管被堵或其他原因使池内结构遭到破坏。当水封的水位低于设计高度时，池内沼气大量泄漏，将造成事故。同时，为防止冬季水封结冰，应采取必要的防冻措施。

（9）在消化池刚刚启动时，为给池内污泥造成一个相对稳定的环境以利于甲烷菌的生长繁殖及污泥的分解，可适当减少搅拌的次数和时间。对于长期运行的消化池，池内死区较多，可通过延长搅拌时间、增加搅拌次数的方法使污泥得到充分搅拌。

（10）在消化池的每一项工艺操作前，都应检查运转的基本条件是否具备，用手试动闸阀的启闭情况，如需要体外加温后投泥时，则应将直接投泥的闸阀关闭，通往循环污泥管道及加热管道的一系列闸阀开启。另外检查投泥泵吸泥管及出泥管闸阀是否开启。否则，将造成投泥泵的空转和泵体受损。

（11）蒸汽加热前放掉蒸汽管道内的冷凝水，防止由于冷凝水堵塞而影响或破坏加热过程。

（12）消化池排泥时沼气回输，池内可防止池内形成负压进入空气、抑制甲烷菌的生长、繁殖。

（13）消化池搅拌时，如发现池内压力超过设计值时，应停止搅拌，防止因池内压力过高击穿水封，造成沼气泄漏。

（14）经常检查、测试池体的沼气管道及闸阀处是否漏气，应及时修理，避免发生事故。

10.3.10 污泥脱水机房

1. 化学调节剂的选用应根据污泥脱水机的型式、污泥性质、施用污泥的农用土壤性质及经济成本综合比较确定。如应用带式压滤机和离心脱水机时，常选用有机高分子絮凝剂聚丙烯酰胺作化学调节剂。利用它的吸附架桥作用，使污泥形成大而强度高的絮凝体，降低污泥的比阻抗，有利于污泥开始阶段的自重脱水及进一步加压脱水。虽然它的造价较高，但用量少，效果好。

2. 针对脱水机械类型及其他条件选定了化学调节剂后，其投加量的大小应通过多组试验确定。因为污泥的性质不同，化学调节剂的用量存在显著的差异。一般情况下污泥的颗粒越小药剂的消耗量越大。污泥水中溶解物质和悬浮物的数量和成分也影响药剂的用量。有机物的成分含量不同，则药剂的消耗量也不同。污泥的消化程度与药剂的消耗量成反比。污泥含水率与药剂的消耗量成正比。所以在脱水机运行前，用作各种投加量试验，找出规律。在运行中根据情况调整药剂的投加量，以取得最佳的脱水效果。

3. 应根据化学调节剂的种类、性质的不同选择不同的贮存方式贮存药剂。液态和固态的药剂应分别用木桶、溶液槽或袋装等不同的容器贮存于专用的药库中，并根据各类药剂的有效期和用量决定贮存量。有的药剂如胶体溶液存放时间过长，将形成冻胶状，使絮凝效果降低，甚至失效不能用，所以运行中应坚持“现存现用”的原则。

4. 污泥进行机械脱水或露天干化，加入适量的药剂进行污泥调节，能够提高脱水效果，化学调节剂的配制、投药量和投药浓度的大小，应根据脱水工艺情况及污泥性质对混凝过程的影响综合考虑，并在长期、细致的室内实验和生产试验中得出较好的结论。

5. 脱水机滤布及机组周围的污泥除了在机组正常运转过程中的自动清洗和人工清理外，在停止脱水后还需彻底清洗滤布，避免污泥颗粒干燥后堵塞滤布孔眼，降低过滤效果并缩短滤布使用寿命。同时将机组周围的污物清除干净，保持环境卫生。

6. 污泥自然干化的脱水周期与脱水效果有关，而脱水效果又受污泥性质及干化场的渗透、蒸发与人工撇除等诸因素制约。为了提高污泥的干化效率，经常翻松干燥的污泥，并将撇出的污泥水及时排除，为污泥水分的蒸发和渗透创造良好的条件。此外，将干化的污泥及时起运，充分发挥干化场单位面积利用率。

7. 由于雨水淋湿污泥，不仅破坏了污泥水分的蒸发作用，而且还会使污泥的含水率增加，不利于污泥的自然干化，所以在雨季，有条件的地区应尽量减少干化场的利用率。

8. 污泥自然干化，其中一部分污泥水分利用太阳的热量和风的作用蒸发掉，另一部分污泥水则依靠通过砂层、炉灰层等过滤而去除。当砂层随着污泥的起运损失一部分外，其余的也会因吸附污泥颗粒而堵塞过滤通道，因而应定期更换和补充滤料，提高干化场的脱水效果。

9. 脱水机经过几分钟的空车运转，可先将滤布浸湿，带负荷运行后利于泥饼剥落。同时还可初步调整脱水机滤布张力、主机转速及各种压力、真空度等影响脱水效果的控制装置。

10. 开机后，根据进泥性质及运行情况及时调整投药量、压力、转速等各有关因素，以获得最佳脱水效果。

11. 污泥进行机械脱水，污泥释放的有害气体和异味对人体、仪器、仪表和设备都有不同程度的影响甚至损害，所以值班室和机器间都应经常通风。

12. 污泥和各种无机及有机化学调节剂均对投泥泵、投药泵及管道、溶药池等有腐蚀性，因而在停止使用后必须用清水冲洗泵、管路、溶药池等，防止因残存的污泥、药液对设备及其他设施的腐蚀。

13. 由于水中的杂质容易在喷嘴和水箱内结垢，堵塞水流，使滤布不能得到有效的清洗，影响过滤效果并缩短滤布使用寿命，所以保持喷嘴及集水槽的清洁、无垢很重要。

14. 定期对干化场进行土建维修，可以防止污泥的流失，使污泥在隔墙与围堤组成的方场地内有效脱水，并使场地轮流使用。除此之外，还应清通排水管道，使过滤后的水分尽快泄空，加速脱水过程。

10.3.11 污泥的培养

1. 好氧活性污泥的培养

污水处理厂各处理单元通水成功，并完成机电设备试运转后，为发挥各种处理设施的功能和整个污水污泥处理的作用，就需进行活性污泥的培养，当污水处理厂能发挥微生物的净化作用时，才能达到去除有机污染的目的。城市污水处理厂的好氧活性污泥的培养问题一般比较简单，若城市污水中工业废水含量非常高，活性污泥培养后还应视工业废水水质进行一定污泥的驯化。

（1）培养方法

活性污泥培养，就是为活性污泥的微生物提供一定的生长繁殖条件，经历一段时间后，各种微生物在数量上逐渐增长，最后达到处理污水所需的污泥浓度，活性污泥具备了很好的生物化学处理能力的过程。活性污泥从无到有，达到一定浓度的数量增加过程，称之为污泥培养；达到一定浓度后的污泥，逐渐适应工业废水并对工业废水保持较高去除作用的过程，称之为污泥驯化。

对于一般城市污水，污泥培养比较简单，可以采用很多方法进行，但不同的方法的要求的培养时间、操作量及费用均不同。实践中，应视污水水质、菌种来源、气候等因素，选择污泥培养的方法。

1）接种培养

将曝气池注满污水，然后大量投入接种污泥，再根据投入接种污泥的量，按正常或略低运行负荷进行连续培养。接种污泥一般为城市污水处理厂干污泥，也可以用化粪池底泥或河道底泥。这种方法污泥培养时间较短，但受接种污泥来源的限制，一般只适合于小型污泥处理厂，或污水厂扩建时采用。对于大型污水处理厂，在冬季由于微生物代谢速率降低，当不受污泥培养时间限制时，可选择污水处理厂的小型处理构筑物（如：曝气沉砂池、污泥浓缩池）进行接种培养，然后将培养好的活性污泥转移至曝气池中。

2）自然培养

自然培养是指不投入接种污泥，利用污水现有的少量微生物，逐渐繁殖的过程。这种方法，适合于污水浓度较高、有机物浓度较高、气候比较温和的条件下采用。必要时，可在培养初期投入少量的河道或化粪池底泥，自然培养又可以有以下几种具体方法：

①间歇培养　将曝气池注满水，然后停止进水，开始曝气。只曝气不进水的过程，称之为“闷曝”。闷曝 2～3d 后，停止曝气，静沉 1h，然后排出部分污水并进入部分新鲜污水，这部分污水约占池容的 1/5 左右。以后循环进行闷曝、静沉和进水三个过程，但每次进水量比上次有所增加，每次闷曝时间应比上次缩短，即进水次数增加。在污水的温度为 15～20℃，采用这种方法，经过 15d 左右即可使曝气池中的 MLSS 超过 1000mg/L。此时可停止闷曝，连续进水连续曝气，并开始污泥回流。最初的回流比不要太大，可取 25%，随着 MLSS 的升高，逐渐将回流比增至设计值。

②连续培养　将曝气池注满污水，停止进水，闷曝 1d，然后连续进水连续曝气，当曝气池中形成污泥絮状，二沉池中有污泥沉淀时，可以开始回流污泥，

逐渐培养直至MLSS达到设计值。在连续培养时，由于初期形成的污泥量少污泥代谢性能不强，应该控制污泥负荷低于设计值，并随着时间的推移逐渐提高负荷。培养过程中污泥回流比，在初期也较低（一般为25%左右），然后随MLSS浓度提高逐渐增加污泥回流比，直至设计值。

（2）污泥培养时应注意的问题

污水温度随气温会有变化，一般春秋季节污水温度在15～20℃之间，适合进行好氧活性污泥的培养。温度越高，污泥培养越顺利。因此污水处理厂一般应避免在冬季培养污泥。若一定要在冬季进行培养，可适当投入接种污泥，并控制较低的运行负荷。一般而言，冬季培养污泥时，培养时间会增加30%～50%。

2. 厌氧活性污泥的培养

厌氧消化系统的启动，就是完成厌氧活性污泥的培养，或甲烷菌的培养。当厌氧消化池经过满水试验和气密性试验后，便可开始甲烷菌的培养。

（1）培养方法

1）接种培养法

接种培养法，是向厌氧消化装置中投入容积为总容积的10%～30%厌氧菌种污泥，接种污泥一般为含固率为3%～5%的湿污泥。

接种污泥，一般取自正在运行的厌氧处理装置，尤其是城市污水处理厂的消化污泥，当液态消化污泥运输不便时，可用污水厂经机械脱水后的干污泥。在厌氧消化污泥来源缺乏的地方，可从废坑塘中取腐化的有机底泥，或以人粪、牛粪、猪粪、酒糟或初沉池污泥代替。大型污水水厂，若同时启动所需接种量太大，可分组分别启动。

2）逐步培养法

逐步培养法指向厌氧消化池内逐步投入生泥，使生污泥自行逐渐转化为厌氧活性污泥的过程。该方法要使活性污泥由好氧向厌氧的转变过程，加之厌氧生物的生长带率比好氧微生物低得多，因此培养过程很慢，一般需历时6~10个月左右，才能完成甲烷菌的培养。

（2）注意事项

1）厌氧消化系统的处理主要对象是活性污泥，不存在毒性问题。但是厌氧消化菌繁殖速度太慢，为加快培养启动过程，除投入接种污泥以外，还应做好厌氧消化污泥的加热。

2）厌氧消化污泥培养，初期生污泥投加量与接种污泥的数量及培养时间有关，早期要按设计污泥量的30%~50%投加，到培养经历了60d左右，可逐渐增加投泥量。若从监测结果发现消化不正常时，应减少投泥量。

3）厌氧消化系统处理城市污水处理厂的活性污泥，由于活性污泥中碳、氮、磷等营养是均衡的，能够适应厌氧微生物生长繁殖的需要。因此，即使在厌氧消化污泥培养的初期也不需要像处理工业废水那样，加入营养物质。

4）城市污水厂厌氧消化系统，产生沼气的时间较早，沼气产量也较大，为防止发生爆炸事故，投泥前，应使用不活泼的气体（氮气）将输气管路系统中的空气置换出去，以后再投泥，产生沼气后，再逐渐把氮气置换出去。

10.3.12 SBR工艺

1.SBR工艺活性污泥培养方法

(1) 间歇投水培养

(2) 阶段培养

(3) 满载培养

(4) 接种培养

对于普通活性污泥法可采取任一种方法均可达到活性污泥培养成熟，工艺稳定运行的目的。大型SBR工艺有其独特的特点：①运行程序化。②工作水位滗水水位受到设备的严格限制。比如SBR反应池最高水位水深4.3m左右，最低工作水位为水深3.8m左右，滗水水位仅0.5m左右。③人工操作控制非常繁杂，可以认为无法进行手动人工操作。

2.SBR工艺适合的培养方法

(1) 活性污泥培养驯化之前，首先完善SBR工艺程序系统和自动化系统并投入使用。

(2) 大型SBR工艺，活性污泥培养驯化适宜采用满载（连续操作式全流量）培养方法，即按照实际全额流量进水培养。

(3) 为加快活性污泥培养，可采用两项技术强化措施。一是增加进水BOD_5浓度，如投加粪便水使活性污泥尽快繁殖。二是控制曝气时间，即不同的进展阶段随着活性污泥量增加和污泥活性的增强，调整曝气强度，在防止供氧不足的同时，更应注意防止污泥过氧化。

3.SBR工艺特点

(1) 活性污泥的特点

与普通活性污泥法相比，SBR工艺的主要特点是将一沉池、曝气池、二沉池集于一体。工艺的特点决定了活性污泥的特点。

1）由于不设一沉池，SBR工艺活性污泥中挥发性悬浮固体（MLVSS）所占比例低。

2）由于MLVSS所占比例少，SBR反应池活性污泥指数（SVI）较低。

（2）曝气特点

1）在普通活性污泥法中曝气系统的曝气强度主要取决于微生物供氧量，在满足微生物需求时，一般就可满足污泥混合搅拌的强度和要求，但是在SBR反应池中略有差别。当曝气量减少到某一强度，沿曝气池水深方向溶解氧浓度呈显著差别的现象，说明了曝气强度小将产生污泥分层现象。

2）由于SBR反应池工作水位随工艺周期交替变化，低水位和高水位运行时，空气管道工作压力明显变化。在这种变化过程中曝气，应设定自动调整系统，随着工作水深变化调节曝气阀门，即空气管路压力，以相对恒定SBR反应池中的曝气强度。

（3）SBR工艺是连续进水间歇排水的运行方式，主要调节如下运行参数：

1）逐步调节处理水量。试运行时期处理水量暂定为50%~70%设计水量为宜，不宜满负荷运行。待其他参数确定且运行稳定后再逐渐增加水量负荷。各DAT池得配水量应均匀。

2）每天测定MLSS、SVI、SV，计算N_S值，确定和调整污泥回流量和剩余污泥量，获得这方面的运行规律。试运行开始，各参数的数值宜按设计数值操作，试运行中再修订。

3）测定 DO 并按设计值修订供气量。

4）试运行初期，混合液中的多数活性污泥泥龄已很长，活性较差，应及时排泥更新。设计池时一般要求在滗水时段排泥，根据管理经验认为在曝气时排泥为好，可通过现场实践找出规律。

5）每天应经常巡视反应池池面。池面不应有漂浮物、大量泡沫和浮泥。应观察池内混合液的颜色、活性污泥的绒粒大小和土腥味是否正常。池内曝气应该均匀，不应有不出气或局部气泡很大的现象。

6）每天应放空一次曝气管路内的积水或凝结水，每次停气后再曝气时，都应将排水阀打开排水，排完水后应及时关闭水龙头。

7）设备、仪表和自控系统、润滑系统都应处于正常良好状态。

第11章 建筑法规

11.1 中华人民共和国建筑法

第一条 为了加强对建筑活动的监督管理，维护建筑市场秩序，保证建筑工程的质量和安全，促进建筑业健康发展，制定本法。

第二条 在中华人民共和国境内从事建筑活动，实施对建筑活动的监督管理，应当遵守本法。

本法所称建筑活动，是指各类房屋建筑及其附属设施的建造和与其配套的线路、管道、设备的安装活动。

第三条 建筑活动应当确保建筑工程质量和安全，符合国家的建筑工程安全标准。

第四条 国家扶持建筑业的发展，支持建筑科学技术研究，提高房屋建筑设计水平，鼓励节约能源和保护环境，提倡采用先进技术、先进设备、先进工艺、新型建筑材料和现代管理方式。

第五条 从事建筑活动应当遵守法律、法规，不得损害社会公共利益和他人的合法权益。任何单位和个人都不得妨碍和阻挠依法进行的建筑活动。

第六条 国务院建设行政主管部门对全国的建筑活动实施统一监督管理。

第七条 建筑工程开工前，建设单位应当按照国家有关规定向工程所在地县级以上人民政府建设行政主管部门申请领取施工许可证；但是，国务院建设行政主管部门确定的限额以下的小型工程除外。按照国务院规定的权限和程序批准开工报告的建筑工程，不再领取施工许可证。

第八条　申请领取施工许可证，应当具备下列条件：

（一）已经办理该建筑工程用地批准手续；

（二）在城市规划区的建筑工程，已经取得规划许可证；

（三）需要拆迁的，其拆迁进度符合施工要求；

（四）已经确定建筑施工企业；

（五）有满足施工需要的施工图纸及技术资料；

（六）有保证工程质量和安全的具体措施；

（七）建设资金已经落实；

（八）法律、行政法规规定的其他条件。

建设行政主管部门应当自收到申请之日起十五日内，对符合条件的申请颁发施工许可证。

第九条　建设单位应当自领取施工许可证之日起三个月内开工。因故不能按期开工的，应当向发证机关申请延期；延期以两次为限，每次不超过三个月。既不开工又不申请延期或者超过延期时限的，施工许可证自行废止。

第十条　在建的建筑工程因故中止施工的，建设单位应当自中止施工之日起一个月内，向发证机关报告，并按照规定做好建筑工程的维护管理工作。建筑工程恢复施工时，应当向发证机关报告；中止施工满一年的工程恢复施工前，建设单位应当报发证机关核验施工许可证。

第十一条　按照国务院有关规定批准开工报告的建筑工程，因故不能按期开工或者中止施工的，应当及时向批准机关报告情况。因故不能按期开工超过六个月的，应当重新办理开工报告的批准手续。

第十二条　从事建筑活动的建筑施工企业、勘察单位、设计单位和工程监理单位，应当具备下列条件：

（一）有符合国家规定的注册资本；

（二）有与其从事的建筑活动相适应的具有法定执业资格的专业技术人员；

（三）有从事相关建筑活动所应有的技术装备；

（四）法律、行政法规规定的其他条件。

第十三条　从事建筑活动的建筑施工企业、勘察单位、设计单位和工程监理单位，按照其拥有的注册资本、专业技术人员、技术装备和已完成的建筑工程业绩等资质条件，划分为不同的资质等级，经资质审查合格，取得相应等级的资质证书后，方可在其资质等级许可的范围内从事建筑活动。

第十四条　从事建筑活动的专业技术人员，应当依法取得相应的执业资格证书，并在执业资格证书许可的范围内从事建筑活动。

第十五条　建筑工程的发包单位与承包单位应当依法订立书面合同，明确双方的权利和义务。发包单位和承包单位应当全面履行合同约定的义务。不按照合同约定履行义务的，依法承担违约责任。

第十六条　建筑工程发包与承包的招标投标活动，应当遵循公开、公正、平等竞争的原则，择优选择承包单位。建筑工程的招标投标，本法没有规定的，适用有关招标投标法律的规定。

第十七条　发包单位及其工作人员在建筑工程发包中不得收受贿赂、回扣或者索取其他好处。承包单位及其工作人员不得利用向发包单位及其工作人员行贿、提供回扣或者给予其他好处等不正当手段承揽工程。

第十八条　建筑工程造价应当按照国家有关规定，由发包单位与承包单位在合同中约定。公开招标发包的，其造价的约定，须遵守招标投标法律的规定。发包单位应当按照合同的约定，及时拨付工程款项。

第十九条　建筑工程依法实行招标发包，对不适于招标发包的可以直接发包。

第二十条　建筑工程实行公开招标的，发包单位应当依照法定程序和方式，发布招标公告，提供载有招标工程的主要技术要求、主要的合同条款、评标的标准和方法以及开标、评标、定标的程序等内容的招标文件。

开标应当在招标文件规定的时间、地点公开进行。开标后应当按照招标文件规定的评标标准和程序对标书进行评价、比较，在具备相应资质条件的投标者中，择优选定中标者。

第二十一条　建筑工程招标的开标、评标、定标由建设单位依法组织实施，并接受有关行政主管部门的监督。

第二十二条　建筑工程实行招标发包的，发包单位应当将建筑工程发包给依法中标的承包单位。建筑工程实行直接发包的，发包单位应当将建筑工程发包给具有相应资质条件的承包单位。

第二十三条　政府及其所属部门不得滥用行政权力，限定发包单位将招标发包的建筑工程发包给指定的承包单位。

第二十四条　提倡对建筑工程实行总承包，禁止将建筑工程肢解发包。建筑工程的发包单位可以将建筑工程的勘察、设计、施工、设备采购一并发包给一个工程总承包单位，也可以将建筑工程勘察、设计、施工、设备采购的一项或者多项发包给一个工程总承包单位；但是，不得将应当由一个承包单位完成的建筑工程肢解成若干部分发包给几个承包单位。

第二十五条　按照合同约定，建筑材料、建筑构配件和设备由工程承包单位采购的，发包单位不得指定承包单位购入用于工程的建筑材料、建筑构配件和设备或者指定生产厂、供应商。

第二十六条　承包建筑工程的单位应当持有依法取得的资质证书，并在其资质等级许可的业务范围内承揽工程。禁止建筑施工企业超越本企业资质等级许可的业务范围或者以任何形式用其他建筑施工企业的名义承揽工程。

禁止建筑施工企业以任何形式允许其他单位或者个人使用本企业的资质证书、营业执照，以本企业的名义承揽工程。

第二十七条　大型建筑工程或者结构复杂的建筑工程，可以由两个以上的承包单位联合共同承包。共同承包的各方对承包合同的履行承担连带责任。两个以上不同资质等级的单位实行联合共同承包的，应当按照资质等级低的单位的业务许可范围承揽工程。

第二十八条　禁止承包单位将其承包的全部建筑

工程转包给他人，禁止承包单位将其承包的全部建筑工程肢解以后以分包的名义分别转包给他人。

第二十九条　建筑工程总承包单位可以将承包工程中的部分工程发包给具有相应资质条件的分包单位；但是，除总承包合同中约定的分包外，必须经建设单位认可。施工总承包的，建筑工程主体结构的施工必须由总承包单位自行完成。

建筑工程总承包单位按照总承包合同的约定对建设单位负责；分包单位按照分包合同的约定对总承包单位负责。总承包单位和分包单位就分包工程对建设单位承担连带责任。

禁止总承包单位将工程分包给不具备相应资质条件的单位。禁止分包单位将其承包的工程再分包。

第三十条　国家推行建筑工程监理制度。国务院可以规定实行强制监理的建筑工程的范围。

第三十一条　实行监理的建筑工程，由建设单位委托具有相应资质条件的工程监理单位监理。建设单位与其委托的工程监理单位应当订立书面委托监理合同。

第三十二条　建筑工程监理应当依照法律、行政法规及有关的技术标准、设计文件和建筑工程承包合同，对承包单位在施工质量、建设工期和建设资金使用等方面，代表建设单位实施监督。

工程监理人员认为工程施工不符合工程设计要求、施工技术标准和合同约定的，有权要求建筑施工企业改正。

工程监理人员发现工程设计不符合建筑工程质量标准或者合同约定的质量要求的，应当报告建设单位要求设计单位改正。

第三十三条　实施建筑工程监理前，建设单位应当将委托的工程监理单位、监理的内容及监理权限，书面通知被监理的建筑施工企业。

第三十四条　工程监理单位应当在其资质等级许可的监理范围内，承担工程监理业务。

工程监理单位应当根据建设单位的委托，客观、公正地执行监理任务。工程监理单位与被监理工程的承包单位以及建筑材料、建筑构配件和设备供应单位不得有隶属关系或者其他利害关系。工程监理单位不得转让工程监理业务。

第三十五条　工程监理单位不按照委托监理合同的约定履行监理义务，对应当监督检查的项目不检查或者不按照规定检查，给建设单位造成损失的，应当承担相应的赔偿责任。

工程监理单位与承包单位串通，为承包单位谋取非法利益，给建设单位造成损失的，应当与承包单位承担连带赔偿责任。

第三十六条　建筑工程安全生产管理必须坚持安全第一、预防为主的方针，建立健全安全生产的责任制度和群防群治制度。

第三十七条　建筑工程设计应当符合按照国家规定制定的建筑安全规程和技术规范，保证工程的安全性能。

第三十八条　建筑施工企业在编制施工组织设计时，应当根据建筑工程的特点制定相应的安全技术措施；对专业性较强的工程项目，应当编制专项安全施工组织设计，并采取安全技术措施。

第三十九条　建筑施工企业应当在施工现场采取维护安全、防范危险、预防火灾等措施；有条件的，应当对施工现场实行封闭管理。

施工现场对毗邻的建筑物、构筑物和特殊作业环境可能造成损害的，建筑施工企业应当采取安全防护措施。

第四十条　建设单位应当向建筑施工企业提供与施工现场相关的地下管线资料，建筑施工企业应当采取措施加以保护。

第四十一条　建筑施工企业应当遵守有关环境保护和安全生产的法律、法规的规定，采取控制和处理施工现场的各种粉尘、废气、废水、固体废物以及噪声、振动对环境的污染和危害的措施。

第四十二条　有下列情形之一的，建设单位应当按照国家有关规定办理申请批准手续：

（一）需要临时占用规划批准范围以外场地的；

（二）可能损坏道路、管线、电力、邮电通讯等公共设施的；

（三）需要临时停水、停电、中断道路交通的；

（四）需要进行爆破作业的；

（五）法律、法规规定需要办理报批手续的其他情形。

第四十三条　建设行政主管部门负责建筑安全生产的管理，并依法接受劳动行政主管部门对建筑安全生产的指导和监督。

第四十四条　建筑施工企业必须依法加强对建筑安全生产的管理，执行安全生产责任制度，采取有效措施，防止伤亡和其他安全生产事故的发生。建筑施工企业的法定代表人对本企业的安全生产负责。

第四十五条　施工现场安全由建筑施工企业负责。实行施工总承包的，由总承包单位负责。分包单位向总承包单位负责，服从总承包单位对施工现场的安全生产管理。

第四十六条　建筑施工企业应当建立健全劳动安全生产教育培训制度，加强对职工安全生产的教育培训；未经安全生产教育培训的人员，不得上岗作业。

第四十七条　建筑施工企业和作业人员在施工过程中，应当遵守有关安全生产的法律、法规和建筑行业安全规章、规程，不得违章指挥或者违章作业。作业人员有权对影响人身健康的作业程序和作业条件提出改进意见，有权获得安全生产所需的防护用品。作业人员对危及生命安全和人身健康的行为有权提出批评、检举和控告。

第四十八条　建筑施工企业必须为从事危险作业的职工办理意外伤害保险，支付保险费。

第四十九条　涉及建筑主体和承重结构变动的装修工程，建设单位应当在施工前委托原设计单位或者具有相应资质条件的设计单位提出设计方案；没有设计方案的，不得施工。

第五十条　房屋拆除应当由具备保证安全条件的建筑施工单位承担，由建筑施工单位负责人对安全负责。

第五十一条　施工中发生事故时，建筑施工企业应当采取紧急措施减少人员伤亡和事故损失，并按照国家有关规定及时向有关部门报告。

第五十二条　建筑工程勘察、设计、施工的质量必须符合国家有关建筑工程安全标准的要求，具体管理办法由国务院规定。有关建筑工程安全的国家标准不能适应确保建筑安全的要求时，应当及时修订。

第五十三条　国家对从事建筑活动的单位推行质量体系认证制度。从事建筑活动的单位根据自愿原则可以向国务院产品质量监督管理部门或者国务院产品质量监督管理部门授权的部门认可的认证机构申请质量体系认证。经认证合格的，由认证机构颁发质量体系认证证书。

第五十四条　建设单位不得以任何理由，要求建筑设计单位或者建筑施工企业在工程设计或者施工作业中，违反法律、行政法规和建筑工程质量、安全标准，降低工程质量。建筑设计单位和建筑施工企业对建设单位违反前款规定提出的降低工程质量的要求，应当予以拒绝。

第五十五条　建筑工程实行总承包的，工程质量由工程总承包单位负责，总承包单位将建筑工程分包给其他单位的，应当对分包工程的质量与分包单位承担连带责任。分包单位应当接受总承包单位的质量管理。

第五十六条　建筑工程的勘察、设计单位必须对其勘察、设计的质量负责。勘察、设计文件应当符合有关法律、行政法规的规定和建筑工程质量、安全标准、建筑工程勘察、设计技术规范以及合同的约定。设计文件选用的建筑材料、建筑构配件和设备，应当注明其规格、型号、性能等技术指标，其质量要求必须符合国家规定的标准。

第五十七条　建筑设计单位对设计文件选用的建

筑材料、建筑构配件和设备，不得指定生产厂、供应商。

第五十八条　建筑施工企业对工程的施工质量负责。建筑施工企业必须按照工程设计图纸和施工技术标准施工，不得偷工减料。工程设计的修改由原设计单位负责，建筑施工企业不得擅自修改工程设计。

第五十九条　建筑施工企业必须按照工程设计要求、施工技术标准和合同的约定，对建筑材料、建筑构配件和设备进行检验，不合格的不得使用。

第六十条　建筑物在合理使用寿命内，必须确保地基基础工程和主体结构的质量。

建筑工程竣工时，屋顶、墙面不得留有渗漏、开裂等质量缺陷；对已发现的质量缺陷，建筑施工企业应当修复。

第六十一条　交付竣工验收的建筑工程，必须符合规定的建筑工程质量标准，有完整的工程技术经济资料和经签署的工程保修书，并具备国家规定的其他竣工条件。建筑工程竣工经验收合格后，方可交付使用；未经验收或者验收不合格的，不得交付使用。

第六十二条　建筑工程实行质量保修制度。建筑工程的保修范围应当包括地基基础工程、主体结构工程、屋面防水工程和其他土建工程，以及电气管线、上下水管线的安装工程，供热、供冷系统工程等项目；保修的期限应当按照保证建筑物合理寿命年限内正常使用，维护使用者合法权益的原则确定。具体的保修范围和最低保修期限由国务院规定。

第六十三条　任何单位和个人对建筑工程的质量事故、质量缺陷都有权向建设行政主管部门或者其他有关部门进行检举、控告、投诉。

第六十四条　违反本法规定，未取得施工许可证或者开工报告未经批准擅自施工的，责令改正，对不符合开工条件的责令停止施工，可以处以罚款。

第六十五条　发包单位将工程发包给不具有相应资质条件的承包单位的，或者违反本法规定将建筑工程肢解发包的，责令改正，处以罚款。超越本单位资质等级承揽工程的，责令停止违法行为，处以罚款，可以责令停业整顿，降低资质等级；情节严重的，吊销资质证书；有违法所得的，予以没收。未取得资质证书承揽工程的，予以取缔，并处罚款；有违法所得的，予以没收。以欺骗手段取得资质证书的，吊销资质证书，处以罚款；构成犯罪的，依法追究刑事责任。

第六十六条　建筑施工企业转让、出借资质证书或者以其他方式允许他人以本企业的名义承揽工程的，责令改正，没收违法所得，并处罚款，可以责令停业整顿，降低资质等级；情节严重的，吊销资质证书。对因该项承揽工程不符合规定的质量标准造成的损失，建筑施工企业与使用本企业名义的单位或者个人承担连带赔偿责任。

第六十七条　承包单位将承包的工程转包的，或者违反本法规定进行分包的，责令改正，没收违法所得，并处罚款，可以责令停业整顿，降低资质等级；情节严重的，吊销资质证书。承包单位有前款规定的违法行为的，对因转包工程或者违法分包的工程不符合规定的质量标准造成的损失，与接受转包或者分包的单位承担连带赔偿责任。

第六十八条　在工程发包与承包中索贿、受贿、行贿，构成犯罪的，依法追究刑事责任；不构成犯罪的，分别处以罚款，没收贿赂的财物，对直接负责的主管人员和其他直接责任人员给予处分。对在工程承包中行贿的承包单位，除依照前款规定处罚外，可以责令停业整顿，降低资质等级或者吊销资质证书。

第六十九条　工程监理单位与建设单位或者建筑施工企业串通，弄虚作假、降低工程质量的，责令改正，处以罚款，降低资质等级或者吊销资质证书；有违法所得的，予以没收；造成损失的，承担连带赔偿责任；构成犯罪的，依法追究刑事责任。工程监理单位转让监理业务的，责令改正，没收违法所得，可以责令停业整顿，降低资质等级；情节严重的，吊销资质证书。

第七十条　违反本法规定，涉及建筑主体或者承重结构变动的装修工程擅自施工的，责令改正，处以罚款；造成损失的，承担赔偿责任；构成犯罪的，依法追究刑事责任。

第七十一条　建筑施工企业违反本法规定，对建筑安全事故隐患不采取措施予以消除的，责令改正，可以处以罚款；情节严重的，责令停业整顿，降低资质等级或者吊销资质证书；构成犯罪的，依法追究刑事责任。建筑施工企业的管理人员违章指挥、强令职工冒险作业，因而发生重大伤亡事故或者造成其他严重后果的，依法追究刑事责任。

第七十二条　建设单位违反本法规定，要求建筑设计单位或者建筑施工企业违反建筑工程质量、安全标准，降低工程质量的，责令改正，可以处以罚款；构成犯罪的，依法追究刑事责任。

第七十三条　建筑设计单位不按照建筑工程质量、安全标准进行设计的，责令改正，处以罚款；造成工程质量事故的，责令停业整顿，降低资质等级或者吊销资质证书，没收违法所得，并处罚款；造成损失的，承担赔偿责任；构成犯罪的，依法追究刑事责任。

第七十四条　建筑施工企业在施工中偷工减料的，使用不合格的建筑材料、建筑构配件和设备的，或者有其他不按照工程设计图纸或者施工技术标准施工的行为的，责令改正，处以罚款；情节严重的，责令停业整顿，降低资质等级或者吊销资质证书；造成建筑工程质量不符合规定的质量标准的，负责返工、修理，并赔偿因此造成的损失；构成犯罪的，依法追究刑事责任。

第七十五条　建筑施工企业违反本法规定，不履行保修义务或者拖延履行保修义务的，责令改正，可以处以罚款，并对在保修期内因屋顶、墙面渗漏、开裂等质量缺陷造成的损失，承担赔偿责任。

第七十六条　本法规定的责令停业整顿、降低资质等级和吊销资质证书的行政处罚，由颁发资质证书的机关决定；其他行政处罚，由建设行政主管部门或者有关部门依照法律和国务院规定的职权范围决定。依照本法规定被吊销资质证书的，由工商行政管理部门吊销其营业执照。

第七十七条　违反本法规定，对不具备相应资质等级条件的单位颁发该等级资质证书的，由其上级机关责令收回所发的资质证书，对直接负责的主管人员和其他直接人员给予行政处分；构成犯罪的，依法追究刑事责任。

第七十八条　政府及其所属部门的工作人员违反本法规定，限定发包单位将招标发包的工程发包给指定的承包单位的，由上级机关责令改正；构成犯罪的，依法追究刑事责任。

第七十九条　负责颁发建筑工程施工许可证的部门及其工作人员对不符合施工条件的建筑工程颁发施工许可证的，负责工程质量监督检查或者竣工验收的部门及其工作人员对不合格的建筑工程出具质量合格文件或者按合格工程验收的，由上级机关责令改正，对责任人员给予行政处分；构成犯罪的，依法追究刑事责任；造成损失的，由该部门承担相应的赔偿责任。

第八十条　在建筑物的合理使用寿命内，因建筑工程质量不合格受到损害的，有权向责任者要求赔偿。

第八十一条　本法关于施工许可、建筑施工企业资质审查和建筑工程发包、承包、禁止转包，以及建筑工程监理、建筑工程安全和质量管理的规定，适用于其他专业建筑工程的建筑活动，具体办法由国务院规定。

第八十二条　建设行政主管部门和其他有关部门在对建筑活动实施监督管理中，除按照国务院有关规定收取费用外，不得收取其他费用。

第八十三条　省、自治区、直辖市人民政府确定的小型房屋建筑工程的建筑活动，参照本法执行。依法核定作为文物保护的纪念建筑物和古建筑等的修缮，依照文物保护的有关法律规定执行。抢险救灾及其他临时性房屋建筑和农民自建低层住宅的建筑活动，不适用本法。

第八十四条　军用房屋建筑工程建筑活动的具体

管理办法，由国务院、中央军事委员会依据本法制定。

第八十五条　本法自1998年3月1日起施行。

11.2　建设工程安全生产管理条例（摘要）

2003年11月12日国务院第28次常务会议通过，
2003年11月24日中华人民共和国国务院令第393号发布，
自2004年2月1日起施行

第一章　总　　则

第一条　在中华人民共和国境内从事建设工程的新建、扩建、改建和拆除等有关活动及实施对建设工程安全生产的监督管理，必须遵守本条例。

本条例所称建设工程，是指土木工程、建筑工程、线路管道和设备安装工程及装修工程。

第二条　建设工程安全生产管理，坚持安全第一、预防为主的方针。

第三条　建设单位、勘察单位、设计单位、施工单位、工程监理单位及其他与建设工程安全生产有关的单位，必须遵守安全生产法律、法规的规定，保证建设工程安全生产，依法承担建设工程安全生产责任。

第二章　建设单位的安全责任

第四条　建设单位应当向施工单位提供施工现场及毗邻区域内供水、排水、供电、供气、供热、通信、广播电视等地下管线资料，气象和水文观测资料，相邻建筑物和构筑物、地下工程的有关资料，并保证资料的真实、准确、完整。

建设单位因建设工程需要，向有关部门或者单位查询前款规定的资料时，有关部门或者单位应当及时提供。

第五条　建设单位不得对勘察、设计、施工、工程监理等单位提出不符合建设工程安全生产法律、法规和强制性标准规定的要求，不得压缩合同约定的工期。

第六条　建设单位在编制工程概算时，应当确定建设工程安全作业环境及安全施工措施所需费用。

第七条　建设单位不得明示或者暗示施工单位购买、租赁、使用不符合安全施工要求的安全防护用具、机械设备、施工机具及配件、消防设施和器材。

第八条　建设单位在申请领取施工许可证时，应当提供建设工程有关安全施工措施的资料。

依法批准开工报告的建设工程，建设单位应当自开工报告批准之日起十五日内，将保证安全施工的措施报送建设工程所在地的县级以上地方人民政府建设行政主管部门或者其他有关部门备案。

第九条　建设单位应当将拆除工程发包给具有相应资质等级的施工单位。

建设单位应当在拆除工程施工十五日前，将下列资料报送建设工程所在地的县级以上地方人民政府建设行政主管部门或者其他有关部门备案：

（一）施工单位资质等级证明；

（二）拟拆除建筑物、构筑物及可能危及毗邻建筑的说明；

（三）拆除施工组织方案；

（四）堆放、清除废弃物的措施。

实施爆破作业的，应当遵守国家有关民用爆炸物品管理的规定。

第三章　勘察、设计、工程监理及其他有关单位的安全责任

第十条　勘察单位应当按照法律、法规和工程建设强制性标准进行勘察，提供的勘察文件应当真实、准确，满足建设工程安全生产的需要。

勘察单位在勘察作业时，应当严格执行操作规程，采取措施保证各类管线、设施和周边建筑物、构筑物的安全。

第十一条　设计单位应当按照法律、法规和工程建设强制性标准进行设计，防止因设计不合理导致生产安全事故的发生。

设计单位应当考虑施工安全操作和防护的需要，对涉及施工安全的重点部位和环节在设计文件中注明，并对防范生产安全事故提出指导意见。

采用新结构、新材料、新工艺的建设工程和特殊结构的建设工程，设计单位应当在设计中提出保障施工作业人员安全和预防生产安全事故的措施建议。

设计单位和注册建筑师等注册执业人员应当对其设计负责。

第十二条　工程监理单位应当审查施工组织设计中的安全技术措施或者专项施工方案是否符合工程建设强制性标准。

工程监理单位在实施监理过程中，发现存在安全事故隐患的，应当要求施工单位整改；情况严重的，应当要求施工单位暂时停止施工，并及时报告建设单位。施工单位拒不整改或者不停止施工的，工程监理单位应当及时向有关主管部门报告。

工程监理单位和监理工程师应当按照法律、法规和工程建设强制性标准实施监理，并对建设工程安全生产承担监理责任。

第十三条　为建设工程提供机械设备和配件的单位，应当按照安全施工的要求配备齐全有效的保险、限位等安全设施和装置。

第十四条　出租的机械设备和施工机具及配件，应当具有生产（制造）许可证、产品合格证。

出租单位应当对出租的机械设备和施工机具及配件的安全性能进行检测，在签订租赁协议时，应当出具检测合格证明。

禁止出租检测不合格的机械设备和施工机具及配件。

第十五条　在施工现场安装、拆卸施工起重机械和整体提升脚手架、模板等自升式架设设施，必须由具有相应资质的单位承担。

安装、拆卸施工起重机械和整体提升脚手架、模板等自升式架设设施，应当编制拆装方案、制定安全施工措施，并由专业技术人员现场监督。

施工起重机械和整体提升脚手架、模板等自升式架设设施安装完毕后，安装单位应当自检，出具自检合格证明，并向施工单位进行安全使用说明，办理验收手续并签字。

第十六条　施工起重机械和整体提升脚手架、模板等自升式架设设施的使用达到国家规定的检验检测期限的，必须经具有专业资质的检验检测机构检测。经检测不合格的，不得继续使用。

第十七条　检验检测机构对检测合格的施工起重机械和整体提升脚手架、模板等自升式架设设施，应当出具安全合格证明文件，并对检测结果负责。

第四章　施工单位的安全责任

第十八条　施工单位从事建设工程的新建、扩建、改建和拆除等活动，应当具备国家规定的注册资本、专业技术人员、技术装备和安全生产等条件，依法取得相应等级的资质证书，并在其资质等级许可的范围内承揽工程。

第十九条　施工单位主要负责人依法对本单位的安全生产工作全面负责。施工单位应当建立健全安全生产责任制度和安全生产教育培训制度，制定安全生产规章制度和操作规程，保证本单位安全生产条件所需资金的投入，对所承担的建设工程进行定期和专项安全检查，并做好安全检查记录。

施工单位的项目负责人应当由取得相应执业资格的人员担任，对建设工程项目的安全施工负责，落实安全生产责任制度、安全生产规章制度和操作规程，确保安全生产费用的有效使用，并根据工程的特点组织制定安全施工措施，消除安全事故隐患，及时、如实报告生产安全事故。

第二十条　施工单位对列入建设工程概算的安全

作业环境及安全施工措施所需费用，应当用于施工安全防护用具及设施的采购和更新、安全施工措施的落实、安全生产条件的改善，不得挪作他用。

第二十一条　施工单位应当设立安全生产管理机构，配备专职安全生产管理人员。

专职安全生产管理人员负责对安全生产进行现场监督检查。发现安全事故隐患，应当及时向项目负责人和安全生产管理机构报告；对违章指挥、违章操作的，应当立即制止。

专职安全生产管理人员的配备办法由国务院建设行政主管部门会同国务院其他有关部门制定。

第二十二条　建设工程实行施工总承包的，由总承包单位对施工现场的安全生产负总责。

总承包单位应当自行完成建设工程主体结构的施工。

总承包单位依法将建设工程分包给其他单位的，分包合同中应当明确各自的安全生产方面的权利、义务。总承包单位和分包单位对分包工程的安全生产承担连带责任。

分包单位应当服从总承包单位的安全生产管理，分包单位不服从管理导致生产安全事故的，由分包单位承担主要责任。

第二十三条　垂直运输机械作业人员、安装拆卸工、爆破作业人员、起重信号工、登高架设作业人员等特种作业人员，必须按照国家有关规定经过专门的安全作业培训，并取得特种作业操作资格证书后，方可上岗作业。

第二十四条　施工单位应当在施工组织设计中编

制安全技术措施和施工现场临时用电方案，对下列达到一定规模的危险性较大的分部分项工程编制专项施工方案，并附具安全验算结果，经施工单位技术负责人、总监理工程师签字后实施，由专职安全生产管理人员进行现场监督：

（一）基坑支护与降水工程；

（二）土方开挖工程；

（三）模板工程；

（四）起重吊装工程；

（五）脚手架工程；

（六）拆除、爆破工程；

（七）国务院建设行政主管部门或者其他有关部门规定的其他危险性较大的工程。

对前款所列工程中涉及深基坑、地下暗挖工程、高大模板工程的专项施工方案，施工单位还应当组织专家进行论证、审查。

本条第一款规定的达到一定规模的危险性较大工程的标准，由国务院建设行政主管部门会同国务院其他有关部门制定。

第二十五条　建设工程施工前，施工单位负责项目管理的技术人员应当对有关安全施工的技术要求向施工作业班组、作业人员作出详细说明，并由双方签字确认。

第二十六条　施工单位应当在施工现场入口处、施工起重机械、临时用电设施、脚手架、出入通道口、楼梯口、电梯井口、孔洞口、桥梁口、隧道口、基坑边沿、爆破物及有害危险气体和液体存放处等危险部位，设置明显的安全警示标志。安全警示标志必须符合国家标准。

施工单位应当根据不同施工阶段和周围环境及季节、气候的变化，在施工现场采取相应的安全施工措施。施工现场暂时停止施工的，施工单位应当做好现场防护，所需费用由责任方承担，或者按照合同约定执行。

第二十七条　施工单位应当将施工现场的办公、生活区与作业区分开设置，并保持安全距离；办公、生活区的选址应当符合安全性要求。职工的膳食、饮水、休息场所等应当符合卫生标准。施工单位不得在尚未竣工的建筑物内设置员工集体宿舍。

施工现场临时搭建的建筑物应当符合安全使用要求。施工现场使用的装配式活动房屋应当具有产品合格证。

第二十八条　施工单位对因建设工程施工可能造成损害的毗邻建筑物、构筑物和地下管线等，应当采取专项防护措施。

施工单位应当遵守有关环境保护法律、法规的规定，在施工现场采取措施，防止或者减少粉尘、废气、废水、固体废物、噪声、振动和施工照明对人和环境的危害和污染。

在城市市区内的建设工程，施工单位应当对施工现场实行封闭围挡。

第二十九条　施工单位应当在施工现场建立消防安全责任制度，确定消防安全责任人，制定用火、用电、使用易燃易爆材料等各项消防安全管理制度和操作规程，设置消防通道、消防水源，配备消防设施和灭火器材，并在施工现场入口处设置明显标志。

第三十条　施工单位应当向作业人员提供安全防护用具和安全防护服装，并书面告知危险岗位的操作规程和违章操作的危害。

作业人员有权对施工现场的作业条件、作业程序和作业方式中存在的安全问题提出批评、检举和控告，有权拒绝违章指挥和强令冒险作业。

在施工中发生危及人身安全的紧急情况时，作业人员有权立即停止作业或者在采取必要的应急措施后撤离危险区域。

第三十一条　作业人员应当遵守安全施工的强制性标准、规章制度和操作规程，正确使用安全防护用具、机械设备等。

第三十二条　施工单位采购、租赁的安全防护用具、机械设备、施工机具及配件，应当具有生产（制造）许可证、产品合格证，并在进入施工现场前进行查验。

施工现场的安全防护用具、机械设备、施工机具及配件必须由专人管理，定期进行检查、维修和保养，建立相应的资料档案，并按照国家有关规定及时报废。

第三十三条　施工单位在使用施工起重机械和整体提升脚手架、模板等自升式架设设施前，应当组织有关单位进行验收，也可以委托具有相应资质的检验检测机构进行验收；使用承租的机械设备和施工机具及配件的，由施工总承包单位、分包单位、出租单位和安装单位共同进行验收。验收合格的方可使用。

《特种设备安全监察条例》规定的施工起重机械，在验收前应当经有相应资质的检验检测机构监督检验合格。

施工单位应当自施工起重机械和整体提升脚手架、模板等自升式架设设施验收合格之日起三十日内，向建设行政主管部门或者其他有关部门登记。登记标志应当置于或者附着于该设备的显著位置。

第三十四条　施工单位的主要负责人、项目负责人、专职安全生产管理人员应当经建设行政主管部门或者其他有关部门考核合格后方可任职。

施工单位应当对管理人员和作业人员每年至少进行一次安全生产教育培训，其教育培训情况记入个人工作档案。安全生产教育培训考核不合格的人员，不得上岗。

第三十五条　作业人员进入新的岗位或者新的施工现场前，应当接受安全生产教育培训。未经教育培训或者教育培训考核不合格的人员，不得上岗作业。

施工单位在采用新技术、新工艺、新设备、新材料时，应当对作业人员进行相应的安全生产教育培训。

第三十六条　施工单位应当为施工现场从事危险作业的人员办理意外伤害保险。

意外伤害保险费由施工单位支付。实行施工总承包的，由总承包单位支付意外伤害保险费。意外伤害保险期限自建设工程开工之日起至竣工验收合格止。

第五章　监督管理

第三十七条　县级以上人民政府负有建设工程安全生产监督管理职责的部门在各自的职责范围内履行安全监督检查职责时，有权采取下列措施：

（一）要求被检查单位提供有关建设工程安全生产

的文件和资料；

（二）进入被检查单位施工现场进行检查；

（三）纠正施工中违反安全生产要求的行为；

（四）对检查中发现的安全事故隐患，责令立即排除；重大安全事故隐患排除前或者排除过程中无法保证安全的，责令从危险区域内撤出作业人员或者暂时停止施工。

第三十八条　建设行政主管部门或者其他有关部门可以将施工现场的监督检查委托给建设工程安全监督机构具体实施。

第三十九条　县级以上人民政府建设行政主管部门和其他有关部门应当及时受理对建设工程生产安全事故及安全事故隐患的检举、控告和投诉。

第六章　生产安全事故的应急救援和调查处理

第四十条　施工单位应当制定本单位生产安全事故应急救援预案，建立应急救援组织或者配备应急救援人员，配备必要的应急救援器材、设备，并定期组织演练。

第四十一条　施工单位应当根据建设工程施工的特点、范围，对施工现场易发生重大事故的部位、环节进行监控，制定施工现场生产安全事故应急救援预案。实行施工总承包的，由总承包单位统一组织编制建设工程生产安全事故应急救援预案，工程总承包单位和分包单位按照应急救援预案，各自建立应急救援组织或者配备应急救援人员，配备救援器材、设备，并定期组织演练。

第四十二条　施工单位发生生产安全事故，应当按照国家有关伤亡事故报告和调查处理的规定，及时、如实地向负责安全生产监督管理的部门、建设行政主管部门或者其他有关部门报告；特种设备发生事故的，还应当同时向特种设备安全监督管理部门报告。接到报告的部门应当按照国家有关规定，如实上报。

实行施工总承包的建设工程，由总承包单位负责上报事故。

第四十三条　发生生产安全事故后，施工单位应当采取措施防止事故扩大，保护事故现场。需要移动现场物品时，应当做出标记和书面记录，妥善保管有关证物。

第四十四条　建设工程生产安全事故的调查、对事故责任单位和责任人的处罚与处理，按照有关法律、法规的规定执行。

第七章　法 律 责 任

第四十五条　违反本条例的规定，县级以上人民政府建设行政主管部门或者其他有关行政管理部门的工作人员，有下列行为之一的，给予降级或者撤职的行政处分；构成犯罪的，依照刑法有关规定追究刑事责任：

（一）对不具备安全生产条件的施工单位颁发资质证书的；

（二）对没有安全施工措施的建设工程颁发施工许可证的；

（三）发现违法行为不予查处的；

（四）不依法履行监督管理职责的其他行为。

第四十六条　违反本条例的规定，建设单位未提供建设工程安全生产作业环境及安全施工措施所需费用的，责令限期改正；逾期未改正的，责令该建设工程停止施工。

建设单位未将保证安全施工的措施或者拆除工程的有关资料报送有关部门备案的，责令限期改正，给予警告。

第四十七条　违反本条例的规定，建设单位有下列行为之一的，责令限期改正，处20万元以上50万元以下的罚款；造成重大安全事故，构成犯罪的，对直接责任人员，依照刑法有关规定追究刑事责任；造成损失的，依法承担赔偿责任：

（一）对勘察、设计、施工、工程监理等单位提出不符合安全生产法律、法规和强制性标准规定的要求的；

（二）要求施工单位压缩合同约定的工期的；

（三）将拆除工程发包给不具有相应资质等级的施工单位的。

第四十八条　违反本条例的规定，勘察单位、设计单位有下列行为之一的，责令限期改正，处10万元以上30万元以下的罚款；情节严重的，责令停业整顿，降低资质等级，直至吊销资质证书；造成重大安全事故，构成犯罪的，对直接责任人员，依照刑法有关规定追究刑事责任；造成损失的，依法承担赔偿责任：

（一）未按照法律、法规和工程建设强制性标准进行勘察、设计的；

（二）采用新结构、新材料、新工艺的建设工程和特殊结构的建设工程，设计单位未在设计中提出保障施工作业人员安全和预防生产安全事故的措施建议的。

第四十九条　违反本条例的规定，工程监理单位有下列行为之一的，责令限期改正；逾期未改正的，责令停业整顿，并处10万元以上30万元以下的罚款；情节严重的，降低资质等级，直至吊销资质证书；造成重大安全事故，构成犯罪的，对直接责任人员，依照刑法有关规定追究刑事责任；造成损失的，依法承担赔偿责任：

（一）未对施工组织设计中的安全技术措施或者专项施工方案进行审查的；

（二）发现安全事故隐患未及时要求施工单位整改或者暂时停止施工的；

（三）施工单位拒不整改或者不停止施工，未及时向有关主管部门报告的；

（四）未依照法律、法规和工程建设强制性标准实施监理的。

第五十条　注册执业人员未执行法律、法规和工程建设强制性标准的，责令停止执业3个月以上1年以下；情节严重的，吊销执业资格证书，五年内不予注册；造成重大安全事故的，终身不予注册；构成犯罪的，依照刑法有关规定追究刑事责任。

第五十一条　违反本条例的规定，为建设工程提供机械设备和配件的单位，未按照安全施工的要求配备齐全有效的保险、限位等安全设施和装置的，责令限期改正，处合同价款1倍以上3倍以下的罚款；造成损失的，依法承担赔偿责任。

第五十二条　违反本条例的规定，出租单位出租未经安全性能检测或者经检测不合格的机械设备和施工机具及配件的，责令停业整顿，并处5万元以上10万元以下的罚款；造成损失的，依法承担赔偿责任。

第五十三条　违反本条例的规定，施工起重机械和整体提升脚手架、模板等自升式架设设施安装、拆卸单位有下列行为之一的，责令限期改正，处5万元以上10万元以下的罚款；情节严重的，责令停业整顿，降低资质等级，直至吊销资质证书；造成损失的，依法承担赔偿责任：

（一）未编制拆装方案、制定安全施工措施的；

（二）未由专业技术人员现场监督的；

（三）未出具自检合格证明或者出具虚假证明的；

（四）未向施工单位进行安全使用说明，办理移交手续的。

施工起重机械和整体提升脚手架、模板等自升式架设设施安装、拆卸单位有前款规定的第（一）项、第（三）项行为，经有关部门或者单位职工提出后，对事故隐患仍不采取措施，因而发生重大伤亡事故或者造成其他严重后果，构成犯罪的，对直接责任人员，依照刑法有关规定追究刑事责任。

第五十四条　违反本条例的规定，施工单位有下列行为之一的，责令限期改正；逾期未改正的，责令停业整顿，依照《中华人民共和国安全生产法》的有关规定处以罚款；造成重大安全事故，构成犯罪的，对直接责任人员，依照刑法有关规定追究刑事责任：

（一）未设立安全生产管理机构、配备专职安全生产管理人员或者分部分项工程施工时无专职安全生产管理人员现场监督的；

（二）施工单位的主要负责人、项目负责人、专职安全生产管理人员、作业人员或者特种作业人员，未经安全教育培训或者经考核不合格即从事相关工作的；

（三）未在施工现场的危险部位设置明显的安全警示标志，或者未按照国家有关规定在施工现场设置消防通道、消防水源、配备消防设施和灭火器材的；

（四）未向作业人员提供安全防护用具和安全防护服装的；

（五）未按照规定在施工起重机械和整体提升脚手架、模板等自升式架设设施验收合格后登记的；

（六）使用国家明令淘汰、禁止使用的危及施工安全的工艺、设备、材料的。

第五十五条　违反本条例的规定，施工单位挪用列入建设工程概算的安全生产作业环境及安全施工措施所需费用的，责令限期改正，处挪用费用20%以上50%以下的罚款；造成损失的，依法承担赔偿责任。

第五十六条　违反本条例的规定，施工单位有下列行为之一的，责令限期改正；逾期未改正的，责令停业整顿，并处5万元以上10万元以下的罚款；造成重大安全事故，构成犯罪的，对直接责任人员，依照刑法有关规定追究刑事责任：

（一）施工前未对有关安全施工的技术要求作出详细说明的；

（二）未根据不同施工阶段和周围环境及季节、气候的变化，在施工现场采取相应的安全施工措施，或者在城市市区内的建设工程的施工现场未实行封闭围挡的；

（三）在尚未竣工的建筑物内设置员工集体宿舍的；

（四）施工现场临时搭建的建筑物不符合安全使用要求的；

（五）未对因建设工程施工可能造成损害的毗邻建筑物、构筑物和地下管线等采取专项防护措施的。

施工单位有前款规定第（四）项、第（五）项行为，造成损失的，依法承担赔偿责任。

第五十七条　违反本条例的规定，施工单位有下列行为之一的，责令限期改正；逾期未改正的，责令停业整顿，并处10万元以上30万元以下的罚款；情节严重的，降低资质等级，直至吊销资质证书；造成重大安全事故，构成犯罪的，对直接责任人员，依照刑法有关规定追究刑事责任；造成损失的，依法承担赔偿责任：

（一）安全防护用具、机械设备、施工机具及配件在进入施工现场前未经查验或者查验不合格即投入使用的；

（二）使用未经验收或者验收不合格的施工起重机械和整体提升脚手架、模板等自升式架设设施的；

（三）委托不具有相应资质的单位承担施工现场安装、拆卸施工起重机械和整体提升脚手架、模板等自升式架设设施的；

（四）在施工组织设计中未编制安全技术措施、施工现场临时用电方案或者专项施工方案的。

第五十八条　违反本条例的规定，施工单位的主要负责人、项目负责人未履行安全生产管理职责的，责令限期改正；逾期未改正的，责令施工单位停业整顿；造成重大安全事故、重大伤亡事故或者其他严重后果，构成犯罪的，依照刑法有关规定追究刑事责任。

作业人员不服管理、违反规章制度和操作规程冒险作业造成重大伤亡事故或者其他严重后果，构成犯罪的，依照刑法有关规定追究刑事责任。

施工单位的主要负责人、项目负责人有前款违法行为，尚不够刑事处罚的，处2万元以上20万元以下的罚款或者按照管理权限给予撤职处分；自刑罚执行完毕或者受处分之日起，五年内不得担任任何施工单位的主要负责人、项目负责人。

第五十九条　施工单位取得资质证书后，降低安全生产条件的，责令限期改正；经整改仍未达到与其资质等级相适应的安全生产条件的，责令停业整顿，降低其资质等级直至吊销资质证书。

第六十条　本条例规定的行政处罚，由建设行政主管部门或者其他有关部门依照法定职权决定。

违反消防安全管理规定的行为，由公安消防机构依法处罚。

有关法律、行政法规对建设工程安全生产违法行为的行政处罚决定机关另有规定的，从其规定。

11.3　中华人民共和国合同法（摘要）

第十六章　建设工程合同

第二百六十九条　建设工程合同是承包人进行工程建设，发包人支付价款的合同。建设工程合同包括工程勘察、设计、施工合同。

第二百七十条　建设工程合同应当采用书面形式。

第二百七十一条　建设工程的招标投标活动，应当依照有关法律的规定公开、公平、公正进行。

第二百七十二条　发包人可以与总承包人订立建设工程合同，也可以分别与勘察人、设计人、施工人订立勘察、设计、施工承包合同。发包人不得将应当由一个承包人完成的建设工程肢解成若干部分发包给几个承包人。

总承包人或者勘察、设计、施工承包人经发包人同意，可以将自己承包的部分工作交由第三人完成。第三人就其完成的工作成果与总承包人或者勘察、设计、施工承包人向发包人承担连带责任。承包人不得将其承包的全部建设工程转包给第三人或者将其承包的全部建设工程肢解以后以分包的名义分别转包给第三人。

禁止承包人将工程分包给不具备相应资质条件的单位。禁止分包单位将其分包的工程再分包。建设工程主体结构的施工必须由承包人自行完成。

第二百七十三条　国家重大建设工程合同，应当按照国家规定的程序和国家批准的投资计划、可行性研究报告等文件订立。

第二百七十四条　勘查、设计合同的内容包括提交有关基础资料和文件（包括概预算）的期限、质量要求、费用以及其他协作条件等条款。

第二百七十五条　施工合同的内容包括工程范围、建设工期、中间交工工程的开工和竣工时间、工程质量、工程造价、技术资料交付时间、材料和设备供应责任、拨款和结算、竣工验收、质量保修范围和质量保证期、双方相互协作等条款。

第二百七十六条　建设工程实行监理的，发包人应当与监理人采用书面形式订立委托监理合同。发包人与监理人的权利和义务以及法律责任，应当按照本法委托合同以及其他有关法律、行政法律的规定。

第二百七十七条　发包人在不妨碍承包人正常作业的情况下，可以随时对作业进度、质量进行检查。

第二百七十八条　隐蔽工程在隐蔽以前，承包人应当通知发包人检查。发包人没有及时检查的，承包人可以顺延工程日期，并有权要求赔偿停工、窝工等损失。

第二百七十九条　建设工程竣工后，发包人应当根据施工图纸及说明书、国家颁发的施工验收规范和质量检验标准及时进行验收。验收合格的，发包人应当按照约定支付价款，并接收该建设工程。

建设工程竣工经验收合格后，方可交付使用；未经验收或者验收不合格的，不得交付使用。

第二百八十条　勘查、设计的质量不符合要求或者未按照期限提交勘察、设计文件拖延工期，造成发包人损失的，勘察人、设计人应当继续完善勘查、设计，减收或者免收勘查、设计费并赔偿损失。

第二百八十一条　因施工人的原因致使建设工程质量不符合约定的，发包人有权要求施工人在合理期限内无偿修理或者返工、改建。经过修理或者返工、改建后，造成逾期交付的，施工人应当承担违约责任。

第二百八十二条　因承包人的原因致使建设工程在合理使用期限内造成人身和财产损害的，承包人应当承担损害赔偿责任。

第二百八十三条　发包人未按照约定的时间和要求提供原材料、设备、场地、资金、技术资料的，承包人可以顺延工程日期，并有权要求赔偿停工、窝工等损失。

第二百八十四条　因发包人的原因致使工程中途停建、缓建的，发包人应当采取措施弥补或者减少损失，赔偿承包人因此造成的停工、窝工、倒运、机械设备调迁、材料和构件积压等损失和实际费用。

第二百八十五条　因发包人变更计划，提供的资料不准确，或者未按照期限提供必需的勘查、设计工作条件而造成勘查、设计的返工、停工或者修改设计，发包人应当按照勘察人、设计人实际消耗的工作量增付费用。

第二百八十六条　发包人未按照约定支付价款的，承包人可以催告发包人在合理期限内支付价款。发包人逾期不支付的，除按照建设工程的性质不宜折价、拍卖的以外，承包人可以与发包人协议将该工程折价，也可以申请人民法院将该工程依法拍卖。建设工程的价款就该工程折价或者拍卖的价款优先受偿。

第二百八十七条　本章没有规定的，适用承揽合同的有关规定。

11.4　中华人民共和国招标投标法（摘要）

第一条　在中华人民共和国境内进行下列工程建设项目包括项目的勘察、设计、施工、监理以及与工程建设有关的重要设备、材料等的采购，必须进行招标：

（一）大型基础设施、公用事业等关系社会公共利益、公众安全的项目；

（二）全部或者部分使用国有资金投资或者国家融资的项目；

（三）使用国际组织或者外国政府贷款、援助资金的项目。

第六条　依法必须进行招标的项目，其招标投标活动不受地区或者部门的限制。任何单位和个人不得违法限制或者排斥本地区、本系统以外的法人或者其他组织参加投标，不得以任何方式非法干涉招标投标活动。

第七条　招标分为公开招标和邀请招标。公开招标，是指招标人以招标公告的方式邀请不特定的法人或者其他组织投标。邀请招标，是指招标人以投标邀请书的方式邀请特定的法人或者其他组织投标。

第十一条　招标人有权自行选择招标代理机构，委托其办理招标事宜。任何单位和个人不得以任何方式为招标人指定招标代理机构。招标人具有编制招标文件和组织评标能力的，可以自行办理招标事宜。任何单位和个人不得强制其委托招标代理机构办理招标事宜。

第十六条　招标人采用公开招标方式的，应当发布招标公告。依法必须进行招标的项目的招标公告，应当通过国家指定的报刊、信息网络或者其他媒介发布。

第十七条　招标人采用邀请招标方式的，应当向三个以上具备承担招标项目的能力、资信良好的特定的法人或者其他组织发出投标邀请书。

第十九条　招标人应当根据招标项目的特点和需

要编制招标文件。招标文件应当包括招标项目的技术要求、对投标人资格审查的标准、投标报价要求和评标标准等所有实质性要求和条件以及拟签订合同的主要条款。

第二十二条　招标人不得向他人透露已获取招标文件的潜在投标人的名称、数量以及可能影响公平竞争的有关招标投标的其他情况。招标人设有标底的，标底必须保密。

第二十三条　招标人对已发出的招标文件进行必要的澄清或者修改的，应当在招标文件要求提交投标文件截止时间至少十五日前，以书面形式通知所有招标文件收受人。该澄清或者修改的内容为招标文件的组成部分。

第二十四条　招标人应当确定投标人编制投标文件所需要的合理时间；但是，依法必须进行招标的项目，自招标文件开始发出之日起至投标人提交投标文件截止之日止，最短不得少于二十日。

第二十七条　投标人应当按照招标文件的要求编制投标文件。投标文件应当对招标文件提出的实质性要求和条件做出响应。招标项目属于建设施工的，投标文件的内容应当包括拟派出的项目负责人与主要技术人员的简历、业绩和拟用于完成招标项目的机械设备等。

第二十八条　投标人应当在招标文件要求提交投标文件的截止时间前，将投标文件送达投标地点。招标人收到投标文件后，应当签收保存，不得开启。投标人少于三个的，招标人应当依照本法重新招标。

第二十九条　投标人在招标文件要求提交投标文

件的截止时间前，可以补充、修改或者撤回已提交的投标文件，并书面通知招标人。补充、修改的内容为投标文件的组成部分。

第三十条　投标人根据招标文件载明的项目实际情况，拟在中标后将中标项目的部分非主体、非关键性工作进行分包的，应当在投标文件中载明。

第三十一条　两个以上法人可以组成一个联合体，以一个投标人的身份共同投标。联合体各方均应当具备承担招标项目的相应能力；联合体各方均应当具备规定的相应资格条件。由同一专业的单位组成的联合体，按照资质等级较低的单位确定资质等级。联合体各方应当签订共同投标协议，明确约定各方拟承担的工作和责任，并将共同投标协议连同投标文件一并提交招标人。联合体中标的，联合体各方应当共同与招标人签订合同，就中标项目向招标人承担连带责任。

第三十二条　投标人不得相互串通投标报价，不得排挤其他投标人的公平竞争，损害招标人或者其他投标人的合法权益。

第三十三条　投标人不得以低于成本的报价竞标，也不得以他人名义投标或者以其他方式弄虚作假，骗取中标。

第三十四条　开标应当在招标文件确定的提交投标文件截止时间的同一时间公开进行；开标地点应当为招标文件中预先确定的地点。开标由招标人主持，邀请所有投标人参加。

第三十六条　开标时，由投标人或者其推选的代表检查投标文件的密封情况，也可以由招标人委托的公证机构检查并公证；经确认无误后，由工作人员当众拆封，宣读投标人名称、投标价格和投标文件的其他主要内容。

第三十七条　评标由招标人依法组建的评标委员会负责。评标委员会由招标人的代表和有关技术、经济等方面的专家组成，成员人数为五人以上单数，其中技术、经济等方面的专家不得少于成员总数的三分之二。与投标人有利害关系的人不得进入相关项目的评标委员会；已经进入的应当更换。评标委员会成员的名单在中标结果确定前应当保密。

第四十条　评标委员会应当按照招标文件确定的评标标准和方法，对投标文件进行评审和比较；设有标底的，应当参考标底。评标委员会完成评标后，应当向招标人提出书面评标报告，并推荐合格的中标候选人。招标人也可以授权评标委员会直接确定中标人。

第四十一条　中标人的投标应当符合下列条件之一：

（一）能够最大限度地满足招标文件中规定的各项综合评价标准；

（二）能够满足招标文件的实质性要求，并且经评审的投标价格最低；但是投标价格低于成本的除外。

第四十三条　在确定中标人前，招标人不得与投标人就投标价格、投标方案等实质性内容进行谈判。

第四十五条　中标人确定后，招标人应当向中标人发出中标通知书，并同时将中标结果通知所有未中标的投标人。招标人和中标人应当自中标通知书发出之日起三十日内，按照招标文件和中标人的投标文件订立书面合同。招标人和中标人不得再行订立背离合同实质性内容的其他协议。

第四十八条　中标人应当按照合同约定履行义务，

完成中标项目。中标人不得向他人转让中标项目，也不得将中标项目肢解后分别向他人转让。中标人按照合同约定，可以将中标项目的部分非主体、非关键性工作分包给他人完成。接受分包的人应当具备相应的资格条件，并不得再次分包。中标人应当就分包项目向招标人负责，接受分包的人就分包项目承担连带责任。

第五十一条　招标人以不合理的条件限制或者排斥潜在投标人的，对潜在投标人实行歧视待遇的，强制要求投标人组成联合体共同投标的，或者限制投标人之间竞争的，责令改正，可以处一万元以上五万元以下的罚款。

第五十九条　招标人与中标人不按照招标文件和中标人的投标文件订立合同的，或者招标人、中标人订立背离合同实质性内容的协议的，责令改正；可以处中标项目金额千分之五以上千分之十以下的罚款。

第六十条　中标人不履行与招标人订立的合同的，履约保证金不予退还，给招标人造成的损失超过履约保证金数额的，还应当对超过部分予以赔偿；中标人不按照与招标人订立的合同履行义务，情节严重的，取消其二年至五年内参加依法必须进行招标的项目的投标资格并予以公告，直至由工商行政管理机关吊销营业执照。

11.5　建筑工程施工许可管理办法（摘要）

第一条　建设单位在开工前应向工程所在地的县级以上人民政府建设行政主管部门申请领取施工许可证。必须申请领取施工许可证的建筑工程未取得施工许可证的，一律不得开工。

第四条　建设单位申请领取施工许可证，应当并提交相应的证明文件：

（一）工程用地批准手续。

（二）建设工程规划许可证。

（三）施工场地已经基本具备施工条件，其拆迁符合施工要求。

（四）已经确定施工企业。

（五）已满足需要的施工图纸及技术资料，施工图已进行了审查。

（六）编制的施工组织设计中有根据建筑工程特点制定的相应质量、安全技术措施，专业性较强的工程项目编制的专项质量、安全施工组织设计，并按照规定办理了工程质量、安全监督手续。

（七）工程已委托监理。

（八）建设资金已经落实。建设工期不足一年的，到位资金原则上不得少于工程合同价的50%，建设工期超过一年的，到位资金原则上不导少于工程合同价的30%。建设单位应当提供银行出具的到位资金证明，可以实行银行付款保函或者其他第三方担保。

（九）法律、行政法规规定的其他条件。

第五条　申请办理施工许可证，应当按照下列程序进行：

（一）建设单位向发证机关领取《建筑工程施工许可证申请表》

（二）建设单位持加盖单位及法定代表人印鉴的《建筑工程施工许可证申请表》，并附规定的证明文件，向发征机关提出申请。

（三）发证机关在收到建设单位报送的《建筑工程施工许可证申请表》和所附证明文件后，对于符合条件的，应当自收到申请之日起十五日内颁发施工许可证；对于不符合条件的，应十五日内通知建设单位，并说明理由。

在施工过程中，建设单位或者施工单位发生变更的，应当重新申请领取施工许可证。

第六条　建设单位申请领取施工许可证的工程名称、地点、规模，应当与施工承包合同一致。施工许可证应当放置在施工现场。

第八条　建设单位应当自领取施工许可证三个月内开工。因故不能按期开工的，应当申请延期；延期以两次为限，每次不超过三个月。既不开工又不申请延期或者超过延期次数、时限的，施工许可证自行废止。

第九条　在建的建筑工程因故中止施工的，建设单位应当二个月内向发证机关报告中止施工的时间、原因、在施部位、维修管理措施等，工程恢复施工时，应当向发证机关报告：中止施工满一年的工程恢复施工前，应核验施工许可证。

第十条　对于未取得施工许可证或者为规避办理施工许可证将工程项目分解后擅自施工的，关责令改正，对于不符合开工条件的，责令停止施工，并处以罚款。

11.6　实施工程建设强制性标准监督规定（摘要）

第三条　本规定所称工程建设强制性标准是指直接涉及工程质量、安全、卫生及环境保护等方面的工程建设标准强制性条文。

第十条　强制性标准监督检查的内容包括：

（一）有关工程技术人员是否熟悉、掌握强制性标准；

（二）工程项目的规划、勘察、设计、施工、验收等是否符合强制性标准的规定；

（三）工程项目采用的材料、设备是否符合强制性标准的规定；

（四）工程项目的安全、质量是否符合强制性标准的规定；

（五）工程中采用的导则、指南、手册、计算机软件的内容是否符合强制性标准的规定。

第十四条　建设行政主管部门或者有关行政主管部门在处理重大工程事故时，应当有工程建设标准方面的专家参加；工程事故报告应当包括是否符合工程建设强制性标准的意见。

第十八条　施工单位违反工程建设强制性标准的，责令改正，处工程合同价款2%以上4%以下的罚款；造成建设工程质量不符合规定的质量标准的，负责返工、修理，并赔偿因此造成的损失；情节严重的，责令停业整顿，降低资质等级或者吊销资质证书。

第十九条　工程监理单位违反强制性标准规定，将不合格的建设工程以及建筑材料、建筑构配件和设备按照合格签字的，责令改正，处50万元以100万元以下的罚款，降低资质等级或者吊销资质证书；有违法所得的，予以没收；造成损失的，承担连带赔偿责任。

第二十条　违反工程建设强制性标准造成工程质量、安全隐患或者工程事故的，按照《建设工程质量管理条例》有关规定，对事故责任单位和责任人进行处罚。

11.7 房屋建筑工程和市政基础设施工程竣工验收备案管理暂行办法（摘要）

第一条 建设单位应当自工程竣工验收合格之日起十五日内，依照本办法规定，向工程所在地的县级以上地方人民政府建设行政主管部门（以下简称备案机关）备案。

第五条 建设单位办理工程竣工验收备案应当提交下列文件：

（一）工程竣工验收备案表；

（二）工程竣工验收报告。竣工验收报告应当包括工程报建日期，施工许可证号，施工图设计文件审查意见，勘察、设计、施工、工程监理等单位分别签署的质量合格文件及验收人员签署的竣工验收原始文件，市政基础设施的有关质量检测和功能性试验资料以及备案机关认为需要提供的有关资料；

（三）法律、行政法规规定应当由规划、公安消防、环保等部门出具的认可文件或者准许使用文件；

（四）施工单位签署的工程质量保修书；

（五）法规、规章规定必须提供的其他文件。

商品住宅还应当提交《住宅质量保证书》和《住宅使用说明书》。

第六条 备案机关收到建设单位报送的竣工验收备案文件，验证文件齐全后，应当在工程竣工验收备案表上签署文件收讫。

工程竣工验收备案表一式二份，一份由建设单位保存，一份留备案机关存档。

第七条　工程质量监督机构应当在工程竣工验收之日起五日内，向备案机关提交工程质量监督报告。

第八条　备案机关发现建设单位在竣工验收过程中有违反国家有关建设工程质量管理规定行为的，应当在收讫竣工验收备案文件十五日内，责令停止使用，重新组织竣工验收。

第九条　建设单位在工程竣工验收合格之日起十五日内未办理工程竣工验收备案的，备案机关责令限期改正，处20万元以上30万元以下罚款。

第十条　建设单位将备案机关决定重新组织竣工验收的工程，在重新组织竣工验收前，擅自使用的，备案机关责令停止使用，处工程合同价款2%以上4%以下罚款。

第十一条　建设单位采用虚假证明文件办理工程竣工验收备案的，工程竣工验收无效，备案机关责令停止使用，重新组织竣工验收，处20万元以上50万元以下罚款；构成犯罪的，依法追究刑事责任。

第十二条　备案机关决定重新组织竣工验收并责令停止使用的工程，建设单位在备案之前已投入使用或者建设单位擅自继续使用造成使用人损失的，由建设单位依法承担赔偿责任。

11.8　房屋建筑和市政基础设施工程施工分包管理办法（摘要）

第五条　房屋建筑和市政基础设施工程施工分包

分为专业工程分包和劳务作业分包。

本办法所称专业工程分包，是指施工总承包企业（以下简称专业分包工程发包人）将其所承包工程中的专业工程发包给具有相应资质的其他建筑业企业（以下简称专业分包工程承包人）完成的活动。

本办法所称劳务作业分包，是指施工总承包企业或者专业承包企业（以下简称劳务作业发包人）将其承包工程中的劳务作业发包给劳务分包企业（以下简称劳务作业承包人）完成的活动。

本办法所称分包工程发包人包括本条第二款、第三款中的专业分包工程发包人和劳务作业发包人；分包工程承包人包括本条第二款、第三款中的专业分包工程承包人和劳务作业承包人。

第七条　建设单位不得直接指定分包工程承包人。任何单位和个人不得对依法实施的分包活动进行干预。

第八条　分包工程承包人必须具有相应的资质，并在其资质等级许可的范围内承揽业务。严禁个人承揽分包工程业务。

第九条　专业工程分包除在施工总承包合同中有约定外，必须经建设单位认可。专业分包工程承包人必须自行完成所承包的工程。劳务作业分包由劳务作业发包人与劳务作业承包人通过劳务合同约定。劳务作业承包人必须自行完成所承包的任务。

第十条　分包工程发包人和分包工程承包人应当依法签订分包合同，并按照合同履行约定的义务。分包合同必须明确约定支付工程款和劳务工资的时间、结算方式以及保证按期支付的相应措施，确保工程款和劳务工资的支付。

分包工程发包人应当在订立分包合同后七个工作日内，将合同送工程所在地县级以上地方人民政府建设行政主管部门备案。分包合同发生重大变更的，分包工程发包人应当自变更后七个工作日内，将变更协议送原备案机关备案。

第十一条　分包工程发包人应当设立项目管理机构，组织管理所承包工程的施工活动。

项目管理机构应当具有与承包工程的规模、技术复杂程度相适应的技术、经济管理人员。其中，项目负责人、技术负责人、项目核算负责人、质量管理人员、安全管理人员必须是本单位的人员。具体要求由省、自治区、直辖市人民政府建设行政主管部门规定。前款所指本单位人员，是指与本单位有合法的人事或者劳动合同、工资以及社会保险关系的人员。

第十二条　分包工程发包人可以就分包合同的履行,要求分包工程承包人提供分包工程履约担保;分包工程承包人在提供担保后,要求分包工程发包人同时提供分包工程付款担保的,分包工程发包人应当提供。

第十三条　禁止将承包的工程进行转包。不履行合同约定，将其承包的全部工程发包给他人，或者将其承包的全部工程肢解后以分包的名义分别发包给他人的，属于转包行为。

违反本办法第十一条规定，分包工程发包人将工程分包后，未在施工现场设立项目管理机构和派驻相应人员，并未对该工程的施工活动进行组织管理的，视同转包行为。

第十四条　禁止将承包的工程进行违法分包。下列行为，属于违法分包：

（一）分包工程发包人将专业工程或者劳务作业分包给不具备相应资质条件的分包工程承包人的；

（二）施工总承包合同中未有约定，又未经建设单位认可，分包工程发包人将承包工程中的部分专业工程分包给他人的。

第十五条　禁止转让、出借企业资质证书或者以其他方式允许他人以本企业名义承揽工程。

分包工程发包人没有将其承包的工程进行分包，在施工现场所设项目管理机构的项目负责人、技术负责人、项目核算负责人、质量管理人员、安全管理人员不是工程承包人本单位人员的，视同允许他人以本企业名义承揽工程。

第十六条　分包工程承包人应当按照分包合同的约定对其承包的工程向分包工程发包人负责。分包工程发包人和分包工程承包人就分包工程对建设单位承担连带责任。

第十七条　分包工程发包人对施工现场安全负责，并对分包工程承包人的安全生产进行管理。专业分包工程承包人应当将其分包工程的施工组织设计和施工安全方案报分包工程发包人备案，专业分包工程发包人发现事故隐患，应当及时作出处理。分包工程承包人就施工现场安全向分包工程发包人负责，并应当服从分包工程发包人对施工现场的安全生产管理。

11.9　工程建设重大事故报告和调查程序规定（摘要）

第三条　重大事故分为四个等级：

（一）具备下列条件之一者为一级重大事故：

1. 死亡三十人以上；

2. 直接经济损失三百万元以上。

（二）具备下列条件之一者为二级重大事故：

1. 死亡十人以上，二十九人以下；

2. 直接经济损失一百万元以下，不满三百万元。

（三）具备下列条件之一者为三级重大事故：

1. 死亡三人以上，九人以下；

2. 重伤二十人以上；

3. 直接经济损失三十万元以上，不满一百万元。

（四）具备下列条件之一者为四级重大事故：

1. 死亡二人以下；

2. 重伤三人以上，十九人以下；

3. 直接经济损失十万元以上，不满三十万元。

第四条　重大事故发生后，事故发生单位必须及时报告。

重大事故的调查工作必须坚持实事求是、尊重科学的原则。

第五条　建设部归口管理全国工程建设重大事故；省、自治区、直辖市建设行政主管部门归口管理本辖区内的工程建设重大事故；国务院各有关主管部门管理所属单位的工程建设重大事故。

第六条　重大事故发生后，事故发生单位必须以最快方式，将事故的简要情况向上级主管部门和事故发生地的市、县级建设行政主管部门及检察、劳动（如有人身伤亡）部门报告；事故发生单位属于国务院部委的，应同时向国务院有关主管部门报告。

事故发生地的市、县级建设行政主管部门接到报告后，应当立即向人民政府和省、自治区、直辖市建设行政主管部门报告；省、自治区、直辖市建设行政主管部门接到报告后，应当立即向人民政府和建设部报告。

第七条　重大事故发生后，事故发生单位应当在二十四小时内写出书面报告，按第六条所列程序和部门逐级上报。

重大事故书面报告应当包括以下内容：

（一）事故发生的时间、地点、工程项目、企业名称；

（二）事故发生的简要经过、伤亡人数和直接经济损失的初步估计；

（三）事故发生原因的初步判断；

（四）事故发生后采取的措施及事故控制情况；

（五）事故报告单位。

第八条　事故发生后，事故发生单位和事故发生地的建设行政主管部门，应当严格保护事故现场，采取有效措施抢救人员和财产，防止事故扩大。

因抢救人员、疏导交通等原因，需要移动现场物件时，应当做出标志，绘制现场简图并做出书面记录，妥善保存现场重要痕迹、物证，有条件的可以拍照或录像。

第九条　重大事故的调查由事故发生地的市、县级以上建设行政主管部门或国务院有关主管部门组织成立调查组负责进行。

调查组由建设行政主管部门、事故发生单位的主管部门和劳动等有关部门的人员组成，并应邀请人民检察机关和工会派员参加。必要时，调查组可以聘请有关方面的专家协助进行技术鉴定、事故分析和财产损失的评估工作。

第十条　一、二级重大事故由省、自治区、直辖市建设行政主管部门提出调查组组成意见，报请人民政府批准；三、四级重大事故由事故发生地的市、县级建设行政主管部门提出调查组组成意见，报请人民政府批准。

事故发生单位属于国务院部委的，按本条一、二款的规定，由国务院有关主管部门或其授权部门会同当地建设行政主管部门提出调查组组成意见。

第十一条　重大事故调查组的职责：

（一）组织技术鉴定；

（二）查明事故发生的原因、过程、人员伤亡及财产损失情况；

（三）查明事故的性质、责任单位和主要责任者；

（四）提出事故处理意见及防止类似事故再次发生所应采取措施的建议；

（五）提出对事故责任者的处理建议；

（六）写出事故调查报告。

第十二条　调查组有权向事故发生单位、各有关单位和个人了解事故的有关情况，索取有关资料，任何单位和个人不得拒绝和隐瞒。

第十三条　任何单位和个人不得以任何方式阻碍、干扰调查组的正常工作。

第十四条　调查组在调查工作结束后十日内，应当将调查报告报送批准组成调查组的人民政府和建设行政主管部门以及调查组其他成员部门。经组织调查的部门同意，调查工作即告结束。

第十五条　事故处理完毕后，事故发生单位应当尽快写出详细的事故处理报告，按第六条所列程序逐级上报。

第十六条　事故发生后隐瞒不报、谎报、故意拖延报告期限的，故意破坏现场的，阻碍调查工作正常进行的，无正当理由拒绝调查组查询或者拒绝提供与事故有关情况、资料的，以及提供伪证的，由其所在单位或上级主管部门按有关规定给予行政处分；构成犯罪的，由司法机关依法追究刑事责任。

第十七条　对造成重大事故的责任者，由其所在单位或上级主管部门给予行政处分：构成犯罪的，由司法机关依法追究刑事责任。

第十八条　对造成重大事故承担直接责任的建设单位、勘察设计单位、施工单位、构配件生产单位及其他单位，由其上级主管部门或当地建设行政主管部门，根据调查组的建议，令其限期改善工程建设技术安全措施，并依据有关法规予以处罚。

附录1　砂浆试块的制作、养护及抗压强度取值

1．试块制作

(1) 将内壁事先涂刷薄层机油的7.07cm×7.07cm×7.07cm的无底金属或塑料试模，放在预先铺有吸水性较好的湿纸的普通砖上，砖的含水率不应大于2%。

(2) 砂浆拌合后一次注满试模内，用直径10mm、长350mm的钢筋捣拌（其一端呈半球形）均匀插捣25次，然后在四侧用油漆刮刀沿试模壁插捣数下，砂浆应高出试模顶面6~8mm。

(3) 当砂浆表面开始出现麻斑状态时（约15~30min），将高出部分的砂浆沿试模顶面削平。

2．试块养护

(1) 试块制作后，一般应在正温度环境中养护一昼夜，当气温较低时，可适当延长时间，但不应超过两昼夜，然后对试块进行编号并拆模。

(2) 试块拆模后，应在标准养护条件或自然养护条件下继续养护至28d，然后进行试压。

(3) 标准养护

1) 水泥混合砂浆应在温度为20±3℃、相对湿度为60%~80%的条件下养护；

2) 水泥砂浆和微沫砂浆应在温度为20±3℃，相对湿度为90%以上的潮湿条件下养护。

(4) 自然养护

1）水泥混合砂浆应在正温度、相对湿度为60%～80%的条件下（如养护箱中或不通风的室内）养护。

2）水泥砂浆和微沫砂浆应在正温度并保持试块表面湿润的状态下（如湿砂堆中）养护。

3）养护期间必须做好温度记录。

3. 抗压强度试验及取值

（1）试压前，应将试块表面刷净擦干。

（2）必须将试块的侧面作为受压面进行抗压强度试验。试验时，加荷速度应均匀，一般每秒钟的加荷速度为预定破坏荷载的10%。

（3）单个砂浆试块的抗压强度按下式计算：

$$R_d = \frac{P}{100A}$$

式中　R_d——单个砂浆试块的抗压强度，以MPa计；

P——破坏荷载，以N计；

A——试块的受压面积，以cm^2计。

（4）每组试块为6块，取其6个试块试验结果的算术平均值（计算精度为100kPa）作为该组砂浆试块的抗压强度。

附录 2　砂浆稠度和分层度的试验方法

1. 仪器设备

(1) 砂浆稠度测定仪：主要构造有支架、底座、带滑竿的圆锥体（重 300g ± 2g）、刻度盘及盛砂浆的圆锥形金属筒。圆锥体的高度为 145mm，锥底直径为 75mm。圆锥形金属筒的高度为 173mm，锥底内径为 148mm。

(2) 捣棒：直径为 10mm，长 350mm 的钢筋，其一端呈半球形。

(3) 砂浆搅拌锅。

(4) 砂浆分层度筒：由上下两层金属圆筒及左右两根连接螺栓组成。圆筒内径为 150mm，上层（无底）高 200mm，下层（有底）高 100mm。连接时，上下层之间加设胶皮垫圈。

2. 稠度试验方法

(1) 将拌合好的砂浆一次注入稠度测定仪的金属筒内，砂浆表面略低于筒口 10mm 左右。

(2) 用捣棒自筒边向中心插捣 25 次（前 12 次需插到筒底），然后轻轻地将筒摇动或敲击 5～6 下，使砂浆表面平整，随后将筒移至测定仪底座上。

(3) 向下移动滑杆，当圆锥体尖端与砂浆表面刚好接触时，用旋钮固定滑杆位置并将指针调整在刻度盘上的零点。

(4) 放松旋钮，使圆锥体自由落入砂浆中，待 10s 后，从刻度盘上读出下沉距离（以 cm 计），即为砂浆的稠度。

(5) 砂浆的稠度，应取两次试验结果的算术平均值。

3. 分层度试验方法

(1) 将拌合好的砂浆先进行稠度试验，然后将同批砂浆（或经稠度试验的砂浆重新拌合均匀）一次注满分层度筒内。

(2) 静置 30min 后，去掉上层 20cm 砂浆，然后取出底层 10cm 砂浆在砂浆搅拌锅内重新拌匀，再测定砂浆稠度。

(3) 两次砂浆稠度的差值，即为砂浆的分层度（以 cm 计）。

(4) 砂浆的分层度应取两次试验结果的算术平均值。

参考文献

1. 卜秋平等．城市污水厂的建设与管理．北京：化学工业出版社，2002.5
2. 张大群等．DAT-IAT 污水处理技术．北京：化学工业出版社，2003.8
3. 刘灿生．给水排水工程施工手册（第二版）．北京：中国建筑工业出版社，2002.9
4. 刘灿生．给水排水仪表自动化控制工程施工验收规程（CECS162:2004）．北京：中国建筑工业出版社，2004.6
5. 潘加多，刘灿生．埋地硬聚氯乙烯给水管道工程技术规程（CECS17:2000）．北京：中国计划出版社，2000.12
6. 国家标准 GB50319-2000. 建设工程监理规范．北京：中国建筑工业出版社，2001
7. 北京市地方标准．DBJ01-71-2003. 市政基础设施工程资料管理规程．北京市建委，2003.8
8. 国家标准 GB50334-2002. 城市污水处理厂工程质量验收规范 .北京：中国建筑工业出版社，2003.3